此项目获华东理工大学研究生教育基金资助

NON-CHEMICAL WATER TREATMENT TECHNOLOGY

无药剂水处理技术

张乐华　常定明　王崇璞　等 编著

化学工业出版社

·北京·

内容简介

本书针对水处理的10个主要投药流程提出了采用无药剂技术的可能性，从基本原理、发展阶段、国内外应用案例、现存技术瓶颈、未来发展和应用方向等方面对无药剂技术进行了详细介绍，对比了无药剂技术与投加药剂方法在效果、运营和经济等层面上的优缺点，最后对无药剂水处理技术的创新与突破、应用领域拓展和效益提升途径进行了分析和展望。

本书具有较强的系统性、针对性和可操作性，旨在促进无药剂技术在水处理领域中的应用推广，可供水处理领域的工程技术人员、科研人员和管理人员参考，也可供高等学校环境科学与工程、市政工程及相关专业师生参阅。

图书在版编目（CIP）数据

无药剂水处理技术 / 张乐华等编著. -- 北京 ：化学工业出版社，2025. 9. -- ISBN 978-7-122-49062-9

Ⅰ. TU991.2

中国国家版本馆 CIP 数据核字第 2025NH2139 号

责任编辑：刘　婧　刘兴春　　文字编辑：李晓畅
责任校对：田睿涵　　装帧设计：韩　飞

出版发行：化学工业出版社
（北京市东城区青年湖南街13号　邮政编码100011）
印　　装：北京建宏印刷有限公司
787mm×1092mm　1/16　印张 $21\frac{1}{2}$　彩插8　字数534千字
2026年1月北京第1版第1次印刷

购书咨询：010-64518888　　售后服务：010-64518899
网　　址：http://www.cip.com.cn
凡购买本书，如有缺损质量问题，本社销售中心负责调换。

定　　价：168.00元

前言

水处理过程，或者说水质净化过程，主要是指通过一系列工艺去除水中的杂质或污染物，从而使水更加洁净或恢复水的功能。从市政污水处理、工业废水处理、中水回用到自来水生产过程，从水处理的预处理、二级生化处理到深度处理，绝大多数领域的水处理过程都会涉及向原水中投加化学药剂，即水处理药剂。

水处理药剂是在水处理过程中用于调节 pH 值、絮凝沉淀或气浮、去除硬度、杀菌灭藻、除磷的化学品。有些情况下，水处理药剂会进入污泥、废气等；有些情况下，水处理药剂中某些元素仍会留在水中，仅部分进入污泥与废气；还有些情况下，所有水处理药剂均进入水中。虽然实现了水处理，但水处理药剂增加了水中的化学物质含量。上述各种情况，与水质净化的基本思路，即降低水中杂质浓度，是矛盾的。因此，发展无药剂水处理工艺在水处理过程的绿色化方面具有较大优势。在此背景下，编著者结合多年的科研成果及经验，梳理了水处理领域近年来的发展等，编著了本书，在概括各种水处理药剂的基础上介绍了水处理药剂的替代技术，可为水处理行业应用无药剂水处理工艺或减少水处理药剂的使用提供技术参考，促进无药剂技术在水处理领域中应用的推广，并为行业技术人员和科研人员提供理论指导、技术参考和案例借鉴。

本书共分为 11 章。第 1 章为绪论，由常定明与张乐华撰写；第 2 章为絮凝剂的无药剂替代技术，由张静娴撰写；第 3 章为杀菌剂的无药剂替代技术，由王苛与张乐华撰写；第 4 章为阻垢剂的无药剂替代技术，由邱燕楠撰写；第 5 章为缓蚀剂的无药剂替代技术，由谢旺红撰写；第 6 章为酸碱的无药剂替代技术，由熊秋阁与常定明撰写；第 7 章为氧化剂的无药剂替代技术，由师雅琪与张乐华撰写；第 8 章为还原剂的无药剂替代技术，由徐文轩撰写；第 9 章为脱水剂的无药剂替代技术，由黄惠婷撰写；第 10 章为除磷剂的无药剂替代技术，由肖涛撰写；第 11 章为无药剂水处理技术应用展望，由张乐华撰写。全书最后由张乐华、常定明与王崇璞统稿并定稿。另外，杨正武、常海荣与燕溪溪等也为本书的撰写提供了不少帮助，在此表示感谢。

限于编著者水平及编著时间，以及水处理药剂领域的快速发展等，书中不足和疏漏之处在所难免，敬请读者提出修改建议。

编著者

2025 年 6 月

目录

第 10 章
除磷剂的无药剂替代技术 / 298

第 11 章
无药剂水处理技术应用展望 / 329

附录
缩略语 / 332

第 1 章

绪论

1.1 水污染及污水处理工艺的选择

1.1.1 水污染来源及产生原因

水污染主要来源于工业活动、农业活动、生活污水排放以及自然因素。不同污染源的产生原因各异，包括技术落后、环保意识不足、监管缺失、过度使用化学品等。这些污染问题推动了水处理药剂的应用和发展，然而为进一步减少污染、降低碳排放，无药剂水处理技术逐渐成为重要发展方向。

1.1.1.1 工业活动产生废水的原因

(1) 生产工艺落后

在一些传统工业领域，生产工艺较为落后，在产品制造过程中不可避免地产生大量污染物。例如，传统印染行业在印染织物时，需要使用大量的染料和助剂，这些物质在加工过程中部分会进入废水中。而且早期的印染工艺对这些废水的处理能力有限，导致含有高浓度有机物、重金属（如锌、铜等）的废水直接排放到环境中，造成严重的水污染。

(2) 环保意识淡薄

部分企业过度追求经济效益，忽视环境保护，未配备足够的污水处理设施，或为降低成本而未能保证污水处理设施的正常运行。例如，一些小型电镀厂为了节省开支，在未有效处理电镀废水的情况下就将其排放，电镀废水中含有大量的重金属，如铬、镍、镉等，这些重金属在水体中难以降解，会长期存在并不断累积，造成水体的重金属污染。

(3) 监管困难

工业企业数量众多，尤其是一些小型企业分布较为分散，这给环境监管带来了巨大的挑战。监管部门很难做到对每一家企业进行实时监督，一些企业就会利用监管漏洞偷排污水。

例如，在一些偏远的工业园区，部分企业可能会在夜间或者节假日偷偷排放未经处理的污水，从而逃避监管。

1.1.1.2 农业活动产生废水的原因

（1）农药、化肥的过度使用

为了提高农作物的产量，现代农业大量使用农药和化肥。农药在灭杀害虫的同时，会部分残留于土壤、水体和大气中，造成环境污染。例如，使用杀虫剂防治害虫时，部分杀虫剂会通过雨水冲刷、地表径流等方式进入附近的河流、湖泊和地下水。化肥中含有大量的氮、磷、钾等营养元素，过量使用时这些营养元素不能被农作物完全吸收，会随着灌溉水或雨水流入水体。例如，在一些农业地区，由于过量使用氮肥和磷肥，周围水体出现富营养化，藻类大量繁殖，形成水华现象，影响水质和水生生态系统。

（2）畜禽养殖污染

随着畜禽养殖业的规模化发展，畜禽粪便和养殖废水的处理成为一个重要问题。如果这些粪便和废水没有得到合理处理和利用，将会对水体造成严重污染。例如，一个大型养猪场每天会产生大量的猪粪和尿液，如果没有配套的沼气池或污水处理设施，这些污染物会通过雨水冲刷进入附近的水体，其中含有大量的有机物、氨氮和病原体，会导致水体变黑、变臭，且会滋生细菌和病毒。

1.1.1.3 生活污水产生的原因

（1）污水处理设施不足

在一些发展中国家或地区，由于城市化进程加快，人口增长迅速。污水处理设施的建设跟不上城市发展的速度，大量的生活污水没有经过有效的处理就直接排放到水体中。例如，在一些新兴的城镇，污水管网覆盖率较低，部分居民生活污水只能通过明渠或简单的排水通道排入附近的河流，这些污水中含有大量的有机物（如食物残渣、洗涤剂等）、病原体（如细菌、病毒等），会导致水体的化学需氧量（COD）浓度升高，进而使水质恶化。尽管近年来随着新农村建设的推进，很多农村地区配备了一体化污水处理设备，但是实际正常运行的设备仍偏少。

（2）生活习惯不良

人们的一些不良生活习惯也会导致水污染。例如，随意向河流、湖泊中倾倒垃圾，包括塑料瓶、包装袋等固体废物，这些垃圾在水中会分解产生有害物质，影响水体的美观和正常流动。此外，一些居民在使用含磷洗涤剂时，没有考虑到其对水体的危害。含磷物质进入水体后会促进藻类生长，导致水体富营养化。

1.1.1.4 自然因素

（1）地质因素

在某些特殊的地质条件下，地下水中可能含有高浓度的矿物质或有害物质。例如，在一些富含砷的矿区周围，地下水可能会受到砷污染。当地下水与地表水相互补给时，就会将这些有害物质带入地表水，造成水污染。

（2）大气沉降

大气中的污染物会通过降水等方式进入水体。例如，酸雨是大气中的二氧化硫、氮氧化物等酸性气体与水反应形成的酸性降水。酸雨进入湖泊、河流后，会降低水体的 pH 值，使水体酸化。同时，大气中的一些重金属（如汞、铅等）颗粒也会随着灰尘沉降到水体表面，造成水污染。

上述污染问题推动了水处理药剂（如絮凝剂、重金属螯合剂等）的广泛应用。然而，为实现更可持续的治理目标，减少对化学药剂的依赖以及降低碳排放，无药剂水处理技术正成为行业的重要发展方向。

1.1.2 污水处理工艺的选择

污水处理工艺的选择是一个复杂的过程，需要综合考虑多个因素。

1.1.2.1 水质特性

（1）污染物类型

若污水中主要含有悬浮物（如泥沙、纤维等），则采用沉淀、过滤等初级处理工艺即可满足需求。例如，建筑施工废水中的主要污染物为泥沙等悬浮物，通过简单沉淀处理即可去除大部分悬浮物，使废水达到排放或回用标准。而对于含有大量有机物的污水（如生活污水和食品加工废水），则需要采用生物处理工艺，如活性污泥法或生物膜法，利用微生物分解有机物。此外，针对含重金属的工业废水（如电镀废水），化学沉淀法是常用工艺，通过添加沉淀剂使重金属离子形成沉淀而被去除。

（2）污染物浓度

对于高浓度有机废水（如某些化工废水），通常需要采用厌氧-好氧联合处理工艺。在厌氧处理阶段，高浓度有机物被分解为小分子有机酸等物质；在好氧处理阶段，这些小分子物质被进一步彻底氧化分解。而对于低浓度有机污水（如轻度污染的河水），采用简单的好氧生物处理工艺（如接触氧化法）即可有效降低污水中的有机物含量。

1.1.2.2 处理要求

（1）排放标准

不同地区和用途的污水，适用的排放标准不同。若污水需达到较高标准（如一级 A 标准，用于城市景观水体补水），则需采用深度处理工艺。例如，除常规生物处理外，还需结合混凝沉淀、过滤、消毒及活性炭吸附等工艺，进一步去除污染物以确保水质达标。而对于对水质要求相对较低的用途（如农业灌溉），则仅需通过简单沉淀和消毒处理即可满足要求。

（2）回用目的

当污水需要回用时，处理工艺需根据具体回用场景来选择。若用作工业循环冷却水，则需重点去除硬度、碱度和悬浮物等，通常采用离子交换、反渗透等除盐和过滤工艺。若用作城市杂用水（如绿化等），则可在生物处理后，通过消毒和适当过滤来满足要求。

1.1.2.3 处理规模

（1）小规模污水处理（如农村生活污水、小型企业污水）

对于处理量较小的污水，采用简单、紧凑的污水处理设备更为合适。例如，一体化污水处理设备将水解酸化、接触氧化和沉淀过滤等多种工艺集成于一体，适用于农村分散式生活污水处理，具有占地面积小、操作便捷等优点。

（2）大规模污水处理（如城市污水处理厂）

城市污水处理厂处理规模大，通常采用成熟且高效的处理工艺。例如，传统活性污泥法及其改良工艺［如 A^2/O（厌氧-缺氧-好氧活性污泥法）工艺］能够高效处理大量生活污水和部分工业污水。该工艺通过设置厌氧、缺氧和好氧区，实现脱氮、除磷及有机物去除，同时在大规模应用中兼具稳定性和经济性优势。

1.1.2.4 经济成本

（1）建设成本

不同污水处理工艺的建设成本差异显著。例如，膜处理技术（如反渗透、超滤等）的设备投资成本高，主要是因为膜组件价格昂贵且需配套高压泵等设备。相比之下，传统生物处理工艺（如氧化沟）的建设成本较低，因其以土建工程和简单曝气设备为主。在资金有限的情况下，选择建设成本较低的工艺可能是更优方案。

（2）运行成本

运行成本主要包括能耗、药剂费和污泥处理费等。例如，活性污泥法因需大量曝气，能耗较高；而厌氧处理工艺在运行过程中可以产生沼气用于能源回收，从而降低运行成本；化学沉淀法因需添加沉淀剂，增加了药剂费用。此外，不同工艺产生的污泥量及处理难度各异，污泥处理成本也需纳入考量。

1.1.2.5 场地条件

（1）占地面积

部分污水处理工艺占地面积较大，例如传统活性污泥法中的完全混合曝气池，需占用较大土地面积来建设反应池。而一些高效工艺［如 MBR（膜生物反应器）］集生物处理和膜过滤于一体，占地面积相对较小。在市中心或土地资源紧张的地区，选择占地面积小的工艺尤为重要。

（2）地形地貌

如果场地地形有一定的坡度，可考虑采用重力流污水处理工艺。例如，利用地形建设多级串联氧化塘，使污水在重力作用下自然流动，减少提升泵的使用，从而降低能耗和运行成本。

基于上述条件设计的污水处理工艺，根据处理方法不同可分为物理法、化学法、物理化学法和生化法。其中，化学法主要依赖水处理药剂净化水质；而生化法在部分工艺中还需添加碳源、磷盐、尿素等药剂，以维持微生物活性；物理法则可采用物理过程来调节水质指标，如悬浮物（SS）、电导率等。

1.2 水处理药剂及加药系统的现状

1.2.1 水处理常用药剂

在我国，一般污水处理厂采用组合处理工艺，其中大部分单元需依赖药剂辅助。20 世纪 80 年代，中国水处理药剂行业蓬勃发展，并取得了惊人的成就，在药剂种类、技术服务、生产工艺及规模产能等方面均达到较高水平。药剂的使用贯穿污水处理的各个环节：在预处理阶段，需投加酸、碱、混凝剂和絮凝剂，以去除水中的油类、SS、COD（化学需氧量）等污染物；在生化处理阶段，根据水质情况，可能需添加酸、碱、碳源、磷盐及尿素等，以维持微生物活性；在深度处理阶段，通常使用活性炭、PAC（聚合氯化铝）、PAM（聚丙烯酰胺）、酸、碱及消毒剂等药剂；在回用处理阶段，则需投加杀菌剂、还原剂及阻垢剂等，以确保膜系统的正常运行。

1.2.2 水处理加药系统的发展

随着自动化技术的兴起，加药方式也逐步向智能化转变。加药处理是污水处理的重要环节，直接影响污水处理效果。

（1）人工加药

人工加药，即由人工判断处理单元是否需要加药，是最原始的加药方式。例如，过去有些家庭使用河水作为饮用水源，会在储水池中加入明矾搅拌澄清后使用；在污水处理生化单元中，人工定期投加营养剂或碳酸钠等药剂。人工加药方式的优点是设备投入少、操作简单，适用于小规模的药剂投加。但其缺点显著，例如无法精确控制加药量，尤其是在中大型污水处理厂中，人工加药劳动强度大，易导致加药过量或不足，反应不充分，从而造成成本浪费，并增加后续处理负荷。

（2）自动加药

为克服人工加药的弊端，目前大多数污水处理厂都采用自动加药系统。传统自动加药系统由溶药系统、储罐、加药泵、管道、流量计及阀门等组成，通过预设阀门开度或流量范围运行。然而，当水质和水量发生变化时（需人工检测），仍需人工调整加药量，难以及时作出响应，易导致出水水质不稳定和药剂浪费。

（3）精准加药

随着在线仪表检测技术的发展，精准加药系统逐渐普及。通过在自动加药系统中集成在线仪表和简单算法，实现精准加药控制。目前，精准加药在水处理厂中的应用越来越广泛，但仅局限于除磷、添加碳源及曝气等少部分场景。例如，赵凯等通过甲醇精确自动投加系统，确保出水水质达标和工艺系统稳定运行，降低了运行成本。同时将运行数据实时存储，便于查询分析，构建甲醇系统大数据库，提高了设备运行人员对整个工艺系统的了解和掌控程度。张帅等采用精确反硝化除氮加药控制系统装置，实现准确、快速、稳定的碳源投加，有效应对进水负荷动态变化，使出水 TN 稳定达标。此装置运行 3 个月后，与一期的人工加药运行数据相比，二期抗进水负荷冲击较强，大部分出水 TN 值稳定在 10～13mg/L，提高了生物脱氮的稳定性。

（4）智慧加药

随着人工智能技术的进步，智慧加药系统逐渐应用于污水处理厂。通过机器学习代替传统算法，动态计算出系统的加药量并预测系统未来的加药量，从而显著提升加药效率。例如，沈彦通过设计多模式智能加药系统的投加率、摩尔比和神经网络预测模式，结合机理分析与数理建模，构建可迭代式优化的加药运行机制，实现随水质变化的动态智能加药优化，从而提升低碳稳定运行能力。孟德阳等将荧光示踪技术与阻垢缓蚀剂相结合，通过荧光示踪技术来精准控制循环水中的阻垢缓蚀剂浓度，以达到控制系统阻垢与缓蚀的效果，同时不过度投加药剂，节省运营成本。吴宇行等针对污水生物处理过程中反硝化碳源的动态需求，提出了基于在线实时监测的碳源投加智能控制算法，开发了污水处理碳源智能投加控制系统，以克服人工调控碳源投加存在的调控滞后、碳排放量高以及工艺稳定性较差的问题。Lee 等比较了外碳源投加开关控制和前馈控制两种控制方式，认为前馈控制效果更加稳定。Santin 等将模拟控制系统（仿射函数和模糊控制器）应用于污水处理厂，以改善出水水质和降低运行成本。Wang 等开发了一套中试系统，通过在线水质监测结合先进的硝化/反硝化数字模型，实现外加碳源的精准控制，结果表明，与固定投加装置相比，碳源投加量减少 47.7%，曝气量减少 8%。

1.2.3 水处理药剂在生产和使用过程中的危害

1.2.3.1 生产过程中的危害

（1）化学原料风险

① 腐蚀性：许多水处理药剂生产过程中会用到强酸（如硫酸）和强碱（如氢氧化钠）等腐蚀性化学原料。这些物质如果泄漏，会对生产设备造成严重腐蚀，导致设备损坏，甚至引发安全事故。例如，硫酸泄漏可能会腐蚀金属管道和反应釜，使设备壁变薄，出现漏洞，引发其他化学品泄漏事故。

② 毒性：部分原料本身具有毒性。例如，在生产某些处理含重金属废水的化学药剂时，化学原料如果在车间内浓度过高，会对操作人员的身体健康造成危害。长期暴露在含有毒化学品环境中，可能会导致中毒，引起神经系统、肾脏等器官的损害。

（2）化学反应风险

① 爆炸危险：在药剂生产过程中，一些化学反应可能会释放出大量的热，若散热不及时，可能会引发爆炸。例如，在生产聚合氯化铝时，如果聚合反应失控，产生的热量无法有效散发，可能会使反应釜内的压力急剧上升，导致爆炸事故发生。

② 有害气体释放：某些化学反应会产生有害气体。例如，在一些有机水处理药剂的合成过程中，可能会产生挥发性有机物（VOCs），如苯、甲苯等。这些气体如果没有得到有效的收集和处理，会在车间内积聚，对操作人员的呼吸系统和神经系统造成损害，同时也会污染周围的环境。

③ 粉尘危害：在生产粉状水处理药剂（如某些混凝剂和絮凝剂）时，会产生粉尘。这些粉尘如果被操作人员吸入，会刺激呼吸道，引起咳嗽、气喘等症状。长期暴露在高粉尘环境中，可能会导致尘肺病等职业病。此外，粉尘还可能会使车间内形成爆炸危险环境，当粉

尘浓度达到一定限度时，遇到火源就可能发生爆炸。

1.2.3.2 使用过程中的危害

（1）对人体的直接危害

① 皮肤接触：许多水处理药剂具有腐蚀性或刺激性。例如，混凝剂中的聚合氯化铝、硫酸铝等，接触皮肤后可能会引起皮肤灼伤、红肿和瘙痒。如果不慎溅入眼睛，会对眼睛造成严重伤害，甚至导致失明。消毒药剂（如次氯酸钠）接触皮肤和黏膜后，会引起化学灼伤和炎症。

② 吸入危害：在使用过程中，一些药剂会挥发产生有害气体。如二氧化氯消毒剂，使用时如果通风不良，操作人员吸入过量的二氧化氯气体，会刺激呼吸道，引起咳嗽、呼吸困难等症状，严重时可能会导致肺水肿。对于粉状药剂，使用过程中产生的粉尘被吸入人体后，也会对呼吸道和肺部造成损害。

（2）对环境的潜在危害

① 水体污染：如果水处理药剂使用过量，可能会对受纳水体造成污染。例如，过量的混凝剂进入水体后，会使水中的金属离子浓度增加，影响水体的生态平衡。消毒剂使用不当，如在水体中残留量过高，可能会对水生生物产生毒性作用。此外，一些药剂在水体中可能会发生化学反应，产生新的有害物质。

② 土壤污染：当含有水处理药剂的污水或污泥用于土地处理（如污泥农用）时，药剂可能会残留在土壤中。例如，重金属类药剂可能会在土壤中积累，导致土壤重金属污染，影响土壤肥力和农作物生长。同时，一些有机药剂可能会改变土壤的微生物群落结构，对土壤生态系统产生长期的负面影响。

1.3 水处理药剂替代方式

水处理药剂在生产和使用过程中会对环境或人体造成一定的危害，常用的药剂大部分可以通过现场制备或者利用原位再生技术替代，如常用的絮凝剂可以采用电絮凝技术替代，氧化性杀菌剂可以采用电化学、紫外等方式替代，阻垢剂可以采用电化学、电磁、超声波等方式替代，酸碱类药剂可以采用电渗析等原位再生的方式替代。药剂替代可减少生产过程中的污染，降低碳排放和运输成本。随着用电成本的下降，该技术将成为减污降碳的有效途径之一。

参考文献

[1] 中华人民共和国水利部．2020年中国水资源公报［R］.

[2] 赵凯，韦涛．智慧水务——甲醇精确投加系统的运用［J］．水利电力技术与应用，2023，5（5）：2-4.

[3] 张帅，矫忠直，周俊强，等．精确反硝化除氮加药控制系统在污水厂的应用［J］．广东化工，2023，50（15）：139-141.

[4] 沈彦．基于智能算法的化学除磷加药系统设计［J］．集成电路应用，2022，39（7）：28-31.

[5] 孟德阳，胡之阳，敬元元，等．荧光示踪技术与阻垢缓蚀剂的结合［J］．河南化工，2023，40（5）：5-8.

[6] 吴宇行，王晓东，陈宁，等．典型城镇污水处理厂碳源智能投加控制生产性试验［J］．环境工程，2022，40（6）：212-218，271.

[7] LEE M W, PARK Y J, PARK J M, et al. Control of external carbon addition in biological nitrogen removal process for the treatment of coke-plant wastewater [J]. Water Environment Research, 2001, 73 (4): 415-425.

[8] SANTIN I, PEDRET C, VILANOVA R. Applying variable dissolved oxygen set point in a two level hierarchical control structure to a wastewater treatment process [J]. Journal of Process Control, 2015, 2840-2855.

[9] WANG Q B, CHEN Q W, CHEN J. Optimizing external carbon source addition in domestics wastewater treatment based on online sensoring data and a numerical model [J]. Water Science and Technology, 2017, 75 (11-12): 2716-2725.

第 2 章

絮凝剂的无药剂替代技术

2.1 概述

絮凝法是水处理过程中的一种重要方法，混凝过程一般置于沉淀或过滤之前，起到强化沉淀、过滤或为沉淀、过滤创造有利分离条件的作用。混凝过程的效果对后续处理工艺的运行工况、处理费用和最终出水水质有着直接的影响。该法通过加入絮凝剂，使其中的胶体颗粒或悬浮物聚集成大的絮凝体。絮凝剂是指能够使水溶液中的各种溶质、悬浮颗粒或胶体脱稳、聚集形成絮状物，从而加速沉降，最终达到固-液分离目的的试剂。混凝过程的核心为絮凝剂的应用，絮凝剂的优劣及其混凝效果关系着整个水处理效果的好坏。

2.1.1 絮凝剂的分类

在水处理中使用的絮凝剂可大致分为无机絮凝剂、有机絮凝剂、微生物絮凝剂和复合絮凝剂 4 类。

（1）无机絮凝剂

根据分子量大小，无机絮凝剂可以分为无机低分子絮凝剂和无机高分子絮凝剂两类。其中无机低分子絮凝剂是指以铝盐、铁盐为主的传统絮凝剂，如 $AlCl_3$、$Al_2(SO_4)_3$、$FeCl_3$、$Fe_2(SO_4)_3$ 等，该类絮凝剂在水处理中应用历史悠久，但是无机低分子絮凝剂存在投加量大、会对设备产生腐蚀、低温效果差、残留铝对人体神经系统有潜在的毒性等问题。而无机高分子絮凝剂是在传统无机低分子絮凝剂基础上发展起来的，分子量有所提高，混凝效果也得到了提升，且与有机絮凝剂相比价格低廉，聚合氯化铝（PAC）、聚合硫酸铝（PAS）、聚合氯化铁（PFC）、聚合硫酸铁（PFS）等已被广泛应用于饮用水、生活污水、工业废水等的净化处理中。

（2）有机絮凝剂

有机高分子絮凝剂可以分为人工合成有机高分子絮凝剂和天然有机高分子絮凝剂。

人工合成有机高分子絮凝剂主要由有机单体聚合而成，包括聚丙烯酰胺及其衍生物、聚丙烯酸钠、聚磺苯乙烯、聚氧化乙烯、脲醛树脂、聚乙烯醇、聚乙烯亚胺等。其中聚丙烯酰胺合成简单、分子量大、性能良好，是典型的、应用广泛的絮凝剂。根据水溶液中絮凝剂大分子链的分子量、结构（直链与支链）、电荷量、电荷类型和组成的不同，可分为阳离子型（正电荷）、阴离子型（负电荷）、两性型（包含阳离子和阴离子基）和非离子型（接近中性）人工合成有机絮凝剂。

相比人工合成有机絮凝剂成本高昂以及存在潜在的环境危害问题，天然有机高分子絮凝剂具有廉价、无二次污染、环境友好、选择性强且可再生等优点，因此受到越来越多的青睐。将自然条件下具有絮凝能力的高分子有机物利用各种物化方法进行改性，使其在絮凝能力等方面进一步提高，从而制备出天然高分子改性絮凝剂。根据原材料属性，絮凝剂可分为淀粉絮凝剂、木质素絮凝剂、瓜尔胶絮凝剂以及其他类别的絮凝剂。

（3）微生物絮凝剂

微生物絮凝剂是利用生物技术，从土壤、微生物或微生物代谢产物中分离提取并纯化得到的一类具有絮凝功能的物质，其来源广泛且易生物降解，近年来备受关注。微生物絮凝剂可分为三大类：一是直接使用具有混凝性能的微生物，如细菌、霉菌等；二是微生物细胞提取物，主要为细胞壁、细胞质等物质；三是微生物代谢产物，如多糖、蛋白质等。但是微生物絮凝剂存在应用范围较窄、保质期短、培养提取时间长、制备成本高和难以工业化生产等问题。

（4）复合絮凝剂

上述不同类型的絮凝剂均存在一定优缺点和适用范围。实践证明，在一定条件下将不同的絮凝剂进行简单混合或反应制得复合絮凝剂，可使不同絮凝剂优势互补，弥补单一絮凝剂的不足，达到提升混凝性能、拓宽使用范围、降低处理成本的目的，因此成为絮凝剂研发和使用的主要方向。基于复合组分的不同，复合絮凝剂可分为无机/无机复合絮凝剂、无机/有机复合絮凝剂和有机/有机复合絮凝剂。其中，无机/无机复合絮凝剂、无机/有机复合絮凝剂的研究和应用较多，而有机/有机复合絮凝剂因单体毒性、成本较高，限制了其在水处理中的使用和发展。

2.1.2 絮凝剂发展趋势

絮凝剂种类繁多，且水质差异大，因此在实际的生产、生活当中，絮凝剂的选择也因时而异、因地制宜。在处理水质日益复杂和人民群众对用水安全、用水健康的要求不断提高的背景下，复合絮凝剂对于应对复杂水质具有重要的研究意义，微生物絮凝剂则具有无二次污染、环境友好等优点。随着技术革新，絮凝剂的无药剂替代技术可能会在未来替代传统絮凝剂，实现大规模工业应用。

絮凝剂的分类见图 2-1。

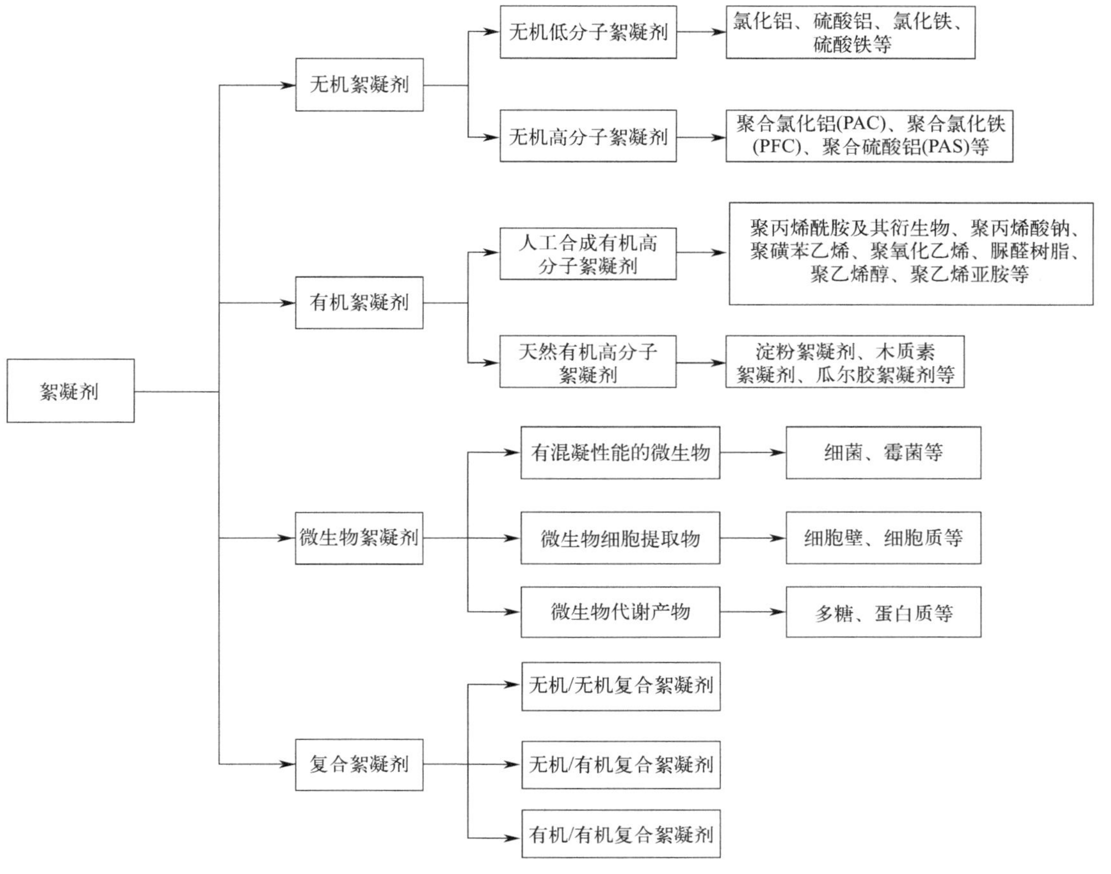

图 2-1　絮凝剂的分类

2.2　无药剂絮凝技术

2.2.1　传统电絮凝技术

(1) 电絮凝概述

相比化学絮凝剂（chemical coagulation，CC），电絮凝能够在不投加化学药剂的情况下快速高效地去除多类水体中的污染物，是一种极具潜力的电化学水处理技术，受到了越来越多的关注。

电絮凝（electrocoagulation，EC）又称电凝聚，是指在外加电场作用下，可溶性的金属阳极被氧化后溶解，在溶液中释放出金属阳离子，金属阳离子经过水解、聚合反应生成一系列单核、多核羟基配合物和氢氧化物，这些物质通过凝聚、吸附和沉淀等作用将污染物从水中去除。

（2）电絮凝的发展历程

1889 年，Eugene Hermite（英国）首次提出使用电极净化废水的概念，开创了电极净化技术的新时代。1906 年，Dietrich（美国）获得电絮凝技术的专利并对电絮凝过程进行修正和改进。1909 年，Harris 利用自由离子作用并采用以铝板为阳极的电解法处理废水，获得了相关专利。1911 年，美国政府在俄克拉何马州的俄克拉何马城及圣莫尼卡创立了利用电絮凝方法处理废水的基础设备。1946 年，电絮凝方法首次大规模应用于饮用水的处理，但由于当时技术相对不成熟、运行费用较高等，电絮凝方法并未得到推广。1976 年，Asovov 等（苏联）首次将电絮凝方法应用于石化废水的处理。1977 年，Osipenko 等（苏联）首次将电絮凝方法应用于含铬废水的处理。1983 年，Weintraub 等（美国）首次将电絮凝技术应用于含油废水的处理，尽管取得了一定的处理效果，但由于当时电力工业欠发达，加之化学絮凝沉淀技术的大规模发展，电絮凝技术的应用受到了一定限制，发展缓慢。随着电力的普及与快速发展，电能成本不断降低，电化学理论不断成熟，电絮凝技术逐渐成为水处理研究领域的热点。经过不断探索和完善，电絮凝技术现已经成功在众多工程领域中得到应用，如印染纺织废水、餐饮废水、电镀废水和重金属废水等的处理。

（3）电絮凝原理

电絮凝的理论基础是电化学、流体力学和应用电子学等相关技术的结合。电絮凝气浮技术的基本机制是利用电场的诱导使粒子产生偶极化，借助流道的设计而自动凝聚成絮体，在不外加空气的情况下，利用电解产生的气泡与絮体充分结合，使污染物自动上浮而去除。粒子偶极化是指极板在直流电的作用下产生电场，通过隔板的设置及流道的设计，使水溶液中的粒子在密闭的电场下被诱导，在适当的电场强度下，粒子内部的电荷会重新分配，正电荷偏向负极，负电荷偏向正极，重新分布的电荷大小取决于粒子本身的性质（图 2-2，书后另见彩图）。水分子也会受到电场的影响，产生偶极化效应，同时使包围杂质的水合力减弱，粒子便拥有较高的自由度，有利于后续作用的发生。粒子进入电场后，偶极化会立即产生，电场消失后，偶极化粒子则慢慢恢复原状。与传统粒子仅带有一种电荷不同，电场可使粒子同时带有正、负两种电荷。在流动过程中，由于正负电荷互相吸引，促使两种杂质粒子互相接近，从而结合生成新的粒子，此粒子在电场中重新被偶极化，形成一个更大的、带有正负电荷的新粒子。此时可以通过借助流道的特殊设计来增加粒子之间的碰撞与极化，经过反复碰撞结合，很多粒子可以成长为原来的 100 倍左右，粒径可增大至 0.1～1.0mm。

在电絮凝技术中使用的电极一般为铝电极或铁电极，在施加电流后，阳极可以溶出铝离子或亚铁离子，通过混凝作用促进絮体的形成。胶体粒子脱稳之后会形成絮体，脱稳过程主要通过降低粒子之间的静电斥力从而使其凝聚。在电絮凝反应过程中，絮体主要通过以下几种方式进行聚集：a. 粒子运动在电场中产生磁场相吸；b. 电解产生气体过程中会形成一个速度梯度，从而产生搅拌作用；c. 电场中的电泳作用会使带同种电荷的粒子因质荷比的差异而造成不同的电泳速度，从而增加粒子碰撞凝聚的机会，带异性电荷的粒子也会因电泳方向的不同而相互碰撞，从而产生凝聚作用；d. 通过改进流道的设计，使流体在流动状态下产生扰流。

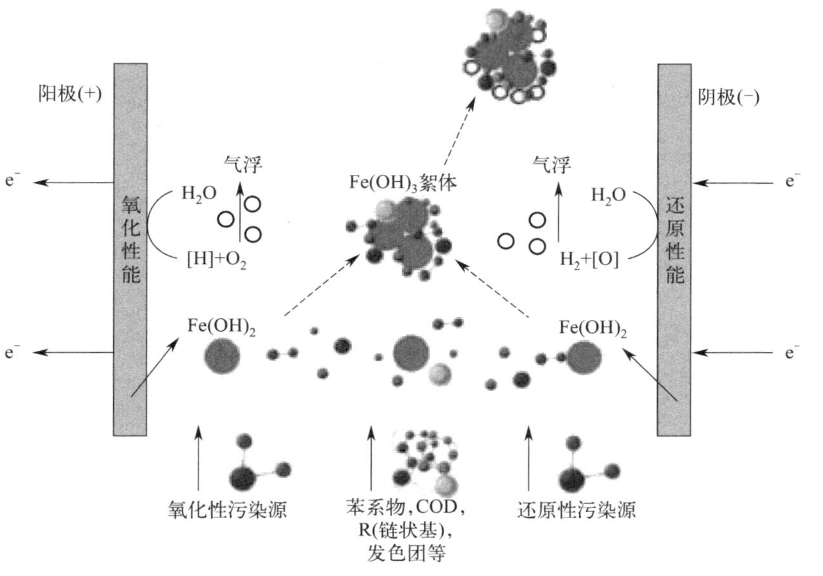

图 2-2　电絮凝过程粒子成长示意图

基于以上理论基础，可以将电絮凝的基本原理概括如下。在电絮凝过程中，通过外加电场的作用，电极发生电化学反应。如图 2-3 所示，可溶性的金属阳极（通常为铝极板或铁极板）被氧化后溶解，产生具有絮凝特性的阳离子（铝离子或亚铁离子），在溶液中经过水解、聚合形成一系列氢氧化物或单核和多核羟基配合物，通过混凝、吸附和沉淀等作用去除水体中的污染物。与此同时，阴极发生还原反应，释放出的微小氢气气泡会加速颗粒的碰撞，使密度小的上浮分离，密度大的下沉分离。由于氢气密度比水小，并且在水中的溶解度较小，加之分子间存在的范德华力，使得气泡容易吸附在絮体的表面，且这类气泡具有良好的黏附性能，有助于迅速去除水体中形成的溶解态或悬浮态的胶体物质。

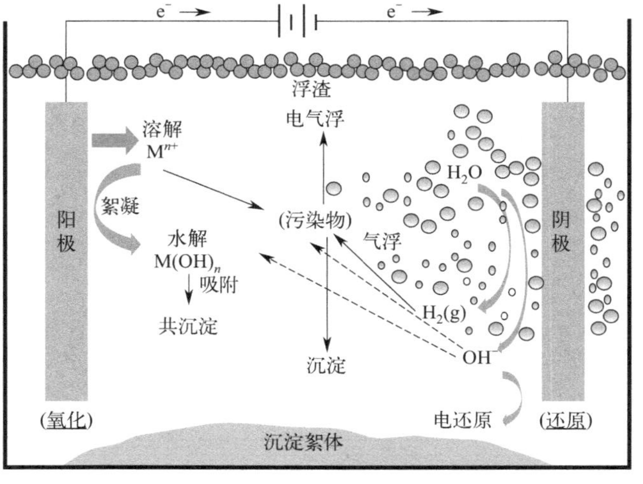

图 2-3　电絮凝原理图

根据电絮凝的基本原理，可以将电絮凝反应过程分为电化学反应过程（阳极氧化和阴极还原）、电絮凝过程、电气浮过程，如图 2-4 所示。

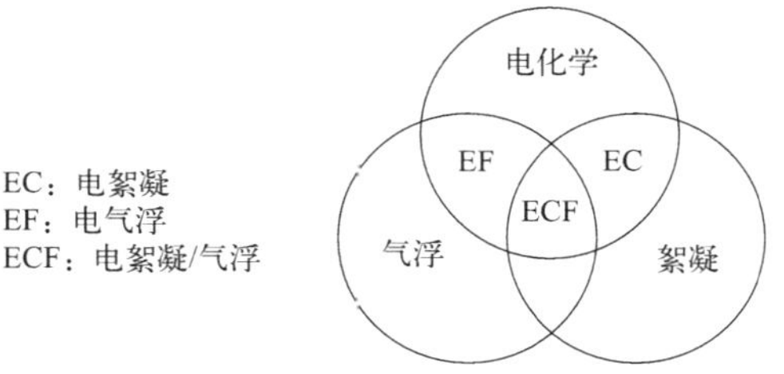

图 2-4　电絮凝反应过程中发生的相互作用

① 电化学反应过程：根据电极得失电子的不同，电化学反应主要包括阳极氧化反应和阴极还原反应。

Ⅰ. 阳极电解氧化。在电絮凝过程中，电解氧化是指发生在阳极上的电化学反应，包括直接氧化和间接氧化。直接氧化是指污染物在阳极直接失去电子而发生氧化。间接氧化是指利用溶液中电极电势较低的阴离子在阳极失去电子生成新的活性物质作为氧化剂，例如 OH^-、Cl^- 在阳极失电子生成 [O]、[·OH]、Cl_2 等氧化剂。

Ⅱ. 阴极电解还原。在电絮凝过程中，电解还原是指发生在阴极上的电化学反应，包括直接还原和间接还原。直接还原是指污染物在阴极直接得到电子而发生还原的过程。间接还原是指污染物中的阳离子首先在阴极上得到电子，使得电解质中高价阳离子或低价金属阳离子在阴极得到电子直接被还原为低价阳离子或金属沉淀。

电解氧化和电解还原均为发生在电极上的电化学反应，在电絮凝过程中，电极上发生的基本反应可以表示为：

阳极反应
$$M-ne^- \longrightarrow M^{n+} \tag{2-1}$$

阴极反应
$$nH_2O+2ne^- \longrightarrow \frac{n}{2}H_2+nOH^- \tag{2-2}$$

溶液中
$$M^{n+}+nOH^- \longrightarrow M(OH)_n \tag{2-3}$$

式中，M 表示金属阳极，n 为氧化/还原反应中转移的电子数。

当电极材料为铝或铁时，阳极和阴极的主要反应如表 2-1 所列。

表 2-1　电极反应

属性	阳极反应	阴极反应
一般反应	$4OH^- -4e^- \longrightarrow 2H_2O+O_2(g)$ $2H_2O-4e^- \longrightarrow 4H^+ +O_2(g)$ $2Cl^- -2e^- \longrightarrow Cl_2(g)$ $Cl_2(g)+H_2O \longrightarrow HOCl+H^+ +Cl^-$	$2H_3O^+ +2e^- \longrightarrow 2H_2O+H_2(g)$ （酸性环境） $2H_2O+2e^- \longrightarrow 2OH^- +H_2(g)$ （碱性环境） $2H_2O+O_2+4e^- \longrightarrow 4OH^-$
铝电极	$Al(s)-3e^- \longrightarrow Al^{3+}(aq)$ $Al^{3+}(aq)+3H_2O \longrightarrow Al(OH)_3(s)+3H^+$	$Al(s)+4OH^- \longrightarrow [Al(OH)_4]^- +3e^-$ （中性或碱性环境）

续表

属性	阳极反应	阴极反应
铁电极	$Fe^{2+}(aq)+2H_2O \longrightarrow Fe(OH)_2+2H^+$ $Fe(OH)_2+HOCl+e^- \longrightarrow Fe(OH)_3+Cl^-$ $Fe^{2+}-e^- \longrightarrow Fe^{3+}$ $Fe^{3+}+3H_2O \longrightarrow Fe(OH)_3+3H^+$	$[Fe(OH)_4]^-+2OH^- \longrightarrow [Fe(OH)_6]^{3-}$ （中性或碱性环境）

当水体中含有 Cl^- 时，阳极可能发生 Cl^- 的电解以及 Cl_2 的水解反应，如下所示：

$$2Cl^- - 2e^- \longrightarrow Cl_2 \tag{2-4}$$

$$Cl_2 + H_2O \longrightarrow HClO + H^+ + Cl^- \tag{2-5}$$

$$HClO \longrightarrow H^+ + ClO^- \tag{2-6}$$

② 电絮凝过程：水环境中悬浮颗粒物与胶体杂质均呈现带电特性，其微观结构特征如图 2-5(a) 所示。胶体系统的核心由胶核构成，胶核表面通过选择性吸附机制形成带电层。这些电荷既可能源自胶核组成物的自发电离，也可能来源于对溶液中特定离子的选择性吸附。这层被吸附的离子构成电位决定层，其种类和浓度直接决定了胶体表面电荷的极性和电荷密度。

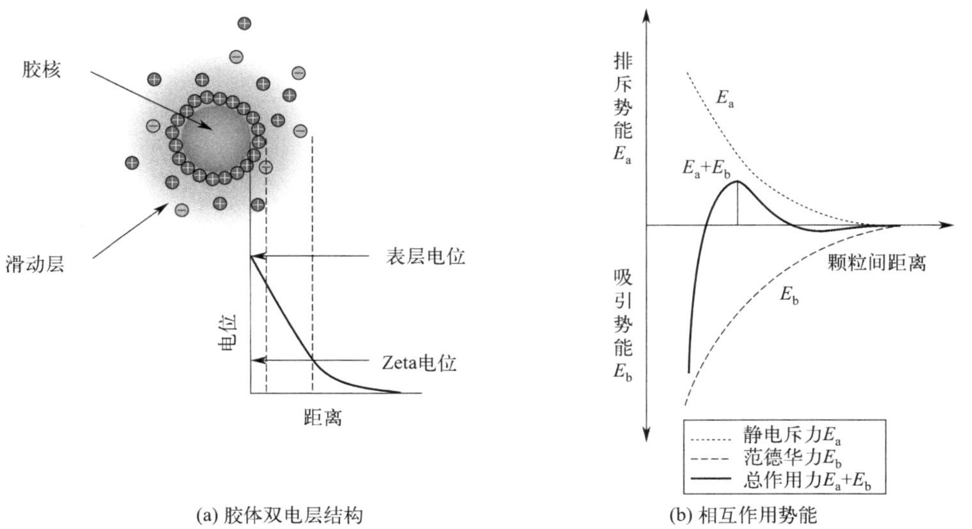

图 2-5　胶体双电层结构和相互作用势能示意图

在静电引力作用下，电位决定层外围会吸引大量反离子，形成独特的双电层结构。紧邻电位决定层的反离子构成固定吸附层，与胶核保持同步运动；而外层反离子则形成扩散层，呈现浓度梯度分布特征。固定层与扩散层的界面被称为滑动面，滑动面所包围的实体称为胶体粒子。胶体粒子表面与溶液本体之间的电势差即为 ζ 电位（Zeta 电位），该参数对胶体稳定性具有决定性作用。

天然水体中的胶体通常具有较高的 ζ 电位值，由此产生的强静电排斥效应使胶体微粒难以克服能垒实现有效碰撞。虽然布朗运动赋予微粒动能，但其强度不足以突破双电层斥力屏障，使微粒间距缩小至范德华力主导作用范围（通常为 1～3nm）。这种动力学稳定状态可使胶体系统长期维持分散体系，如图 2-5(b) 所示。

在以铁系或铝系金属为电极构建的电絮凝体系中，阳极发生氧化溶解，持续释放 Fe^{2+} 或 Al^{3+} 等离子。这一过程不仅显著提升了溶液离子强度，更重要的是通过电荷中和效应，促使反离子向胶体双电层结构迁移，部分离子甚至能够穿透扩散层进入吸附层。根据双电层理论，在胶核表面电位恒定的前提下，吸附层中阳离子浓度的持续增加会导致扩散层厚度减小，进而使表征胶体稳定性的 Zeta 电位显著降低。当阳离子在吸附层内达到饱和浓度时，扩散层完全被压缩，Zeta 电位趋近于零，体系处于等电点状态。此时胶体微粒间的静电排斥势垒完全消除，通过双电层压缩作用可实现胶体脱稳凝聚。

同步发生的金属离子水解过程会生成多核羟基配合物，如 $[Al(OH)_2]^+$、$[Fe(OH)]^{2+}$ 等，以及无定形金属氢氧化物沉淀。这些水解产物凭借其表面活性位点，可对胶体微粒产生特异性化学吸附。其中延伸型高分子物质（如聚合氯化铝）通过分子链段的空间延伸特性，可实现多胶粒间的物理连接，形成三维网状絮体结构。该吸附架桥机制可有效克服胶体再稳现象，促进微米级絮体的持续生长。

此外，新生金属氢氧化物沉淀具有高比表面积特性，在形成过程中通过表面配位作用捕获污染物，同时在沉降阶段产生卷扫作用，实现对胶体颗粒的网捕截留，作用机理如图 2-6 所示（书后另见彩图）。

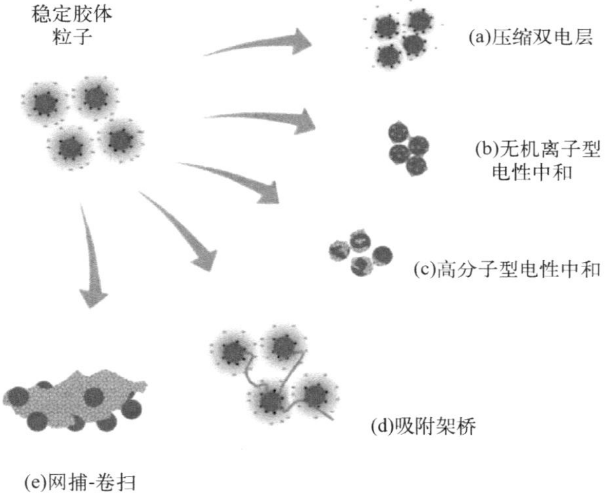

图 2-6　电絮凝过程中的絮凝的机制

③ 电气浮过程：电气浮是指利用电絮凝过程中阴极释放的氢气等微小气泡使污染物上浮而去除的电化学过程。微气泡的大小及数量决定了电气浮过程的水力负荷。研究表明，电气浮产生的氢气气泡直径 10～30μm，氧气气泡直径 20～60μm，远远小于加压溶气气浮的气泡直径（100～150μm）与机械搅拌气泡直径（800～1000μm）。如图 2-7 所示，微气泡的直径越小，在相同产气量条件下，单位体积溶液中微气泡数量就会越多，导致微气泡比表面积逐渐增大，从而对悬浮物有更高的分离效率以及更好的黏附性能。

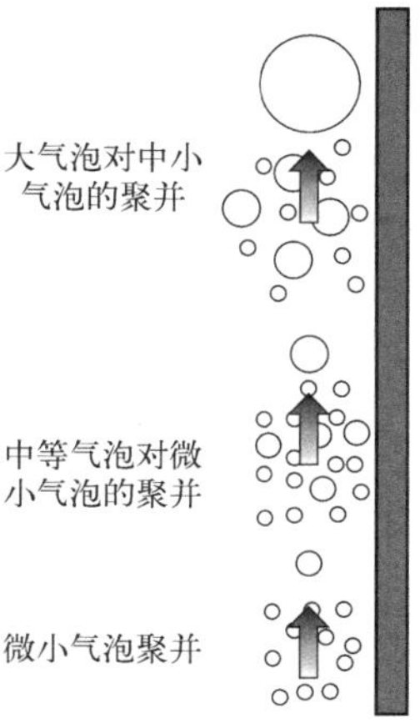

图 2-7 电絮凝阴极氢气泡成长示意图

电气浮作用使胶体颗粒物或絮体、溶液以及微气泡三者之间发生充分接触，通过絮体吸附以及气体气浮的协同作用去除废水中的污染物。因此，实现电气浮应具备以下 3 个基本条件：a. 需要产生足够数量的微小气泡；b. 必须使待分离的颗粒形成不溶性固态或液态悬浮体；c. 必须使气泡能够与颗粒黏附，黏附作用主要由化学键、范德华力和静电吸附共同形成。

（4）电絮凝技术的主要影响因素

在电絮凝装备运行时，需要考虑多种因素来达到最佳的污染物去除效果，主要的影响因素包括初始 pH 值、电流密度、电极连接方式、电极间距、处理时间和温度等。

1）初始 pH 值

初始 pH 值对电絮凝的性能以及污染物去除机制起着重要作用。首先，初始 pH 值会影响污染物的形态、溶液的电导率、Zeta 电位和电极的溶解速度，同一种污染物在不同 pH 值下其性质可能会有所不同。其次，初始 pH 值还会影响电絮凝反应过程中生成的絮体形态以及结构，例如在铝电絮凝过程中，阳极溶解出的 Al^{3+} 在中性条件下主要会生成 $Al(OH)_3$，但 pH 值较高的话，Al^{3+} 会形成可溶的 $Al(OH)_4^-$，可能不利于污染物的去除。铁和铝在不同 pH 值下的水解产物如图 2-8 所示。

2）电流密度

电流密度（current density，CD）是电絮凝的重要参数之一，它决定了混凝剂的投加率、气泡的产生速度、絮凝体的大小和生长，这些都会影响电絮凝的效率。随着电流密度的增加，阳极溶解，金属氢氧化物絮体增加，从而提高了水中污染物的去除效率。一般来说，阳极溶解的金属离子数量与施加的电流密度成正比。然而，当使用过大的电流密度时，电极的钝化速度也会加快，这样就会导致系统的电压增加以及电流效率下降。另外，电流密度有一个临界值，若超过此值，再提高或降低电流密度，电絮凝处理效果不会有明显的改善。

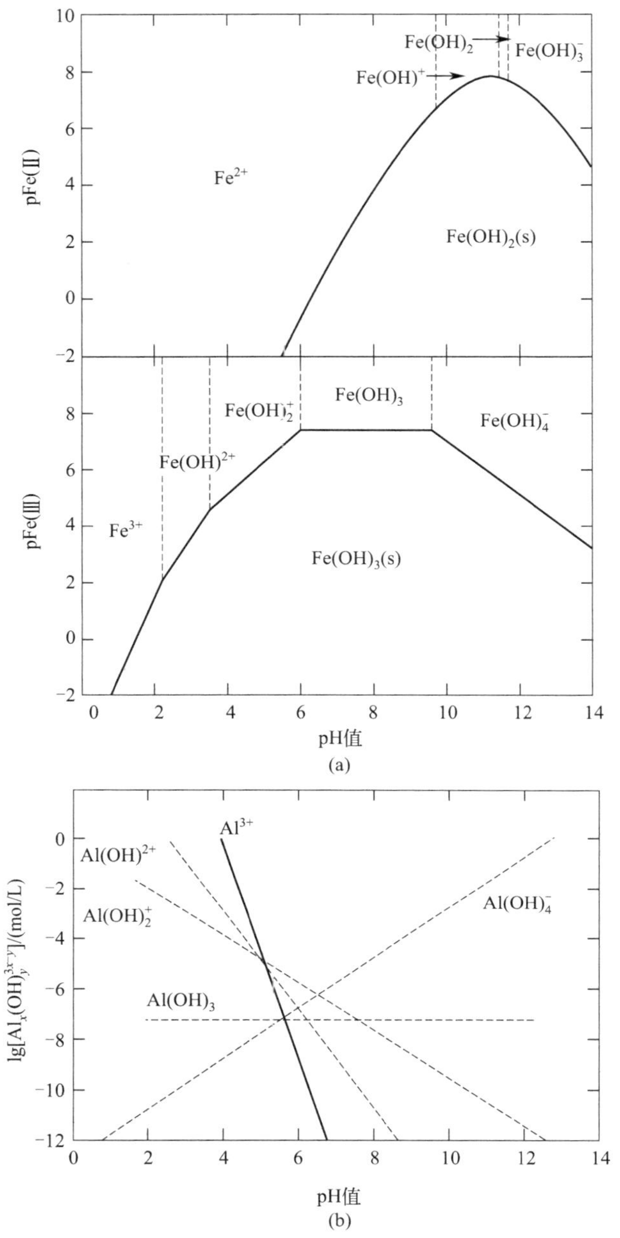

图 2-8 铁和铝在不同 pH 值下的水解产物

3）电极连接方式

电极连接方式不仅影响污染物的去除效果，还影响能耗和成本。在电絮凝技术中有 3 种常见的电极连接方式（图 2-9，书后另见彩图）：单极并联式（monopolar parallel，MP-P）、单极串联式（monopolar series，MP-S）和双极串联式（bipolar series，BP-S）。

① 单极并联式：所有阳极都相互连接并与外部直流电源相连，阴极也应采用相同的方法。

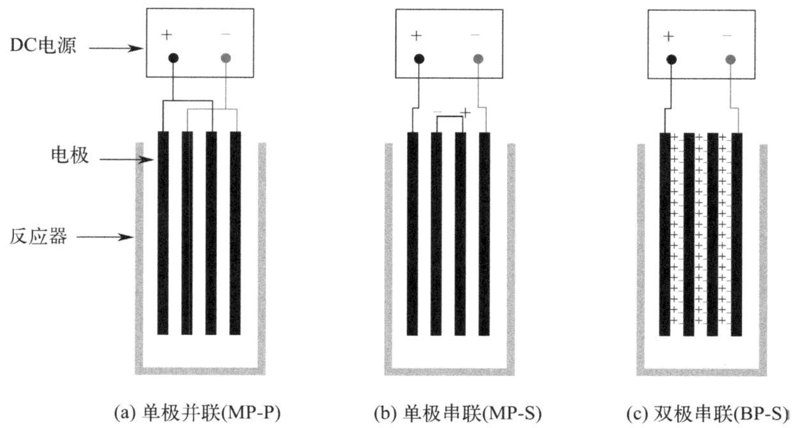

图 2-9　三种电极连接方式

② 单极串联式：两个最外面的电极连接到形成阳极和阴极的外部电路，而内部每对电极都彼此连接且不与外部电路互连。

③ 双极串联式：外部电极连接方式类似于单极串联式，都是外部电极连接到电源形成阳极和阴极的外部电路，而内部电极则不通过任何方式连接，一旦电流通过外部电极，内部电极的相邻侧面将被极化，电极上携带的电荷与附近电极相反。

4）电极间距

电极之间的距离是电絮凝运行过程中的重要参数，直接影响运行成本。当电压保持不变时，随着电极间距的增加，电阻增加，电流密度降低。但电极间距继续增加则不利于电絮凝反应的发生。也有研究者认为，电极间距是电絮凝中流场分布的重要影响因素，阴、阳两极板之间的电压包括平衡电极电位、阳极电化学极化过电位、阳极浓差极化过电位、阴极浓差极化过电位、阴极电化学极化过电位和电阻电位。因此，设计适中的电极间距有利于絮凝反应的顺利进行。

5）处理时间

电絮凝的反应时间对于污染物的去除效率以及能耗都有较大的影响，根据法拉第定律，电解时间会影响释放到溶液中的铁离子或铝离子的数量，水力停留时间则决定了絮凝的时间，从而决定了絮凝剂对污染物的去除率。在废水处理初期，当初始污染物浓度较低，生成的铁或铝氢氧化物数量足够大时，可以迅速去除污染物。随着电絮凝过程的进行，污染物的浓度逐渐降低，同时在电解池内生成了更多的混凝剂，从而达到一个稳定阶段。对于较高的污染物初始浓度，则需要通过增加水力停留时间来增强水的净化效果。此外，当电絮凝的时间较长时，工作电极会趋于钝化，即阳极表面形成钝化膜，从而使得阳极生成阳离子的速度减缓，这种现象称为“表面钝化”。一旦电极表面形成了钝化膜，电絮凝过程就需要更高的电极电位，这会增加能源消耗和成本。电解时间会影响电能消耗和运行成本，因此，优化电解时间是降低电化学工艺成本的必要措施。

6）温度

温度可能是影响电絮凝去除污染物效果的基本因素之一。提高反应器中的溶液温度会提高离子的迁移速率，促进它们与絮凝物质发生碰撞，从而提高电絮凝的效率。一般认为，提高废水温度可增强颗粒的动力学活性及提高碰撞效率，从而提升传质效果。然而，当温度提升至50℃以上时，反应速率和污染物去除率的提升幅度难以抵消额外的能源消耗成本，因此该工况缺乏经济可行性。

(5) 电絮凝技术应用现状

随着电絮凝反应过程理论研究的不断深入，电絮凝技术在水处理中的应用日益广泛。已有研究表明，电絮凝可以去除水体中的多种污染物，如金属及类金属、悬浮物、有机污染物、油脂、胶体、氟化物、磷酸盐、细菌、病毒等。

1) 絮凝处理地下水或饮用水

工农业的快速发展导致工业废水直接排放、农药和化肥过量使用，进而对地下水和饮用水水质构成严重威胁。地下水水质超标项目既包括天然化学成分（如氟、砷等），也包括人为污染，地下水源的污染呈现日益复杂的特征。

电絮凝技术在饮用水及地下水处理领域展现出多污染物协同去除的能力，其中对砷系污染物和氟化物的治理研究较多（图2-10，书后另见彩图）。该技术对As(Ⅴ)和As(Ⅲ)的去除率可达93.0%～99.9%。Gilhotra等采用304不锈钢电极体系开展砷去除的研究，在电极间距15mm、电流密度20A/m^{2}条件下，初始浓度为10mg/L和100mg/L的砷溶液，砷去除率分别为99.6%和86.0%。Genuchten等采用铁阳极、铜网阴极材料，通过恒流模式电絮凝处理受砷污染的地下水，研究了砷在电絮凝中的去除反应行为及其絮体的结构和胶体稳定性。

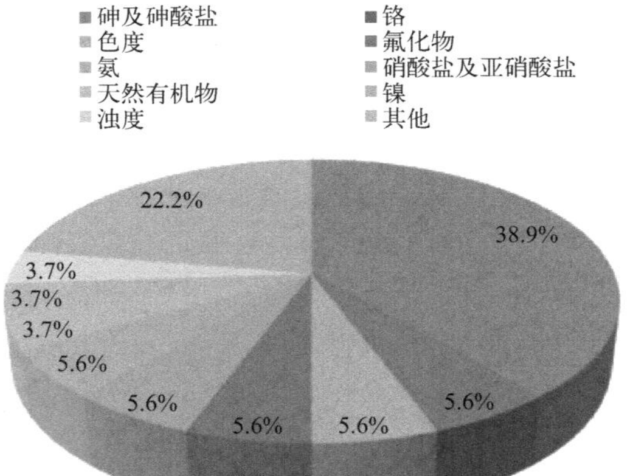

图2-10 电絮凝处理地下水及饮用水中污染物分布

在硝酸盐处理方面，Lacasa等对比了电絮凝和化学絮凝对地下水中硝酸根的去除效果，结果表明化学絮凝不适合用来去除水体中的硝酸根，而电絮凝过程中带负电荷的硝酸根会优先吸附在逐渐增大的金属氢氧化物絮体表面，同时伴随着絮体的沉降而被有效去除。

针对复合污染体系，Castaneda等创新性地设计了Al-Fe双金属电极系统，实验证实，混合电极产生的多形态金属氢氧化物可显著提升As-F的协同去除效果。在电流密度为

$5mA/cm^2$、流速为 1.2cm/s 的条件下，处理后出水中氟化物和砷浓度分别降至 0.88mg/L 和 0.0002mg/L，完全满足 WHO（世界卫生组织）饮用水标准要求。这种性能的提升可归因于铝系絮体架桥吸附与铁系絮体表面配位作用的协同机制。

2）电絮凝处理重金属废水

在矿冶、机械制造、化工、电子和仪表等工业生产过程中，通常会排放重金属废水，包括汞（Hg）、铬（Cr）、镉（Cd）、铅（Pb）、铜（Cu）、锌（Zn）、镍（Ni）、锰（Mn）和钴（Co）等（图 2-11，书后另见彩图）。废水中的重金属一般不能被分解破坏，只能通过转移其存在位置而使重金属不易被溶出，或通过转变其物理和化学形态生成毒性较低或稳定性更强的物质。重金属离子具有较强的毒性，难以被生物降解。当水体中存在多种重金属离子时，传统处理方法（如吸附、沉淀和离子交换等）往往存在操作复杂、难以同时去除多种重金属等问题。相比之下，电絮凝技术可以有效地处理此类废水，目前已获得较广泛的应用。

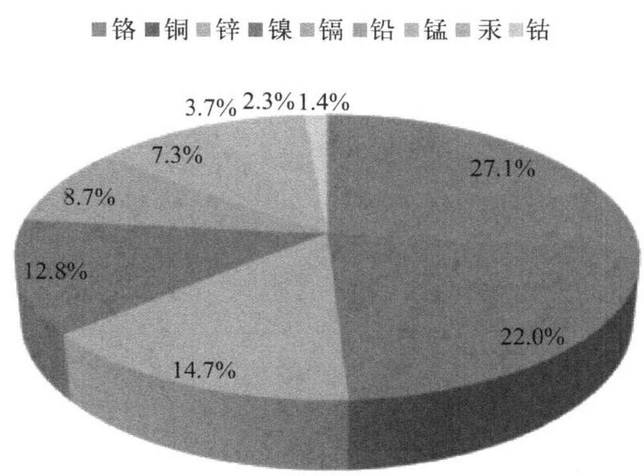

图 2-11　电絮凝处理重金属种类分布

在重金属废水处理领域，电絮凝技术展现出显著的离子特异性去除能力。Chen 等采用铝电极体系进行锌离子的去除研究，发现电化学参数优化可显著提升去污效能：当电流密度提升至 $8.3mA/cm^2$、能耗控制在 $0.35kW \cdot h/m^3$ 时，20min 内即可实现 Zn^{2+}（50mg/L）的完全去除。Heidmann 等采用电絮凝技术处理含铬废水，研究了初始铬浓度、电荷量和电流对去除效果的影响，发现电流是影响 Cr(Ⅵ) 去除的关键因素：当采用低电流（0.05～0.1A）时，Cr(Ⅵ) 被亚铁离子还原为 Cr(Ⅲ)，以氢氧化铬的形式沉淀并去除；当采用高电流（1.0～3.0A）时，Cr(Ⅵ) 主要通过阴极还原为 Cr(Ⅲ)，并最终以氢氧化铬的形式沉淀并去除。电絮凝对于一些络合态的重金属也有很好的处理效果。Bhatti 等对电絮凝去除铜的影响因素进行了研究，发现 pH 值对铜的去除率影响最大，因此铜的去除途径可能与化学沉淀有关。此外，电絮凝还有望从废水中回收铜。Wang 等介绍了一种使用电絮凝系统一步去除 Tl(Ⅰ) 的方法，当初始 Tl(Ⅰ) 浓度为 10mg/L、电流密度为 $10mA/cm^2$ 时，铝阳极在 60min 内的总 Tl 去除率为 (86.4±1.0)%，且 Tl 去除效率随着电流密度的增加而提高。

电絮凝处理方法在去除一些常规污染物和重金属离子中的应用见表 2-2。

表 2-2 电絮凝处理方法在去除一些常规污染物和重金属离子中的应用

污染物	浓度/(mg/L)	电极	电流密度/电压或电流条件	pH 值	去除率/%
Zn、Ni、Cd	—	Fe-Fe	30A/m^2,40A/m^2,35A/m^2,43A/m^2,30A/m^2	5,5,7.4	98.9,96.3,99.8
Zn^{2+}	50～2000	Al-Al	8.3A/m^2	5.3	100
Zn^{2+}、Cd^{2+}、Mn^{2+}	—	Fe-Fe	15A/m^2	6.9	99.93,97.15,85.46
As	1	Al-空气燃料电池	308A/m^2	7	100
铀	—	Fe-SS Al-SS	70A/m^2	—	97.7 97.7
磷酸盐	100	Al-Al	6A/m^2	6	99
Cr(Ⅵ)、Pb	3.5～55.3	SS-SS	73.5A/m^2	3.5	91.7,91.3
Cu、Ni、Cd	50～250	Fe-Fe	0.186A/m^2	8,10,7	99,92,99
Mn	360	Al-Al	10V	9	92
硝酸盐	300	Al-Al	1.2A/m^2	9.8	89.4
氟化物、As	80,10	Fe-Al	4.5A/m^2	5	85.68,100
Cd	50	Al-Al	20V	7	90
Ti	10	Al-Al	20A/m^2	9	86.4
Sb(Ⅴ)、Co(Ⅱ)	29～60	Fe-Fe	5A/m^2	5	<0.1mg/L
As、Si	4,600	Fe-Fe Al-Al	2.9A	8.6	<0.1mg/L, <100mg/L
B	10	Fe-Ni	3.75A/m^2	8	99
氨、Zn、Fe	2226,362,128	Al-Al	5A	8	93,93,83
TDS、Cl^-、Br^-、SO_4^{2-}	26.263,8.498,6,6562	Al-Al	2A/m^2	8	91,93,90,90
Se	0.3	Fe-Fe	1.68A/m^2	5	90
Hg	1.02	Fe-Fe	4.93A/m^2	7	82.72
氰化物	100	Fe-Fe Al-Al	100A/m^2	12	100,60
Cu、Ni、Zn、Cr、氰化物	20,100	Fe-Al	40A/m^2	11	>95
Mn	250	Fe-Fe	250A/m^2	5.5	76.0
Hg(Ⅱ)	0.4	Fe-Fe	250A/m^2	7.0	99.9
Sr^{2+}	5	Mg-Zn Fe-Zn Al-Zn Zn-Zn	8A/m^2	6.8	97.0,95.2, 91.4,89.6

注：TDS 表示总含盐量；SS 表示不锈钢；DO 表示溶解氧；TSS 表示总悬浮固体。

3）电絮凝处理印染废水

纺织、造纸和制革等行业染色过程中产生的染料废水具有色度高、有机物浓度高、成分复杂、可生化性差和毒性高等特点，直接排放会造成水体严重污染，破坏其自净能力。研究表明，电絮凝技术对去除染料废水的色度有很好的效果，通过化学沉淀和吸附，能够有效去除污染物。染料废水中带负电荷的分子经吸附电中和作用被去除，带正电荷的染料单体和聚合体主要被 $Fe(OH)_2$ 和 $Fe(OH)_3$ 或 $Al(OH)_3$ 絮体吸附而去除。

电絮凝处理染料种类分布和电絮凝处理染料废水水质指标分布见图 2-12（书后另见彩图）。

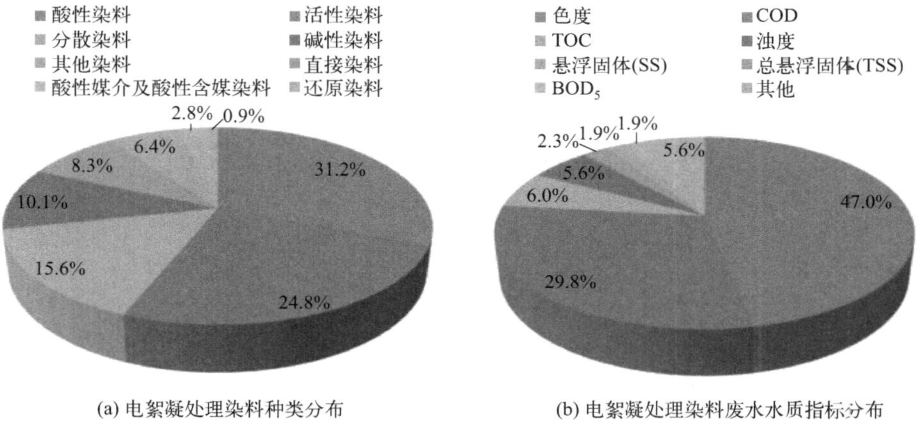

(a) 电絮凝处理染料种类分布　　(b) 电絮凝处理染料废水水质指标分布

图 2-12　电絮凝处理染料种类分布和电絮凝处理染料废水水质指标分布

Núnez 等研究了电絮凝技术对纺织废水的降解效率，得出浊度去除率为 82%、COD 去除率为 59%、色度去除率为 86%。此外，以 Fe-Al 为阳极，Cu 为阴极，电极尺寸为 70mm×20mm×1mm，在电极间距为 3cm、总电极面积为 $40cm^2$ 时，改变电流密度，色度去除率为 98%，COD 去除率为 87%。Amani-Ghadim 等对比了 Fe 和 Al 两种电极材料对染料活性红 43 的去除效果。研究发现 Fe 极板的性能优于 Al 极板，在电流密度为 $35.07A/m^2$、反应初始 pH 值为 8.54 的操作条件下，持续反应 24min 时，对活性红 43 的脱色率大于 99%，对 TOC 的去除率为 90.58%。

4）絮凝处理含油废水

含油废水主要来自石油、化工、钢铁、焦化、机械和煤气发生站等工业企业。该类废水中含有大量化学物质、溶解固体以及芳烃和脂肪烃。电絮凝技术是电法破乳的一个分支，其在处理含油废水方面有着广阔的应用前景。

Aoudjehane 等以铁为牺牲阳极开展电絮凝技术研究，实验结果表明在电流密度为 $200A/m^2$、电导率为 0.081S/cm、电极间距为 1cm 和 pH 值为 2 时，电解 15min 后 COD、SS 去除率分别为 72%、98%，耗电量仅为 $0.54kW \cdot h/m^3$。陈光光等用电絮凝法处理石油裂化催化剂废水有较好的除浊效果，在最优工艺参数（初始 pH 值为 8，电极间距为 1.5cm，电流密度为 $25mA/cm^2$，电解时间为 40min）条件下，电絮凝对废水浊度和 SS 的去除率分别在 97%和 95%以上，出水浊度和 SS 分别低于 5NTU 和 15mg/L。王兵等用铁极板处理聚驱采油废水，酸性条件下，COD 去除率可达 85.24%，比同等条件下投加化学絮凝剂 $FeSO_4$ 的水处理效果更好，这说明用电絮凝技术处理采油废水是可行的。Sekman 等使用电絮凝技术和铝极板对港口废物接收设施产生的含油废水进行了研究。在 $16mA/cm^2$ 的电流密度下，电解 5min，悬浮物的去除率达到 98.8%。此外，在电流密度为 $12mA/cm^2$、处理时间为 20min 时，COD 去除率为 90%。Giwa 等进行了一项电絮凝实验，用于处理石油化工废水。通过改变电流密度（$7.55 \sim 21.64mA/cm^2$）、NaCl 含量（0.5～2g/L）和处理时间（5～30min）来分析各种因素对浊度降低的影响。结果表明，在电流密度为 $21.64mA/cm^2$、NaCl 含量为 2g/L、电解时间为 30min 的操作参数下，浊度去除率最高，达到 97.43%。

电絮凝处理有机污染物的应用见表 2-3。

表 2-3　电絮凝处理有机污染物的应用

污染物	浓度/(mg/L)	电极	电流密度/电压或电流条件	pH 值	去除率/%
COD 油、油脂	1019 200	Cu-Al	$25A/m^2$	6.5	95.1 92.5 99
酚 浊度 色度	—	Al-Al	15A	5.5	45.7 99.9 70.4
酚类化合物	—	Al-Al	10V	5	40
COD	10	Al-Al	15V	4.1	51
天然有机质	38.3	Fe-SS	4A	6.61	79
有机化合物	—	Fe-Fe	30V	3	87.1
COD 油、油脂	1250±50	SS-MS	$0.634A/dm^2$	7.26	99.7 96.43
木质素 COD 色度	1155(mg 苯酚/L) 657	Fe-Al	10V	5	78.5 85 100
COD	—	Fe-SS	$22mA/cm^2$	7	87
COD 浊度	3400～3840 728NTU	Al-Al	28V	—	91.9 92.3
颗粒磷(PP) 聚磷酸盐(PO_4^{3-}) P_2O_5 COD DO	300	碳电极	1A	—	40.75 33.00 32.83 25.83 −87.88
浊度 磷酸盐 有机质	202NTU 4.75 23	Al-Al	0.2A	7	99.5 96.69 43.57
COD 色度	5803	Al-Al	$10.75A/m^2$	8.7	94.88 78.65
COD	—	Al-Al Fe-Fe	25V 20V		85 45
COD 色度	—	Al-Al	6V	3	72 97
TOC COD 浊度 TSS 色度	220～260 280～295 15～35NTU 34 436～620	Al-Al	$25mA/cm^2$	5	42.5 18.6 83.5 64.7 90.3～94.9
COD BOD SS	25500 15600 12300	钢丝	25A	5	95 94 96

续表

污染物	浓度/(mg/L)	电极	电流密度/电压或电流条件	pH 值	去除率/%
COD TOC TN 浊度	1250 600 41 310NTU	Fe-Al	$1A/m^2$	8.79	55 60 90 100
浊度 酚类化合物 色度	—	Al-Al	65V	5.5	99.9 45.7 70.4
头孢唑啉 COD 浊度	42.3μg/L 528 269NTU	Fe-Al	50V	7	94 85 94
色度 COD	3000	Al-Al	$166.7mA/cm^2$	5.5～6	100 50
腐殖酸	—	Fe-Fe	50V	5	92.69
诺氟沙星(抗生素)	—	Fe-Fe	50V	5	92.69
PFBS PFHxS PFOS PFSAs	—	Al-Zn	12V	7	87.4 95.6 100 100
油、油脂	—	Fe-Al	$20mA/cm^2$	7.8	98.1
多环芳烃	—	Fe-Fe	$40mA/cm^2$	7.75	86

注：PFBS 表示全氟丁烷磺酸；PFHxS 表示全氟己烷磺酸；PFOS 表示全氟辛烷磺酸；PFSAs 表示全氟磺酸类物质。

电絮凝的应用非常广泛，能够有效处理重金属、印染以及含油废水等，而对于某些特殊废水，仅用电絮凝技术处理难以达到理想的处理效果，或者由于处理时间较长使得能耗、极板消耗较大，运行成本高昂。故可将电絮凝作为前处理技术，满足后续处理的要求，或者作为后处理，进一步去除微量、痕量污染物。

2.2.2 电絮凝集成技术

目前，电絮凝在废水处理中通常与其他水处理技术进行联用，充分发挥电絮凝的优势，提高废水处理能效，在高效去除废水污染物的同时进一步降低系统能耗。电絮凝集成技术结合各类水处理工艺，为各种类型的水处理提供更多选择，扩大可处理污染物的范围，提高电絮凝技术在实际工程应用中的价值。

2.2.2.1 电絮凝-膜技术

膜过滤工艺具有回收率高、占地面积小和污泥体积小等特点。它被认为是海水淡化和废水处理中应用较为广泛的方法之一。常见的膜处理工艺包括微滤（MF）、纳滤（NF）、超滤（UF）和反渗透（RO）等。膜分离是高效的水处理工艺，可表现出高回收率。但是，膜分离技术具有易造成膜污染和运行成本高的缺点。将电絮凝作为预处理工艺可有效去除废水中的多种污染物，与膜技术联用后，不仅能进一步提高污染物的去除率，还能降低组合工艺的整体运行成本。

(1) 电絮凝-微滤（EC-MF）

微滤（MF）是一种筛分过程，用于孔径为 0.1μm 或更大颗粒的过滤。在一定压力差下，粒径小于滤膜孔径的溶质与溶液一同通过膜孔，截留住粒径较大的颗粒，从而达到分离溶质的目的。由于微滤膜在截留不同粒径颗粒的同时，还具有吸附特性，所以常被用于去除污水中的悬浮物、大的胶体颗粒以及微生物等。在过去的几十年里，陶瓷膜和聚合物膜在工业规模的水处理装置中得到了广泛的应用，可是由于微滤膜的孔径较大，因此比其他类型的膜更容易发生污染。电絮凝是一种经济高效的预处理技术，可有效去除废水中的悬浮颗粒和有机污染物，从而显著降低后续膜处理过程中的膜污染风险。

Ben-Sasson 等使用电絮凝-微滤混合系统去除模拟废水中的天然有机物（NOM）。研究发现，以 Fe 和 Al 为电极的电絮凝预处理工艺主要通过以下两个方面增强含 NOM 溶液的微滤效果：一是显著减少由于 NOM 存在而引起的污染，从而降低过滤过程中的能耗；二是提高组合工艺从模拟废水中去除 NOM 的整体能力。电解液对过滤性能的影响很大程度上取决于溶液 pH 值、阳极材料、处理时间以及 NOM 的种类和浓度，且在 pH≥7 时，铁基电解液对污染的缓解和对 NOM 的降解效果优于铝基电解液。与单独的 100kDa 超滤相比，在理想的操作条件下，EC-MF 混合工艺的过滤时间缩短了 97.2%，NOM 去除率提高了 20%。EC-MF 具有支持高渗透通量、低污染和高去除率等优点，因此具有替代 UF 去除 NOM 的潜力。Changmai 等采用了一种间歇式 EC-MF 工艺来处理含有油和油脂以及 Na、Cr、Cu、Ni、Pb 等金属的含油乳状液废水。在预处理过程中，改变电极间距（0.005～0.2m）、初始 pH 值（3.6～8.7）、电流密度（20～80A/m^2）等操作参数，研究其对污染物去除率的影响。实验发现，在电极表面施加电压差会导致大量絮凝体的形成。这些生成的絮凝体可将油和油脂浓度从 35mg/L 降低到 10.2mg/L，同时去除出水溶液中的金属离子。然后利用微滤技术去除水中的絮凝剂，进一步降低污染物浓度。

（2）电絮凝-超滤（EC-UF）

超滤（UF）是一种低压且较为经济高效的膜处理工艺，超滤膜的孔径范围为 0.001～0.1μm，它是一种利用静水压力使水分子通过选择性半透膜的过滤过程，同时保留悬浮固体和高分子量溶质。膜污染会对其工艺性能造成较大的影响，这是由于颗粒在膜表面或穿过膜孔积聚，导致水回收率大幅降低。悬浮物和有机污染物是超滤膜分离过程中的关键污染物。因此，电絮凝辅助超滤工艺可以通过减少悬浮颗粒和有机污染物，有效减少膜污染。此外，降低超滤工艺给水中的污染物浓度可显著改善混合工艺的整体水质。

在以 EC 作为预处理工序的工艺中，Sardari 等使用 5 个电极，电极配置为 BP-S 模式，电极间距为 0.9cm，电流密度为 3mA/cm^2，用于去除家禽养殖废水中的 COD、BOD 和 TSS。经电絮凝预处理后，TSS 去除率为 84%、COD 去除率为 59%、BOD 去除率为 87%。该工艺的能耗非常低（0.15kW·h/m^3）。由于上述杂质已预先降解，在超滤过程中，初始渗透通量增大，通量衰减率减小。在流速为 1.2L/min、施加压力为 70kPa 时，初始流速为 97L/(m^2·h)、渗透体积为 500mL，但随着时间的推移，流速降低到 55L/(m^2·h)。在 EC-UF 工艺结束时，TSS、COD 和 BOD 去除率分别达到 100%、92%和 98%，获得了良好的水质。Zhao 等在 2014 年采用超滤膜系统作为橄榄厂废水预处理工艺，COD 浓度由 28g/L 降低至 1.1g/L，去除率达 96%。之后在配有铁电极的电化学反应器中处理 COD 平均值为 1.1g/L 的渗透液，研究了溶液 pH 值、电流密度、NaCl 含量、表面电极与反应器的体积比等操作参数对 COD 去除率的影响。结果表明，电流密度为 93.3A/m^2、溶液 pH 值在 4.5～6.5 时，COD 去除率最高。在最佳操作条件下，电絮凝工艺可将 COD 浓度从 1.1g/L 显著降低到 78mg/L，从而使橄榄厂废水达到直接排放到环境中的标准。基于其显著的成本效益和环境可持续性优势，EC-UF 可被视为废水污染物去除的高效解决方案。

孔径为 20nm～0.1μm 的超滤膜可以有效地突破 MF 工艺的局限性。EC-UF 工艺对重金属、腐殖酸和细菌的去除率有显著提高，使膜污染减少，膜间压力降低。但是，超滤膜也有一些限制，如盐排斥能力低和不能分离低分子量物质等。此外，它对氧化性物质高度敏感。为了进一步提高 EC-UF 混合工艺的性能，需要综合考虑这些因素，制定合适的解决方案。使用纳滤膜和反渗透膜可以有效地去除超滤渗透液中的盐和低分子量物质。

（3）电絮凝-纳滤（EC-NF）

纳滤（NF）膜是一种压力驱动的膜技术，其孔径介于超滤（UF）膜和反渗透（RO）膜之间，孔径范围为 0.2～2nm，截留物质的分子量在 200～1000 之间。纳滤膜表面带有电荷，所以对拥有不同表面电荷的离子存在道南效应。纳滤膜对不同价态的离子有不同的截留能力，例如，对高价态的金属离子截留率可达 98%以上，对二价的金属离子截留率可达 95%以上。纳滤膜具有以下特点：a. 允许大量的一价离子（＞30%）通过膜；b. 孔径小于 2nm；c. 截留分子量（MWCO）在 200～1000 之间；d. 显著排斥多价离子（＞90%）；e. 对阳离子和中性离子的排斥基于它们的形状、大小以及种类。纳滤膜具有高渗透性和低能耗的特点，在水软化、废水处理以及食品、制药等领域有着广泛的应用。然而，膜污染是纳滤工艺最严重的运行缺陷，因为它会导致渗透通量急剧下降，运行成本增加。为防止膜污染问题，可将纳滤膜与适当的预处理工艺有效结合，特别是对于污染物浓度高的废水。电絮凝工艺可以作为预处理步骤，成功地提高进水水质和减少膜污染，具有化学品用量少、污染物去除效率高、运行成本低的优点。

Tavangar 等采用分离和联合 EC 和 NF 工艺来处理纺织工业废水。据报道，EC-NF 联合工艺可以完全去除处理后 EC 溶液中的色度和其他残留污染物，同时也提高了整体工艺性能。与独立的电絮凝和纳滤处理相比，色度去除率分别提高了约 2%和 8%。与 Fe 和 Ti 电极相比，在纳滤工艺之前使用电絮凝与 Al 电极处理可使通量增加 76%。Al 电极在电絮凝工艺中的应用大大提高了通量和回收率，使结垢机理由不可逆变为可逆。Gonder 等通过 EC-NF 工艺对洗车废水进行处理，有效地将处理后的废水回用作漂洗水。采用 Fe 电极，EC 工艺在不同操作温度（25～45℃）、搅拌速度（150～350r/min）和电极连接方式（单极和双极）下对洗车废水进行预处理。在 25℃、250r/min 和 MP-P 配置的最佳条件下，电絮凝在污染物去除和能耗方面达到最佳性能。电絮凝后的样品再次采用纳滤法处理，采用 Desal-5DL 和 NF270 膜，洗车废水的含油量和 COD 含量分别降低了 90%和 88%，能耗为 2.7kW·h/m^3。此外，与 NF270 膜相比，Desal-5DL 膜对总硬度（90%）、电导率（80%）和氯离子（92%）的去除率更高。

综上所述，EC-NF 混合工艺在废水的循环利用中发挥了重要作用。虽然电絮凝作为一种预处理工艺在减少纳滤膜污染和增加渗透通量方面非常有效，但是所使用的电极类型通常决定了混合工艺的有效性。与超滤膜相比，纳滤膜（0.2～2nm）具有更高的通量和更好的脱盐性能，是一种更好的选择。纳滤膜工艺还能有效地保留多价盐和较小的溶质。膜污染是纳滤工艺中存在的一个重要问题，会影响渗透水的水质。此外，与微滤膜和超滤膜相比，纳滤膜工艺需要较高的能耗。控制无机盐的溶解度、提高进水温度和使用合适的消毒剂等均可以帮助减少污垢的产生。此外，建议将纳滤与合适的预处理工艺结合使用，以进一步减少膜污染并降低处理技术的总体能耗。

(4) 电絮凝-反渗透(EC-RO)

反渗透(RO)又称逆渗透,该技术主要以压力差为传质驱动力,在高于溶液渗透压的作用下,对膜一侧施加压力,当压力超过它的渗透压时,溶剂会向反方向渗透,将这些物质和水分离开来,溶剂透过反渗透膜,溶液中悬浮物质、无机离子、大分子溶质被截留,达到分离、提取、纯化和浓缩的目的。反渗透(RO)经常与其他水处理技术结合使用,以提高工艺效率并防止膜污染。膜污染对反渗透工艺的影响很大,包括有机污染和生物污染。腐殖酸、蛋白质、多糖、油脂和脂质在反渗透膜表面的积累是有机污染的主要原因。另外,真菌、细菌和酵母菌会在膜表面黏附和积累,从而产生生物污染。因此,需要一种预处理技术来克服反渗透膜的污染。在反渗透之前使用EC工艺已被证明可以减少由有机物导致的有机和生物污染。

Zhao等在处理合成水时,为了最大限度地减少膜污染,在反渗透之前采用了电絮凝工艺,使用了由石墨阴极和Fe阳极组成的6个电极,电极以MP-P结构连接,电极间距为1.5cm。通过对浊度、COD和硬度去除率的考察,确定了电絮凝工艺的有效性。对浊度、COD和硬度的去除率分别为93.8%、66.5%和85.8%。电絮凝反应后的样品进一步采用反渗透工艺处理,施加压力为2MPa,流速为0.8L/min,运行60min后,由于进水中存在高浓度的结垢离子和有机化合物,水通量急剧下降;90min后,水通量分别降至26L/(m^2·h)和4L/(m^2·h);运行200min后,水通量降至2L/(m^2·h)。使用电絮凝作为预处理工艺使允许过滤时间延长了55%。此外,混合EC-RO工艺对废水中油(>99%)、COD(95.5%)、浊度(99.1%)和硬度(99.5%)均有很高的去除率。Sadeddin等也报道了用混合EC-RO工艺处理井水的类似结果。电絮凝反应器由2个不锈钢电极组成,电极与直流电源相连。对TSS和浊度的去除率分别为99%和98%,对预处理后的样品(给水)进行反渗透处理,运行时间为6个月。进水具有非常低的污泥密度指数(3%/min),适合进行反渗透处理。研究表明,将EC作为预处理工艺,对RO系统的水流量、污泥密度指数和压降均有显著改善。此外,RO工艺可以基本去除溶解固体,而EC-RO混合工艺对多种污染物的降解潜力更大,去除率更高。然而,Hakizimana等在将EC作为海水淡化前处理工艺的研究中发现,由于EC工艺对硬度的去除率低,其对结垢离子(Ca^{2+}和SO_4^{2-})的降解无效。以吸光度、硬度、溶解有机碳(DOC)等为指标,评价了EC工艺的性能。该工艺能耗为0.17kW·h/m^3。虽然吸光度(81%)和DOC(59%)的去除率较高,但硬度的去除率仅为10%。因此,在预处理过程中,结垢离子没有得到很好的去除。除硬度外,其他污染物的去除率均随电极间距和溶液pH值的减小而增加。此外,研究得出芳香族化合物的降解率高于脂肪族化合物。

电絮凝-膜技术处理废水的应用见表2-4。

表2-4 电絮凝-膜技术处理废水的应用

工艺	废水类型	污染物	操作条件		EC工艺的去除效率	通过混合工艺(EC-膜)改善的工艺性能
			EC	膜		
EC-MF	钢铁工业废水	Mg、Mn、Fe、Ca、浊度和TDS	电流密度在10~50A/m^2; 电极距离在0.005~0.02m; 电解时间为20min; pH值为7.0; 电极连接方式为BP-S	TMP(跨膜压)在103~196kPa; 处理时间为25min	对Mg和Ca的去除率分别为73%和90%;Fe和Mn被完全去除	过滤后的样品符合地表水排放限值,浊度为0.1NTU,TDS值为1890mg/L,渗透通量为648~1146L/(m^2·h)

续表

工艺	废水类型	污染物	操作条件		EC工艺的去除效率	通过混合工艺(EC-膜)改善的工艺性能
			EC	膜		
EC-MF	饮用水	氟化物、浊度、TDS和溶解氧(DO)	电流密度在5～15A/m^2；电极间距为0.005m；电解时间为20min；pH值为7.9；电极连接方式为BP-S	TMP在196～509kPa；处理时间为25min	除氟率为91.7%；浊度、TDS和DO值分别为7.6～12NTU、500～1310mg/L和12.3～26.1mg/L	过滤后的水质符合饮用水标准，浊度为0.8NTU，TDS为600mg/L，DO为14.3mg/L，渗透通量为8.16×10^{-5}～$19.19m^3/(m^2\cdot s)$
EC-UF	禽肉加工废水	COD、BOD和TSS	电流密度为$3mA/cm^2$；电极间距为0.9cm；电解时间为5min；pH值为6.7；电极连接方式为BP-S	TMP为70kPa；处理时间为7d	对COD、BOD和TSS的去除率分别为59%、87%和84%	COD去除率为92%，BOD去除率为98%，TSS去除率为100%，采水量提高了30%，渗透通量为$52L/(m^2\cdot h)$
	合成废水	磺化腐殖酸(SHA)	电流密度在4～10mA/cm^2；电极间距为1.5cm；电解时间为7min；pH值为5；电极连接方式为MP-P	TMP在1～4.5bar；处理时间为5h	合成废水中SHA的去除率为84.3%	对SHA的去除率高达96.5%～98%；当饲料浓度从80mg/L增加到160mg/L时，流速从21L/h下降到18L/h
EC-NF	纺织工业废水	浊度、色度、COD	电流密度为40mA/cm^2；电极间距为20mm；电解时间为60min；pH值为13	TMP在2～12bar；处理时间为3h	浊度、色度和COD的去除率分别为80%、95%和50%	实现了完全脱色，COD去除率可达95%，浊度去除率可达99.9%；渗透通量为22.5L/$(m^2\cdot h)$
	合成废水	阿莫西林	电流强度在0.1～1A；电极间距为1cm；电解时间为60min；pH值分别为2.5和10	TMP在0.1～0.5MPa；处理时间为5h	阿莫西林浓度降低到52.7%	对阿莫西林的去除率提高到99%，整个过程的电力消耗减少了30%
EC-RO	乳化液废水	COD、色度和浊度	电流密度为1.85mA/cm^2；电极间距为1cm；电解时间为6min；pH值为4～9；电极连接方式为MP-S	TMP在0.7～3MPa；处理时间为2h	浊度、色度和COD的去除率分别为99.5%、96%和92%	COD去除率为100%，浊度去除率为99.9%，TDS去除率为98.9%，Al离子去除率为99.6%，渗透通量为$20L/(m^2\cdot h)$
	微咸水	二氧化硅和浊度	电流密度为3.47mA/cm^2；电极间距为4cm；电解时间为30min；pH值为7；电极连接方式为BP-S	TMP为500kPa；处理时间为3.5h	二氧化硅去除率达80%，浊度去除率达99%	浊度完全去除，进料流量达到$82m^3/(m^2\cdot d)$，归一化通量为0.08；由于采用了EC工艺的预处理步骤，其通量下降明显减小

注：$1bar=10^5Pa$。

2.2.2.2 电絮凝-超声技术（EC-US）

超声技术能够有效提高电絮凝处理污染物过程的整体性能。超声过程可以破坏沉积在电极表面的固体层及降低电极表面双电层的厚度，减缓阳极的钝化现象，同时能够使电极表面形成缺陷，进一步活化电极和电极反应区的离子。但超声也可能会破坏胶体颗粒的结构及表面的吸附层，因此需要合理控制超声功率和频率。目前的研究发现，超声能够促进自由基的形成，其机制如下：

$$H_2O \xrightarrow{US} \cdot OH + \cdot H \tag{2-7}$$

$$\cdot H + \cdot H \longrightarrow H_2 \tag{2-8}$$

$$2 \cdot OH \longrightarrow H_2O_2 \tag{2-9}$$

$$\cdot H + O_2 \longrightarrow HO_2 \cdot \tag{2-10}$$

$$H_2O_2 + \cdot H \longrightarrow H_2O + \cdot OH \tag{2-11}$$

$$2HO_2 \cdot \longrightarrow H_2O_2 + O_2 \tag{2-12}$$

Asaithambi 等采用电絮凝、超声和 EC-US 方法处理造纸和制浆工业废水。考察电流密度（1～5A/dm^2）、电极间距（1～3cm）、出水 pH 值（3～11）和电极组合（Al 和 Fe）等不同操作参数下 3 种工艺对 COD 和色度的去除率。EC-US 工艺的最佳电极组合为 Fe-Fe、出水 pH 值为 7、电流密度为 4A/dm^2、电极间距为 1cm、处理时间为 4h，此时 COD 和色度去除率最高，分别为 95%和 100%。另外，单独超声工艺的色度去除率为 4.9%、COD 去除率为 90%，而 EC 工艺的色度去除率为 2.5%、COD 去除率为 76%。综上所述，EC-US 工艺对 COD 和色度的去除率均有显著提高。Chu 等研究了 EC-US 工艺对降低洗车废水 COD 和浊度的影响，将混合工艺的去除效率作为时间的函数。污染物的降解主要发生在运行的前 20min，改变电流密度、电极间距和反应时间等参数，评估它们对工艺性能的影响。结果表明，在 1.2A 电流强度、1.5cm 电极间距、20min 反应时间的条件下，污染物去除效率最高。在最佳条件下，EC-US 工艺对 COD 和浊度的去除率分别为 80%和 96.3%。研究结果表明，COD 和浊度的最终排放值均满足地表水回用标准。Ozyonar 等研究了用 US、EC 和 EC-US 工艺去除含活性红和分散蓝染料水溶液中的色度和 COD。EC 工艺的最大色度和 COD 去除率分别为 90%和 80%，US 工艺只能去除 50%的色度和 36%的 COD，而 EC-US 工艺的 COD 去除率为 99%，且完全脱色。这些发现证实了 EC-US 工艺在色度和 COD 去除方面均优于单独的 EC 和 US 工艺。EC-US 工艺对污染物去除率高的原因可能是通过超声形成空化和（或）微流效应，导致额外的电极表面更新。

超声与电絮凝工艺的结合不仅提高了 Fe 和 Al 电极的溶解速度，而且显著增加了电极中的气泡结构。在超声过程中，产生的 HO・与其他自由基相互作用形成 H_2O_2，从而改善了污染物的絮凝性。值得注意的是，超声对电絮凝工艺产生气泡的大小、消散和数量有实质性影响，有利于废水处理，从而提高污染物的去除效率。

虽然 EC-US 工艺表现出优异的效果，但它也有一些缺点。将超声技术应用于大型反应堆是一个挑战。对于特定用途，超声反应堆必须进行定制，从而增加了设备投资成本。此外，该工艺的能耗较高，并且在此过程中，溶液的浊度也可能会增加。此外，超声波装置与目标液体的直接接触有时会产生不利影响。然而，该缺陷可以通过采用短停留时间流过超声反应器和开发非接触反应器的方法来克服。此外，优化工艺参数，即功率密度、频率、辐照时间，以及添加预处理/后处理方法，也可以大大降低工艺的总体能耗。

2.2.2.3 电絮凝-浮选技术

气浮工艺是传统的固液/液液分离方式之一，也是水处理中常用的一种方法。通过使液体中悬浮大量气泡，利用气泡密度低的特点，使水中的杂质颗粒黏附在气泡表面形成泡絮体，加快分离速度，最终在水面形成浮渣。气浮技术能够克服沉淀工艺无法去除小颗粒和低密度污染物的缺陷，对粉末、无机颗粒、金属离子、油类和大分子有机物质有很好的去除效果。通过浮选技术强化电絮凝的气浮过程，促进包含污染物的絮凝物上浮至液面，能够改善固液分离效果，进一步提升对废水中污染物的处理效能。

Abdulrazzaq 等采用在电絮凝中引入微气泡的方法处理染料废水，实验结果表明微气泡具有浮力，而且表面积和体积比率高，有助于快速去除污染物，可大幅提高染料的降解效率，通过优化 pH 值、电流密度、气泡流量、电解/浮选时间等操作参数，染料去除率可达 96%，而无气泡系统去除率仅为 70.75%。Bracher 等采用电絮凝-浮选系统处理生活污水，考察了电流强度、电解时间、电极间距和初始 pH 值等关键参数对处理系统的影响，结果表明电絮凝-浮选技术能够高效去除色度、COD、浊度等，并且产水水质达到城市污水回用标准。

电絮凝-浮选耦合工艺对工业废水和生活污水都具有良好的去除效果，而且经济实用、利于推广。但是，目前电絮凝-浮选过程还有众多难题需要去解决，例如絮凝体与气泡的作用方式、絮凝体形态与气泡尺寸和稳定性的匹配以及气浮与电絮凝影响因素的同步有效控制等。

2.2.2.4 电絮凝-臭氧技术（EC-O_3）

臭氧是一种强氧化剂，由于臭氧分子中的氧原子具有强亲电子性和亲质子性，因此能直接氧化有机物或者无机物，达到快速去除污染物的目的。而除了直接氧化污染物外，臭氧也会形成·OH 等强氧化基团，进行有效的、非选择性的污染物去除。臭氧产生自由基的机制如下：

$$O_3 + 2H^+ + 2e^- \longrightarrow O_2 + H_2O \tag{2-13}$$

$$O_3 + H_2O \longrightarrow 2\cdot OH + O_2 \tag{2-14}$$

$$O_3 + OH^- \longrightarrow O_2^-\cdot + HO_2\cdot \tag{2-15}$$

$$O_3 + \cdot OH \longrightarrow O_2 + HO_2\cdot \rightleftharpoons 2O_2^-\cdot + H^+ \tag{2-16}$$

$$O_3 + HO_2\cdot \longrightarrow 2O_2 + \cdot OH \tag{2-17}$$

$$2HO_2\cdot \longrightarrow O_2 + H_2O_2 \tag{2-18}$$

臭氧（O_3）氧化是一种非常有效的过程，可利用臭氧作为强氧化剂来降解各种废水污染物，包括染料。臭氧氧化现象既可以通过亲电试剂的直接臭氧攻击发生，也可以通过间接产生的原位羟基自由基攻击发生。污染物的氧化速率随 O_3 投加量的增加而提高。然而，O_3 不能去除高分子量的污染物，因此，电絮凝作为预处理工艺可以大大提高整体工艺效率。

Bilinska 等通过 EC-O_3 工艺研究去除高色度盐水中色度的效率。据报道，盐水的初始 pH 值为 11.82。EC 反应器由 11 个 Al-Fe 电极组成，并以 BP-S 结构连接。电解时间为 10min，脱色率为 85%。然而，由于溶液 pH 值非常高，处理时间对去除率没有显著影响。使用容量为 1L 的半间歇搅拌反应器对电絮凝样品进行进一步处理，臭氧浓度维持在 42mg/L，臭氧流速维持在 40L/h，处理时间为 50min 时，O_3 的脱色率为 92%，能耗为 56.3kW·h/m^3。EC-O_3 工艺在处理 10min 后，总体的脱色率为 98%。研究证明，在 O_3 之前使用电絮凝工艺可将臭氧氧化时间从 50min 显著降低到 10min，臭氧氧化停留时间降低 80%，从而节省 4 倍的臭氧用量。Hernandez 等研究了电絮凝与 O_3 工艺联合处理工业废水，并观察到 EC-O_3

工艺与单独的 O_3 工艺相比非常有效。电流密度为 3mA/cm^2、电解时间为 15min 是电解过程的最佳操作条件。另外，O_3 浓度为 0.052g/L、流速为 13.8L/h 是 O_3 工艺的最佳工艺条件。O_3 工艺对 COD、色度和浊度的去除率分别为 23%、40.8%和 37.5%。然而，采用由 8 个 Fe 电极构建的电絮凝预处理系统，显著提升了混合工艺的整体性能。据报道，EC-O_3 工艺在 COD 去除率（67.3%）、色度去除率（>98%）和浊度去除率（>98%）方面均有显著提高。由于处理后的溶液中含有铁，可激活羟基自由基辅助机制来显著提高 O_3 工艺的产率。电絮凝过程中生成的铁可作为过氧化氢分解成羟基自由基的催化剂。这促进了溶液中羟基自由基的产生，从而提高了工艺效率。因此，与单独的 O_3 工艺相比，EC-O_3 工艺的污染物去除率要高得多。

在氧化过程中，羟基自由基的生成对污染物的去除效率起着至关重要的作用。尽管 EC-O_3 对多种废水污染物具有显著的去除效果，但该技术仍存在以下缺点：在高臭氧浓度下，臭氧氧化过程会产生酸性废水并形成有毒中间体；臭氧氧化工艺能耗高，运行成本高。

2.2.3 电化学原位合成技术

2.2.3.1 层状双金属氢氧化物简介

层状双金属氢氧化物（LDHs）也被称为水滑石，具有许多潜在的应用价值，如用作阴离子交换剂、碱催化剂、金属氧化物前体、PVC（聚氯乙烯）添加剂等。这些 LDHs 材料可以用以下通式来描述：

$$[M(\text{II})_{1-x}M(\text{III})_x(OH)_2](A^{n-}_{x/n})\cdot mH_2O$$

其中，M(Ⅱ) 为二价阳离子，如 Mg^{2+}、Fe^{2+}、Ni^{2+}、Cu^{2+}、Co^{2+}、Mn^{2+}、Zn^{2+} 或 Cd^{2+}；M(Ⅲ) 为三价阳离子，如 Al^{3+}、Cr^{3+}、Ga^{3+} 或 Fe^{3+}；A 为 n 价交换阴离子，如 CO_3^{2-}、SO_4^{2-}、Cl^-、NO_3^-，包括有机阴离子和无机阴离子；x 在 0.25～0.33 之间变化；m 为插层水的含量。

LDHs 具有较大的比表面积以及特殊的层状结构（图 2-13，书后另见彩图），LDHs 层间阴离子的可交换性以及结构记忆效应使得 LDHs 在处理污水时能够保持良好的吸附能力。常见的合成方法有共沉淀法、水热法、离子交换法等。然而，在实际的废水处理过程中，由化学法制备的 LDHs 在吸附污染物时的吸附活性相较于刚制备时会有所降低。同时，利用化学法制备 LDHs 也会消耗大量金属盐类原料，带来二次污染，而这无疑会提高废水处理的相关成本。

2.2.3.2 应用

（1）Zn-Al LDHs

Zn-Al LDHs 实验装置如图 2-14 所示。一个电源通过直流电源提供恒定电流，该电源分别使用铝板（尺寸为 20mm×40mm，厚 1mm）和石墨（尺寸为 20mm×30mm，厚 1mm）作为阳极和阴极，另一个电源通过脉冲电源提供脉冲电流，两片锌片（尺寸为 20mm×40mm，厚 1mm）分别作为阳极和阴极。对于每对电极，一个电极与另一个电极平行，电极间距为 2cm。两组电源以固定的电流密度和电流比进行恒流电解。

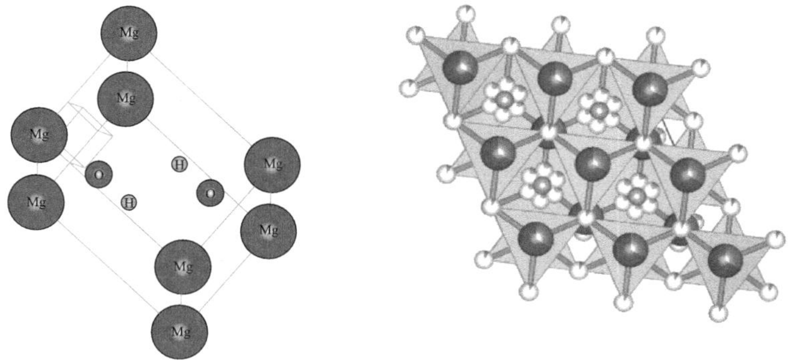

图 2-13　LDHs 结构示意图

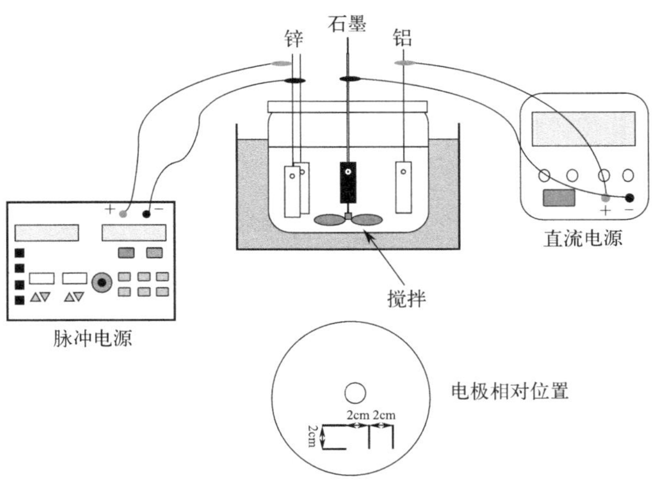

图 2-14　Zn-Al LDHs 实验装置图

原位电化学合成 LDHs 法可有效去除来自 LRW（低放射性废水）的 Sr^{2+}。最佳工艺条件为温度 60℃、处理时间 240min、Zn-Al 电流比为 3∶1（Al 电极电流密度为 $45mA/cm^2$）、初始 pH 值为 10，此时 Sr^{2+} 的去除率为（98.48±0.20）%，吸附量为 0.45mg/g。通过 XRD 和 FT-IR 表征，将复合材料的最终组分归类为具有理想晶体结构的 Zn-Al LDHs，复合材料中不含碳酸锶。SEM 图像还表明，合成的 LDHs 样品呈特征层状结构，层宽在 0.2～0.6μm 范围内。研究表明，原位电化学合成 Zn-Al LDHs 去除 Sr^{2+} 在模拟放射性废液体系中具有显著效果，该技术有望发展成为核电厂 LRW 处理的新型解决方案。

（2）Mg-Al LDHs

Marena 等以铝和 AZ31 镁合金为电极，采用电絮凝法制备了镁铝层状双氢氧化物。实验采用序批处理方式，使用平行极板在 1L 的玻璃反应器中反应，电絮凝装置由两块铝板和两块 AZ31 镁合金板组成并作为电极，每片浸入面积为 46.6cm^2，电极间距为 5mm，磁力搅拌器以 100r/min 的转速进行搅拌（图 2-15）。

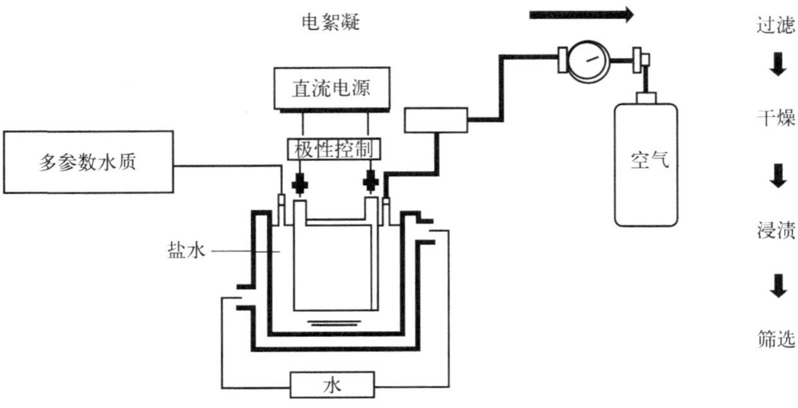

图 2-15　电絮凝装置及其反应过程

该工艺在氯化钠和靛蓝胭脂红溶液两种不同的电解质条件下进行，在 5mA/m^2 电流密度下，改变电极的极性，可以生成 LDHs。采用 XRD、BET、FT-IR 等技术对产物进行表征，发现该方法合成时间短且不需要复杂的固液分离过程，在合成 LDHs 的同时能够脱除废水中重金属离子。

Dayana 等采用 AZ31 镁合金阳极和 AZ31 铝电极研究电絮凝处理靛蓝胭脂红溶液的性能，并考察在操作中合成的纳米级氢氧化镁对不可吹扫有机碳（NPOC）和氯离子的去除效果。实验证明了用 AZ31 镁合金和铝作为电极能够形成 Mg-Al 层状双金属氢氧化物，且氯离子和不可吹扫有机碳的原位去除率分别达到了 69.1%和 90.4%。

（3）绿锈

Qiao 等研究了铁电絮凝过程中原位生成的混合价态纳米颗粒、磁铁矿和绿锈（GR）对大肠埃希菌的失活作用。磁铁矿（4.7log cells）和 GR（3.2log cells）的失活效率显著高于 50mA 条件下 10min 内生成的 FeOOH（0.7～1.7log cells）。原位生成的带正电荷的不稳定磁铁矿容易吸附在大肠埃希菌上，破坏细胞膜，使细菌失活。原位生成的 GR 容易与大肠埃希菌凝固，将 Fe^{2+} 传递到细胞中，诱导内源性 ROS（活性氧）的产生，使细菌失活。在没有 DO 的情况下，Fe-EC（铁电絮凝法）被证明可以有效地灭活实际废水中的大肠埃希菌（4.2～4.3log cells）。

Xu 等在铁电絮凝法去除高盐废水中 Cd^{2+} 的实验中发现，Fe(Ⅱ)-Fe(Ⅲ) GRs 对 SO_4^{2-} 的亲和力大于对 Cl^- 的亲和力，在 SO_4^{2-} 存在下生成的硫酸盐绿锈（$GRSO_4$）对 Cd^{2+} 的吸附比氯离子绿锈（GRCl）更强，即使是在 Cl^- 和 SO_4^{2-} 混合溶液中也能获得 $GRSO_4$。

废水中高浓度的无机阴离子会导致铁絮凝体带负电荷。高浓度的 Cl^- 促进了含氯氧化剂将 Fe(Ⅱ)氧化为 Fe(Ⅲ)，增加了絮凝体中 Fe(Ⅲ)/Fe(Ⅱ)的比值，pH 值升高促使次级铁矿物磁铁矿（Fe_3O_4）生成，同时 $GRSO_4$ 中间体显著提升了 Cd^{2+} 的去除效率。然后，$GRSO_4$ 被空气中的氧气逐渐氧化为蛭石（γ-FeOOH）。最后，对 Cl^- 与 SO_4^{2-} 的比值（RC：S)、电流密度（j)、初始 pH 值、初始温度（T_0）进行了参数优化。在 RC：S=25：50（摩尔比)、j=6mA/cm^2、pH 值在 7～9 之间、T_0=40℃的最佳条件下，10min 内铁电絮凝对 Cd^{2+} 的去除率可达 99.5%。

在实验室规模条件下，用电混凝法合成制备的类水滑石层状双金属氢氧化物具有更大的比表面积。这种合成方法避免使用 pH 值调节剂，并且可以替换电极以合成不同的 LDHs 复合材料。但目前仍停留在实验室阶段，实际工程中应用很少。

2.3 电絮凝与化学絮凝对比

2.3.1 絮体对比

在化学絮凝中，絮凝体的形成取决于平衡条件。电絮凝体的形成受絮凝剂的电化学生成和传质控制，絮凝剂的传质会受到电化学条件（如 pH 值、电解质电导率、电流密度等）的影响。两者分离污染物的过程也不同，“沉降—排泥”是化学絮凝的唯一去除途径，“浮选—沉降”则是电絮凝的特征。

尽管电絮凝和化学絮凝都是去除污染物的混凝过程，但絮凝体的产生和净化模式存在显著差异。电絮凝体是通过适当阳极材料的电解氧化产生的，而在化学絮凝工艺中，则是使用金属盐或聚合物（化学混凝剂）来产生絮凝体。化学絮凝的特点是加入非原位化学试剂来破坏污染物的稳定性，并形成尺寸更大的絮凝体。不同混凝剂的生成方法会导致不同的化学环境，从而影响混凝/絮凝机理和氢氧化物/氧化物的絮团形态。典型的表现是，对于电絮凝，施加的电流会引发阳极材料的溶解，并对生成絮凝体的传质活性产生影响。在电絮凝工艺中，阴极反应产生的氢气形成微细气泡，通过气浮作用有效促进絮凝体及悬浮污染物的上浮分离。产生的絮团数量相当于电极材料溶解或消耗的数量，并且在很大程度上取决于法拉第定律所描述的电流密度。

在相同的混凝/絮凝条件下，相比传统化学絮凝，电絮凝具有更宽的 pH 值适用范围和更快的絮凝体生成速率。对于电絮凝和化学絮凝工艺中 pH 值范围的差异，在印染行业除铬过程中，化学絮凝倾向于将所得溶液的 pH 值降低至接近 5，而电絮凝倾向于将 pH 提高至中性，使污染物主要吸附在絮凝沉淀物上。

对电絮凝中絮凝体性质形态学的研究表明，形成的纳米晶体结构相对多孔且脆弱，能够演变成不同的有效吸附形式。有研究者研究了化学絮凝和电絮凝在 60min 内，每单位 Al 剂量的 Cr(Ⅵ)吸附能力。在电流密度为 4.36mA/cm^2 时，电絮凝的 Cr(Ⅵ)去除率最高，为 0.264mg/mg，而化学絮凝为 0.077mg/mg。Lakshmanan 等也比较了不同 pH 值下，化学絮凝和电絮凝过程中 As(Ⅴ)和 As(Ⅲ)在原位形成的铁氢氧化物上的吸附等温线。与化学絮凝相比，电絮凝对 As(Ⅲ)的吸附效果更好。电絮凝生成的絮凝体相较于化学絮凝法表现出更优异的吸附性能，这可能是由于电絮凝法比化学絮凝法生成的絮凝体有更多的表面羟基和更大的比表面积。表 2-5 是电絮凝与化学絮凝所产生絮体的性质对比。

表 2-5 电絮凝与化学絮凝所产生絮体的性质

电絮凝产生的絮体	化学絮凝产生的絮体
结构薄弱、多孔，易发生重组	结构开放、松散
由阳极材料电解原位生成	由化学添加剂的手工混合(非原位)生成
基于电极表面积产生大量絮凝体	在单位质量的基础上产生更少的絮凝体
处理后产生的污泥量较少	处理后产生的污泥量较大
阴极反应中的 H_2 允许絮凝体传质以去除污染物	沉淀为不溶性化合物，无传质
环保且生产成本更低	由于大量化学品的投入，昂贵且不环保
处理后溶液的最终 pH 值升高	处理后溶液的最终 pH 值降低
增长速度较快	增长速度相对较慢

Can 等探究了 EC 和 CC（化学絮凝）氢氧化铝絮凝体的各种物理化学特性，发现 EC 和 CC 絮凝体均具有致密的无定形和弱晶体结构。但是，EC 絮凝体尺寸更大，沉降速度更快，一般比 CC 絮凝体具有更高的 BET 比表面积，如图 2-16 所示。EC 絮凝体在污染物去除试验中的表现也优于 CC 絮凝体，这一优势可归因于电絮凝体优越的物理化学特性。

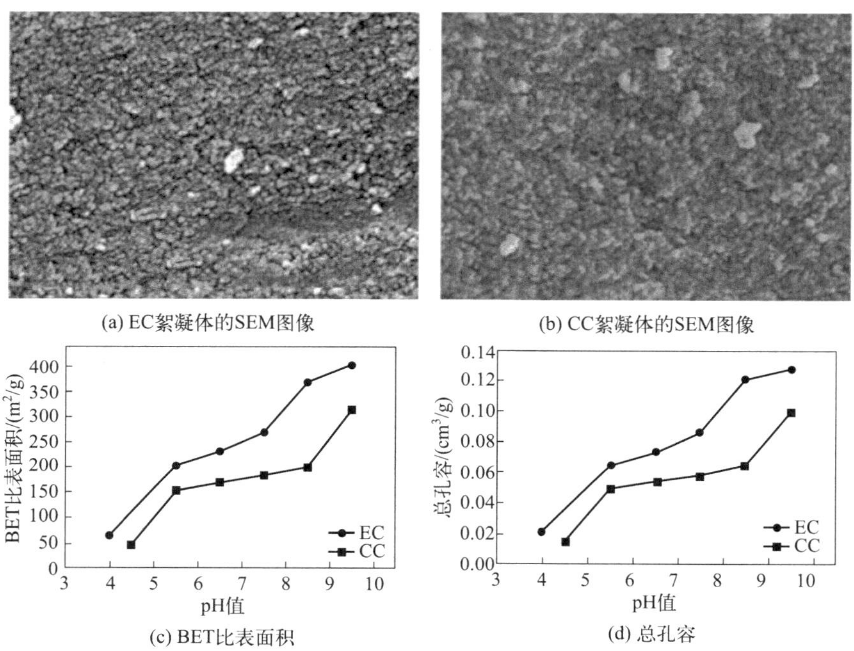

图 2-16 EC 和 CC 絮凝体的 SEM 图像及比表面积和总孔容随 pH 值的变化情况

Shamei 等采用 EC-CC 混合技术，结合 EC 和 CC 的优势，通过化学和电化学絮凝生成 $Al(OH)_3$ 絮凝体，用于降解油砂中的总有机碳（TOC）。在低混凝剂（$AlCl_3$）用量和电流密度下，絮凝体的主要失稳机制是电荷中和。而在高混凝剂浓度下，卷扫絮凝或缠结絮凝是絮凝体的主要失稳机制。

一般来说，在 EC 过程中产生的絮凝体类型取决于电极材料、目标污染物的特性等。不同种类的材料，如锌、镁和铜，作为电极在 EC 反应器中产生的絮凝体不同。EC 中最常用的两种电极是 Fe 和 Al 电极。

2.3.2 经济性对比

在实际的工程应用中，不仅要考察电絮凝的处理效果，同样应考虑其经济可行性。因此，成本估算对于研究电絮凝的可行性至关重要。Bayramoglu 等对电絮凝处理纺织废水进行了成本效益分析。根据不同的电极连接方式（MP-P、MP-S 和 BP-S）、处理时间、电流密度、pH 值和电极材料（Al 和 Fe），测算了一个处理能力为 1000m^3/d 化工厂的总体运行成本，包括电极材料、污泥处置、能源使用、人工、维护和折旧费用。在电流密度和处理时间分别为 30A/m^2 和 15min 的情况下，利用 Fe 电极的 MP-P 连接模式可获得最低的运行成本，为 0.25 美元/m^3。Khaled 等在处理含镉废水的过程中，研究了不同反应器设计参数对 EC 工艺运行成本和效率的影响。在该研究中，运行成本的计算主要考虑了用于 pH 值校正的电能、电极材料和化学药品的价格。结果表明，在表面积体积比（S/V）为 13.5、电极间距为 0.5cm、搅拌速度为 300r/min 和 MP-P 电极连接方式下，以 0.116 突尼斯第纳尔（1 突尼斯第纳尔≈0.3438 美元）的运行成本即可完全去除镉离子。研究结果表明，电絮凝法处理相同废水的成本效益远高于化学絮凝法（约 2.1 美元）。在另一项研究中，Rodriguez 等对化学絮凝和电絮凝处理冶金废水进行了技术经济分析。在流量均为 110m^3/a 的情况下，电絮凝工艺的能耗成本为 220 英镑/a（约 246.4 美元/a）。相比之下，化学混凝法的能耗成本要低得多，为 106 英镑/a（约 118.7 美元/a）。但化学混凝法的材料成本（约 1232 美元/a）高于电絮凝法（约 492.8 美元/a）。比较分析表明，电絮凝法的总体运行成本（约 739 美元/a）显著低于化学絮凝法（约 1350.8 美元/a）。Kobya 等在处理制罐废水过程中，考察了不同实验变量对电絮凝工艺运行成本和效率的影响。其中，对于运行成本的计算主要包括电极材料价格和能耗。在电流密度为 20A/m^2、处理时间为 40min、MP-P 电极连接方式的最佳工况下，废水的最低运行成本为 0.411 美元/m^3。

与其他水处理工艺相比，EC 工艺的运行成本是经济的。优化电流密度和处理时间，选择合适的电极材料和配置可大大降低 EC 工艺的运行成本。除了上述参数外，操作成本也可能会随着电极钝化和电极厚度的变化而急剧变化。高电流密度会加速阳极溶解，导致电极厚度快速减小，从而增加电极更换频率，并显著提高 EC 工艺的运行成本。此外，电极钝化实质上限制了整个 EC 过程中的电子流动，因此有可能会增加操作成本。这种现象可能会导致污染物去除过程需要更强的电流和更长的反应时间。另外，污泥的处理也可能会影响成本估算。它涉及使用额外的污泥处理系统，这可能会增加总体处理成本。在进行 EC 工艺的成本计算分析和反应器设计时，应充分考虑上述因素。采用周期性电极极性反转技术，以及高疏水性和导电性的纳米复合电极材料来修饰电极，可进一步降低 EC 工艺的运行成本。

电絮凝法处理水的成本分析见表 2-6。

表 2-6 电絮凝法处理水的成本分析

种类	污染物初始浓度	电极材料	最佳操作参数	去除率/%	运行成本/(美元/m^3)
地下水	砷:0.145mg/L	阳极:废铁或废铝 阴极:圆柱形穿孔钛	初始 pH 值:7.42~8.01 电流:10A EC 时间:30min	93	0.181

续表

种类	污染物初始浓度	电极材料	最佳操作参数	去除率/%	运行成本/(美元/m^3)
地表水	砷:0.5mg/L	阳极:Fe 阴极:Al	初始 pH 值:7 电流密度:4.7mA/cm^2 EC 时间:2min	99.9	0.0782
	砷:0.15mg/L	阳极:Fe 阴极:Fe 阳极:Al 阴极:Al	Fe 电极 初始 pH 值:6.5 电流密度:0.25mA/cm^2 EC 时间:12.5min Al 电极 初始 pH 值:7 电流密度:0.25mA/cm^2 EC 时间:15min	93.5(Fe 电极) 95.7(Al 电极)	0.020(Fe 电极) 0.017(Al 电极)
灰水	COD:690mg/L BOD:204mg/L 硝酸盐:28mg/L 磷酸盐:19mg/L	阳极:Al 阴极:Al	初始 pH 值:7 电流密度:0.3mA/cm^2 EC 时间:60min	COD:70 BOD:87.5 硝酸盐:82.7 磷酸盐:84.7	0.114
制革废水	染料:125mg/L	阳极:碳钢 阴极:碳钢	初始 pH 值:3 电流密度:6.4mA/cm^2	染料:71 COD:23 TDS:76	0.05(染料) 0.84(COD 和 TDS)
纺织废水	色度:2846Pt-Co COD:2180mg/L TSS:420mg/L	阳极:Fe 阴极:Fe	初始 pH 值:8.24 电流密度:1.05mA/cm^2	色度:92.01 COD:86.79 TSS:82.9	0.75
金属加工废水	COD:17312mg/L TOC:3155mg/L 浊度:15350NTU	阳极:Al 阴极:Al 阳极:Fe 阴极:Fe	Al 电极 EC 时间:50min 电流密度:9mA/cm^2 Fe 电极 EC 时间:40min 电流密度:9mA/cm^2	Al 电极 COD:92.6 TOC:85.8 浊度:99.9 Fe 电极 COD:94.3 TOC:90.1 浊度:99.3	4.34(Al 电极) 3.09(Fe 电极)
石油废水	COD:553mg/L 苯酚:2.22mg/L	阳极:穿孔废铁 阴极:铁/铝板	初始 pH 值:6.30 电流密度:22mA/cm^2 EC 时间:39min	COD:96.18 苯酚:94.02	3.1
天然火山地下水	氟化物:6.02~8.98mg/L	阳极:铝板 阴极:铝板	初始 pH 值:3 电极间距:0.5cm 电流密度:5mA/cm^2 EC 时间:5~30min	68.9~84.7	0.22~0.28

2.4 电絮凝技术的优势与挑战

2.4.1 电絮凝技术的优势

电絮凝技术的优点概括如下。

① 电絮凝技术可以同时去除或降低水体中的有机物、浊度、重金属、硬度以及氟化物

等，具有去除污染物范围广，对废水水质、水量适应性强，所需反应时间短以及处理效率高的优点。

② 电絮凝技术可以原位产生絮凝剂，无需外加药剂。与化学沉淀等其他方法相比，不会使水体中增加 SO_4^{2-}、Cl^- 等离子。

③ 电絮凝反应最终生成的沉渣较为密实，澄清效果好，产生的污泥量少，含水率低。

④ 电絮凝设备结构紧凑，占地面积小，操作和维护较简单，可控性强，易实现自动化和工业化。

2.4.2 电絮凝技术的挑战

电絮凝技术具有较为悠久的历史，很多学者开展了大量的研究工作，也证明了其能够有效处理多种类型的废水。但在应用过程中仍面临诸多限制与挑战，制约了其进一步发展，主要体现在以下几个方面。

（1）效率与成本优化

电絮凝技术是一种在外电压驱动下释放絮凝剂的过程，其应用面临的最直接的问题是如何在提高处理效率的同时降低处理成本。电絮凝处理成本主要来自电能消耗以及极板材料消耗。Chen 等认为电絮凝对诸多污染物都有较好的处理效果，但是其处理成本（电能消耗以及材料消耗）制约了其进一步发展应用。

此外，近年来一些新的操作因素，例如脉冲电流被证明对电絮凝去除重金属的电能消耗和极板材料消耗有显著影响。例如，Eyvaz 等研究了电絮凝中脉冲电流对印染废水的处理效果，相比于直流电，脉冲电流能够有效节约能耗，同时还能提高其处理效果。一些新兴的实验设计以及多目标最优化方法，例如响应面法（response surface methodology，RSM）、神经网络法（artificial neural network，ANN）和遗传算法（genetic algorithm，GA），可更为直接和有效地解决电絮凝的效率与成本优化问题。

（2）电絮凝的钝化/破钝问题

电絮凝处理重金属过程中的钝化现象已成为制约该技术稳定运行的瓶颈。Mechelhoff 等研究了铝电絮凝体系中钝化膜的形成以及电化学特征，探讨了 pH 值、腐殖酸、极板表面形态对钝化的影响。而关于铁电絮凝技术钝化行为的研究仍非常有限，有研究者提出，电絮凝技术已经有一个世纪的历史，也被证明是一种有效的技术，但是对其钝化发生的关键过程仍然不清楚，操作参数选择以及反应器尺寸的设计仍然缺乏足够的理论依据。要解决这个问题，必须掌握电絮凝处理过程中的钝化行为及其机理。

为了消除电絮凝中的钝化现象，增强电絮凝对重金属的处理效果，目前主要有如下几种处理方式。

① 清洗极板：该方法被认为是一种最为传统的破钝方法，即通过机械清理来消除极板表面的氧化膜，具有有效、可靠的特点，然而对于大规模、连续化运行的电絮凝设备，工作量过于繁重。

② 调节操作参数：其中最为广泛的处理方式为周期性倒极。对于铝电絮凝方法来说，倒极是一种有效的破钝方法，倒极周期为 5～30min，能够有效消除铝极板上钝化膜的生成。对于铁电絮凝来说，选择合适的倒极周期非常有必要，若倒极周期太短反而会促进钝化。

③ 调整水质：投加氯离子是一种广泛使用的方法。

以上3种方法中，投加氯离子是目前电絮凝中最为常用的破钝方法，但是，在已公开发表的文献中，其投加量没有统一的标准（6.7～170.9mmol/L）。由于投加量的变化幅度大，往往会造成溶液中氯离子的浓度过高。而过量的氯离子不仅会腐蚀金属管道，而且会影响水的再生回用。

（3）自动化水平

自动化水平是评价技术易用性的重要指标。自动化水平越高则越容易操控，同时还能节省大量的人工成本。电絮凝的传统控制是基于稳定水质下的时间控制策略来实现的，但是水质波动的废水却难以通过传统控制策略来进行自动化控制。电絮凝过程中的诸多因素（如进水水质、水量、设备特性和运行环境等）都在随时间而发生变化，且其变化难以通过传统的时间控制策略来精确控制。由于电絮凝技术需要适应水质波动特性，其控制策略的改进过程面临多重自动化技术挑战。实时控制技术为提高电絮凝的自动化控制水平提供了新的途径。实时控制区别于传统的定时自动控制方法，是将接收到的信号做及时处理，并把运算结果迅速返回，将其作用于被控对象的控制系统。目前，实时控制已被广泛研究，特别是基于各种间接参数的实时控制策略，更是取得了实质性的突破和进展。例如，有研究者在利用SBR（序批式活性污泥法）工艺去除有机物和脱氮反应过程中，通过检测DO、pH值、ORP（氧化还原电位）并及时调整SBR的运行参数，最大限度地缩短了运行周期，在提高处理量的同时节能降耗。

2.5 应用与前景分析

絮凝剂在污水处理和饮用水处理中的应用历史悠久，且具有重要地位。随着相关研究的不断进步和深入，絮凝剂已从最初的无机絮凝剂逐步拓展到有机絮凝剂、复合絮凝剂，以及近些年发展起来的磁絮凝剂、生物絮凝剂等。但从本质上看，不断探索、研究新型絮凝剂的最终目的都是追求产品经济、高效和无二次污染的属性，而电絮凝技术在一定程度上能够满足上述要求，可作为未来无药剂替代技术的选择之一。

电絮凝原位产生的絮凝剂具有无二次污染、有效成分含量高、污泥量少、装置简单和易于实现自控等优点。此外，还表现出更广的可处理污染物范围、更高的污染物去除率和更低的能源消耗等特点，很好地克服了传统化学絮凝剂的缺点。而将电絮凝工艺与其他水处理技术相结合，能够进一步提高其对污染物的去除效率，并且大大降低了处理的总能耗和运行成本。

电絮凝与传统化学絮凝相比，更有望实现自动化和智慧控制。建模对EC反应器的设计开发有重要的帮助。寻找一种更通用的方法来预测反应机制，从而提高整体的污染物减排效率是有必要的。在建模和优化研究中，还需要权衡不同的竞争因素。人工神经网络和田口模型等模拟和建模方法的发展应得到重视，以预测复杂废水中污染物的去除效率。机器学习工具（如AutoCAD和Python）已成为电絮凝（EC）系统优化设计及运行控制的新兴技术手段。

综上所述，电絮凝是一种具有成本效益和可持续性的技术，可用于处理各种水体中的污染物。随着技术研究的持续深入和工程应用的不断优化，电絮凝技术有望成为替代传统化学絮凝技术的适宜选择。

参考文献

[1] 冯欣蕊 . PAC-PDMDAAC 杂化絮凝剂的制备、表征及絮凝性能研究 [D]. 重庆：重庆大学，2014.

[2] 陈念 . 木质素基阳离子聚丙烯酰胺絮凝剂的制备及其在水处理中的应用 [D]. 广州：华南理工大学，2020.

[3] 田贞乐 . 改性海藻酸钠絮凝剂的制备及其污水处理性能研究 [D]. 无锡：江南大学，2020.

[4] VANDAMME D，FOUBERT I，MUYLAERT K. Flocculation as a low-cost method for harvesting microalgae for bulk biomass production [J]. Trends in Biotechnology，2013，31 (4)：233-239.

[5] YANG C，RETTY B，KATRINA YS，et al. Recent advancement of coagulation-flocculation and its application in wastewater treatment [J]. Industrial Engineering Chemistry Research，2016，55 (16)：4363-4389.

[6] WANG D S，TANG H X，GREGORY J. Relative importance of charge neutralization and precipitation on coagulation of kaolin with PACl：Effect of sulfate ion [J]. Environmental Science & Technology，2002，36 (8)：1815-1820.

[7] BHATTACHARJEE S，ZHAO Y H，HILL J M，et al. Selective accumulation of aluminum in cerebral arteries in Alzheimer's disease (AD) [J]. Journal of Inorganic Biochemistry，2013，126：35-37.

[8] 张正安，廖义涛，郑舒婷，等 . 絮凝剂分类及其水处理作用机理研究进展 [J]. 宜宾学院学报，2019，19 (12)：117-120，124.

[9] 苗庆显，高立芹，秦梦华 . 水处理有机絮凝剂的研究进展 [J]. 工业水处理，2006 (10)：14-17.

[10] HUANG C B，WANG Y H. Removal of aluminosilicates from diasporic-bauxite by selective flocculation using sodium polyacrylate [J]. Separation and Purification Technology，2008，59 (3)：299-303.

[11] LIMA A F，MANSUR C R E，LUCAS E F，et al. Polycardanol or sulfonated polystyrene as flocculants for asphaltene dispersions [J]. Energy & Fuels，2010，24 (4)：2369-2375.

[12] ABDOLLAHI Z，FROUNCHI M，DADBIN S. Synthesis，characterization and comparison of PAM，cationic PDMC and P (AM-co-DMC) based on solution polymerization [J]. Journal of Industrialand Engineering Chemistry，2010，17 (3)：580-586.

[13] SALEHIZADEH H，YAN N. Recent advances in extracellular biopolymer flocculants [J]. Biotechnology Advances，2014，32 (8)：1506-1522.

[14] 岳艳利，周林成，王耀龙，等 . 微生物絮凝剂的制备及其应用研究进展 [J]. 水处理技术，2012，38 (1)：6-9.

[15] 高宝玉，岳钦艳，王燕，等 . 复合高分子絮凝剂 [M]. 北京：化学工业出版社，2016.

[16] 张进武 . 水处理絮凝剂研究现状与前景 [J]. 山西化工，2022，6：28-29，41.

[17] 张鹏 . 电絮凝技术去除受污染水中钼酸盐的效能与机理 [D]. 烟台：烟台大学，2022.

[18] 宋佩佩 . 电絮凝技术处理砷锑废水机理及多物理场数值模拟的研究 [D]. 长沙：湖南大学，2017.

[19] KOBYA M，CAN O T，BAYRAMOGLU M. Treatment of textile wastewater by electrocoagulation using iron and aluminum electrodes [J]. Journal of Hazardous Materials，2003，100 (1-3)：163-178.

[20] MURTHY P V Z，NANCY C，KANT A. Separation of pollutants from restaurant wastewater by electrocoagulation [J]. Separation Science and Technology，2007，42 (4)：819-833.

[21] LAI C L，LIN S H. Electrocoagulation of chemical mechanical polishing (CMP) wastewater from semiconductor fabrication [J]. Chemical Engineering Journal，2003，95 (1-3)：205-211.

[22] AKBAL F，CAMCI S. Copper，chromium and nickel removal from metal plating wastewater by electrocoagulation [J]. Desalination，2011，269 (1-3)：214-222.

[23] 曲久辉，刘会娟 . 水处理电化学原理与技术 [M]. 北京：科学出版社，2007.

[24] MOHAMMAD M E，SIVAKUMAR M. Review of pollutants removed by electrocoagulation and electrocoagulation/flotation processes [J]. Journal of Environmental Management，2008，90 (5)：1663-1679.

[25] SAHU O，MAZUMDAR B，CHAUDHARI P K. Treatment of wastewater by electrocoagulation：A review [J]. Environmental Science and Pollution Research，2014，21 (4)：2397-2413.

[26] KUOKKANEN V，KUOKKANEN T. Recent applications of electrocoagulation intreatment of water and wastewater—A review [J]. Green and Sustainable Chemistry，2013，3 (2)：33.

[27] KABDASLI I，ARSLAN-ALATON I，OLMEZ-HANCI T，et al. Electrocoagulation applications for industrial wastewaters：A critical review [J]. Environmental Technology Reviews，2012，1 (1)：2-45.

[28] SINGH S, SRIVASTAVA V C, MALL I D. Electrochemical treatment of dye bearing effluent with different anode-cathode combinations: Mechanistic study and sludge analysis [J]. Industrial & Engineering Chemistry Research, 2014, 53 (26): 10743-10752.

[29] HOLT P K, BARTON G W, MITCHELL C A. The future for electrocoagulation as alocalised water treatment technology [J]. Chemosphere, 2005, 59 (3): 355-367.

[30] 徐海音 . 电絮凝处理重金属废水的优化控制策略及其钝化/破钝机理的研究 [D]. 长沙: 湖南大学, 2016.

[31] 刘杨 . 含油污水电絮凝法除油机理及强化除油性能实验研究 [D]. 青岛: 中国石油大学 (华东), 2017.

[32] SHAHEDI A , DARBANL A K, TAGHIPOUR F, et al. A review on industrial wastewater treatment via electrocoagulation processes [J]. Current Opinion in Electrcchemistry, 2020, 22: 154-169.

[33] ABBAS A, MARLIA M H. Removal of inorganic pollutants using electrocoagulation technology: A review of emerging applications and mechanisms [J]. Journal of Environment Management, 2021, 300: 113696.

[34] SYAM B D, ANANTHA S T S, NIDHEESH P V, et al. Industrial wastewater treatment by electrocoagulation process [J]. Separation Science and Technology, 2020, 55 (17): 3195-3227.

[35] BETANCOR-ABREU A, MENA V, GONZÁLEZ S, et al. Design and optimization of an electrocoagulation reactor for fluoride remediation in underground water sources for human consumption [J]. Journal of Water Process Engineering, 2019, 31: 100865.

[36] HERNÁNDEZ-FRANCISCO E, JOSÉ P L, BLANCO-JEREZ M. Removal of phenolic compounds from oil refinery wastewater by electrocoagulation and Fenton/photo-Fenton processes [J]. Journal of Water Process Engineering, 2017, 19: 97-100.

[37] MOLLAH M Y A, MORKOVSKY P, GOMES J A G, et al. Fundamentals, present and future perspectives of electrocoagulation [J]. Journal of Hazardous Materials, 2004, 114 (1): 199-210.

[38] KHANDEGAR V, SAROHA A K. Electrocoagulation for the treatment of textile industry effluent—A review [J]. Journal of Environmental Management, 2013, 128: 949-963.

[39] Aswathy P, Gandhimathi R, Ramesh S T, Nidheesh P V. Removal of organics from bilge water by batch electrocoagulation process [J]. Separation and Purification Technology, 2016, 159: 108-115.

[40] KHATIBIKAMAL V, TORABIAN A, JANPOOR F, et al. Fluoride removal from industrial wastewater using electrocoagulation and its adsorption kinetics [J]. Journal of Hazardous Materials, 2010, 179 (1-3): 276-280.

[41] 刘兴, 周少奇 . 铁板电絮凝同时去除氟和镉 [J]. 水处理技术, 2019, 45 (5): 15-19, 24.

[42] 党亚攀 . Fe-Al 电极组合电絮凝法处理含 Ni-EDTA 废水的研究 [D]. 广州: 华南理工大学, 2017.

[43] ABDEL-SHAFY I H, SHOEIB A M, EL-KHATEEB A M, et al. Electrochemical treatment of industrial cooling tower blowdown water using magnesium-rod electrode [J]. Water Resources and Industry, 2020, 23: 100121.

[44] MANSOOR S M, ALSUHAIMI A O, HANAFIAH M M, et al. Study on migration of phenolic and volatile organic compounds from plastic pipes used in plumbing home networks into tap water [J]. Desalination and Water Treatment, 2018, 112: 344-350.

[45] ABBAS A, AL-RAAD M M, HANAFIAH A S N, et al. Optimized parameters of the electrocoagulation process using a novel reactor with rotating anode for saline water treatment [J]. Environmental Pollution, 2020, 265: 115049.

[46] TEGLADZA I D, XU Q, XU K, et al. Electrocoagulation processes: A general review about role of electro-generated flocs in pollutant removal [J]. Process Safety and Environmental Protection, 2021, 146: 169-189.

[47] ISA M H, EZECHI E H, AHMED Z, et al. Boron removal by electrocoagulation and recovery [J]. Water Research, 2014, 51 (6): 113-123.

[48] KOBYA M, GEBOLOGLU U, ULU F, et al. Removal of arsenic from drinking water by the electrocoagulation using Fe and Al electrodes [J]. Electrochimica Acta, 2011, 56 (14): 5060-5070.

[49] 郑志勇, 徐海音, 宋佩佩, 等 . 电絮凝在水处理中的研究进展 [J]. 现代化工, 2015, 35 (4): 29-32, 34.

[50] DEMIRBAS E, KOBYA M, ONCEL M S, et al. Arsenite removal from groundwater in a batch electrocoagulation process: Optimization through response surface methodology [J]. Separation Science and Technolgy, 2019, 54 (5): 775-785.

[51] Gilhotra V, Das L, Sharma A, et al. Electrocoagulation technology for high strength arsenic wastewater: Process optimization and mechanistic study [J]. Journal of Cleaner Production, 2018, 198: 693-703.

[52] VAN GENUCHTEN C M, ADDY S E A, PEÑA J, et al. Removing arsenic from synthetic groundwater with iron electrocoagulation: An Fe and As K-edge EXAFS study [J]. Environmental Science & Technology, 2011, 46 (2): 986-994.

[53] LACASA E, CAÑIZARES P, SAEZ C, et al. Removal of nitrates from groundwater by electrocoagulation [J]. Chemical Engineering Journal, 2011, 171 (3): 1012-1017.

[54] CASTANEDA L F, CORENO O, NAVA J L. Simultaneous removal of arsenic, fluoride, and hydrated silica from deep well water by electrocoagulation using hybrid AlFe electrodes [J]. Process Saf Environ Prot, 2022, 166 : 290-298.

[55] CHEN X, REN P, LI T, et al. Zinc removal from model wastewater by electrocoagulation: Processing, kinetics and mechanism [J]. Chemical Engineering Journal, 2018, 349: 358-367.

[56] HEIDMANN I, CALMANO W. Removal of Ni, Cu and Cr from a galvanic wastewater in an electrocoagulation system with Fe-and Al-electrodes [J]. Separation and Purification Technology, 2010, 71 (3): 308-314.

[57] BHATTI M S, REDDY A S, KALIA R K, et al. Modeling and optimization of voltage and treatment time for electrocoagulation removal of hexavalent chromium [J]. Desalination, 2011, 269 (1-3): 157-162.

[58] HUSSAIN Z, DIN M I, NAYAB S, et al. Recovery of cobalt and copper from textile, electroplating and tannery effluents using electrocoagulation method [J]. Hydrology: Current Research, 2013, 4 (1): 1-6.

[59] WANG W, ZHANG B, LI Y, et al. One-step removal of thallium (I) from groundwater by electrocoagulation using an aluminum anode [J]. International Journal of Electrochemical Science , 2020, 15 (2): 1329-1337.

[60] ODEN M K, SARI-ERKAN H. Treatment of metal plating wastewater using iron electrode by electrocoagulation process: Optimization and process performance [J]. Process Safety and Environmental Protection , 2018, 119: 207-217.

[61] XU L, XU X, CAO G, et al. Optimization and assessment of Fe-electrocoagulation for the removal of potentially toxic metals from real smelting wastewater [J]. Journal of Environmental Management, 2018, 218: 129-138.

[62] MAITLO H A, KIM J H, KIM K H, et al. Metal-air fuel cell electrocoagulation techniques for the treatment of arsenic in water [J]. Journal of Cleaner Production, 2019, 207: 67-84.

[63] NARIYAN E, SILLANPÄ M, WOLKERSDORFER C. Uranium removal from Pyhäsalmi/Finland mine water by batch electrocoagulation and optimization with the response surface methodology [J]. Separation and Purification Technology, 2018, 193: 386-397.

[64] HASHIM K S, AL KHADDAR R, JASIM N, et al. Electrocoagulation as a green technology for phosphate removal from river water [J]. Separation and Purification Technology, 2019, 210: 135-144.

[65] SHARMA D, CHAUDHARI P K, PRAJAPATI A K. Removal of chromium (Ⅵ) and lead from electroplating effluent using electrocoagulation [J]. Separation Science and Technology, 2020, 55 (2): 321-331.

[66] NWABANNE J T, IGWEGBE C A, OKPO S O. Removal of copper, nickel, and chromium from simulated wastewater using electrocoagulation technique [J]. Int Conf Proc Fac Eng Unizik, 2018: 448-458.

[67] OMRANPOUR S S, MOKHTARIAN N, BEHNAM S. Optimization of Mn removal from aqueous solutions through electrocoagulation [J]. Environ Technol, 2020, 41 (7): 890-900.

[68] ACHARYA S, SHARMA S K, CHAUHAN G, et al. Statistical optimization of electrocoagulation process for removal of nitrates using response surface methodology [J]. Indian Chem Eng, 2018, 60: 269-284.

[69] LOPEZ-GUZMAN M, ALARKON-HERRERA M T, IRIGOYEN-CAMPUZANO J R, et al. Simultaneous removal of fluoride and arsenic from well water by electrocoagulation [J]. Sci Total Environ, 2019, 678: 181-187.

[70] ALAMEEN M, MAJEED N. Removal of cadmium from industrial wastewater using electrocoagulation process [J]. J Eng, 2020, 26 (1): 24-34.

[71] CAO D, GUO T, ZHAO X. Treatment of Sb (Ⅴ) and Co (Ⅱ) containing wastewater by electrocoagulation and enhanced Sb (Ⅴ) removal with Co (Ⅱ) presence [J]. Separ Purif Technol, 2019, 227: 115649.

[72] MROCZEK E K, GRAHAM D, BACON L. Removal of arsenic and silica from geothermal fluid by electrocoagula-

tion [J]. J Environ Chem Eng, 2019, 7: 103232.

[73] WIDHIASTUTI F, LIN J Y, SHIH Y J, et al. Electrocoagulation of boron by electrochemically co-precipitated spinel ferrites [J]. Chem Eng J, 2018, 350: 893-901.

[74] KASMURI N, TARMIZI N A A. The treatment of landfill leachate by electrocoagulation to reduce heavy metals and ammonia-nitrogen [J]. Int J Eng Technol, 2018, 7: 109.

[75] AL-RAAD A A, HANAFIAH M M, NAJE A S, et al. Treatment of saline water using electrocoagulation with combined electrical connection of electrodes [J]. Processes, 2019, 7 (5): 242.

[76] HANSEN HK, PENA S F, GUTIERREZ C, et al. Selenium removal from petroleum refinery wastewater using an electrocoagulation technique [J]. J Hazard Mater, 2019, 364: 78-81.

[77] DE S, HAZRA T, DUTTA A. Assessment of removal of mercury from landfill leachate by electrocoagulation//Environmental biotechnology for soil and wastewater implications on ecosystems [M]. Berlin: Springer, 2019: 21-27.

[78] CHOW H, PHAM A T. Effective removal of silica and sulfide from oil sands thermal in-situ produced water by electrocoagulation [J]. J Hazard Mater, 2019, 380: 120880.

[79] KIM T, KIM T K, ZOH K D. Removal mechanism of heavy metal (Cu, Ni, Zn, and Cr) in the presence of cyanide during electrocoagulation using Fe and Al electrodes [J]. J Water Process Eng, 2020, 33: 101109.

[80] AJI B A, YAVUZ Y, Koparal A S. Electrocoagulation of heavy metals containing model wastewater using monopolar iron electrodes [J]. Sep Purif Technol, 2012, 86 : 248-254.

[81] NANSEU-NJIKI C P, TCHAMANGO S R, NGOM P C, et al. Removal from water by electrocoagulation using aluminium and iron electrodes [J]. J Hazard Mater, 2009, 168: 1430-1436.

[82] KAMARAJ R, VASUDEVAN S. Evaluation of electrocoagulation process for the removal of strontium and cesium from aqueous solution [J]. Chem Eng Res Des, 2015, 93: 522-530.

[83] NÚNEZ J, YEBER M, CISTERNAS N, et al. Application of electrocoagulation for the efficient pollutants removal to reuse the treated wastewater in the dyeing process of the textile industry [J]. J Hazard Mater, 2019, 371: 705-711.

[84] CHRISTIAN D, GAEKWAD A, DANI H, et al. Recent techniques of textile industrial wastewater treatment: A review [J]. Mater Today Proc, 2022, 77: 277-285.

[85] AMANI-GHADIM A R, ABER S, OLAD A, et al. Optmization of electrocoagulation process for removal of an azo dye using response surface methodology and investigation on the occurrence ofdestructive side reactions [J]. Chemical Engineering and Processing: Process Intensification, 2013, 64: 68-78.

[86] 朱米家. 电絮凝强化处理聚合物驱油废水及机理研究 [D]. 北京: 北京科技大学, 2018.

[87] AOUDJEHANE M, CHAFOU A, KELLIL A, et al. Treatment of cutting oil emulsion by electrocoagulation with iron electrodes [J]. Water Quality Research Journal of Canada, 2010, 4 (4): 499-508.

[88] 陈光光, 胡奇, 李耀彩, 等. 电絮凝法处理石油裂化催化剂废水 [J]. 环境工程学报, 2015, 9 (10): 4850-4856.

[89] 王兵, 李洁, 任宏洋, 等. 电化学法处理聚驱采油废水的研究 [J]. 安全与环境学报, 2015, 15 (6): 245-249.

[90] SEKMAN E, USLU S T E, VARANK G, et al. Treatment of oily wastewater from port waste reception facilities by electrocoagulation [J]. Int J Environ Res, 2011, 5: 1079-1086.

[91] GIWA S O, ERTUNÇ S, HAPOGLU H, et al. Electrocoagulation treatment of turbid petrochemical wastewater [J]. Int J Adv Sci Technol, 2012, 5 : 23-32.

[92] PRIYA M, JEYANTHI J. Removal of COD, oil and grease from automobile wash water effluent using electrocoagulation technique [J]. Microchem J, 2019, 150: 104070.

[93] OGANDO F I B, DE AGUIAR C L, VIOTTO J V N, et al. Removal of phenolic, turbidity and color in sugarcane juice by electrocoagulation as a sulfur-free process [J]. Food Res Int, 2019, 122: 643-652.

[94] JEONG H, LEE J, JU Y M, et al. Using electro-coagulation treatment to remove phenolic compounds and furan derivatives in hydrolysates resulting from pilot-scale supercritical water hydrolysis of Mongolian oak [J]. Renew Energy, 2019, 138: 971-979.

[95] NGUYEN Q H, WATARI T, YAMAGUCHI T, et al. COD removal from artificial wastewater by electrocoagula-

tion using aluminum electrodes [J]. Int J Electrochem Sci, 2020, 15: 39-51.
[96] MCBEATH S T, NOURI-KHORASANI A, MOHSENI M, et al. Insitu determination of current density distribution and fluid modeling of an electrocoagulation process and its effects on natural organic matter removal for drinking water treatment [J]. Water Res, 2020, 171: 115404.
[97] DEHGHANI M, SHEIBANI S. Optimization of organic compounds removal from wastewater by electrocoagulation [J]. Hormozgan Med J, 2015, 19: 59-65.
[98] MANILAL A M, SOLOMAN P A, BASHA C A. Removal of oil and grease from produced water using electrocoagulation [J]. J Hazardous Toxic Radioact Waste, 2020, 24: 04019023.
[99] AZADI AGHDAM M, KARIMINIA H R, SAFARI S. Removal of lignin, COD, and color from pulp and paper wastewater using electrocoagulation [J]. Desalin Water Treat, 2016, 57 (21): 9698-9704.
[100] ELNAKAR H, BUCHANAN I. Soluble chemical oxygen demand removal from by pass wastewater using iron electrocoagulation [J]. Sci Total Environ, 2020, 706: 136076.
[101] SRAVANTH T, RAMESH S T, GANDHIMATHI R, et al. Continuous treatability of oily wastewater from locomotive wash facilities by electrocoagulation [J]. Separ Sci Technol, 2020, 55: 583-589.
[102] TEMITOPE A A, TEMITAYO A E. A preliminary study on the treatment of restaurant wastewater using electrocoagulation technique [J]. J Degrad Min Lands Manag, 2020, 7: 2029-2033.
[103] TCHAMANGO S R, WANDJI N K, BELIBI P D, et al. Treatment of a dairy effluent by classical electrocoagulation and indirect electrocoagulation with aluminum electrodes [J]. Separ Sci Technol, 2020: 1-12.
[104] WAGH M P, NEMADE P D, JADHAV P. Continuous electro coagulation process for the distillery spent wash using Al electrodes [J]. Techno Societal, 2020: 41-49.
[105] DHORABE P T, TENPE A R, VAIRAGADE V S, et al. Effective treatment for COD removal of landfill leachate by electro-coagulation [J]. Singapore: Springer Singapore, 2020: 129-147.
[106] PALANISAMY S, NACHIMUTHU P, AWASTHI M K, et al. Application of electrochemical treatment for the removal of triazine dye using aluminium electrodes [J]. J Water Supply Res Technol, 2020: 1-10.
[107] BENER S, BULCA Ö, PALAS B, et al. Electrocoagulation process for the treatment of real textile wastewater: Effect of operative conditions on the organic carbon removal and kinetic study [J]. Process Saf Environ Protect, 2019, 129: 47-54.
[108] NASRULLAH M, ZULARISAM A W, KRISHNAN S, et al. High performance electrocoagulation process in treating palm oil mill effluent using high current intensity application [J]. Chin J Chem Eng, 2019, 27: 208-217.
[109] CHEZEAU B, BOUDRICHE L, VIAL C, et al. Treatment of dairy wastewater by electrocoagulation process: Advantages of combined iron/aluminum electrodes [J]. Separ Sci Technol, 2020, 55 (14): 2510-2527.
[110] ESFANDYARI Y, SAEB K, TAVANA A, et al. Effective removal of cefazolin from hospital wastewater by the electrocoagulation process [J]. Water Sci Technol, 2019, 80: 2422-2429.
[111] BIGLARI H. Humic acid removal by electro coagulation process from natural aqueous environments [J]. Int J Electrochem Sci, 2018: 2379-2389.
[112] BALARAK D, DASHTIZADEH M, OGUIKE RS, et al. Survey electrocoagulation process in removal of norfloxacin antibiotic from aqueous solutions [J]. J Pharm Res Int, 2020, 32: 53-60.
[113] BAO J, YU WJ, LIU Y, et al. Removal of perfluoroalkane sulfonic acids (PFSAs) from synthetic and natural groundwater by electrocoagulation Chemosphere [J]. Chemosphere, 2020: 125951.
[114] EARID M M, FARID N A, ELTALAWY A G. Removal efficiency of COD, BOD, oil and grease and TSS from industrial wastewater by using electrocoagulation [J]. Al-Azhar Bull Sci, 2019, 30: 1-8.
[115] GONG C, SHEN G, HUANG H, et al. Removal and transformation of polycyclic aromatic hydrocarbons during electrocoagulation treatment of an industrial wastewater [J]. Chemosphere, 2017, 168: 58-64.
[116] 祝海涛. 电絮凝集成技术及应用研究进展 [J]. 水处理技术, 2023, 49 (9): 7-10, 33.
[117] PRANJAL P D, MUKESH S, MIHIR K. Recent progress on electrocoagulation process for wastewater treatment: A review [J]. Separation and Purification Technology, 2022, 292: 121058.
[118] ALMUKDAD A, HAFIZ M A, YASIR A T, et al. Unlocking the application potential of electrocoagulation

process through hybrid processes [J]. Water Process Eng, 2021, 40 : 101956.

[119] 王懿鹏 . 膜分离技术开发进展及其在制浆造纸废水处理中的应用 [J]. 中华纸业, 2023, 44 (11-12): 98-100.

[120] BEN-SASSON M, ZIDON Y, CALVO R, et al. Enhanced removal of natural organic matter by hybrid process of electrocoagulation and dead-end microfiltration [J]. Chem Eng J, 2013, 232: 338-3345.

[121] BAGGA A, CHELLAM S, CLIFFORD D A. Evaluation of iron chemical coagulation and electrocoagulation pre-treatment for surface water microfiltration [J] . Memb Sci, 2008, 309 : 82-93.

[122] GAMAGE N P, RIMER J D, HELLAM S C. Improvements in permeate flux by aluminum electroflotation pre-treatment during microfiltration of surface water [J]. Memb Sci, 2012, 411-412 : 45-53.

[123] CHANGMAI M, PASAWAN M, PURKAIT M K. Treatment of oily wastewater from drilling site using electro-coagulation followed by microfiltration [J]. Sep Purif Technol, 2019, 210 : 463-472.

[124] BIAŁAS W, STANGIERSKI J, KONIECZNY P. Protein and water recovery from poultry processing wastewater integrating microfiltration ultrafiltration and vacuum membrane distillation [J]. Int. J. Environ. Sci. Technol. , 2015 (12): 1875-1888.

[125] SARDARI K, ASKEGAARD J, CHIAO Y H, et al. Electrocoagulation followed by ultrafiltration for treating poultry processing wastewater [J]. J Environ Chem. Eng, 2018, 6: 4937-4944.

[126] 俞三传, 高从堦, 张慧 . 纳滤膜技术和微污染水处理 [J]. 水处理技术, 2005, 31 (9): 6-9.

[127] SHAHMIRZADI M A A, KARGARI A. Nanocomposite membranes [M]. Amsterdam: Elsevier Inc, 2018.

[128] HILAL N, ISMAIL A F, WRIGHT C J. Membrane Fabrication: Principles, Optimization and Applications [M]. London: CRC Press, 2015.

[129] TAVANGAR T, JALALI K, ALAEI SHAHMIRZADI M A, et al. Toward real textile wastewater treatment: Membrane fouling control and effective fractionation of dyes/inorganic salts using a hybrid electrocoagulation-Nano-filtration process [J]. Sep Purif Technol, 2019, 216 : 115-125.

[130] GONDER Z B, BALCIOGLU G, VERGILI I, et al. An integrated electrocoagulation-nanofiltration process for carwash wastewater reuse [J]. Chemosphere, 2020: 253.

[131] 邓旭. 反渗透技术在电厂水处理的应用分析 [J]. 科技创新与应用, 2017 (10): 132-133.

[132] 施明才. 反渗透水处理技术及其应用趋势研究 [J]. 地球, 2015 (7): 467.

[133] MADDAH H, CHOGLE A. Biofouling in reverse osmosis: Phenomena, monitoring, controlling and remediation [J]. Appl Water Sci, 2017, 7: 2637-2651.

[134] ZHAO S, HUANG G, CHENG G, et al. Hardness, COD and turbidity removals from produced water by electro-coagulation pretreatment prior to reverse osmosis membranes [J]. Desalination, 2014, 344 : 454-462.

[135] SADEDDIN K, NASER A, FIRAS A. Removal of turbidity and suspended solids by electro-coagulation to improve feed water quality of reverse osmosis plant [J]. Desalination, 2011, 268: 204-207.

[136] HAKIZIMANA J N, GOURICH B, VIAL C, et al. Assessment of hardness, microorganism and organic matter removal from seawater by electrocoagulation as a pretreatment of desalination by reverse osmosis [J]. Desalination, 2016, 393: 90-101.

[137] CHANGMAI M, DAS P P, MONDAL P, et al. Hybrid electrocoagulation-microfiltration technique for treatment of nanofiltration rejected steel industry effluent [J]. Int J Environ Anal Chem, 2020, 102 (1): 1-22.

[138] CHANGMAI M, PASAWAN M, PURKAIT M K. A hybrid method for the removal of fluoride from drinking water: Parametric study and cost estimation [J]. Sep Purif Technol, 2018, 206: 140-148.

[139] HAN N, HUANG G, AN C, et al. Removal of sulfonated humic acid through a hybrid electrocoagulation-ultrafiltration process [J]. Ind Eng Chem Res, 2015, 54: 5793-5801.

[140] AOUNI A, FERSI C, BEN S A M, et al. Treatment of textile wastewater by a hybrid electrocoagulation/nanofiltration process [J]. J Hazard Mater, 2009, 168.

[141] OULEBSIR A, CHAABANE T, TOUNSI H, et al. Treatment of artificial pharmaceutical wastewater containing amoxicillin by a sequential electrocoagulation with calcium salt followed by nanofiltration [J]. J Environ Chem Eng, 2020, 8 (6): 104597.

[142] DA SILVA J R P, MERÇON F, DA SILVA L F, et al. Evaluation of electrocoagulation as pre-treatment of oil e-

mulsions, followed by reverse osmosis [J]. J Water Process Eng, 2015, 8: 126-135.

[143] DEN W, WANG C J. Removal of silica from brackish water by electrocoagulation pretreatment to prevent fouling of reverse osmosis membranes [J]. Sep Purif Techno, 2008, 59: 318-325.

[144] 戴常超，陈大宏，刘峻峰，等. 强化电絮凝技术的基础、现状和未来展望 [J]. 工业水处理，2022，42 (1): 1-14.

[145] PRAJAPATI, A K. Sono-assisted electrocoagulation treatment of rice grain based distillery biodigester effluent: Permance and cost analysis [J]. Process Safety and Evironmental Protection, 2021, 150: 314-322.

[146] NAJE A S, CHELLIAPAN S, ZAKARIA Z, et al. Electrocoagulation by solar energy feed for textile wastewater treatment including mechanism and hydrogen production using a novel reactor design with a rotating anode [J]. RSC Advance, 2016, 6 (12): 10192-10204.

[147] ASAITHAMBI P, YESUF M B, GOVINDARAJAN R, et al. Distillery industrial wastewater (DIW) treatment by the combination of sono (US), photo (UV) and electrocoagulation (EC) process [J]. Journal of Environmental Management, 2022, 320: 115926.

[148] ASAITHAMBI P, AZIZ A R A, SAJJADI B, et al. Sono assisted electrocoagulation process for the removal of pollutant from pulp and paper industry effluent [J]. Environ Sci Pollut Res, 2017, 24: 5168-5178.

[149] CHU J Y, LI Y R, LI N, et al. Treatment of car-washing wastewater by electrocoagulation-ultrasound technique for reuse [J]. Adv Mater Res, 2012, 433-440: 227-232.

[150] OZYONAR F, GOKKUS O, SABUNI M. Removal of disperse and reactive dyes from aqueous solutions using ultrasound-assisted electrocoagulation [J]. Chemosphere, 2020: 258.

[151] 刘威. 表面改性气泡强化共聚气浮除污染效能及机理研究 [D]. 济南：山东建筑大学，2020.

[152] INOSTROZA C, BAHRAOUI N E, RIVERA-TINOCO R, et al. Uses of electro-coagulation-flocculation (ECF) for the pre concentration of microalgae biomass [J]. Process Biochemistry, 2022, 122: 1-7.

[153] ABDULRAZZAQ N N, AL-SABBAGH B H, SHANSHOOL H A. Coupling of electrocoagulation and microflotation for the removal of textile dyes from aqueous solutions [J]. Journal of Water Process Engineering, 2021, 40: 101906.

[154] BRACHER G H, CARISSIMI E, WOLFF D B, et al. Performance of an electrocoagulation-flotation system in the treatment of domestic wastewater for urban reuse [J]. Environmental Science and Pollution Research, 2022, 29 (32): 49439-49456.

[155] HERNANDEZ O M, PONZIAK T, BARRERA D C, et al. Use of a combined electrocoagulation-ozone process as a pre-treatment for industrial wastewater [J]. Desalination, 2010, 250 (1): 144-149.

[156] CANIZARES P, PAZ R, SAEZ C, et al. Costs of the electrochemical oxidation of wastewaters: A comparison with ozonation and Fenton oxidation processes [J]. J Environ Manage, 2009, 90 (1): 410-420.

[157] BILINSKA L, BLUS K, GMUREK M, et al. Coupling of electrocoagulation and ozone treatment for textile wastewater reuse [J]. Chem Eng J, 2019, 358: 992-1001.

[158] HERNANDEZ-ORTEGA M, PONZIAK T, BARRERA-DÍAZ C, et al. Use of a combined electrocoagulation-ozone process as a pre-treatment for industrial wastewater [J]. Desalination, 2010, 250 : 144-149.

[159] AHANGARNOKOLAEI M A, AYATI B, GANJIDOUST H. Simultaneous and sequential combination of electrocoagulation and ozonation by Al and Fe electrodes for DirectBlue71 treatment in a new reactor: Synergistic effect and kinetics study [J]. Chemosphere, 2021, 285: 131424.

[160] LEE J, GWAK G, KIM H, et al. Applied clay science synthesis of hydrotalcite type layered double hydroxide with various Mg/Al ratio and surface charge under controlled reaction condition [J]. Appl Clay Sci, 2016, 134: 44-49.

[161] MOLANO-MENDOZA M, DONNEYS-VICTORIA D, MARRIAGA-CABRALES N, et al. Synthesis of Mg-Al layered double hydroxides by electrocoagulation [J]. MethodsX, 2018: 915-923.

[162] LI J, HUANG G T, LI F, et al. In situ electrochemical synthesis of Zn-Al layered double hydroxides for removal of strontium: Optimization and kinetics study [J]. Colloids and Surfaces A: Physicochemical and Engineering Aspects, 2021, 608: 125589.

[163] DONNEYS-VICTORIA D, MARRIAGA-CABRALES N, MACHUCA-MARTÍNEZ F, et al. Indigo carmine and chloride ions removal by electrocoagulation. Simultaneous production of brucite and layered double hydroxides [J].

Journal of Water Process Engineering, 2020, 33: 101106.

[164] QIAO M, ZHANG J K, MAO R, et al. Inactivation of Escherichia Coli by mixed-valent nanoparticles in-situ generated during Fe electrocoagulation [J]. Water Research, 2023, 247: 120818.

[165] XU L Q, WU D L, LIU W, et al. Comparative performance of green rusts generated in Fe^0-electrocoagulation for Cd^{2+} removal from high salinity wastewater: Mechanisms and optimization [J]. Journal of Environmental Management, 2019, 237: 495-503.

[166] HOLT P K, BARTON G W, WARK M, et al. A quantitative comparison between chemical dosing and electrocoagulation [J]. Colloids Surfaces A: Physicochem Eng Aspects, 2002, 211: 233-248.

[167] CANIZARES P, MARTIÄNEZ F, JIMEÄNEZ C, et al. EC&CC coagulation and electrocoagulation of wastes polluted with dyes [J]. Environ Sci Technol, 2006, 40: 6418-6424.

[168] HARIF T, ADIN A. Size and structure evolution of kaolin-$Al(OH)_3$ flocs in theelectroflocculation process: A study using static light scattering [J]. Water Res, 2011, 45 (18): 6195-6206.

[169] HARIF T, KHAI M, ADIN A. Electrocoagulation versus chemical coagulation: Coagulation/flocculation mechanisms and resulting floc characteristics [J]. Water Res, 2012, 46 (10): 3177-3188.

[170] GOLDER A K, CHANDA A K, SAMANTA A N, et al. Technology. Removal of Cr(Ⅵ) from aqueous solution: Electrocoagulation vs chemical coagulation [J]. Sep Sci Technol, 2007, 42 (10): 2177-2193.

[171] LAKSHMANAN D, CLIFFORD D A, SAMANTA G. Comparative study of arsenic removal by iron using electrocoagulation and chemical coagulation [J]. Water Res, 2010, 44 (19): 5641-5652.

[172] CAN O T, BAYRAMOGLU M. Acomparative study on the structure performance relationships of chemically and electrochemically coagulated $Al(OH)_3$ flocs [J]. Ind Eng Chem Res, 2014, 53 (9): 3528-3538.

[173] SHAMAEI L, KHORSHIDI B, PERDICAKIS B, et al. Treatment of oil sands produced water using combined electrocoagulation and chemical coagulation techniques [J]. Sci Total Environ, 2018, 645: 560-572.

[174] GHERNAOUT D. Advanced oxidation phenomena in electrocoagulation process: A myth or a reality? [J]. Desalin Water Treat, 2013, 51 (40-42): 7536-7554.

[175] FAJARDO A S, RODRIGUES R F, MARTINS R C, et al. Phenolic wastewaters treatment by electrocoagulation process using Zn anode [J]. Chem Eng J, 2015, 275: 331-341.

[176] WANG Y, LIN H, JIN F, et al. Electrocoagulation mechanism of perfluorooctanoate (PFOA) on a zinc anode: Influence of cathodes and anions [J]. Sci Total Environ, 2016, 557-558: 542-550.

[177] HUG A, UDERT K M. Struvite precipitation from urine with electrochemical magnesium dosage [J]. Water Res, 2013, 47 (1): 289-299.

[178] DEVLIN T R, KOWALSKI M S, PAGADUAN E, et al. Electrocoagulation of wastewater using aluminum, iron, and magnesium electrodes [J]. J Hazard Mater, 2019, 368: 862-868.

[179] KRUK D J, ELEKTOROWICZ M, OLESZKIEWICZ J A. Struvite precipitation and phosphorus removal using magnesium sacrificial anode [J]. Chemosphere, 2014, 101: 28-33.

[180] HONG K, CHANG D, BAE H, et al. Electrolytic removal of phosphorus in wastewater with noble electrode under the conditions of low current and constant voltage [J]. Int J Electrochem Sci, 2013, 8: 8557-8571.

[181] HONG K, KIM W, SON D, et al. Treatment of weak sewage by continuous electrochemical process using noble metal electrodes [J]. Int J Electrochem Sci, 2013, 8 (12): 12741-12756.

[182] BAYRAMOGLU M, EYVAZ M, KOBYA M. Treatment of the textile wastewater by electrocoagulation economical evaluation [J]. Chem Eng J, 2007, 128: 155-161.

[183] KHALED B, WIDED B, BECHIR H, et al. Investigation of electrocoagulation reactor design parameters effect on the removal of cadmium from synthetic and phosphate industrial wastewater [J]. Arab J Chem, 2019, 12: 1848-1859.

[184] RODRIGUEZ J, STOPIC S, KRAUSE G, et al. Feasibility assessment of electrocoagulation towards a new sustainable wastewater treatment [J]. Environ Sci Pollut Res, 2007, 14: 477-482.

[185] KOBYA M, DEMIRBAS E. Evaluations of operating parameters on treatment of can manufacturing wastewater by electrocoagulation [J]. J Water Process Eng, 2015, 8: 64-74.

[186] OMWENE P I, ÇELEN M, ONCEL M S, et al. Arsenic removal from naturally arsenic contaminated ground water by packed-bed electrocoagulator using Al and Fe scrap anodes [J]. Process Saf Environ Prot, 2019, 121: 20-31.

[187] SONG P, YANG Z, XU H, et al. Arsenic removal from contaminated drinking water by electrocoagulation using hybrid Fe-Al electrodes: Response surface methodology and mechanism study [J]. Desalin Water Treat, 2016, 57 : 4548-4556.

[188] PATEL P, GUPTA S, MONDAL P. Electrocoagulation process for greywater treatment: Statistical modeling, optimization, cost analysis and sludge management [J]. Sep Purif Technol, 2022, 296: 121327.

[189] VILLASENOR-BASULTO D L, KADIER A, SINGH R, et al. Post-tanning wastewater treatment using electrocoagulation: Optimization, kinetics, and settlement analysis [J]. Process Saf Environ Prot, 2022, 165: 872-886.

[190] HENDAOUI K, TRABELSI-AYADI M, AYARI F. Optimization of continuous electrocoagulation-adsorption combined process for the treatment of a textile effluent [J]. Chin J Chem Eng, 2022, 44: 310-320.

[191] KOBYA M, OMWENE P I, UKUNDIMANA Z. Treatment and operating cost analysis of metalworking wastewaters by a continuous electrocoagulation reactor [J]. J Environ Chem Eng, 2020, 8: 103526.

[192] AKKAYA G K. Treatment of petroleum wastewater by electrocoagulation using scrap perforated (Fe-anode) and plate (Al and Fe-cathode) metals: Optimization of operating parameters by RSM [J]. Chem Eng Res Des, 2022, 187: 261-275.

[193] MENA V F, BETANCOR-ABREU A, GONZALEZ S, et al. Fluoride removal from natural volcanic underground water by an electrocoagulation process: Parametric and cost evaluations [J]. J Environ Manag, 2019, 246: 472-483.

[194] CHEN G H. Electrochemical technologies in wastewater treatment [J]. Separation and Purification Technology, 2004, 38 (1): 11-41.

[195] EYVAZ M, KIRLAROGLU M, AKTAS T S, et al. The effects of alternating current electrocoagulation on dye removal from aqueous solutions [J]. Chemical Engineering Journal, 2009, 153 (1-3): 16-22.

[196] MECHELHOFF M, KELSALL G H, GRAHAM N J D. Electrochemical behaviour of aluminium in electrocoagulation processes [J]. Chemical Engineering Science, 2013, 95 (3): 301-312.

[197] NOUBACTEP C, SCHÖNER A. Metallic iron for environmental remediation: Learning from electrocoagulation [J]. Journal of Hazardous Materials, 2010, 175 (1-3): 1075-1080.

[198] 杨庆，彭永臻，王淑莹，等. SBR法短程深度脱氮过程分析与控制模式的确立 [J]. 环境科学，2009，30 (4): 1084-1089.

第3章

杀菌剂的无药剂替代技术

3.1 概述

投加杀菌剂是水处理中抑制微生物污染的重要手段。据调查，工业水处理中常用的杀菌剂种类较多，一般分为两大类：一类是氧化型杀菌剂，这种杀菌剂有较强的氧化作用，在水处理甚至是污水处理中，对大多数细菌微生物有较强的杀灭作用，在工业循环水中，可杀菌灭藻，具有较强的处理效果；另一类是非氧化型杀菌剂，这种杀菌剂具有致毒性，可破坏细菌微生物的组织结构，使其失去原有活性或永久失活，但这种处理方法成本较高，微生物也会产生抗药性，从而降低处理效果。为了提高水处理的效果，需要各种药剂相互作用，如工业循环水处理工艺中，还原剂、杀菌剂和碱液之间相互影响及共同作用，非氧化型杀菌剂与氧化型杀菌剂交替使用，提高了杀菌剂的作用效果。

工业循环冷却水系统通常易发生的问题有结垢、腐蚀和黏泥等。黏泥主要是指换热器等内壁附着的黏性污物，主要由细菌及藻类等微生物分泌的产物黏附水中的悬浮杂质而形成。生物黏泥产生的后果与结垢一样，会影响传热，堵塞列管，引起局部腐蚀等。若未对微生物加以控制，任其不断繁殖，产生的黏泥将堵塞换热器，给系统运行带来很大的危害。目前使用最广泛、有效的微生物控制方法为化学药剂法，即在循环冷却水系统中投加杀菌剂来控制系统的微生物繁殖。水处理杀菌剂又称杀菌灭藻剂、污泥剥离剂或抗污泥剂，能抑制水中菌藻和微生物的滋生，以防止形成微生物黏泥，对系统造成危害。

控制冷却水系统中微生物生长最有效和最常用的方法之一是向冷却水中添加杀菌剂。另外，杀菌剂还应用于油田水处理、游泳池中微生物的处理，以及饮用水处理、污水消毒处理等。

杀菌剂除了具有良好的杀菌作用外，还应具备以下特征：广谱性、剥离黏泥和藻层的能力、不污染环境、抗氧化性、与其他水质稳定剂的相容性和宽广的 pH 值适应范围。其中，特别需要强调的是需具备强有力的剥离黏泥和藻层的能力。因为许多微生物是在黏泥或者藻层表面生长的，一般的杀菌剂容易到达表面而不容易杀灭其内部的微生物。当条件变得有利于生长时，这些微生物即可繁殖。

微生物的有效控制是水处理系统稳定运行的重要因素，常见的控制方法有物理方法和化学方法。物理方法有紫外线杀菌和电磁辐射等。化学方法主要是投入臭氧、H_2O_2、氯和次氯酸等杀菌剂。物理方法对环境友好，但是杀菌效果不是特别明显。化学方法杀菌效果好，但是对环境不友好且运输过程不方便。反观电化学，其具有杀菌能力较强且对环境友好等优点。

电化学消毒法是一种高效、低成本、操作便捷和环境友好的灭菌技术，电化学杀菌是一种利用电场直接或间接作用于废水进行杀菌的新兴技术，与传统的方法相比，由于其具有高效、简单和经济等优点，越来越受到人们的重视。它可以一次性去除废水中的多种微生物，无需添加额外的化学品，避免了环境污染，易实现自动处理。电化学在工作结束之后，依然还会保持一段时间的杀菌能力。

3.2 杀菌剂

3.2.1 杀菌剂的定义

杀菌剂，也称为杀生剂或杀微生物剂，是指能够有效杀灭水中细菌、藻类等微生物的化学药剂。

3.2.2 杀菌剂的分类

据调查，在水处理工艺中，杀菌剂的应用最为广泛。工业水处理中常用的杀菌剂种类繁多，涵盖多种类型的化学药剂。杀菌剂主要分为两大类：一类是氧化型杀菌剂；另一类是非氧化型杀菌剂。氧化型杀菌剂具有强氧化性，在工业水处理当中，对细菌和一些微生物具有明显的杀菌效果，在市场上有很好的应用前景。而非氧化型杀菌剂本身具有很强的毒性，对细菌自身的结构造成破坏，并且使其永久性失活，但是这种杀菌剂价格相对昂贵，并且微生物会对其产生一定的抗性，使其失去处理效果。

3.2.2.1 氧化型杀菌剂

（1）氯杀菌剂

1）氯气

氯气作为循环水系统中的杀菌剂，虽然在不同水质中经历的化学反应过程各异，但最终起到杀菌作用的均为次氯酸和次氯酸根离子。需要注意的是，次氯酸根离子的杀菌能力仅为次氯酸的几十分之一。氯气的杀菌效果受水的 pH 值影响较大。在酸性和中性水中，主要是次氯酸起杀菌作用，杀菌效果较好；而在碱性溶液中，氯主要以次氯酸根的形式存在，杀菌效果下降。

① 优点：来源丰富、价格便宜、使用方便、作用快、细菌致死时间短、可清除管壁附着的菌落、防止垢下腐蚀、污染较小等。

② 缺点：与环境中的有机物反应、稳定性欠佳、在碱性时用量大，这可能会导致更加严重的腐蚀效果，使用情况不佳，也限制了其推广使用。

③ 化学成分：$HClO$、ClO^-。

④ 反应机理。

氯溶于水，与水发生化学反应生成次氯酸和氯化氢，反应式如下：

$$Cl_2 + H_2O \longrightarrow HCl + HClO \tag{3-1}$$

生成的次氯酸在水分子的极性作用下进一步发生电离，反应式如下：

$$HClO \longrightarrow H^+ + ClO^- \tag{3-2}$$

⑤ 氯气的杀菌特点如下。

Ⅰ. 氯气的杀菌作用受到水的 pH 值影响，氯气与水反应生成的次氯酸极不稳定。当 pH>6.5 时，就开始分解成 H^+ 和 ClO^-，而水中 ClO^- 的杀菌作用只有 HClO 的 1%～2%。因此，随着水的 pH 值升高，氯气的杀菌效果急剧降低。

Ⅱ. 氯与水中的有机物反应会产生有毒的消毒副产物，氯与有机物反应可生成三氯甲烷等副产物。

Ⅲ. 氯能与水中的氨反应降低杀菌的效果，氯在水中能与氨发生反应生成 NH_2Cl、$NHCl_2$ 和 NCl_3，其有一定的杀菌作用，但杀菌能力比氯小得多。

$$NH_3 + HClO \longrightarrow NH_2Cl + H_2O \tag{3-3}$$

$$NH_2Cl + HClO \longrightarrow NHCl_2 + H_2O \tag{3-4}$$

$$NH_2Cl + HClO \longrightarrow NCl_3 + H_2O \tag{3-5}$$

Ⅳ. 氯会对循环冷却水中常用的缓蚀剂产生氧化分解作用而降低缓蚀阻垢效果。

⑥ 氯使用注意事项如下。

Ⅰ. 使用氯系杀菌剂时，水的 pH 值不宜太高。pH 值范围在 6.5～7.5 之间最佳。pH >9.5 时，杀菌效果很差；pH<6.5 时，虽然杀菌效果有所提高，但是冷却水系统中金属的腐蚀速度将会增加。单独使用氯杀菌时，游离活性氯的浓度在 0.5～1.0mg/L 之间。与其他非氧化性杀菌剂联合使用时，游离活性氯的浓度在 0.2～0.5mg/L。

Ⅱ. 加氯的位置在冷却塔水池的底部。

Ⅲ. 要防止碱性物质（氨）进入冷却水系统。

Ⅳ. 尽量错开投加缓蚀阻垢剂的时间。

2）次氯酸盐

① 化学成分：NaClO、$Ca(ClO)_2$。

② 性质：次氯酸钠（NaClO）易溶于水，形成 NaClO 溶液，溶液中含有大量次氯酸根（ClO^-）。相关研究表明，NaClO 的抑菌活性主要取决于有效氯浓度和溶液 pH 值。ClO^- 的浓度越高，溶液的 pH 值越低，越容易形成次氯酸（HClO），杀菌效果越好。

③ 次氯酸盐杀菌机理如下。

次氯酸盐主要是 NaClO 和 $Ca(ClO)_2$，次氯酸钠和次氯酸钙在水中发生水解反应，反应式如下：

$$NaClO + H_2O \longrightarrow HClO + NaOH \tag{3-6}$$

$$Ca(ClO)_2 + 2H_2O \longrightarrow 2HClO + Ca(OH)_2 \tag{3-7}$$

次氯酸盐水解后产生的次氯酸（HClO）和次氯酸根离子（ClO^-）是主要的杀菌物质，其中次氯酸（HClO）的毒性强于次氯酸根离子（ClO^-）。由于二者之间存在化学平衡，能够相互转化，因此在酸性条件下杀菌效果强，在碱性条件下杀菌效果弱。次氯酸盐在水中分解成次氯酸和次氯酸根离子，它们的生成量与水的 pH 值有关。随着 pH 值的降低，次氯酸的生成量增加，次氯酸根的生成量下降；pH 值升高时，情况则相反。因此，采用次氯酸盐作为杀菌剂时，必须要控制水的 pH 值。

④ 应用：主要应用于生活用水的杀菌消毒；在工业循环冷却水中也有一些应用，主要用于系统清洗时剥离设备和管道中的微生物黏泥。使用高浓度的次氯酸钠剥离冷却水当中的黏泥可取得比较好的处理效果。

次氯酸盐的运输和使用比较安全，但储存时应注意防止分解失效。

3）三氯异氰尿酸

三氯异氰尿酸（TCCA）是一种新型的消毒剂，是一种氯胺类氯化异氰尿酸消毒剂，应用特别广泛，杀菌效果较好，是比较安全的杀菌剂，杀菌效果是次氯酸钠的 7～8 倍。TCCA 会与水发生水解反应，具体反应如下：

$$C_3Cl_3N_3O_3 + 3H_2O \longrightarrow 3HClO + C_3H_3N_3O_3 \tag{3-8}$$

① TCCA 的性质如下。

Ⅰ. TCCA 的水解产物与溶液的 pH 值有关，在正常情况下，TCCA 水解的产物是次氯酸，而在碱性情况下，水解的产物则为次氯酸根离子。由于 TCCA 在正常情况下，水溶液呈酸性，在这种溶液中，氯以次氯酸的形式存在，而次氯酸的杀菌能力比次氯酸根离子强，因此在有效氯浓度相同的情况下，TCCA 的水溶液比漂白粉、漂粉精的水溶液（中性至弱碱性）具有更强的杀菌作用。

Ⅱ. 具有良好的贮藏稳定性，在温度为 25～30℃、湿度为 65%～70%的条件下，密封贮存在 0.08mm 聚乙烯袋中的 TCCA 在 100d 后有效氯损失仅 4.5%，而漂白粉在同样条件下损失约为 30%，TCCA 必须在干燥稳定的条件下保存。

② TCCA 的特点如下。

Ⅰ. 杀菌力强：TCCA 遇水分解，逐步生成次氯酸。它的平衡常数显著大于其他氯胺类化合物，杀菌力可与氯气水溶液相匹敌。

Ⅱ. 在水中的游离氯浓度分布均匀：释放出次氯酸后，异氰尿酸的浓度约为 30mg/L 时，游离氯浓度的下降速度可控制在每小时 0.1mg/L 或更低。

Ⅲ. 热稳定性好，能长期贮藏：经两年半的存放，有效氯含量基本不变。漂粉精等制剂在贮藏时不是很稳定，有效氯会大量流失。

③ TCCA 的应用。

TCCA 是一种新型氧化型杀菌剂，对各种菌藻有很好的杀菌作用。它与水反应的产物异氰尿酸是次氯酸的稳定剂，可以使极不稳定的次氯酸变得稳定，从而提高杀菌效果。TCCA 更适用于游泳池水的消毒。TCCA 还可以作为橡胶的氯化剂、有机合成的氧化剂和防毒剂等，可用于种子处理、植物病虫害防治、水果保存等。TCCA 的杀菌效果与次氯酸盐相近，也是水解产生的次氯酸盐在起作用。

在用于水杀菌过程中时，TCCA 和二氯异氰尿酸钠在 20℃水中接触 1min，杀菌率可以达到 99.6%。杀灭抵抗力较强的脊髓灰质炎病毒的剂量为 9.7mg/L，10～20min 后病毒的杀菌率达到 99.99%，对各种病毒的杀菌效果都可以达到国家饮用水水质标准。

Ⅰ. 卫生消毒杀菌：将 TCCA 直接溶于冷水中，配成浓度在 15～20mg/L 有效氯的水溶液，可代替漂白粉用于食堂、医院、食品加工厂、牛奶场等，作为各种器具和场地的消毒药剂。药液与物品的接触时间应长于 10min。

Ⅱ. 对棉麻及合成纤维均有较好的漂白效果：以 TCCA 13%、三聚磷酸钠 25%、无水偏硅酸钠 7.0%、二烷基磺酸钠 2.0%、芒硝 53%为配方，有效氯浓度为 100～300mg/L，对腈纶纤维漂白时用0.2%～0.7%的溶液，可改善其外观。

Ⅲ.去污洗涤剂：由TCCA、三聚磷酸钠、碳酸钠、无水偏硅酸钠、芒硝及少量起泡能力低的非离子型表面活性剂组成，该配方特别适用于自动洗碗机。

Ⅳ.游泳池消毒：TCCA是游泳池水处理的优良药品，国外每年用于游泳池消毒的TCCA约占其总用量的1/2。当有效氯浓度不超过100mg/L时，使用TCCA作为游泳池消毒剂是安全的，TCCA用量为3～5g/(t·d)。由于TCCA不含钙等金属离子，长期使用不会造成游泳池壁和过滤、加热装置积垢。

4）二氧化氯

① 化学式：ClO_2。

② 性质：ClO_2是一种广谱、高效且无毒的杀菌剂，常温下为黄绿色气体，并且伴有刺激性气味。其沸点为11℃，凝固点为－59℃，易溶于水，溶解度是氯气的5倍，气体密度约为3.09g/L。虽然具有优异的杀菌效果，但是ClO_2的稳定性较差，长期存放或遇热时容易分解，失去杀菌活性，这给其生产、储存和应用带来了一定的挑战。

③ 杀菌机理：在水中，二氧化氯（ClO_2）主要以次氯酸（HClO）分子形式存在。作为电中性分子，HClO能够通过被动扩散高效穿透微生物细胞膜的双层磷脂结构，克服带电物质难以渗透生物屏障的局限性。当HClO进入细胞质后，其强氧化性促使分子中的活性氯原子与生物大分子发生特异性反应：一方面，氯原子攻击细胞膜蛋白中的半胱氨酸巯基（—SH）和蛋氨酸硫醚键，通过氧化作用形成二硫键（—S—S—）和亚砜结构，导致膜蛋白构象改变；另一方面，HClO可渗入核区与DNA碱基发生氧化反应，干扰核酸复制过程。这些作用共同导致微生物关键酶系统失活、跨膜电位崩溃以及遗传物质损伤，最终通过不可逆的氧化应激反应实现高效灭菌。二氧化氯在水中发生的反应如下：

$$ClO_2+H_2O \longrightarrow 3[O]+2H^++Cl^- \tag{3-9}$$

④ 优势：

Ⅰ.其选择性氧化特性可精准作用于目标污染物，避免与水体中的酚类、氨氮及不饱和有机物发生副反应，从而避免氯酚等有毒副产物的生成。

Ⅱ.物理稳定性突出，在稀释水相中几乎无挥发性损失。

Ⅲ.在pH值为3～8.5的宽域范围内可维持高效杀菌活性，且具备缓释特性，可实现持续消毒。其氧化效能受溶液pH值的调控，呈现典型的双相特征：在酸性至中性环境（pH＜8.5）中，ClO_2以分子态存在，凭借其电中性特性，可突破微生物表面Zeta电位的静电屏障；当体系转为碱性（pH＞9）时，ClO_2发生歧化反应（$2ClO_2+2OH^- \longrightarrow ClO_2^-+ClO_3^-+H_2O$），生成的$ClO_2^-$、$ClO_3^-$与带负电荷的细菌细胞膜产生静电排斥，显著降低了消毒剂与靶标的接触效率。

⑤ 应用：张珩等研究发现，ClO_2对球形棕囊藻有明显的抑制和杀灭作用。刘昕等用ClO_2杀灭存在于工业循环冷却水系统中的异养菌、铁细菌、硫酸盐还原菌、亚硝化菌及反硝化菌和藻类等，杀菌力强，药效持久，使用剂量低，杀菌力在较宽的pH值范围内保持稳定，使用安全，无环保问题。杨怡艳等研究了ClO_2对微生物的杀灭效果及对饮用水水源、医院污水的杀菌情况，结果表明，其对各种细菌均有很好的灭活作用。另外，它还被用于食品（如啤酒、牛奶等）的生产设备、空气消毒与食品的保鲜和养殖业的灭菌。而且ClO_2还具有无药剂残留、可提高产品品质的优点。

ClO_2 在控制工业冷却水中微生物的生长方面也有一定的应用。ClO_2 在工业循环冷却水中的投加量控制在 2.0mg/L。在冷却水中，2mg/L 的 ClO_2 在 30s 内可以达到 100%的微生物去除率。在饮用水中，ClO_2 可以去除饮用水中的 Fe^{3+}、Mn^{2+} 等。但是，ClO_2 的消毒成本比 Cl_2 高。

(2) 溴杀菌剂

溴杀菌剂有代替氯杀菌剂的趋势，因为溴杀菌剂相对毒性低、残留率低、刺激性小、高效。适用于碱性水循环处理、污水处理、油田注水处理和造纸废水处理。可作为氧化型杀菌剂的溴杀菌剂有很多，主要有溴素、次溴酸及其盐类、氯化溴、活性溴和溴代海因。这类杀菌剂比较稳定，是一种含溴的氧化性液体。其目的是杀除、抑制和剥离微生物、生物黏泥和藻类，其主要方式是不断地放出 HBrO 活性杀菌因子，氧化微生物体内起代谢作用的酶，并在水中进行反应。溴杀菌剂的杀菌机理与氯杀菌剂相似，但杀菌效果好，应用条件及环保因素等方面均优于氯杀菌剂，是氯杀菌剂的良好替代品。

1) 氯化溴

化学成分：BrCl。

化学反应与性质：氯化溴是一种橘红色，在常温下具有挥发性的液体或气体。氯化溴遇水后会迅速反应，释放出次溴酸。在自然状态下，它会产生许多高毒性和高腐蚀性的溴蒸气，因此具有较高的危险性。此外，在运输、贮存和投加过程中，氯化溴的保存和运输相对困难，导致成本偏高。以下是在水中发生的化学反应：

$$BrCl + H_2O \longrightarrow HCl + HBrO \tag{3-10}$$

2) 溴代海因

在有机活性溴类杀菌剂中，工业上的产品主要以溴氯海因类为代表。溴氯海因的化学式为 $C_5H_6BrClN_2O_2$。溴类杀菌剂以其较高的杀菌活性、较低的毒性和对环境的低污染性而著称，广泛应用于工业循环水和废水处理系统，其杀菌效率是常规含氯消毒剂的 20 倍。

性质：溴代海因具有多项优良特性，如有效卤素含量高、气味轻微、稳定性佳和释放缓慢。此外，它们对皮肤和黏膜无刺激性，适合在碱性环境中使用，并具备良好的环境相容性。溴氯海因和二溴二甲基海因在水中的溶解性较差，溶解缓慢，并且有刺激性气味，容易对空气造成污染。

溴代海因的杀菌效果如下。

① 溴代海因在水中的溶解度比较小，能在水中缓慢地释放出次氯酸或次溴酸，由次氯酸和次溴酸分解形成新生态活性氯和活性溴，与含氮的物质发生反应形成氯化铵和溴化铵，干扰微生物细胞代谢，对细菌繁殖体、病毒、真菌及细菌都有杀菌作用。

② 溴代海因的杀菌效果受到温度、pH 值和有机物的影响。溴代海因在温度升高时杀菌时间缩短，在 pH 值为 5.8～7.0 时更容易释放出次溴酸。

应用：溴代海因类杀菌剂具有广谱的杀菌效果，因为溶解速度比较慢，制成片状或块状，更适用于游泳池消毒及循环冷却水系统净化。其含活性卤素高、气味小、稳定性好、价格低。由于活性溴的作用，溴代海因在发挥作用的同时减少了对环境的污染。

溴氯海因杀菌剂是通过其在水中水解反应生成的次溴酸和次氯酸来发挥杀菌作用的，并且杀菌的是次卤酸分子本身，而不是次卤酸根，在水中主要的反应式如下：

$$C_5H_6BrClN_2O_2 + H_2O \longrightarrow C_5H_8N_2O_2 + HBrO + HClO \tag{3-11}$$

（3）臭氧

① 臭氧的性质：臭氧（O_3）作为氧元素的同素异形体，其分子由 3 个氧原子通过共振杂化形成，为 V 形结构，分子中离域 π 键的存在会导致其具有热力学不稳定性。纯净臭氧在常温常压下有鱼腥味，浓度高[＞10%（体积分数）]时呈淡蓝色。臭氧分子不稳定，容易分解成单原子氧，因此具有很强的杀菌效果。

② 优点：作为杀菌剂时，受水温、pH 值及水中氨含量的影响小。

③ 缺点：a. 稳定性差，极易分解，没有持续杀菌作用，水在管道内流动一定时间后，极少量残留的微生物又会进行繁殖；b. 氧化能力过强，几乎没有缓蚀剂和阻垢剂能与之相配，且反应需要现场发生，导致成本过高。

④ 臭氧的杀菌机理。

臭氧杀菌过程中，主要发生的化学反应如下：

$$O_3 \longrightarrow O_2 + [O] \tag{3-12}$$

臭氧作为已知氧化能力最强的物质之一（标准氧化还原电位为 2.07V，仅次于氟），凭借其独特的理化性质，在消毒灭菌领域具有显著优势。在渔业水体治理中，臭氧通过链式氧化反应机制，将具有高生物毒性的亚硝酸盐（NO_2^-）、氨氮（NH_3-N）等污染物转化为硝酸根（NO_3^-）、氮气（N_2）等稳定无机物，同时促进有机物的完全矿化，有效降低水体化学需氧量（COD）。其灭菌机理主要基于臭氧分子对微生物细胞膜脂质双层的氧化破坏作用，穿透细胞壁与胞内酶系统、核糖体 RNA 发生不可逆反应，导致病原微生物代谢功能丧失而失活。

⑤ 臭氧的应用如下。

Ⅰ. 饮用水消毒：能去色除味，降低水的浊度，去除水中的酚、铁、锰等物质。臭氧用于污水消毒，不仅比含氯消毒剂效果好，而且可以改善水质，同时臭氧易于分解，不存在残留污染的问题。

Ⅱ. 控制循环冷却水中的微生物：臭氧作为杀菌剂应用于循环冷却水系统时，其处理成本低于传统的化学处理法。臭氧具有优良的杀菌活性，而且剥离黏泥的作用比较强，还具有缓蚀阻垢的效果。

Ⅲ. 游泳池消毒：投入 1.0～1.7mg/L，作用 1～2min，可明显改善游泳池的水质，达到消毒的目的。

（4）过氧乙酸

过氧乙酸（peracetic acid，CH_3COOOH）是过氧化物类消毒剂的典型代表，其独特的过氧键（—O—O—）结构赋予了该化合物显著的氧化还原特性（标准氧化还原电位 1.81V）。

过氧乙酸的合成主要通过乙酸与过氧化氢在酸性催化剂（如硫酸）作用下的平衡反应来实现，其化学反应式可表示为：

$$CH_3COOH + H_2O_2 \longrightarrow CH_3COOOH + H_2O \tag{3-13}$$

性质：过氧乙酸分子式为 $C_2H_4O_3$，分子量 76.05，其兼具羧酸基团（—COOH）和过氧基团（—O—O—）的双功能特性。过氧乙酸常温下呈无色透明液态，密度为 1.15g/cm^3，沸点为 105℃，具有显著挥发性和强烈刺激性气味，嗅觉阈值为 0.1mg/L。

杀菌机理：该消毒剂通过释放活性氧（ROS）和乙酰氧基实现双重杀菌机制。一方面穿透微生物细胞膜，氧化硫醇基团，使关键酶失活；另一方面诱导细胞膜脂质过氧化，导致胞内物质泄漏。与传统含氯消毒剂相比，过氧乙酸具有显著优势：作用迅速（接触时间≤5min）、广谱高效（对细菌芽孢灭活率>5log），且环境友好（最终分解产物仅为水、乙酸和氧气）。

过氧乙酸的应用如下。

① 过氧乙酸是一种广谱杀菌剂，在日常生活中采用1%过氧乙酸水溶液作为消毒剂，还可应用于食品、医疗器械等的杀菌消毒。在水处理低浓度冲击试验中，由5.1%过氧乙酸、21.7%过氧化氢、10.0%乙酸和63.2%水组成的复合消毒剂展现出良好的处理效果。

② 过氧乙酸复合配方与冷却水中一些常用的缓蚀剂和阻垢剂具有很好的相容性。过氧乙酸具有快速、广谱、高效的杀菌性能，具有分解产物无毒、对环境友好等特点，是一种性能优异且符合可持续发展要求的水处理杀菌剂。

3.2.2.2 非氧化型杀菌剂

在循环冷却水系统微生物控制领域，非氧化型杀菌剂凭借其独特的分子结构和特异性作用机制，已成为关键的技术解决方案，并展现出显著的应用优势。这类以有机化合物为主体的杀菌体系（主要包括季铵盐、氯酚类化合物、异噻唑啉酮等），通过非氧化途径作用于微生物靶点。相较于氧化型杀菌剂，该类药剂具有作用靶点精准、药剂半衰期可控、系统兼容性强等技术特性，尤其适用于高pH值或含还原性物质的水质体系。

近年来，随着绿色水处理技术的发展，以异噻唑啉酮衍生物（通过阻断DNA复制实现长效抑菌）、环境友好型有机锡复合物（破坏微生物能量代谢系统）为代表的新型非氧化型杀菌剂已实现产业化应用。其分子结构设计引入立体位阻基团和缓释功能单元，在提升杀菌效率的同时显著降低了环境累积风险，实现了从冲击式杀菌向持续性微生物控制的技术迭代。

（1）季铵盐

季铵盐作为一种高效杀菌剂，不仅具备显著的细胞穿透能力，而且低毒、稳定性强、无刺激性，具有持久的杀菌效果。它还展现出一定的缓蚀性能，进一步增强了其应用优势。季铵盐的化学结构式如图3-1所示。

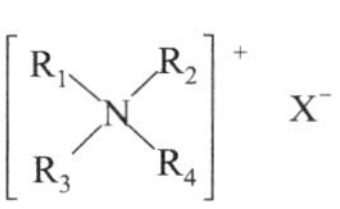

图3-1 季铵盐的化学结构式

式中，R代表甲基、饱和或不饱和长链烷基、苄基以及其他有机基团，4个R基与N原子形成阳离子，构成杀菌剂的主要部分；X^-为卤素原子。

4个R基当中必须有一个C_8～C_{18}，才会具有较好的杀菌效果。

1）优势

季铵盐类消毒杀菌剂作为一种高效安全的广谱抗菌剂，具有低毒性、弱刺激性、高稳定性及无异味等显著特性，相较于传统消毒剂，该类产品在环境微生物控制方面展现出更持久的防护效能。

2）杀菌机理

研究表明，季铵盐化合物的抗菌效能与其分子结构中氮原子上烷基取代基的碳链长度存在显著相关性。从构效关系分析，当烷基链碳原子数低于4或超过18时，该类化合物会因无法有效嵌入微生物细胞膜双层结构而起不到杀菌作用。季铵盐的抗菌机制本质上是其两亲性分子与微生物细胞膜发生多级相互作用的过程。季铵盐分子中带正电荷的季铵阳离子头基通过静电引力与细胞膜磷脂双分子层中的膦酸基团特异性结合，随后其长链烷基疏水尾端插入膜脂质疏水核心区域，形成局部膜结构重排。季铵盐化合物的抗菌作用主要通过其与微生物细胞膜的相互作用来实现。

3）杀菌效果

① 在工业水处理领域研究中，有研究者针对循环冷却水系统微生物污染控制难题，系统评估了双季铵盐JN988的动态杀菌性能。实验数据显示：在30mg/L的投加浓度下，经4h接触反应，其对铁细菌、硫酸盐还原菌及异养菌的杀灭率分别达到87%、99%和94%；持续作用24h后，三类菌群的杀灭率进一步提升至99%、99%和95%，显示出显著的长效稳定性；值得注意的是，即便在48h条件下，该化合物仍能维持99%以上的持续灭菌效能，验证了其分子结构在动态水环境中的抗失活优势。

② 在材料科学领域，有研究者创新性地将双季铵盐引入抗菌功能材料，以0.1%～0.3%的负载量成功制备出了高效抗菌纸巾。经标准微生物学检测，该材料对肺炎链球菌（*Streptococcus pneumoniae*）的抑制率达95%，对结核分枝杆菌（*Mycobacterium tuberculosis*）的抑制率高达97%，对流感嗜血杆菌（*Haemophilus influenzae*）的抑制率可达96%。尤为突出的是，双季铵盐的阳离子协同效应使其在纤维基质中形成持久抗菌界面，有效克服了传统抗菌剂易迁移流失的技术瓶颈。

（2）氯酚类化合物

分类：氯酚类化合物是含有一个或多个氯取代基的酚类化合物的总称，氯酚由苯环、—OH基团及一个或多个氯原子组成，根据所含氯原子个数的不同，分为一氯酚、二氯酚、三氯酚、四氯酚和五氯酚。除2-氯酚（2-CP）外，其余氯酚类化合物在常温下均为固体。氯酚在水中的溶解性低，在有机物中的溶解性较高。通常情况下，氯取代基的数目越多，溶解性和挥发性越小，毒性越大。

不同氯酚类化合物在不同投加浓度下的杀菌率见表3-1。

表3-1 不同氯酚类化合物在不同投加浓度下的杀菌率

氯酚类化合物	投加浓度/(mg/L)	杀菌率/%		
		异养菌	铁细菌	硫酸盐还原菌
邻氯酚	100	50.0	98.3	56.0
	300	71.6	90.7	94.0
	500	74.5	99.1	99.8
对氯酚	50	70.4	94.0	99.9
	100	90.4	99.8	100
	300	99.9	100	100

续表

氯酚类化合物	投加浓度/(mg/L)	杀菌率/%		
		异养菌	铁细菌	硫酸盐还原菌
2,4-二氯酚	50	70.4	94.0	99.9
	100	90.4	99.8	100.0
	300	99.9	100.0	100.0
2,4,5-三氯酚	30	89.8	96.9	99.9
	50	95.9	—	99.9
	100	99.3	—	99.9
双氯酚	15	72.4	78.9	99.9
	30	99.9	99.9	99.9
	60	99.9	99.9	100.0
五氯酚钠	50	84.8	99.2	98.3
	100	96.3	99.9	99.8
	500	99.9	99.99	99.99

(3) 异噻唑啉酮

1) 性质

该类化合物凭借显著的广谱抗菌特性、微量高效的杀菌效能以及优良的理化性质，包括优异的水溶性、环境友好性特征（如低生态毒性、易生物降解性和弱残留性），自问世以来，便引领了杀菌剂领域的革命性发展，逐步取代了汞制剂等传统高毒低效产品，被广泛应用于农业、工业等领域。异噻唑啉酮是一类具有五元杂环结构的化合物，其核心结构为由硫原子(S)与氮原子(N)构成的异噻唑啉酮环（图 3-2)。该化合物的显著特征为取代基的高度可修饰性：当 R_1 为氢原子时，存在 3-羟基异噻唑互变异构现象；而 R_2、R_3 取代基可呈现多样化组合，包括但不限于烷基、氰基、卤素等单取代基，或通过环烷基、芳环等形成稠环结构。这种结构多样性赋予其优异的抗菌活性与理化性质调控空间。异噻唑啉酮的化学结构式如图 3-2 所示。

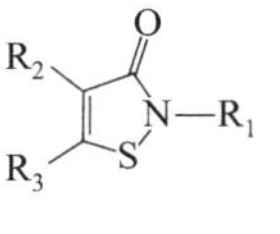

图 3-2 异噻唑啉酮的化学结构式

异噻唑啉酮属于杂环有机化合物，其衍生物是指在母核结构的 2 位、4 位和 5 位碳原子上发生取代反应生成的系列化合物。

2) 分类

① 4,5-二氯-2-甲基-4-异噻唑啉-3-酮(DCMIT)：通常为白色结晶粉末，不溶于水，杀菌速度快，使用量少，对铁细菌和硫酸盐还原菌具有很好的杀菌效果，并且具有良好的环保性，与系统中其他物质的兼容性良好，能够实现完全生物降解，有利于环境保护。图 3-3 是它的结构式。

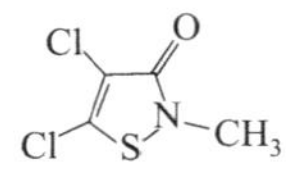

图 3-3　4，5-二氯-2-甲基-4-异噻唑啉-3-酮结构式

② 2-丁基-1,2-苯并异噻唑啉-3-酮（BBIT）：淡黄色透明液体。对细菌、藻类都有一定的抗菌活性，尤其对霉菌具有极强的杀灭能力。其结构式见图 3-4。

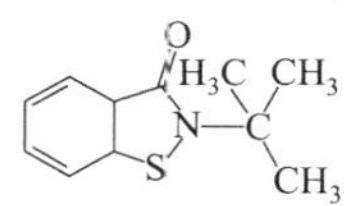

图 3-4　2-丁基-1，2-苯并异噻唑啉-3-酮结构式

3）杀菌机理

其对细胞膜和细胞壁有很强的穿透能力，进入细胞之后与细胞内的蛋白质、酶或简单分子相互作用，使 S—S 键断裂形成 S—N 键，从而影响细胞的代谢功能，使细胞死亡。

4）应用

从国内外工业杀菌剂的应用来看，杂环杀菌剂具有理想的杀菌效果和环境友好的特性，在工业领域中应用广泛，具有高效、低毒和易降解的特点，可成为杀菌剂日后的发展方向。

（4）季磷盐

季磷盐是一种应用比较普遍的杀菌剂，它的结构与季铵盐相似，中心的 N 原子变成了 P 原子，P 的半径比 N 大，所以极化性能增强，正电荷的密度增大，而微生物表面带负电，所以容易被季磷盐吸附在表面起到杀菌作用。季磷盐的结构式如图 3-5 所示。

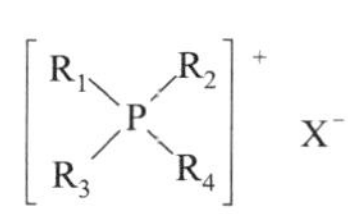

图 3-5　季磷盐的结构式

杀菌效果：廖启丰制备出新型的亚烷基双季磷盐，应用在工业水处理杀菌中，发现 1，12-亚十二烷基二（三丁基溴化磷）在浓度为 20mg/L、作用时间为 0.5h 的实验情况下，对腐生菌的杀菌率达到 98.40%，对硫酸盐还原菌的杀菌率达到 96.44%，对铁细菌的杀菌率达到 99.73%。常丽使用季磷盐对聚丙烯腈纤维进行了改性，改性后的纤维在 15min 内能杀死所有的大肠埃希菌、金黄色葡萄球菌、白色念珠菌。

（5）铜盐

常用的铜盐杀菌剂有硫酸铜、甲酸铜和柠檬酸铜。

杀菌机理：铜盐是微生物的一种酶毒剂，对细菌、病毒和藻类都有毒性，铜离子进入细胞膜内，导致微生物代谢失调，引起细胞膜破裂、内容物流出，从而导致细胞死亡。

郭彤等发现铜离子在极低的浓度范围内就可以破坏细胞壁，使内容物和细胞内的钾离子流出，并且抑制大肠埃希菌 K_{88} 的呼吸代谢途径，从而引起细胞死亡。

3.3 电化学杀菌技术

3.3.1 发展背景与研究进展

长期以来，在水处理领域使用的杀菌方法主要是物理方法和化学方法，化学方法主要是在水溶液中加入化学试剂（Cl_2、NaClO 等），这种方法杀菌较快，但是对环境并不友好。物理方法主要是通过紫外线达到杀菌的效果，虽然这种方法对环境友好，但是杀菌的效果并不持久。为了解决这个问题，20 世纪 70 年代电化学杀菌技术取得突破性进展，并迅速在环境领域得到应用。目前，新兴的杀菌技术，如高压处理、紫外线、超声波、脉冲光和冷等离子体等，受到了极大的关注。它们对环境友好，但其杀菌效果受到各种条件的严重限制。针对新兴灭菌技术带来的挑战，随着电极材料的逐步成熟，电化学灭菌技术成功克服了传统技术的局限，展现出高效、低成本等显著优势。电化学杀菌可以根据实际需求对杀菌剂进行现场配制，避免了杀菌剂在储运和使用过程中发生的安全事故，可一次性去除废水中的各种微生物，无需添加额外的化学品，避免了环境污染，易于实现自动化处理。电化学杀菌系统具有持续杀菌效应，在断电后仍能维持显著的抗菌活性。而且，其反应装置紧凑，设备体积小，停留时间短，操作维护简单，不需要专门的技术人员负责，使用的电压很低，可以保证安全。总而言之，该技术的显著优势吸引了大量研究者投身于这一蓬勃发展的领域。

3.3.2 高压脉冲电场杀菌技术

3.3.2.1 高压脉冲电场（PEF）杀菌技术发展历程

（1）第一阶段（20 世纪 60 年代）

Sale 与 Hamilton 首次利用自研高压 PEF 系统证实了电场的非热杀菌能力。实验表明，在 25kV/cm 的电场强度下，细菌灭活与电解或高温无关，并提出了跨膜电位理论，为 PEF 杀菌技术奠定了理论基础。

（2）第二阶段（20 世纪 80 年代）

Hülsheger 与 Zimmermann 开发了小型 PEF 装置，系统研究了指数波、振荡波与方波对微生物的灭活效果。结果表明，方波因电场分布均匀且能量传递高效，展现出最优杀菌性能。

（3）第三阶段（20 世纪 90 年代初）

电力电子技术的突破（如高频开关器件）推动了 PEF 设备的迭代升级，欧美地区的相关研究进入高峰。同期，中国学者开始探索 PEF 技术的理论与应用，重点聚焦于脉冲发生器设计与食品灭菌实验。

（4）第四阶段（2000 年以后）

PEF 技术逐步迈向产业化，其设备在食品加工、医疗废水处理等领域实现应用。例如，清华大学研发的四代 PEF 系统可输出单/双极方波，江南大学开发的装置已获专利并投入生产。

3.3.2.2 影响因素

高压 PEF 杀菌的影响因素如下。

① 与高压 PEF 设备的相关参数有关，如电场强度、脉冲频率、处理时间、脉冲宽度。

② 与处理对象的特性有关，例如细菌的类型、数量、大小和结构。

③ 与受影响微生物的生理特性有关，如培养温度、湿度、基质环境等。

④ 与高压 PEF 的协同处理有关，如抑菌物质、热处理、超声波、臭氧、电磁场等。其中，微生物的特性和协同方式对高压 PEF 的杀菌效果起着极其重要的作用。

3.3.2.3 杀菌机制

高压 PEF 处理是向两个电极之间的介质中施加高压和短时电脉冲。当脉冲电源打开时，反应器中的微生物或酶会因高压 PEF 的作用而死亡。高压 PEF 器件的示意如图 3-6（a）所示。该设备通常包括处理室、高压发生器、泵，以及控制和监测系统等。

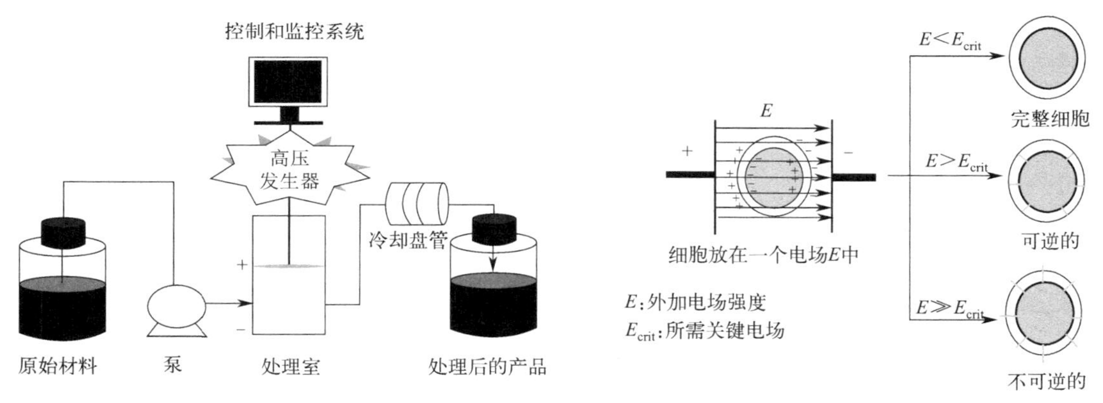

(a) 高压PEF器件示意图　　(b) 高压PEF处理过程中的生物穿孔现象

图 3-6 高压 PEF 器件

如图3-6(b) 所示，高压 PEF 处理会导致细胞膜电击穿和电穿孔。在电穿孔过程中，当细胞暴露于强度足够大的电场中时，细胞膜的渗透性会增加。随着电场强度的增加，细胞内物质在细胞膜上的运输得到增强，一旦电场强度足够高，膜损伤将是不可逆的，会导致细胞内物质流出。同时，一些大分子物质也可以进入细胞，导致细胞失衡，从而导致细胞死亡。此外，近年来，在经处理的溶液中检测到自由基和 H_2O_2 的存在，为自由基氧化理论提供了实验依据。在外电压作用下，反应生成羟基自由基等强氧化性物质，氧化并分解有机分子（转运蛋白、合成酶等）和细菌，导致细胞死亡。高压 PEF 灭菌技术因其无副产物、作用时间短、杀菌效果不可逆等特点，具有非常好的应用前景。

高压脉冲电场（high-voltage pulsed electric fields，HPEF）对微生物的致死作用是通过破坏细胞膜来实现的。细胞膜是细胞与外界环境的天然屏障，控制着细胞的代谢功能。在外加电场作用下，细胞膜被破坏，胞内物质流失，进而导致细胞死亡。目前，用以解释这一现象的主要有电介质击穿理论和电穿孔理论。有研究者用图 3-7 解释了电介质击穿理论，该理论认为细胞膜相当于一个充满电介质的电容器，电荷在膜上的分布会引起压差的变化。当外部电场加到细胞两端时，会使跨膜电位（TMP）增大，且随着电场强度的增大或处理时间的延长，TMP 不断增大，膜两侧受到的挤压力也不断增大。此时，细胞膜产生黏弹性恢复力对抗膜两侧的挤压力，由于挤压力的增长速度远快于黏弹性恢复力的增长速度，细胞膜厚度不断减小，当 TMP 达到 1V 时，细胞膜将被局部破坏，产生微孔。但细胞有自我愈合的能力，如果微生物能自行修复闭合，称为可逆击穿；如果外加电场超过了临界电场强度或长时间作用，则会形成大量大尺寸的孔，可逆击穿就会变为不可逆击穿，对细胞膜产生机械性破坏，进而导致细胞死亡。

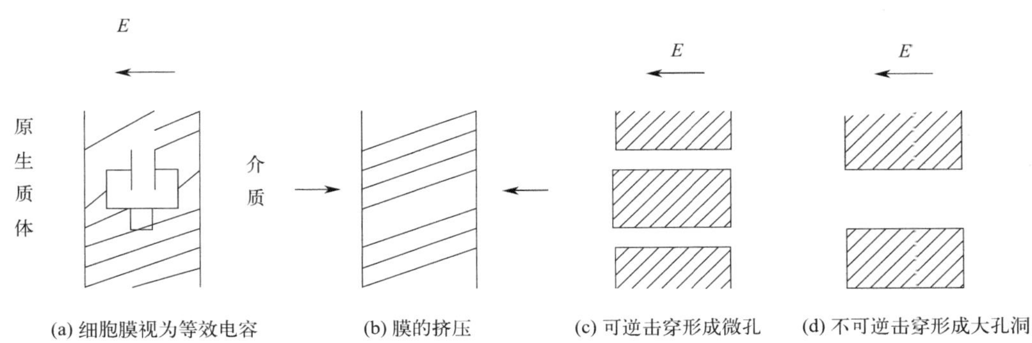

图 3-7　电介质击穿理论

电穿孔是指细胞膜在高压脉冲电场作用下，其磷脂双分子层和膜蛋白发生可逆或不可逆的结构改变，形成瞬态或永久性孔道的物理现象。细胞膜的原生质体在电场作用下通透性增强，从而对小分子物质失去屏障作用，使其不断渗入，因此细胞膨胀并最终导致细胞膜的破坏。电场的直接作用能导致细菌细胞膜的分解或者发生电穿孔现象。有研究者提出，细胞膜电位的增加会使细胞膜的厚度减小，进而引起细胞膜分解。在电场作用下，因电能产生的机械压缩作用能够使细胞膜发生不可逆形变，使细胞膜分解，细胞质部分或全部流出，造成细菌最终死亡。电穿孔效应的作用机制是通过高压电场诱导细菌细胞膜磷脂双分子层和膜蛋白构象失稳，从而形成跨膜孔道。因此，小分子物质能够自由透过细胞膜进入细胞内，从而引起细胞膜膨胀破裂。有研究者利用 PEF 对酵母菌以及大肠埃希菌等进行处理，在实验过程中检测到了细菌胞内蛋白质的流出，从而证实了电场作用对细胞膜的不可逆破坏是杀菌的主要机理。另外，电吸附作用、细胞的电灼烧现象，以及影响细菌代谢功能的电渗和电泳现象，均能产生杀菌作用。这些作用是通过细菌细胞和电极之间的电子传递，直接氧化细菌细胞内的辅酶 A（CoA），造成细菌细胞呼吸系统失调，导致细菌死亡。

3.3.2.4 应用

① 饮用水灭菌：纳米线电极（如 Cu_2O-AgNPs 复合电极）在 10V 低压下实现超过 99%的大肠埃希菌和金黄色葡萄球菌灭活率，且耐受 1200mL/min 的高流速。

② 医疗废水灭菌：针对抗生素耐药菌（如耐万古霉素肠球菌），在 10kV 高压脉冲、400Hz 频率下，4min 内可将菌落数降至检测限以下。

3.3.3 电催化灭菌技术

3.3.3.1 电催化灭菌技术发展历程

电催化灭菌技术起源于 20 世纪 40 年代，但受限于电力成本，直至 20 世纪 60 年代 Henri Beer 开发出尺寸稳定阳极（DSA）后才得到广泛关注。20 世纪 90 年代，电化学氧化技术的兴起推动了其在废水处理中的应用，尤其是通过电解生成强氧化剂来实现高效灭菌。近年来，新型电极材料的开发成为关键突破点。例如，过渡金属碳化物（如 Mo_2C）因高导电性和催化活性被用于电催化灭菌，在 2.0V 电压下，30min 内可实现 5.12log 的细菌灭活率。生物炭电极因其低成本和高比表面积，在污水处理中也展现出应用潜力，橙皮生物炭（OPB）在 10V 电压下，45s 内可灭活 7.0log 的假单胞菌。

3.3.3.2 电催化杀菌技术分类

电催化灭菌可通过以下 3 种机制实现。

（1）直接氧化

微生物与电极表面接触，细胞膜蛋白失去电子导致结构破坏。直接氧化效应指细菌细胞与电极表面发生物理接触时，细胞膜组分因电子直接转移至电极而发生的氧化损伤过程。这种相互作用损害了细胞膜的完整性，从而损害或消除了对细胞活力至关重要的运输机制。因此，这种破坏最终会导致细胞死亡。

（2）间接氧化

电解水生成·OH、H_2O_2 和 O_3 等 ROS，氧化分解微生物组分。例如，电-Fenton 反应通过阴极原位持续生成 H_2O_2 和 Fe^{2+}，进而高效催化产生具有强氧化性的·OH，其标准还原电位达 2.80V，氧化能力极强。

（3）电场破坏

外部电场扰乱细胞膜内外氧化还原平衡、诱导细胞内 ROS 过量积累，引发脂质过氧化和 DNA 损伤。此外，在含氯或硫酸盐的电解质中，电解生成的 HClO 或 SO_4^{2-} 等活性物质可进一步增强杀菌效果。

电化学消毒的效果取决于电极材料的选择和电化学系统的配置。此外，直接电化学反应的独特优势为开发便携式消毒设备及分布式水处理系统提供了创新技术路径。

3.3.3.3 电解水杀菌技术

（1）发展背景与研究进展

电解水技术的概念最早由俄罗斯学者提出，自 1980 年起在日本得到规模化应用推广，主要涵盖消毒、水再生和水净化三大领域。随着时间的推移，其应用已扩展到其他领域，并在多个领域得到应用。电解水（electrolyzed oxidizing water，EOW）于 20 世纪 80 年代初在日本市场首次实现商业化应用，主要用于医疗、食品加工等领域的清洁杀菌。20 世纪 80 年代，电解水杀菌技术已被学术界广泛认定为传统消毒剂的有效替代方案，其作为新型杀菌技术的可行性已获得普遍认可。电解水生成的 HClO 通过氧化作用破坏病原菌和腐败菌的细胞膜结构。电解水不仅价格便宜，而且杀菌效果也比传统的杀菌剂更好。电解水杀菌技术在高效灭活微生物的同时，避免了传统化学消毒剂对人体健康和环境造成的二次污染风险。

（2）电解水的系统与杀菌原理

系统：EOW 通过盐溶液（NaCl 溶于 H_2O）进入包含阳极和阴极的电池室，它们通常由膜隔开。根据 pH 值，可将 EOW 分为酸性氧化水、阴极氧化水和中性氧化水 3 类，区别在于系统中收集水的位置。在阳极产生的水为酸性氧化水，pH 值为 2～3，氧化还原电位（ORP）大于 1100mV，有效氯的浓度为 10～90mg/L；阴极氧化水的 pH 值为 10～13，氧化还原电位为－900～－800mV。EOW 在电解室中生产，电解室中可能含有稀盐水（NaCl 溶液）或氯化氢（HCl）溶液。电解水的工作原理见图 3-8（书后另见彩图）。

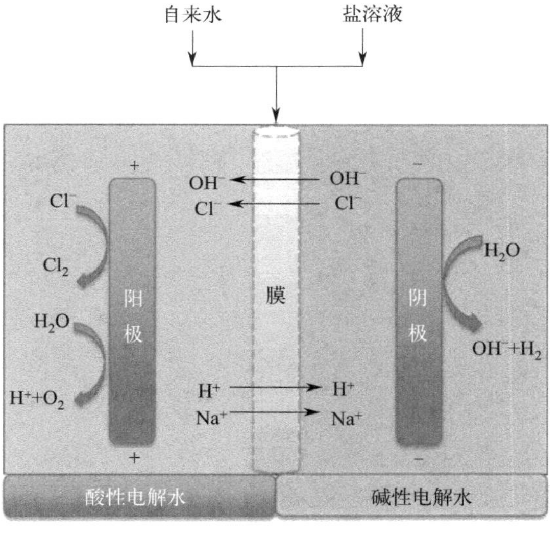

图 3-8 电解水的工作原理图

在阳极产生酸性 EOW。在电解过程中，溶解的盐释放出阴离子（Cl^-）和阳离子（Na^+）。同时，还形成氢离子（H^+）和氢氧根离子（OH^-）。因此，带负电的离子（Cl^- 和 OH^-）移动到阳极，失去电子成为氧气（O_2）和氯气（Cl_2），阳极形成的其他重要产物是次氯酸（HClO）、次氯酸根离子（ClO^-）和盐酸（HCl）。游离氯由阳极侧产生，阴极侧产生氢氧根离子（OH^-）。随后，氢氧根离子迁移并与游离氯反应，生成次氯酸钠（NaClO）。生成次氯酸钠的反应式如下。

阳极 $$2NaCl \longrightarrow 2Na^+ + Cl_2 + 2e^- \tag{3-14}$$

阴极 $$2H_2O + 2e^- \longrightarrow 2OH^- + H_2 \tag{3-15}$$

$$2NaOH + Cl_2 \longrightarrow NaClO + NaCl + H_2O \tag{3-16}$$

EOW 对海鲜产品中常见的病原菌，如单核细胞增生李斯特菌、大肠埃希菌和副溶血性弧菌等，具有较强的杀菌作用。杀菌作用主要通过水中游离氯和次氯酸（HClO）的高氧化电位实现，它们能破坏微生物细胞膜的完整性。细菌细胞膜会因渗透力而破裂。电解水的杀菌作用是其多种活性成分共同作用的结果，主要通过破坏微生物细胞膜结构来实现。酸性电解水（AEW）的抗菌活性很强，其原因主要是 ORP 值高和 pH 值低，HClO 可以破坏细胞膜内的蛋白质和遗传物质等。抗菌效果随 pH 值的降低而增强。研究表明，吞噬细胞可通过氧化爆发途径产生 HClO，并释放具有广谱抗菌作用的羟基自由基，从而有效对抗多种病原体。碱性电解水（BEW）的 pH 值超过 11 时，其杀菌机制主要依赖于高 ORP 值，通过抑制细菌内自由基的活性达到抑菌效果。这种高 ORP 值可通过多种途径干扰细菌的生理功能：一方面，通过抑制葡萄糖氧化和蛋白质生物合成来改变代谢通量，减少 ATP 生成；另一方面，通过干扰氧摄取和氧化磷酸化过程，导致细菌膜结构损伤和大分子物质外泄。相较而言，中性电解水（NEW）腐蚀性较低且稳定性优于酸性电解水（AEW），因此在储存时长上更具优势。需要特别指出的是，活性氯类物质（如 Cl_2、HClO 和 ClO^-）能够通过以下途径发挥杀菌作用：首先破坏细菌外膜屏障结构，促进 HClO 向菌体内渗透；继而氧化细胞内的关键代谢酶及重要的中间代谢产物（如核糖-5-磷酸等）；最终通过上述级联反应导致细菌死亡。物质在细胞上的活动见图 3-9。

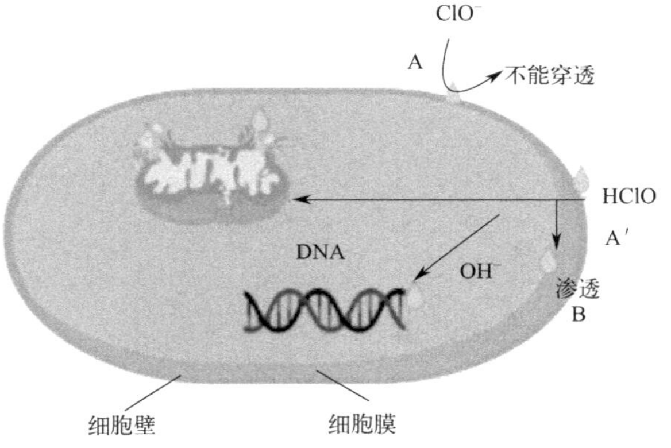

图 3-9　物质在细胞上的活动

[次氯酸根离子（ClO^-）不能穿透细胞膜 A；次氯酸（HClO）可以通过细胞膜扩散并破坏外膜 A′和内膜 B]

工作原理：根据灭菌装置和灭菌电压的不同，将电化学灭菌方法分为高压脉冲电场（PEF）灭菌和电催化灭菌。高压 PEF 灭菌可以改变细胞膜的通透性，在高压电场下形成不可逆的电穿孔来灭活细菌，而电催化杀菌主要通过直接氧化、间接氧化、电穿孔和电场破坏来灭活细菌。

电化学杀菌的基本原理是利用电场的物理作用和电解产物的化学作用杀菌。电化学的物理作用杀菌是直接杀菌，而电化学的化学作用杀菌是间接杀菌。直接杀菌是利用电场的作用击穿细胞膜，使微生物结构中的细胞质流出，导致细胞死亡。还有微生物细胞和电极之间的电子转移，扰乱呼吸系统导致死亡。间接杀菌主要与电极材料和电解质溶液有关，通过产生相应的氧化中间产物进行杀菌。

(3) 影响电解水去污效果的因素

1) 直接因素

电解水的抗菌效能受活性氯形态（Cl_2、ClO^-与HClO）、氧化还原电位（ORP）及pH值的综合调控（如图3-10所示）。研究表明，HClO是氯类化合物中杀菌活性最强的组分，其灭活效率在pH值为5.0～6.5的条件下，比同浓度的ClO^-高出80倍。例如，Ding等发现，经微酸性电解水（SAEW）处理1min后，金黄色葡萄球菌的存活量可降低5.8log CFU/mL，而次氯酸钠（NaClO）仅能实现3.26log CFU/mL的灭活效果。这一差异可通过HClO与ClO^-的电化学特性差异来解释：HClO分子呈电中性，而ClO^-与细菌表面均带负电荷，根据库仑定律，HClO更易穿透带负电荷的细胞膜，从而显著增强其杀菌效果。氯形态分布与溶液pH值密切相关。HClO为弱酸，其解离行为受pH值调控：在强酸性环境（pH$<$4）下，Cl_2为主要存在形式；当pH$>$7.5时，HClO解离为H^+与ClO^-。次氯酸（HClO）作为活性氧（ROS）的重要成员，其杀菌机制主要包括：穿透细菌细胞膜屏障；选择性作用于关键代谢靶点（如磷酸乙酰转移酶-乙酸激酶系统）；通过氯化或氧化修饰改变其结构和功能，最终导致病原体代谢网络的系统性崩溃。此外，ORP对杀菌机制的贡献亦不可忽视。高ORP可干扰细菌的能量代谢，抑制ATP合成与葡萄糖氧化，同时通过破坏外膜完整性引发胞内物质泄漏。Liao等进一步证实，具有高ORP特性的EOW可同时破坏大肠埃希菌O157∶H7的外膜与内膜结构，从而显著提升灭活效率。这些研究表明，EOW的抗菌作用是多因素协同的结果，需综合考量氯形态、ORP与pH值的动态平衡。

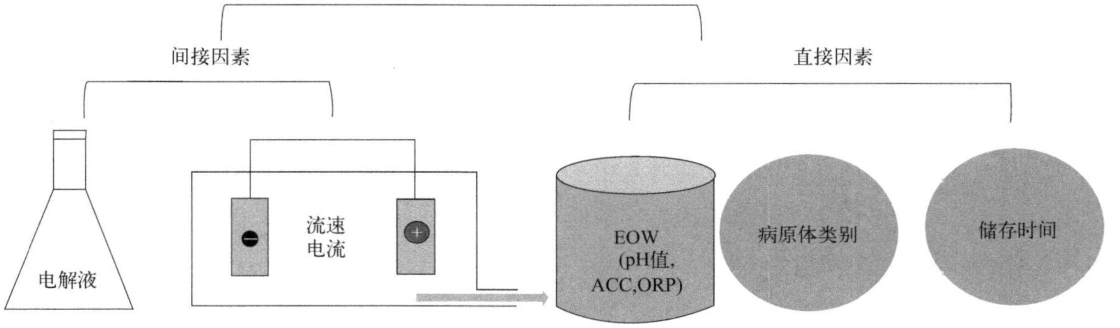

图3-10 影响电解水去污效果的因素

（ACC为有效氯浓度）

2) 间接因素

电解水的去污效能受电解液浓度、水流速及水硬度等参数的间接影响。值得注意的是，虽然这些因素与电解过程中HClO的生成浓度及ORP均呈显著线性关系，但EOW的最终抗菌效能取决于各因素的综合协同作用。研究表明，水的硬度（主要取决于钙离子、镁离子含量）对微酸性电解水（SAEW）的杀菌效果有显著影响。有研究者发现，以硬度为29mg/L的自来水制备的SAEW，其有效氯浓度（ACC）及对金黄色葡萄球菌、鼠伤寒沙门氏菌、大肠埃希菌和蜡样芽孢杆菌孢子的灭活效率均优于硬度为12mg/L的地下水。此外，盐浓度与电导率呈正相关，当氯化钾（KCl）浓度从2.0mol/L增至3.0mol/L时，电解氧化水的ACC由56.5mg/L提升至65.5mg/L。水流速同样会对EOW的特性产生关键影响。

Hsu 等指出，当进料液流速与盐浓度同步升高时，电解氧化水的总 ACC 与 ORP 显著降低。其机制可能在于：高流速缩短了离子在电解槽内的停留时间，导致氯离子（Cl^-）与钠离子（Na^+）未能充分迁移至电极界面参与反应，进而减少了 HClO 的生成，并增加了未电解钠、氯离子的残留量。这一现象表明，优化电解工艺需平衡流速与电解效率，以最大化活性氯的合成。活性氯浓度的影响因素如下。

① 阳极材料。在氯化钠溶液中，阳极上发生如下电化学反应：

$$2Cl^- \longrightarrow Cl_2 + 2e^- \tag{3-17}$$

$$6HClO + 3H_2O \longrightarrow 2ClO_3^- + 4Cl^- + 12H^+ + \frac{3}{2}O_2 + 6e^- \tag{3-18}$$

$$2H_2O \longrightarrow O_2 + 4H^+ + 4e^- \tag{3-19}$$

$$2OH^- \longrightarrow O_2 + 2H^+ + 4e^- \tag{3-20}$$

阳极发生的化学反应如下：

$$Cl_2 + H_2O \longrightarrow HClO + H^+ + Cl^- \tag{3-21}$$

$$HClO \longrightarrow H^+ + ClO^- \tag{3-22}$$

$$2HClO + ClO^- \longrightarrow ClO_3^- + 2Cl^- + 2H^+ \tag{3-23}$$

$$ClO^- \longrightarrow Cl^- + \frac{1}{2}O_2 \tag{3-24}$$

相同电解时间下，活性氯产生量随 Cl^- 浓度的增大而增大。Cl^- 在阳极氧化生成活性氯的副反应是阳极析氧反应，增加 Cl^- 的浓度可以提高析氯电流效率，抑制析氧副反应的发生，从而使溶液中活性氯的产生量增大。Cl^- 浓度为 0.040mol/L 时活性氯产生量最大，由于实际废水 Cl^- 浓度为 0.005mol/L，以下实验仍选择在 Cl^- 浓度为 0.005mol/L 的条件下进行。

在阳极为 Ti/RuO_2-IrO_2-TiO_2 电极、Cl^- 浓度为 0.005mol/L、电极间距为 1.0cm、电流密度为 $10mA/cm^2$、电解温度为 30℃、初始 pH 值为 7.1 的条件下，SO_4^{2-} 浓度对活性氯产生量会产生影响。在相同电解时间下，随着水中 SO_4^{2-} 浓度的升高，活性氯产生量明显降低。这可能是由于 SO_4^{2-} 在阳极表面的吸附覆盖，干扰了水中 Cl^- 向阳极的迁移，减弱了析氯反应。

② 电极间距。在阳极为 Ti/RuO_2-IrO_2-TiO_2 电极、Cl^- 浓度为 0.005mol/L、SO_4^{2-} 浓度为 0mol/L、电流密度为 $10mA/cm^2$、电解温度为 30℃、初始 pH 值为 7.1 的条件下，电极间距对活性氯产生量会产生影响。电解初始阶段，电极间距为 0.5cm 时的活性氯产生量少于电极间距为 1.0cm 时的活性氯产生量；随着电解时间延长，电极间距为 0.5cm 时电解产生的活性氯明显增加，而电极间距为 1.0cm 时的活性氯产生量增长缓慢。

③ 电解温度。在阳极为 Ti/RuO_2-IrO_2-TiO_2 电极、Cl^- 浓度为 0.005mol/L、SO_4^{2-} 浓度为 0mol/L、电极间距为 0.5cm、电流密度为 $10mA/cm^2$、初始 pH 值为 7.1 的条件下，电解温度对活性氯产生量会产生影响。随着电解温度的升高，活性氯产生量逐渐降低。温度对电解生成活性氯的影响主要有两方面：一方面升高电解温度可以加快电化学反应，有利于反应的进行；另一方面升高温度会导致活性氯易于分解、歧化和逸出。随着温度升高，活性氯分解、歧化和逸出的速率大于活性氯生成的速率，因此活性氯产生量降低。

④ 电流密度。在阳极为 Ti/RuO_2-IrO_2-TiO_2 电极、Cl^- 浓度为 0.005mol/L、SO_4^{2-} 浓度为 0mol/L、电极间距为 0.5cm、电解温度为 30℃、初始 pH 值为 7.1 的条件下，电流密度对活性氯产生量会产生影响。电流密度的增大会导致能耗增加，因此在确定电流密度时应

综合考虑处理效果。

⑤ 初始pH值。在阳极为 $Ti/RuO_2-IrO_2-TiO_2$ 电极、Cl^- 浓度为0.005mol/L、SO_4^{2-} 浓度为0mol/L、电极间距为0.5cm、电解温度为30℃、电流密度为 $20mA/cm^2$ 的条件下，初始pH值对活性氯产生量会产生影响。初始pH值为8.0时，活性氯产生量最大，强酸或强碱条件均不利于活性氯的生成。分析其原因，可能是在酸性条件（pH＜4）下，氯气很容易逸出，水中活性氯浓度降低；随着pH值升高，阳极生成的氯气在水中的溶解度由于HClO、ClO^- 的不断生成而增加，从而使水中活性氯浓度增大；在pH＞10之后，ClO^- 不仅参与常规的还原反应，还会进一步氧化转化为 ClO_3^-，这一转化过程直接使体系内活性氯的有效浓度降低。

（4）电化学法对3种指示菌的杀灭效果

在电极间距为6mm、pH值为7、NaCl浓度为3%、电压为11V的条件下，采用电化学法对枯草杆菌黑色变种芽孢、金黄色葡萄球菌和大肠埃希菌的灭活效果进行对比。结果显示，电化学法对枯草杆菌黑色变种芽孢的消毒效果明显比大肠埃希菌和金黄色葡萄球菌差。当停留时间为20s时，大肠埃希菌的杀灭对数值达到7.0，金黄色葡萄球菌的杀灭对数值为4.7，而枯草杆菌黑色变种芽孢只有2.4；当停留时间为30s时，大肠埃希菌和金黄色葡萄球菌的杀灭对数值可达7.0，而枯草杆菌黑色变种芽孢的杀灭对数值只有4.1。电化学法对3种指示菌的杀灭效果见表3-2。

表3-2 电化学法对3种指示菌的杀灭效果

停留时间/s	对3种指示菌的杀灭对数值		
	大肠埃希菌	金黄色葡萄球菌	枯草杆菌黑色变种芽孢
5	1.01	1.08	0.58
10	3.02	2.32	1.01
15	4.37	3.61	1.84
20	7.00	4.75	2.43
25	7.00	6.37	3.26
30	7.00	7.00	4.11

注：电极间距为6mm，pH值为7，NaCl浓度为3%，电压为11V。

间歇式电解槽在电极间距为3mm、pH值为4、电压为13V的条件下，电解浓度为4%的氯化钠溶液20s可以得到有效氯浓度为9.2mg/L的消毒剂，对大肠埃希菌、金黄色葡萄球菌和枯草杆菌黑色变种芽孢的杀灭对数值分别为7.0、4.7和2.4。缩短电极间距、降低pH值、提高工作电压以及增加电解液浓度均能提升体系的有效氯浓度，从而提高对3种试验菌的消毒速率。

各工艺条件下电化学杀菌效果对比见图3-11。

3.3.3.4 应用

电催化灭菌在水处理中表现突出，尤其是在应对耐药菌和病毒方面。例如，Mo_2C 电极对大肠埃希菌K-12的灭活率达5.0log，且能同时降解抗生素耐药基因。电-Fenton技术结合紫外光（UVA）可提升 Fe^{2+} 再生效率，在50min内实现5.6log的细菌灭活，且能耗较低。此外，贵金属电极（如 Pt/Fe_3O_4）和碳基材料（如碳纤维毡）在工业废水处理中应用广泛，其中碳纤维毡电极对大肠埃希菌的灭活效率达6.5log。近年来，生物炭电极的引入进一步降低了处理成本，例如OPB电极在磷酸盐缓冲液中，2V电压下60s内可灭活6.5log的微生物。

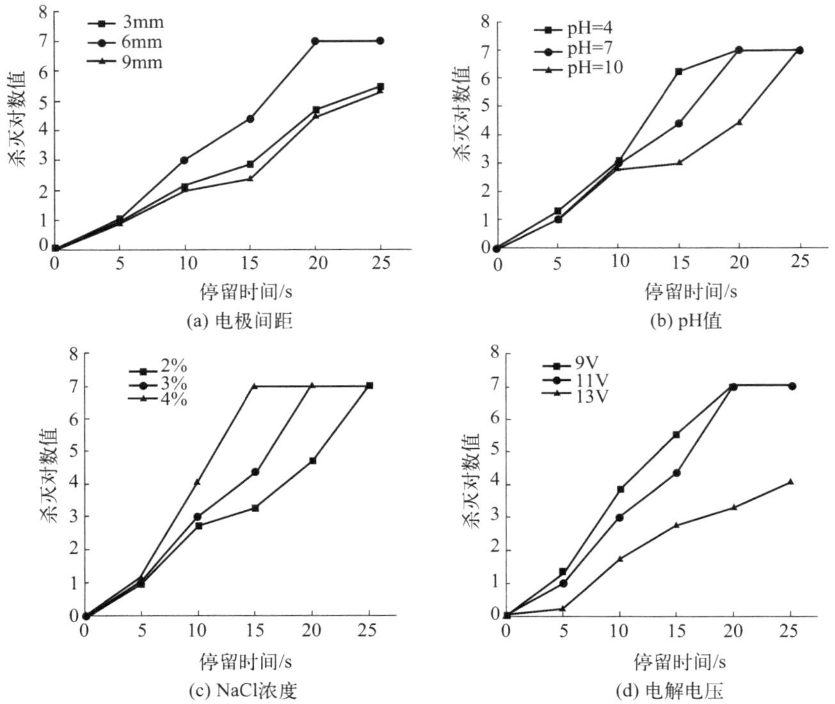

图 3-11 各工艺条件下电化学杀菌效果对比

3.3.4 电解产生羟基自由基杀菌技术

羟基自由基（·OH）的杀菌机制主要依赖于其强氧化特性：当·OH在电极表面生成时，可引发水分子解离并形成具有强物理吸附作用的活性物种，这些活性物种能直接破坏细菌细胞结构，从而实现表面接触灭活。

杀菌原理：·OH是目前已知的水中很强的氧化剂，其氧化电位高达2.8V。·OH通过破坏微生物的蛋白质、酶和核酸来致其死亡。常见的氧化剂氧化电位见表3-3。

表 3-3 常见的氧化剂氧化电位

氧化剂	羟基自由基	臭氧	过氧化氢	次氯酸	氯气
氧化电位/V	2.80	2.07	1.77	1.63	1.36

由于电极材料自身性能不同，·OH的生产效率差别很大。电极表面产生·OH后，其反应途径取决于电极表面与·OH之间的相互作用，据此电极材料可分为两类。

① 非活性电极：非活性电极表面与·OH之间没有相互作用，只起到提供电子空穴的作用。因此，非活性电极表面产生的·OH更容易扩散到电解质溶液中，与还原性物质反应。掺硼金刚石（BDD）电极和PbO_2、SnO_2、尺寸稳定阳极（DSA）均属于非活性电极。

② 活性电极：活性电极表面与·OH之间的强相互作用会导致电极表面形成高价金属氧化物（MO_x），但其氧化能力比·OH弱。

有研究者以对氯苯甲酸为·OH探针，研究了Ti/IrO_2、Ti/RuO_2、$Ti/Pt\text{-}IrO_2$、BDD、Pt电极材料产生·OH的效率。结果显示，BDD电极材料生成·OH的速率远大于Ti/RuO_2电极和Pt电极，而Ti/IrO_2、$Ti/Pt\text{-}IrO_2$电极在电解30min内几乎没有产生·OH。BDD电极产生的·OH比Ti/RuO_2电极和Pt电极产生的10倍还要多。这主要是因为BDD属于非活性电极材料，而其他4种电极属于活性电极材料。

$$M + H_2O \longrightarrow M(\cdot OH) + H^+ + e^- \tag{3-25}$$

$$M(\cdot OH) + R \longrightarrow M + \text{生成物} \tag{3-26}$$

$$M(\cdot OH) \longrightarrow MO + H^+ + e^- \tag{3-27}$$

$$MO + R \longrightarrow M + \text{生成物} \tag{3-28}$$

优点：a. 是常用的电化学氧化剂中较强的消毒剂；b. 可以在没有特定前体离子的情况下生产；c. 可以氧化有机污染物，去除许多微污染物和难以去除的微生物。

3.3.5 电解产生 O_3 杀菌技术

臭氧作为一种高活性氧化剂，在消毒领域具有广谱杀菌特性。其电化学生成机制为：在阳极表面，水分子通过6电子转移反应被直接氧化，该过程需要施加极高的槽电压才能实现。臭氧也可以通过溶解氧转化产生，但该过程的效率会受到溶液pH值的影响。

臭氧具有显著的氧化特性，主要体现在以下两个方面：

① 强氧化能力：其标准氧化还原电位达2.07V，是仅次于氟和羟基自由基的强效氧化剂；

② 环境友好性：相较于传统氧化剂（如氯制剂），臭氧分解后仅生成氧气，副产物毒性低且易生物降解，符合绿色化学原则。

氧化过电位高的阳极材料在高电流密度、低温条件下可直接电解水产生O_3，这类高氧化过电位阳极材料主要有PbO_2、SnO_2等。Manuela等开发的“三明治”结构电极组件采用金刚石阳极/固体聚合物电解质（SPE）/阴极的创新型设计，类似于质子交换膜燃料电池的三合一膜电极组件，电极结构紧凑，电流效率高，可用于电导率极低的水（如去离子水）电解产生O_3。Alexander等采用BDD/Nafion324/BDD电极结构（BDD基体为金属Nb），研究了电流密度、水流速、电导率等因素对电解O_3产率和电流效率的影响，当电流密度为$153mA/cm^2$、水的流速为95L/h、电导率为$1\mu S/cm$时，电解水生成O_3的电流效率达到24%。还有研究者分别采用BDD、Pt、Ti/IrO_2、Ti/RuO_2、$Ti/Pt\text{-}IrO_2$电极材料电解水生成O_3，其中BDD电极的活性最高。研究发现，叔丁醇的加入可明显抑制O_3的生成，·OH在BDD电解水生成O_3的过程中起关键作用。

$$3H_2O \longrightarrow O_3 + 6e^- + 6H^+ \tag{3-29}$$

$$\cdot OH \longrightarrow \cdot O + e^- + H^+ \tag{3-30}$$

$$\cdot O + O_2 \longrightarrow O_3 \tag{3-31}$$

O_3是一种强氧化剂，杀菌速度快，用量少，但不足之处在于无持续杀菌作用。在特定的情况下，电解水溶液也可以产生O_3。试验研究发现，采用新型电极电解NaCl溶液时，在较高工作电压条件下可检测到臭氧的生成。由于 H_2O/O_3 的标准电极电位高于 H_2O/O_2，因此在一般情况下电解水基本不产生 O_3，只产生 O_2，除非使用的阳极具有很高的析氧过电位，水在阳极发生的氧化反应见下式：

$$2H_2O \longrightarrow O_2 + 4e^- + 4H^+ \tag{3-32}$$

$$3H_2O \longrightarrow O_3 + 6e^- + 6H^+ \tag{3-33}$$

β-PbO_2 电极具有很高的析氧过电位，可以在电解过程中减少氧气的产生，生成平衡电极电位更高的 O_3。

3.3.6 电解产生 H_2O_2 杀菌技术

多数电解杀菌活性物质如 Cl_2、·OH、O_3 都由阳极产生，而 H_2O_2 由阴极产生。为抑制电解过程中的阴极析氢副反应，可采用气体扩散电极（GDE）作为阴极，将氧气还原成 H_2O_2。

电极材料：碳材料（石墨、活性炭、玻璃碳等）具有自催化作用，是比较理想的电解产生 H_2O_2 的阴极材料。电解产生 H_2O_2 的反应如下：

$$\cdot OH + \cdot OH \longrightarrow H_2O_2 \tag{3-34}$$

在碳材料的基础上，加入具有氧化还原催化性能的有机物［如聚四氟乙烯（PTFE）、2-乙基蒽醌等］或贵金属（如 Pt）可进一步提高 H_2O_2 的产率。Xu 等以活性炭/PTFE 作为气体扩散层电解产生 H_2O_2，研究发现 Pt 担载量为 3%、NH_4HCO_3 造孔剂用量为 30%、pH<8、O_2 流速为 1.25L/min、Na_2SO_4 含量为 10%、电流密度为 $6.7mA/cm^2$ 时，杀菌效果最好，成本相对较低。

H_2O_2 是一种环保型杀菌剂，具有持续的杀菌能力。1986 年，Augusto Porta 和 Antonio Nesti 发明了一种基于多孔炭阴极的电化学消毒技术，该技术通过电解过程中向液相体系通入氧气，在阴极原位生成 H_2O_2 实现高效水处理。Maja Wünsch 等开发了一种基于气体扩散电极的电化学 H_2O_2 发生装置，专门用于饮用水和废水的消毒处理。这种电极的表面层为孔隙率为 40%的多孔炭。以上研究表明采用多孔炭电极作为阴极可以减少 H_2O_2 的进一步还原，抑制 H_2O_2 的催化分解，并且多孔炭电极还可以改善传质，促进氧气向电极表面扩散，从而提高 H_2O_2 的电流效率。1972 年，Henri Beer 发明了以钛为基体、表面涂覆铂族金属或其氧化物材料制成的电极，随后其被大量应用于氯碱工业。这种电极因其卓越的析氯反应催化性能、优异的机械稳定性和化学稳定性，被命名为尺寸稳定阳极（dimensionally stable anode，DSA），其应用已从氯碱工业扩展到多个重要领域。DSA 电极的催化活性主要由表面涂层的化学组成决定，如由 PbO_2、RuO_2、Pt、IrO_2 几种材料作为涂层的电极，其催化活性顺序为 $Ti/PbO_2 > Ti/RuO_2 > Ti/Pt > Ti/IrO_2$。然而，一元涂层往往难以兼顾催化活性及耐腐蚀性。因此，多元涂层电极得到了快速发展，如 Ti/TiO_2、Ti/RuO_2-TiO_2、Ti/IrO_x-RuO_2-TiO_2 等。结果表明，多元涂层的析氯效率较一元涂层的析氯效率大大提高，且有较好的稳定性。有研究者对 Ti/IrO_2-RuO_2 电极以及 Ti/IrO_2 电极的电化学杀菌作用物质的产生量进行了研究，结果表明，Ti/IrO_2-RuO_2 电极具有更高的析氯效率，能产生更多的自由氯组分，有利于杀菌效率的提高。

3.3.7 电解铜杀菌技术

自 20 世纪 70 年代以来，电化学杀菌在理论、技术和工程方面取得了快速发展。其作为“清洁技术”在许多领域得到了广泛的应用，具有杀菌效果好、投资少、操作简便灵活的特点。电化学杀菌通过多种机制协同作用，包括活性氯、H_2O_2、O_3 等活性物质的化学氧化作用，活性中间体的瞬时攻击，Cu^{2+} 或 Ag^+ 的金属毒性效应，以及电场的物理破坏作用。其中，Cu^{2+} 虽具有显著杀菌效果，但其是水体中的主要重金属污染物之一。

工作原理：电解铜系统的基本构成包括铜阳极和惰性阴极，其在通电条件下发生阳极溶解反应，实现铜离子的可控释放。

铜离子的杀菌作用：

① 对细菌、藻类、真菌等微生物有一定的毒性：这是因为铜离子能够影响微生物的细胞膜、蛋白质和核酸结构，从而破坏它们的生理活动和细胞功能。

② 破坏细胞膜：铜离子能够与微生物的细胞膜发生反应，导致细胞膜破裂，渗透性增强，最终导致细胞死亡。

③ 破坏蛋白质和核酸：铜离子也能与微生物的蛋白质和核酸结合，导致这些生物分子变性和降解，从而破坏微生物的基本生物学功能。

④ 抑制微生物生长：铜离子的释放可以在水体中形成持续的微量浓度，对微生物的生长起到抑制作用。这可以有效地减少细菌、藻类等微生物在水中的繁殖，从而维持水的清洁和卫生。

⑤ 杀菌效果具有持久性：由于电解铜系统可以持续释放铜离子，因此其杀菌效果比一次性添加消毒剂更持久。

3.4 辐射杀菌技术

紫外线存在于太阳光中，但自然光中的紫外线辐射能量有限。人工方式获得的紫外辐射（ultraviolet radiation，UVR）是指通过激发等离子体或固态发光材料所产生的、波长位于紫外波段的电磁波。紫外线杀菌技术是医学上最常用和最古老的杀菌消毒技术之一，是灭活固体表面、水和空气中病毒和细菌的有效方法，迄今为止已有百余年的历史。早在 19 世纪，Downes 和 Blunt 的研究中就提及了紫外线具有消毒杀菌的作用。丹麦科学家 Finsen 将紫外线应用于医疗健康领域，利用紫外线杀菌治疗皮肤病。1903 年，他被授予诺贝尔生理学或医学奖。2003 年，中国疾病预防控制中心专家研究发现，使用强度大于 $90\mu W/cm^2$ 的紫外线，在 80cm 处照射冠状病毒 60min，可以有效杀灭病毒。

3.4.1 工作原理

冷阴极辉光放电灯通过场致发射产生初始电子，并借助气体电离产生的阳离子轰击阴极引发二次电子发射，从而维持稳定的辉光放电，这类灯不需要预热启动（通常称为冷启动或硬启动）。为热阴极紫外灯则属于需要预热启动的电子发射型光源，当前大量使用的紫外灯就属于这一类。紫外灯在启动时，需要预热灯丝，使热阴极发射电子，再利用高压脉冲使管内的惰性气体电离，灯管内液态汞受热气化，在强电场作用下猛烈轰击惰性气体分子，从而辐射出特征紫外光谱。启动后的紫外灯管，由高阻开路状态变为低阻导通状态，可在额定电压下正常工作。

紫外灯工作时，首先要给钨丝电极通电加热，使温度达到800～1000℃，目的是使电极具备热电子发射的条件。电极上还涂有钡、锶、钙等金属的氧化物，它们具有较低的逸出功，以便在较低的温度下产生热电子发射。启动附件，使两电极之间产生较高的电压脉冲，并在此高压电场作用下使电极发射电子。发射的电子在管中撞击汞蒸气中的汞原子，使之被激发，被激发的汞原子会产生光辐射。

紫外灯通过低压汞蒸气放电，将电能转化为以253.7nm（有时也用254nm）为主的不可见紫外辐射，放电时也伴随有185nm紫外线和少量可见光产生。紫外线作为不可见光的一种特定形式，其波长范围主要分布在253.7～280nm，在现代社会中应用日益广泛，其中最具代表性的就是其高效的杀菌功能。

在紫外线中有一段C频（C-BAQND），其对摧毁对人体有害的细菌或病毒有极大的杀灭效用。当一般的细菌、病毒等单细胞微生物暴露于C-BAQND紫外线照射下时，其生命中枢DNA即遭到紫外线破坏，会使其立即死亡或丧失繁殖能力。

3.4.2 紫外灯的主要类型

① 直管形紫外灯：其产量和使用量均最大。

② 异形紫外灯：目前常用的异形紫外灯主要有U形和环形两种。它们的优点是改变了只有直管形一种类型的局面，便于布置。但异形紫外灯价格高、寿命短，目前在市场上的普及程度远低于标准直管形紫外灯。

③ 紧凑型紫外灯：这是近年来发展迅速的类型，已经采用的外形有双U形、双D形、H形等，这类灯管体积小、光效高、造型美观。

3.4.3 杀菌机理

（1）通过破坏核酸杀菌

紫外线对微生物的灭活机理主要是利月微生物的核酸（DNA和RNA）对紫外线的吸收，破坏其核酸功能，从而实现消毒净化。当核酸被紫外线照射时会大量吸收紫外光，从而在体内形成一部分的间二氮杂苯（主要构成为蛋白酶）和间二氮杂苯的异构体。这种物质会使细菌自身的新陈代谢机能出现障碍，并且会导致细菌的遗传性出现问题，而持续的紫外线照射会导致细菌群体死亡。DNA对波长为265nm的紫外线吸收能力最强。当波长在300nm以下时，会有杀菌的效果；在265nm附近时，杀菌效果最明显。

（2）产生臭氧杀菌

低气压汞蒸气放电可产生254nm和185nm的紫外线，紫外线从玻璃管射出后，254nm的紫外线被微生物吸收，而185nm的紫外线与空气作用可产生臭氧。当185nm波长的紫外线作用于空气中的氧分子时，可通过光解作用使氧分子裂解为高活性的游离氧（即活性氧），这些氧原子与周围的氧分子结合后生成臭氧，因游离氧所带正负电荷不平衡，所以需与氧分子结合，进而产生臭氧。臭氧具有强氧化性，可杀灭细菌繁殖体、芽孢、病毒和真菌等，并可破坏肉毒杆菌毒素，靠强大的氧化作用使酶失去活性致微生物死亡。臭氧对空气中的微生物有明显杀灭作用，采用 30mg/m^3 浓度的臭氧作用 15min，对自然菌的杀灭率最高，但由于其波长较短，在大气中容易被吸收，衰减严重，在近地太阳光谱中几乎不含该波段的紫外线。紫外线杀菌灯结构及工作原理见图 3-12（书后另见彩图），紫外线标准杀菌消毒响应曲线见图 3-13。

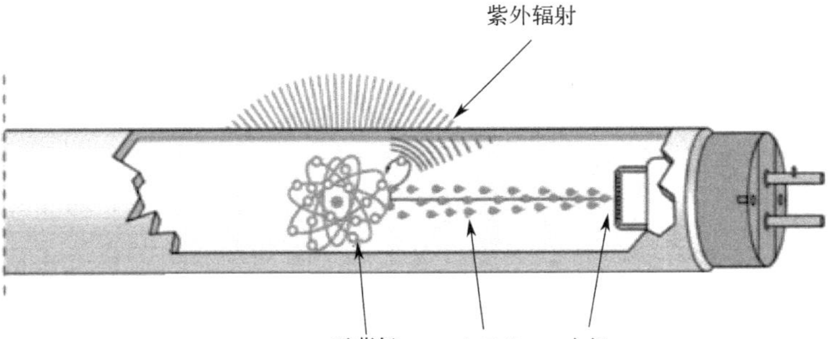

图 3-12　紫外线杀菌灯结构及工作原理

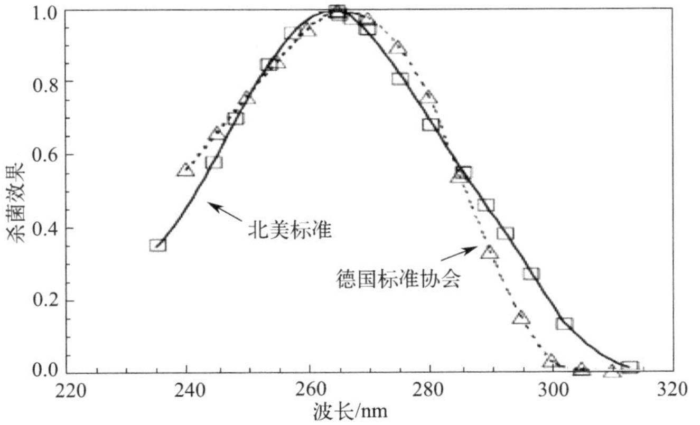

图 3-13　紫外线标准杀菌消毒响应曲线

3.4.4　杀菌效果对比

传统的杀菌法采用二氧化氯、臭氧等进行氧化，存在化学残留且易产生副作用，从而危害人体健康。紫外线消毒作为一种新型物理消毒技术，通过特定波长的光照即可高效灭活细菌和病毒，是一种安全、环保、卫生的消毒方式。常见消毒法优缺点对比见表 3-4。

表 3-4 常见消毒法优缺点对比

	消毒效果	优点	缺点
臭氧	杀菌和杀病毒的效果均很好	不产生有毒氯化物，接触时间短	易泄漏，不稳定，电耗大，运营成本高
氯气	可有效杀菌，杀灭病毒的效果差	工艺简单，技术成熟，成本低	腐蚀性强，有致癌、致畸风险
二氧化氯	杀菌效果比氯气好	投放简单，副产物少，有强烈的氧化作用	不稳定，对光、热和压力敏感，与火花和有机物接触易发生爆炸
紫外线	杀菌和杀病毒的效果好，快速简单	不需添加任何化学品	电耗大，需定期更换设备

3.4.5 研究前景

电子束激发紫外荧光粉技术通过高能电子均匀轰击荧光粉基质，使其受激发射出特定波长的紫外线，该技术因具有波长精准可控、发光效率高及寿命长等优势，成为新型紫外光源研究的重点方向，可满足杀菌、光催化等不同应用场景的需求。这种紫外光源发光质量高，转换效率超过10%，而且无污染、绿色环保，得到了研究者的广泛关注。采用的荧光粉价格低廉，因此在杀菌领域也具有广阔的发展前景。

3.5 应用与前景分析

（1）技术优势

① 环境友好：不会产生因化学药剂而带来的环境污染、生态破坏以及对人体健康的潜在危害，符合现代社会对环境保护、可持续发展和绿色低碳的要求。

② 化学残留少：在食品、医药等对安全要求极高的领域，无药剂法杀菌能有效避免化学残留对产品质量和人体健康的影响，提高产品的安全性和品质。

③ 不易产生耐药性：长期使用化学药剂易导致微生物产生耐药性，而物理和生物等无药剂法杀菌的作用方式较为独特，微生物难以产生耐药性，从而能保持较好的杀菌效果。

（2）应用领域需求旺盛

无药剂杀菌可用于食品工业、医药领域、水处理行业等。其中，在水处理行业中，无论是饮用水、工业用水还是污水的处理，无药剂法杀菌都有很大的应用空间。例如，低压紫外线杀菌器可用于饮用水的消毒，确保饮用水安全卫生；在工业循环冷却水中，采用物理或生物方法杀菌和除藻，可以避免化学药剂对设备的腐蚀和对环境的污染。

随着技术不断创新发展，无药剂杀菌技术发展越来越快，物理杀菌技术不断进步。紫外线杀菌技术的效率和稳定性不断提高，如新型 UVC LED 技术具有高效、节能、寿命长等优点，在车载杀菌、小型水处理设备等领域得到了广泛应用；高压脉冲电场杀菌、微波杀菌等技术也在不断优化和创新，为无药剂杀菌提供了更多的选择。植物源杀菌剂的研究也取得了很大进展，从植物中提取的天然化合物（如茶多酚、香精油等）被开发成绿色环保的杀菌剂。具有抗菌杀菌性能的纳米材料、新型无机抗菌材料等不断涌现，其具有不易使微生物产生耐药性、可半永久性持续杀菌等优点，有望在医疗、食品、公共交通等领域得到广泛应用。

（3）政策法规支持引导

① 环保政策限制化学药剂使用：各国政府纷纷出台严格的环保法规和政策，限制化学杀菌剂的使用，鼓励和支持无药剂法杀菌技术的研发和应用。

② 食品安全标准提高：日益严格的食品安全标准推动着食品生产企业转向更安全、无残留的杀菌技术，为无药剂法杀菌在食品工业中的应用提供了政策支持和市场导向。

③ 产业扶持政策：一些国家和地区通过财政补贴、税收优惠、科研项目支持等政策措施，推动无药剂法杀菌相关产业的发展，促进技术创新和市场推广。

（4）挑战与应对策略

① 杀菌效果稳定性问题：部分无药剂法杀菌技术的效果可能会受到环境因素、微生物种类等影响，稳定性有待提高。需要进一步深入研究杀菌机制，优化技术参数和操作条件，提高杀菌的稳定性和可靠性。

② 成本较高：一些先进的无药剂杀菌技术和设备的研发、生产成本较高，限制了其大规模应用。应加大研发投入，通过技术创新降低成本，同时政府和企业可通过补贴、优惠政策等方式降低用户的使用成本。

③ 技术局限性：某些无药剂法杀菌技术可能存在应用场景受限的问题，如紫外线无法穿透不透明物体，对一些结构复杂的物体杀菌效果不佳。需要结合不同的杀菌技术，开发复合杀菌方法和设备，以满足不同场景的需求。

无药剂杀菌技术凭借其环境友好性、操作安全性和可持续性等优势，在技术创新、成本下降和政策推动的多重因素驱动下，正加速替代传统化学消毒方式，逐渐成为杀菌领域的主流趋势。

参考文献

[1] 刘桂年，梁艳．国内工业水处理药剂的现状及发展方向［J］．甘肃科技，2005，21（11）：47-48.

[2] 谢朝锋．杀菌剂在工业水处理中的应用研究［J］．天津化工，2023，37（3）：75-77.

[3] 谢丰源．稳定性二氧化氯在石化企业循环水系统的应用［J］．炼油技术与工程，2008，38（9）：60-62.

[4] 陆柱，蔡兰坤，陈中兴，等．水处理药剂［M］．北京：化学工业出版社，2002.

[5] 徐国成．次氯酸盐有效氯、余氯及其在水产养殖中的测定［J］．北京水产，2007（4）：18-20.

[6] 邓金花，吴清平，廖富迎．二氯异氰尿酸钠与三氯异氰尿酸杀菌效果比较［J］．中国消毒学杂志，2006，23（4）：315-317.

[7] 李涛，王涛，刘伟，等．活性溴杀菌剂的研究进展［J］．工业水处理，2019（3）：1-5.

[8] 陈素良，谢国伟．含溴消毒剂的研究与应用［J］．中国消毒学杂志，2013，30（9）：857-860.

[9] 郭如新．海因类溴素杀生剂应用现状［J］．化工科技市场，2005，28（8）：9-14.

[10] 朱媛，朱明新，徐炎华．二氧化氯的制备方法［J］．工业水处理，2005，25（6）：13-16.

[11] 彭汉中．循环水系统使用二氧化氯杀菌的应用评价［J］．化工管理，2015（17）：165.

[12] 吴桂萍，张家骅．二氧化氯稳定水溶液制备及用作杀菌剂研究［J］．电力环境保护，2000，16（1）：52-53.

[13] 杨家蕾，董全．臭氧杀菌技术在食品工业中的应用［J］．食品工业科技，2009，30（5）：353-355，359.

[14] 沈芃．过氧乙酸消毒应用进展［J］．医学动物防制，2004，20（6）：343-346.

[15] 黄仙红．循环水处理杀菌剂的研究进展［J］．广东化工，2009，36（9）：77-79，101.

[16] 马文杰，唐礼强，姜佑．具有缓蚀性能的杀菌剂研究进展［J］．石油化工腐蚀与防护，2016，33（4）：1-5.

[17] 周旋峰，石荣莹．阳离子杀菌剂的现状及其发展趋势［J］．中国洗涤用品工业，2020（3）：187-193.

[18] 张璐，姜亚洁，李俊，等．新型有机反离子季铵盐复配体系的抑菌效果研究［J］．日用化学工业，2021，51（6）：

502-505.
[19] SYLVIE B B, PIEN-E T, MARTINE B M, et al. Emergence of resistance to antibacterial agents: The role of quaternary ammonium compounds—A critical review [J]. Intemational Joumal of Antimicrobial Agents, 2012, 39 (5): 381-389.
[20] 李俊，张勇杰，李运玲，等．季铵盐杀菌剂的现状与发展趋势［J］．日用化学品科学，2015，38（9）：32-35，39.
[21] 王昶．双季铵盐杀菌剂的杀菌试验研究［J］．工业用水与废水，2000，31（6）：23-24，43.
[22] 许亦南．一种抗菌纸巾：CN106821102A［P］．2016-12-29.
[23] 曹便利，李春灵，王婉至，等．氯酚类化合物的研究进展［J］．化工设计通讯，2022，48（12）：1-3.
[24] 薛顺兰．异噻唑啉酮化合物工业杀菌剂分析方法现状及发展［J］．黑龙江造纸，2022，50（1）：40-43.
[25] 李世昌，张龚敏，敖晓娟，等．异噻唑啉酮化合物的合成研究进展［J］．合成材料老化与应用，2018，47（4）：120-123.
[26] 王磊，武绍峰，顾学斌．异噻唑啉酮类杀菌剂的应用研究［J］．工业微生物，2015，45（5）：60-64.
[27] 廖启丰．新型亚烷基双季鏻盐杀菌剂的合成及应用研究［D］．广州：广东工业大学，2012.
[28] 常丽．季鏻盐改性聚丙烯腈纤维及其抗菌性能与机理研究［D］．长沙：湖南大学，2016.
[29] 郭彤，许梓荣．铜离子对引起仔猪腹泻的大肠杆菌 K_{88} 杀菌机理的研究［J］．中国预防兽医学报，2004，26（2）：127-130.
[30] 谭丽，李本高．电化学杀菌技术在水处理中的研究进展［J］．工业水处理，2006，26（2）：1-5.
[31] ZHIZNIN S, TIMOKHOV V, GUSEV A. Economic aspects of nuclear and hydrogen energy in the world and Russia [J]. Int J Hydrog Energy, 2020, 45: 31353-31366.
[32] FORGHANI F. Application of electrolyzed water in agriculture [J]. In Electrolyzed Water in Food, 2019: 223-230.
[33] ZHENG W, LI Z, SHAH S B, et al. Removal of ammonia and airborne culturable bacteria by proof-of-concept wind-break wall with slightly acidic electrolyzed water spray for a layer breeding house [J]. Appl Eng Agric, 2016, 32: 393-399.
[34] GRAÇA A, SANTO D, PIRES-CABRAL P, et al. The effect of UV-C and electrolyzed water on yeasts on fresh-cut apple at 4 ℃ [J]. J Food Eng, 2020, 282: 110034.
[35] HAKIM H, ALAM S, SANGSRIRATANAKUL N, et al. Inactivation of bacteria on surfaces by sprayed slightly acidic hypochlorous acid water: In vitro experiments [J]. J Vet Med Sci, 2016, 78: 1123-1128.
[36] AL-HAQ MI, SUGIYAMA J, ISOBE S. Applications of electrolyzed water in agriculture & food industries [J]. Food Sci Technol Res, 2005, 11: 135-145.
[37] HUANG Y R, HUNG Y C, HSU S Y, et al. Application of electrolyzed water in the food industry [J]. Food Control, 2008, 19: 329-340.
[38] ISSA-ZACHARIA A, KAMITANI Y, MUHIMBULA H S, et al. A review of microbiological safety of fruits and vegetables and the introduction of electrolysed water as an alternative to sodium hypochlorite solution [J]. Afr J Food Sci, 2010, 4: 778-789.
[39] WHOLEY W Y C. Hypochlorous acid stress responses in bacteria [J]. Dissertation and Theses Gradworks, 2012.
[40] LI Y, TAN L, GUO L, et al. Acidic electrolyzed water more effectively breaks down mature vibrio parahaemolyticus biofilm than DNase Ⅰ [J]. Food Control, 2020, 117: 107312.
[41] HSU Y F, CHUANG C Y, HUANG H C, et al. Applying membraneless electrolyzed water for inactivating pathogenic microorganisms [J]. Appl Ecol Env Res, 2019, 17: 15019-15027.
[42] HAN Q, SONG X, ZHANG Z, et al. Removal of food-borne pathogen biofilms by acidic electrolyzed water [J]. Front Microbiol, 2017, 8: 988.
[43] RAHMAN S M E, KHAN I, OH D H. Electrolysed water as a novel sanitizer in the food industry: Current trends and future perspective [J]. Compr Rev Food Sci Food Saf, 2016, 15: 471-484.
[44] WALKER S P, DIMIRCI A, GRAVES R E, et al. Response surface modelling for cleaning and disinfecting materials used in milking system with electrolysed oxidising water [J]. Int J Dairy Technol, 2005, 58: 65-73.

[45] AYEBAH B, HUNG Y C. Electrolysed water and its corrosiveness on various surface materials commonly found in food processing facilities [J]. J Food Process Eng, 2005, 28: 247-264.

[46] PANGLOLI P, HUNG Y C. Effects of water hardness and pH on efficacy of chlorine-based sanitizers for inactivating *Escherichia coli* O157:H7 and Listeria monocytogenes [J]. Food Control, 2013, 32: 626-631.

[47] XIE J, SUN X H, PAN Y J, et al. Physicochemical properties and bactericidal activities of acidic electrolyzed water used or stored at different temperatures on shrimp [J]. Food Res Int, 2012, 47: 331-336.

[48] WANG H, FENG H, LUO Y. Microbial reduction and storage quality of fresh-cut cilantro washed with acidic electrolyzed water and aqueous ozone [J]. Food Res Int, 2004, 37: 949-956.

[49] HUANG Y R, HSIEH H S, LIN S Y, et al. Application of electrolyzed oxidizing water on the reduction of bacterial contamination for seafood [J]. Food Control, 2006, 17: 987-993.

[50] OZER N P, DEMIRCI A. Electrolyzed oxidizing water treatment for decontamination of raw salmon inoculated with *Escherichia coli* O157:H7 and Listeria monocytogenes Scott A and response surface modeling [J]. J Food Eng, 2006, 72: 234-241.

[51] SHIROODI S G, OVISSIPOUR M, ROSS C F, et al. Efficacy of electrolyzed oxidizing water as a pretreatment method for reducing listeria monocytogenes contamination in cold-smoked atlantic salmon (*salmo salar*) [J]. Food Control, 2016, 60: 401-407.

[52] XIE J, SUN X, PAN Y, et al. Combining basic electrolyzed water pretreatment and mild heat greatly enhanced the efficacy of acidic electrolyzed water against vibrio parahaemolyticus on shrimp [J]. Food Control, 2012, 23: 320-324.

[53] YU C H, HUANG T C, CHUNG C C, et al. Application of highly purified electrolyzed chlorine dioxide for tilapia fillet disinfection [J]. Sci World J, 2014.

[54] FUKUZAKI S. Mechanisms of action of sodium hypochlorite in cleaning and disinfection processes [J]. Biocontrol Sci, 2006, 11: 147-157.

[55] MEDINA-GUDIÑO J, RIVERA-GARCIA A, SANTOS-FERRO L, et al. Analysis of neutral electrolyzed water anti-bacterial activity on contaminated eggshells with *salmonella enterica* or *escherichia coli* [J]. Int J Food Microbiol, 2020, 320: 108538.

[56] RIVERA-GARCIA A, SANTOS-FERRO L, RAMIREZ-OREJEL J C, et al. The effect of neutral electrolyzed water as a disinfectant of eggshells artificially contaminated with *Listeria monocytogenes* [J]. Food Sci Nutr, 2019, 7: 2252-2260.

[57] ALBRICH J M, GILBAUGH J H, CALLAHAN K B, et al. Effects of the putative neutrophil-generated toxin, hypochlorous acid, on membrane permeability and transport systems of *Escherichia coli* [J]. J Clin Invest, 1986, 78: 177-184.

[58] HURST J K, BARRETTE W C, MICHEL B R, et al. Hypochlorous acid and myeloperoxidase-catalyzed oxidation of iron-sulfur clusters in bacterial respiratory dehydrogenases [J]. Eur J Biochem, 1991, 202: 1275-1282.

[59] RAHMAN S, KHAN I, OH D H. Electrolyzed water as a novel sanitizer in the food industry: Current trends and future perspectives [J]. Compr Rev Food Sci Food Saf, 2016, 15: 485-490.

[60] LEN S V, HUNG Y C, CHUNG D, et al. Effects of storage conditions and pH on chlorine loss in electrolyzed oxidizing (EO) water [J]. J Agric Food Chem, 2002, 50: 209-212.

[61] AL-HAQ M I, SUGIYAMA J, ISOBE S. Applications of electrolyzed water in agriculture & food industries [J]. Food Sci Technol Res, 2005, 11: 146-150.

[62] HUANG Y R, HUNG Y C, HSU S Y, et al. Application of electrolyzed water in the food industry [J]. Food Control, 2008, 19: 341-345.

[63] LIAO L B, CHEN W M, XIAO X M. The generation and inactivation mechanism of oxidation-reduction potential of electrolyzed oxidizing water [J]. J Food Eng, 2007, 78: 1326-1332.

[64] RAHMAN S M E, JIN Y G, OH D H. Combined effects of alkaline electrolyzed water and citric acid with mild heat to control microorganisms on cabbage [J]. J Food Sci, 2010, 75: 111-115.

[65] LIU Q, WU J, LIM Z Y, et al. Evaluation of the metabolic response of *escherichia coli* to electrolysed water by 1H

NMR spectroscopy [J] . LWT Food Sci Technol, 2017, 79: 428-436.

[66] LIU Q, WU J, LIM Z Y, et al. Metabolite profiling of *Listeria innocua* for unravelling the inactivation mechanism of electrolysed water by nuclear magnetic resonance spectroscopy [J] . Int J Food Microbiol, 2018, 271: 24-32.

[67] DA CRUZ NIZER W S, INKOVSKIY V, OVERHAGE J. Surviving reactive chlorine stress: Responses of gram-negative bacteria to hypochlorous acid [J] . Microorganisms, 2020, 8: 1220.

[68] DING T, XUAN X T, LI J, et al. Disinfection efficacy and mechanism of slightly acidic electrolyzed water on *Staphylococcus aureus* in pure culture [J] . Food Control, 2016, 60: 505-510.

[69] SEVERING A L, REMBE J D, KOESTER V, et al. Safety and efficacy profiles of different commercial sodium hypochlorite/hypochlorous acid solutions (NaClO/HClO): Antimicrobial efficacy, cytotoxic impact and physicochemical parametersin vitro [J] . J Antimicrob Chemother, 2019, 74: 365-372.

[70] BUSCH M, SIMIC N, AHLBERG E. Exploring the mechanism of hypochlorous acid decomposition in aqueous solutions [J] . Phys Chem Chem Phys, 2019, 21: 19342-19348.

[71] HUNG Y C, WATERS B W, YEMMIREDDY V K, et al. pH effect on the formation of THM and HAA disinfection byproducts and potential control strategies for food processing [J] . J Integr Agric, 2017, 16: 2914-2923.

[72] SAM C H, LU H K. The role of hypochlorous acid as one of the reactive oxygen species in periodontal disease [J] . J Dent Sci, 2009, 4: 45-54.

[73] LIAO L B, CHEN W M, XIAO X M. The generation and inactivation mechanism of oxidation-reduction potential of electrolyzed oxidizing water [J] . J Food Eng, 2007, 78: 1326-1332.

[74] HYUN-JI K, TANGO C N, RAMACHANDRAN C, et al. Sanitization efficacy of slightly acidic electrolyzed water against pure cultures of *escherichia coli*, *salmonella enterica*, *typhimurium*, *staphylococcus aureus* and bacillus cereus spores, in comparison with different water hardness [J] . Sci Rep, 2019, 9: 1-14.

[75] HSU S Y. Effects of water flow rate, salt concentration and water temperature on efficiency of an electrolyzed oxidizing water generator [J] . J Food Eng, 2003, 60: 469-473.

[76] HSU, S Y. Effects of flow rate, temperature and salt concentration on chemical and physical properties of electrolyzed oxidizing water [J] . J Food Eng, 2005, 66: 171-176.

第4章

阻垢剂的无药剂替代技术

4.1 概述

4.1.1 阻垢缓蚀剂与分散剂

（1）阻垢缓蚀剂

阻垢缓蚀剂是由有机磷化合物、高效共聚物和铜专用缓蚀剂等组分复配而成的水处理药剂，其对碳钢、铜及其合金材料表现出优异的缓蚀性能，同时对碳酸钙和磷酸钙垢具有突出的阻垢分散效果。主要用于敞开式循环冷却水处理系统，特别适用于含铜材质的设备系统，可用于高 pH 值、高碱度和高硬度的水质，是较理想的不用调节 pH 碱性运行的水处理剂之一。阻垢缓蚀剂可同时控制多种材质的腐蚀，并同时控制腐蚀与水垢的形成。

（2）阻垢分散剂

阻垢分散剂是一种含有羧基、羟基、磺酸基和膦酸基等多种官能团的高分子共聚物，由于它的直链上和部分支链上含有膦酸基，因此具有优异的防垢性能，表现出显著的缓蚀效果，可防止水中的成垢离子形成水垢，并使已形成的水垢颗粒分散在水中，从而具有一定的防腐效果。

4.1.2 阻垢剂的化学成分

（1）天然高分子阻垢剂

天然高分子阻垢剂具有来源广、价格低、可被生物降解等一系列优点。20 世纪 60 年代初期，工业水处理剂发展处于起步阶段，主要采用单宁、淀粉、纤维素、木质素、壳聚糖、腐殖酸钠等天然有机物作为阻垢剂，抑制钙、镁离子等盐垢晶体的生长。纤维素、淀粉、壳聚糖等在被废弃后很容易分解成水、二氧化碳等，而且来源广泛、无毒性，是环境友好的材料。此外，值得一提的是，天然高分子材料是完全脱离石油资源的一类可再生资源。将天然高分子材料通过化学或物理方法改性，制备高效环保的水处理剂无疑具有经济效益和社会效益。有研究者以烟秆为原料，提取了其含有的天然阻垢剂，测试表明，当提取物含量达到1921mg/L时，抑制碳酸钙生成的效率很高，可以达到100%；当提取物含量高于1000mg/L时，缓蚀效率达到80%以上。

木质素是一类复杂的天然聚合物，是细胞壁的重要组成之一。木质素在植物中的含量巨大，它的分子结构中有芳香基、醇羟基、酚羟基和碳碳双键等基团，因此被广泛应用于阻垢剂、缓蚀剂和絮凝剂等的生产。

腐殖酸是由古代动植物残骸经微生物降解和地质化学作用形成的天然有机大分子物质，富含羧基和羟基等基团，可以依附在金属表面，显示出良好的阻垢性能。我国科学家对腐殖酸钠进行了阻垢缓蚀性能的研究，并将其与聚马来酸酐和聚丙烯酸进行对照实验。实验表明，腐殖酸钠对碳酸钙的抑制能力强于聚丙烯酸。腐殖酸钠对锌离子的阻垢能力在较低剂量时较差，当用量增加至50mg/L时，对锌离子的抑制能力大于聚马来酸酐和聚丙烯酸。腐殖酸钠分散氧化铁沉积物的性能优于聚马来酸酐和聚丙烯酸，腐殖酸钠与有机磷酸盐阻垢剂和锌盐有良好的协同作用。壳聚糖分子中的游离氨基（$—NH_2$）使其对钙离子具有高度亲和性，能特异性吸附在碳酸钙晶核的活性位点上，通过晶格畸变作用和生长动力学干扰，有效抑制碳酸钙晶体的正常生长，从而使得碳酸钙晶体无法生成。

壳聚糖在pH值低于9.8的条件下，少量使用就可以对碳酸钙显示出阻垢效果。天然高分子阻垢剂的分子上含有许多酚羟基，对钙垢的形成具有抑制作用。但是天然聚合物阻垢剂在水处理应用方面用量大、费用高、不稳定、易分解，逐渐被后来发展起来的合成阻垢剂所取代。20世纪30年代，西方国家用天然聚合物进行阻垢剂研究，到20世纪中叶，天然高分子已经开始应用于工业循环水。

（2）含磷聚合物阻垢剂

① 无机磷酸盐阻垢剂：常见的无机磷酸盐类阻垢剂有三聚磷酸钠和六偏磷酸钠等。六偏磷酸钠的作用原理以阴极缓蚀作用为主，带有部分阳极缓蚀作用，在Ca^{2+}存在下形成聚磷酸钙胶体，在电荷转移过程中形成不溶络合保护膜，以达到阻垢效果。此类阻垢剂可与水中的金属阳离子形成螯合物，可以吸附在晶体表面的活性位点上，从而抑制晶体的形成和生长，增加晶体的溶解度，以减少污垢的生成。但六偏磷酸钠在应用时需要严格将pH值控制在5～7，否则易滋生细菌，产生污泥。这类阻垢剂在酸性和较高温度环境中会发生水解形成磷酸盐，排放后会造成水体中的磷含量过高，导致藻类等浮游植物迅速繁殖，水体溶解氧量下降，造成鱼类死亡，从而造成环境危害。因此，此类阻垢剂已经被取代，不再大规模应用于工业生产。

② 有机磷酸阻垢剂及聚合物：有机磷酸分子中含有与碳原子直接相连的膦酸基团，磷原子直接与碳原子形成C—P键，其键能可达285kJ/mol，故不易水解成正磷酸盐，比磷酸盐类阻垢剂稳定。该类阻垢剂在改性后分子量变大，官能团增多，出现增效作用，钙容忍度变大，既有阈值效应又具有分散作用。将有机磷酸盐中的膦酸基团引入聚合物，与其他阻垢或缓蚀活性基团协同作用，可使其阻垢能力和缓蚀能力大大提高。

（3）合成聚合物阻垢剂

随着人们对阻垢剂阻垢机理的不断探索，发现不同官能团对不同种类钙垢的形成有不同的针对性作用。羧酸官能团为阻碳酸钙、硫酸钙垢的主要官能团，羟基、酰胺基对磷酸钙垢的形成有抑制作用，磺酸基对磷酸钙的抑制性能优良。因此，具有多官能团的聚合物阻垢剂得到了广泛研发。聚合物阻垢剂是一类性能优异的功能高分子材料，包括羧酸类聚合物阻垢剂、磺酸类聚合物阻垢剂和含磷聚合物阻垢剂。其中羧酸类聚合物阻垢剂有聚丙烯酸类阻垢剂和马来酸酐类阻垢剂等，该类阻垢剂的阻垢机理为利用羧酸基团对钙离子、镁离子和铁离子等的螯合能力，阻止污垢晶体的形成。该类阻垢剂通过与其他含酰胺基团、双键基团和酯基等的物质进行聚合，可在多种基团作用下减少污垢的生成。20 世纪 80 年代，磺酸类聚合物阻垢剂的研发出现热潮。磺酸共聚物有羧酸基团，同时含有亚硫酸基团，所以这类阻垢剂的阻垢性能不受金属离子的影响，对 P、S、Ca^{2+}、Mg^{2+}、Ba^{2+} 等均有抑制作用，能够有效分散铁垢（Fe_2O_3），且可以稳定 Zn^{2+}、Mn^{2+} 等，药效持久。含磷聚合物阻垢剂通过次磷酸和丙烯酸、马来酸酐、丙烯酰胺、丙烯酸羟丙酯和 2-甲基丙磺酸羟丙酯等单体聚合成多元共聚物。由于膦酸基团和羧酸基团的存在，螯合作用和协同作用使这类阻垢剂对污垢的分散能力和缓蚀性能大大提升。

有些聚合物在分子上同时含有羧酸基团（—COOH）和膦酸基团[—PO(OH)$_2$]，因此具有良好的缓蚀性能和阻垢性能。多基团聚合物包括次磷酸与丙烯酸、丙烯酰胺、马来酸酐及 2-丙烯酰胺-2-甲基丙磺酸等单体通过自由基共聚形成的二元至四元共聚物。膦基丙烯酸-马来酸酐共聚物阻垢剂是通过丙烯酸、马来酸酐与次磷酸钠经自由基共聚合成的三元聚合物，当投加浓度为 35mg/L 时，其对碳酸钙垢的抑制率可达 100%。含磷丙烯酸-丙烯磺酸多元共聚物阻垢剂是通过丙烯酸、次磷酸钠与 2-丙烯酰胺-2-甲基丙磺酸经自由基共聚合成的多元阻垢剂，该阻垢剂稳定 Zn^{2+} 和分散氧化铁的性能良好，对碳酸钙、磷酸钙和硫酸钙的抑制效率可以分别达到 73.1%、87.9%、100%，是一种分散性能和阻垢性能良好的综合水处理药剂。该阻垢剂成本较低，生产工艺简单，生产效率较高，有利于工业化生产推广和应用。有研究者以异丙烯膦酸（IPPA）、2-丙烯酰胺-2-甲基丙磺酸（AMPS）和丙烯酸（AA）合成三元聚合物阻垢剂 AA/IPPA/AMPS，其对磷酸钙和碳酸钙有良好的阻垢效果，用量为 10mg/L 时，对磷酸钙的阻垢率可以达到 98.56%，对碳钢的缓蚀率可以达到 98.56%。另有研究者以异丙烯膦酸、丙烯酸和丙烯酸羟丙酯为原料，合成了三元阻垢剂，该阻垢剂具有良好的阻垢性能和分散性能，而且对碳钢也有良好的缓蚀作用，可以与锌盐、有机膦酸盐产生协同作用，增强阻垢效果，且原料常见、成本低，合成方法简单环保，有利于工业化应用。

4.1.3 阻垢机理

（1）钙垢的形成机理

在循环水系统中，大部分循环水来自经过处理后的污水，其中含有 Ca^{2+}、Mg^{2+}、CO_3^{2-}、SO_4^{2-} 等，在重复使用过程中，水分不断挥发，水中无机盐浓度持续升高，容易形成不溶性盐，从水溶液中析出，在设备表面沉积形成钙垢。钙垢的形成主要分为 3 个过程。

① 过饱和溶液形成：冷却水在循环过程中蒸发，Ca^{2+} 在水中不断浓缩积累，当钙盐的浓度达到其溶解度上限时，溶液将达到过饱和状态。此外，温度的升高会降低钙盐的溶解度，这将进一步促进溶液达到过饱和状态。

② 晶核形成：当钙盐浓度超过其溶解度时，离子开始碰撞形成离子对，并聚集成微核。少部分微核会成为成核中心，然后离子团开始进行有序的排列，形成稳定的晶核。

③ 晶体生长：当晶核形成后，成垢离子不断向晶核聚集，晶核逐渐成长为微晶颗粒，这一过程是不可逆的。微晶颗粒由于布朗运动不断地碰撞聚集在一起，使得晶体不断生长，

从而形成钙垢。因此，扰乱其中一个或多个过程都能够有效地延缓或抑制钙垢的形成。

目前使用的阻垢剂所具备的功能就是影响这些过程，抑制晶核或晶体的形成，阻碍晶体的生长，从而达到阻垢的效果。

（2）常见的阻垢机理

阻垢剂的作用机理取决于其化学性质，无论是螯合剂还是阈值阻垢剂，均可以通过一个或多个机制发挥阻垢作用。一般而言，阻垢剂中通常含有丰富的官能团，通过干扰一个或多个结晶阶段来影响钙垢形成，如膦酸基、羧基、羟基和磺酸基等，通过一种或多种抑制机理，如螯合、分散、晶格畸变和阈值效应等，与钙垢相互作用达到抑制结垢的效果。

① 螯合增溶作用：在结晶诱导期，含有膦酸基、羧基和磺酸基等官能团的阻垢剂，在水溶液中能够发生电离，形成含有负电荷的官能团或分子长链，它们会和溶液体系中的 Ca^{2+}、Mg^{2+} 等金属阳离子形成配位键，变为可溶性的螯合物，提高了 Ca^{2+} 在水溶液中的溶解度，降低了 Ca^{2+} 与 CO_3^{2-}、SO_4^{2-} 等阴离子碰撞的概率，在一定程度上能够延缓和抑制钙垢的形成。根据化学计量比，阻垢剂分子结合的 Ca^{2+} 越多，Ca^{2+} 与阻垢剂中阴离子间的配位键越强，阻垢效果越好。但是螯合剂只能在一定程度的过饱和溶液中防止结垢，如果平衡系统被破坏，则会开始沉淀。

② 凝聚分散作用：凝聚分散作用是指阻垢剂通过减少 $CaCO_3$ 微晶颗粒相互之间的碰撞凝聚，降低微晶的成垢速度，从而达到阻垢的效果。阴离子型聚合物阻垢剂能够在溶液中电离出带有电负性的基团，如羧酸类阻垢剂，带有电负性的基团能与微晶颗粒相互碰撞并吸附在微晶表面，使微晶表面带上大量的负电荷。由于同种电荷相互排斥，静电斥力作用能够阻止微晶颗粒之间的有效碰撞、生长和沉积，有效地将微晶颗粒分散在水体中，达到阻垢效果。

③ 晶格畸变作用：在晶体生长阶段，阻垢剂分子可以吸附在钙垢晶体表面，占据生长活性位点，使晶体表面发生扭曲，导致晶格畸变，从而抑制晶体生长。当阻垢剂分子中含有羟基、羧基、氨基或磺酸基等具有螯合作用的官能团时，这些官能团中的氮、氧原子会与晶体表面的钙原子以配位键等方式结合，占据晶体表面的活性位点，引起晶格畸变，阻碍晶体的正常生长。此外，阻垢剂能够吸附并包裹在晶体表面，减少钙垢微晶之间的有效碰撞，导致晶体的有序性发生改变，使原有的晶体结构变得不稳定，钙垢变得疏松多孔，容易被水溶液冲走，从而起到抑制钙垢生成的作用。

4.1.4 阻垢剂研究现状

天然高分子阻垢剂在被发现初期有广泛的应用，但其成分复杂，阻垢效率较低。含磷阻垢剂会对环境造成污染，使水体富营养化。近年来，阻垢剂的相关研究趋向于合成高分子聚合物，在合成过程中加入各种具有阻垢性能的基团，从而提升阻垢剂性能，对各种污垢也有较为均衡的阻垢效率。水处理剂随着环保的要求不断提高而得到发展，以含磷阻垢剂为例，含磷阻垢剂经历了从高磷无机盐，到有机膦酸，再到低磷聚合物的三代技术演进，总的趋势是更加环保、聚合程度更高、结构更加复杂、阻垢效率更高和更加全面。

近年来，磷酸、羧酸、磺酸和醚键等官能团被证实能够抑制钙垢晶体成核，特别是磷酸官能团，其对阻止 $CaCO_3$ 的沉积具有显著作用。氨基三亚甲基膦酸和 2-膦酸基-1，2，4-三羧酸丁烷等是典型的含磷阻垢剂，对 $CaCO_3$ 的形成有着良好的抑制效果。然而，含磷阻垢剂会引起水体富营养化，在应用中日益受到限制。此外，经研究证明，聚丙烯酸、聚马来酸及其盐类不易生物降解，因此其应用受到限制。随着人们环保意识的增强，水体排放标准逐渐严格，开发新型的无磷、低毒、易生物降解的高效绿色阻垢剂将成为研究热点。绿色阻垢剂可分为天然有机阻垢剂和人工合成的绿色聚合物阻垢剂。目前，天然有机阻垢剂主要包括基于生物提取物及其衍生物的阻垢剂，因其来源丰富、环保以及生物可降解等特点而受到广泛关注。人工合成的绿色聚合物阻垢剂主要包括聚天冬氨酸和聚环氧琥珀酸类阻垢剂，因其具有良好的阻垢性能，以及具有无磷、低毒、可生物降解等优点而被广泛应用。近年来，随着技术的发展和可持续战略的提出，对高效绿色阻垢剂的研究越来越多。

4.2 无药剂阻垢技术

早在几十年之前，世界上就已经有采用各种物理处理装置对循环冷却水进行处理的研究报道，这些研究都期望能揭开物理法成功处理循环冷却水的奥秘。早期的物理处理装置的处理效果均不太理想，主要是大部分物理处理装置的设计与水中碳酸钙沉积水平不匹配，效果不稳定，随着应用时间的延长，其效果逐渐变差。我国的非化学药剂阻垢技术一直处于积极研究及应用阶段，也有许多成功的案例。目前，非化学药剂法阻垢技术归纳起来主要有电化学合金催化技术、电化学电解吸垢技术、电磁阻垢处理技术、超声波阻垢技术、静电阻垢技术、量子阻垢技术、脉冲阻垢技术以及逐渐兴起的其他新型物理处理技术。

4.2.1 电化学合金催化技术

针对工业用水严重结垢和腐蚀问题，某公司发明了一种由多种金属组成的特殊合金材料，其中包括铜、锌、镍及稀土元素等。该特殊材料与流体接触时起到一种特殊的电化学催化作用，可以使所接触流体的静电动势发生改变，使流体和流体中的矿物质产生极化效应，改变流体及矿物质的性能，流体的静电位发生改变，从而使流体中各种物质分子之间的结合力场发生改变，固相颗粒处于悬浮分散状态，抑制垢和腐蚀的形成。该特殊材料亦可使液相中的各种离子及杂质不易结合形成垢，并能使老垢脱落，减弱溶液对金属的氧化作用，增强其还原作用，抑制金属的腐蚀。

通过合金材料工具处理后的碳酸钙呈文石状，颗粒细，表面圆滑，未掺杂其他矿物。由于表面光滑和颗粒细小，难以附着于管壁，可随水流走。未经处理的碳酸钙呈方解石状，并且掺杂有一些其他矿物，这种“黏”性物质容易附着沉积在管壁上。

目前，国内也开始将合金材料用于防腐阻垢。合金材料通过内部微电池效应影响垢的溶解和结晶沉淀，这是防垢的主要原因，同时引起的 pH 值和氧化还原电位的变化是防腐蚀的主要因素。研究结果表明，阻垢用合金材料表面自由能越高，其阻垢效果越好。由于合金中各元素的电位不同，其表面可形成微电场，当水通过合金表面时，结垢和腐蚀性物质解离成阳离子和阴离子，并通过接地系统吸收电子，吸收的电子提供给钙、镁离子，使其形成稳定的物质状态，不再结垢。

国内某公司自主研发了类似于国外的特殊催化剂合金材料用于防垢、防腐。这种特殊催化剂合金材料由多种精心选择的、具有不同电负性的金属元素高温化合制成。通过严格控制各种元素的成分配比，并采用特殊的热加工工艺，在该材料内部形成了规则排列的柱状晶体结构，从而使该催化剂材料具有极强的向流体介质释放自由电子和使流体介质产生极化效应的独特功能。当流体介质以一定的流速流经该催化剂材料后，催化剂材料可向流体内释放自由电子，并可使流体产生极化现象，从而使流体中的阴、阳离子不易结合形成垢，同时能使已板结的垢块逐渐溶解、脱落，达到防垢、除垢的目的。

电化学合金催化技术的阻垢机理如下。

① 合金内部的微电池反应：防垢合金的主要组成元素有铜、锌、锡、镍、锰、银等。这些元素的电极电位存在差异，利用这些元素制备的合金会有电势差存在，形成多个微小的原电池，电极电位较低的锌首先被氧化为离子进入水中，反应方程式见式（4-1）。

$$Zn \longrightarrow Zn^{2+} + 2e^- \tag{4-1}$$

另外，有研究表明，锌离子能够抑制文石向方解石转换，且在锌离子含量很小时便可以起到很大的作用。由式（4-1）可知，当水流经合金材料时，部分锌离子进入水中，使得水中的锌离子浓度增高，抑制了文石向方解石转换。

② 合金与流体的双电层结构：在固-液表面处，固体表面上与其附近的液体通常会带有电性相反、电量相等的两层离子，形成了双电层。合金表面带正电，阴离子的水化膜遭到破坏，即阴离子能够逸出水化膜，取代偶极层中的水分子而直接吸附在合金表面，组成紧密层（图 4-1）。一部分 CO_3^{2-} 吸附于合金表面，由于其被水化膜包围，和 Ca^{2+} 结合比较困难。CO_3^{2-} 的特性吸附使溶液中 CO_3^{2-} 的含量降低，与 Ca^{2+} 结合的概率减小，从而达到阻垢的目的。

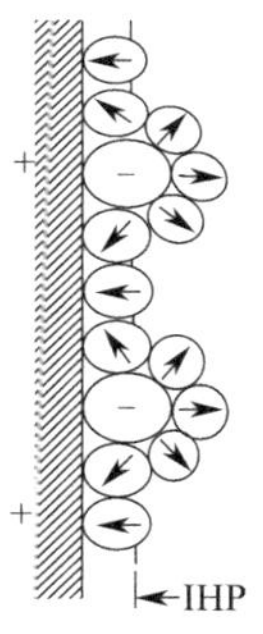

图 4-1　紧密层结构示意图

（IHP 为内亥姆霍兹层）

4.2.2　电化学电解吸垢技术

电化学电解吸垢技术是利用电解过程来防止和减轻结垢、腐蚀及微生物滋生的一种方法，该方法与传统的物理阻垢法及化学药剂阻垢法相比的一个显著特点是，其循环冷却水的浓缩倍率可达 6～10 倍，原因在于该技术及设备能不断地从循环冷却水中将成垢物质吸出，使得原本会沉积在换热器表面的物质主动沉积在电化学吸垢器内部，冷却水中的成垢离子含量不断减少，从而防止换热器表面结垢，是一种变被动防垢为主动除垢的处理方式。电化学电解吸垢法与其他方法的特点对比见表 4-1。

表 4-1　电化学电解吸垢法与其他方法特点对比表

对比项	电化学电解吸垢法	其他方法
循环水水质指标	循环水水质指标(如浊度、硬度、电导率、氯离子等)能够下降	循环水水质指标不能够下降
水垢去除能力	可以将钙离子、镁离子吸附到收集器上	钙离子、镁离子仍然停留在系统内部
节水减排	在确保水质指标的前提下，可减排 2/3 以上，甚至可以一段时间内不进行排污；可大幅度提高蒸发量与排污量的比值	在牺牲水质指标的前提下，可以实现减排；在确保水质指标的前提下，仍然需大量排污
处理范围	对循环水系统内的冷凝器、填料层、换热器、管道等均可实现除垢防垢、除锈防锈	仅对冷凝器等进行局部处理
运行条件影响	设备运行不受周围工况影响	设备周围不能有带电设备

电化学电解分为工频（50Hz）直流电解及高频（20～250kHz）直流电解两种。高频直流电解系统电源采用开关电源整流器，以优质 IGBT（绝缘栅双极晶体管）作为主功率器件，以超微晶软磁合金材料作为主变压器铁芯，主控制系统采用了多环控制技术。当交流电源接入整流模块后，经滤波及三相全波整流器后变成直流，再接入高频逆变回路，将直流转换为高频交流，最后经高频变压器、整流桥、滤波器后输出平稳直流。相较于传统的可控硅整流电源，高频开关电源具有结构合理、体积小、质量轻、高效、节能的优点，其工作效率可达 90%以上，可靠性强，成为可控硅电源的更新换代产品。

电化学电解吸垢装置分为浸没式和管道安装式，两种形式的电化学电解吸垢装置见图 4-2。

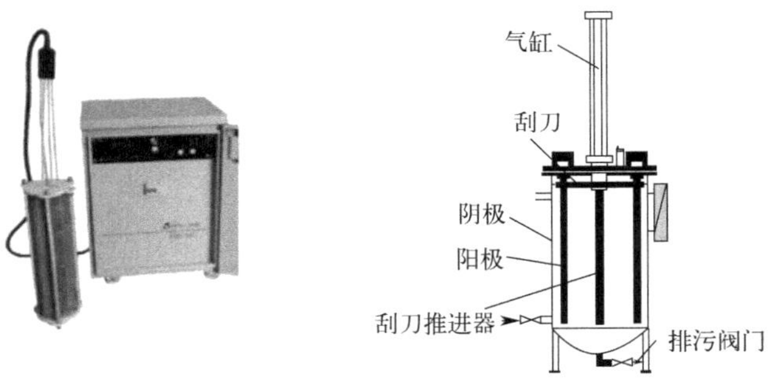

(a) 浸没式　　(b) 管道安装式

图 4-2　两种形式的电化学电解吸垢装置图

（1）电极反应

在阴极附近发生的主要化学反应有：

$$2H_2O(l)+2e^- \longrightarrow H_2(g)+2OH^-(aq) \tag{4-2}$$

$$CO_2(aq)+OH^-(aq) \longrightarrow HCO_3^-(aq) \quad (4\text{-}3)$$

$$HCO_3^-(aq)+OH^-(aq) \longrightarrow CO_3^{2-}(aq)+H_2O \quad (4\text{-}4)$$

$$Ca^{2+}(aq)+CO_3^{2-}(aq) \longrightarrow CaCO_3(\text{垢}) \quad (4\text{-}5)$$

在阳极附近发生的化学反应有：

氧气：

$$4OH^- \longrightarrow O_2(g)+2H_2O+4e^- \quad (4\text{-}6)$$

游离氯：

$$Cl^- - e^- \longrightarrow Cl \quad (4\text{-}7)$$

氯气：

$$2Cl^-(aq) \longrightarrow Cl_2(g)+2e^- \quad (4\text{-}8)$$

臭氧：

$$O_2+2OH^- -2e^- \longrightarrow O_3(g)+H_2O \quad (4\text{-}9)$$

自由基：

$$OH^- - e^- \longrightarrow \cdot OH \quad (4\text{-}10)$$

过氧化氢：

$$2H_2O-2e^- \longrightarrow H_2O_2+2H^+ \quad (4\text{-}11)$$

羟基自由基：

$$2H_2O-2e^- \longrightarrow 2\cdot OH+2H^+ \quad (4\text{-}12)$$

(2) 吸垢机理

为了减轻结垢，Mg^{2+}、Ca^{2+}、SiO_2 含量必须保持在合理范围内。待处理的水流进装有钛基涂层复合阳极的反应容器中，用直流电源给电极通以直流电，水中阳离子被吸引到阴极，阴极因发生 H^+ 的还原反应而使其周围溶液呈现碱性，从而使成垢的钙、镁及铁离子等物质在阴极表面沉积，形成微小的结晶化合物，在电场作用及阴极处产生的微量氢气影响下，微晶进一步长大形成疏松多孔的文石水渣，吸附在电极之间的空间内，通过机械方式或人工方式可将其去除，从根本上解决了循环水系统中的水垢问题。

(3) 老垢脱除机理

循环水在一定电压下，会发生氧化还原反应，在阴极生成 OH^-，释放出 H_2。随着时间的推移，便会在阴极板与水的两相界面中形成一个高碱性区域，而这也会促进空气中的 CO_2 溶于水，从而生成 CO_3^{2-}。在定向电场作用下，Ca^{2+}、Mg^{2+} 等阳离子会向阴极定向移动，与 CO_3^{2-}、OH^- 在两相界面处键合形成 $CaCO_3$、$MgCO_3$、$Mg(OH)_2$ 等晶体，其会在阴极板上结晶析出，从而达到阻垢的目的。

水分子是弱极性分子，在外加电场作用下，水分子的价电子会从基态轨道受激跃迁至高能轨道，电位降低，因此水分子和器壁间的电位差减小，甚至消失，这便增强了水的渗透能力和洗涤作用，使经过处理后的水对成垢物质有一定的破坏能力，器壁上的老垢在水的作用下逐渐龟裂脱落，从而达到有效的除垢效果。另外，电解产生的氧化性物质能破坏污垢内的生物膜，从而也能使老垢脱落。

化学药剂法阻垢本质上是稳定水质，因此，循环冷却水药剂常被称为水质稳定剂。但由于循环冷却水不断浓缩蒸发，为了稳定水质，使药剂发挥效能，需要排污和补充新鲜水，并投加化学药剂来保证效果。化学药剂法阻垢属于全流量处理方式。物理阻垢方法主要是通过改变水的理化性质达到防垢除垢的目的，这就要求外界所施加的能量应足以改变水的性质并且需要持续施加，因此物理阻垢法具有最基本的能量要求，这也是某些水系采用永磁体进行处理时效果不佳的原因。这种处理方式下，成垢物质还在冷却水系统内部循环，因此在工程应用时要求进行全流量处理设计。电化学合金催化法主要是通过向水中不断释放电子来防止结垢，此方式对水系施加能量并无特殊要求，只要释放的电子数量足够即可。由于释放的电子容易受外界因素的影响，因此，电化学合金催化法作用范围有限，同样也要求进行全流量处理设计。

电化学电解吸垢法由于能不断从水中将成垢物质吸出，因此，理论上只要吸出成垢物质的速度大于系统补充水中成垢物质的含量，换热器表面就不会结垢，这种处理方式可以进行旁流处理设计。各种非化学药剂处理技术，原则上都能满足循环冷却水处理的要求，但是在系统设计及工程应用上还缺乏必要的理论研究及规范指导。设计电化学电解吸垢法时，有必要对水质成分及含量进行分析测试，建立起水质关键参数与设备参数之间的关系，这样才能加快工程应用，并且确保应用取得成功。

4.2.3 电磁阻垢处理技术

电磁阻垢技术是一种新型的物理阻垢技术，其原理是通过电磁作用改变溶液中的离子电荷，从而使这些成垢离子不易聚集起来形成垢。目前，电磁阻垢技术在水处理反渗透阻垢、电厂循环水系统阻垢抑菌、海水淡化、污水处理等行业中有着较多的应用。

磁场防垢、除垢技术根据产生磁场的方式可分为永磁和电磁两类，根据磁体与流体是否接触分为浸入式与非浸入式两种，根据磁场方向与流体流动方向间的关系分为正交式和平行式两种。防垢与除垢效果较好的设备多为正交式设备，且采用循环方式处理的效果更佳。

关于磁场防垢、除垢的机理，目前尚没有统一的权威性结论。有研究者通过实验研究，认为磁处理能够提供能量，使 $CaCO_3$ 由紧密的方解石晶体生成结构疏松的文石晶体，而不生成硬垢，进而从器壁脱落。另一种观点是，水可以依靠氢键的作用形成较长的缔合分子，在磁场的作用下，这些缔合分子被截断为较短的缔合水分子，从而使水的活性增加。而且水的表面张力也较磁化前增加，其溶解度也会增加。关于其机理，目前主要有以下三种理论：a. 氢键断裂变形理论；b. 管壁带负电理论；c. 溶液溶解度增大理论。

磁场防垢、除垢技术具有应用方便、投资少、运行费用低、无污染等优点，正日益引起人们的关注。20 世纪 80 年代末至 90 年代初，我国在大庆、辽河、玉门、华北、新疆等油田进行了磁场防垢、除垢技术的现场试验和应用，并在节能降耗、减少环境污染等方面取得了显著的社会效益和经济效益。但是磁场技术存在磁稳定性差、长时间应用阻垢效果差且要定期清洗磁化器等缺点，导致电磁阻垢效果不稳定。这种状况直接影响了这项技术的推广和应用，阻碍了它的进一步发展。

(1) 电磁阻垢处理技术的发展

目前，磁化除垢理论方面的研究主要集中在磁场性质对除垢效果的影响上。王斌等利用扫频磁场处理水中的样品，并对其结垢情况进行分析研究，发现扫频磁场对含原油的污水水垢有较强的除垢作用。姜德宁等利用麦克斯韦方程和边界条件，计算了交变磁场在水管中的场分布，并研究了水的温度和硬度等参数与结垢量的关系，认为当水的硬度小于 700mg/L 时，不同的管径对应的结垢磁感应强度阈值相近，而功率阈值不同。王宇斌等进一步优化了磁化除垢的条件，提出在磁化时间为0.5h、电流频率为0.6kHz、线圈匝数为100圈、Ca^{2+}初始浓度为1000mg/L、波形为方波时，磁化除垢的效果最好。Tai等则采用不同强度的永磁体研究了磁场对悬浮在流化床中的方解石晶体生长的影响，发现磁化处理有助于碳酸钙从难以移除的方解石向粉末状的文石转变。Shahryari等在实验室研究磁流体动力学效应对磁处理装置除垢效率的影响，发现当冷却水流速为0.5m/s时，换热器中的污垢阻力降低了76.3%。若水流速度增大则会导致磁场的阻垢效率降低，并且在0.8m/s和1.3m/s水流速度下，污垢阻力分别下降了64.3%和57.8%。

其他研究者则对新型磁化除垢设备的设计及其除垢效果比较关注。徐耀良等通过研究电厂中应用新型凝汽器除垢装置的效果，分析其作用原理并与常规除垢方法进行比较，发现其具有良好的除垢效果，还能起到节能减排的作用。李杨等通过对永磁除垢器的磁场进行有限元分析和设计，实现了永磁除垢器的单点测试，也强化了磁场的整体分析性和磁场可视化。费继友等提出了STM32F103变频水磁化处理系统的试验设计方案，提高了水处理设备的除垢能力和环境适应性，使设备的阻垢率达到了78%，除垢率达到了61%。侯宏录等针对管道结垢引起的设备腐蚀问题，提出了一种由可变频方波信号控制的电磁除垢电路解决方案。王金燕等设计了一套针对输油管道的模拟电磁波除垢设备，以模拟不同线圈匝数以及不同频段下电磁波的除垢效果，得出最佳除垢条件为：线圈匝数为25圈、电磁波频段为14～16kHz。

利用磁化水防垢的研究始于1945年，比利时学者Vermeiren提出将磁化水应用于锅炉管路的防垢处理并申请了相关专利，以此为基础，国内外众多学者对此进行了深入研究，并取得了一定共识。溶液中的离子种类不同，磁处理的效果也不一样。刘有昌等认为磁场能影响碳酸钙的结晶过程，但对硫酸钙的结晶过程影响较小。谢绮芬认为由于SO_4^{2-}的水合能高于碳酸根的水合能，所以处理永久硬度较高的水（大于7mmol/L）时，宜设计磁感应强度较高、综合磁参数较大的磁水器。林艺辉等借助析晶动力学监测系统，研究了一定强度磁场对碳酸钙过饱和溶液析晶过程的影响。定量、可重复的数据表明：在一定的Ca^{2+}和CO_3^{2-}浓度范围内，磁场对碳酸钙晶体的生长析出具有明显的抑制作用。对不同溶液进行磁处理的试验结果显示，磁场阻垢既通过成垢阳离子Ca^{2+}起作用，也通过成垢阴离子CO_3^{2-}起作用。

磁处理的效果与溶液pH值紧密相关。有研究者发现，磁处理的抑垢率随着碱度的增加而增加，当水中碱度大于8mmol/L时，磁化水的抑垢效果较好。磁化处理可明显改变溶液性质。杨明等发现磁化前后蒸馏水、自来水和焦化废水的电导率等性质在磁化时呈现明显的周期性变化，且变化情况与磁场强度和磁化时间有关。其他研究人员进一步认为，磁化阻垢机理主要集中在磁场能改变成垢晶体的结晶速度、晶粒大小及晶体的晶型等。

国内外众多学者针对磁化防垢的机制展开了较为详细的研究。刘振法等研究了稀土永磁材料与聚天冬氨酸的协同阻垢机理，他们针对磁场强度、温度、水质硬度和药剂用量等因素对阻垢效果的影响展开了试验。Saksono等围绕磁场的离子机制和粒子机制对碳酸钙沉淀的影响进行了讨论，并发现在磁化过程中，粒子机制可降低溶液中钙离子的浓度，而离子机制则抑制了磁化分离过程中$CaCO_3$晶体的形成。Chang等在磁场作用下采用流化床结晶器对碳酸钙的多晶型文石进行了一系列生长试验。研究表明，文石晶体在较低的酸碱度环境中生长较快，而方解石几乎不会生长，并且高水平的过饱和度和不统一的活性比有利于文石生长。

在此基础上，有学者对磁化防垢的实际应用也进行了探索。例如，王建国等设计了动态电磁实验装置，在给定试验条件下进行了磁化防垢试验，通过理论分析，确定抑制碳酸钙结晶的磁感应强度最优值为0.02T。Deng等研究了最大磁通密度为4.1T的可调恒磁场对硬水在无杂质离子时碳酸钙沉淀过程的影响。结果表明，磁场通过影响溶液中离子的水合过程来改变水合 $CaCO_3$ 的脱水过程，作为磁场晶核的前驱体改变水团的结构，从而影响了 $CaCO_3$ 的沉淀过程。

（2）阻垢机理

脉冲电磁场阻垢技术利用脉冲电源向缠绕在管道上的线圈通入电信号，线圈中的电流在管道内产生感应电磁场，进而对循环水和晶体产生作用，达到阻垢的目的。管道内电场和磁场的大小及方向受外加电信号的幅值、频率、线圈匝数、管道材料和直径的影响。电场与磁场之间的关系可由式（4-13）得出。

$$\int \boldsymbol{E} \cdot \mathrm{d}\boldsymbol{l} = -\frac{\partial}{\partial t}\int \boldsymbol{B} \cdot \mathrm{d}\boldsymbol{S} \tag{4-13}$$

式中，$\boldsymbol{E}$ 为感应电场强度向量；$\boldsymbol{l}$ 为管周向矢量；$\boldsymbol{B}$ 为磁场强度矢量；$\boldsymbol{S}$ 为管横截面积向量；t 为时间。

虽然众学者对脉冲电磁场阻垢技术开展了大量的实验研究，但关于脉冲电磁场的阻垢机理至今未达成共识，有些学者提出的防垢机理甚至相互矛盾。虽然关于脉冲电磁场的阻垢机理众说纷纭，但可以按照电磁场作用的对象将其归为两类：一类是电磁场对水溶剂性能的作用；另一类是电磁场对碳酸钙晶体的作用。著者支持的阻垢机理为：脉冲电磁场通过增强水溶剂的溶解能力，同时促使水中成垢离子析出低附着力的方解石晶体，从而抑制水垢在换热设备表面的吸附沉积。

1）磁场对水溶剂性能的影响

水分子的化学式为 H_2O，单个水分子是由一个氧原子和两个氢原子通过化学键结合而成的，因为氧原子和氢原子对电荷的作用力各不相同，所以由氢氧原子结合而成的水分子是有极性的。氧原子对电子的吸引力较氢原子大，因此氢原子和氧原子键合时，共用电子对偏向氧原子，导致水分子中的氧原子带有极性，易与邻近水分子中的氢原子形成非化学键，通常将氧原子与邻近水分子中的氢原子形成的非化学键称为氢键，水分子通过氢键与邻近水分子连接形成水分子团，所以当水以液态形式存在时，水分子并不是单个存在的，其会通过氢键缔合成水分子团。水分子结构与水分子团中的氢键结构如图 4-3 所示（书后另见彩图）。

水中电负性的氧原子与邻近水分子的氢原子形成的氢键，其键能（约 21kJ/mol）介于共价键与范德华力之间，通常被视为一种弱静电力作用。正是由于水分子的极性和水分子团中的氢键共同作用，使水具有特殊的性能，主要体现在以下几个方面：

① 水的熔点和沸点分别为 0℃、100℃，较周期表中与氧同族元素的氢化物高；

② 水的密度在 4℃时为 $1000kg/m^3$，此时水分子间的缔合作用较强；

③ 水的比热容在 20℃时约为 4.2kJ/（kg・℃），在所有液体和固体物质中最大；

④ 水的表面张力、溶解能力和反应能力较强，黏度较小。

从图 4-3(b) 可以看出，单个水分子可以与邻近水分子间形成 4 个氢键。水分子间氢键的结合与断裂是瞬间完成的，而且氢键是弱静电力作用的结果，所以在宏观状态下不易观察到氢键的存在。由于水分子间的氢键作用相对较弱，氢键在复杂的水环境中极易断裂，而利于氢键形成的条件也极易出现，因此水中缔合的水分子团时刻伴随着氢键的断裂与结合，其动态表达式如下：

$$(H_2O)_a \rightleftharpoons xH_2O + (H_2O)_{a-x} \tag{4-14}$$

(a) 水分子

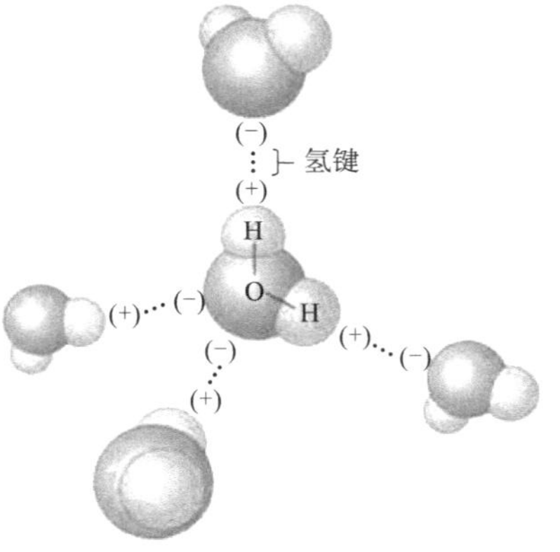

(b) 水分子团

图 4-3　水分子结构与水分子团中的氢键结构

一方面，缔合水分子团中的部分氢键发生断裂，使得水分子脱离水分子团形成小水分子；另一方面，又有一部分小水分子通过氢键缔合到水分子团中。因此，只要外界提供这个动态平衡所需的能量，水分子团就可通过氢键完成分解或者缔合，水分子团的存在会使水的表面张力及溶解度等物理性能发生改变。

水分子团在脉冲电磁场作用下会发生相对位移，加剧水分子的极化现象。当水分子处于恒定电场中时，偶极性水分子会受电场力作用而发生偏转，如图 4-4 所示。当水分子处于具有一定频率的脉冲电磁场中时，会在交变电磁场的作用下来回转动。当脉冲电磁场输出信号的频率较低时，水分子团在电磁场作用下的扰动较小，此时水分子团中氢键结合的速率大于电磁场作用下氢键断裂的速率；当脉冲电磁场输出信号的频率过高时，水分子团会在电磁场作用下小幅度地摆动，对水分子团中氢键的作用效果较差；当脉冲电磁场输出信号的频率适宜时，电磁场对水分子团的扰动作用较强，大量水分子团被打散成小水分子，此时溶液的渗透力和溶解力增强，小水分子可以渗透到水垢与管道内壁之间，促使管壁上附着的水垢溶解和脱落。

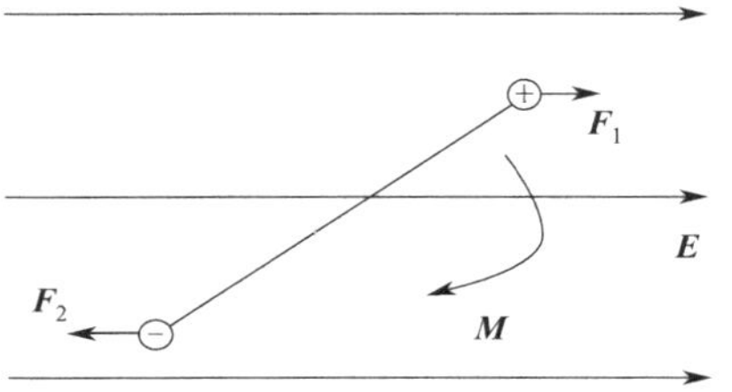

图 4-4　水分子在电场中转动示意图
（F 为电场力；E 为电场；M 为磁场）

2）电磁场对碳酸钙晶体的影响

水分子的偶极性使其在成垢离子周围规则排布，引起离子的水合作用形成水合离子。例如，钙离子会与配位水分子通过配位键形成八面体六水合物，水合作用过程中没有化学键的断裂和生成，属于物理变化。水分子作为配位体通过配位键与成垢离子相结合形成水合离子，成垢离子的水合程度决定了成垢离子在溶液中的有效碰撞概率，影响了成垢离子析出晶体的速率和程度。当水合离子流经换热设备时，因温度的变化导致其内能增高，使成垢离子从水合离子中脱离出来，促进成垢离子在换热器表面析出晶体，并不断累积形成水垢。在脉冲电磁场的作用下，水合离子会发生振荡，当频率较低时，成垢离子会从水合离子中脱离出来，导致极性水分子重新分布，但因其频率较低，对水合离子的扰动效果较差；当电磁场频率过高时，成垢离子只会在水合离子范围内做往复运动，此时离子并不能从水合离子中脱离出来；当外加电磁场频率适宜时，大量成垢离子会从水合离子中脱离出来。水合离子在电场中的运动示意如图 4-5 所示。

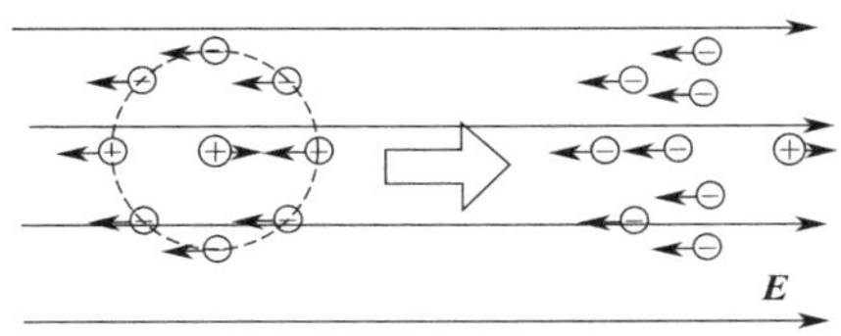

图 4-5 水合离子在电场中的运动示意图

大量的成垢离子在电磁场作用下从水合离子中脱离出来后，溶液中的成垢离子在电磁场力的作用下发生定向运动，带正电荷的钙离子运动方向与电场方向相同，带负电荷的碳酸根离子运动方向与电场方向相反，即在电磁场的作用下，钙离子和碳酸根离子的运动方向相反，成垢离子由无规则运动变为有序的相向运动，使晶体析出的速率增加。由晶体结晶动力学的相关理论可知，在未施加电磁场时，晶体的生长和聚集过程受离子扩散速率的影响，晶体生长并聚集成稳定状态的过程主要受溶液中成垢离子过饱和度的影响，过饱和度较高时离子扩散速率较快、碰撞概率较高，而在脉冲电磁场的作用下，溶液中的成垢离子碰撞概率增加，促使碳酸钙晶体析出，同时成垢离子在晶体上的附着速率增加，促进了晶体的生长，而且经电磁场处理后，析出的晶体为蓬松柔软、附着力低的方解石，极易被管道内的水流冲走，从而达到脉冲电磁场阻垢的目的。从上述分析中可以看出，适宜的频率既可以打散水分子团，使水溶液的渗透能力、溶解能力增强，也可以使成垢离子从水合离子中脱离出来，因此，频率和磁感应强度是影响脉冲电磁场阻垢效果的重要因素。

（3）电磁阻垢技术种类

① 永磁场阻垢技术：我国于 20 世纪 60 年代中期开始系统开展磁化水的应用研究，当时研究方向侧重于磁场的产生和磁性材料的开发，开发出了铁氧体、钕铁硼和铝镍钴等永磁材料，有效地提高了磁感应强度。利用钕铁硼稀土永磁材料的高能量特性，通过优化磁路设计，可构建具有多波峰特征的强垂直中心磁场。当水以大于 1.5m/s 的流速流经垂直磁场时，会引起晶格畸变，从而抑制钙、镁盐的沉积。因永磁场阻垢受磁感应强度的限制，只能用于小系统，因而又进行了电磁场阻垢技术的研究和开发。

② 静电磁场阻垢技术：国内某企业生产的离子棒静电水处理器应用的就是静电磁场阻垢技术。它是由一根两端密封绝缘的铝质电极棒，外涂聚四氟乙烯防护层组成的，通过施加小于 1mA 的电流和 2700V 的高压静电磁场来处理循环冷却水，但水温不能高于 99℃。其工作原理是：在高压静电场的作用下，水分子将定向地按照正负极的顺序呈链状整齐排列，水中溶解盐的离子被水偶极子所包围，不能自由运动，进而抑制了钙、镁盐的析出。静电离子阻垢器不能根据循环冷却水的流速和流量实时调整磁场强度，所以适应性较差。

③ 变频电子阻垢技术：变频电子阻垢技术的原理是：当循环冷却水穿过变频和脉冲电磁场时，成垢离子和粒子同一定频率的磁场发生共振，相互碰撞，加快成核速度，让成垢离子迅速生成小于 20μm 的球霰石晶体。因为球霰石晶体表面存在的能量被交变磁场提供的能量抵消，并带有相同电荷，所以晶体不会继续长成＞150μm 的碳酸钙晶体。悬浮在循环水中的微型晶体，少部分在管壁上形成厚度＜0.1mm 的保护膜，大部分滞留在凉水塔下面的集水池中随污水排出。

德国 ECS 公司开发的 CALC-TECH 阻垢仪就属于变频电子阻垢类型，该公司申请的压控振荡器国际专利，其核心技术就是根据循环冷却水的水质和流速，改变输出线圈的脉冲和频率信号，以控制新生碳酸钙晶体的尺寸，达到阻垢的目的。它不受循环冷却水水质、流速和温度的限制，可以在各行各业、不同水质及不同水温的循环冷却水系统中应用。

（4）电磁阻垢与化学法阻垢的区别

化学法是向水中投加络合剂，把成垢的钙离子稳定在水中，不让钙离子与碳酸根离子结合生成碳酸钙晶体，从而达到阻垢的目的。电磁阻垢法正好相反，一方面促进体相结晶，使补充水中的成垢离子快速生成粒径＜20μm 的碳酸钙晶体，这些晶体因尺寸效应难以在换热设备表面沉积；另一方面诱导聚集排放，当碳酸钙晶体随水流至凉水塔时，与空气湍流接触后发生异相聚集，形成大颗粒沉积于塔底，最终通过底部排污系统排出循环水体系，相当于对水质进行了软化处理，不仅达到了阻垢缓蚀和降低水体硬度及碱度的目的，还有助于提高循环水的浓缩倍数。

化学法工艺已经非常成熟，目前仍在研究非磷、非金属水质稳定剂等绿色药剂，但投加的化学药剂最终都残留在循环水中，难以从根本上解决水体污染问题。尽管电磁阻垢法研究起步较晚，但它具有经济环保的特点，这是化学法无法做到的。随着电子工业的发展，变频、脉冲、微波等技术日益完善，电磁阻垢法的阻垢率也由原来的 50％提高到 98％以上，这必将推动水处理工艺的发展。

（5）电磁阻垢的应用

20 世纪 50 年代我国就开始了磁化水的研究与应用，于 1959 年生产了第一台磁化水处理器。有研究者将磁感应强度为 0.3～0.4T 的永磁处理器用于锅炉防垢实验。结果表明，永磁处理器不仅可以阻垢，而且可使原有旧垢脱落。上海嘉定化肥厂于 1991 年将 CFG（级联场梯度）内磁处理器用于循环冷却水，其防垢作用十分明显。1996 年，莱芜钢铁集团莱芜矿业有限公司马庄铁矿在空压机冷却水总进水管路上安装了一台 CW-100 大规模电磁场磁化水设备，进行防垢和杀菌灭藻，收到了明显效果。刘卫国等研究发现，在湿式氧化装置的换热器上使用 DAM（双轴磁路处理器），磁处理的阻垢效果明显。近年来，中国科学院金属研究所与沈阳新能源联合开发公司合作生产了 BCH 型波纹管式磁处理器，在应用于锅炉的防垢除垢方面也取得了较好的使用效果。

目前中国市场上用电磁阻垢法进行水处理的设备有荷兰产的 PWC 磁气式水处理器和挪威产的 Scalewatcher 电子除垢器，但使用场合仅限于宾馆、船舶和小型企业。德国 ECS 公司变频脉冲电子技术最先应用于大型工业系统，2001 年在山东高密电厂循环水系统先安装了 1 台变频脉冲电子阻垢仪，因使用情况良好，2002 年又安装了 1 台。2002 年在杭州邮电宾馆大型中央空调系统中也安装了 1 台，主要是考察其在南方酸性冷却水系统中的缓蚀性能，运行一个多月，系统含锈红水变清，半年后在管路内壁均匀地覆盖了一层保护膜，解决了管路严重腐蚀和出红水的问题。

（6）运行效果分析

① 阻垢效果的综合评价：化学法水处理效果主要通过测定循环水中钙离子的稳定浓度来评价，而电磁阻垢法则需综合考察水的 pH 值、硬度、碱度、电导率、浓缩倍数及冷却水浊度等参数的变化来评估其运行效果。结果表明，变频电磁技术的阻垢能力达到了预期目标。

② 缓蚀作用：根据缓蚀剂的缓蚀机理，可分为氧化型、沉淀型和吸附型三种。磁场可以增加水中原子态的氧，有利于在不锈钢表面形成氧化层，同时能在传热面上形成一层薄垢，起到沉淀型缓蚀剂的作用。对于采用铜质管材冷凝器的大型电厂，可以逐渐减少吸附型缓蚀剂的应用。

③ 对菌藻的影响：循环冷却水中的菌藻种类繁多，既有好氧菌也有厌氧菌，还有真菌。藻类所需的能源来自其光合作用，营养物质完全来自水体。磁场虽然不能杀灭这些菌藻，但由于大幅度降低了循环冷却水中有机物的质量浓度，减少了菌藻所需的营养物质，间接抑制了菌藻繁殖。

（7）影响阻垢效果的主要因素

① 磁场方向、作用时间的影响：磁场方向与流体流动方向间的关系可分为正交式和平行式两种，目前研究应用中效果较好的多为正交式。磁处理作用时间与次数是影响阻垢效果的重要因素之一。通常单次处理方式效果较差，而采用循环处理方式可显著提升阻垢效率。即水在磁场中的停留时间越长，磁作用的效果越明显。磁处理的作用时间与水的流速紧密相关，磁处理存在最佳流速。磁场强度与水流速存在反比关系，其乘积需保持恒定最佳值。当磁场强度增大时，对应的最佳流速需相应降低；反之，磁场强度减小时，则需提高流速。

② 溶液中离子的影响：溶液中的离子种类不同，磁处理的效果也不一样。谢绮芬研究发现，对于含 SO_4^{2-} 的溶液，只有强磁场才有作用。有研究者通过动态模拟实验研究了 Ca^{2+}、Mg^{2+} 总浓度对磁化水抑垢效果的影响。发现随着 Ca^{2+}、Mg^{2+} 总浓度的提高，磁化水的抑垢率下降。在 Ca^{2+}、Mg^{2+} 总浓度为 250mg/L 时，磁化水的抑垢效果最差，然后随着 Ca^{2+}、Mg^{2+} 总浓度的继续增加，抑垢率又上升。研究较多的还有 Fe^{2+}、Fe^{3+}。Fe^{2+} 化合物能阻碍方解石晶体的生长，对文石的增长没有影响，Fe^{2+} 等污染物的存在抑制了文石向方解石的转变。研究发现磁处理对阴离子也有影响，如林艺辉等研究了磁场对碳酸钙过饱和溶液析晶过程的影响，发现磁场对 CO_3^{2-} 也有一定作用。

③ 溶液 pH 值的影响：磁处理的效果与 pH 值紧密相关。有研究者认为 pH 值对 $CaSO_4$ 不敏感，对 $CaCO_3$ 影响较明显，当 pH 值大于 8.5 时，电磁场对 $CaCO_3$ 的防垢率有下降趋势。刘有昌等通过静态实验研究发现，pH 值大于 7 时，磁化水的抑垢效果较好。

（8）磁化阻垢技术的进展

近年来，磁化阻垢技术因其独特优势而受到广泛关注，相关专利产品不断涌现，其应用形式已从单一磁处理发展为与化学加药、红外辐射、超声波等技术的复合协同处理模式。刘振法等将稀土永磁材料与聚天冬氨酸相结合，研究发现这两种水处理工艺具有很好的协同增效阻垢作用。

随着科学技术的发展，先进的观测手段不断更新，人类对磁化阻垢的认识日益深入，必将建立更加完善的磁化阻垢理论与模型，而无毒无污染、投资少、应用方便的磁化阻垢技术也将成为未来水处理领域的一个研究热点。

4.2.4 超声波阻垢技术

在工业生产过程中，设备及管道内壁的结垢现象在所难免，其主要成因包括金属腐蚀、无机盐结晶、有机物聚合、固体颗粒沉积等。污垢的产生和积累可能会导致管路堵塞、设备腐蚀加剧、换热效率降低等问题。阻垢与除垢已成为一些企业保证安全、稳定生产亟待解决的难题。传统的阻垢（如投加阻垢剂）和除垢（如机械清洗、化学清洗）方法，由于存在工艺干扰大、作业周期长、劳动强度高等局限性，其工业应用范围受到显著制约。采用超声波进行阻垢与除垢，是近年来发展迅速的一种技术。超声波是指频率高于 20kHz 的机械波，它具有传播方向性好、穿透力强、在固体和液体中传播衰减小等优点，已广泛应用于化工、机械、医疗、环保、计量检测等诸多行业。超声波阻垢与除垢技术实现了阻垢与除垢的连续在线操作，自动化程度高，工作性能可靠，不需要化学药剂，对环境无污染，具有良好的应用前景。

（1）超声波阻垢技术进展

超声波阻垢装置主要由超声波换能器、超声波专用电缆和超声波发生器组成。其中超声波发生器的功能是将普通的电信号转化为超声频电功率信号，超声波换能器将发生器传来的电信号转化为机械振动。早在 20 世纪 70 年代就有人利用超声波阻垢技术来清洁设备上的水垢。到 20 世纪 90 年代，超声波阻垢技术已经被应用到诸多领域中，尤其是像油田、化工厂等一些容易出现污垢问题的工业领域。几十年前，我国已经开始进行超声波阻垢机理研究，经研究，我国的超声波清洗技术已经初具规模，但总体来说技术还相对匮乏。20 世纪 90 年代，超声波清洗技术得到了快速发展。超声波清洗技术应用范围非常广，在机械、电子、化工以及医疗医药等工业部门中均有应用。换能器作为一个重要部件，型号众多，其中压电换能器应用最为广泛。在实际应用过程中，一般将多个压电换能器并联使用，以得到分布均匀的超声波声场。压电换能器长期使用会出现螺钉松动或者压电材料老化的情况，会对清洗造成影响。在 20 世纪 80 年代初，科研人员便研发出了宽频带换能器，排除了上述故障。通过对频带宽度、换能效率与孔结构参数的系统性研究，基于北京医疗设备二厂实验验证的优化结构在实际生产应用中表现出显著效果。这一研发成果不仅解决了当时的一个技术难题，同时经济效益也有明显提高。近年来，我国清洗技术研发取得显著进展，其应用领域持续拓展。可利用超声波清洗技术对高精度零件进行镀前或镀后处理，清洗精密部件（如硅片、电路板、继电器等）；超声波还可以用来清洗显微镜、望远镜等的光学系统及取样玻璃片；在医疗领域可用来清洗一些要求比较严格的医用器具和外科器械；还可以清洗喷丝头、眼镜架、雕刻工艺品等。随着超声波清洗技术的进步，该技术现已成功应用于汽车底盘架的整体处理，可一次性完成除锈、氧化层去除及磷化等多道预处理工序，经烘干后即可直接进入喷漆环节，大幅提升了汽车制造、维修的效率，但在清洗过程中需要配合专用的清洗液。相比之前的人工擦锈、强酸清洗，超声波清洗技术可以在很大程度上减少环境污染，并且明显改善了工作条件。

超声波阻垢技术已有多年的发展，研究者们对超声波清洗设备进行了大量的创新和改进，清洗工艺也逐渐完善。目前，该技术在换热器、管道等设备中应用较多。通常的应用领域包括：锅炉壁、换热器循环管道中的污垢；炼油厂中换热器的重油结垢；化工厂冷却器水质结垢；输油管道的重油积垢。据相关文献记载，上述应用皆取得了良好的阻垢效果。超声波阻垢技术在应用过程中，可以做到有垢阻垢、无垢防垢，可以解决一些企业难题，生产效益和社会效益都有所提高，所以对超声波阻垢技术进行深入研究意义重大。

（2）超声波阻垢机理

超声波由一系列疏密相间的纵波构成，其振动能量的强度可以用声压（P_a）或声场强度（I）表示：

$$P_a = \rho c A \omega \tag{4-15}$$

$$I = \frac{\rho c A^2 \omega^2}{2} \tag{4-16}$$

式中，ρ 为介质密度；c 为波速；A 为声波振幅；ω 为声波角频率。

当超声波通过液体介质向四周传播时，会在液体中与小于共振尺寸的微小气泡产生共振。由于超声波是疏密波，当超声波声压达到一定值时，在波谷的稀疏阶段，气泡外部的压强低于原来的静压强，气泡迅速涨大；而在波峰的稠密阶段，气泡又突然被绝热压缩，直至爆破湮灭。这种在超声波作用下液体中小气泡的“形成—长大—爆破”过程即为超声空化。超声波的声压、压缩波以及空化气泡尺寸随时间的变化过程如图 4-6 所示。

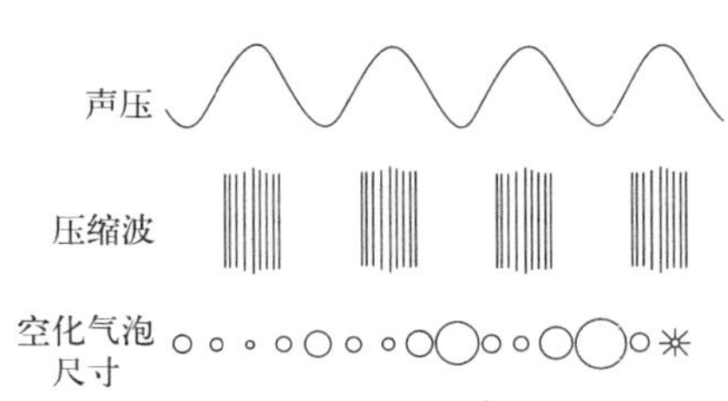

图 4-6　超声空化过程中声压、压缩波和气泡尺寸的变化

超声空化会产生局部高温、高压、液体放电和微射流作用。在超声波作用下，每个空化气泡都是一个“热点”，它在爆炸时可产生非同寻常的能量效应，伴随产生速度约 110m/s 的微射流，可在界面之间形成强烈的机械搅拌效应。这种效应能够突破层流边界层的限制，从而强化界面间的化学反应过程和传热、传质过程。

超声波在溶液中传播时，可引起液体分子间距离的变化，使分子内聚力大大减小，从而导致溶液的表面张力和黏度显著降低。以上作用可缩短成垢盐的结晶诱导期，增加其成核速率，成垢盐的阴、阳离子就很容易在溶液主体中直接结合生成晶体。同时，超声波对溶液介质的空化作用，可使液体内产生空穴，其破裂时产生的强大压力峰能够将已析出的成垢盐晶体粉碎成细小的颗粒，悬浮于介质中，易于随液体流走。另外，随着溶液介质的变化，超声波的传播会产生一定的速度差，从而在界面上形成剪切应力，导致晶体分子与界面间的结合力减弱，达到防止成垢盐晶体附着在设备或管路壁上的目的。换热器管路中，应用超声波处理前后的垢形如图 4-7 所示。

(a) 处理前　　(b) 处理后

图 4-7　超声波对垢形的影响

超声波除垢作用主要是通过其空化效应及伴随产生的高速微射流冲击来实现的。超声波的机械效应可以增加固、液界面的湍动程度，在界面上产生浓度差，强化溶液向固体表面的扩散和晶体粒子从固体表面剥离的过程。固体表面上已有的垢受到侵蚀，物理性状发生改变，从而变软、变疏松，容易清洗，甚至可自行脱落下来。同时，高速微射流使振动气泡表面处在很高的速度梯度和黏滞应力下，这种应力足以破坏固体表面的垢层而使其脱落。

近年来，超声波技术被应用到强化化学反应、污水处理及合成新材料等方面。许多研究者在这方面做出了突出贡献。超声波之所以能够进行防垢阻垢，是因为流体介质中的成垢物质受到强烈的声场作用，发生了一系列的变化，包括分散、脱落等，从而不易在管壁停留形成污垢。超声波阻垢原理如图 4-8 所示。超声波阻垢技术与超声波检测技术、测量技术不同，它利用的是超声波的空化效应、活化效应、剪切效应以及抑制效应。

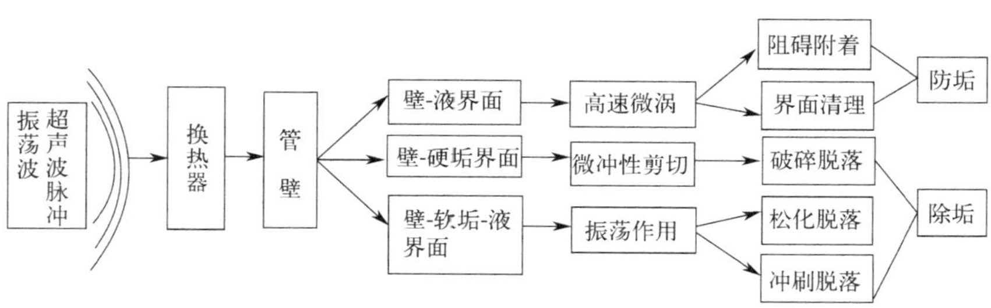

图 4-8　超声波阻垢原理

① 空化效应：液体中存在的微气泡随着声强的增大而逐渐膨胀，达到某一临界点时，瞬间破裂，这便是空化效应的体现。气泡破裂会在周围产生高温、高压，温度的骤变会伴有

强烈的冲击波，这为液体发生反应提供了一个极端的环境。随着声强的增大，微气泡产生的强烈压力冲击波会使介质中的成垢物质粉碎，也会使垢层破碎并脱落。空化效应示意见图4-9。

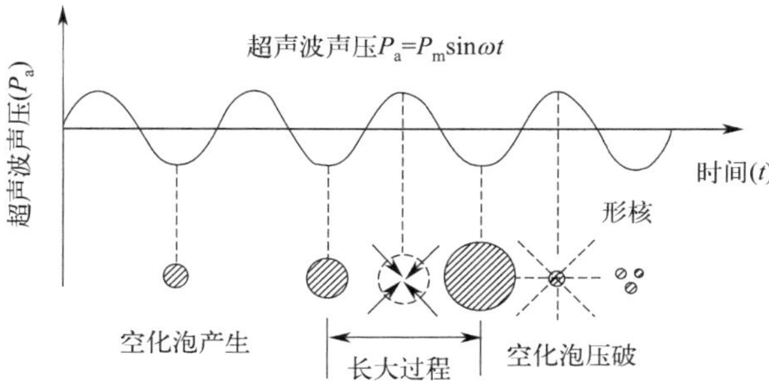

图 4-9　空化效应示意图

② 活化效应：超声波的空化作用可以使水分子裂解成 H^+ 和 OH^-，而 OH^- 与成垢物质离子可形成诸如 $CaOH^+$、$MgOH^+$ 等可溶性羟基配合物，这些物质可以溶解在水中，因此在一定程度上阻碍了污垢的产生。

③ 剪切效应：超声波在传播的过程中会辐射到垢层和管壁上，由于两者自身性质的不同，所以对超声波的吸收及传播速度也会不同，从而在两者的接触面上产生一个速度差，这一速度差形成的剪切力作用于污垢上，会使其产生疲劳而脱落。

④ 抑制效应：超声波的抑制效应主要体现在超声波会使液体的物理化学性质发生改变，能够延缓污垢的成核期。超声波辐射产生的细小晶核体积小、比表面积大，对水中的离子有巨大的吸引力，从而抑制离子在管壁上附着成核。通过离子置换作用，理想结构的可溶性离子优先占据晶格生长位点，从而有效抑制垢质晶核的形成与沉积，显著降低污垢生成速率。

（3）影响阻垢效果的主要因素

超声波阻垢技术发展迅速，在换热设备上取得了很好的应用效果。超声技术在工业应用上日趋成熟，但是在应用过程中依然面临着一系列问题。影响阻垢的因素如下：

① 换热器内流体介质会影响阻垢效果：现有研究表明，换热器内液体的流速、温度、压力以及水的硬度等因素会在一定程度上对超声空化作用构成影响。通过超声波空化实验探究得到上述参数对空化气泡运动的影响，然后进行数值模拟，经过多次实验与分析，最终确定超声空化达到最优效果的参数范围。根据以上参数范围对超声波阻垢技术进行改进和优化，可提高设备的工作效果。

② 超声波阻垢设备声学参数设定及超声设备应用的普适性也会在很大程度上影响阻垢效果：超声波声场范围与声强、声振频率、振幅、声功率等参数都有关系，这些参数决定了阻垢效果，因此选择合适的声学参数尤为重要。换热器结垢的程度会因换热器本身结构的不同而有所不同，这对超声波阻垢装置提出了更高的要求，尤其是阻垢装置的安装位置及声学参数的设定。

（4）超声波阻垢与除垢技术的应用

① 换热系统：换热系统中的结垢问题相对于其他工业过程较为突出。换热器结垢问题

会显著增加设备投资、运行能耗及维护成本。在换热系统的超声波阻垢和除垢方面，国内外有较多的应用报道。20世纪80年代，印度已经采用超声波技术来防止化肥、磷酸生产浓缩阶段换热器的结垢。近年来，超声波阻垢技术在国内换热系统中的应用逐渐增加。刘天庆采用超声波与臭氧联合处理技术对循环冷却水系统进行了处理，结果表明，超声波具有控制污垢增长的效果。吕汉迎将超声波阻垢技术应用于莱芜钢铁集团有限公司的浊水冷却循环系统中，水冷电缆和变压器冷却器不再需要进行定期的化学清洗除垢，从而延长了水泵和炉体水冷件的使用寿命，缩短了电炉的停机时间。孙晓霞等对重油催化裂化装置油浆循环系统换热设备的超声波防除垢技术应用情况进行了研究，应用结果表明，超声波设备完全能够满足在线运行的工况要求，壳程介质进出口温差提高了3～5℃。在除垢器连续运行的6个月内，油浆循环系统畅通无阻。

② 采油系统：在石油开采中，随着温度、压力的下降，地层水中的各种成垢盐将在井底的设备和管线内发生沉积。油井结垢会影响油井的产量，严重时甚至会堵塞管线，使井底泵不能输油。据报道，经超声波阻垢处理的油井产量可提高40%～50%，成功率达80%以上。美国曾在得克萨斯州9个独立的产油区，对240km^{2}范围内的21口油井进行超声波处理，显著提高了这些油井的产量，投资效益比达到1∶7.75。除此以外，还有许多成功应用的先例。

在国内，陈先庆将UPP超声波介质处理器用于处理四川石油管理局有限公司川西南矿43号站污水回注管线的阻垢。该站回注水矿化度约为200mg/L，通常半年便可将管径为105mm的管线全部堵塞。采用超声波处理后，泵压从原来的3～4MPa降至1.1MPa左右，被保护管线出口处污水矿化度高于入口处。这说明管内污水在输送过程中，不仅没有再沉积出垢块，而且管内原有垢物也逐渐剥落，阻垢与除垢效果十分明显。张锡波等对孤岛油田垦利联合站长距离输液管线进行了超声波处理。由于油水混合液中水的矿化度极高，达到6000mg/L以上，处理前更换管线时发现垢厚已达2cm。经超声波处理一个月以后，压力稳定在2.36MPa，加热炉、多孔滤板、输液泵均无明显的结垢现象。

③ 锅炉系统：锅炉系统的阻垢与除垢一般以投加化学药剂和化学清洗为主。作为一种新型的阻垢与除垢技术，近年来超声波处理也逐渐被引入锅炉系统中。有研究者利用脉冲超声波防止低压蒸汽锅炉和常压锅炉结垢，并指出选择合适的超声波声场参数，可以有效地防止锅炉结垢，而且超声波阻垢在环境和经济性方面都是可行的，推荐将其作为一种工业水处理的标准技术。刘宗义等研究了超声波水处理器对蒸汽供暖锅炉的除垢性能。在对西安公路交通大学（现长安大学）学生区两个锅炉房蒸汽锅炉的在线和静态除垢处理中，较好地清除了锅炉内的老垢，说明超声波设备在动态和静态条件下均可以代替酸洗，达到保护环境的目的。

④ 蒸发系统：在工业生产过程中，蒸发器结垢也较为常见。国内外文献中已有大量关于超声波技术在蒸发系统阻垢与除垢应用中的研究报道，其中制糖工业蒸发工序的应用案例最为典型。关于阵列式超声波技术在制糖工业蒸发器防垢应用中的研究表明，该技术可显著抑制垢层形成，且蒸发器的换热速率也得到显著提高，不仅节约了能源，还延长了设备的使用寿命，解决了蒸发罐结垢的难题。卜全民等将超声波技术应用于造纸工业麦草亚铵废液蒸发器的积垢控制，显著提高了废液蒸发器的蒸发强度和传热系数，从而提高了设备的生产能力。李叶萌等展望了超声波阻垢与除垢技术在真空制盐生产中的应用前景，说明超声波技术在蒸发系统中的应用范围还会不断扩大。

⑤ 化工系统：燕山石化公司化学品事业部 1 号苯酚装置超声波除垢器有 3 台 TC 型高温高声强超声波管道除垢器，用于空气压缩机 PC-1A、PC-1B 的级间冷却器和 PE-44 烃塔冷凝器的循环水上水管线。

Ⅰ. 除垢器在 PC-1A 和 PC-1B 上的投用效果：原 PE-102、PE-103 压缩空气出口温度由 47℃、60℃分别升至 80℃、100℃的时间均为 2 个月，使用后该时间延长至 4 个月，避免了压缩机频繁停车处理。应用结果表明，超声波设备完全能够满足在线运行的工况要求。在除垢器持续运行的情况下，换热器内虽然仍存在结垢现象，但结垢速率较原来大幅降低。

Ⅱ. 除垢器在 PE-44 上的投用效果：温度为 110℃、流速为 7t/h 的含异丙苯、苯酚的气相物料，经过 PE-44 被温度为 22℃的循环冷却水冷却。在使用除垢器前，PE-44 的凝液温度在 15～20d 内即可由 30℃升至 50℃以上，换热管内结垢速率加快。在使用除垢器后，PE-44 的凝液温度由 30℃升至 50℃的时间延长至 3 个月以上，循环水利用效率大幅提高，目前 PE-44 每隔 6 个月才停车清洗 1 次，换热器循环水进出口温差提高了 5～8℃。

超声波阻垢装置的连续化和自动化水平高、无化学污染且无需专人操作，冲洗时间大大缩短，减轻了工人劳动强度，在环保节能、提高工效等诸多方面具有重要的意义。超声波阻垢与除垢技术作为一种环保、高效的先进技术，具有很大的市场应用潜力。近年来，国内外在此方面的研究日益增多，其应用范围也逐渐扩大。目前，国内对超声波阻垢与除垢技术理论方面的研究还比较薄弱，超声波设备的设计也需要进一步进行针对性改进。

4.2.5 静电阻垢技术

电场防垢、除垢技术的出现晚于磁场防垢、除垢技术。近年来，随着电子电气工业的迅猛发展，电场防垢、除垢技术已呈现出显著的优势，其发展势头明显超越传统磁场处理技术。目前国内外电场防垢、除垢技术大致分为静电场、电流场、高频电场 3 种类型，有高压静电阻垢技术和低压静电阻垢技术，分别介绍如下。

(1) 静电场防垢、除垢技术

关于静电场防垢、除垢技术的研究报道相对有限，现有文献虽有一定涉及，但因研究方法与评估体系的差异，尚未形成统一结论。有研究者认为，静电场防垢、除垢的原理主要是静电效应。水分子是一种偶极子，在静电场作用下呈现定向排列特性，类似于介质在电场中的极化。当水体系中存在大量钙离子、镁离子及酸根离子时，这些带电离子会与极性水分子发生水合作用，形成稳定的水合离子团簇，从而抑制垢质形成，使钙离子、镁离子等处于水分子的包围中，不易形成水垢。另外，水合作用可以增强其溶解能力，使老垢逐渐松散、剥落，达到除垢的目的。还有研究者认为，$CaCO_3$ 等盐在静电场的作用下离解成 Ca^{2+} 和 CO_3^{2-} 的电离活化能降低，使电离作用增强，生成更多的导电离子。被极化的水分子与各种离子发生水合作用，形成水合离子，新的水合离子发生有效碰撞并破坏其结构所需的动能更大，也就是说这种水合离子需要更高的活化能才能发生有效碰撞，即发生化学反应。水不具备这种能量，不能发生化学反应，也就不会结垢。由于器壁垢表面的动态平衡（溶解和沉淀）被破坏，并向溶解的方向移动，所以器壁上的老垢逐渐被溶解。

目前应用静电场除垢的仪器主要为静电场水垢控制器。其具有结构简单、无需人工操作、费用低、无污染、杀菌和除垢效果显著、耗电量小等优点，但其需要额外电能制造电场，并且需要特殊的处理仪器，过滤水的水温要高于 90℃，否则效果就不明显，因此增大了技术难度和制造成本。

（2）电流场防垢、除垢技术

在传统概念的静电场中不存在直接的电流，但向水体施加低压直流电时会产生微电解。在微电解条件下，离子定向运动和有效碰撞能产生高压静电场，同时电极表面能催化产生活性水。研究认为，微电解的主要作用有：a. 向水中溶解的离子和极性的水分子施加电场力，使它们定向运动；b. 改变水中微小颗粒与水体的界面电位，使粒子的水合程度和相互聚集状况发生变化；c. 改变水分子自身的状态和水分子间的缔合程度等。这些作用产生的阻垢机理有两种：一种是在常温下使水质稳定，提高水的溶解能力，减少结晶，把离子或胶体颗粒稳定在水溶液中；另一种是在高温工况下持续投加晶核诱导剂，可促使水体中的成垢离子优先在预置晶种表面析出，形成疏松多孔的絮状沉淀物。这两种作用机理相反，但都能达到防垢、除垢的目的。

微电解法阻垢可以实现远程控制，工作温度高，无电磁污染，具有显著的防垢、除垢作用，且应用范围广。但是其电解电极使用的是稀有惰性金属，制造成本高。

（3）高频电场防垢、除垢技术

采用高频电子除垢器进行水处理的原理是，运用现代电子技术和分子表面能量重新排列技术，使水体吸收高频电磁能量后，在不改变原有化学成分的情况下，使水中的钙、镁离子无法与碳酸根结合成碳酸钙及碳酸镁等，从而起到防垢作用。由于水体吸收大量被激发的电子，与盐的阴阳离子亲和能力增强，从而使管壁上原有的水垢逐渐松软以至脱落，达到有效的除垢效果。它既有静电处理的杀菌灭藻功能，又有磁化处理的防垢作用，同时可使溶解氧成为惰性氧，切断了金属锈蚀所需氧的来源，达到有效阻锈防腐的目的。高频电磁化装置操作方便、可连续多年使用、无污染、占地面积小、不必停机维修、运行费用低、节能效果显著。高频磁化防垢技术在我国的应用始于锅炉，后逐渐用于中央空调及工业水循环、冷凝、热交换等设备上。高频电磁场技术目前主要适用于碳酸钙水垢处理，但存在时效限制和电磁污染等问题。

（4）高压静电阻垢技术

由图 4-10 可以看出，随着阻垢试验的结垢诱导期延长，污垢热阻增加缓慢，试验结束时阻垢率达到 60%。应用扫描电镜技术对高压静电处理前后换热表面的碳酸钙晶体形态进行了研究，经高压静电处理后，形成污垢的晶体形态发生了变化，由质地坚硬难以剥离的文石转变为无定形体，这种无定形体的污垢比较容易从换热表面剥离，导致换热表面的污垢减少。

（5）低压静电阻垢技术

由图 4-11 可以看出，未处理水样在 12h 结垢试验结束时换热表面有一层垢，而经过处理的水样在换热表面没有形成污垢沉积，阻垢率达到 100%。水质分析测试的结果表明，水样经过低压静电处理后，硬度、碱度、电导率及 pH 值均比未处理时低。而且电流密度越大，降低的速度越快。可见，此种方法与其他物理阻垢方法不同，能主动降低水的硬度及碱度，因此称之为主动阻垢技术。水处理过程中存在的微电流会引发电极区电化学反应，导致成垢物质在电极表面及处理器内壁上优先沉积。

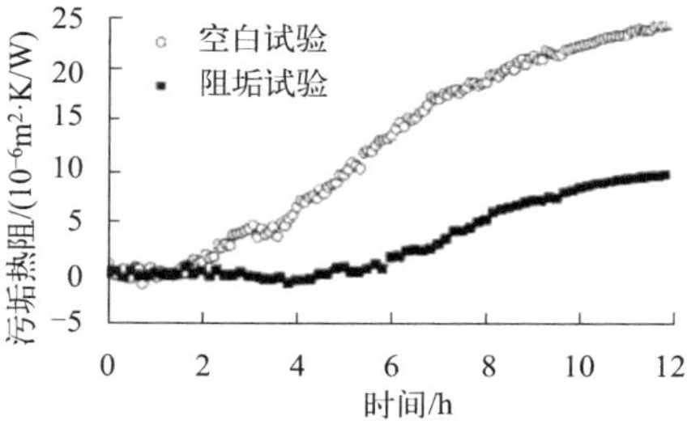

图 4-10　高压静电阻垢试验与空白试验的污垢热阻曲线

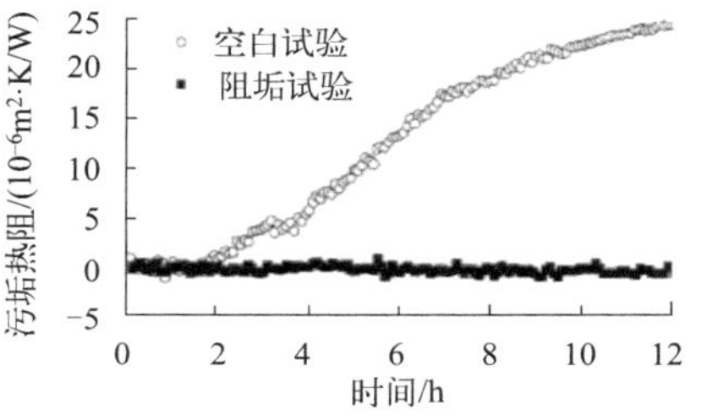

图 4-11　低压静电阻垢试验与空白试验的污垢热阻曲线

4.2.6　量子阻垢技术

（1）量子阻垢技术基本原理

一般情况下，在管路系统中800～2600个水分子构成1个分子簇，正是这样的高密度分子簇限制了水体携带溶质、营养物质和其他物质的能力，导致管道中出现钙化沉淀物。量子阻垢技术是通过物理方法模拟水体固有振动频率，采用量子编码技术将这种高频谐振特征频率固化于阻垢装置中，嵌入的目标量子频率通过阻垢装置施加给锅炉、换热器等压力容器的循环水，与水中的成垢物质产生共振，打破原有高分子簇，降低分子簇的密度，提高水的溶解性和渗透性，同时将成垢物质高度细化，使其达到高度分散的状态，大大增强水流对这些高度细化粒子的携带能力，从而达到阻垢、除垢的效果。量子阻垢法的基本原理见图4-12。

（2）量子阻垢法的特点

与传统的化学处理法和物理处理法相比，量子阻垢法表现出明显的优势。

① 不需要通电，无能源消耗：量子阻垢装置中发挥作用的目标量子频率在生产时已嵌入金属、陶瓷或玻璃等载体，因此实际使用过程中不需要通电，没有能源消耗。

② 阻垢、除垢效果好：量子阻垢法通过共振的作用改变了水分子团的结构，提高了水的溶解性和渗透性，也增强了水流对高度细化成盐粒子的携带能力，所以不仅能够有效防止新垢的产生，还能使旧垢脱落，使用效果好。

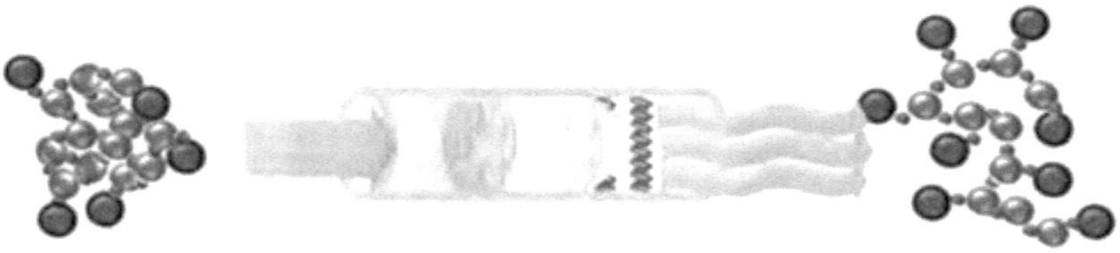

图 4-12　量子阻垢法的基本原理

③ 环保、无污染：与传统的化学阻垢法相比，量子阻垢法无需添加化学制剂，不会造成二次污染。

④ 安装简便，运行免维护：量子阻垢装置较为简单，使用时无需加装复杂的水处理系统，能够自动运行，免维护。量子阻垢装置虽初始投资较高，但因其零运行成本特性，可实现快速投资回收。

(3) 量子阻垢技术的应用

量子管通环阻垢器是量子阻垢技术的工程化实现载体，其工作原理、应用范围及优势如下。

① 工作原理：量子阻垢器由特种合成材料（硅和铝等）组成，是一种能够在亚原子级稳定储存和记忆及释放量子信息的高科技产品。德国某公司利用低功率激光（LPL）振动技术将超精细机械振动波刻录到量子阻垢器中。在量子阻垢器安装于管道的瞬间，超精细机械振动波即被持续恒量地释放出来，透过管壁传入水中。水接纳这种振动波并将其按水流方向传播开来，其速度远远高于水体本身的流速，就连管路中很少有水流动的死角也被载上这种振动波。在振动波的作用下，水的活性得到了极大加强，大的水分子团变成小的水分子团甚至变为单个的水分子，溶解和包覆垢的能力增强，还可对已形成的锈垢进行分化瓦解。同时，超精细机械振动波作用于水中的钙、铁、镁等相关物质，可使其物理特征发生改变。例如，碳酸钙晶体的微观结构从针晶状（比表面积大，容易吸附成团形成致密的硬垢）变为圆球状（比表面积小，晶体之间不容易吸附），在有水流的情况下被带走，在静态的水中呈软絮状沉淀于容器底部，不易板结成硬垢。安装阻垢器的管道中不会结硬垢、生锈或长菌藻，旧管道中的原有锈蚀、老垢等也会逐步溶解消除，并最终在管道内壁形成保护性氧化层，使管道内壁不再出现腐蚀。水中物质物理性质的改变源于其微观粒子体系的动力学特性。原子核外的电子处于某一能量状态（能级）围绕原子核运转。分子振动特征可用波形加以描述，分子的振动波发生改变，就会导致物质的物理特征发生改变。

② 应用范围：量子管通环技术是 20 世纪 90 年代初期由德国科学家团队研发的新型水处理技术，其技术特征与传统方法存在本质差异。该技术是以量子物理学理论为基础的生物信息技术，首先通过专用设备检测水中各种物质的分子振动特性，然后开发出相应的干扰和共振生物能量波，最后将开发的生物能量波存储在由特种信息记忆材料合成的量子管通环的亚原子级中。量子管通环从周围环境接收能量波时，组成特种信息记忆材料的微观粒子从激发态向基态跃迁，持续恒定地产生超精细机械振动波。超精细机械振动波透过输水管壁传入水中，以水作为传输和存储的介质，沿水流的方向高速传播，使水中相关离子的振动特性发生改变，离子间的结合力减弱而不易结晶析出；同时，水分子的活性得到极大加强，溶解

力、渗透力和包覆垢的能力增强。原有的水垢和锈蚀物在超精细机械振动波的作用下，分子的振动能量和振动幅度不断增强，容易摆脱晶体并变软脱落。超精细机械振动波还可以有效激发水中的氧原子和金属表面的铁原子，使其进行特定结合，在金属表面形成保护膜，有效地保护设备和管道，起到防腐缓蚀的作用。水垢和锈蚀物的有效去除使水中细菌和藻类失去赖以生存的温床，从而抑制了细菌和藻类的繁殖和生长。

③ 优势：与传统阻垢技术相比，量子管通环阻垢技术具有功能全面、高效稳定、绿色环保、安装简单和综合费用低等优点。目前，量子管通环阻垢技术主要应用于锅炉水系统、循环水系统和输油管道系统，在热法海水淡化装置中也有应用。

量子阻垢法是物理处理法，通过与目标物的共振作用，改变水的物理性质，从而达到防止水垢生成的目的，与传统的化学处理法和物理处理法相比，具有运行成本低、阻垢效果好、环保、运行免维护等诸多优势。工程实践表明，量子阻垢法具有显著的阻垢效果，同时具备一定的除垢能力，是一种更为经济、节能、环保、方便的阻垢法，具有较好的推广应用前景。

4.2.7 脉冲阻垢技术

电子水处理技术可以简化水处理流程，具有适用水质范围广、易于安装维修、管理方便、占地面积小、无污染的特点。电子水处理技术目前大多采用低压直流电，对于采用脉冲电流的研究少有报道。下面通过对比直流式和脉冲式电子水处理器的阻垢防垢效果，为电子阻垢技术的发展提供新的研究方向。

（1）阻垢原理

① 脉冲磁场对 $CaCO_3$ 晶体结构的影响：当向水中施加脉冲信号时，水溶液会受到洛伦兹力的作用而吸收脉冲磁场产生的能量，从而增加 Ca^{2+} 和 CO_3^{2-} 发生有效碰撞的概率，加速 $CaCO_3$ 晶体的生成，但因施加的频率不同，$CaCO_3$ 晶体的生成速率也不相同。当施加频率等于氢键共振频率时，阻垢效果显著；当施加的频率等于杂质共振频率时，会大量析出碳酸钙晶体。在脉冲磁场的作用下，$CaCO_3$ 晶体从结构排列紧密的圆球状转变为结构疏松、颗粒体积小的圆球状，而疏松的圆球状颗粒不易在换热器表面形成硬垢。

② 脉冲磁场对水分子结构的影响：当向水中施加脉冲信号时，水分子间的氢键会受到脉冲磁场的影响而逐步断裂，使团状或链状的大分子结构变成较小的水分子结构，随后生成稳定的双水分子结构。这表明脉冲磁场增强了水分子间的渗透性，加快了水分子之间的分裂，从而使其活跃度增加。

（2）低压电流试验

分别施加 0V、2V、3V、4V 的处理电压，循环处理高硬度、高碱度水样，试验结果表明用高硬高碱度水作为循环冷却水，不采用任何处理方法时，碳酸盐沉积结垢比较严重，试验 12h 结束时，加热棒表面结有一层厚垢。水样分析表明，氯离子浓度略微升高，说明水样有少量蒸发。同样在高硬度、高碱度条件下，采用加电压的方法处理水样，阻垢效果非常明显。试验结果表明，随着施加的直流电压升高，阻垢效果逐渐增强。电压为 2V 时，阻垢率为 16.1%；电压为 3V 时，阻垢率已达 99.2%，加热棒表面只有一层薄垢，电压为 4V 时加热棒表面已无垢。不同电压下直流电场试验结果如表 4-2 所列。不同电压处理后，水样的总碱度与总硬度的变化见图 4-13 和图 4-14。

表 4-2　不同电压下直流电场试验结果

电压/V	电流/A	时间/h	总碱度/(mg/L)	总硬度/(mg/L)	氯离子/(mg/L)	电导率/(μS/cm)	温度/℃	pH 值	阻垢效果
0	0	0	317.98	415.85	269.20	1270	26.2	7.6	加热棒表面明显有一层较厚的垢，结垢量为 72.5mg
		3	315.02	414.02	266.09	1200	38.0	7.4	
		6	307.63	404.52	271.37	1250	41.0	7.2	
		9	289.88	396.98	271.68	1250	42.0	7.1	
		12	275.09	373.23	271.06	1210	41.5	7.0	
2	0.02	3	309.11	404.28	263.29	1190	39.0	7.5	加热棒表面明显有一层不均匀的厚垢，结垢量为 60.8mg
		6	306.15	409.15	266.40	1180	39.0	7.2	
		9	304.67	403.67	266.83	1200	39.5	7.0	
		12	283.96	398.19	270.44	1220	40.0	6.9	
3	0.1	3	248.47	312.95	230.65	1160	41.0	7.5	加热棒表面明显有一层薄垢，结垢量为 0.6mg
		6	217.41	288.72	232.80	1140	41.5	7.0	
		9	174.52	253.89	233.45	1050	40.5	6.8	
		12	130.15	223.82	241.84	1000	40.0	6.5	
4	0.2	3	212.97	328.17	272.31	1100	36.2	7.0	加热棒表面明显没有垢，光亮如新
		6	122.76	252.07	259.56	1070	40.0	6.5	
		9	44.37	191.18	263.73	970	39.5	6.2	
		12	19.23	166.22	265.47	950	42.0	6.0	

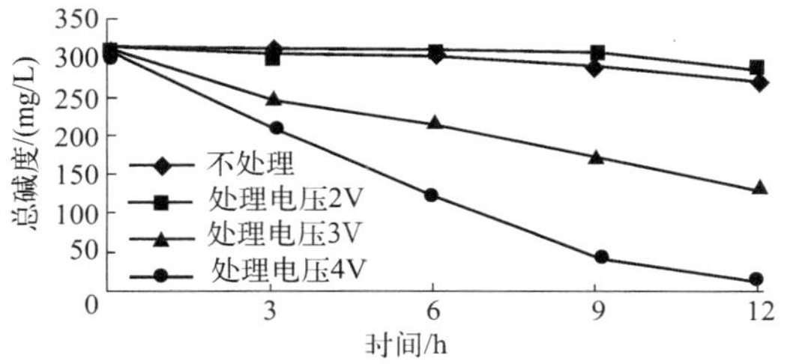

图 4-13　总碱度在处理过程中的变化

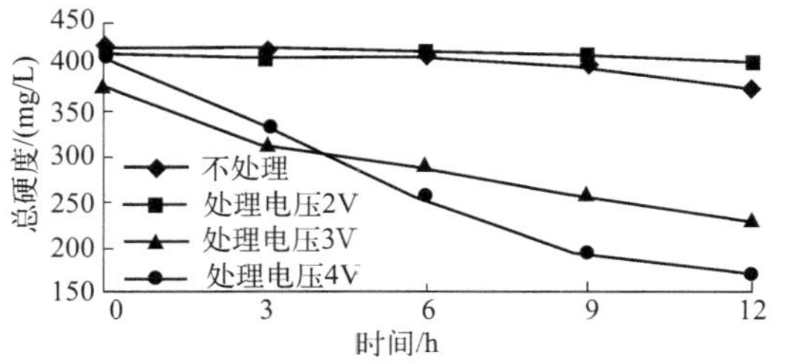

图 4-14　总硬度在处理过程中的变化

由图 4-13 和图 4-14 可看出，不处理和加电压处理高硬度、高碱度循环水时，总硬度和总碱度均有所下降，但处理时的下降速度远远大于不处理时的下降速度，表明直流电流具有降低硬度和碱度的作用。

（3）脉冲电压动态处理

脉冲电压试验结果如表 4-3 所列。由表 4-3 可知，以高硬度、高碱度水作为循环冷却水，采用脉冲电压处理，阻垢效果非常明显。有效电压为 2.0V 时，加热棒表面已无结垢。试验结果表明，脉冲电压波形参数的变化对电场阻垢效果有一定的影响，但限于数据较少，不能得出准确的结论，还有待进一步研究。

表 4-3 脉冲电压试验结果

电压条件	电流/A	时间/h	总碱度/(mg/L)	总硬度/(mg/L)	氯离子/(mg/L)	电导率/(μS/cm)	温度/℃	pH 值	阻垢效果
$T_1=20ms$ $V_0=10V$	0.215	0	328.33	441.88	284.74	1390	27.5	7.5	加热棒表面无结垢，光亮如新
		3	175.99	315.05	284.12	1250	39.0	6.5	
		6	69.51	226.03	282.88	1130	41.0	6.0	
		9	23.66	193.08	285.98	1040	41.0	6.0	
		12	22.18	187.88	287.23	1040	41.0	6.0	
$T_1=25ms$ $V_0=12V$	0.32	3	139.02	284.41	281.63	1160	38.3	6.7	加热棒表面无结垢，光亮如新
		6	38.50	204.06	286.29	1060	39.2	6.0	
		9	23.66	192.23	290.33	1080	41.0	6.0	
		12	23.66	190.19	288.16	1060	40.0	6.0	

不同波形参数脉冲电压处理后，水样的总碱度与总硬度的变化如图 4-15 和图 4-16 所示。由图 4-15 和图 4-16 可看出，不处理和脉冲电压处理高硬度、高碱度循环水时，总硬度和总碱度均有所下降，但处理时的下降速度远远大于不处理时的下降速度。

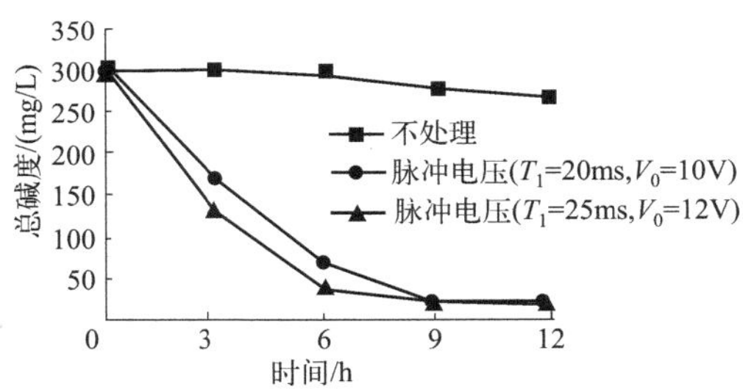

图 4-15 总碱度在处理过程中的变化

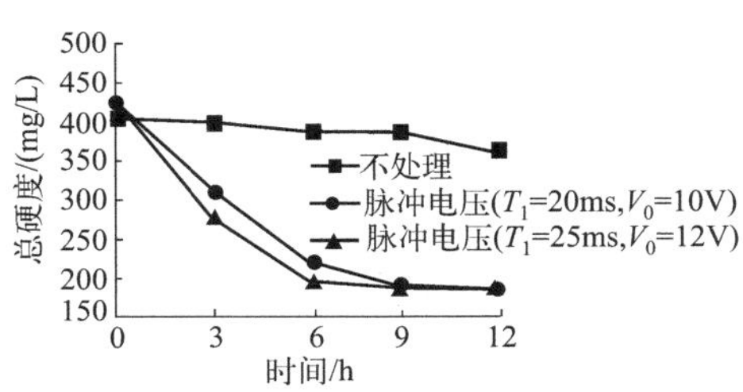

图 4-16 总硬度在处理过程中的变化

（4）直流电压与脉冲电压的阻垢效果比较

选取直流电压为3V和4V，脉冲电压为2V的分析指标进行比较，结果见表4-4。由表4-4可知，脉冲电压为2V与直流电压为4V时的各项指标均比较接近，但功率只有直流电压的54%，因此脉冲电场的阻垢效果明显优于直流电场，但更深层次的原因有待进一步研究。

表4-4 直流电压与脉冲电压的阻垢效果比较

电流类型	电压/V	功率/V	总碱度降低率/%	总硬度降低率/%	阻垢率/%	阻垢效果
直流	3	0.3	40.4	58.1	99.2	有一层薄垢
直流	4	0.8	59.3	93.9	100	无结垢，表面光亮如新
脉冲	2	0.43	57.5	93.2	100	无结垢，表面光亮如新

4.2.8 新型物理处理技术

近年来，除了上述几种常用方法外，研究人员还不断对这些方法进行改进，并持续开发新型物理水处理技术。

（1）高频电磁场

高频电磁场水处理装置是最新一代物理水处理技术产品，是永磁式和高压静电式水处理器的换代产品，设计上克服了前两者的缺点，保留了其优点。高频电磁水处理装置是由电子电路产生的高频电磁振荡在固定的两极间形成一定强度的高频电磁场，水通过高频电磁场时，水分子作为偶极子被不断反复极化而产生扭曲、变形、反转、振动，且与外加电磁场共振使其分子运动加强，从而使原来缔合形成的各种综合链状、团状的大分子解离成单个水分子，最后形成比较稳定的双水分子，增加了水的活性，改变了水分子与其他离子的结合状态，使碳酸盐晶体析出的时间延后，并以细小的颗粒析出，而不形成坚硬的水垢。同时，大功率脉冲电压和高频电位移电流特性，可以使微生物细胞内的酶丧失代谢功能，细胞的活性受到抑制。脉冲电压破坏了微生物的细胞膜，使细胞内的原生质泄漏而死亡。

（2）射频电场

在水中直接运用射频电场是物理处理法中的一种新技术。有研究者使用两个平行石墨电极板产生射频电场，考察三种电压（2V、5V和13V）和两种频率（13.56MHz和27.12MHz）下换热器中碳酸钙污垢的去除效果。结果发现，经处理后水样的污垢热阻下降了34%～88%，并确定最佳实验条件为2V和13.56MHz。该研究表明，作为一种新型物理处理技术，射频电场是缓解污垢的有效工具，可用于循环冷却水处理。

（3）脉冲火花放电

近年来，脉冲电场击穿技术在水处理领域的研究备受关注。Yang等研究了脉冲火花放电在硬水碳酸钙沉淀中的应用。经10min等离子处理后，水中钙离子浓度下降了20%～26%，且碳酸钙的形态从圆形方解石转变为菱形。脉冲火花放电主要通过电解、等离子体通道附近的局部加热和高压电场3种作用来改变水合离子的双电子层结构，从而起到促进碳酸钙沉淀的作用。

（4）催化材料

物理处理技术中释放的金属离子具有催化阻垢效果。研究表明，痕量的锌、铜等离子可减缓碳酸钙的成核速率并改变其晶型，从而达到阻垢、防垢的目的。与铜离子、镁离子等相比，锌离子的阻垢作用更明显，且当 Zn/Ca 浓度比大于 6×10^{-5} 时，碳酸钙的结晶形态从方解石变为更易去除的文石。Lee 等研究了 3 种流速下的物理处理技术中，催化金属处理高硬度水的效果，结果表明，不同流速下污垢热阻下降了 17%～38%，且垢层更易去除。

（5）超分子水处理技术

① 原理：超分子水处理技术，也称超分子膜化技术，该技术的作用对象为金属表面，利用近中性环保药剂的超分子自组装特性，在分散清除污垢的同时，能在金属表面形成一层致密的超分子膜。该超分子膜具有类似荷叶的防腐抗污特性，基于此开发的超分子水处理药剂兼具高效、环保、节能及安全等优势，是传统水质稳定剂的理想替代品。

② 应用：该技术已成功应用于炼化装置、天然气管道及石油管网等系统的清洗维护，其操作简便安全，只需在待处理设备或工业循环水系统中直接投加超分子清洗成膜剂即可完成处理。为了检测跟踪效果，可以配套设置具有自动监测、自动加药、自动排污、自动补水等功能的智能系统。

（6）放射性辐射阻垢除垢技术

放射性辐射是指能够释放高能射线的电磁辐射形式。对锅炉水进行适度的放射性辐照处理，可显著抑制结垢过程并有效改变水垢特性，可以有效阻止水垢的形成，去除附着于发热管和炉壁上的水垢。

研究采用一种天然稀土矿砂材料作为辐射源，对锅炉水进行辐射处理，这种方法在有效阻止新水垢生成的同时，还可以使原有水垢从加热管或器壁上脱落。图 4-17 是在经辐射处理的蒸馏水锅炉运行试验中，观察到的从发热管及炉壁上脱落的老水垢和新生成的沉积在锅炉底部的水垢的情况。

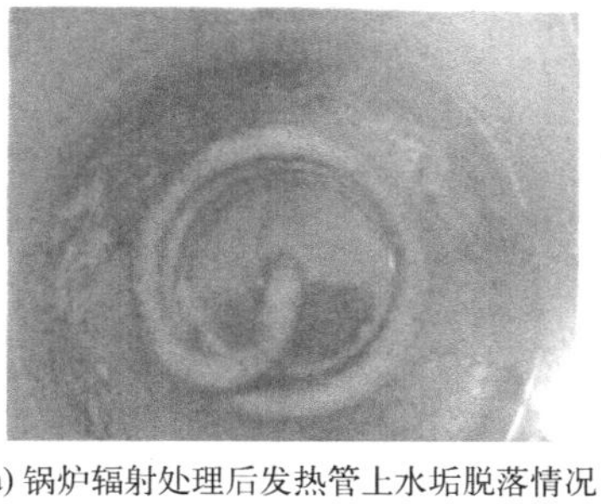

(a) 锅炉辐射处理后发热管上水垢脱落情况

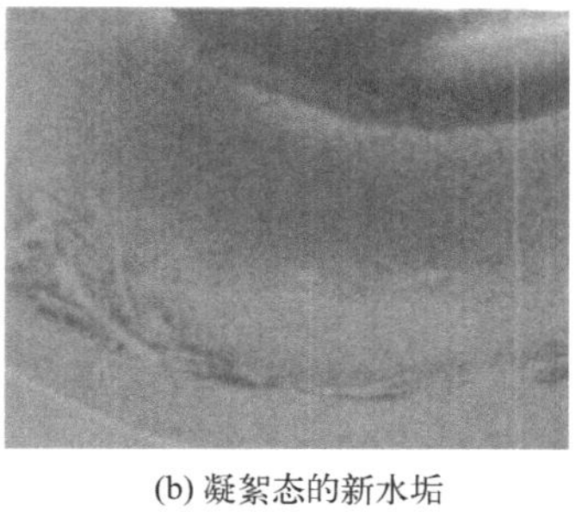

(b) 凝絮态的新水垢

图 4-17　锅炉辐射处理的除垢、阻垢实验效果

从图 4-17(a) 中可以观察到，发热管上已经没有厚厚的水垢附着，局部区域可以直接看见发热管的金属，而在其底部有大量的水垢。图 4-17(b) 是新形成的沉积在锅炉底部的水垢。实验观察到，锅炉底部新形成的水垢呈絮凝态，未附着于发热管、炉壁上。这与未经辐射处理的块状水垢在发热管、炉壁上的情形不同。这种呈絮凝态存在的新形成的水垢半浮于水中，可随水一起流动，十分有利于锅炉水垢的去除。这一实验现象说明，辐射处理可以阻止水垢附着于发热管、炉壁上，从而起到很好的阻垢作用。放射性辐射对锅炉水垢及其成垢过程具有重要影响，可以对锅炉进行除垢、阻垢，其效果如图 4-18 所示。

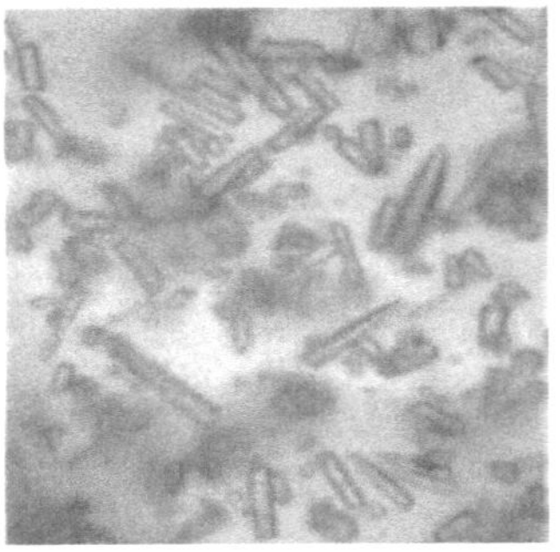

(a) 无辐射处理形成水垢的光学显微图片

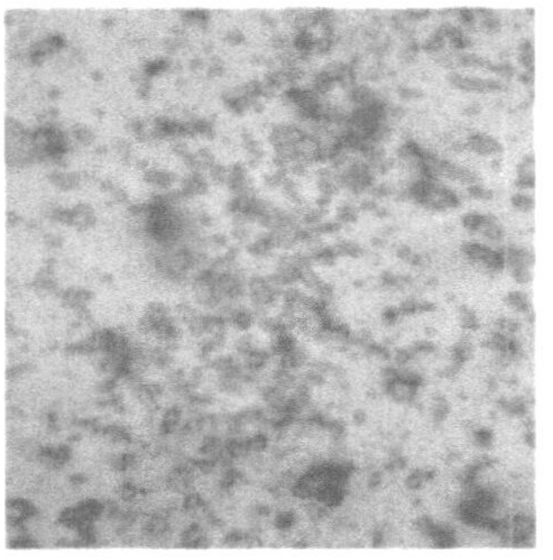

(b) 经辐射处理后形成水垢的光学显微图片

图 4-18 水垢的光学显微图片

当水体受到放射性辐射时，辐射径迹周围数十纳米范围内会引发水的辐射分解（辐解作用），产生离子、自由基等多种活性粒子。这些初级粒子和中间产物多数是带电的，它们会对胶团的双电层产生重要影响，从而改变胶团的结构和特性。当胶团表面活化以后，成核势垒消失，这时水垢直接在胶粒上长大，不需成核，随着胶粒质量迅速增加而下沉到炉底，防止了结垢。在辐射作用下，除直接产生 H^+ 外，还会产生大量的水合氢离子，这种水合氢离子是 H^+ 和 H_2O 的结合物，其结合能很低。特别是锅炉中温度较高时，很容易释放出 H^+，它的产量很高。这些 H^+ 在水中积累，使水的酸度增加，老水垢重溶。这种重溶首先发生在水垢的表面及水垢与换热管的接触界面上，从而导致水垢的脱落。

该除垢方法具有无污染、无需人工看守、无需添加额外设备、绿色环保、节能等优点，有着良好的应用前景。但是该技术还处于研究初期，尚未达到工程应用标准。

4.3 应用与前景分析

随着水资源短缺和水质污染问题日益突出，传统水处理方法已难以满足现代产业发展需求，且存在二次污染和资源浪费等问题。因此，开发新型绿色节能水处理技术仍需持续深入研究。多年来，科研人员致力于开发可替代化学方法的物理水处理技术，主要基于其以下优势：

① 能耗小，费用低：物理处理法一般只需要消耗电能，而且可省去现存的化学处理加药程序，节省了测试和维护加药控制程序的费用和时间。

② 节水减排：物理处理法可去除水中总溶解性固体，降低水硬度，提高循环冷却水浓缩倍数，从而节约循环水量。且物理处理技术无需排污，无残留药剂污染问题。

③ 投资回收快：物理法在实际应用中的投资回收时间一般低于 3 年，有些甚至不到 1 年。完整的物理处理系统应该具有去除新老垢泥、控制微生物污染、减少腐蚀等多种功效。但是由于早期研究深度不足、应用场景主要局限于循环水阻垢且设备运行稳定性较差，物理处理技术长期未能取得理想的实际应用效果，其推广受到严重制约。

物理法作为一种处理循环冷却水的新技术，相较于化学法的高污染、高能耗等缺点，在环保、资源节约、使用效率上具有明显优势。随着人类环保意识的不断提高，物理法将逐步替代化学法成为一种处理循环水的重要手段。

然而，由于当前物理水处理技术存在理论局限、设备稳定性不足及操作复杂等问题，其在工业领域应用受限，未来研究需进一步完善其理论与实践体系，提高稳定性能，降低成本，不断提出创新的想法，以此提高物理法处理循环冷却水的工业实用性。

参考文献

[1] 李健廷，郭顺良，康文胜，等．工业水处理阻垢剂的研发进展［J］．水污染及处理，2022，10（1）：35-39.

[2] 何振波，张厉，高铭心，等．循环冷却水用绿色阻垢剂的研究进展［J］．山东科学，2023，36（5）：102-120.

[3] 罗洁，薛玉清，林笑容，等．电磁阻垢技术在UHT上应用的研究［J］．饮料工业，2023，26（6）：37-41.

[4] 闫玉莲，李露，王可宁，等．电磁阻垢技术在膜法海水淡化系统的应用研究［J］．盐科学与化工，2021，50（8）：1-4.

[5] 江波，蔡杰，孙文寿，等．缓蚀阻垢水处理剂技术［J］．工业水处理，2020，40（12）：106-110.

[6] 李嘉，马兆峰．量子阻垢器在渤海油田的应用［J］．油气田地面工程，2016，35（7）：111-116.

[7] 尹涛．超分子水处理技术阻垢率接近100%［J］．石油知识，2020（6）：31.

[8] 胡学文，许祥茂．非化学药剂阻垢技术分析研究［J］．工业水处理，2013，41（10）：2195-2200.

[9] 宋卫锋，朱又春，肖云开，等．低压脉冲阻垢技术的试验研究［J］．工业水处理，2003，23（5）：21-23.

[10] 黄金强，罗继杰，钱媛，等．量子阻垢技术在工程中的应用［C］//第6届全国建筑环境与设备技术交流大会文集．中国勘察设计协会，2015.

[11] 赵佳．螺旋管换热器超声波防腐阻垢技术研究［D］．青岛：青岛科技大学，2017.

[12] 全贞花，陈永昌，刘运洁，等．循环冷却水中物理阻垢技术的比较［J］．工业用水与废水，2008，39（3）：72-75.

[13] 余岳，喻先伟，熊欣然，等．基于电解法的工业循环冷却水阻垢技术研究［J］．江西化工，2018，42（2）：112-115.

[14] 毛欣钰，王宇斌，卫亚儒，等．磁化除防垢技术在选矿厂管路上的应用展望［J］．中国钼业，2022，46（1）：18-21.

[15] 何俊，赵宗泽，李跃华，等．物理方法除垢阻垢技术的研究现状及进展［J］．工业水处理，2010，30（9）：5-9.

[16] 唐智新，汪国川，王伟业，等．量子管通环阻垢技术在热法海水淡化中的应用［J］．中国环保产业，2020（8）：49-51.

[17] 苏建国，龙媛媛，杨为刚，等．量子管通环阻垢技术在胜利油田的应用［J］．全面腐蚀控制，2009，23（5）：33-35.

[18] 杨知文，王磊，张继顺，等．变频电子阻垢技术的工业应用［J］．石油化工腐蚀与防护，2008（4）：1-4.

[19] 张东升，刘振法，张利辉，等．磁化水阻垢技术的研究现状及进展［J］．河北省科学院学报，2006，23（1）：92-95.

[20] 马志梅．超声波阻垢与除垢技术研究进展［J］．中外能源，2008，13（4）：92-96.

[21] 刘伟，周杰文，李文兰，等．量子管通环在循环水系统中的应用［J］．氯碱工业，2021，57（8）：37-39.

[22] 秦鹏，李强，马伟．物理水处理技术在循环冷却水中的应用研究［J］．工业水处理，2011，31（7）：23-26.

[23] 李强，王武义．合金材料的防垢机理及实验研究［J］．哈尔滨工业大学学报，2009，41（6）：97-102.

[24] 李珂珂，邢淑清，陈重毅，等．脉冲磁场频率对$CaCO_3$溶液成垢过程的影响［J］．内蒙古科技大学学报，2022，41（2）：194-198.

[25] 王晓红，田鹏．物理法处理工业循环冷却水质研究进展［J］．现代化工，2015，35（4）：47-51.

[26] 秦丙林，李建兵，郭志辉，等．S油田注入水配伍性及阻垢技术实验研究［J］．技术与信息，2019（11）：102-105.

[27] 李冠林．脉冲电磁场阻垢机理分析及效果研究［D］．青岛：青岛科技大学，2018.

[28] 和彦光，王武义，张广玉．合金材料的阻垢机理及实验研究［C］//材料科学与工艺．2009.
[29] 常巧利．超声阻垢技术的理论及应用研究进展［J］．榆林学院学报，2022，32（2）：99-103.
[30] 董建平，方辉，高峰．臭氧水在连铸结晶器阻垢技术方面的应用［J］．冶金动力，2018（10）：54-56.
[31] 熊兰，席朝辉，叶晓杰，等．大功率高频电磁阻垢系统的设计及实验研究［J］．工业水处理，2011，31（6）：46-48.
[32] 王超．不同形式电场对 $CaCO_3$ 污垢沉积影响规律研究［D］．吉林：东北电力大学，2021.
[33] 刘源．基于水分子团共振裂变的水系统电磁防垢技术研究［D］．青岛：中国石油大学（华东），2019.
[34] 马文杰，蒲彬，唐礼强．油田硅垢的结垢机理及其防垢技术研究进展［J］．山东化工，2015，44（23）：30-32.
[35] 程立新，杨杰辉．换热设备防结垢技术进展［J］．石油化工设备，2000，29（4）：22-25.
[36] 周爱东，杨红晓，张志炳．超声波在防除结垢中的应用［J］．应用化工，2005，34（11）：659-661.
[37] 念保义，陈金平．超声波抑制积垢的影响因素与机理的研究［J］．天津化工，2001（5）：10-12.
[38] NISHIDA I. Precipitation of calcium carbonate by ultrasonic irradiation［J］. Ultrasonic Sonochemistry，2004，11（6）：423-428.
[39] DALAS E. The effect of ultrasonic field on calcium carbonate scale formation［J］. Journal of Crystal Growth，2001，222（1-2）：287-292.
[40] NISHIDA I. Precipitation of calcium carbonate by ultrasonic irradiation［J］. Ultrasonic Sonochemistry，2004，11（6）：423-428.
[41] DALAS E. The effect of ultrasonic field on calcium carbonate scaleformation［J］. Journal of Crystal Growth，2001，222（1-2）：287-292.
[42] 李万鹏，王钧．应用超声波技术进行热交换设备在线防垢［J］．世界有色金属，2002（6）：36-38.
[43] 刘天庆．超声和臭氧控制生物垢生长的研究［J］．水处理技术，1999，25（1）：30-33.
[44] 吕汉迎．超声波防垢仪在浊水冷却循环系统中的应用［J］．现代制造技术与装备，2007（3）：53-54.
[45] 孙晓霞，杜平，王建，等．重油催化裂化油浆换热设备应用超声防除垢的研究及工业试验［J］．石油炼制与化工，2003，34（6）：52-56.
[46] 王阳恩．超声波采油技术的原理及应用［J］．物理，2002，31（11）：725-728.
[47] 洪建荣，秦永华，路斌，等．物理场在油田开发中的应用［J］．石油钻采工艺，1994，16（3）：90-93.
[48] 陈先庆．超声波防垢技术在油田中的应用研究［J］．钻采工艺，2000，23（3）：58-61.
[49] 张锡波，张群正，林文兴，等．超声波防垢技术在孤岛油田的现场应用［J］．西安石油学院学报（自然科学版），2002，15（3）：14-17.
[50] 刘宗义，任惠萍．超声波水处理器在蒸汽供暖锅炉静态除垢上的应用［J］．工业水处理，2001，21（8）：34-35.
[51] 卜全民，王占军，汪德爔．超声波防除麦草亚铵废液蒸发器积垢的研究［J］．中国造纸，2007，26（1）：34-36.
[52] 李叶萌，王学魁，胡彩花，等．真空制盐生产中的防垢除垢方法［J］．盐业与化工，2007，36（2）：34-38.
[53] 金德浩．量子技术在循环水高浓缩倍数运行中的应用研究［J］．工业水处理，2010，30（3）：68-71.
[54] 霍耀东，张青梅，宋恺，等．高频电磁场用于火电厂冲灰管防垢除垢的研究［J］．热力发电，2003，32（11）：23-26.
[55] 冀志江，金宗哲，梁金生．极性晶体电气石颗粒的电极性观察［J］．人工晶体学报，2002，31（5）：503-508.
[56] KUBO T. Apparatus and method for producing air containing minus alkali ion：US 5728288A［P］. 1998-03-17.
[57] 冀志江，金宗哲，梁金生，等．电气石对水体 pH 值的影响［J］．中国环境科学，2002，22（6）：515-519.
[58] 杨如增，杨满珍，廖宗廷，等．天然黑色电气石红外辐射特性研究［J］．同济大学学报，2002，30（12）：183-188.
[59] 夏枚生，许梓荣，张红梅，等．电气石对液态水团簇和沼泽红假单胞菌脱氢酶活性的影响［J］．硅酸盐学报，2005，33（8）：1006-1011.
[60] 白新德．核材料化学［M］．北京：化学工业出版社，2007.
[61] 黄征青，黄光斗，徐洪涛．水的磁处理防垢与除垢的研究［J］．工业水处理，2001，21（1）：5-8.
[62] 王佩琼．高频电磁场防垢技术在循环水中的应用机理初探［J］．电力建设，2001，22（9）：43-45.
[63] 刘卫国．磁处理的防垢除垢试验和机理探讨［J］．给水排水，2008，34（1）：62-65.
[64] 陈庆生，陈松林．水的磁化处理研究和在冷却水系统中的应用［J］．工业水处理，2003，23（6）：69-70.

[65] 刘卫国，刘建东，王勤静，等．磁处理器 DAM 防腐阻垢试验研究［J］．工业水处理，2004，24（11）：52-55.
[66] 刘卫国，章凤萍，赵陈龙，等．磁在混凝处理废水中的应用研究［J］．石油化工环境保护，2005，28（4）：10-12.
[67] 储曦明．管路处理器在循环冷却水系统中的应用［J］．净水技术，2003，21（2）：33-34.
[68] 肖曾利，蒲春生．磁防垢技术及应用发展现状［J］．断块油气田，2010，17（1）：121-125.
[69] 王斌，石重阳，冯法军．基于油田污水结垢的扫频磁场除垢［J］．承德石油高等专科学校学报，2006（2）：5-7.
[70] 姜德宁，周昆．基于交变磁场的水管防垢试验研究［J］．天津工程师范学院学报，2008（1）：21-25.
[71] 王宇斌，王望泊，戚晓宇，等．磁化除垢影响因素作用规律及其数学模型研究［J］．化学工业与工程，2020，37（2）：60-65.
[72] TAI C Y，WU C K，CHANG M C. Effects of magnetic field on the crystallization of $CaCO_3$ using permanent magnets［J］. Chemical Engineering Science，2008，63（23）：5606-5612.
[73] SHAHRYARI A，PAKSHIR M. Influence of a modulated electromagnetic field on fouling in a double-pipe heat exchanger［J］. Journal of Materials Processing Technology，2007，203（1-3）：399-395.
[74] 徐耀良，娄春宏，陆斌，等．智能电磁储能式抑菌除垢系统在电厂中的应用分析［J］．华东电力，2009，37（12）：2093-2096.
[75] 李杨，盛维娜，孙亚军．永磁除垢器的磁场有限元分析［J］．装备制造技术，2013（5）：13-15.
[76] 费继友，李玉泉，白鑫．水的电磁变频除垢防垢技术和实验研究［J］．化工自动化及仪表，2011，38（2）：157-161.
[77] 侯宏录，齐晶晶，黄钉劲．一种防垢除垢的变频电磁场发生装置［J］．光学仪器，2015，37（2）：165-169，174.
[78] 王金燕，赵晓东，吕林林．基于电磁技术优选最佳油田管道除垢参数［J］．化学工程师，2017，31（7）：36-38.
[79] 刘有昌，孙晓君．磁化水抑垢机理的研究［J］．哈尔滨工业大学学报，2003，32（1）：86-90.
[80] 谢绮芬．磁水器的防垢机理及设计［J］．水处理技术，1985，11（2）：49-52.
[81] 林艺辉，方健，李杰．磁场对碳酸钙析晶过程影响的定量研究［J］．工业水处理，2002，22（6）：16-18.
[82] 杨明，刘伟，徐革联．磁化对水的性质影响的研究［J］．化工时刊，2007，21（6）：14-17.
[83] COEY J M D，STEPHEN C. Magnetic water treatment［J］. Journal of Magnetism and Magnetic Materials，2000（9）：71-74.
[84] 刘振法，王延吉，高玉华，等．聚天冬氨酸复配物与磁场的协同阻垢效应［J］．石油化工，2006（9）：891-895.
[85] SAKSONO N，GOZAN M，BISMO S，et al. Effects of magnetic field on calcium carbonate precipitation：Ionic and particle mechanisms［J］. Korean Journal of Chemical Engineering，2008，25（5）：1145-1150.
[86] CHANG M C，TAI C Y. Effect of the magnetic field onthe growth rate of aragonite and the precipitation of $CaCO_3$［J］. Chemical Engineering Journal，2010，164（1）：1-9.
[87] 王建国，李斌，梁延东，等．基于介稳区的电磁抑垢最佳磁场强度探寻［J］．化工学报，2016，67（9）：3658-3662.
[88] DENG A H，HUANG H M，JI W J. Influence of magnetic field on calcium carbonate precipitation in the presence of foreign ions［J］. Advanced Materials Research，2012，1915：649-656.
[89] 刘东毓．电磁场对典型致垢水质参数的影响特性研究［D］．吉林：东北电力大学，2014.
[90] 余丰人，罗维瑛．电磁水处理的防垢和除垢机理探讨［J］．仲恺农业工程学院学报，2009，22（1）：44-48.
[91] 王建华，丁言镁，左春英．微波对水分子团簇结构影响的探究［J］．菏泽学院学报，2006，28（5）：77-80.
[92] CHO Y I，LEE S H. Reduction in the surface tension of water due to physical water treatment for fouling control in heat exchangers［J］. International Communications in Heat & Mass Transfer，2005，32：1-9.
[93] LIU R，CHO Y I. Combined use of an electronic antifouling technology and brush punching for scale removal in a water-cooled plain tube［J］. Experimental Heat Transfer，1999，12（3）：203-213.
[94] 武理中．磁处理循环冷却水防垢机理初探［J］．净水技术，2000，18（3）：22-23.
[95] 曹刚．高频电磁场无菌磁化水设备在空压机冷却水防垢中的应用［J］．山东冶金，2000，22（1）：65-66.
[96] 唐受印，戴友芝．工业循环冷却水处理［M］．北京：化学工业出版社，2003.
[97] 刘振法，王延吉，郭茹辉，等．稀土永磁材料与聚天冬氨酸协同阻垢研究［J］．水处理技术，2005，31（2）：55-57.

第5章

缓蚀剂的无药剂替代技术

5.1 概述

5.1.1 缓蚀剂的定义

缓蚀剂（corrosion inhibitor）又称防腐剂，是一类通过化学或物理作用有效延缓金属腐蚀进程的功能性添加剂。一般来说，将缓蚀剂加到腐蚀介质中，借助该类物质在金属和腐蚀介质界面上的物理和化学作用，能够防止或减缓金属的腐蚀，进而抑制金属在介质中的腐蚀。同时，它还能保持金属材料原有的物理力学性能。

通俗而言，缓蚀剂类似于家庭使用的樟脑丸，两者均通过持续释放活性成分，在作用界面形成防护层，从而起到抑制细菌和微生物生长的作用。同时，缓蚀剂凭借其添加量较小（0.1%～1%）但效果显著、来源丰富等优势，被认为是解决金属腐蚀问题的一种高效且成本较低的手段，现已广泛应用于石油、化工、冶金、机械、电力、交通运输及国防工业部门中，常见的缓蚀剂包括金属氧化物、铬酸盐、锡酸盐、苯并三氮唑（BTA)、氨基酸类、喹啉衍生物和表面活性剂等。

5.1.2 缓蚀剂的分类

缓蚀剂的种类繁多，应用条件各异且缓蚀机理复杂。根据缓蚀剂的化学组成、对电极过程的影响、形成保护膜的特征以及应用介质等，有不同的分类方法。

（1）按化学组成分类

① 有机缓蚀剂：主要由氮、硫、氢、氧和碳原子组成，具有良好的钝化效果，其作用机理是有机物在金属表面发生物理或化学吸附，或者有机物与金属阳离子发生络合反应，进而防止腐蚀性介质与金属表面直接接触。常见的有机缓蚀剂有苯并三氮唑、氨基酸类、二羧

酸类、胺类、醛类、杂环类、季铵盐、炔醇类、咪唑啉类及含硫和磷化合物类。

② 无机缓蚀剂：主要由金属盐和非金属盐组成。其中，金属盐缓蚀剂以含铝、锌、铬、钒、锰和铁的无机盐为主，其作用机理是使金属表面发生化学变化，生成钝化膜（保护膜）或不溶物质，进而阻止腐蚀性介质进入金属表面；非金属盐缓蚀剂则以磷酸盐和硝酸盐为主，通过在金属表面形成致密保护膜，有效抑制金属溶解和氧扩散，从而显著降低腐蚀速率，减少对金属表面的腐蚀。常见的无机缓蚀剂有硝酸盐、亚硝酸盐、铬酸盐、重铬酸盐、磷酸盐、多磷酸盐、钼酸盐、硅酸盐、硼酸盐、钨酸盐、聚磷酸盐和锌盐等。

③ 聚合物缓蚀剂：主要由含碳和氢原子的高分子物质组成，可在金属表面形成一层膜，阻止腐蚀性介质接触金属表面，减缓金属表面的腐蚀。常用的聚合物缓蚀剂有纤维增强型涂料、树脂涂料和绝缘涂料等。

（2）按对电极过程的影响分类

根据对电化学腐蚀的控制部位，可分为阳极型缓蚀剂、阴极型缓蚀剂和混合型缓蚀剂。

① 阳极型缓蚀剂：阳极型缓蚀剂多为无机强氧化剂，如亚硝酸盐、铬酸盐、钼酸盐、钨酸盐、钒酸盐、硼酸盐等。其作用机理是在金属表面阳极区与金属离子作用，生成的氧化物或氢氧化物氧化膜覆盖在阳极上，形成保护膜，抑制金属的溶解并控制阳极反应，使金属钝化。阳极型缓蚀剂必须达到临界浓度阈值以实现金属表面全覆盖钝化，若浓度不足，将会在未被钝化的部位造成点蚀。

② 阴极型缓蚀剂：阴极型缓蚀剂是指抑制电化学阴极反应的化学药剂，如锌的碳酸盐、磷酸盐和氢氧化物，钙的碳酸盐、磷酸盐等。其作用机理是水中的离子在金属表面的阴极区发生反应，生成的产物会在阴极沉积形成膜，随着膜增厚，其阴极释放电子的反应被抑制。

③ 混合型缓蚀剂：混合型缓蚀剂是指含氮、硫或羟基且具有表面活性的有机缓蚀剂，如巯基苯并噻唑、苯并三唑、十六烷胺等。其作用机理是分子中有两种性质相反的极性基团，能吸附在清洁的金属表面形成单分子膜，且在阳极和阴极上都能成膜，阻止水和水中溶解氧向金属表面扩散。

（3）按形成保护膜的特征分类

缓蚀剂的作用机理可分为两种：电化学机理和物理化学机理。大部分水处理用缓蚀剂的机理是在与水接触的金属表面形成一层将金属和水隔离开的保护膜，从而达到缓蚀的目的。从物理化学角度，缓蚀剂可分为氧化膜型缓蚀剂、沉积膜型缓蚀剂和吸附膜型缓蚀剂。

（4）按应用介质分类

① 酸洗缓蚀剂：酸洗缓蚀剂是专门用于冶金、机械制造、化工及电力等行业中金属材料酸洗处理和锅炉除垢工艺，能够有效防止酸性介质对金属基体腐蚀的缓蚀剂。酸洗缓蚀剂大部分是含 O、N、S、P 等元素的有机化合物，例如胺类、硫脲类、醛酮类化合物等。它通过活性分子在金属表面的定向吸附作用，形成致密的单分子保护膜，从而有效阻隔腐蚀介质与金属基体的接触，防止金属被腐蚀。

② 工艺缓蚀剂：工艺缓蚀剂是指在石油的开采、炼制、储运、裂解等工艺过程中，防止含有二氧化碳、硫化氢及有机酸等腐蚀设备和管道的缓蚀剂。

③ 水系统缓蚀剂：水系统缓蚀剂是指工业用水与循环冷却水以及油井注水所用的缓蚀

剂，如苯并三唑、羟基苯并噻唑、巯基苯并噻唑、聚丙烯酸钠及烷基磺酸钠等。

④ 气相缓蚀剂：气相缓蚀剂（VPI）又称挥发性缓蚀剂（VCI）或气相防锈剂，是一类能在常温下自发气化，通过缓蚀剂分子在金属表面形成保护性膜层（包括氧化膜、沉淀膜或吸附层），从而有效阻断金属电化学腐蚀过程的功能材料，可减小腐蚀电流，最终达到缓蚀的目的。该缓蚀剂主要用于防止大气中（特别是工业区）CO_2、CS_2、H_2S、NO_2 等腐蚀性组分的腐蚀，目前该类缓蚀剂已广泛应用于机械、军工和仪表等领域。

5.1.3 缓蚀剂保护的局限性

缓蚀作为防锈领域的一种措施，除了有上述优点之外还存在以下局限性。

（1）材料-环境体系的针对性

缓蚀剂对材料-环境体系具有极强的针对性，需要针对不同的体系通过实验室及现场试验来选择缓蚀剂的配方和相关的参数。

（2）应用场景的局限性

作为防止腐蚀的手段，缓蚀剂一般仅用于封闭和循环的体系。同时，缓蚀剂一般不适用于高温环境。在高温环境中，缓蚀剂的结构可能会遭到破坏，从而改变其性能，导致无法起到缓蚀的作用，甚至可能会加速材料的损坏，大多在 150℃以下使用。另外，对于不允许存在污染的产品以及生产介质的场合不宜使用缓蚀剂，需要重新审核和考虑缓蚀剂对环境是否存在污染。

（3）适用的介质存在壁垒

在具有强腐蚀性的介质/环境（如酸）中，不宜将缓蚀剂当作长期保护措施。

总之，尽管缓蚀剂具有良好的防腐效果，但在实际应用过程中需要结合具体情况科学使用。添加时应该严格控制剂量，保持浓度均匀，根据一系列系统性试验和工程实践，针对特定工况条件优化选用缓蚀剂，才能充分发挥缓蚀剂的作用。

5.2 无药剂缓蚀技术

除添加缓蚀剂外，还可以通过无药剂手段来保护易腐蚀物品，以延长其使用寿命。

5.2.1 金属镀层技术

金属镀层是一种重要的金属腐蚀防护技术，通过将一种金属材料涂覆到另一种金属表面上，形成保护性的覆盖层或强化层，从而将金属基体与腐蚀介质隔离开来，达到防止金属材料腐蚀的目的。

最常见的金属镀层有电镀层、喷镀层和刷镀层等，金属镀层往往可以通过电镀、热浸镀、热喷涂、阴极溅射和激光熔覆等方法制备，在被保护金属表面形成另一种金属的保护镀层。同时，金属镀层通常会选用锌、铝等较为活泼的金属材料，通过牺牲表面镀层起到保护基材的作用。除此之外，还可以选择涂镀耐蚀和耐磨性较强的材料，例如镍、铬、高熵合金等。

金属镀层有电镀、扩散渗镀、喷镀等制备方法。

(1) 电镀

电镀时，镀层金属或其他不溶性材料作阳极，待镀的工件作阴极，镀层金属的阳离子在待镀工件表面被还原形成镀层。为了排除其他阳离子的干扰并确保镀层均匀牢固，可使用含镀层金属阳离子的溶液作电镀液，以保持镀层金属阳离子的浓度不变。电镀的主要目的是在基材上镀上金属镀层，改变基材的表面性质或尺寸。该方法可同时实现多重功能优化，能够提升表面装饰性（光泽美观）和防护性（防锈、耐磨损），改善材料性能（增强导电性、润滑性、机械强度及耐热耐候性），且适用于热处理保护（防渗碳、氮化）和零部件修复（尺寸恢复、磨损修补）。

(2) 扩散渗镀

扩散渗镀又称表面合金化处理，即通过热扩散使耐腐蚀的金属或合金渗入基体金属表面，与基体金属形成固溶体或金属间化合物，这层耐蚀的表面称为渗镀层。

在渗镀过程中，待镀件被埋置在由惰性填料、渗镀金属元素和卤化物活化剂组成的包渗箱中，在氢气或惰性气氛中，于规定温度条件下保持一定的时间，使渗入的金属与基体金属互相扩散，直到基体金属表面形成合金覆盖层。具有耐蚀性能的渗入元素通常为锌、铝、铬、硅等，选择哪一种取决于基体材料和耐蚀要求，例如钢渗铝可形成表面含铝25%～30%的铁铝合金层，有很好的抗氧化和抗硫化性能。

(3) 喷镀

喷镀是利用压缩空气或惰性气体流，用喷枪把熔融金属喷射到金属制品表面，形成防护性覆盖层。该方法常用于喷镀高熔点金属或难熔材料，喷镀大面积工件以及修复工件等。喷镀的缺点是覆盖层与基体金属结合较差，覆盖层疏松。常用的喷镀方法有火焰喷镀法、等离子喷镀法等。

(4) 其他表面处理技术

① 热浸镀：热浸镀是将经过适当预处理的工件浸入低熔点熔融金属或合金中，通过反应和扩散形成合金层，取出的工件表面形成金属镀层。镀层与基体通过冶金结合，结合性能良好。常用的热浸镀材料包括锡、锌、铝和铅等。

② 真空镀膜：真空镀膜技术利用物理气相沉积，在高度真空下加热镀膜材料，使其蒸发、溅射或沉积到工件表面，形成金属薄膜。该技术污染小、能耗低、成本低，具有装饰效果和金属感，可以有效地提高金属材料的抗氧化和防腐蚀性能，延长材料的使用寿命。经过数十年技术迭代，真空镀膜技术已在汽车零部件、3C电子器件、家电产品、五金工具、包装材料、装饰工艺品及玩具制造等领域实现了规模化工业应用。

③ 气相沉积：气相沉积技术利用气相中发生的物理、化学反应，改变工件表面成分，形成具有特殊性能的金属或化合物涂层。气相沉积通常是在工件表面覆盖厚度在0.5～10μm的一层过渡族元素（钛、钒、铬、锆、钼、钽、铌及铪）与碳、氮、氧和硼的化合物。按照过程的本质可将气相沉积分为化学气相沉积（CVD）和物理气相沉积（PVD）两大类。气相沉积是模具表面强化的新技术之一，已广泛应用于各类模具的表面硬化处理，主要应用的沉积层为TiC、TiN。

④ 阴极溅射：阴极溅射即直流二极溅射，是在真空室内充以1～10Pa的惰性气体，被溅射材料作为阴极，基片作为阳极接地。在阴阳极之间加以几千伏的直流电后产生辉光放电，由放电产生的阳离子在电场作用下向着阴极（靶材）方向加速运动，并轰击阴极，将阴

极材料打出来（主要是以中性原子的形式，部分以离子的形式），被溅射出来的粒子冷凝在放置于阳极的基片上，形成薄膜。

5.2.2 非金属涂层技术

（1）有机涂层

有机涂层是通过在金属表面涂覆有机涂料，利用物理屏蔽、化学钝化或缓蚀等机制，达到缓蚀目的。这是最经济、应用最广泛的涂层防腐方法。常用的有机防腐涂料有沥青类、橡胶类、有机硅类、环氧类和聚氨酯类等。

在实际应用中，可根据金属基材服役环境的不同，合理选择适宜的有机防腐涂料。对于处于海水全浸区（如船底）或浪花飞溅区（如水线区）的舰船用金属材料，要求有机涂层与金属基材具有良好的附着力，因此一般采用环氧厚浆沥青防腐涂料（图 5-1，书后另见彩图）等，如我国的 HZ-1、HZ-2 环氧煤沥青等涂料产品。对于舰船工作舱等，在考虑有机涂料耐蚀性的同时，还需要考虑涂料的安全性，在这些区域通常采用环保、无有害物质的涂料，如 HTL92 和 841 环氧聚酰胺涂料。此外，为了提升有机涂料的耐腐蚀性和力学性能，研究人员还开展了大量新型有机涂层的研究。

图 5-1 沥青漆

（2）无机涂层

无机涂层包括搪瓷涂层（图 5-2）、陶瓷涂层、硅酸盐水泥涂层、化学转化膜等，主要通过热喷涂、直接涂覆、气相沉积、阳极氧化等工艺制备。其中，微弧氧化工艺是一种常用的电化学方法，可直接在金属表面原位生长陶瓷层，获得的氧化物薄膜通常具有耐腐蚀、耐高温和耐磨等优异性能，广泛应用于铝合金、钛合金等轻金属的腐蚀防护。

除了单一材质的防腐涂层外，目前已发展出多种防腐复合涂层或涂料，这些材料结合了不同材料的优异性能。例如，鳞片涂料、玻璃钢复合材料、VRA-LM 复合防腐材料、氧化石墨烯纳米复合涂层等。为了弥补单一防腐涂层的不足，未来防腐涂层将向着复合化、多功能化发展，这对抑制或减缓舰船用金属材料的腐蚀有重大意义。

图 5-2　搪瓷反应釜

5.2.3　阴极保护技术

阴极保护是一种基于电化学腐蚀原理的金属防腐蚀方法。1824 年，汉弗里·戴维在英国海军项目的资助下，首次将阴极保护技术应用于工程实践，成功利用铸铁阳极保护了铜包覆的军舰木壳。经过后续发展，阴极保护技术逐渐被完善，并得到了广泛应用。阴极保护技术的现代发展主要体现在新型牺牲阳极材料研发、高性能长寿命外加电流系统优化、保护设计技术智能化以及应用领域的持续拓展四大方向。

（1）阴极保护机理

阴极保护法的原理可以用腐蚀电池的极化图来解释。如图 5-3 所示，金属表面阳极和阴极的初始电位分别为 E_a 和 E_c。当金属受到腐蚀时，由于极化作用，阳极和阴极的电位都接近交点 S 所对应的腐蚀电位 E_{corr}，与此相对应的腐蚀电流为 I_{corr}，在腐蚀电流作用下，金属上的阳极区不断发生溶解，导致金属腐蚀破坏。当对该金属进行阴极保护时，在阴极电流作用下金属的电位从 E_{corr} 向更负的方向变动，阴极极化曲线从 S 点向 C 点方向延长。当金属电位极化到 E_1 时，所需的极化电流为 I_1，相当于 AC 线段。AC 线段由 AB、BC 两个部分组成，其中 BC 是外加的，而 AB 这部分的电流是阳极溶解所提供的，表明金属腐蚀速度有所降低。当外加阴极电流继续增大时，金属的电位将变得更负。当金属的极化电位达到阳极的初始电位 E_a 时，金属表面各个部分的电位都等于 E_a，腐蚀电流变为零，金属得到了完全保护。此时，金属表面上只发生阴极还原反应。外加电流 I_{appl} 为达到完全保护所需的电流。

阴极保护也可从热力学的角度进行解释。根据热力学理论，当 pH 值为 7 时，铁处于活化腐蚀状态，其电位上升（阳极保护）或下降（阴极保护）都可达到保护的目的（图 5-4）。当金属达到平衡电位后，阴极电流会使金属的电极电位从原平衡电位向负方向偏移，使金属进入免蚀区，实现了保护。因为施加的是阴极电流，所以称为阴极保护。

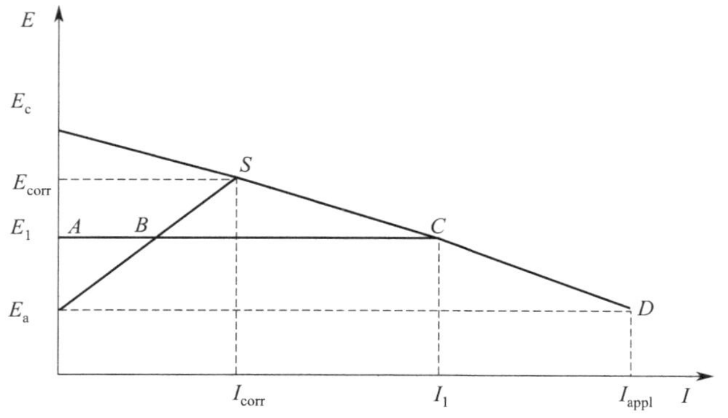

图 5-3 腐蚀电池的极化图

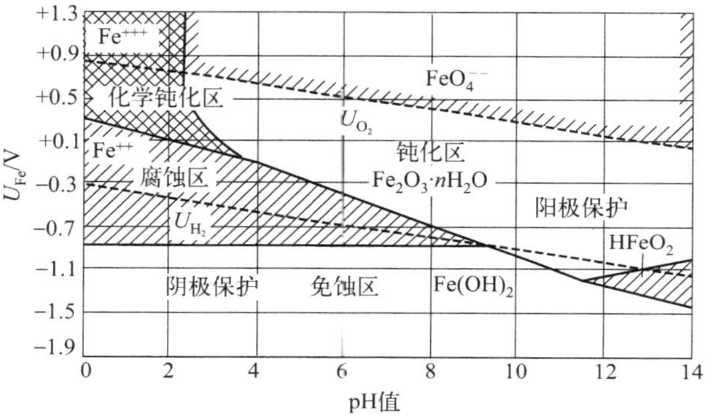

图 5-4 铁的电位-pH 值图

（2）阴极保护主要参数

在阴极保护系统中主要有自然电位、最小保护电位、最大保护电位、最小保护电流密度和瞬时断电电位几个参数。

1）自然电位

自然电位是指金属浸入电解质溶液（如土壤、海水、淡水等）后，在无外部电流影响时的电位。

2）最小保护电位

最小保护电位是指金属达到完全保护所需要的最低电位值。一般认为，金属在电解质溶液中，极化电位达到阳极区的开路电位时，就达到了完全保护。

3）最大保护电位

保护电位并不是越低越好，而是有限度的，过低的保护电位会造成管道防腐层的漏点处大量析出氢气，造成涂层与管道脱离，即阴极剥离。这不仅会使防腐层失效，而且会大量消耗电能，还可导致金属材料产生氢脆进而造成断裂，所以必须将电位控制在比析氢电位稍高的电位值，此电位即为最大保护电位。超过最大保护电位时称为“过保护电位”。

4）最小保护电流密度

使金属腐蚀下降到最低程度或停止腐蚀时所需的保护电流密度，称为最小保护电流密度，其常用单位为 mA/m^2。处于土壤中的裸露金属，最小保护电流密度一般取 $10mA/m^2$。

5）瞬时断电电位

瞬时断电电位是指在断掉被保护结构的外加电源或牺牲阳极 0.2～0.5s 之内读取的电位。由于此时没有外加电流从介质中流向被保护结构，所以，所测电位为结构的实际极化电位，不含介质中的电压降（IR 降）。由于在断开被保护结构阴极保护系统时，瞬时断电电位受电感影响，会有一个正向脉冲，所以，应选取 0.2～0.5s 之内的电位读数。

（3）阴极保护法分类

根据保护电流的供给方式，阴极保护法可分为牺牲阳极的阴极保护法和外加电流的阴极保护法。

1）牺牲阳极的阴极保护法

牺牲阳极的阴极保护法通过牺牲阳极提供所需的阴极保护电流，使金属结构的电位达到阴极保护的最佳保护电位。同时，牺牲阳极保护的原理与外加电流保护一样，都是利用外加阴极极化来减缓金属腐蚀。外加电流法是依靠外加直流电源的电流来进行极化，而牺牲阳极法则是借助牺牲阳极与被保护金属之间较大的电位差所产生的电流来达到极化的目的。牺牲阳极的阴极保护法原理如图 5-5 所示。

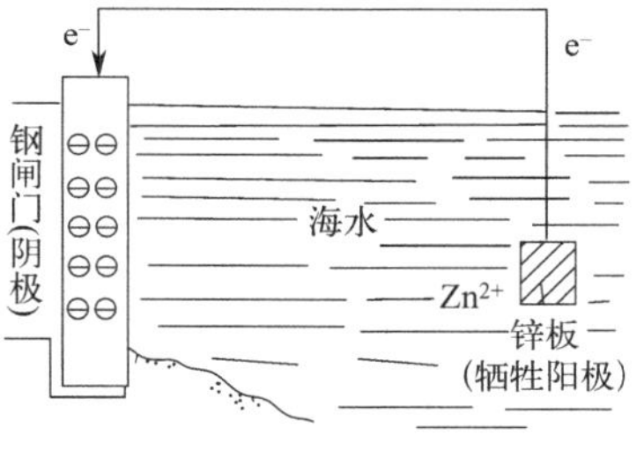

图 5-5　牺牲阳极的阴极保护法原理图

① 牺牲阳极保护系统：牺牲阳极保护系统不需要交流电源，驱动电压低且不干扰邻近设施。电流的分散能力强，设备简单，一般不需要花费高昂的技术费用。系统安装完成后，运行几乎不需要费用，只需要偶尔查看一下电位或保护电流。由于电压低，所以不存在安全问题。因此，牺牲阳极保护系统广泛用于舰船、海上设备、水下设备、地下输油输气管线、地下电缆以及海水冷却系统等的保护。但由于化工介质腐蚀性很强，牺牲阳极消耗量大，因而在石油、化工生产中的应用实例不多。

牺牲阳极保护系统通常由牺牲阳极、导线组成，此外还可能有填包料、绝缘垫、屏蔽层、接线盒等辅助物件。

② 常用的牺牲阳极材料及其性能：目前常用的牺牲阳极材料有铝基合金、锌基合金和镁基合金三大类。值得注意的是，碳钢可作为牺牲阳极保护海水、盐水中的铜及其合金，还可以使海水中的不锈钢、铜镍合金免遭缝隙腐蚀。此外，牺牲阳极法的保护效果与阳极材料

本身的性能有着直接关系，牺牲阳极的性能主要由材料的化学成分和组织结构决定。

Ⅰ. 铝基合金。铝基合金具有密度小、电流效率高、发生电量大、对钢铁驱动电位适中和来源丰富等特点。一般应用于无污染的海水、海泥及盐水中，是一种迅速发展起来的新型牺牲阳极材料。

Ⅱ. 锌基合金。锌基合金密度大、发生电量小、对钢铁的驱动电位不高，且在高温条件下易于极化，一般用于海水、盐水及电阻率小于 15Ω · cm 的土壤环境。

Ⅲ. 镁基合金。镁基合金电流效率低，但对钢铁驱动电位大，易于过保护，常用于高电阻率的淡水及电阻率大于 202Ω · cm 或小于 100Ω · cm 的土壤环境。

③ 牺牲阳极的阴极保护法优缺点。

Ⅰ. 优点：无需外加电流、结构简单、造价低、运行维护简便、对控制系统要求低。

Ⅱ. 缺点：系统不可控制、阳极有损耗。

2）外加电流的阴极保护法

外加电流的阴极保护法又称强制电流法，将被保护金属与直流电源的负极连接，利用外加电流进行阴极极化。该方法的系统主要由辅助阳极、参比电极以及提供保护电流的直流电源等共同组成。

① 常用的辅助阳极材料及性能：辅助阳极按其溶解速度分为可溶性阳极、微溶性阳极和不溶性阳极。可溶性阳极材料有钢铁、铝及其他阳极，它们在使用过程中消耗大，需经常更换或补充。可溶性阳极工作时会发生阳极溶解反应：

$$Me \longrightarrow Me^{z+} + ze^-$$

微溶性阳极材料有高硅铸铁类、石墨、铅银合金类和金属氧化物电极等。此类阳极排流量适中，具有较低的溶解速度，寿命较长。微溶性阳极工作时的阳极反应如下：

$$Me \longrightarrow Me^{z+} + ze^-$$

$$2H_2O \longrightarrow O_2 + 4H^+ + 4e^-$$

$$2Cl^- \longrightarrow Cl_2 + 2e^-$$

不溶性阳极材料有铂阳极、镀铂钛和镀铂铌等。此类阳极排流量大，几乎不溶解，寿命长，力学性能好。但是，由于价格昂贵，其应用受到限制。镀铂钛价格相对较低，应用较多。不溶性阳极工作时主要发生析氧、析氯反应。需要说明的是，对微溶性阳极和不溶性阳极，其阳极过程不限于上述反应，实际情况要复杂得多。

② 外加电流的阴极保护法优缺点。

Ⅰ. 优点：保护系统可控制，系统寿命长，在适当维护下可持续运行 20 年以上。

Ⅱ. 缺点：需确保持续供电并定期维护。

（4）阴极保护法的应用

1）长输管道

经过多年的发展，长输管道的外加电流阴极保护已经形成了完整的计算设计体系，长输管道的阴极保护及阴极屏蔽如图 5-6 所示。

一般来说，长输管道的阴极保护多采用外加电流的方式，站内设置恒电位仪，站外设置辅助阳极，而通电点设置在站外绝缘法兰外侧。管道防腐层具有高电阻率，因此用较小的电流即可保护很长的管道，站间距可达数十公里甚至上百公里（同样也受土壤电阻率的影响）。在外加电流阴极保护系统中，保护电流从恒电位仪正极输出，经辅助阳极和电解质流向被保护管道，最终通过电缆从通电点返回恒电位仪负极，整个回路相对简单。同时，由于长输管道多敷设在野外，因此对外加电流阴极保护的安全要求也比较低。

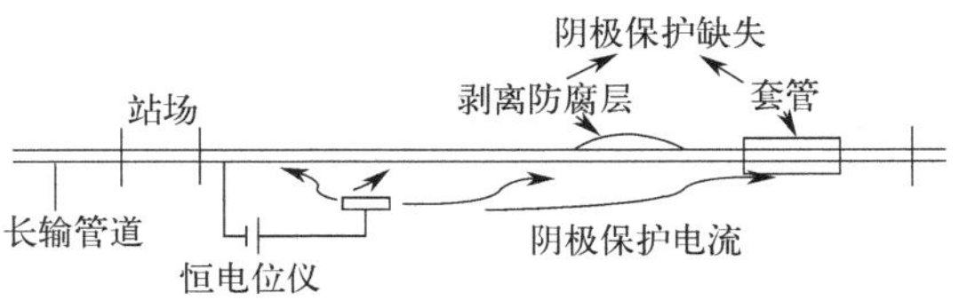

图 5-6　长输管道的阴极保护及阴极屏蔽

2）埋地管线

埋地管线的腐蚀原因主要有土壤腐蚀、大气腐蚀和生物腐蚀。目前氧化铝行业埋地管道防护主要采用管道表面涂层防腐，常用的涂层材料包括石油沥青玻璃布、厚浆型环氧煤沥青玻璃布、聚乙烯黏胶带和 STIC 重型防腐涂料等。

然而，防腐层在生产、运输和施工过程中难免会受到损坏，无法将管道与腐蚀环境完全隔离开。同时，各种防腐绝缘材料都具有一定的吸水性和透气性，在长期埋地后会出现老化、发脆、剥离和脱落等现象。因此，单纯依靠防腐涂层无法有效解决埋地管线的腐蚀问题。

管道防腐蚀的最优方案是联合采用外防腐层与阴极保护技术，通过对牺牲阳极进行定期检查，并根据实际情况进行更换或调整，联合保护氧化铝埋地管线取得了很好的效果。此外，在使用阴极保护时，被保护的金属管道应具备良好的防腐绝缘层，以降低阴极保护的费用。

3）船舶

水运是五大运输体系之一，船舶是水上运输的主要工具。船舶长期航行于海洋中，不可避免地会受到各种腐蚀介质的侵蚀。目前，船舶的防腐措施主要是油漆涂层和阴极保护相结合。由于涂层在涂装和使用过程中不可避免地存在漏涂、孔隙等缺陷，腐蚀将首先在这些地方产生，然后加速腐蚀而造成孔蚀。施加阴极保护可有效抑制涂层缺陷处的孔蚀，且可降低阴极保护电流密度，使阴极保护更经济、保护电流分布更均匀、保护效果更好。

对于大型船舶，需要的保护电流比较大，在这种情况下，可安装两套独立的保护系统，放在船的中部，或布置在船的头部及尾部附近。恒电位仪可安装在机舱内的主控室或其附近。恒电位仪的安装要注意：其阴极接地与参比电极的零线接地不可共点，要相隔一定的距离。恒电位仪的负极应接到船体上，正极应接到与船体绝缘的辅助阳极上，一定不能接反。

船用辅助阳极的安装通常有附着型和凹进型两种。附着型的优点是电流分散能力比较好，缺点是容易受到损伤；凹进型的优点是阳极不易受到损伤，但其分散能力不如附着型好。凹进型阳极主要用在破冰船这类高负荷船舶上，并且安装在船头部位。

参比电极的纵向布置需视参比电极的多少而定，如果全船只用两支参比电极，配置在船首部一支，船尾部或船中部一支，最好左右舷分开。如果安装多支参比电极，船首部、船中部和船尾部都可配置，左右舷分布。参比电极既可布置在两辅助阳极中间，也可布置在离阳极最远的地方，即安装在电位最正的地方。参比电极垂向布置，应与辅助阳极布置在同一水平面上。

阴极保护通常会与涂料保护联合使用，表 5-1 列举了阴极保护在部分化工设备中的应用实例。

表 5-1 阴极保护在部分化工设备中的应用实例

设备名称及材质	介质条件	保护状况及效果
不锈钢盘管	11% Na_2SO_3	外加电流法，石墨阳极，电流密度为 80mA/m^2；未保护时 2～3 个月会损坏，保护后延长至 5 年
不锈钢化工设备	稀 H_2SO_4＋有机酸，100℃	外加电流法，高硅铸铁阳极，电流密度为 0.12～0.15A/m^2；保护前焊缝有晶间腐蚀，保护后停止
钢和哈氏合金反应器	10% HCl	外加电流法，铅合金阳极；保护前有严重电偶腐蚀，保护后减轻
合成氨水冷器	管外走水，管内走 28～30MPa 的合成氨	外加电流法保护管外壁，石墨阳极，电流密度为 0.5mA/m^2；保护前水腐蚀严重，寿命为 1 年，保护后腐蚀停止
铜蛇管	NH_4Cl	锌牺牲阳极法保护，使用寿命延长数倍；也可采用外加电流法，使用铅阳极
盐析结晶器和冷析结晶器（各 100m^2）	铵盐水，130～150℃和 4～7℃	外加电流法，高硅铸铁阳极，电流密度为 0.13～0.15A/m^2（有环氧涂层）
碳钢碱液蒸发锅（Φ1.4m×1.76m）	NaOH，从 23%浓缩至 42%和 50%，120～130℃	外加电流法，碳钢阳极（0.58m），电流密度为 3A/m^2；保护前 40d 内即发生应力腐蚀开裂，保护后可用 4～5 年

5.2.4 阳极保护技术

阳极保护法开发得较晚，该方法由美国的 Bartlett 于 1945 年首先提出。20 世纪 50 年代后，开始在化工设备金属结构件的防腐方面得到应用。阳极保护是将被保护金属设备与外加直流电源的正极相连，在给定的电解质溶液中使金属阳极极化至钝态而得到保护的一种防腐蚀方法。

（1）阳极保护法原理

在外加阳极极化条件下，金属电极电位呈现正向偏移。当其正移到致钝电位或流经金属外部的电流密度达到钝化电流时，金属将发生阳极钝化现象，在表面生成钝化膜。如果电位进入稳定钝化区，金属表面将形成完善的钝化膜。这时若对金属施加一个比钝电流小得多的电流密度，就能使金属维持这种钝性。由此使金属的腐蚀电流密度（也即腐蚀速度）大大减小。也就是说，利用金属的阳极钝化现象，通过外加阳极电流使金属表面生成钝化膜，并用一定的微小电流密度维持钝化膜的稳定性，则金属将从腐蚀强烈的活化状态转变为腐蚀极轻微的稳定钝化状态，这种防止金属腐蚀的控制技术称为阳极保护技术。

此外，用控制电势法测定阳极极化曲线（图 5-7），可以清楚地了解金属的钝化过程。当外部通入电流时，可钝化的金属电位随电流上升，达到致钝电位后，腐蚀电流急速下降，后随电位上升，腐蚀电流不变，直到过钝化区为止。

图中曲线可分为 4 个区域：

① *abc* 段为活性溶解区，此阶段金属进行正常的阳极溶解，阳极电流密度随外加给定电位的增加而增大。

② *cd* 段为钝化过渡区，此阶段阳极的金属表面生成钝化膜，电流密度随外加给定电位的增加而减小。

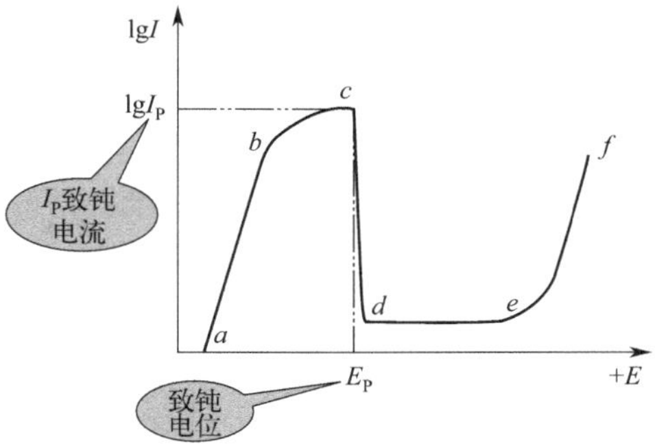

图 5-7 阳极极化曲线

③ de 段为稳定钝化区，此阶段表面金属处于钝化状态，此时电流密度稳定在很小的值，而且与给定电位无关。

④ ef 段为过钝化区，即已经钝化的金属又开始溶解，电流密度随外加给定电位的增加而迅速增大。

用恒电位仪把金属构件的电位控制在 de 段内，则可以将金属在介质中的腐蚀程度降至最低，这种利用阳极极化使金属得到保护的方法称为阳极保护法。

（2）阳极保护法主要参数

在阳极保护系统中主要有致钝电流密度、维钝电流密度、钝化区电位范围、最佳保护电位几个参数。

1）致钝电流密度

实施阳极保护时，通常希望致钝电流密度的数值越小越好，这样可以选用小容量的电源设备，减少设备投资和耗电量，同时降低致钝过程中设备的阳极溶解，使设备更容易达到钝态。金属材料、腐蚀介质的组成、温度、浓度和 pH 值等都影响着致钝电流密度的大小。

2）维钝电流密度

维钝电流密度反映了阳极保护时金属的腐蚀速度，维钝电流密度越小，设备的腐蚀速度越小，保护效果越好，日常耗电量也越小。

3）钝化区电位范围

钝化区电位范围越宽越好。范围越宽，电位允许波动的区间越大，越不易进入活化区，从而降低了对控制设备和参比电极的要求。

4）最佳保护电位

在阳极保护时存在一个最佳的保护电位。阳极处于这一电位时，维钝电流密度最小，钝化膜最为致密，阳极腐蚀速度最低，阳极保护效果也最好。

（3）阳极保护法特点

① 在活性阴离子含量较高的介质中不宜采用阳极保护。主要原因是这些活性离子（如氯离子）在高浓度下能局部破坏钝化膜并造成孔蚀。

② 存在遮蔽效应。如果阴、阳极布局不合理，可能会造成钝化程度不一致。

③ 与阴极保护法相比，阳极保护法成本高、工艺复杂。主要是由于阳极保护法需要辅助阴极、直流电源和电位控制设备。

（4）阳极保护法的应用

在防腐蚀的应用中，阳极保护和阴极保护适用于完全不同的介质条件，二者不可以相互替代，但却能互补。尽管针对阳极保护的应用研究已持续数十年，但其工业应用仍主要局限于硫酸介质、氨水、化肥溶液及造纸工业等少数领域，且仅在这些条件下才能取得理想效果。

我国许多化肥厂对碳酸铵生产中的碳化塔实施阳极保护，取得了显著效果。整个塔体、塔内的冷却水箱、角钢、槽钢等作为阳极，接到整流器的正极上；在塔内合理布置一定数量的碳钢作为阴极，接到整流器的负极上。阳极与阴极的面积之比约为 13∶1。碳化氨水缓缓输入塔内后，通以大电流。随着溶液的上升，碳钢逐渐被钝化。当碳钢进入钝化区后，降低电流维持在钝化区间内，并将阳极电势控制在＋700mV 左右。碳化塔阳极保护示意如图 5-8 所示。

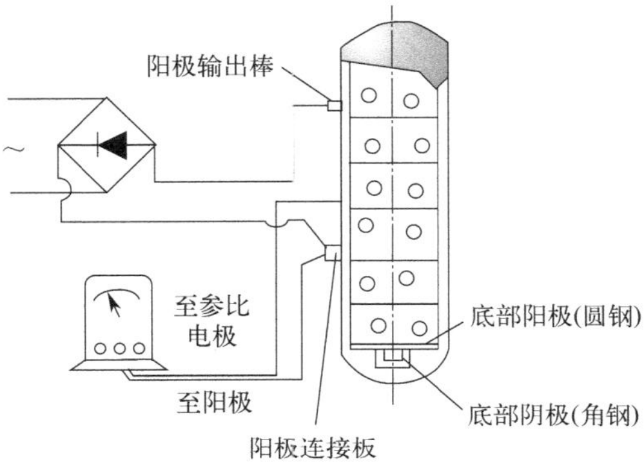

图 5-8 碳化塔阳极保护示意图

此外，生产硫酸、磷酸等的不锈钢容器和设备也常用阳极保护法防止腐蚀，表 5-2 中列举了一些国内外阳极保护的应用实例。

表 5-2 国内外阳极保护的应用实例

设备名称及材质	介质条件	保护状况及效果
三氧化硫发生器，碳钢	105% H_2SO_4，明火加热，常温至 300℃	实施保护后，腐蚀速率从 39mm/a 显著降低至 1.5mm/a，同时 300℃ 水线区域也获得了有效保护
稀硫酸贮槽，不锈钢	10℃，6.4% H_2SO_4＋缓蚀剂	保护后使腐蚀率降为原来的 1/1900
管壳式换热器，筒体 304L 不锈钢，换热管 316L 不锈钢	管内走冷却水（软化水、脱盐水、循环水等），管外走 70℃ 以下的 93% H_2SO_4 或 120℃ 以下的 98% H_2SO_4	保护后腐蚀率小于 0.03mm/a，晶间腐蚀也得到控制，使用寿命延长至 15～20a
碳化塔，碳钢，80 组冷却水箱	18%氨水中通入 CO_2 直至生成 NH_4HCO_3 结晶，35～45℃	保护后腐蚀速率由 7mm/a 降至 0.05mm/a
氨水贮槽，碳钢	25%农用氨水，常温	保护后腐蚀速率由 0.3mm/a 降至 0.001mm/a
磷酸贮槽，304 不锈钢	55℃，75%H_3PO_4，Cl^- 含量为 750mg/kg	保护后腐蚀速率由 10.5mm/a 降至 0.16mm/a，并抑制了孔蚀；温度降至 27℃ 以下，电位控制在 400mV 时，仍不会发生孔蚀
加热器，钛管	管内走含 H_2S 和 CS_2 的 3% H_2SO_4（黏胶纤维生产介质），47～75℃；管外走蒸汽	含 0.2%钯的钛制管板可以消除缝隙腐蚀，传热速率比石墨换热器快 3 倍，价格仅为后者的 80%

（5）阳极保护法与阴极保护法的对比

阴极保护和阳极保护都属于电化学保护，适用于保护处于电解质溶液中的金属设备，但它们又有各自的特点，两者对比见表 5-3。

表 5-3 阳极保护法与阴极保护法对比表

项目	阴极保护	阳极保护
适用范围	适用于一切金属	只适用于活化/钝化金属
介质腐蚀性	弱到中等	中等到强
设备费用	低	高
安装费用	低	高
操作费用	中等到高	很低
电流分散能力	低	很高
整流器	恒电位或恒电流	恒电位
外加电流值	高，与阴极还原反应电流有关，不代表腐蚀率	非常低，通常是衡量被保护设备腐蚀率的直接尺度
操作条件	通常由实际试验确定	可以用电化学测试精确且迅速确定

5.2.5 电化学除氯

电化学除氯法是钢筋混凝土防腐蚀与修复的有效措施。电化学除氯法的原理与阴极保护相似：在混凝土表面安装阳极系统，施加较高电压和电流密度，短时间内对钢筋通入外加电流。这能显著降低钢筋周围混凝土的氯离子含量，同时提升氢氧根离子浓度，从而在不损伤结构的前提下有效脱除盐分。当钢筋表面恢复为原有状态时，可停止阴极保护，撤去阴极系统，涂抹覆盖层加以保护，防止氯离子进一步渗入。

（1）电化学除氯的原理

电化学除氯的原理如图 5-9 所示，该方法以混凝土中的钢筋作为阴极，浸入或埋入混凝土表面电解质中的外部电极作为阳极，在阴极与阳极之间通以直流电流，电流密度一般为 $1\sim3A/m^2$（相对于钢筋表面积）。

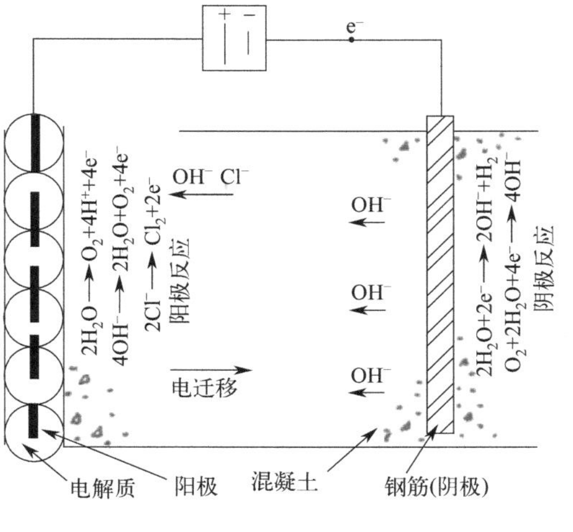

图 5-9 电化学除氯原理

在电场的作用下，混凝土中的阴离子（Cl^-、OH^- 等）由阴极向阳极迁移，阳离子（Na^+、K^+ 和 Ca^{2+} 等）由阳极向阴极迁移。Cl^- 由阴极向阳极迁移并脱离混凝土进入电解质，从而达到消除氯盐的目的。同时，阴、阳极上发生相应的电化学反应，其中阴极反应生成的 OH^- 向阳极迁移，引起钢筋周围和混凝土保护层中的碱性升高，可一定程度上提高钢筋混凝土抵抗 Cl^- 二次侵蚀的能力。

（2）电化学除氯的优缺点

1）电化学除氯的优点

① 处理时间短，通常可在 4～6 周内完成。

② 处理完成后短期内无需进一步维护。

2）电化学除氯的缺点

① 作为一种新技术，目前尚缺乏统一的技术标准以及详细的作业指导说明书。

② 由于处理过程中采用的电流密度较高，可能会引发更多的副作用。

③ 对于处理后的钢筋寿命，目前尚无精确的计算方法。

5.2.6 电化学再碱化

在混凝土结构工程的防腐蚀与修复措施中，电化学再碱化技术是一种有效的解决方案。再碱化处理是 1992 年开发的新型电化学防护技术，目前已在多国获得应用专利。其中，混凝土碳化是造成混凝土碱性降低的主要原因之一，当 pH 值下降到 9 以下时，会使钢筋钝化能力降低，不能再对钢筋提供保护，因此，钢筋的锈蚀在所难免。而再碱化技术就是根据阴极保护技术的原理，通过外部碱性溶液的电渗作用或阴极钢筋处的电化学反应，使钢筋周围的混凝土恢复碱度。

（1）再碱化处理的原理

混凝土碳化消耗了混凝土微孔溶液中的氢氧根离子，使钢筋附近混凝土的 pH 值下降，破坏了钢筋表面的钝化层，从而诱发钢筋的腐蚀。

钢筋在混凝土中的腐蚀所引起的电化学反应过程如下：

阳极反应 $$Fe - 2e^- \longrightarrow Fe^{2+} \tag{5-1}$$

阴极反应 $$O_2 + 2H_2O + 4e^- \longrightarrow 4OH^- \tag{5-2}$$

综合反应 $$2Fe + 2O_2 + 2H_2O \longrightarrow 2Fe(OH)_2 \tag{5-3}$$

$$CO_2 + H_2O \longrightarrow H_2CO_3 \tag{5-4}$$

$$H_2CO_3 + Ca(OH)_2 \longrightarrow CaCO_3 + 2H_2O \tag{5-5}$$

在对混凝土结构实施阴极保护后，钢筋表面会发生如式(5-2)的阴极反应。这说明，在有水和氧气存在的条件下，只要电子能流入钢筋，钢筋表面就会生成新的氢氧根离子，从而使其周围混凝土的碱度上升。

再碱化处理采用的电解液为碳酸钠水溶液。在电场力的作用下，Na^+ 和 CO_3^{2-} 渗入混凝土中，并与渗入的 CO_2 发生如下反应：

$$Na_2CO_3 + CO_2 + H_2O \longrightarrow 2NaHCO_3 \tag{5-6}$$

由反应式可以看出，该处理方式有效阻止了二氧化碳的侵蚀，避免了混凝土碳化。

(2) 再碱化处理的优缺点

① 再碱化处理的优点：处理周期短（可在 2～4 周内完成），处理后无需继续维护；处理系统只需安装临时直流电源。

② 再碱化处理的缺点：因该处理是一项新技术，所以目前尚缺乏技术标准和详细的作业指导说明书。

5.2.7 合金防腐技术

在工业应用中，介质条件往往难以改变，而表面处理通常会增加生产的工序和成本，因此，我们可以通过合金设计优化材料配方，添加抗腐蚀元素，改善材料的耐腐蚀性能。其中，较为常见的耐腐蚀合金有不锈钢、铁基合金、镍基合金（Ni-Cr 合金、Ni-Cr-Mo 合金、Ni-Cu 合金等）及活性金属等。

(1) 耐腐蚀金属

1) 镍基合金

镍基合金主要包括 Ni-Cr 合金、Ni-Cr-Mo 合金、Ni-Cu 合金等。由于 Ni 本身是面心立方结构，晶体学上的稳定性使其能够比 Fe 容纳更多的合金元素，如 Cr、Mo、Al 等，从而具有抵抗各种环境的能力。同时，镍本身就具有一定的抗腐蚀能力，尤其是抗氯离子腐蚀的能力。在强还原性、混合酸或含卤素离子的腐蚀环境中，哈氏合金等镍基耐蚀合金的性能显著优于铁基不锈钢。

同时，镍基合金不仅在诸多工业腐蚀环境中具有独特的抗腐蚀性能，而且具有强度高、塑韧性好、可冶炼铸造等性能，已经被广泛应用于石化、能源、海洋和航空航天等领域。

2) 活性金属

活性金属（如 Ti、Zr、Ta 等）也具有优异的抗腐蚀性能，其中钛材应用最为广泛，尤其适用于不锈钢无法适应的腐蚀环境。

钛材耐腐蚀原理是在氧化性气氛中可形成致密的氧化膜以提供保护，所以钛材一般不能用于还原性较强或者密封性较高的腐蚀环境中（缺氧环境）。与此同时，钛材的应用温度一般小于 300℃。需要特别注意的是，活性金属都不能用于含氟环境。

3) 高熵合金

高熵合金（HEAs）是一类具有优异性能的新型材料，因其优异的力学性能、耐腐蚀性能和热稳定性等而受到广泛关注。高熵合金的“高熵”是指在原子尺度上的化学无序或者拓扑无序，即合金的原子排列混乱度高，处于无序状态。

高熵合金中一些特定元素易形成致密氧化膜，且合金具有玻璃化、微晶化和单相结构等特性，这些特性为高熵合金耐腐蚀性能的提高提供了有利条件，尤其是含有 Cu、Ti、Cr、Ni 或 Co 的高熵合金，与 304 不锈钢一样，在高浓度 H_2SO_4、HCl 和 HNO_3 中均表现出很好的耐腐蚀性能，这是其他铁合金所不具备的。

(2) 金属的合金化设计途径

1) 提高金属或合金的热力学稳定性

通过向不耐蚀的金属或合金中加入热力学稳定性高的合金元素，形成固溶体并提高合金的电极电势，增强耐蚀性，如向 Cu 中加 Au，向 Ni 中加入 Cu、Cr 等。不过这种大量加入贵金属的办法，在工业结构材料中的应用是有限的。

2）加入容易钝化的合金元素

通过加入易钝化的合金元素（如Cr、Ni、Mo等）来提高基体金属的耐蚀性。例如，在钢中加入适量的Cr，就可制得铬系不锈钢，且实验证明，在不锈钢中，一般含Cr量大于13%时才能起耐蚀作用，含Cr量越高，其耐蚀性越好。这类不锈钢在氧化性介质中有很好的耐蚀性，但在非氧化性介质（如稀硫酸和盐酸）中耐蚀性较差。这主要是因为非氧化性酸不易使合金生成氧化膜，同时对氧化膜还有溶解作用。

3）加入能促进生成致密腐蚀产物保护膜的合金元素

例如，钢的耐大气腐蚀性源于其表面形成的致密羟基氧化铁[$FeO_x \cdot (OH)_{3-2x}$]保护层。在钢中加入Cu与P或P与Cr均可促进这种保护膜的生成。因此，可利用Cu与P或P与Cr制成耐大气腐蚀的低合金钢。

（3）合金的选用与合金设计原则

由上述分析可知，除选用耐蚀合金外，金属材料自身的抗腐蚀性能也是关键因素。因此，可以通过提高金属材料自身的抗蚀性来防止金属的腐蚀，并根据不同的用途选择不同的材料组成耐蚀合金，或在金属中添加合金元素，或对高抗蚀合金的材料进行优化，以此提高耐蚀性，有效地防止或减缓腐蚀。

高熵合金因其优异的力学性能、耐蚀性和高温稳定性，成为合金设计的重点研究对象。以下探讨其设计原则。

1）高熵合金的设计要注重均质化成分的选择

均质化的合金成分可以有效提高合金的强度和硬度，在一定程度上防止材料出现脆性断裂。同时，均匀分散的组元也能增强合金的耐腐蚀性能和抗疲劳性能。

2）设计多元晶体结构

多元晶体结构通过高熵微区设计，可显著提升合金的力学性能和高温稳定性。

3）使用合适的热处理工艺

热处理工艺在高熵合金设计中起着至关重要的作用。优化热处理工艺可调控高熵合金的晶体结构，从而提升其力学性能。

5.2.8 防腐蚀涂装

防腐蚀涂装是防止材料腐蚀的重要方法之一，正确选择防腐蚀材料可以有效延长设备的使用寿命。不同材料在不同环境中的腐蚀速度不同，选材时应针对特定环境，选择腐蚀率低、价格合理且物理力学性能满足设计要求的材料。

防腐涂料是被保护物体表面形成的隔离漆膜的有机涂层材料，其作用机理是阻隔腐蚀介质接触基体，从而延长被保护物体的使用寿命。石油化工设备及管道外防腐涂层是重要的防腐蚀措施。

1）涂料的基本组成

涂料可分为装饰性涂料和功能性防腐涂料两大类。以植物油和天然漆为基料的称为油漆，而以合成树脂为基料的则称为防腐涂料。一般防腐涂料比油漆的防腐性能更强，价格也更贵。

涂料一般由不挥发组分和挥发组分两部分组成，它在物体表面涂布后，其挥发组分逐渐挥发离去，留下不挥发组分干结成膜。因此，涂料中不挥发成膜物质通常简称为“固体分”。

成膜物质又可分为主要成膜物质、次要成膜物质及辅助成膜物质。

2）防腐涂料的种类

防腐蚀涂料的种类繁多，腐蚀的环境也多种多样，因此应该针对腐蚀产生的原因选择合适的防腐涂料。

① 按树脂成膜可以分为：环氧防腐涂料、聚氨酯防腐涂料、丙烯酸防腐涂料、无机防腐涂料和氯化聚烯烃防腐涂料。

② 按溶剂可以分为：水性防腐涂料、油性防腐涂料。

③ 按用途可以分为：管道用防腐涂料、船舶用防腐涂料、金属用防腐涂料、橡胶用防腐涂料、家具用防腐涂料和汽车用防腐涂料。

3）防腐涂料的特点

防腐涂料具有优异的耐久性和耐候性，能在极端环境中长期保持防护性能。在海洋、地下等恶劣条件中可使用 10 年以上；在酸、碱、盐及溶剂介质中，配合适宜的温度条件，可保证 5 年以上的有效防护。

4）常见的高性能防腐涂料

① POR-15 系列防腐涂料：POR-15 系列防腐涂料是美国 POR-15 公司于 20 世纪 70 年代开发的高性能聚氨酯防腐涂料，主要组分为底漆、高温面漆、修补膏、专用黏结剂，广泛应用于航天、军工领域。近年来，该防腐涂料已逐步拓展至化工、冶金和汽车等领域，且其应用范围在不断扩大，在我国也得到了广泛的应用。

② 聚苯胺防腐涂料：聚苯胺防腐涂料主要应用于金属表面防护和导电聚合物领域，其能够在物质表面形成一层钝化层，避免金属表面与外界接触，达到了防腐蚀的目的。当前，聚苯胺防腐涂料经改性处理后发展为聚苯胺衍生物（PAN），并在金属防腐领域获得了广泛应用。

③ 环氧树脂涂料：环氧树脂涂料主要成分是环氧树脂及其固化剂，辅助成分有颜料、填料等，具有易加工和易成型的特点，因此被广泛用于防腐领域，其所占市场份额较大。同时，其具有较强的物理性能，而且金属附着力较强，因此环氧树脂涂料对金属设备具有优异的防腐性能。

5）涂料的防护作用

腐蚀防护理论与新技术的应用不仅深化了人们对涂料防腐机理的认识，还推动了新型防腐涂料的开发。涂料的防护作用可以归纳为以下几点。

① 屏蔽作用：优良的防腐涂料可以阻止或抑制水、氧气和离子透过漆膜，将腐蚀介质与金属隔离开，从而防止形成腐蚀电池或抑制其活性。

② 漆膜的电阻效应：在腐蚀电池的回路中，人们无法阻止金属内部的电子从阳极向阴极流动，但电绝缘性良好的漆膜却可以抑制溶液中阳极金属离子的溶出和阴极的放电现象。

③ 颜料的缓蚀作用和钝化作用：颜料是涂层的重要组成部分，大多数碱性颜料能与漆膜中含有的植物油酸以及有机漆膜氧化降解产生的低分子酸生成皂类化合物。它们可以降低漆膜的吸水性和透水性，并有缓蚀作用。在防锈底漆中经常采用活性较强的防锈颜料，如铬酸盐类等，其对底材金属有一定的钝化作用。

④ 阴极保护作用：通过在涂料中添加金属阳极粉末，并采用常规涂装工艺，可在金属表面形成有效的防护涂层。在腐蚀环境中，金属阳极粉末优先作为牺牲阳极发生腐蚀，从而

有效保护基体金属。

6）防腐蚀涂料的发展趋势

“十四五”期间，防腐涂料的发展重点在于高铁装备、海洋工程、铁路与公路桥梁及大型钢结构、新能源、石油化工等领域的防腐保护，围绕关键技术攻关与高性能产品开发展开系统性研究。

应持续推进水性化、高固体分化、无溶剂化绿色环境友好型防腐涂料的研发，重点覆盖船舶、集装箱、高端装备等重防腐需求领域，并从涂料产品配方优化、智能化涂料装备升级、环保型涂料工艺创新三个维度，构建低污染、低排放的系统化解决方案。

研发绿色环境友好型长效防腐涂料及涂层体系方案，延长涂料维修和重涂周期，减小防腐涂料全生命周期对环境的影响，推进防腐涂料涂装的节能减排，促进行业的可持续发展。

开发功能化重防腐涂料，如低表面处理涂料、纳米改性涂料、耐温耐湿涂料、聚苯胺涂料和石墨烯涂料等。

5.2.9 防腐蚀衬里

防腐蚀衬里（图 5-10）是一种防止设备腐蚀的未硫化、预硫化或硫化的橡胶板或片，它具有保护金属或其他基体免受各种介质侵蚀的能力，耐酸、碱、无机盐及多种有机物的腐蚀，同时，还有良好的弹性、耐磨性、抗冲击性，以及与金属和其他基体的黏合性能。在金属或其他材料工作表面用衬里胶板形成一连续的隔离性覆盖层的技术称为衬胶技术。

图 5-10 防腐蚀衬里

衬里胶料可分为软质胶、硬质胶和半硬质胶，衬里的制造包括对金属基材的表面处理，衬里胶板的加工、裁剪、贴合和硫化等工序。衬里胶板作为一种兼具化工防腐与机械磨损防护功能的材料，被广泛应用于化工设备内衬，以及矿山、冶金行业的泥浆泵、浮选机、磨机等设备的耐磨防腐衬里。

（1）防腐蚀衬里类型

防腐衬里可以分为四大类，分别为设备防腐衬里、磨机衬里、浮选机衬里及烟气脱硫衬里，根据防腐工程的不同，可以挑选合适的衬里类型。

1）设备防腐衬里

设备防腐衬里通常采用常温冷黏和热硫化两种工艺，利用优质耐磨、耐热、耐腐蚀胶板制成，可实现对压力容器罐、过滤罐、离子交换器、反应釜和电解槽等设备的全套设计与制作。同时，设备防腐衬里通常采用耐磨、耐油、耐热和耐酸碱腐蚀等不同类型的橡塑材料作内衬，采用冷黏及热滚塑工艺进行加工，为水处理设备添加有效的防护层。

2）磨机衬里

当前工业磨机普遍存在机型多样化、数量庞大的特点，其磨损率显著受衬板结构与材料、磨机填充率以及钢球直径与级配等关键参数影响。有研究者对磨机衬里的材料和设计进行了探索，据悉，最初采用的衬里通常是由白口铸铁、高锰钢、非合金高碳钢以及钢和混凝土或天然石料的复合材料制成的。

① 白口铸铁：白口铸铁分为普通白口铸铁、低合金白口铸铁、中合金白口铸铁和高合金白口铸铁4种。目前工业应用中，铬含量12%～20%的高铬白口铸铁因其组织内形成孤立杆状碳化物，兼具高硬度与优良冲击韧性，成为耐磨材料的首选，也成为球磨机的筒体衬板材料。高铬白口铸铁冲击韧度通常为5～7J/cm^2，相对其他材料偏低，因此高铬白口铸铁尤其适用于直径2.5m以下、对冲击强度要求较低的小型球磨机筒体衬板。

② 高锰钢：高锰钢的主要优点是抗磨损、抗强冲击、芯部韧性强，主要缺点是屈服强度低、易断裂，扩散冲击导致衬板发生塑性流变，且导热性差，易析出碳。我国主要通过改变微观晶体结构、加入碳化物等方式实现高锰钢的改性。同时，高锰钢在耐磨性和加工硬化方面有着出色的表现，是应用比较广泛的耐磨材料。大型球磨机应用高锰钢材料衬板能够有效延长其使用寿命。

③ 合金钢：合金钢的主要合金元素包括镍、锰、铬、钼和钨等，其综合力学性能好，稳定性强，耐反复冲击且拆卸方便。作为性能较好的耐磨材料，在合金钢中添加不同含量和种类的合金元素，对碳含量进行调整，在不同的热处理工艺下，可获得不同的力学性能。

3）浮选机衬里

为了更好地解决浮选机槽体及矿箱内部的腐蚀问题，通常会对其内部进行衬胶处理。该衬胶技术是在金属或其他材料工作表面用衬里胶板形成一连续的隔离性的覆盖的技术。浮选机衬里多采用防腐橡胶衬里，为未硫化、预硫化或硫化橡胶板材。其色泽以黑色、红色为主，具有耐酸碱、耐无机盐及有机物腐蚀的特性，兼具弹性、耐磨性和抗冲击性。

4）烟气脱硫衬里

烟气脱硫吸收塔作为湿法脱硫系统的核心设备，长期受到化学腐蚀与浆液磨蚀的双重损害，严重影响其使用寿命与运行效能。因此，防腐处理成为保证设备正常运行的关键。目前，在烟气脱硫吸收塔的防腐方面，常用的防腐材料主要有耐腐蚀合金、非金属材料和无机防腐材料3类。

① 耐腐蚀合金：在烟气脱硫（FGD）系统中常采用的耐腐蚀金属材料有不锈钢、镍基合金、钛合金、高铬铸铁等。在高温、强腐蚀等极端工况区域，耐腐蚀合金已逐步取代非金属衬里材料成为优选解决方案。近年来，我国烟气脱硫装置在防腐材料应用上呈现差异化配置，吸收塔入口干湿交界区及烟气挡板采用整体镍基合金或镍基合金复合碳钢板，其余部位则根据腐蚀环境选用非金属防腐材料与不同等级耐蚀合金的组合防护方案。而在欧美地区，

FGD 系统中腐蚀较为严重的区域，一般采用高耐蚀合金作为防腐材料，对于吸收塔内部和烟囱则依据腐蚀环境，采用不同等级的奥氏体不锈钢或镍基合金。

② 非金属材料：非金属衬里材料包括橡胶、玻璃鳞片和玻璃钢等。在 FGD 系统中，橡胶材料广泛应用于吸收塔内壁及内部构件、下游低温烟道衬里，以及浆液管道内衬和阀门密封等关键部位；玻璃鳞片主要应用于烟气换热器、吸收塔上下游烟道以及烟气出口挡板门后的烟道部分，且添加陶瓷耐磨材料可以增强玻璃鳞片的耐磨特性，这些特殊的涂料主要用于吸收塔喷淋部位或浆液磨损较为严重的区域等。

③ 无机防腐材料：在 FGD 系统中，无机防腐材料包括无机耐酸胶泥、耐酸砖和硼硅酸盐玻璃泡沫等。其中，无机耐酸胶泥曾广泛用于早期湿法 FGD 入口、出口烟道和高磨损区域；耐酸砖广泛应用于石油、化工、冶金、电力、制药、化肥等行业，且在地下污水道和露天地面等工作地都能发挥其耐腐蚀能力；硼硅酸盐玻璃泡沫用于烟气脱硫系统的入口、出口烟道与烟囱处，但在实际选择应用时需要严格考察，主要是因为该材料较脆，易碎、易磨损、易造成机械损伤。

烟气脱硫衬里常用防腐材料的使用性能见表 5-4。

表 5-4　烟气脱硫衬里常用防腐材料的使用性能

序号	防腐材料	特点	适用范围
1	玻璃鳞片树脂衬里	具有耐酸碱腐蚀性、耐磨性，耐 180℃以下高温，防腐性能良好	吸收塔、烟道防腐
2	镍基整体合金	耐酸、耐碱，在低 pH 值和 Cl^- 浓度较高的环境中非常稳定，具有较高的强度与塑性，防腐性能优良	多用于恶劣的腐蚀环境，例如入口烟道的干湿界面
3	橡胶衬里	具有高弹性、耐磨性、耐蚀性、可黏结性和一定的机械强度，防腐性能良好	吸收塔、箱罐防腐
4	玻璃钢	具有耐蚀性、耐热性、耐磨性，防腐性能良好	浆液输送管道
5	耐蚀塑料	强度高、耐高低温、耐腐蚀、适应性强，防腐性能良好	浆液输送管道和除雾器
6	耐蚀化工陶瓷	耐无机酸和盐类的腐蚀，不耐碱，机械强度差，防腐性能良好	喷嘴

（2）防腐蚀衬里材料

防腐蚀衬里技术是通过复合多种功能材料实现长效防护的腐蚀控制解决方案。根据不同的介质条件和设备及管道需求，可以选取不同的衬里材料。

1）聚氯乙烯塑料衬里

聚氯乙烯塑料衬里分为硬聚氯乙烯塑料衬里和软聚氯乙烯塑料衬里。它具有优良的耐腐蚀性能，能耐大部分酸、碱、盐类、烃类化合物、有机溶剂等的腐蚀，还有着优良的绝热性能和电绝缘性，该衬里的施工技术简单，其施工方法包括松套衬里、螺栓固定衬里及粘贴衬里 3 种，施工方法的细节如下：

① 松套衬里：其以钢壳为主体，里面加衬硬聚氯乙烯板材。这种结构常用于尺寸较小的设备，衬里和钢壳不加以固定，因此钢壳不限制硬聚氯乙烯的胀缩。

② 螺栓固定衬里：当设备尺寸较大时，为了防止衬里层从钢壳上脱落，可采用螺栓固定衬里。

③ 粘贴衬里：是利用胶黏剂（一般称为胶），使硬聚氯乙烯薄板（2～3mm）与钢制基体黏结成型的防腐工艺，适用于各种涂料。刷涂法可使涂料渗透金属表面的细孔，增强涂膜对金属的附着力。缺点是劳动强度大、工作效率低、涂布外观欠佳。

2）铅衬里

铅衬里是强腐蚀性介质处理设备和储罐的核心防护材料。铅衬里适用于常压或压力不高、温度较低和静载荷作用下工作的设备，真空操作的设备、受振动和有冲击的设备不宜采用。铅衬里技术广泛应用于硫酸输送系统的关键设备，包括泵体、管道及阀门等。铅衬里的固定方法有搪钉固定法、螺栓固定法、压板固定法（焊接式）等，其施工方法的细节如下。

① 搪钉固定法是在设备内表面某些部位搪上铅，其形状为圆形或方形，称为搪钉，把铅板焊在这些搪钉上。

② 螺栓固定法采用埋头螺栓贯穿钢制压板、衬铅层和设备壳体实现紧固，随后在压板表面覆盖铅盖板并通过铅焊密封周边接缝，形成完整的防腐体系。

③ 压板固定法（焊接式）是衬铅施工的一种新方法。该固定工艺采用双端锚固设计，在壳体表面铺设衬铅板后，根据结构需求在预定位置开设间距可调的双方形定位孔实现紧固，两个方孔的距离随实际需求而定。

铅衬里施工中的铅板焊接推荐采用氢氧焰或乙炔氧焰工艺。施焊时必须采用中性焰，并应避免仰焊；施焊的焊缝中不应有油脂、泥沙、水等杂质；焊口边缘必须用刮刀刮净，使之呈现金属光泽，并应随刮随焊；焊缝为多层焊时，每焊完一层必须将表面刮净后，才可以焊下一层。

3）玻璃钢衬里

玻璃钢衬里是利用玻璃纤维增强塑料结构在混凝土的基础上形成一层防护，该防腐衬里具有整体性强、抗渗性好和造价合理的特点。在玻璃钢衬里防腐蚀工法中，一般采用玻璃纤维布加玻璃纤维短切毡或表面毡的复合结构，厚度在 1～3mm 之间。玻璃钢防腐衬里具有耐水浸泡、透水率低、黏结性强、耐水压强度高、耐酸碱腐蚀、防腐防霉、无毒无害、使用寿命长、施工简便、无需保护层等优点。该衬里主要有手糊法、缠绕法、模压法和喷射法 4 种施工方法。

① 手糊法：边铺衬玻璃布（毡），边涂刷胶黏剂（配制好的胶液），直至达到要求层数（厚度），固化后即成玻璃钢制品。

② 缠绕法：将玻璃纤维纱或玻璃布连续浸入胶液后，手工或机械连续缠绕在胎模或内衬上，经固化后即成玻璃钢制品。主要用于制造管道、高压容器和圆筒形设备。

③ 模压法：将已干燥、浸胶液的玻璃布叠好后，放入压模内进行加温加压，经过一定时间后即固化成型。

④ 喷射法：通过专用喷枪将树脂和固化剂与短切玻璃纤维同步喷射至模具表面，经辊压密实后固化成型。

4）橡胶衬里

橡胶衬里是选取一定厚度的片状耐蚀橡胶材料，贴合在基体的给定表面上，形成连续完整的保护覆盖层，基于隔离腐蚀介质对基体的作用，达到防腐蚀的目的，它具有使金属或其他基体免受多种介质侵蚀的能力。各种橡胶衬里不仅能耐受酸、碱、无机盐及很多有机物的腐蚀，还具有良好的综合性能，例如弹性、耐磨性、耐冲击性、耐弯曲性、吸振性、与金属或其他基体的易黏结性等。橡胶防腐衬里主要包括硫化罐硫化、本体硫化（硬质/半硬质/软质）、常压蒸汽/热气硫化、自然硫化和预硫化等工艺类型。该衬里的施工通常采用粘贴法，即将加工好的整块胶板利用胶黏剂粘贴在金属表面上，接口以搭边方式黏合。

5）砖板衬里

砖板衬里施工采用胶泥衬砌法，即在设备的内壁采用胶泥衬砌耐腐蚀砖板等块状材料，将腐蚀介质同基体设备隔离，从而起到防腐蚀作用。

上述衬里技术特点汇总见表 5-5。

表 5-5 各衬里技术特点

名称	施工方法	特点
聚氯乙烯塑料衬里	松套衬里、螺栓固定衬里、粘贴衬里	质量轻，化学稳定性优越，电气绝缘性能佳，耐磨性能优良
铅衬里	搪钉固定法、螺栓固定法、压板固定法	良好的耐蚀性、酸浴防护能力、柔软性和展性，材料价格低且易加工，经济性好
玻璃钢衬里	手糊法、缠绕法、模压法、喷射法	附着力强，耐蚀性能好，抗冲击，平面整体光滑美观、不脱色、易擦洗，施工工艺良好
橡胶衬里	黏粘法	耐腐蚀性能优良，适应性强
砖板衬里	胶泥衬砌法	材料成本低，施工方法简单、成熟，耐高温，耐高压，耐冲刷磨损

（3）防腐蚀衬里应用——橡胶衬里

1）橡胶衬里在管道中的应用

管道的用途是输送固液混合物、液体或气体，具有运行成本低的突出优势，是目前应用最为广泛的流体传送方式（图 5-11）。但是金属材料制成的管道在输送酸、碱、盐及其溶液，富含各类腐蚀性化学物质的工业废水，含有硫化氢、二氧化碳、溶解盐的石油时，这些流体均会对管道造成腐蚀作用，导致管壁变薄甚至穿孔，或形成金属氧化物使该处的机械强度显著下降，因此管道运输系统中多使用橡胶衬里进行防腐蚀保护和耐磨保护。

(a) 耐磨天然橡胶衬里

(b) 天然硬胶、丁基橡胶、氯丁橡胶衬里

(c) 氯丁橡胶衬里

图 5-11 管道衬胶在实际中的应用

2）橡胶衬里在脱硫设备中的应用

目前，国内脱硫工艺主要是石灰石-石膏湿法工艺，该工艺的核心是吸收塔，吸收塔的运行状态对整个装置的运行状态和脱硫效率起决定性作用，因此在吸收塔内部必须配置耐腐蚀性和耐磨耐温性的橡胶衬里材料。同时，根据烟气脱硫装置中不同部位所接触腐蚀介质、腐蚀特性和腐蚀环境的不同，特定部位所需的橡胶衬里品种也不同，综合考虑多种因素，烟气脱硫装置可以使用两类材料：一是乙烯基鳞片胶泥，二是丁基橡胶（主要包括氯化丁基橡

胶和溴化丁基橡胶）。氯丁橡胶衬里在烟气脱硫装置中的应用最早可追溯到 20 世纪 80 年代，该技术曾在日本使用，但目前已全部改用乙烯基鳞片技术。国内大多引自德国技术，倾向于在吸收塔和出口烟道内表面使用橡胶衬里，早期曾使用氯丁橡胶作为衬里材料，但效果欠佳，目前广泛使用丁基橡胶衬里、氯化丁基橡胶衬里和溴化丁基橡胶衬里。

3）橡胶衬里在海水淡化设备中的应用

在海水淡化设备中，出于对材料性能和成本的综合考虑，大部分设施和管道采用钢铁材料，其中高耐蚀等级的不锈钢虽然理论上能够长时间耐受海水的腐蚀，但是在实际应用中由于产品瑕疵等原因，其也无法完全避免海水腐蚀的发生，加之高耐蚀等级的不锈钢成本较高，因此在一些设施的核心部位或关键管道，尤其是涉及核安全的相关应用上，往往不采用高耐蚀等级的不锈钢，而采用碳钢加内衬的设计。在其使用过程中，只要保证内衬不发生破损和渗漏，就能确保设施和管道免于海水的腐蚀。内衬的主要种类有涂层、砂浆和橡胶。目前，防腐橡胶取代了涂层和砂浆，用作设备的保护衬里，使设备可以长时间维持稳定运行而免受海水腐蚀的影响。因此，使用防腐橡胶衬里可一定程度上延长设备的使用年限，提高机组的安全运行率与可靠率。

鉴于橡胶衬里的可塑性、高度化学稳定性和低渗透性，橡胶衬里适用于作海水淡化设备和管道的保护衬里。除了具有较高的化学稳定性和较长的使用寿命外，它还有工艺简单、对设备要求低和价格较低的特点，同时由于橡胶自身弹性体的特性，其适用于各种形状和尺寸的、有防腐需求的设备和管道，目前已广泛应用于各类大型海水淡化项目中，可以有效地防止高腐蚀性的海水对设备的腐蚀。

4）橡胶衬里在核电设备中的应用

核电是一种高效的清洁能源。保障核电设备的安全是维护核电设备稳定运行的基础，其中就包括核电设备的防腐设计。核电设备防腐性能的提高可大大延长核电设备的使用寿命，增加其运转稳定性与安全性，而防腐橡胶衬里可广泛应用于海水淡化、核电、水电、废水处理、烟气脱硫、食品、化工和选矿设备等领域。因此，考虑到橡胶防腐衬里技术具有可靠性、经济性、安全性、长寿命等优点，可将核电技术与橡胶防腐衬里技术相结合，使得核电设备更为安全、稳定地发电。

具有防腐功能的橡胶主要有氯丁橡胶、丁基橡胶、天然橡胶、乙丙橡胶以及氟橡胶等。针对使用环境以及设备材料的不同，可选择符合要求的橡胶品种。此外，不同的核电设备对防腐橡胶的力学性能、黏合性等具有一定的要求，因此需要对防腐橡胶进行一定的改性。例如，石墨烯具有优异的化学稳定性，在防腐橡胶中添加适量的石墨烯可以制备出一种新型的防腐橡胶，它不仅具有原橡胶中的阴极保护作用，且其耐水性及硬度等也更高，因此总体防腐性能得到了提高。此外，对橡胶制备工艺进行一系列改进与创新，也可一定程度上提高橡胶的性能。

5.2.10 防腐蚀地坪

化工、石油、制药、冶炼等行业的车间和仓库地面除了受到重负荷、重物冲击、钢制车轮划伤等损伤外，还会经常受到酸、碱、盐、油、水等介质的侵蚀。普通的混凝土或水泥地面往往难以承受这些伤害，因此在使用过程中经常会出现开裂和粉化等现象，影响了地面的使用，严重时甚至会给生产造成重大危害。

该问题的解决途径有两种：对出现损伤的地面随时进行修补；对地面进行处理并铺装能够耐腐蚀的地坪体系。对损伤的地面进行局部修补不仅会额外花费时间、造成工作中断，而且不能从根本上解决地面受到腐蚀的问题。因此在地面腐蚀较为严重的场所，往往要铺装能够耐腐蚀的地坪体系，这种体系称为防腐蚀地坪体系（图 5-12）。

图 5-12　防腐蚀地坪体系

目前较成熟的防腐蚀地坪包括防腐蚀砖板或石材地面、防腐蚀混凝土地面、防腐蚀砂浆地面、防腐蚀地坪涂料体系。其中防腐蚀地坪涂料体系以其优异的装饰性能和使用性能受到广泛关注。

（1）防腐蚀地坪施工工艺

① 素地处理：依素地状况做好打磨、修补、除尘。

② 底涂施工：将树脂按适当比例加入促进剂和固化剂，将素地薄刮一遍，增强表面附着力。

③ 铺玻纤布：将玻纤布放置平整，全面铺设一道。

④ 环氧砂浆：将环氧双组分加入石英砂，用镘刀将其均匀涂布多道。

⑤ 环氧腻子：将环氧双组分加入适量腻子粉，用镘刀将其均匀涂布多道。

⑥ 面漆施工：将调配好的面漆用镘刀或滚筒均匀涂布，完工后整体地面光亮洁净，颜色均一，无空鼓。

⑦ 重防腐面漆：将调配好的面漆重复涂刷几道，达到重防腐效果。

⑧ 施工完成：24h 后方可上人，72h 后方可重压（以 25℃为准，低温开放时间需适度延长）。

（2）防腐地坪分类

防腐地坪可以分为无机防腐地坪和有机防腐地坪。

① 无机防腐地坪：无机防腐地坪主要有水玻璃（钠水玻璃、钾水玻璃）等混凝土防腐地坪，以及花岗岩、大理石等耐酸碱盐腐蚀的天然石材类地坪。

② 有机防腐地坪：有机防腐地坪就是采用有机树脂涂料进行混凝土基面防护的地坪，主要有环氧玻璃鳞片、乙烯基玻璃钢、水性聚氨酯砂浆、聚脲防腐地坪 4 类地坪系统。

不同防腐地坪的防腐功能不一样，例如在抗碱方面，环氧地坪优于乙烯基地坪；在抗酸方面，水性聚氨酯砂浆地坪优于乙烯基地坪和环氧地坪，所以通常来说水性聚氨酯砂浆地坪是食品领域防腐地坪的首选；而在抗海水腐蚀方面，聚脲防腐地坪则是最佳选择。因此，我们在选择防腐地坪时，必须清楚地知道需要抵抗的具体物质、该物质存在的状态，以及使用时接触该物质的浓度和温度等，只有这样才能选择出最佳的防腐地坪解决方案。

(3) 防腐地坪涂料涂层的分类

根据《地坪涂料》(HG/T 3829—2006) 可知，现有地坪涂料主要分为以下 3 类。

1) 地坪涂料底漆 (floor primer)

多层涂装时，直接涂到底材上的地坪涂料。

2) 薄型地坪涂料面漆 (thin film floor finish)

采用喷涂、滚涂或刷涂等施工方法，漆膜厚度在 0.5mm 以下的地坪涂料面漆。

3) 厚型地坪涂料面漆 (high build floor finish)

在水平基面上通过刮涂等方式施工后能自身流平，一遍施工成膜厚度在 0.5mm 以上的地坪涂料面漆。

(4) 防腐地坪涂料材料的分类

根据涂料所选用树脂的不同，可将防腐蚀地坪涂料分为环氧树脂类、聚氨酯类、环氧丙烯酸酯类、酚醛树脂类和呋喃树脂类等。

1) 环氧树脂类地坪涂料

环氧树脂类涂料一般由 A、B 两组分组成。A 组分为环氧树脂，即端基是环氧基的低聚物，B 组分为固化剂。目前常用的环氧树脂固化剂为有机胺类固化剂，其固化反应机理为环氧基与氨基反应，形成仲氨基结构，交联固化。

环氧树脂地坪涂料的分子链固化后呈三维网状结构，能够阻碍小分子物质向涂层内部扩散，因此环氧树脂涂层的耐化学品性能优良。由于树脂结构中不含有酯键，因此环氧树脂涂层的耐碱性尤其突出；但环氧树脂涂层中含有仲氨基，易与酸类反应，因此环氧树脂的耐酸性较差。环氧树脂涂层中含有大量的羟基和仲氨基，能够与基材之间形成氢键，此外，环氧树脂对基材表面有一定的润湿力，因此环氧树脂涂层与水泥和混凝土基材之间具有良好的附着力。环氧树脂中含有大量的苯环，因此环氧树脂涂层的分子链段具有很强的刚性，但环氧树脂中含有柔性的醚键，一些固化剂（如聚酰胺等）也含有一定长度的柔性链段，因此环氧树脂还具有一定的韧性。环氧树脂的分子量可以在一个较宽的范围内调节，因此可以根据不同的要求制成溶剂型、无溶剂型或粉末涂料。

同时，环氧树脂因为含有环氧基和羟基，化学性质比较活泼，可以和多元胺、聚酰胺、多异氰酸酯等配合使用，且可以在常温下进行涂装。但环氧树脂的耐候性和低温反应性较差，因此一般只有在室内才使用环氧树脂作为面漆，且施工温度一般不低于 10℃。环氧树脂涂料既可配制成底漆和薄型涂料使用，也可配制成厚型涂料使用，是目前使用最广泛的一类涂料。

2) 聚氨酯类地坪涂料

聚氨酯类地坪涂料是指在漆膜中含有大量氨基甲酸酯键的一种涂料，由含有聚合多元醇的 A 组分和含有多异氰酸酯的 B 组分构成。

3) 环氧丙烯酸酯类地坪涂料

环氧丙烯酸酯类涂料又称环氧乙烯基酯树脂、乙烯基树脂，一般分为 3 个组分：A 组分是由环氧树脂与丙烯酸或甲基丙烯酸反应制得的端基为双键的环氧丙烯酸酯树脂及大量的活性稀释剂；B组分为引发剂；C组分为促进剂。

环氧丙烯酸酯树脂以前较少作为地坪涂料使用，多作为紫外光固化涂料、砂浆黏结树脂或玻璃钢用树脂使用。环氧丙烯酸酯树脂涂料的固化反应主要依靠B组分在C组分的促进作用下分解产生自由基并引发A组分中的双键聚合而进行。由于环氧丙烯酸酯树脂的两端都带有双键，因此固化后能够形成致密的交联网状结构，能够阻碍腐蚀性介质向涂层内部渗透，因此环氧丙烯酸酯涂料具有良好的防腐蚀性能。

4）酚醛树脂类地坪涂料

酚醛树脂是由酚类和甲醛缩聚而成的一类树脂，有较深的颜色，装饰性较差，涂层易脆裂，有很强的防腐蚀性能，一般将其与环氧树脂混合后使用，用于地面腐蚀较为严重的场所。

5）呋喃树脂类地坪涂料

呋喃树脂由农业废弃物（如谷糠、秸秆等）降解制成，为棕黑色，装饰性非常差，易脆裂，黏结强度低，但耐强酸、强碱以及耐热性好，远远超过酚醛树脂，常用作防腐蚀地坪的砂浆和板材的黏结剂。作为涂料使用时，一般将其与环氧树脂混拼，以改善其力学性能。

6）聚脲喷涂弹性体

聚脲喷涂弹性体技术是国外近十年来为适应环保需求而研制的一种新型无溶剂、无污染的环保型现场施工技术。它能耐强酸、强碱、强溶剂的腐蚀，除此之外，还具有快速固化、一次成型、施工简便、施工不受环境影响、环境友好、耐热、耐冲击、耐磨、施工效率极高、可以根据客户要求调节最终成品的颜色和手感等特点，是一种新兴的优异防腐材料。

（5）防腐蚀地坪发展现状

随着社会的不断进步，对工业厂房净化要求越来越高的医药、食品、电子、精密仪器等行业得到了快速发展，从而促进了环氧树脂地坪的发展。1996年，我国开始在制药行业实施GMP（药品生产质量管理规范）标准，使环氧树脂地坪的应用得到迅速发展。

目前，国内防腐地坪主要是以乙烯基环氧树脂材料为主，环氧树脂耐酸性固化剂的选择也较多。其中，普通的做法是在处理好的混凝土地面基层上涂刷封闭底涂层后刮涂几遍中涂层，然后做面层，这种做法满足不了某些工厂车间经常进行酸、碱、热水交替冲洗的使用功能要求。

由于做重防腐的工厂车间需经常进行酸、碱及热水的冲洗，腐蚀介质的长期存留会逐渐破坏表层而渗透进地坪中，当介质渗透进基层与底涂层间并积聚到一定程度时，会产生起鼓现象，进而造成地坪的破坏。

5.2.11 超疏水膜防腐

在长期的生命进化和自然选择进程中，大自然赐予了某些动植物特殊的形态结构和优异的功能特性，使其能够更好地适应周围复杂多变的生态环境，从而维持自身的生存发展。其中，荷叶由于其自身特殊的结构，当雨水落在其表面时，水滴和荷叶的接触角很大且滚动角很小，所以雨滴会像露珠一样迅速滚落，这种现象被称为“超疏水效应”。自然界中具有超疏水性的典型生物材料及相应的多尺度结构见图 5-13。

(a) 荷叶　(b) 水稻叶　(c) 蝴蝶翅膀　(d) 水黾腿　(e) 蚊子复眼　(f) 杨树叶

图 5-13　自然界中具有超疏水性的典型生物材料及相应的多尺度结构

除荷叶以外，自然界中许多动植物都呈现出了独特的超疏水效应，例如水稻叶的各向异润湿性能、蝴蝶翅膀的定向黏附性能、水黾腿部持久的超疏水性能、蚊子复眼的防雾及防反射性能、杨树叶的超疏水和防反射性能等。近年来，仿生科学家们受荷叶启发，以“超疏水效应”为突破点，制备出了仿生超疏水表面。

仿生超疏水表面自 1996 年首次在实验室被成功合成以来，得到了国内外专家学者的广泛关注，且研究热度至今居高不下。经过多年的探索与发展，超疏水表面的理论研究与制备工艺日臻成熟，并在自清洁、防覆冰以及油水分离等领域表现出了极大的应用潜能，同时也为金属材料的防腐蚀研究开辟了新的道路，在金属腐蚀防护领域展现出了极大的竞争力与应用潜力。

（1）超疏水表面的防腐蚀原理

超疏水表面通过其微纳米结构与极低的表面能，可显著提升材料的防腐性能，因此在金属基体上制备超疏水表面可以作为预防金属腐蚀的重要手段之一。其中，超疏水表面的润湿状态可以通过 Cassie 和 Wenzel 两个模型来描述。

研究发现，符合 Cassie 模型润湿状态下的超疏水表面具有更好的耐蚀性能，主要有两方面原因：一是空气层理论，Cassie 润湿状态下的表面粗糙结构可以在凹槽内截留大量的空气进而形成空气膜，阻碍电解液或腐蚀介质与金属表面接触，从而抑制腐蚀的发生，显著提高了超疏水表面的耐蚀性能；二是毛细理论，液体在粗糙表面的润湿可以看作是液滴置于倒倾的圆柱形管中，由于超疏水表面的表面能较低，并且圆柱的孔径极小，腐蚀性液体很容易受拉普拉斯压力影响而被挤出表面空隙，因此也具备较好的耐蚀性能。超疏水表面的微纳米乳突与孔状结构可以截留大量空气，构成了毛细管体系，在毛细管压力的作用下，液体对内壁的润湿表现为毛细管上升。当超疏水表面的接触角＞150°时，毛细管中的曲面压差为负值，此时腐蚀介质不仅不会通过间隙渗入基体表面，还有被排出的趋势，从而减小金属基体发生腐蚀的可能性。

（2）超疏水表面的制备方法

材料超疏水性的构建策略主要有两种：一是在粗糙的基底上采用低表面能物质进行改性；二是在疏水性表面构建具有一定粗糙度的微纳米粗糙结构。其中构造粗糙表面是制备超疏水材料的关键，其方法主要有刻蚀法、静电纺丝法、阳极氧化法、溶胶凝胶法及自组装法等。

1）刻蚀法

刻蚀法制备超疏水材料的优点是方法简单、直接且有效，甚至可以在很短的时间内完成。其原理是通过物理或者化学反应去掉部分基体材料，增大表面粗糙度，构建微纳米结构，常见的有立方晶体、花状、块状、纳米针等。主要优势是可控制基体材料的参数、形状和取向，刻蚀法常用于铜和铝金属基体。

2）静电纺丝法

静电纺丝法主要是通过加热等方法将聚合物转化为熔融状态，该状态下的聚合物很容易受到压力变形，当体系受到电场等外界压力作用时，会发生拉伸形变，形成丝状细流，细流中的溶剂挥发或体系固化过程会产生一定的粗糙度。

3）阳极氧化法

阳极氧化主要用来增加基体表面氧化层的厚度，其原理是电解液在外电场的作用及相应工艺条件下，在阳极基体表面生成氧化膜。该方法可以通过改变相关参数（如外加电压、电解质等）来实现基体表面改性。

4）溶胶凝胶法

溶胶凝胶法主要包括溶胶的制备和凝胶层的形成两部分。溶胶的制备主要是由先驱物发生水解，在溶液中通过粒子间相互作用形成稳定的溶液，而凝胶层的形成主要通过浸渍提拉法使得预处理的溶胶粒子间发生脱水缩合，形成三维粗糙结构，在低表面能物质修饰下获得超疏水性。

5）自组装法

自组装法主要通过聚合物和其他粒子间的相互引力在基体表面构造出多层的复合结构，这种复合结构通过表层固有粗糙特征或层间反应生成的微纳米结构，为超疏水表面的制备提供了所需的粗糙度基础，主要分为胶体自组装、层层自组装和分子自组装等。

（3）超疏水膜防腐的应用

腐蚀是各行业面临的严峻挑战，每年都会造成巨大的经济损失和安全隐患。小到日常生产生活中的金属锈蚀，大到国防军舰的安全防护，都需要开发更加环保、高效的防腐措施。近年来，仿生超疏水表面的应用越来越广泛，对于腐蚀防护领域的发展意义非凡。理解并运用超疏水表面的防腐机制，能够促进超疏水技术在腐蚀防护中的广泛应用，具有重要的科学意义和实用价值。

在海洋环境中，轮船的相关结构部件长期处于腐蚀溶液中，很容易受到腐蚀而影响其使用，若将超疏水膜层应用在轮船等长期工作于腐蚀介质中的设备上，就可以对该设备进行有效保护，从而延长其使用寿命。

一方面，超疏水表面膜层中的空气可有效防止金属基底与腐蚀介质直接接触，从而降低腐蚀速率，起到腐蚀防护的作用；另一方面，在海洋大气环境中，超疏水表面以其特有的自清洁效应，使附着在金属表面的盐粒潮解滑移。超疏水表面的“空气垫”可以减小液相和固相的接触面积，大幅提高水滴在表面的接触角，导致水滴在表面极易滚落，水滴在表面滚落时会带走表面的污染物或盐粒，从而达到自清洁、防腐蚀的效果。

5.2.12 现代防腐蚀技术

(1) 防腐蚀纳米材料与技术

纳米技术的发展和应用为许多行业提供了创新契机，在防腐蚀涂料工业中，纳米材料更是展现出了巨大的应用价值。纳米材料是一种具有表面效应、量子尺寸效应和光学效应等多种效应的特殊结构体。它的应用主要包括两个方面：一是将纳米材料添加到某种传统材料中，以此提高传统材料的性能；二是将纳米材料通过成型工艺制成纳米固体材料。目前，第一种应用技术更为常见和成熟。

因此，将纳米材料添加到防腐蚀涂料中，能够改善涂料和基材表面的理化性质，从而大幅度地提高材料的强度、韧性及收缩性，使其获得更强大的功能。目前，防腐蚀涂料中应用比较多的纳米材料包括以下几种。

1) 石墨烯二维纳米材料

石墨烯是二维纳米材料的一种，具有表面疏水、量子霍尔效应和大比表面积等多种特征，且具有优异的电化学性质及稳定的化学性质。

在防腐蚀涂料中，利用石墨烯独特的片层共轭结构，能够形成多层堆叠致密的隔绝层，从而改善涂层微观孔结构，使得涂层能够有效地阻隔水、氧气及腐蚀离子的渗透。

此外，利用改性体以共价键和非共价键的修饰方式对石墨烯及其衍生物进行处理后，可以使其与水和聚合物具备良好的相容性，进而获得致密性更强的涂层。例如，在基于聚丙烯酸钠进行石墨烯水分散体的制备过程中，当石墨烯的掺量为0.5%时，可以将腐蚀密度控制在最低。

2) 纳米无机氧化物

纳米无机氧化物具有结构稳定的特点，其来源广泛，因此制造成本相对偏低，将其均匀分散于防腐蚀涂料中可以有效减弱涂层对腐蚀离子的渗透性，实现涂层力学性能和防腐蚀性能的提升。

目前，应用在防腐蚀涂料中的纳米无机氧化物有纳米 TiO_2、纳米 ZnO、纳米 CeO_2、纳米 Al_2O_3 及纳米 SiO_2 等。其中，应用较多的纳米无机氧化物主要是纳米 TiO_2 以及纳米 ZnO。

① 纳米 TiO_2：纳米 TiO_2 是一种结构多样的半导体材料，其光学性能、电学性能以及化学性能都十分优越，将其应用于防腐蚀涂料中，可以强化涂层的隔热性、耐候性以及防腐蚀性。我国首款纳米钛涂料在哈尔滨研发成功，该涂料专为海洋钢结构防腐设计，据测试，其防腐性能可持续十年以上。

② 纳米 ZnO：纳米 ZnO 是一种具有宽能带间隙、高激发结合能以及低光催化活性的纳米材料，还具有提高防腐蚀涂料涂层稳定性和防腐蚀性的效果。在纳米 ZnO 粒子的应用过程中，其表面性质决定了其能否稳定地分散到防腐蚀涂料中。因此，可以采用改性物质对纳米 ZnO 的表面进行改性，将其表面效应和小尺寸效应充分发挥出来，使其与涂料之间相容得更加紧密，以延缓腐蚀介质向涂层的渗透。

3) 纳米导电聚合物

纳米导电聚合物在防腐蚀涂料中的应用主要是通过其在金属表面形成一层致密的钝

化氧化膜，该层膜可以改善涂层和金属界面的理化性质，强化涂层的附着力，同时将水和氧气阻隔在外。此外，这种纳米材料的氧化还原特性还能够不断地对这层氧化膜进行修补，保证其长期的强化效果，因此，纳米导电聚合物可以起到良好的保护作用。同样，通过改性体对纳米导电聚合物粒子表面进行改性处理，可以有效地改善纳米导电聚合物和基体之间的相容性，使其在防腐蚀涂料中的分散变得更加稳定，进而实现涂料防腐蚀性能的提升。

4）纳米黏土

纳米黏土因其具有良好的力学、电化学及热学性能而在现代材料研究领域获得了广泛关注。当纳米黏土应用到防腐蚀涂料中时，可以降低涂层的孔隙率，从而阻隔腐蚀介质对涂层的渗透。同样，经过表面改性处理的纳米黏土粒子，其分散性得到显著改善，能够与基料形成良好的相容性，从而有效提升涂料的防腐蚀性能。

总之，新材料和技术的不断发展为金属防腐提供了更多的选择和可能性，通过合理地选择和应用这些新型材料和技术，有效提高了金属的耐腐蚀性能，延长了设备的使用寿命，保障了设备的安全运行。同时，还需不断探索和研究新的防腐技术和材料，以更好地应对金属腐蚀带来的挑战。

（2）绿色防腐蚀技术

随着绿色化学理念在我国化工行业的深入推进，防腐蚀技术也获得了系统性提升。绿色防腐蚀技术的应用有效降低了化工生产过程中的环境污染，同时减少了企业的污染治理成本。因此，绿色防腐蚀技术的研发对实现防腐材料环保转型、革新传统工艺、解决污染问题及推动化工产业绿色发展具有重要意义。

1）绿色船舶技术

在船舶绿色设计中，针对结构腐蚀疲劳问题，创新性地提出了基于风险分析的疲劳-腐蚀协同评估方法，其出发点在于保证结构全生命周期的经济性达到最优，并保证其结构具有足够的安全性。目前，这方面的研究主要集中于结构在疲劳腐蚀条件下的时域可靠性分析和疲劳寿命的评价，并以此确定结构的检测和维修周期，暂时还没有很好地考虑维修因素对结构可靠性和疲劳寿命的影响。所以，成本效益分析也只是停留在定性分析或初步定量分析上，还没有真正应用于实船结构的设计和维修中。

为了保护海洋和大气生态环境，实现船舶的绿色运营，应解决防污染技术这一核心问题。目前，世界各国严格遵守《国际防止船舶造成污染公约》等公约，对防污染处理设备进行了大量的研究。

2）防腐蚀材料原料的绿色化

为保障人类健康和环境安全，需开发环境友好型防腐蚀材料，其合成过程应采用无毒原料和绿色转化试剂。美国 Gerace 公司采用离子交换型防腐颜料替代传统重金属颜料，其开发的防腐涂料已成功应用于北海油田钻井平台；日本 Tagca 公司研制的新型 K-white 颜料具有优异的铁表面螯合能力，展现出卓越的防腐蚀性能。

3）无毒无害溶剂

在众多的防腐蚀方法中，涂料防腐是主要的方法，其应用面较广、使用量较大。从无污染、省资源、省能源出发，大力发展包括水性涂料、高固体分涂料、粉末涂料和辐射固化涂料等绿色技术具有重要意义。

其中，以水为溶剂的优点是来源丰富、无毒价廉、使用安全和不危害环境。水性防腐涂料虽技术难度较高，但随着防腐技术进步和环保法规日趋严格，水性防腐涂料已经逐渐为人们所接受并已取得较大进展，美国、日本、英国、德国等国家均有这方面研究。总之，水性防腐涂料是很有前景的防腐涂料品种，目前研究仅在起步阶段，还有许多关键技术有待突破。

4）无溶剂化反应

绿色化防腐蚀技术研究通过无溶剂反应工艺，可在固/液态环境中实施，且实现废弃物零排放，可以避免造成环境污染，而且无溶剂化反应也是当前较为理想的防腐蚀技术。当前化工领域也不断对该项技术进行研发，解决其中存在的问题，并逐渐实现大范围推广与应用，促进社会的可持续发展。

5）电化学防腐技术绿色化

电化学防腐蚀技术凭借其独特优势，已成为当前主流防腐手段之一。通过电化学的应用，可以有效净化化工作业环境。然而，电化学防护技术虽能有效处理金属腐蚀，但在实际应用中仍存在环境污染风险。

目前，一些发达国家已经开始尝试以植物酸代替氰化物等电化学物质，并进行了多次试验研究。结果表明，植物酸可以起到良好的防腐蚀效果，同时也有效地解决了电化学中出现的环境污染问题，是未来绿色化防腐蚀技术的主要发展方向。

（3）智能化防腐蚀监测与控制

腐蚀监测技术是工业腐蚀控制中的重要手段之一，它像一双明亮的眼睛，为我们提供腐蚀发生、发展各个阶段的信息，为后续防腐方案的制定提供大量的关键数据。

目前，常用的腐蚀监测技术方法主要有挂片法、电阻探针法、电化学法、电位监测法、电感探针法、化学分析法、超声波法、涡流法、红外成像（热像显示）法等。从腐蚀监测技术的原理上划分，通常有化学法、物理法、电化学法等腐蚀监测技术类型。

此外，可以预见的是随着计算机技术特别是单片机技术、物联网技术应用的日益广泛和深入，腐蚀监测技术逐渐向智能化方向发展，以计算机技术为核心的智能化腐蚀监测系统逐渐成为腐蚀监测技术的重要发展方向，智能腐蚀监测系统的产生能够增加样品采集概率并提高监测数据的准确性，可以为腐蚀过程的控制提供更加可靠的依据。

5.3 应用与前景分析

随着环保意识的增强，对于环境友好型防腐材料的需求不断上升。新型的低挥发有机涂料、水性涂料以及基于可再生资源的防腐涂层逐渐成为热门选择。这些材料不仅在防腐保护方面具有较高效能，还能降低对环境的影响。

（1）智能监测与维护技术的融合

随着物联网和传感技术的迅速发展，智能监测系统在防腐工程中的应用日益广泛。例如，利用传感器监测涂层状态、腐蚀程度和温度变化，能够实时获取数据并进行预测性维护，从而降低维修成本和提高效率。

（2）纳米技术在防腐中的应用

纳米技术在防腐工程中的应用具有巨大潜力。纳米涂料可以提供更强的抗腐蚀性能，同时减小涂层厚度，提高外观质量。此外，纳米材料还可以调整涂层的特性，使其更加适应不同的环境条件。

（3）可持续性和维护效率

随着社会对可持续性的追求，防腐工程也越来越注重使用寿命的延长和维护效率的提高。开发高耐久、强抗蚀的防腐涂料与工艺以减少维护频次，将成为重要发展方向。

（4）跨行业合作与数字化创新

防腐工程正加速向多学科融合方向发展，需整合材料科学、化学工程与机械工程等领域的专业技术知识。数字化工具，如建模仿真、人工智能和大数据分析，也能够加速工程设计和决策过程，提高防腐工程的效率和准确性。

第6章

酸碱的无药剂替代技术

在水处理过程中，酸碱因其独特的化学性质而被广泛应用于调节水质、去除杂质、防止设备腐蚀和结垢等关键环节。如pH值调节、化学软化、循环冷却水化学清洗、树脂再生等均需要大量的酸和碱，然而最终排放水的pH应接近中性，因此，加入的酸或碱均需相应的碱或酸来中和，最终会生成盐进入水体中，提高了水中的含盐量，从而增加后续处理负荷。通过无药剂替代技术可以利用原水中的盐分生成相应酸和碱再回到前端使用，不仅可减少盐分的引入，还能提高自动化程度，为循环经济和智能化运行提供条件。原位生成酸和碱的技术主要采用电化学方法实现，隔膜电化学法和双极膜电渗析技术是两种常用工艺，本章主要介绍电渗析制酸碱技术。

6.1 电渗析技术概述

6.1.1 传统电渗析

传统电渗析（CED）装置通常由直流电场和多对离子交换膜组成。如图6-1所示，阴离子交换膜（anion exchange membrane，AEM）和阳离子交换膜（cation exchange membrane，CEM）交错放置在阳极和阴极之间，将溶液分隔为不同的隔室。在电场驱动下，溶液中的阳离子向阴极迁移，穿过CEM但被AEM阻挡，阴离子向阳极迁移，穿过AEM但被CEM阻挡。这一过程实现了盐在相邻隔室之间的定向迁移，形成了交替排列的淡室和浓室。通常，盐迁出的隔室被称为淡化室，其中的溶液被称为淡水；盐迁入的隔室被称为浓缩室，其中的溶液被称为浓水。CED在食品行业和工业废水处理领域被广泛应用。

随着应用场景日趋复杂，CED因存在能耗高、电流效率低、脱盐过程单一等局限性，已难以满足多样化物料处理、复杂废水治理及盐类资源化的需求。为此，一系列基于传统电渗析技术改良的新型电渗析技术应运而生。

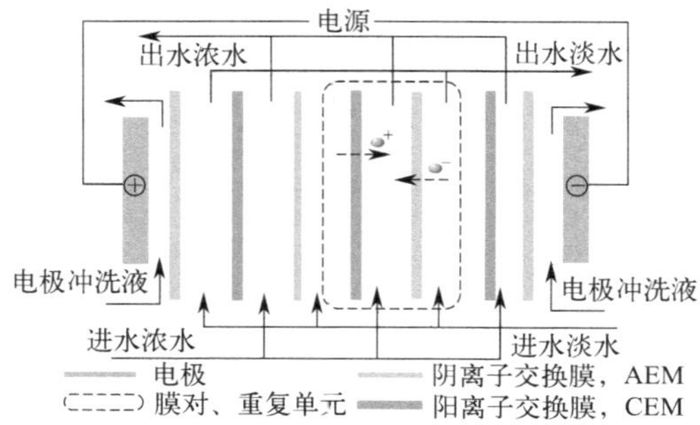

图 6-1 传统电渗析原理示意图

6.1.2 新型电渗析

6.1.2.1 选择性电渗析

常规电渗析使用的离子交换膜可以有效地分离阴阳离子，但在实际应用中，常常需要对不同价态的同种离子进行分离。通过引入对单价和多价离子具有选择性的离子交换膜，可以使电渗析装置具备分离单价和多价离子的能力，此类电渗析技术被称为选择性电渗析（selectrodialysis，SED）。选择性电渗析过程原理见图 6-2。

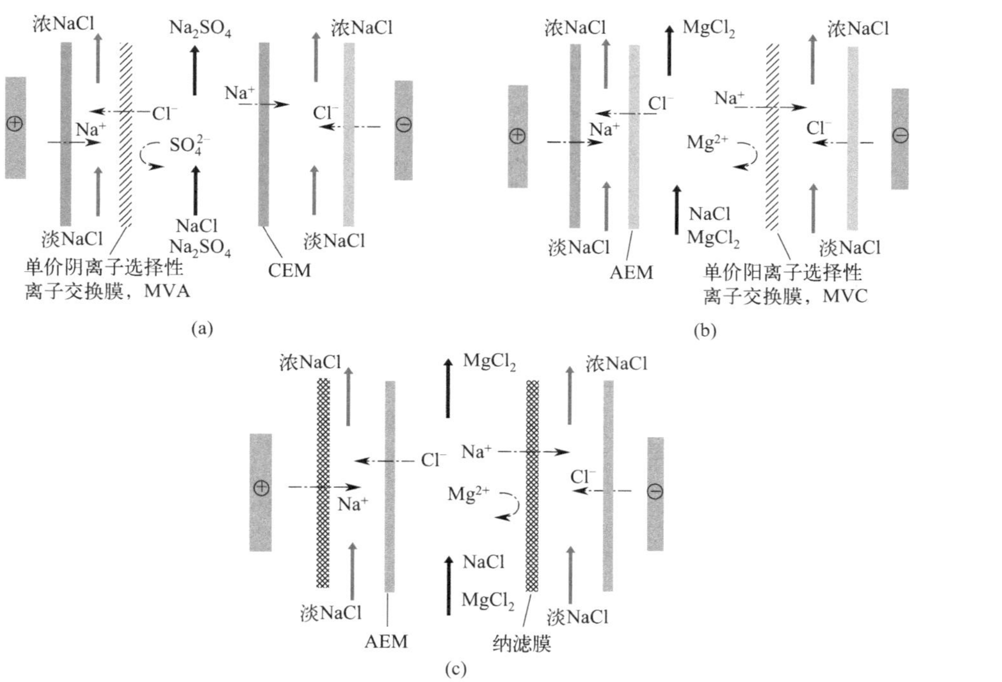

图 6-2 选择性电渗析过程原理

6.1.2.2 复分解电渗析

通过将常规电渗析的双隔室调整为四隔室，可使不同离子在电渗析过程中发生重组，实现类似复分解反应的置换效果。此类电渗析被称为复分解电渗析（electrodialysis metathesis，EDM）。复分解电渗析过程原理见图 6-3。

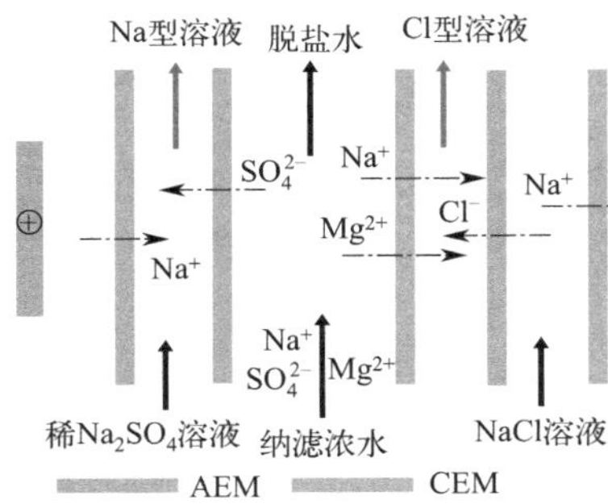

图 6-3 复分解电渗析过程原理

以硫酸钠和硫酸镁混合溶液为例，钠离子和镁离子在电场作用下向阴极迁移，与间隔隔室内氯化钠溶液向阳极迁移的氯离子结合，形成氯化钠和氯化镁的混合溶液；硫酸根离子向阳极迁移，与间隔隔室内硫酸钠溶液向阴极迁移的钠离子相结合，形成硫酸钠浓溶液。因此从左往右将形成钠型浓溶液、脱盐水、氯型浓溶液和氯化钠稀溶液 4 股出水，实现了复分解反应，将低溶解度的硫酸镁转化为高溶解度的氯化镁，降低了结垢的风险。

6.1.2.3 夹层液膜电渗析

Zhao 等为从盐湖水中选择性提取锂，设计了夹层液膜电渗析装置。如图 6-4 所示，负载锂离子的磷酸三丁酯（TBP）体系被两侧的 CEM 约束，形成了夹层液膜。夹层液膜的“三明治结构”赋予了普通阳离子交换膜对锂离子的选择透过性。这是因为夹层液膜中的磷酸三丁酯对锂离子有着极高的亲和力，使得仅有锂离子可以通过夹层液膜。而其他阳离子，如钠离

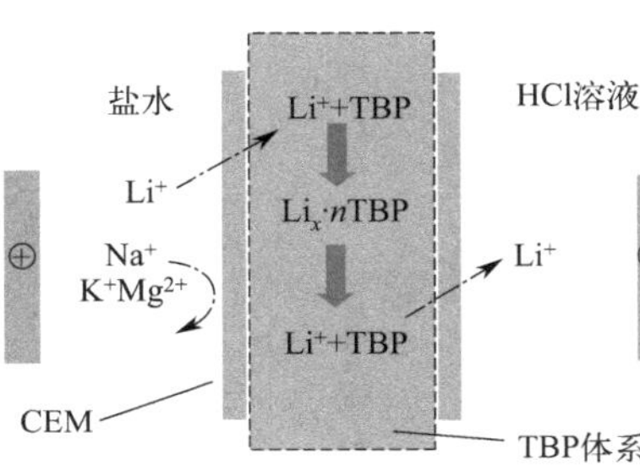

图 6-4 夹层液膜电渗析过程原理

子、钾离子和镁离子，都将被阻挡在液膜之外。实验结果表明，经夹层液膜电渗析处理，盐湖水中的镁锂质量比从 100 降低至 2，回收锂的能耗低至 0.13kW·h/mol。

6.1.2.4 电解电渗析

Cai 等为从高盐工业废水中回收磷酸盐和氨氮，设计了一种新型电解电渗析装置。如图 6-5 所示，该新型电解电渗析采用镁作阳极，接通电源后，阳极发生氧化反应产生镁离子，进入浓室后与废水中的硫酸盐和氨氮反应生成鸟粪石沉淀。实验结果表明，经镁阳极电渗析处理，废水中的磷酸盐去除率达到 90%，处理废水的能耗仅为 1kW·h/m^3。

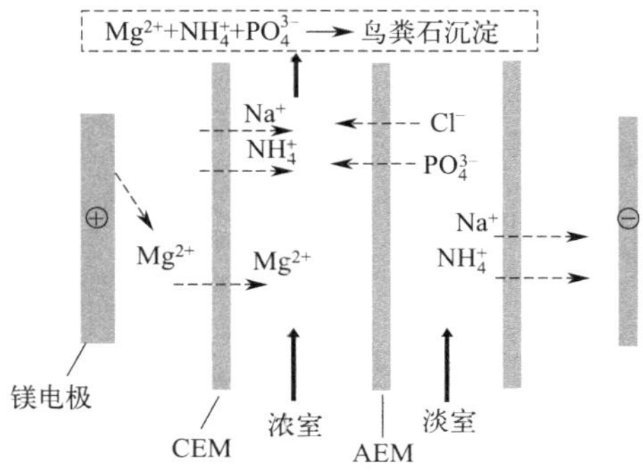

图 6-5 电解电渗析过程原理

6.1.2.5 精馏电渗析

使用装有 MVA（单价阴离子选择透过性膜）的 SED 装置可以有效地从高镁/锂比的盐湖水中分离出锂离子，但是分离效果取决于 MVA 在镁锂混合体系中对锂离子的选择性，通常只有 5～30，锂产品难以直接满足工业级或电池级的要求。为了提高分离效果和锂纯度，Jiang 等设计了精馏电渗析装置。如图 6-6 所示，该装置将带有相同电荷的单价离子交换膜排布在同侧，每一对膜称为一级。当混合溶液进入装置后，阳离子在电场作用下向阴极迁移的过程中将穿过多张 MVC（单价阳离子选择透过性膜），Mg^{2+} 被多次截留，从而提高对锂的选择性。当处理镁锂比为 31.58 的盐湖水时，四级精馏电渗析装置对锂的选择性高达 26177，最终可得到电池级的氯化锂产品（纯度>99.95%）。

6.1.2.6 双极膜电渗析

双极膜电渗析（BMED）也属于电渗析的应用范围，是通过将双极膜（BMP）与离子交换膜结合，组成不同的隔室（包括酸室、碱室以及料液室），使其在酸碱制备领域拥有独特的优势。在一定的电压作用下，阴阳离子能够通过阴阳离子交换膜，与双极膜产生的氢离子以及氢氧根离子结合，产生对应的酸和碱。以典型三隔室型的氯化钠（硫酸钠）酸碱制备为例，对其应用原理进行阐述，如图 6-7 所示（书后另见彩图，图中，A 代表阴离子交换膜，C 代表阳离子交换膜，BP 代表双极膜）。当在膜堆的两端施加电压之后，料液室的氯离子（或硫酸根离子）将会通过阴离子交换膜向阳极移动，而对应的钠离子将会通过阳离子交换膜向阴极移动。与此同时，双极膜中间层的水分子在活性基团的催化作用下产生氢离子以及氢氧根离子。在酸室，中间层的氢离子将会通过双极膜的阳面与氯离子（或硫酸根离子）形成氯化氢（或硫酸）；而在碱室，中间层的氢氧根离子将会通过双极膜的阴面与钠离子形成氢氧化钠。

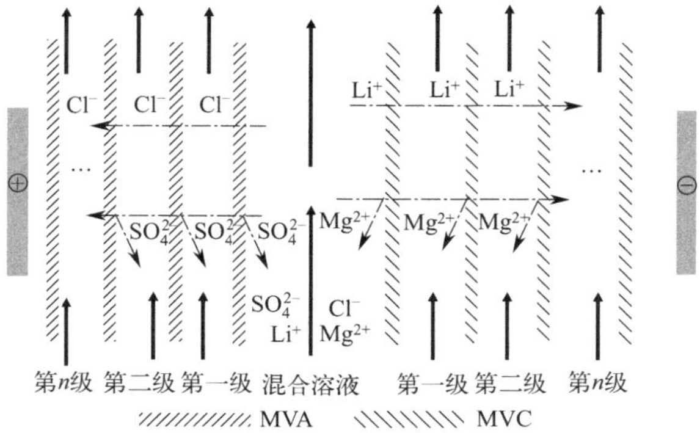

图 6-6 精馏电渗析过程原理

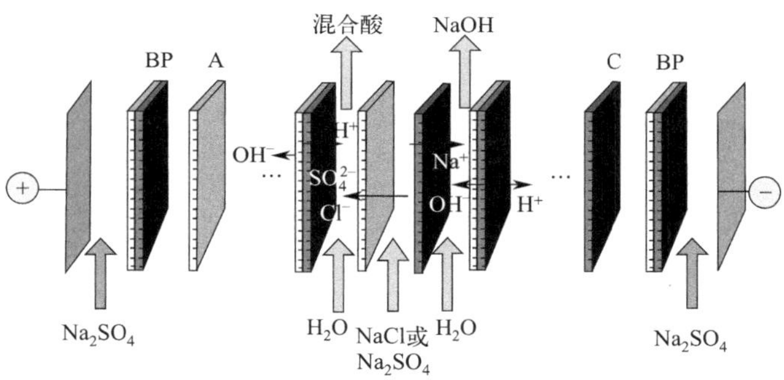

图 6-7 三隔室的双极膜电渗析产酸碱原理图

除了上述三隔室的双极膜电渗析外，较为常见的还有双隔室的 CEM/BPM 及 AEM/BPM，其酸碱制备原理如图 6-8 所示。在 AEM/BPM 构型中，分别在酸室和料液室得到 HX 和 MX+MOH 混合物；在 CEM/BPM 构型中，分别在碱室和料液室得到 MOH 和 HX+MX 混合物。

BMED 工艺的核心步骤是水解离（水的解离生成 H^+ 与 OH^-），因为酸碱产物的生成以及盐离子的交换与富集过程高度依赖于 H^+ 与 OH^- 的迁移与转化，水解离速率的快慢也决定着 BMED 装置效率的高低。然而双极膜中发生的水解离现象不同于通常的水解离，研究者对其解离的过程机理开展了大量的理论研究，但限于过程的复杂性，目前还没有得出统一的结论。根据水在双极膜中间层解离过程的不同，主要提出 3 种解释水解离机制的物理模型，见图 6-9。

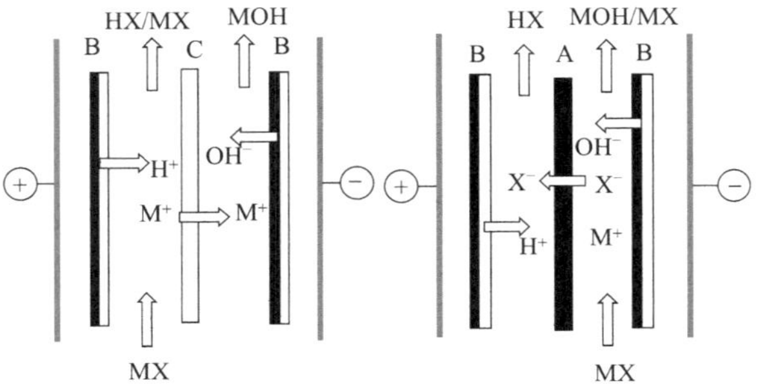

图 6-8 双隔室的双极膜电渗析产酸碱原理图

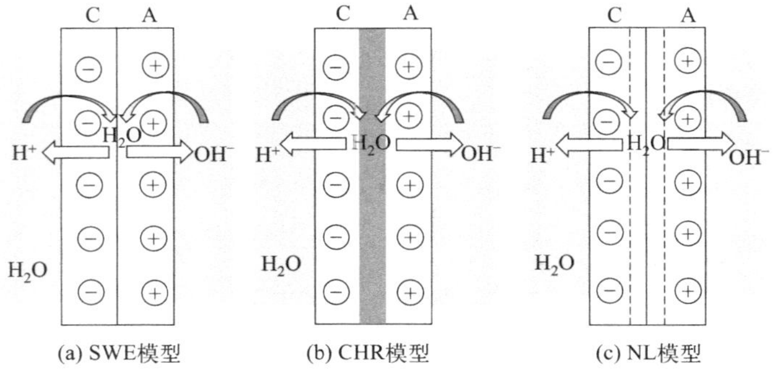

图 6-9 双极膜水解离示意图

第二维恩效应模型（SWE）认为，在电场作用下，双极膜中间层（阴阳离子尖锐结合区）会因离子迁移而出现薄的无离子区域，水解离则发生于此。H_2O 的解离与弱电解质在高压条件下的解离过程相同，H^+ 和 OH^- 的产生速率即为 H_2O 的解离速率，解离常数与电压呈正相关。在 SWE 模型的基础上，为了解膜上荷电基团对水解离的影响，进一步提出化学反应模型（CHR），该模型认为，膜基质中的羧酸基、叔胺基和金属离子等组分通过促进质子化反应影响水解离速率，使固定在膜上的功能基团更易在 AEM 侧发生水解离，生成 H^+ 和 OH^-。为解释双极膜中间层较大的能量消耗，提出中和层模型（NL），结果发现，双极膜的 AEM、CEM 界面处存在中和层区域，水解离发生在电荷区和电荷与中和层区域的界面处。

以上提出的水解离物理模型具有一定的假设和适应范围，存在局限性。SWE 模型仅适应电压为 $10^7 \sim 10^8 V/m$ 的体系，且假设了双极膜中间层是尖锐结合而形成的结构；CHR 模型考虑了双极膜的实际结构以及膜上荷电基团会使水发生解离的现象，但无法解释其与 SWE 模型计算出的数值差距较大的现象；NL 模型只能用于明显存在中和层的体系。因此下一步要加大对双极膜水解离理论的研究，完善水解离理论工作曲线，建立有实际应用价值的物理模型。对水解离机制的探索有助于改善双极膜的制备工艺，优化双极膜性能。

6.2 双极膜

6.2.1 离子交换原理

离子交换膜（IEM）的基础研究始于20世纪50年代，经过持续研究与技术进步，其性能不断提升，应用范围也逐步扩大。在不同类型的IEM中，双极膜（BPM）备受关注。

BPM是由两层膜组成的聚合物膜，一层为带负电的阳离子交换层（CEL），另一层为带正电的阴离子交换层（AEL）。CEL和AEL之间的界面被称为界面层（IL），或称双极结。与传统的IEM主要用于离子分离不同，BPM的特殊之处在于其本身并不直接传输离子，而是通过促进水的解离来产生H^+和OH^-。水在双极结处被电解生成H^+和OH^-，水的解离发生在膜中，不形成任何气体。因此，水解离过程不同于电解过程中发生在电极上的水分裂。

当电流通过BPM时，由于CEL和AEL分别阻挡了阴离子和阳离子的通过，溶液中的离子无法维持通过膜的离子电流，因此离子电流由水在膜界面处电解离产生的H^+和OH^-携带。电极的方向决定了BPM的方位：为了确保H^+和OH^-沿电场的通量，CEL必须面向阴极，AEL必须面向阳极。生成的H^+和OH^-通过各自的层离开膜（即H^+通过CEL，OH^-通过AEL），从而在膜的两侧产生酸和碱，在BPM上产生pH值梯度。这种CEL面向阴极的工作状态被称为“反向偏置”（有时称“反向极化”“反向电流”或“反向电压”）状态。如果穿过BPM的电场方向相反（如切换电极的极性或膜的方向），则CEL将面向阳极，AEL将面向阴极，这种情况被称为“正向偏置”。在“正向偏置”状态下，H^+和OH^-从外部溶液迁移到双极结处重新生成水。双极膜原理见图6-10（书后另见彩图）。

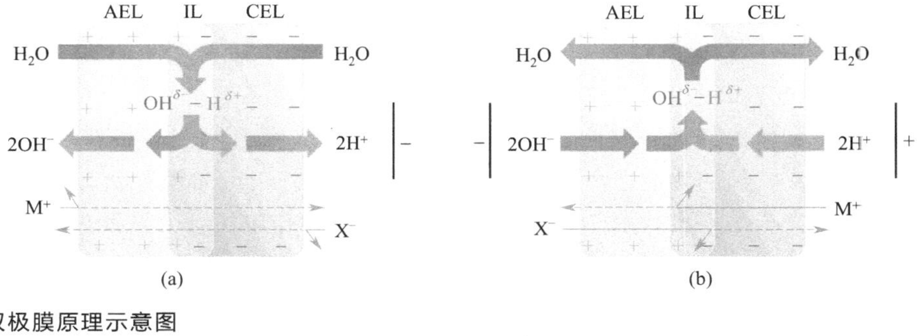

图6-10 双极膜原理示意图

（δ^-和δ^+表示离子带有部分电荷）

经过深入研究，人们对BPM中水电离机制有了更深入的理解，BPM已发展成为一种极具前景的工业技术，为规模化工业应用开辟了新的可能性。其在环保方面的优势可带来一定的经济效益。例如，BPM在产酸和碱的过程中可以代替添加化学物质，通过原位H^+/OH^-生产来调节pH值。此外，BPM还可用于从废物中回收资源，从而减少甚至完全消除废物排放。BPM技术在化学品的可持续生产中也发挥着关键作用。

电流的快速升高与双极结处 H^+ 和 OH^- 的生成有关。实验观测表明，水解离现象仅在施加电压超过阈值时发生，这一事实直接证实了水解离速率与双极膜界面处的电场强度存在决定性关系。第二维恩效应是用来描述水解离的一种机制，其描述了强电场对弱电解质的影响：在强电场下，电解质的解离度和离子迁移率增加，欧姆定律失效。将这一现象应用于BPM：第二维恩效应假设一个具有薄空间电荷区的双极结，其中的水会像弱电解质一样解离。

然而，第二维恩效应理论将外加电场视为水解离的唯一驱动力，这一假设受到有些研究者的质疑，因其要求双极膜界面处需达到难以实现的高电场强度。此外，它没有考虑到强电场可能会出现的附加效应。质子化-去质子化机制表明，在水和固定带电基团之间的质子转移反应中，可能会产生 H^+ 和 OH^-，其中涉及催化剂参与水的解离。当用第二维恩效应理论预测的CEL和AEL的水解离性质相似时（其边界区电场相似），质子化-去质子化机制认为水解离依赖于固定基团的催化活性。该理论不仅与各类离子基团催化活性的研究结果相吻合，同时也能够解释以下实验现象：AEL表现出更显著的水解离效应；在双极结处引入催化剂后水解离效率得到显著提升。

因此，BPM中的水解离机制可以描述为两个阶段的质子化-去质子化反应。对于弱碱（B），反应可以写成：

$$B+H_2O \underset{k_{-1}}{\overset{k_1}{\rightleftharpoons}} BH^+ + OH^- \tag{6-1}$$

$$BH^+ + H_2O \underset{k_{-2}}{\overset{k_2}{\rightleftharpoons}} B+H_3O^+ \tag{6-2}$$

式中，BH^+ 为催化中心（即AEL的固定带电基团）；k_1 和 k_2 为正向反应速率常数；k_{-1} 和 k_{-2} 为反向反应速率常数。

6.2.2 双极膜材料及制备方法

BPM的主要电化学性能（如电流效率、工作电压）是由放置在阴阳离子界面上的水解离催化剂的性能以及单极层的性能决定的。具有完全解离离子基团的膜比只有部分解离离子基团的膜具有更高的选择性。因此，为有效抑制盐离子跨膜迁移，双极膜（BPM）必须含有具有高效水解离特性的功能性离子基团。即便在BPM处于反向偏置状态时，其强离子基团仍能保持近乎完全的解离状态。然而，这种膜具有高工作电压，会导致热不稳定性，并且在其应用中能源成本高。相反，含有弱离子基团层的BPM具有低工作电压，但选择性降低。因此，就选择性和工作电压而言，BPM层的组成要求实际上是相反的。

BPM的另一个基本特征是它们在酸性和碱性条件下具有化学稳定性。特别对于双极膜电渗析（BMED）工艺，其是基于BPM的主要工艺，AEL在碱性溶液中是稳定的，而CEL在酸性溶液中是稳定的。

6.2.2.1 双极膜材料

BPM的主要组成部分是基矩阵、功能组和支持矩阵。基材通常为分散乙烯基单体的聚合物基体。聚合物基体赋予BPM力学性能，并作为聚电解质基团的载体。每一种芳香单体

(典型的是苯乙烯）都是潜在的功能化位点，因此，其在膜聚合物基体中的合理分布对 BPM 的性能和质量控制非常重要。

在膜材料的制备过程中，需要通过交联作用构建三维网络结构以确保聚电解质的溶解稳定性。交联方法主要包括化学交联（常用二乙烯基苯作为交联剂）、辐射交联（如电子束辐照）、化学与辐射相结合的复合交联工艺。

在功能化改性过程中引入多官能团已被证实能有效抑制带电基团的迁移，其作用机理与交联剂类似。多功能化合物通过单个分子与多个功能化位点反应，可有效固定带电基团的空间分布，避免相邻的阴离子交换基和阳离子交换基相互迁移，在双极结中形成中和屏障。可以添加支撑基质，以增强膜的机械强度。

(1) 阴离子交换膜

用于商业双极膜的阳离子交换材料通常含有磺酸基团，在极少数情况下含有磷酸基团或羧基。具有磺酸基的膜主要是基于交联聚苯乙烯，也有的基于聚苯乙烯氧化物、海藻酸钠、改性壳聚糖、聚氯乙烯和聚醚醚酮。

(2) 阳离子交换膜

目前商业化的 BPM 主要采用聚苯乙烯作为基体材料，其阴离子交换层通常含有季铵盐功能基团。除季铵盐外，叔胺和仲胺基团也可作为阴离子交换位点。在基体材料选择方面，聚砜、聚偏氟乙烯（PVDF）以及各类共聚物均可替代聚苯乙烯作为基料。

有研究者用辛烷制备了一种 AEL，在 pH＞13 的碱性溶液中表现出低电阻和较强的稳定性。Wang 等提出了用季胍基团功能化聚芳基醚砜，以研究它们作为新型聚合物氢氧化物交换膜材料的性能。Noonan 等和 Gu 等用磷盐制备了具有极高耐碱性的阴离子交换材料。然而，阴离子交换材料的化学稳定性仍是一个制约其应用的问题。

(3) 水解离催化剂

Simons 首次在离子交换膜电化学系统中提出水解离机制的理论假设，认为膜内离子基团会显著影响水的解离过程，并据此建立了质子化-去质子化反应机理模型。

$$A^- + H_2O \underset{k_{-2}}{\overset{k_2}{\rightleftharpoons}} AH + OH^- \tag{6-3}$$

同时，Greben 等证明了膜中的离子基团直接参与水解离反应，并能够提高解离速率。对具有不同 CEL 离子基团（磺酸基、羧基、磷酸基）的 BPM 进行系统研究，发现 BPM 上的电位差取决于固定基团的解离常数（K_a），解离常数越小，电位差越小。因此，CEL 中的弱离子基团，如酚基、磷酸基或羧基，以及 AEL 中的叔胺基、吡啶基或咪唑基，均为具有催化活性的基团。

然而，如前言所述，虽然弱离子基团加速了水的解离，但要获得具有高电流产率的 BPM 以生成 H^+ 和 OH^-，BPM 层必须含有强离子基团，如磺酸基团和季铵盐或季吡啶盐基团。

为了加速具有强离子基团的 BPM 中的水解离反应，通常会在双极结中引入额外的催化剂（有机催化剂和无机催化剂）。在有机催化剂中，聚合物占比最大，有含有各种催化活性官能团的聚电解质，如吡啶基、氨基、羧基、磺酸基等。树状大分子是一类新的聚合物催化剂，具有高度分支的球形结构，因此与其他催化聚合物相比，每摩尔物质的催化活性基团含量要高得多。然而，由于它们的结构特殊且尺寸相对较大，很难将它们定位在空间电荷区。因此，这些材料的催化活性取决于它们的大小和浓度。

最常用的无机催化剂包括氧化物、氢氧化物、盐、配合物和其他金属化合物。Oda 等证明，当 Ca^{2+} 或 Mg^{2+} 等金属离子作为电解质存在时，膜系统中的水解离速率急剧增加。他们注意到，在水解离过程中，在单极膜表面会形成不溶性金属氢氧化物，特别是 $Mg(OH)_2$，随之而来的是 H^+ 和 OH^- 通量的增加。

Simons 创新性地提出了采用金属盐作为双极膜水解离催化剂的策略。实验数据显示，在 1mol/L HCl 与 1mol/L NaOH 构成的电解体系中，当电流密度达到 $100A/m^2$ 时，膜间电压稳定维持在 1.2V 水平。图 6-11 所示是已知的一系列离子基团与一些过渡金属氢氧化物在水解离反应中的催化活性排序。

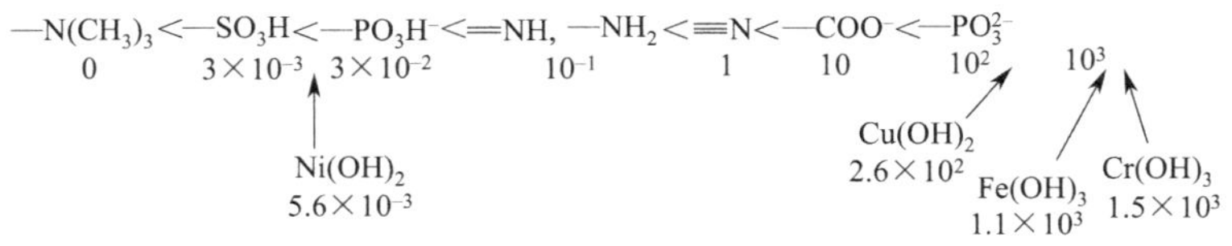

图 6-11　离子基团在水解离反应中的催化活性排序

（图中数值为反应速率常数）

另一类对质子化-去质子化反应具有催化活性的化合物是金属-有机框架（MOFs），即由与金属离子中心相连接的有机配体组成的化合物。因此，MOFs 可以受益于两个不同的催化位点——中心的无机催化基团（金属基团）和配体中的有机催化基团（如氨基）。此外，MOFs 的配位结构降低了金属离子的损失。

在新型催化材料的研发中，石墨烯/碳基材料受到了最广泛的关注。有研究者在连接处引入了氧化石墨烯（GO），与对照膜相比，BPM 过电位降低了 75%。此外，他们发现氧化石墨烯薄膜的沉积条件会影响薄膜的活性，因此可以调整薄膜的性能。Shahi 等用磷酸基和季铵基功能化氧化石墨烯（图 6-12），获得了具有高选择性和低工作电压的双极膜。

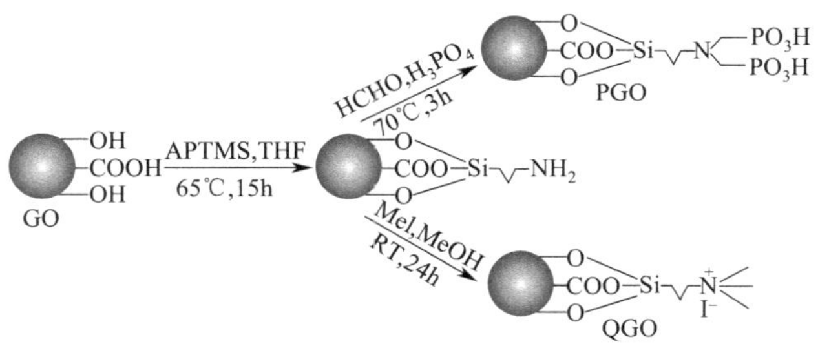

图 6-12　磷酸基（PGO）和季铵基（QGO）与氧化石墨烯的功能化

（APTMS 表示三甲氧基甲硅烷；Mel 表示碘甲烷；RT 表示室温）

6.2.2.2　双极膜制备方法

制备双极膜有多种方法（图 6-13，书后另见彩图），例如，通过热压或冷压，层压组合层；添加黏合剂进行层压，铸造或共挤压以增强层间的附着力；通过化学方法或辐射诱导，修饰膜的单面；通过静电纺丝进行修饰。

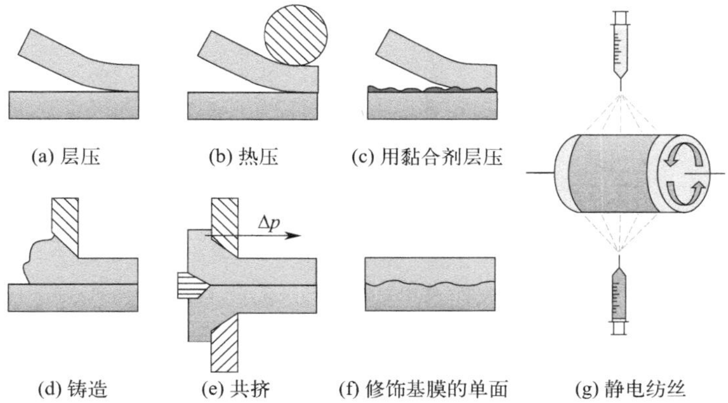

图 6-13 双极膜制备方法

单层双极膜可能比其他类型的膜更具有优势，因为这种膜通常具有较小的厚度，这使得水更容易扩散至双极结。然而，将催化剂引入这种膜是比较困难的，目前仅能通过催化剂的物理吸附和扩散渗透来实现功能化改性。

6.2.3 双极膜的结构

与单极离子交换膜一样，双极膜也可分为均相膜和非均相膜。均相膜的离子基团分布得更均匀，并且由于没有惰性黏合剂，它们的凝胶间体积分数更低。

IEM 是包含微孔凝胶区域的两相体系，其中嵌入了充满电中性溶液的凝胶间隙，凝胶区域包括具有固定离子交换位点的聚合物链，其电荷由可移动的反离子补偿，少部分由合作离子补偿。凝胶间隙是膜中孔和大孔的中心部分。在非均质模型中，假设这些空间中的溶液与外部平衡溶液相同。因此，共离子被凝胶和凝胶间的溶液相吸附在膜上。后者的体积分数在均质膜中通常小于 0.1，在非均质膜中约为 0.2。当电流通过单极 IEM 或 BPM 时，合作离子通过迁移以及扩散，在不带电的凝胶空间中传输。非均相膜中这些空间的体积分数较高，可以解释盐离子通过单极或双极膜的非选择性转移更大。因此，低凝胶相体积分数的膜有更好的选择透过性。

双极结的结构很大程度上取决于膜的生产方式，可以分为 3 种类型的界面（图 6-14，书后另见彩图）。

光滑的界面[图 6-14(a)]是均匀 BPM 的特征。通过机械加工界面来扩大其面积，从而增加单极层的附着力，可形成波纹界面[图 6-14(b)]。波纹界面的粗糙度增加了双极接触面积，提高了总体水解离率。由于水解离产物携带的电流是双极区过电位的函数，因此在恒定电位下，膜双极结的面积越大，水解离产物的通量就越大。另外，在恒流条件下，这种膜具有更低的电压降。

非均相界面[图 6-14(c)]是热压法得到的 BPM 的特征界面。在这种类型的界面中，阳离子交换剂和阴离子交换剂都存在于双极结中。当精细分散的催化剂被引入连接处时，也会形成非均相界面。另一种非均相界面是通过静电纺丝获得的，其中结区有随机分布的阴离子和阳离子聚合物纳米纤维。电纺丝结构通过显著增大界面接触面积，可同时实现降低水解离水耗、抑制水积聚现象以及提升高电流密度稳定性。

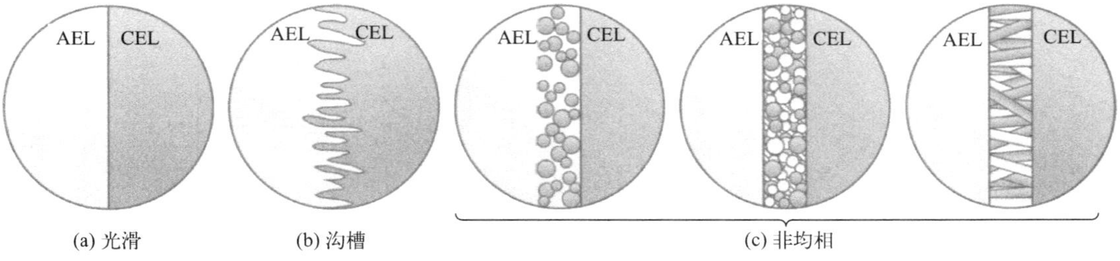

图 6-14　双极结可能的结构示意图

Smith 等研究发现，均相 BPM 的界面过渡区宽度不超过 1nm。有研究者证实，对于高速率的水解离，该区域的厚度应该比空间电荷区域的德拜长度小得多。当界面“模糊”（即阳离子和阴离子交换层相互渗透）时，双极结中的电场减小，水的解离率下降。如果存在符号相反固定电荷的陡峭过渡区域，则系统必须显示保守性，即除了电阻之外还有电容。在过渡区域“模糊”的情况下，得到的系统显示为纯电阻。

6.2.4　双极膜的性能

6.2.4.1　物理化学性质

（1）电导率

当在双极膜上施加电位差时，水解离的产物（H^+ 和 OH^-）可被电场有效地从过渡区移除。

双极膜系统中水解离消耗的水分子通过外部溶液经由单极膜层的扩散作用持续补充至双极结。随着电流密度的增加，在足够高的电位差下，水的解离速度比水的扩散速度快。在极限状态下，供水不足会导致双极膜干燥，从而导致阻力急剧增加。有几项关于双极结供水限制的综合实验和理论研究表明，如果膜中的含水量减少（如通过减小孔半径或增加单极层的厚度减少含水量），则极限电流密度（以电流-电压曲线的拐点确定）会降低。膜体中的含水量可以通过膨胀度（SD）来量化，即膜在湿（ω_{wet}）和干（ω_{dry}）状态下的质量差。虽然方法简单，但要达到一定精度，必须满足一定的条件。例如，在测量湿膜的质量之前，必须将膜表面的所有水从膜的主体中去除而不失水。对于干膜质量的测量，所有的水，无论是表面上的还是在膜结构中的，都必须去除，将膜在真空中高温下干燥足够的时间（通常为几个小时）来去除水分，这可能会导致膜的不可逆结构变化。

水在靠近 BPM 单极膜中的传输也会影响工艺性能，如：电渗透通过 CEM 和 AEM 的方向与 BPM 中的扩散水输送方向相反，降低了所产生的酸或碱的浓度，从而限制了 BMED 在高浓度溶液生产中的适用性。

当 BPM 用于分离/生产有机酸时，弱电解质在 BMED 过程中的扩散程度可能会非常高。其主要原因是在一定的 pH 值下，单极层内不带电分子的浓度增加。例如，羧酸在低 pH 值下失去电荷，这通常发生在 CEM 和 BPM 的 CEL 孔隙中。因此，随着平衡解离常数的降低，CEL 中弱酸的总浓度会增加，这是由于不带电弱电解质的浓度增加，Wódzki 等研究发现这种相关性在羧酸中普遍存在。他们提供了弱酸渗透的两种可能机制，即溶液扩散或反应扩散（假设与载体的反应发生在膜中）。

在电解槽和太阳能驱动水解离系统中应用 BPM 时，膜的氧渗透特性至关重要。虽然 BPM 能有效提升产物纯度（如降低氢气中的氧含量），但即使微量的氧分子渗透，仍会导致产物纯度下降和电流效率降低。

在电解质溶液不对称体系中，BPM 对多价/单价离子的选择性渗透行为可通过其组成单极膜的特性来表征。通常情况下，传统的 IEM 对多价离子比对单价离子更具选择性。根据 Donnan 效应，使用多价阳离子或阴离子的电解质会导致膜内的情况不同：如果反离子是多价的，则膜内单价共离子的浓度增加；相反，如果反离子是单价的，则多价共离子的浓度会降低。双极膜中的 CEL 和 AEL 的这些特征是相同的。因此，对于 BPM 中的不对称电解质，离子浓度会在一个单层中降低，而在另一个单层中增加，从而影响 BPM 中的整体输运数。

（2）选择性

由于在一定电流密度下 H^+ 或 OH^- 的输运数可达到 0.90～0.96，BPM 的总过电流选择性高于单极膜。BPM 中相邻带相反电荷的离子交换层通过协同排斥作用有效阻隔了共离子传输，从而显著抑制了离子扩散和整体泄漏通量。然而，BPM 自身的选择性在一定程度上制约了其应用，这种选择性限制正是 BMED 技术难以满足某些高纯度酸碱制备或高浓度酸碱浓缩需求的关键因素之一。

（3）化学和热稳定性

水和醇（甲醇、乙醇、丙醇）两种溶剂可以在双极膜中解离。乙醇解离工业化的第一个难点是有机介质在 BMED 中运行的能量消耗巨大。乙醇的电阻非常高，即使有辅助电解质也无法缓解。因此，整个 BMED 堆栈的压降很高，BPM 的寿命不超过 72h。为解决这一技术限制，可通过开发高稳定性双极膜材料或采用离子交换树脂/凝胶修饰 BMED 膜堆两种途径实现性能优化。

BMED 技术应用面临的关键挑战在于膜堆内部无机/有机沉淀物的形成，其主要机制为：二价及以上阳离子在中性至碱性操作环境中与阴离子组分结合生成不溶性盐，进而引发膜表面结垢。处理含有 Ca^{2+}、Mg^{2+}、Zn^{2+}、Cu^{2+}、Pb^{2+}、Ni^{2+}、Al^{3+}、Fe^{3+}、Cr^{6+} 等离子的溶液时，需要精确控制工艺参数，以防止结垢。进料溶液中应保持一定的酸度，以减少沉淀沉积在膜上。结垢会降低膜的寿命，在增加阻力的同时增加了工艺的能耗。

采用惰性阳极时，理论上电解过程中阳极不消耗，阳极反应产生 O_2，不产生 CO_2 和全氟化碳（PFCs），环境友好，碳减排效果明显。俄罗斯铝业联合公司于 2020 年进行了 140kA 电解槽的试验，碳排放仅 0.01t/t Al。惰性阳极铝电解技术可消除碳阳极生产和铝电解过程中的 CO_2 排放，减少 PFCs（CF_4 和 C_2F_6）和其他氟化物气体排放，在减碳方面具有很好的效果，但其槽电压比碳阳极高 1V 左右，理论能耗比碳阳极高 3000kW·h/t Al。目前惰性阳极材料的耐腐蚀性、导电性、抗热震性等问题仍有待突破。

6.2.4.2 双极膜的电化学特性

目前研究水在膜中的解离和离子转移的过程有很多方法，主要方法有伏安法、计时电位法、电化学阻抗谱（EIS）法和测量膜中离子输运数的方法。要全面研究水解离和离子输运，需要组合使用这些实验方法。

（1）伏安法

最常用的 BPM 电化学研究方法是伏安法。当需要知道整个膜系统之间的电位差而不需要将其分成组件时，如双极区、单层、溶液扩散层等，电流-电压曲线（CVC）是最方便的。与二极管的情况一样，双极膜的 CVC 不是对称的（图 6-15）。当电流从 CEL 流向 AEL 时，膜上的电位下降幅度几乎随着电流密度的增加而线性增加，这是由于正向偏置模式对 BMED 会产生影响。此外，商业 BPM 在正向偏置条件下存在根本性应用限制：过高的渗透压差会引发 CEL 与 AEL 的界面分层，导致膜结构的不可逆损伤。

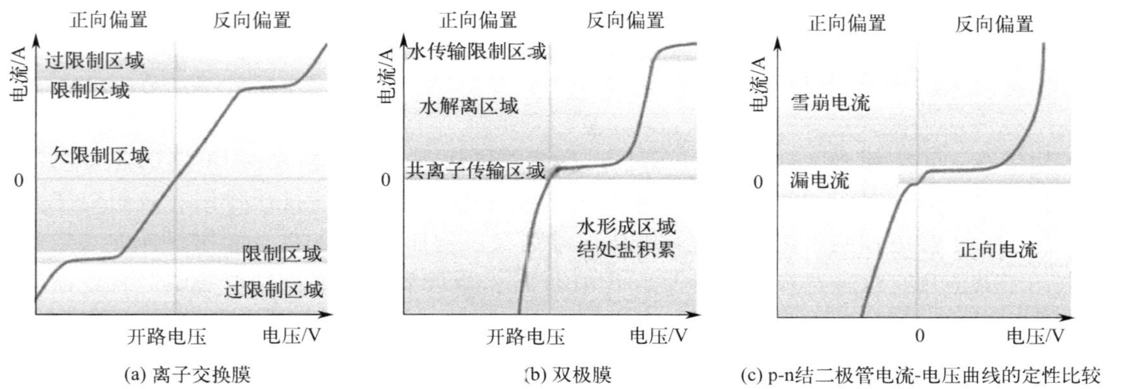

图 6-15 电流-电压曲线

在实际应用中，BPM 多数在反向偏置模式下使用，因为在这种情况下会发生水解离过程。反向偏置模式下的电流-电压曲线可以分为 4 段[图 6-16(a)]，每段都有特定的参数表征。电流-电压曲线的第一段给出了膜系统的欧姆电阻，第一极限电流 I_{lim1} 的值表征了共离子携带的电流密度，膜的过电流选择性越高，I_{lim1} 越低。第二段的长度显示了 H^+ 和 OH^- 开始强烈生成的潜在跳跃。第三段的斜率表征了水解离阻力 R_{diss}，即 BPM 强化水解离的能力，R_{diss} 越小，对水解离反应的催化活性越高。根据欧姆定律，两个电阻都可表示为 $R=U/I$。

当在盐溶液和酸碱体系中测量时，双极膜的电流-电压曲线特性在形状上是不同的，即酸性溶液在电池的 CEL 一侧，碱性溶液在电池的 AEL 一侧[图 6-16(b)]。在极化电流较小的情况下，酸碱体系中双极膜的电流-电压曲线特性显示电位明显偏离零（曲线 2、3）。其原因是在双极结处出现了 Donnan 电位：在 1mol/L 酸和碱溶液平衡的条件下，该电位值约为 0.83V。这种电位变化允许膜对水解离反应的催化活性进行定性评估。该电位越接近平衡，催化活性越高，反之亦然。

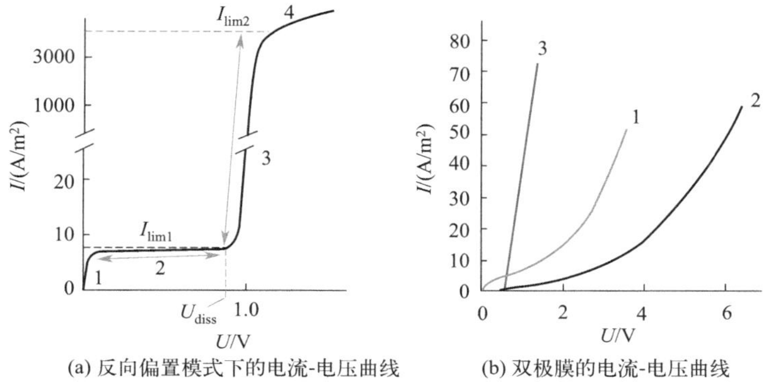

图 6-16　反向偏置模式下的电流-电压曲线以及双极膜的电流-电压曲线

（2）计时电位法

膜系统的计时电位测定法提供了离子传输和化学反应在 IEM 和邻近溶液层中的动态特性信息。计时电位测定的方法为通过向膜系统施加恒定电流密度，同时连续记录跨膜电位随时间的变化曲线。但双极膜的非破坏性计时电位测定只能在中性盐水溶液中进行。

在过限电流密度下（图 6-17），达到过渡时间 τ 后，电位急剧下降。由于共离子耗尽，BPM 电阻急剧增加，导致电压升高，水的解离速率变得相当高。τ 的值取决于单极层的性质，目前研究未能准确测定具体数值。

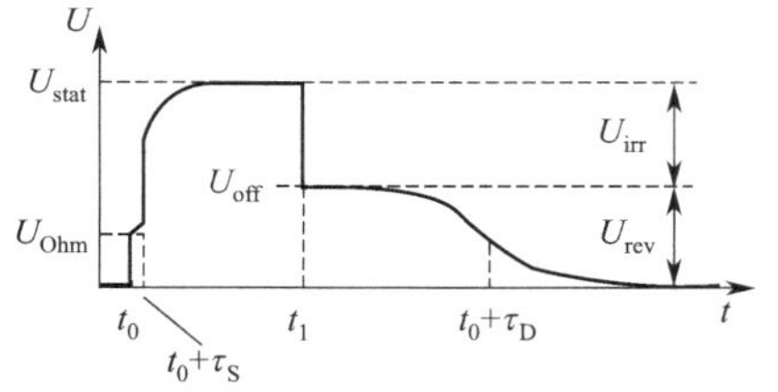

图 6-17　电流密度过限时的典型时间-电位曲线示意图

如图 6-17 所示，跨膜电位的持续上升是双极结界面增强电场直接加速水解离动力学的必然结果，当水解离产生的离子通量与系统施加的电流密度达到动态平衡时，系统达到稳态，此时电位降等于 U_{stat}。

在切断过限电流后，电位差立即减小到切断电位差（U_{off}），或可逆电位差（U_{rev}），因为它是启动水解离过程所必须克服的最小电位差值。不可逆电位降（U_{irr}）表示稳态电位降与开关电位的差值：$U_{irr}=U_{stat}-U_{off}$。U_{irr} 的值反映了极化双极膜欧姆电阻所造成的能量损失。随着时间的推移，由于质子和羟基离子的复合，电位差在 U_{off} 的基础上逐渐减小。双极区 H^+ 和 OH^- 浓度的下降被盐离子浓度的增加所补偿，盐离子的通量受到通过 CEL 和 AEL 的共离子扩散的限制。在放电时间 $t=\tau_D$ 时，H^+ 和 OH^- 在双极结处的复合速率接近零。BPM 单极层的选择性越高，离子输运越低。因此，在 BPM 具有较好选择性的情况下，τ_D 值会更高。此外，τ_D 随着溶液浓度的降低而增加，因为通过单极层的共离子输运减少。随着电流密度增大，通过 BPM 的浓度梯度增大，τ_D 也增大。

τ_D 也被用作表征 BPM 储能系统特性的指标。BPM 系统可以产生酸和碱来积累能量（充电过程），然后通过中和它们来产生能量（放电过程）。在这种情况下，τ_D 表示在储罐中中和大部分酸和碱所需的时间。这里 τ_D 还取决于酸碱溶液的体积和浓度、BMED 堆结构、放电电流、膜面积等，也就是说，它表征了整个 BMED 系统和操作条件。

（3）电化学阻抗谱法

电化学阻抗谱（EIS）是一种能够有效解析多尺度非均相体系中电化学过程的表征技术。该方法可检测被研究系统在给定频率下的交流电流的响应，有时施加在 DC 偏置上。与电极系统相比，EIS 在膜系统中的应用尚不广泛。目前，主要有 3 个重点领域：

① 离子交换膜电阻的测量；

② 直流条件下单极膜系统中盐离子和水解离产物的输运研究；

③ 双极区水解离速率常数和结构的研究。

通常，EIS 的数据是利用等效电路（EEC）进行分析的。然而，在许多情况下，需要严格的数学建模分析。

图 6-18（书后另见彩图）描述了 BPM 系统 3 个组件的一般等效电路。第一个分量是单极层总电阻，它表征了膜系统各层的欧姆电阻。第二个组件的阻抗谱为一个半圆，其中包括系统对水解离的响应，以及从双极区到大部分单极层和外部溶液的电荷形成和转移。这些现象对系统总阻力的贡献可以通过第一个半圆的宽度来确定。

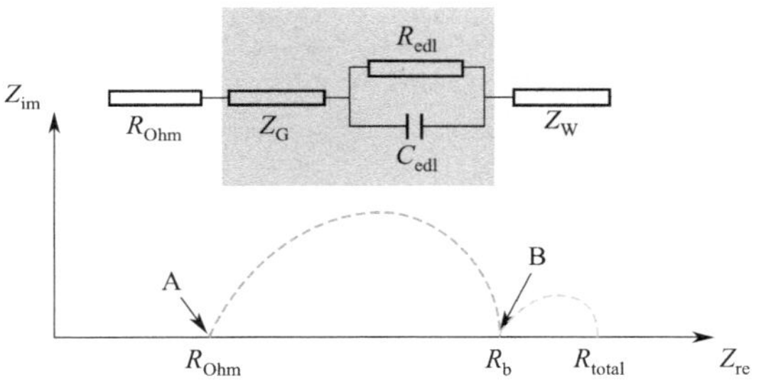

图 6-18　双极离子交换膜的电化学阻抗谱示意图

（R_{Ohm} 为单极层总电阻，R_b 为双极层电阻，R_{total} 为总膜电阻，Z_{re} 为阻抗实部，Z_{im} 为阻抗虚部，Z_W 为 Warburg 阻抗）

在单极膜电化学体系中，电流传输的主要阻抗来源于溶液相耗散扩散层形成的浓度极化阻力，离子浓度随着电流的增加而降低，由电流引起的近表面离子浓度的下降可能由扩散来补偿。在双极膜处于反向偏置模式的情况下，其左侧和右侧表面附近的溶液扩散层都被富集起来，即浓度随着电流的增加而增加。因此，与双极区的电阻相比，这些扩散层的电阻可以忽略不计。在电流密度低于极限扩散电流的非对称双极膜体系中，扩散阻抗的贡献主要体现在单极膜层内部和相邻溶液扩散层。膜系统的总电阻 R_{total} 对应于低频（$\omega \rightarrow 0$）时最后电弧的实分量。

双极膜的电化学阻抗谱如图 6-18 和图 6-19（书后另见彩图）所示。点 A 表示双极膜在无限高频处的阻抗谱极限（$\omega \rightarrow \infty$）。此时，阻抗的实分量表示膜系统的总体欧姆电阻，这涉及 BPM 的单极层电阻和位于膜表面和测量电极之间溶液层的电阻。

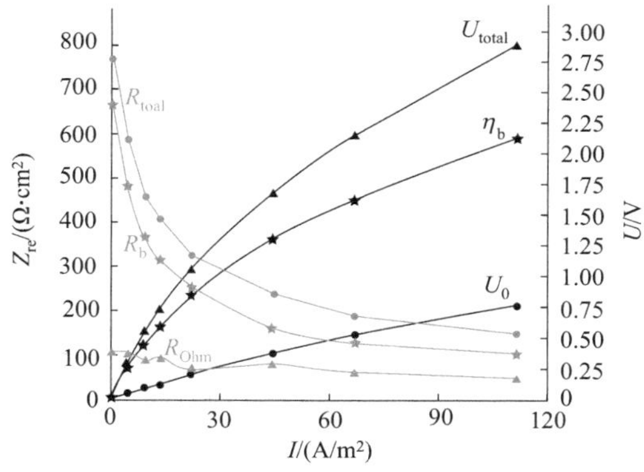

图 6-19 双极膜的电化学阻抗谱

（U_{total} 为总膜的 CVC，η_b 为双极区的 CVC，U_0 为单极层的 CVC）

在双极膜系统中，大多数情况下 Z_W 的贡献可以忽略不计。点 B 是指阻抗谱在无穷低频（$\omega \rightarrow 0$）处的极限。此时，阻抗实分量的值代表 BPM 的总电阻。

点 A 和点 B 之间的阻抗实分量值的差异是双极界面层的电阻，其物理本质是载流子从一种单极膜（如阳离子交换层）向另一种单极膜（如阴离子交换层）迁移时的界面势垒。在这里，空间电荷区域是局域化的，由于强电场和催化剂的作用，水发生了强烈的解离。

（4）测量膜中离子输运数

盐溶液在双极膜和单极膜中的离子输运数是表征电渗析过程性能的重要参数。跨 BPM 的共离子通量（即共离子交叉）降低了所获得电解质的纯度，同时降低了电膜装置的生产率，增加了该工艺的能源成本。

膜内离子输运数可通过分析电流-电压曲线的极限电流密度或计时电位法的转换时间来确定。两种方法都给出了 BPM 的两个单极层中所有共离子的平均值。

使用专门为此开发的方法，可以准确确定输运数。精确的测量技术需要稳定的浓度曲线，这意味着所研究的系统应该处于稳态。出现的问题是，通过膜的离子通量会对实验装置中溶液的浓度和 pH 值产生影响。通过改进 Hittorf 迁移数测定方法，采用自动电解液循环系统可精确调控膜界面附近的溶液组成，可有效解决这一问题。离子输运数是通过向溶液中加入酸、碱或水以维持其成分的量来计算的。该方法可以获得精确的结果，同时测量的输运数与溶液的浓度有明确的关系。

在实际应用中，测量电渗析过程的除盐电流效率（CE）即可。本质上比测定离子输运数时使用的方法更容易。目前的效率反映了形成电渗析器的脱盐室和浓缩室中，两种膜的贡献。如果阴离子交换膜（T_a）和阳离子交换膜（T_c）中共离子的输运数已知，则可以计算出 CE，即：$CE=1-(T_a+T_c)$。

6.2.4.3 力学性能

为了确定 IEM 的力学性能，通常测量破裂强度和拉伸强度。拉伸强度值受膜体中螺纹（钢筋）的影响。增强织物也可以作为一种附加手段，与聚合物交联在一起使用，尽可能防止水膨胀。在拉伸强度测量中，取样膜与增强织物的切割角度应相同。在双极膜中，破裂强度和拉伸强度都可以通过测量组成 BPM 每个单层的性质来确定。

由于单层膜之间存在界面，可能需要对双极膜进行剪切应力分析。静电附着力通常应足够高，足以使各层吸附在一起，但当在双极区域添加催化剂或胶水等额外成分时，静电附着力可能会降低或增加。

自发分层是膜破坏的机制之一。这个过程有以下可能原因：a. 双极结的高压；b. 一个或两个单极层固定电荷的损失，削弱了 CEL 和 AEL 的静电附着力。固定电荷的损失可能是由于 AEL 中官能团的去质子化，或 CEL 中官能团的质子化。由于盐离子通量大、水含量大，导致双极界面层压力大，使溶剂化壳正向偏置。另一个原因可能是在零电流条件下，当酸溶液接触 CEL 和碱溶液接触 AEL 时，H^+ 和 OH^- 的重组率很高。在这种情况下，H^+ 通过 CEL 扩散，OH^- 通过 AEL 扩散。

6.2.4.4 透光率

在最近的研究中，商业 BPM 已被用于水光电解，成为一种新的环保技术。紫外线的能量足以增加水的解离速率。因此，BPM 出现了一个新的特性，即对太阳光的透过性。这种性质在光电解过程中是必需的，这种特殊工艺制备的薄膜可透过 75%的可见光。

6.2.5 双极膜的应用

基于双极膜的主要工艺是双极膜电渗析（BMED）（图 6-20，书后另见彩图），其中双极膜与单极膜交替堆叠以产生酸和碱，或用于资源（再）生成和回收、能量储存和转换以及环境保护等。BMED 最典型的电池设计是三室电池，其中重复单元由 BPM、AEM（面向 CEL）和 CEM（面向 AEL）组成。

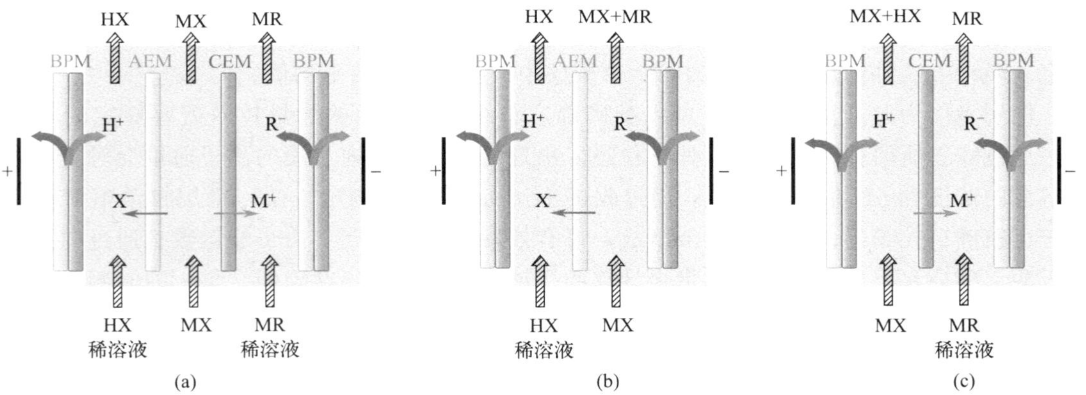

图 6-20　不同隔室结构的双极膜电渗析

6.2.5.1 资源的循环利用

（1）酸碱产生与回收

BMED 的主要应用是由盐溶液生成相应的酸和碱。其中，由 NaCl、$NaNO_3$、Na_2SO_4、

Na_3PO_4 和 NH_4F 等盐生产的无机酸碱占据了大部分的市场份额。BMED工艺可以作为一个额外的后处理步骤纳入现有的工业生产工艺中，以回收酸和碱。例如，从核电站废水中提取硼酸。一般来说，BMED有利于处理含有金属盐的酸性废溶液，例如处理金属酸洗液。

一些研究也集中在BPM辅助工艺上，以取代传统的氯碱工艺生产烧碱。然而，目前BPM的成本较高，BMED的运行费用较高，加之在高电解质浓度下碱纯度较低，使得BMED在经济性上仍难以与传统工艺竞争。

BMED工艺还用于有机酸的生产和回收，包括甲酸、乙酸、丙酸、琥珀酸、柠檬酸、乳酸、苹果酸、酒石酸、葡萄糖酸、氨基酸、水杨酸和石油酸等。然而，与无机酸生产相比，工业有机酸生产规模较小，有机酸再生的大部分应用领域与发酵液有关。

除了生产NaOH的案例外，关于BMED生产碱的研究报道很少，主要是生产氢氧化铵和有机碱。

(2) 醇的产生与回收

由于醇类的高电阻，醇解法（即醇氧化物生产）的工业应用相对受限。然而，研究表明，向乙醇中添加水是可行的策略，这不仅能增加长链有机酸（包括脂肪族和芳香族）的溶解度，还可提高有机酸盐的转化率，从而有效促进有机酸的生成。

(3) 氨的产生与回收

BMED的另一个相关工业应用是制氨，以及从废水或发酵混合物中回收氨。以硝酸铵解离为例，其工艺原理如图6-21所示（书后另见彩图）。含有 NH_4NO_3 的盐溶液被送入BMED膜堆。NO_3^- 迁移到酸性隔间，生成 HNO_3 后被回收，而 NH_4^+ 与碱性隔间中的 OH^- 结合生成氨和水。随后可通过加热或减压的方法提取氨。

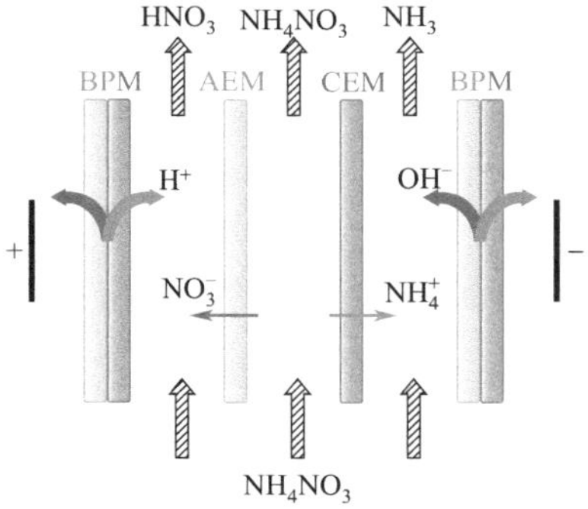

图 6-21　BMED硝酸铵解离示意图

该工艺的性能受到质子泄漏和氨通过双极膜扩散的限制。有研究表明，当BMED装置在 $500A/m^2$ 电流密度下运行时，氨通过BPM的扩散会导致12%～17%的电流效率损失。

为了尽量减小扩散的影响，在实际运行中应使用更高的工作电流密度。此外，碱性隔间的pH值对氨转化率有显著影响，pH值超过10才能使得氨转化率>90%。

6.2.5.2 二氧化碳和二氧化硫的捕集

在环境保护领域，BPM 可用于（烟道）气体的辅助捕集，以及大气和水中的 CO_2 捕集。电化学还原 CO_2 基于 BPM 的膜电极组件（MEAs），与传统的单极膜 MEAs 相比表现出更好的性能。因为 BPM 在阳极和阴极之间保持恒定的 pH 值，从而改善了系统中离子传输的选择性。

有研究者研究了正向偏置和反向偏置下系统的运行。在反向偏置下，在 CEL 侧（面向阴极），CO_2 与双极结处产生的质子反应形成水和 CO_2，而在 AEL 侧（面向阳极），则形成氧和水。在正向偏置下，BPM 的 AEL 面向阴极，从而保持高 pH 值，以增强 CO_2 的还原，而 CEL 则面向阳极，阻止 CO_3^{2-} 和 HCO_3^- 迁移到阳极生成 CO_2。

相反，碳酸盐离子与来自酸室（阳极）侧的 H^+ 结合，形成水和 CO_2。形成的 CO_2 均匀地扩散到阳极室和阴极室，这避免了 50%的 CO_2 通入阳极，该百分比可以通过引入还原催化剂进一步提高。此外，为避免在电极界面处因气体聚集导致相分离，需确保生成的 CO_2 与还原催化剂充分接触。本质上，BPM 通过抑制 CO_2 在正向偏置条件下从阴极向阳极的迁移，从而有效维持 CO_2 还原反应的高选择性。

CO_2 可以以气体形式或在水溶液中的 CO_3^{2-} 和 HCO_3^- 形式送入电池进行还原，例如作为采用液体碱性吸附剂的 CO_2 捕获过程的出口流。

在 BMED 从（碱性）捕集液中再生 CO_2 的过程中，碳酸盐被输送到酸隔室，在酸隔室中，由于它们在低 pH 值下的低溶解度，CO_2 气体发生演化。Eisaman 等的研究表明，该过程也可以应用于从海洋中提取 CO_2。然而，与液相相比，气相 CO_2 还原表现出更高的电流密度，因为它克服了 CO_2 在水溶液中溶解度低而导致的质量传输限制。

同样，BPM 可用于从烟道气体和水体中捕获 SO_2。为此，首先利用碱性吸收剂对气流进行脱硫，然后将所得的吸收剂溶液送入 BMED 装置，得到再生的碱性溶液（可作为吸收剂循环使用）和酸性溶液（H_2SO_4），其中 SO_2 可通过加热、减压或惰性气体喷射来回收。SO_2 可进一步氧化为 SO_3，再循环到解吸液中生成高浓度硫酸。

6.2.5.3 废水及污泥的处理

连续电去离子（CEDI）是一种被广泛采用的超纯水生产工艺，通常作为制备过程的最后一步[图 6-22(a)，书后另见彩图]。BPM 辅助的 CEDI 是使用单极膜传统工艺的替代方案[图 6-22(b)]。这两种工艺的主要区别在于离子交换树脂床。传统的 CEDI 反应器在带相反电荷的单极膜之间有一个床层，充满混合均匀的阳离子和阴离子交换树脂，阳离子和阴离子同时从进料中去除。在 BPM 辅助的 CEDI 中，两个离子交换树脂层被双极膜隔开，其中 CEL 面向阳离子交换树脂层，AEL 面向阴离子交换树脂层。进料首先进入阳离子交换树脂床，阳离子与 BPM 产生的质子交换。所得的酸性溶液随后被导向阴离子交换树脂床，溶液中的阴离子与 BPM 产生的氢氧根离子交换，因此溶液在离开树脂床之前已被中和。通过在系统中加入气体吸收处理室，还可以去除酸性和碱性气体。

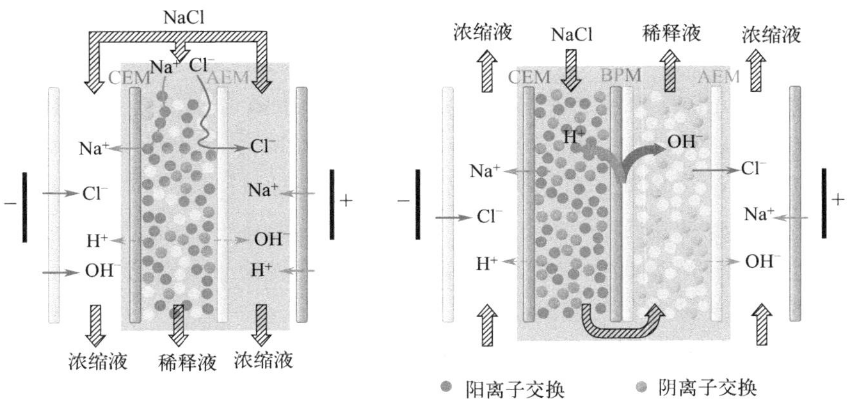

(a) CEDI原理示意图　　(b) BPM辅助的CEDI原理示意图

图 6-22　CEDI 以及 BPM 辅助的 CEDI 的原理示意图

BPM 改进后的工艺与传统的 CEDI 工艺相比，能更有效地去除弱酸、减少工艺用水，且无须使用化学品的床层再生步骤，从而大大降低了成本。然而，该工艺的主要问题是离子泄漏带来的产品水污染。

BMED 还可用于去除离子污染物或从废水中回收化合物，中国首个实现“零排放”的污水处理厂就是采用 BMED 技术从废水中分离盐分。

Zaslavschi 等研究了 BMED 的电化学水软化。研究表明，与只有 CEM 的简单电化学电池相比，BMED 工艺具有显著优势，因为它抑制了氯气的释放。

BMED 的其他应用包括重金属和关键原材料的回收。例如，Liu 等使用 BMED 去除城市污泥中的铜和镍。为了避免堵塞 BPM，他们为污泥室配备了微滤膜。Wu 等研究了 Cr(Ⅲ) 的回收，他们通过将 H_2O_2 导向进料室，将 Cr(Ⅲ) 氧化为 Cr(Ⅳ)，然后以 Na_2CrO_4 的形式回收。在众多关键原材料中，锂资源尤其受到广泛关注，特别是从废旧电池和工业废水中回收锂的技术。

6.2.5.4　辅助能源应用

BPM 因其促进水解离的特性，可通过 pH 值和盐度梯度的形式实现电能的可逆存储，即所谓的酸碱液流电池（ABFB）。ABFB 由一个三室 BMED 单元组成，该单元可在反向偏置和正向偏置下交替运行。Parnam 等将 BPM 应用于电池系统，通过在双极结处原位生成 H^+ 和 OH^-，成功在膜两侧建立了 pH 值梯度。

在放电过程中，复合反应发生在双极结处（正向偏置），在堆栈中产生的离子电流在电极处转换为电流，然后由外部负载收集。

由于在 BPM 上产生 pH 值梯度，与浓度梯度液流电池（仅基于单极膜）相比，ABFB 的能量密度高出 3 倍以上。例如，采用 1mol/L HCl 和 1mol/L NaOH 作为电解液时，ABFB 的理论能量密度可达 40kJ/L。

ABFB 的主要优点是可使用无毒、廉价和丰富的电解质，如 NaCl。ABFB 的能量损失主要由共离子泄漏引起，占总能量损失的 39%～65%，同时由于膜的质子和羟基选择性较低，导致库仑效率在13%～27%之间。通过优化膜选择性和增强BPM在正向偏置下的结构稳定性（特别是层间黏附性），可有效提升其耐高电流密度性能并防止分层，从而显著改善电池的整体性能。

最新研究表明，BPM辅助工艺还可应用于BMED水电解制氢系统。BPM辅助电解的一个优点是保持了pH中性——在阳极产生的质子被BPM中产生的OH^-中和，而在阴极则发生相反的中和反应。例如，有研究发现，使用1mol/L H_2SO_4和1mol/L NaOH溶液，在制氢过程中稳定的电流密度为$200A/m^2$，最大制氢速率为11mmol/h，工艺效率仍然相对较低（约为55%）。BPM辅助电解技术作为一种具有发展前景的替代方案，能够有效利用金属工业产生的酸碱废液进行氢气制备。

双极膜也可用于维持太阳能燃料电池电极室的酸性/碱性条件。Vermaas等研究发现，使用钙钛矿光收集器的BMED系统稳定性良好，太阳能到氢的转化率高达12.7%。

6.2.5.5 在生物技术和食品工业中的应用

BMED可用于从发酵液中回收有机酸。首先应该对发酵液进行预处理，去除多价阳离子，因为这些离子会形成不溶性氢氧化物，污染膜表面。此外，BPM可用于其他酶促过程，例如，进行酶水解或在双极结处固定酶，从而在本质上创造酶燃料电池。

一些研究者提出将BMED与生物化学过程结合起来，将生物反应与离子分离结合起来。例如，BMED可与外部电化学系统耦合用于有机酸合成。这种耦合系统利用外电路捕获底物生物降解过程中产生的电能，可显著降低整体工艺的能耗。有研究者发现，与非生物BMED相比，其能耗可降低90%。

采用BPM的微生物燃料电池系统可进一步拓展应用于重金属回收领域。Kim等比较了单极膜和双极膜微生物燃料电池回收六价铬的性能。BPM电解池系统不仅能有效支持阴极反应，同时展现出优异的污染物去除效率和较强的生物电化学性能。此外，BPM可在两个腔室中保持合适的pH值。Rozendal等比较了4种不同类型膜系统［CEM、AEM、BPM和电荷嵌合膜(CMM)］在生物催化电解废水制氢过程中的性能差异。BPM系统在离子传输性能方面表现较好，不仅具有较高的H^+和OH^-迁移数，同时在维持阴极室pH值稳定性方面也展现出最佳性能。然而，在电化学性能方面，BPM膜系统的电流产生率和氢气产量较低。

BMED还被用于从猪粪中回收挥发性脂肪酸（VFAs），然而离子扩散导致了低电流效率和低产品纯度。选择两阶段分段反应可以最大限度地减少扩散通量，并可实现87%的VFAs回收率。总体来说，BMED在食品加工中是有发展前景的，因为它避免了在处理过程中引入额外的化学添加剂，这在食品工业中是一个显著的优势。例如，BMED对果汁和乳制品的pH值控制已经在工业上得到应用，BMED处理的果汁可以作为“天然甜味果汁”销售。该技术在食品工业中的其他研究应用主要包括：从乳制品副产品中提取或分离脂肪和蛋白质；将多糖转化为低聚糖；使用酸化剂延长食品成分的保质期。

6.3 双极膜电渗析制酸碱

与传统化学技术相比，BMED技术具有许多优点，包括不产生气体或副产品、更高的能源利用率、节省空间以及装置简单易安装。考虑其环境影响和经济效益，BMED已成为食品加工、CO_2 捕集、废渣综合利用和高盐废水处理等产业中的一种绿色高效技术。特别是对于含盐废水，其中含有的低品位盐可以转化为高值的浓酸碱溶液。此外，在一般工业中，酸和碱通常用于各种酸碱中和反应。因此，通过将双极膜电渗析（BMED）单元与中和反应过程集成，构建原位反应系统以在单一操作单元内生产高附加值化学品的技术路线，近年来备受关注。

目前，众多研究者已就 BMED 技术制备酸碱的相关研究发表了多篇综述。例如，Fernandez 等总结了 BMED 技术在处理来自反渗透（RO）海水淡化和富盐工业废水的浓盐水中的应用。此外，还有研究者回顾了 BPM 的主要原理、发展和应用。与上述面向过程的综述不同，Blommaert 等从能量转换的角度对 BPM 的电化学系统进行了综述。

本节综述了 BMED 在高盐废水处理中的应用及其资源化利用。在总结 BMED 酸碱生产工艺的基础上，重点探讨了酸碱原位利用的一体化 BMED 工艺优化方法，分析了电流密度、溶液初始浓度、膜堆结构、温度、电极溶液等因素对 BMED 过程的影响。最后，对 BMED 的发展前景和研究方向进行了展望。

6.3.1 双极膜制酸碱的机理

BMED 最大的特点是在传统的电渗析中引入了双极膜，双极膜由 AEM 和 CEM 组成，中间层有催化介质。目前被广泛应用于双极膜中的两种溶剂为水和甲醇，其解离原理如下。

$$H_2O \longrightarrow H^+ + OH^- \tag{6-4}$$

$$CH_3OH \longrightarrow CH_3O^- + H^+ \tag{6-5}$$

此外，双极膜中水解离的理论能耗为 79.9kJ/mol，明显低于电解过程（198.5kJ/mol），这表明 BMED 水解离是一种更环保、能耗更低的反应。

如图 6-23 所示（书后另见彩图），盐溶液（MN，M^{m+} 为阳离子，N^{n-} 为阴离子）通过 AEM 和 CEM 排列之间的盐室，在典型的三室 BMED 系统中电离成 M^{m+} 和 N^{n-}。同时，水分子通过 BPM 的离子交换膜扩散进入催化层。随着水的解离，H^+ 穿过 CEM，与从盐室迁移来的阴离子结合，在酸室中形成相应的酸。同时，OH^- 也以相应碱的形式与盐室中的阳离子一起迁移到碱室中。

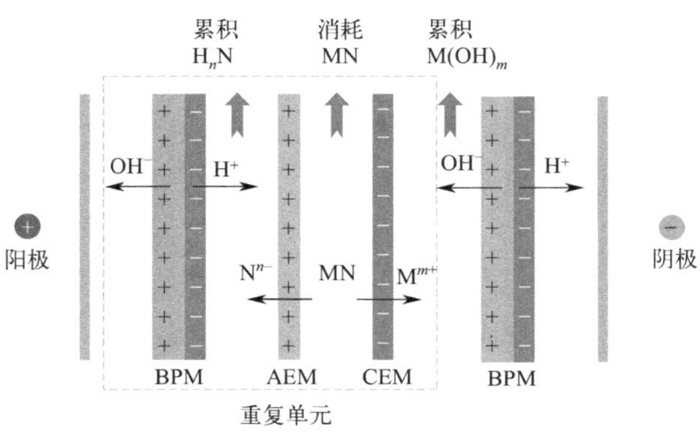

图 6-23 三隔室 BMED 的工作机理

BMED工艺产生的酸碱通常比盐更有价值，因此BMED法被广泛应用于高盐废水处理，以提高工艺效益。

然而，在BMED酸碱同步生产过程中，酸浓度普遍略低于碱浓度。这可能是由于H^+的迁移率比OH^-的迁移率高，导致H^+通过阴离子交换膜的泄漏量更高。此外，AEM对H^+的势垒容量低于CEM对OH^-的势垒容量，这也是酸浓度低的一个重要原因。

6.3.2 低品位废盐转化为高价值酸碱

BMED可以处理高盐废水，利用其中的盐分生成可用的酸和碱，具有潜在的经济效益。BMED工艺处理的组分类型丰富，包括无机体系和有机体系。应用的BMED工艺按其产品分为无机酸＋无机碱、有机酸＋无机碱、无机酸＋有机碱、有机酸＋有机碱4类。

6.3.2.1 无机酸+无机碱

（1）HCl＋NaOH

BMED已广泛应用于处理无机盐废水以再生酸和碱。该技术最典型的应用领域是针对NaCl体系高盐废水的处理，主要包括反渗透浓盐水、垃圾渗滤液预处理出水以及纺织工业废水等。虽然含NaCl废水的直接利用价值有限，但通过将其转化为HCl和NaOH等高值化学品，可显著提升资源化过程的经济效益。Ortiz等研究了用BMED生产1.0mol/L以上的HCl和NaOH溶液的技术替代方案，其电流效率为60％～90％。Ibanez等利用反渗透盐水作为废水，将HCl和NaOH产物的浓度分别提高到3.3mol/L和3.6mol/L。但NaCl废水中普遍存在Ca^{2+}、Mg^{2+}等高价离子，在这种情况下，可采用电渗析（ED）与单价阳离子交换膜联合进行软化预处理，再采用BMED制备酸碱。

为了进一步简化这一过程并提高性能，在BMED中引入了选择性电渗析（SED），可以从浓缩盐水中获得高纯度的NaOH和HCl溶液。随着对BMED作用机理研究的不断深入，研究人员针对含多价离子的复杂体系开发并验证了新型处理策略。采用质子泄漏的方法，避免了硬度离子处理反渗透盐水过程中膜表面二价离子的沉积。经过BMED工艺，得到了纯度较高的0.6mol/L NaOH溶液和0.7mol/L HCl溶液。此外，BMED也逐渐应用于实际的反渗透盐水处理中。

与反渗透卤水相比，一些纺织印染废水的含盐量也较高，也是BMED制取酸碱的潜在原料。纺织印染废水也可通过BMED转化为高价值的酸碱产品，Berkessa等成功将BMED系统应用于模拟纺织废水处理，实现了废水中资源的高效回收，在恒压模式下获得了1.28mol/L NaOH溶液和1.19mol/L HCl溶液。

（2）H_2SO_4＋NaOH

H_2SO_4＋NaOH是BMED工艺的另一种常见的酸碱组合，主要来源于含盐纺织废水和冷轧废水。一般来说，纺织废水具有高盐度（如5.0％ Na_2SO_4），可以将其视为潜在的资源。Zhang等用BMED法处理含盐和含有机物的纺织废水，得到了0.236mol/L H_2SO_4和0.507mol/L NaOH。此外，Ye等利用超滤后的高盐纺织废水生产出了0.29mol/L H_2SO_4和0.4mol/L NaOH。在这一过程中，酸碱浓度被水迁移限制，因为Na^+和SO_4^{2-}以水合离子的形式在膜上迁移，导致反应提前达到平衡。Jiang等利用高盐度冷轧废水，通过调整各腔内溶液的体积比，得到了2.35mol/L H_2SO_4 和2.03mol/L NaOH，进一步证实了BMED优良的无机酸碱生产性能。

BMED还可以使单价阴离子和二价阴离子分离，提高混合体系的产品纯度。Xu等通过将单价选择性阴离子交换膜（SAEM）组装成BMED堆，将混合盐分离成纯度较高的NaOH、HCl和 H_2SO_4，实现了混合酸的纯化。

（3）其他无机酸＋无机碱

化学过程的复杂性决定了高盐废水中主要盐类的多样性。目前，利用不同来源的原料（如纯化低值盐溶液、预处理后的高矿化度废水）制备无机酸与无机碱已有大量报道。特定的液态盐，如 $(NH_4)_2SO_4$、NaBr、$Na_2B_4O_7$、NH_4Cl、$Li_2B_4O_7 \cdot 5H_2O$、NaH_2PO_2、LiCl、$(NH_4)_2MoO_4$，可循环生成相应的酸和碱，如 H_2SO_4-$NH_3 \cdot H_2O$、NaOH-HBr、NaOH-H_3BO_3、$NH_3 \cdot H_2O$-HCl、LiOH-H_3BO_3 和NaOH-H_3PO_2 等。其中，含氨氮的废水受到特别关注，因为氨氮污染已成为许多国家严重的环境问题。然而，$NH_3 \cdot H_2O$ 通常具有高电阻，这抑制了BMED的性能发挥。为了避免这一问题，Shi等将BMED的膜堆由三隔室改为双隔室，可以明显降低能耗，得到1.47mol/L HCl和1.31mol/L $NH_3 \cdot H_2O$。

除废水外，各种无机盐也可作为生产高价值无机酸和碱的廉价来源。目前，次磷酸钠（NaH_2PO_2）是生产次磷酸（H_3PO_2）的潜在廉价原料，而次磷酸（H_3PO_2）是化学镀镍的重要化工产品。考虑到环境保护和效率问题，BMED有可能成为生产 H_3PO_2 的替代方法。例如，Shen等将BMED与离子交换吸附相结合，避免 Na^+ 的泄漏，最终得到4.15mol/L H_3PO_2 和4.32mol/L NaOH。除该体系外，其他含锂、溴、铵或硼的盐类也可以成功转化为相应的酸和碱。

6.3.2.2 有机酸+无机碱

除无机盐系统外，有机盐广泛存在于高盐废水中，也可以通过BMED进行处理。此外，使用BMED转化有机盐对泵和隔膜没有特殊要求，因为生成的酸的腐蚀性要弱得多。

在各种有机盐中，甲酸钠（NaCOOH）是常见的盐之一，甲酸（HCOOH）广泛用于纺织、天然橡胶和皮革等行业。针对这种情况，Rakib等利用BMED体系从NaCOOH废水中提取HCOOH，得到了7.5mol/L HCOOH，能耗为2.6kW·h/kg。

与甲酸体系类似，也有研究用BMED从乙酸钠渣中制备乙酸（CH_3COOH）和NaOH，CH_3COOH 的能耗为6.0～19.2kW·h/kg，NaOH的能耗为8.9～26.2kW·h/kg。与通过BMED生成无机酸和无机碱相比，可以进一步研究以减少有机系统的能耗。

与上述小分子有机酸不同，大分子有机物在AEM中的迁移能力较低，可能会导致更高的能耗。针对这种情况，BMED的性能（尤其是能耗）可以从以下两个方面进行优化：a. 促进弱酸解离，提高溶液的电导率和浓度梯度，加速离子的扩散；b. 通过调节膜的排列，避免水化半径较大的离子在AEM上迁移。

6.3.2.3 无机酸+有机碱

无机酸＋有机碱与有机酸＋无机碱的生成工艺类似。卤素盐具有较高的溶解度和较强的电离能力，因此BMED制备的有机碱大部分来源于卤素盐。

一些卤素离子可能会穿过BPM进入碱室，导致有机碱的纯度降低。Shen等采用BPM-CEM-AEM-CEM膜堆从四丙基溴化铵（TPABr）溶液中再生四丙基氢氧化铵（TPAOH）

和 HBr，转化率为 91.6%。此外，Shen 等还利用这种膜堆结构从氯化胆碱中提取出更高纯度的氢氧化胆碱，计算出的能耗为 0.7444kW·h/kg。Xu 等采用醇解反应耦合 BMED 技术，成功实现了由氯乙酸甲酯向甲氧基乙酸甲酯的转化，其反应遵循如下化学方程式：

$$ClCH_2COOCH_3 + CH_3O^- \longrightarrow CH_3OCH_2COOCH_3 + Cl^- \tag{6-6}$$

6.3.2.4 有机酸+有机碱

与 BMED 在制备无机酸＋无机碱、无机酸＋有机碱、有机酸＋无机碱等方面的应用相比，利用含盐废水同时生产有机酸和有机碱方面的研究较少。Shen 等报道了用 BMED 处理 S-2-氨基-1-丁醇-l-酒石酸溶液，取得了一定效果。

综上，可以将 BMED 体系生产各种酸碱的研究重点放在复杂的高矿化度废水上。此外，建议进行规模化试验以探索工业生产。

6.3.3 经济效益分析

与高盐废水中盐溶液的富集相比，BMED 直接将盐资源转化为相应的酸和碱产品，理论上可以显著提高资源利用的经济效益。

BMED 从盐类中回收酸、碱的总工艺成本主要包括总能源成本和投资成本。能源成本主要取决于实际 BMED 过程的能耗和当地的电费。HCOOH、LiOH 和 H_3PO_2 的能源成本明显高于 HCl 和 NaOH，这可能是由于它们的溶解度和水解性能较低。总投资成本由膜堆成本和外围成本组成。结果表明，不同类型的产品所对应的投资成本差异较大，这与不同的膜堆、膜类型，特别是处理能力有关。随着处理能力的增强，总投资成本显著降低，生成的酸碱与原盐之间的价格差异明显超过总能源成本。

这一结果进一步暗示了 BMED 工艺的潜在经济效益。此外，考虑到 BMED 在污水处理厂中的潜在应用，在这种情况下，BMED 几乎没有原料成本，甚至会由于含盐废水的处理费而产生负成本，因此 BMED 的经济效益将进一步提高。从 NaH_2PO_2 中回收 H_3PO_2 工艺的经济效益突出，因为 H_3PO_2 价格和 NaOH 价格的总和明显大于 NaH_2PO_2 价格和总工艺成本的总和。

此外，与传统 ED 相比，BMED 工艺避免了 H_3PO_2 的氧化，保证了纯度。综上所述，通过对盐和酸碱的价格以及 BMED 工艺的总工艺成本进行比较，可以发现利用 BMED 处理含盐废水具有显著的经济优势。

6.3.4 酸碱的原位利用

鉴于 BMED 技术卓越的酸碱制备性能、显著的环境效益和突出的经济优势，该技术已成功实现与若干对酸碱条件有特殊需求的化工工艺的原位集成。此外，原位利用将降低运输成本，并使 BMED 产品得到更深入的利用，根据利用形式可分为酸原位利用和碱原位利用。

6.3.4.1 酸原位利用

BMED 产酸的现场应用相对较少，主要用于提取海水中的 CO_2，如式(6-7) 所示。例如，Iizuka 等通过 BMED 产生的酸实现了碳酸盐溶液中 CO_2 的收集，同时实现了 NaOH

的再生。Xu 等利用 BMED 生成的酸同时制备蛋氨酸，实现蛋氨酸盐的 CO_2 萃取。与 CO_2 提取工艺类似，电酸化工艺也被用于大豆蛋白的酸化纯化。有研究者通过调控 BMED 系统将 pH 值从 9.0 降至 4.5，利用原位生成的有机酸显著提升了大豆蛋白的提取效率。

$$CO_3^{2-}+2H^+ \rightleftharpoons HCO_3^-+H^+ \rightleftharpoons CO_2+H_2O \tag{6-7}$$

BMED 生成酸溶液工艺还与其他电化学过程进行了原位集成，得到了耦合的电化学系统。有研究者采用 BMED 与 CO_2 还原电池结合，利用生成的酸从海水中提取并转化 CO_2，如图 6-24(a) 所示（书后另见彩图）。在此过程中，当电流密度为 $3.3mA/cm^2$、海水流速为 37mL/min 时，CO_2 捕集效率为 71%，如图 6-24(b) 所示。

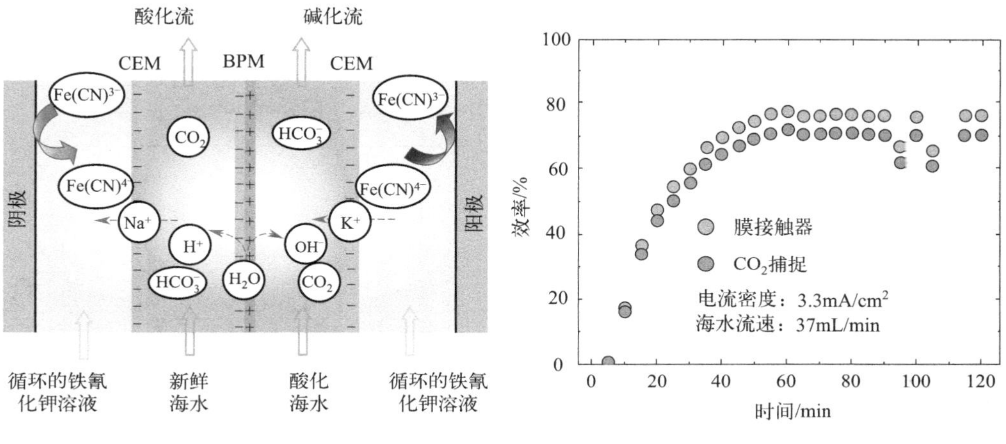

(a) BPM电渗析池示意图　　(b) CO_2捕集和膜接触器效率

图 6-24　BPM 电渗析池以及 CO_2 捕集和膜接触器效率示意图

6.3.4.2　碱原位利用

相较于酸应用的局限性，BMED 产生的碱因其更广泛的适用性和更好的二艺兼容性，已成为当前研究热点，一些研究者已针对碱性产物的原位应用开展了系统性研究。其中，原位利用 BMED 碱性流吸收酸性气体被广泛应用，与碳捕集、利用和封存（CCUS）相结合是一种极具潜力的碳中和技术。Zhao 等提出了一种新型的 BPM-AEM-AEM 结构的膜装置，可以就地利用生成的碱固定 CO_2 并进一步矿化为功能 $CaCO_3$。如图 6-25(a) 所示（书后另见彩图），将 CO_2 气体注入碱室溶液中，得到 HCO_3^- 和 CO_3^{2-}。然后，这些阴离子在电场作用下穿过 AEM 进入盐室，并沉淀为功能 $CaCO_3$。

$$CO_2(g) \rightleftharpoons CO_2(aq) \tag{6-8}$$

$$CO_2(aq)+H_2O \rightleftharpoons H_2CO_3 \tag{6-9}$$

$$H_2CO_3+OH^- \rightleftharpoons HCO_3^-+H_2O \tag{6-10}$$

$$HCO_3^-+OH^- \rightleftharpoons H_2O+CO_3^{2-} \tag{6-11}$$

$$Ca^{2+}+CO_3^{2-} \rightleftharpoons CaCO_3(s) \tag{6-12}$$

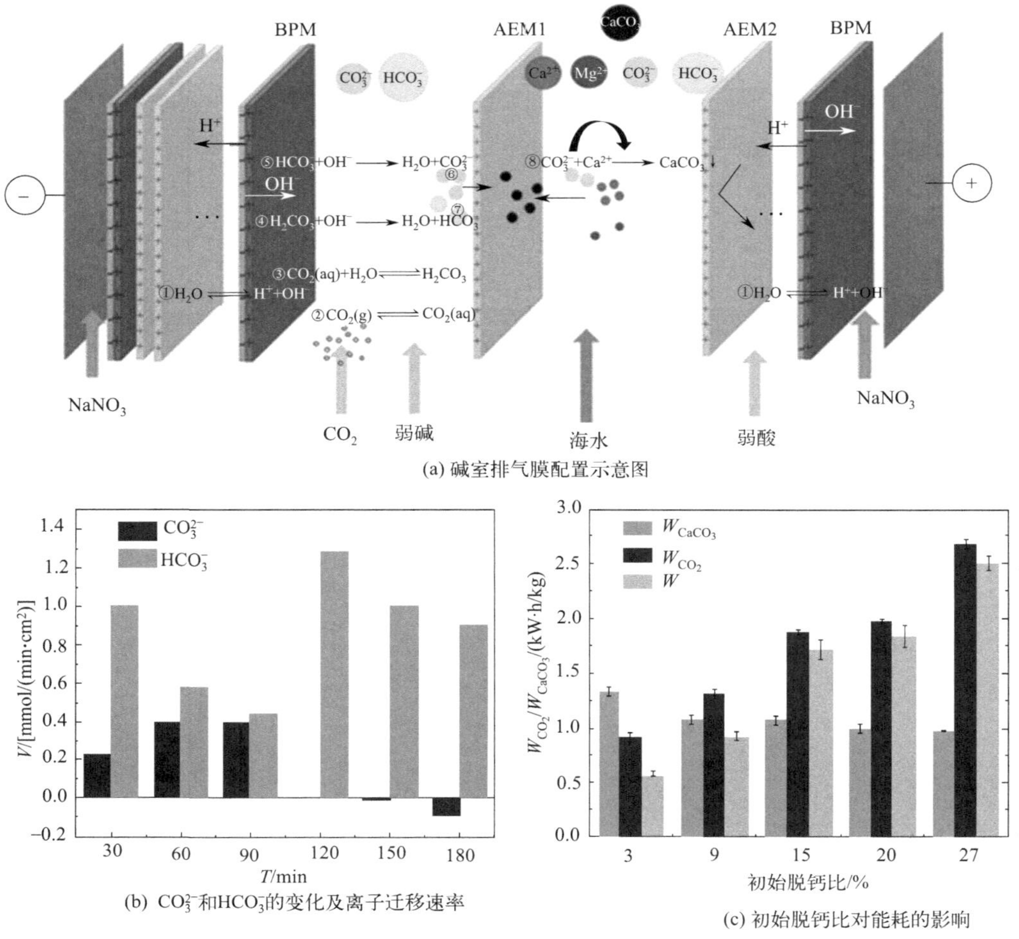

图 6-25　BMED 产生碱的应用

与利用碱性溶液吸收 CO_2 类似，BMED 的碱产物也被用于模拟烟气脱硫，显示出碱产品在酸性气体吸收方面的广泛原位应用。总体来说，BMED 可以通过捕集酸性气体，特别是 CO_2，来实现产出碱溶液的原位利用，而这些酸性气体可以进一步形成高附加值的碳酸盐产品。

然而，$CaCO_3$ 的能耗（6.46kW・h/kg）高于 NaOH 的能耗（1.81kW・h/kg）。为了提高经济效益，Zhao 等通过对离子迁移速率的研究，提出了降低能耗的自结晶策略，如图 6-25(b) 所示。如图 6-25(c) 所示，海水处理能耗降低了 70.29%。

除了吸收酸性气体外，BMED 产生的碱还可就地用于无机高分子混凝剂的生产、脱氢卤化反应和离子液体回收。Zhang 等利用 BPM-AEM 配置产生的碱制备了碱度达到 14.72% 的高碱度聚合硫酸铁（PFS）。还有研究者开发了一种由 3-氯-1,2-丙二醇通过脱氢卤化和 BPM 原位生产 OH^- 合成甘二醇的方法。此外，BMED 产生的碱还可用于脱硫剂和离子液体的再生。如图 6-26 所示（书后另见彩图），三乙基硫酸氢铵([TEA][HSO_4])在碱室中解

离成 TEA^+ 和 HSO_4^-。得益于 HSO_4^- 向酸室的迁移，在此过程中 TEA^+ 和 SO_4^{2-} 的回收率分别为 93.7%和 96.4%。

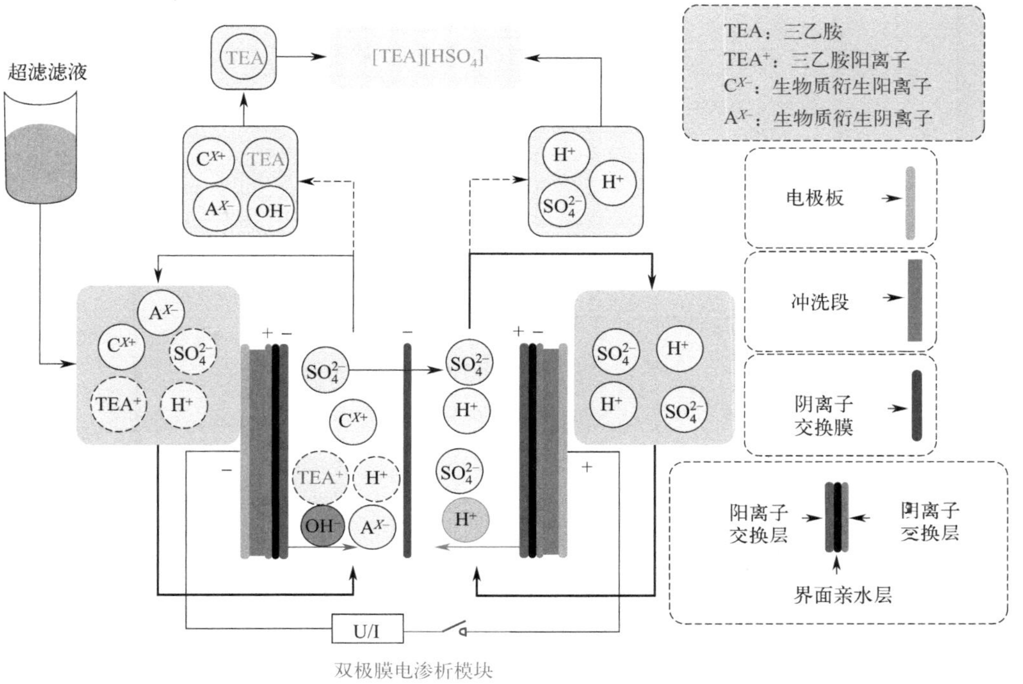

图 6-26　UF-BMED 对[TEA][HSO_4]的回收再生方案

6.3.5 影响因素

在上述 BMED 生成酸碱及其深层原位应用过程中，不同的操作条件会对整个过程产生重大影响，尤其是其性能和能耗。这些因素主要包括电流密度、溶液初始浓度、膜堆结构、温度和电极溶液。

6.3.5.1 电流密度

BMED 工艺通常使用恒流操作，其中电流密度由膜堆两端施加的电流和所施加膜的有效面积决定。综合前人的研究，电流密度对 BMED 的影响可归纳为水解离、离子迁移速率、运行时间和能耗 4 个方面。

根据第二维恩效应，双极膜中催化层的水解离主要由施加电场的强度决定。此外，在高压电场下，双极膜中更多的水被解离。基于这些推导，Zhao 等研究了 OH^- 生成率与电流密度之间的关系，两者呈正相关关系，如图 6-27(a) 所示（书后另见彩图）。

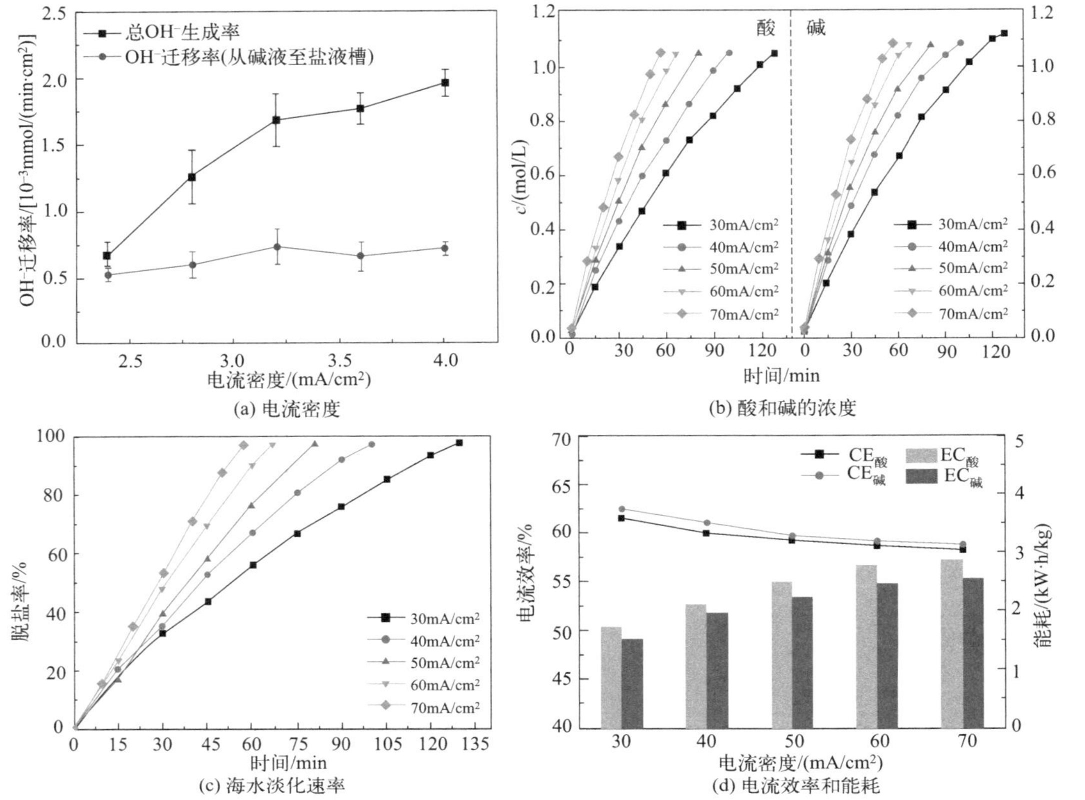

图 6-27　电流密度对 BMED 性能的影响

除水解离效应外，电流密度还会显著影响体系中离子的迁移速率。简而言之，电流密度的增加会促进离子迁移，从而可以通过膜传递更多的离子。

Ortiz 等认为电流密度的增加会加快离子迁移的速度，从而提高相同操作时间下 HCl 和 NaOH 的产率。一方面，酸和碱浓度随电流密度的增大而增大，如图 6-27(b) 所示；另一方面，电流密度的增加会促进离子迁移，因此在一定的盐水浓度下，电流密度的增加也有助于缩短操作时间。Li 等观察到，利用 BMED 从 NH_4Cl 中提取 HCl 和 $NH_3 \cdot H_2O$ 时，电流密度从 $38mA/cm^2$ 增加到 $54mA/cm^2$，操作时间从 120min 缩短到 60min。

此外，Shen 等发现，电流密度越高，BMED 运行时压降越小，这是影响电流密度的重要因素。Sun 等发现在处理高盐度磺胺酸废水时，电流密度从 $30mA/cm^2$ 增加到 $70mA/cm^2$，操作时间缩短了 1/2，如图 6-27(c) 所示。然而，电流密度的提高也会增加能耗，因此合理进行能耗评估至关重要。

能源消耗作为 BMED 过程的重要指标，代表着其经济效益，它与电流密度有较强的相关性。如图 6-27(d) 所示，酸碱生产能耗会随电流密度的增大而增大。一般来说，电流密度的增加会导致能量消耗的增加，因为总电能会有很大一部分转化为焦耳热。另外，电流效率作为 BMED 的另一个重要能量参数，实际上是由电流密度和酸碱浓度共同决定的，可以理解为产物实际消耗的电子。从图 6-27(d) 中可以看出，电流效率随着电流密度的增加而降低。Xue 等证明，当电流密度从 $30mA/cm^2$ 增加到 $70mA/cm^2$ 时，生成 CH_3COOH 和 NaOH 的电流效率从 94.1%下降到 76.2%。

6.3.5.2 溶液初始浓度

在 BMED 操作过程中，盐/酸/碱室溶液的初始浓度对最终的酸碱浓度和能耗有重要影响。相应的影响可归纳为两类：一是初始盐浓度的影响，二是初始酸碱浓度的影响。

（1）初始盐浓度的影响

BMED 工艺中初始盐溶液浓度的影响主要有三个方面，即酸碱产物最终浓度、各室溶液体积和能耗。

其中，酸碱产物最终浓度的影响最为显著。Chen 等研究了 Li_2SO_4 生成 LiOH 和 H_2SO_4 的过程，发现当初始 Li_2SO_4 溶液浓度从 0.5mol/L 升高到 1.5mol/L 时，酸和碱的浓度分别从 0.49mol/L 和 0.94mol/L 增加到 1.23mol/L 和 2.16mol/L。此外，Monat 等研究了 Na_2SO_4 生成 NaOH 和 H_2SO_4 的过程，并且随着初始盐浓度的升高（0.7～2mol/L），酸和碱的浓度都有所增加。有研究者对 NaH_2PO_2 生成 H_3PO_2 和 NaOH 的 BMED 系统进行研究，也得出了类似的结果。一般来说，适当提高初始盐浓度有利于获得较高浓度的酸碱溶液。然而，随着初始浓度的进一步提高，由于膜的限制，产物浓度并不能继续提高。

Raissouni 等发现，在 $NaNO_3$ 生成 HNO_3 和 NaOH 的 BMED 系统中，当 $NaNO_3$ 的浓度从 1.2mol/L 持续上升到 3mol/L 时，HNO_3 和 NaOH 的浓度达到一个“平台”。这种现象可归因于两个主要原因：a. H^+ 和 OH^- 通过阳离子和阴离子交换膜渗漏；b. 水通过 AEM 和 CEM 迁移到酸和碱室。

BMED 过程中的水迁移也会导致溶液体积的变化，这是由电渗透驱动的水迁移和浓度扩散引起的。BMED 过程中的水分迁移主要表现为离子以水合离子的形式迁移，导致酸碱体积增加。因此，盐室和碱室的浓度差异越大，水分子迁移的驱动力就越大，溶液体积也会发生显著变化。从盐水中提取 LiOH 和 HCl 的研究表明，酸碱溶液的体积与盐室浓度成线性正相关关系[图 6-28(a)，书后另见彩图]。

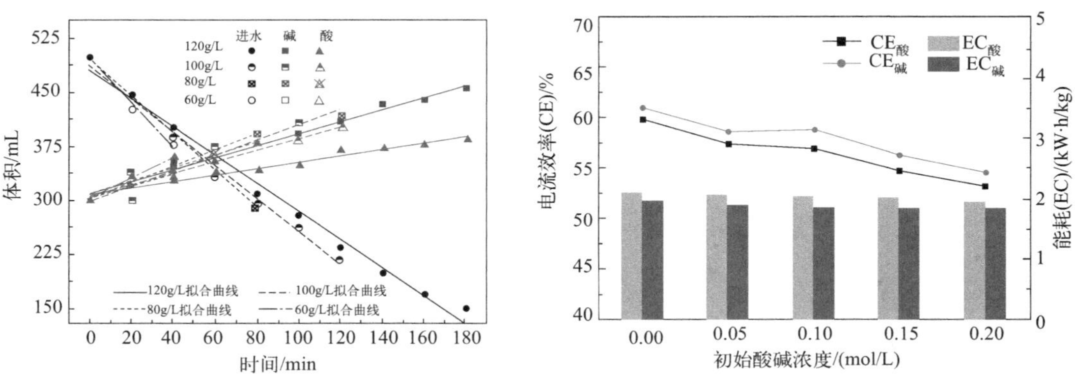

(a) 初始进料浓度对每个隔室溶液体积的影响　　(b) 初始酸碱浓度对BMED电流效率和能耗的影响

图 6-28 酸碱溶液的体积与盐室浓度的关系及初始酸碱浓度的影响

从技术经济角度分析，提高初始盐溶液浓度可有效提升产物浓度，从而显著降低单位产物的能耗成本。Gao 等研究了 BMED 过程中 LiBr 的能耗，当 LiBr 浓度从 0.1mol/L 增加到 0.5mol/L 时，能耗降低。此外，Li 等还发现较高的初始 NH_4Cl 浓度有利于降低 BMED 产生 HCl 和 $NH_3 \cdot H_2O$ 的单位能耗。

(2) 初始酸碱浓度的影响

在 BMED 过程中，酸碱溶液的初始浓度对酸碱产物的最终浓度、各室的溶液体积、电流效率、酸碱转化率和脱盐速率也有影响。

初始酸碱溶液浓度与初始盐溶液浓度对各室溶液体积和电流效率的影响相似。Song 等发现，当初始碱浓度从 0mol/L 增加到 2mol/L 时，盐水中可以产生更高浓度（大于 2mol/L）的 NaOH，并且随着初始碱浓度的增加，碱室溶液的体积变化从 4%增加到 22%。

另外，Raissouni 等证明，当初始酸和碱浓度从 1mol/L 增加到 3mol/L 时，NaOH 的电流效率从 85%下降到 54%，HNO_3 的电流效率从 78%下降到 38%。如图 6-28(b) 所示，对于从含盐废水中回收 HCl 和 NaOH 的 BMED 系统，电流效率随着初始酸碱浓度的增加而略有下降。

除了上述因素外，还有研究者发现从 NH_4Cl 中提取 $NH_3 \cdot H_2O$ 和 HCl 时，初始酸碱溶液浓度的增加会降低海水淡化率和酸碱转化率。这一现象可归因于高初始酸碱浓度导致离子反向扩散的电位差增大。

6.3.5.3 膜堆结构

BMED 通常为双隔室结构和三隔室结构。为了优化资源的提取和利用，随着 BMED 技术的逐步发展，提出了多隔室的膜堆配置。已报道的 BMED 膜堆排列如图 6-29 所示（书后另见彩图）。

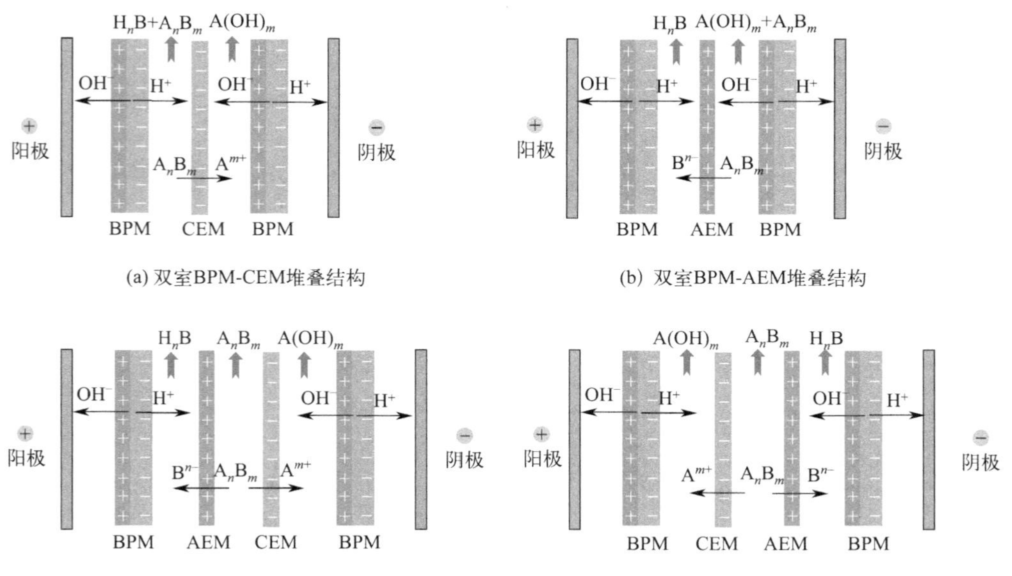

(a) 双室BPM-CEM堆叠结构

(b) 双室BPM-AEM堆叠结构

(c) 三室BPM-AEM-CEM堆叠结构

(d) 三室BPM-CEM-AEM堆叠结构

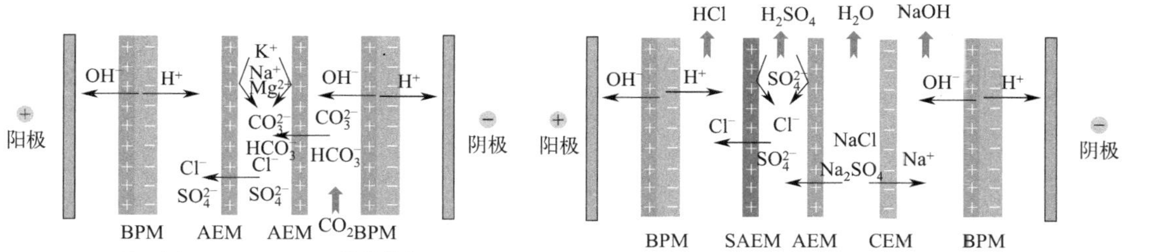

(e) 三室BPM-AEM-AEM堆叠结构

(f) 四室BPM-SAEM-AEM-CEM堆叠结构

图 6-29　已报道的 BMED 膜堆排列

如图 6-29(a) 和 (b) 所示，双室膜堆配置（BPM-CEM 和 BPM-AEM）通常用于酸碱的生产和利用。Guo 等采用 BPM-CEM 膜堆回收氨，从低品位硫酸中获得高纯度 $(NH_4)_2SO_4$。

采用 BPM-AEM 组合膜堆系统处理水溶液时，可同步制备 H_3BO_3 和 NaOH，且该系统对硼元素的去除率可达 90%以上。除了制备无机酸和碱外，双隔室的 BMED 在制备弱酸或弱碱方面还具有独特的优势。

一般认为双隔室结构是 BMED 将有机盐转化为相应酸的最佳结构，因为盐溶液可以在一个腔室中与有机酸溶液混合，增加电导率，降低能耗。此外，它还避免了大分子的跨膜迁移，从而抑制了潜在的膜污染。例如，通过 BPM-CEM 膜堆制备了包括 L-乳酸、蛋氨酸和烟酸在内的多种有机酸。

但是，由于混合腔的存在，双隔室结构会降低 BMED 产品的纯度。为了解决这一问题，在双隔室系统中引入了另一种离子交换膜，以减轻杂质离子的泄漏，从而制造了三隔室结构。

三隔室 BMED 系统[图 6-29(c)和(d)]产生（或回收）两种高纯度的产品流（酸和碱），已广泛应用于包括 NaCl、Na_2SO_4、$(NH_4)_2SO_4$、NaH_2PO_2 和 CH_3COONa 在内的多种盐溶液的资源转化。

基于传统的双隔室电渗析和三隔室电渗析，开发出了新的膜堆结构，如 BPM-AEM-AEM，以原位集成 BMED 的二氧化碳捕集。对于含有一价和二价离子的系统，通过引入一价阳离子选择膜，开发出了一种四隔室的电渗析系统，促进了高盐废水资源的选择性回收。如图 6-29(f) 所示，Xu 等采用了四隔室膜堆，通过在 BPM-AEM-CEM 堆中引入 SAEM，可以同时分离 Cl^- 和 SO_4^{2-}，并将其转化为高纯度的 HCl 和 H_2SO_4。

在 BMED 的实际工程应用中，由于系统复杂性较高，通常需要对比分析多种膜堆配置方案，最终确定最优化的系统构型。因此，可以通过比较和总结双隔室和三隔室膜堆构型对酸碱制备及其应用的影响来确定最佳膜堆配置。

一般来说，与三隔室结构相比，双隔室结构可以降低膜堆处理弱电解质的能耗。例如，Li 等处理了模拟 NH_4Cl 废水，比较了 BPM-AEM-CEM 和 BPM-AEM 堆叠配置对 HCl 和 $NH_3 \cdot H_2O$ 生成的影响。在此过程中，发现双隔室系统比三隔室系统电导率下降得更快，HCl 浓度更高，因此电流效率更高，能耗更低。同样，Lei 等比较了 BPM-CEM、BPM-AEM 和 BPM-AEM-CEM 对从 NaGlu（葡萄糖酸钠）中生成 HGlu 和 NaOH 的影响。研究发现，BPM-CEM 工艺综合性能最佳，转化率最高，能耗最低。

另外，在强电解质系统中通常采用三隔室膜堆叠配置，该配置可以提高从盐溶液中分离的两种产物的纯度，并且由于解离作用较强，膜堆的阻力较低。

6.3.5.4 温度

温度会通过两种效应影响 BMED 系统：a. 双极膜中的水解离成 H^+ 和 OH^-；b. 离子跨膜迁移速率。对于水解离，有研究指出，温度升高会增强 BPM 中水解离的动力学。然而，热稳定性限制了高温过程，因为商用 BPM 不能长时间承受 40℃以上的温度。因此，对 BPM 的高温性能研究较少。对于跨膜工艺，温度升高（35～55℃）会导致离子迁移速率增加，从而提高酸碱室的电导率，这将提高工艺电流效率并降低能耗。Zhao 等发现温度的升高（从 20℃升至 30℃）提高了 CO_3^{2-} 的跨膜迁移速率，降低了 BMED 原位捕获 CO_2 时的能耗。

6.3.5.5 电极溶液

阳极或阴极溶液（电极溶液）的类型对 BMED 过程中的产品纯度和能耗也有影响。BMED 工艺中电解质溶液的选择主要基于 3 个原因：a. 优异的导电性；b. 不含杂质；c. 避免膜污染或溶液污染。

一般来说，NaCl、Na_2SO_4、$NaNO_3$ 是 BMED 过程中最常用的盐溶液。其中值得注意的是，对于含有 Ca^{2+}、Mg^{2+} 等硬度离子的体系，一般选择 $NaNO_3$ 作为电极溶液，以避免析出。Kanca 等首先报道了电解质浓度对酸碱产量、转化率以及从二元盐水中再生 HCl 和 NaOH 的纯度的影响，该研究发现，电解质浓度越高，产品纯度越高，能耗越低。

6.3.6 BMED 性能的改进

6.3.6.1 降低能量消耗

能耗是 BMED 的一个重要指标，代表了整个过程的经济效益。特别是考虑到弱电解质 BMED 体系的水解程度较低，这些体系通常会比强电解质消耗更多的能量。因此，提高工艺效率和降低能耗对弱电解质 BMED 系统至关重要。

在弱电解质的生产中，膜堆的电导率较低，因此其电阻较大，消耗的能量较高。针对这种情况，Liu 等加入树脂形成导电链，加速离子传输，可有效提高溶液导电性。此外，Zhang 等研究了在腔室中添加树脂的效果，发现从模拟乙醛废水中回收乙酸的能耗从 5.6kW·h/kg 下降到了 0.6kW·h/kg。同样，Wu 等通过添加强碱树脂，将 CH_3COOH 的能耗从 11.48kW·h/kg 降低到 8.75kW·h/kg，将 NaOH 的能耗从 20.66kW·h/kg 降低到 14.14kW·h/kg。除了添加树脂外，Zhao 等还提出了在 BMED 过程中引入自结晶的原位处理方法，该方法降低了近 76%的能耗。

6.3.6.2 分段式反应

针对复杂系统中资源的回收，提出了两阶段 BMED 方法，对资源进行分步回收。两阶段 BMED 是一种在复杂系统中产生不同类型的酸或碱以提高产品浓度和纯度的过程。如图

6-30(a) 所示（书后另见彩图），Shi 等提出了一种新的两阶段操作策略，通过 BMED 将 PO_4^{3-}/挥发性脂肪酸（VFAs）从 Cl^-/SO_4^{2-} 中分离出来。当电压在拐点处（强酸性离子耗尽）开始显著增加时，碱室和酸室溶液都被去离子水取代，如图 6-30(b) 和（c）所示，制备了酸（酸Ⅰ、酸Ⅱ）和碱（碱Ⅰ、碱Ⅱ）两种不同组成和浓度的溶液，NH_4^+ 的回收率从 52%提高到 78%。此外，通过设计一个多阶段间歇式 BMED 工艺，可在 BMED 工艺的第二阶段获得 3.40mol/L 的最大浓度。因此，可以考虑在 BMED 系统中采用多阶段操作提高产品浓度。

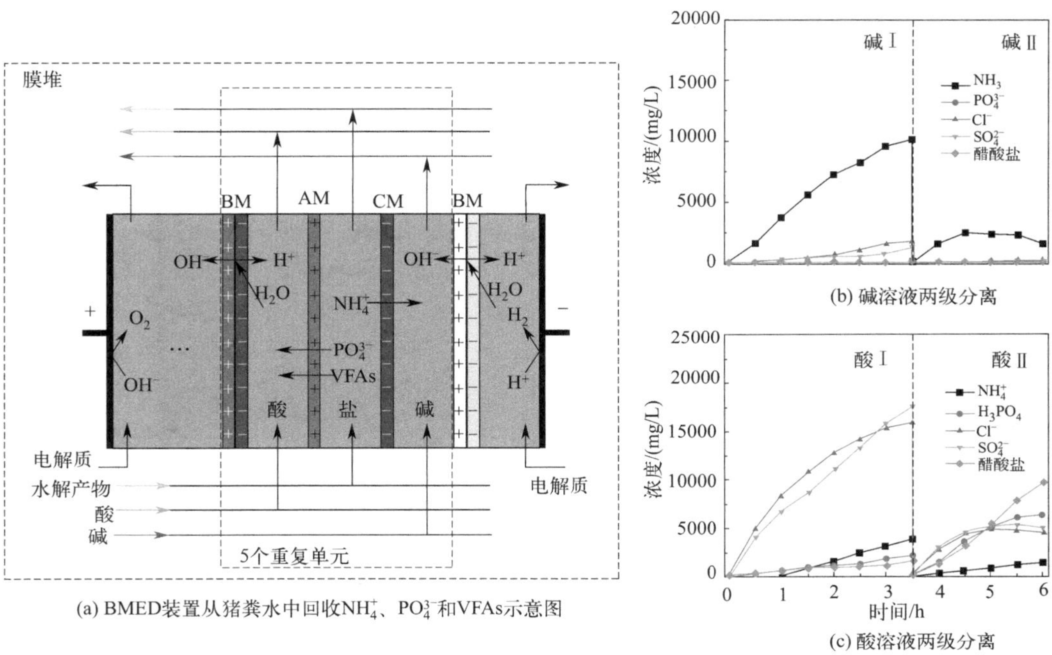

图 6-30　BMED 分段式反应

6.3.6.3　BMED 模型优化

尽管 BMED 技术已获得广泛研究，但其工艺机理与性能预测模型仍需进一步深化，以优化系统并最终将其扩展到工业水平。BMED 的建模可分为预测电流效率泄漏和综合建模。

（1）预测电流效率泄漏

在 BMED 系统中，相邻隔室间的电位差会引发电流分流现象，导致部分电流绕过活性膜的有效作用区域，从而造成显著的电流效率损失。Peng 等通过 Multisim 软件，利用电流平衡方程和电位平衡方程建立数学模型，预测泄漏电流。通过该模型，可以优化膜堆之间的间隔层，从而提高 BMED 的性能。

（2）综合建模

近年来，BMED 的综合过程模型优化也得到了发展。Culcasi 等利用过程模拟器，开发了一种基于分布参数的多尺度集成过程模型。基于 BMED 提取 HCl 和 NaOH 溶液，该过程的平衡成本约为 280 欧元/t NaOH，这表明其工业化的潜力巨大。此外，Lin 等基于 BMED 过程的能效和过程动力学速率之间的性能权衡，开发了一个系统框架。

6.4 应用与前景分析

BMED 的未来应用与展望如下：

① 目前，大量关于 BMED 应用的报道为批量式运行操作，由于废水基质的复杂性，对连续操作的研究很少。然而，工业需要连续运行，这与大部分的研究条件不同，可能会限制 BMED 的工业应用，减缓其大规模产业化。因此有必要进一步开发不同含盐废水系统的连续 BMED 工艺，以促进 BMED 的工业化。此外，BMED 还具有与电渗析、复分解等其他工艺相结合的潜力，可在实际工业应用中获得酸和碱。因此，研究基于 BMED 的连续集成工业流程很重要。

② 在长时间的 BMED 运行过程中，酸或碱的浓度会随着 BMED 的运行而逐渐降低。产品浓度和工艺性能下降的原因可能是离子泄漏和水分子迁移的限制。然而，抑制离子泄漏和水分子迁移的原理尚未进行深入的研究。一方面，为了避免离子泄漏导致整体工艺性能下降，建议重点研究质子泄漏的机理及其对 BMED 工艺的影响；另一方面，由水合离子的运输引起的水迁移也会导致产物浓度降低，BMED 水迁移过程中水化数与离子迁移的关系也值得关注。

③ 目前关于 BMED 产生的酸和碱的原位应用较少，已发表的研究主要集中在酸性气体的提取和捕集上。考虑到化工行业对酸碱的广泛需求，有必要对 BMED 的现场酸碱集成应用进一步进行研究。BMED 工艺的运行成本主要来源于电能消耗。随着水电、风电等可再生能源在工业系统中的规模化应用，其与 BMED 的集成将显著提升工艺的经济性。

参考文献

[1] 章晨林，陈子扬，魏玉梅，等．新型电渗析工艺研究进展 [J]. 现代化工，2023，43 (10)：89-93.

[2] HAGESTEIJN K F L，JIANG S X，LADEWIG B P. A review of the synthesis and characterization of anion exchange membranes [J]. Journal of Materials Science，2018，53 (16)：11131-11150.

[3] WANG X，DU Y，LIU J，et al. Modeling and simulation of continuous electrodialysis metathesis process for conversion of Na_2SO_4 to K_2SO_4 [J]. Desalination，2022，528：115605.

[4] ZHAO Z，LIU G，JIA H，et al. Sandwiched liquid-membrane electrodialysis：Lithium selective recovery from salt lake brines with high Mg/Li ratio [J]. Journal of Membrane Science，2020，596：117685.

[5] CAI Y，HAN Z，LIN X，et al. Study on removal of phosphorus as struvite from synthetic wastewater using a pilot-scale electrodialysis system with magnesium anode [J]. Science of the Total Environment，2020，767：138221.

[6] QIU Y，YAO L，TANG C，et al. Integration of selectrodialysis and selectrodialysis with bipolar membrane to salt lake treatment for the production of lithium hydroxide [J]. Desalination，2019，465：1-12.

[7] JIANG C，CHEN B，XU Z，et al. Ion-"distillation" for isolating lithium from lake brine [J]. Aiche Journal，2022，68 (6)：17710.

[8] 孙文文，唐元晖，张春晖，等．双极膜电渗析技术的研究进展 [J]. 工业水处理，2021，41 (5)：36-41.

[9] PÄRNAMÄE R，MAREEV S，NIKONENKO V，et al. Bipolar membranes：A review on principles，latest develop-

ments, and applications [J]. Journal of Membrane Science, 2021, 617: 118538.

[10] 王秋月．双极膜制备及双极膜电渗析处理苯胺废水研究［D］．合肥：中国科学技术大学，2017.

[11] LI P, GUO H, SUN P, et al. Proton transfer efficiency enhanced over wide relative humidity: Etidronic acid-modified polyphosphazenes cross-linked polybenzimidazoles membranes [J]. Journal of Membrane Science, 2023, 685: 121973.

[12] FU R Q, XU T W, CHENG Y Y, et al. Fundamental studies on the intermediate layer of a bipolar membrane Part Ⅲ. Effect of starburst dendrimer PAMAM on water dissociation at the interface of a bipolar membrane [J]. Journal of Membrane Science, 2004, 240 (1-2): 141-147.

[13] 汪耀明．双极膜电渗析法生产有机酸过程的几个关键科学问题研究［D］．合肥：中国科学技术大学，2011.

[14] MERKEL A, ASHRAFIERKEL A, ASHRAFI A M, et al. Bipolar membrane electrodialysis assisted pH correction of milk whey [J]. Journal of Membrane Science, 2018, 555: 185-196.

[15] SAKINEH C, ANDREW G, STEVEN H, et al. Transparent Bipolar Membrane for Water Splitting Applications [EB/OL]. [2025-03-07]. https://pubs.acs.org/doi/10.1021/acsami.7b04402.

[16] ZABOLOTSKII V, SHELDESHOV N, MELNIKOV S. Heterogeneous bipolar membranes and their application in electrodialysis [J]. Desalination, 2014, 342: 183-203.

[17] KANG M S, CHOI Y J, LEE H J, et al. Effects of inorganic substances on water splitting in ion-exchange membranes: I. Electrochemical characteristics of ion-exchange membranes coated with iron hydroxide/oxide and silica sol [J]. Journal of Colloid and Interface Science, 2004, 273 (2): 523-532.

[18] WAKAMATSU Y, MATSUMOTO H, MINAGAWA M, et al. Effect of ion-exchange nanofiber fabrics on water splitting in bipolar membrane [J]. Journal of Colloid and Interface Science, 2006, 300 (1): 442-445.

[19] CHENG G, ZHAO Y, LI W, et al. Performance enhancement of bipolar membranes modified by Fe complex catalyst [J]. Journal of Membrane Science, 2019, 589: 117243.

[20] ZABOLOTSKII V I, SHARAFAN M V, SHELDESHOV N V. Influence of the nature of membrane ionogenic groups on water dissociation and electrolyte ion transport: A rotating membrane disk study [J]. Russian Journal of Electrochemistry, 2008, 44 (10): 1127-1134.

[21] YAN Z, ZHU L, LI Y, et al. The balance of electric field and interfacial catalysis in promoting water dissociation in bipolar membranes [EB/OL]. [2025-03-08]. https://pubs.rsc.org/en/content/articlelanding/2018/ee/c8ee01192c.

[22] MICHAEL B, MICHAEL S. Graphene oxide as a water dissociation catalyst in the bipolar membrane interfacial layer [EB/OL]. [2025-03-08]. https://pubs.acs.org/doi/10.1021/am503242v.

[23] LI Q, HUANG C, XU T. Alcohol splitting for the production of methyl methoxyacetate: Integration of ion-exchange with bipolar membrane electrodialysis [J]. Journal of Membrane Science, 2011, 367 (1): 314-318.

[24] LI Q, HUANG C, XU T. Ethanol splitting in bipolar membranes: Evidence from NMR analysis [J]. Journal of Membrane Science, 2008, 325 (1): 20-22.

[25] LI Q, HUANG C, XU T. Bipolar membrane electrodialysis in an organic medium: Production of methyl methoxyacetate [J]. Journal of Membrane Science, 2009, 339 (1): 28-32.

[26] SHI S, PAN Y, LU B, et al. Preparation and characterization of a bipolar membrane modified by copper phthalocyanine 16-carboxylic acid and acetyl ferrocene [J]. Journal of Macromolecular Science, 2014, 719 (53): 1431-1441.

[27] WANG A, PENG S, WU Y, et al. A hybrid bipolar membrane [J]. Journal of Membrane Science, 2010, 365 (1): 269-275.

[28] BAUER B, GERNER F J, STRATHMANN H. Development of bipolar membranes [J]. Desalination, 1988, 68 (2): 279-292.

[29] WANG J, LI S, ZHANG S. Novel hydroxide-conducting polyelectrolyte composed of an poly (arylene ether sulfone) containing pendant quaternary guanidinium groups for alkaline fuel cell applications [J]. Macromolecules, 2010, 43 (8): 3890-3896.

[30] NOONAN K J T, HUGAR K M, KOSTALIK H A I, et al. Phosphonium-functionalized polyethylene: A new class of base-stable alkaline anion exchange membranes [J]. Journal of the American Chemical Society, 2012, 134 (44):

18161-18164.

[31] GU S, CAI R, YAN Y. Self-crosslinking for dimensionally stable and solvent-resistant quaternary phosphonium based hydroxide exchange membranes [J]. Chemical Communications, 2011, 47 (10): 2856-2858.

[32] CHEN R Y, CHEN Z, ZHENG X, et al. Preparation and characterization of mSA/mCS bipolar membranes modified by CuTsPc and CuTAPc [J]. Journal of Membrane Science, 2010, 355 (1): 1-6.

[33] RAJESH A M, KUMAR M, SHAHI V K. Functionalized biopolymer based bipolar membrane with poly ethylene glycol interfacial layer for improved water splitting [J]. Journal of Membrane Science, 2011, 372 (1): 249-257.

[34] YANG B, ZHANG H. Preparation of a bipolar membrane by photografting polymerization [J]. Frontiers of Chemistry in China, 2008, 3 (1): 10-13.

[35] FU R Q, XUE Y H, XU T W, et al. Fundamental studies on the intermediate layer of a bipolar membrane Part Ⅳ. effect of polyvinyl alcohol (PVA) on water dissociation at the interface of a bipolar membrane [J]. Journal of Colloid and Interface Science, 2005, 285 (1): 281-287.

[36] PENG F, PENG S, HUANG C, et al. Modifying bipolar membranes with palygorskite and $FeCl_3$ [J]. Journal of Membrane Science, 2008, 322 (1): 122-127.

[37] FU R, XU T, WANG G, et al. PEG-catalytic water splitting in the interface of a bipolar membrane [J]. Journal of Colloid and Interface Science, 2003, 263 (2): 386-390.

[38] ODA Y, YAWATAYA T. Neutrality-disturbance phenomenon of membrane-solution systems [J]. Desalination, 1968, 5 (2): 129-138.

[39] ABDU S, SRICHAROEN K, WONG J E, et al. Catalytic polyelectrolyte multilayers at the bipolar membrane interface [J]. ACS Applied Materials & Interfaces, 2013, 5 (21): 10445-10455.

[40] XUE Y, XU T, FU R, et al. Catalytic water dissociation using hyperbranched aliphatic polyester (Boltorn® series) as the interface of a bipolar membrane [J]. Journal of Colloid and Interface Science, 2007, 316 (2): 604-611.

[41] AHLFIELD J M, LIU L, KOHL P A. PEM/AEM junction design for bipolar membrane fuel cells [J]. Journal of the Electrochemical Society, 2017, 164 (12): 1165.

[42] LOBYNTSEVA E, KALLIO T, KONTTURI K. Bipolar membranes in forward bias region for fuel cell reactors [J]. Electrochimica Acta, 2006, 51 (7): 1165-1171.

[43] FU R, XU T, YANG W, et al. Preparation of a mono-sheet bipolar membrane by simultaneous irradiation grafting polymerization of acrylic acid and chloromethylstyrene [J]. Journal of Applied Polymer Science, 2003, 90 (2): 572-576.

[44] MELNIKOV S, ZABOLOTSKII V, SHELDESHOV N, et al. Catalysis of water splitting reaction in asymmetric bipolar membranes with different chemical composition of cation-exchange layer [J]. Desalination and Water Treatment, 2018, 124: 30-36.

[45] WILHELM F G, PÜNT I, VAN DER VEGT N F A, et al. Optimisation strategies for the preparation of bipolar membranes with reduced salt ion leakage in acid-base electrodialysis [J]. Journal of Membrane Science, 2001, 182 (1): 13-28.

[46] BALSTER J, SUMBHARAJU R, SRIKANTHARAJAH S, et al. Asymmetric bipolar membrane: A tool to improve product purity [J]. Journal of Membrane Science, 2007, 287 (2): 246-256.

[47] ABDU S, MARTÍ-CALATAYUD M C, WONG J E, et al. Layer-by-Layer modification of cation exchange membranes controls ion selectivity and water splitting [J]. ACS Applied Materials & Interfaces, 2014, 6 (3): 1843-1854.

[48] ZABOLOTSKII V, SHELDESHOV N, MELNIKOV S. Effect of cation-exchange layer thickness on electrochemical and transport characteristics of bipolar membranes [J]. Journal of Applied Electrochemistry, 2013, 43 (11): 1117-1129.

[49] BALSTER J, STAMATIALIS D F, WESSLING M. Electro-catalytic membrane reactors and the development of bipolar membrane technology [J]. Chemical Engineering and Processing: Process Intensification, 2004, 43 (9): 1115-1127.

[50] SMITH J R, SIMONS R, WEIDENHAUN J. The low frequency conductance of bipolar membranes demonstrates

the presence of a depletion layer [J]. Journal of Membrane Science, 1998, 140 (2): 155-164.

[51] XIA M, YE C, CAO R, et al. An innovative beneficial reclamation of flue gas desulfurization brine using bipolar membrane electrodialysis technique [J]. International Journal of Electrochemical Science, 2018, 13 (6): 5382-5395.

[52] RAN J, WU L, HE Y, et al. Ion exchange membranes: New developments and applications [J]. Journal of Membrane Science, 2017, 522: 267-291.

[53] YAN K, HANG X, LIU J, et al. Preparation of hypophosphorous acid by bipolar membrane electrodialysis: Process optimization and phosphorous acid minimization [J]. Industrial & Engineering Chemistry Research, 2019, 58 (47): 21855-21863.

[54] NEDĚLA D, KŘIVČÍK J, VÁLEK R, et al. Influence of water content on properties of a heterogeneous bipolar membrane [J]. Desalination and Water Treatment, 2015, 56 (12): 3269-3272.

[55] WILHELM F G, PÜNT I G M, VAN DER VEGT N F A, et al. Cation permeable membranes from blends of sulfonated poly (ether ether ketone) and poly (ether sulfone) [J]. Journal of Membrane Science, 2002, 199 (1): 167-176.

[56] TONGWEN X, WEIHUA Y. Citric acid production by electrodialysis with bipolar membranes [J]. Chemical Engineering and Processing: Process Intensification, 2002, 41 (6): 519-524.

[57] ARORA M B, HESTEKIN J A, SNYDER S W, et al. The separative bioreactor: A continuous separation process for the simultaneous production and direct capture of organic acids [J]. Separation Science and Technology, 2007, 42 (11): 2519-2538.

[58] SUN M, LI M, WANG P, et al. Production of *N*-2-hydroxyethylpiperazine-*N*′-2-ethanesulfonic acid by BMED process using porous P84 *co*-polyimide membranes [J]. Chemical Engineering Research and Design, 2018, 137: 467-477.

[59] PAN J, MIAO M, LIN X, et al. Production of aldonic acids by bipolar membrane electrodialysis [J]. Industrial & Engineering Chemistry Research, 2017, 56 (27): 7824-7829.

[60] WÓDZKI R, NOWACZYK J. Membrane transport of organics. Ⅲ. Permeation of some carboxylic acids through bipolar polymer membrane [J]. Journal of Applied Polymer Science, 2001, 80 (14): 2705-2717.

[61] JAIME-FERRER J S, COUALLIER E, VIERS P H, et al. Three-compartment bipolar membrane electrodialysis for splitting of sodium formate into formic acid and sodium hydroxide: Role of diffusion of molecular acid [J]. Journal of Membrane Science, 2008, 325 (2): 528-536.

[62] KOTER S. Modeling of weak acid production by the EDB method [J]. Separation and Purification Technology, 2007, 57 (3): 406-412.

[63] HANDOJO L, WARDANI A K, REGINA D, et al. Electro-membrane processes for organic acid recovery [J]. RSC Advances, 2019, 9 (14): 7854-7869.

[64] MIKHAYLIN S, BAZINET L. Fouling on ion-exchange membranes: Classification, characterization and strategies of prevention and control [J]. Advances in Colloid and Interface Science, 2016, 229: 34-56.

[65] HADDAD M, MIKHAYLIN S, BAZINET L, et al. Electrochemical acidification of Kraft black liquor by electrodialysis with bipolar membrane: Ion exchange membrane fouling identification and mechanisms [J]. Journal of Colloid and Interface Science, 2017, 488: 39-47.

[66] WANG Y, HUANG C, XU T. Which is more competitive for production of organic acids, ion-exchange or electrodialysis with bipolar membranes? [J]. Journal of Membrane Science, 2011, 374 (1): 150-156.

[67] LIN T S F, ARUL J, BRUNET S, et al. Chitosan solubilization by bipolar membrane electroacidification: Reduction of membrane fouling [J]. Journal of Membrane Science, 2007, 290 (1): 29-35.

[68] LEBRUN L, DA SILVA E, METAYER M. Elaboration of ion-exchange membranes with semi-interpenetrating polymer networks containing poly (vinyl alcohol) as polymer matrix [J]. Journal of Applied Polymer Science, 2002, 84 (8): 1572-1580.

[69] WIŚNIEWSKI J, WIŚNIEWSKA G, WINNICKI T. Application of bipolar electrodialysis to the recovery of acids and bases from water solutions [J]. Desalination, 2004, 169 (1): 11-20.

[70] WILHELM F G, VAN DER VEGT N F A, STRATHMANN H, et al. Current-voltage behaviour of bipolar membranes in concentrated salt solutions investigated with chronopotentiometry [J]. Journal of Applied Electrochemistry, 2002, 32 (4): 455-465.

[71] WILHELM F G, PÜNT I, VAN DER VEGT N F A, et al. Asymmetric bipolar membranes in acid-base electrodialysis [J]. Industrial & Engineering Chemistry Research, 2002, 41 (3): 579-586.

[72] KOVALCHUK V I, ZHOLKOVSKIJ E K, AKSENENKO E V, et al. Ionic transport across bipolar membrane and adjacent Nernst layers [J]. Journal of Membrane Science, 2006, 284 (1): 255-266.

[73] KARNIK R, DUAN C, CASTELINO K, et al. Rectification of ionic current in a nanofluidic diode [J]. Nano Letters, 2007, 7 (3): 547-551.

[74] CHENG L J, GUO L J. Ionic current rectification, breakdown, and switching in heterogeneous oxide nanofluidic devices [J]. ACS Nano, 2009, 3 (3): 575-584.

[75] MELNIKOV S S, SHELDESHOV N V, ZABOLOTSKII V I. Theoretical and experimental study of current-voltage characteristics of asymmetric bipolar membranes [J]. Desalination and Water Treatment, 2018, 123: 1-13.

[76] CHOI J H, MOON S H. Pore size characterization of cation-exchange membranes by chronopotentiometry using homologous amine ions [J]. Journal of Membrane Science, 2001, 191 (1): 225-236.

[77] VOLODINA E, PISMENSKAYA N, NIKONENKO V, et al. Ion transfer across ion-exchange membranes with homogeneous and heterogeneous surfaces [J]. Journal of Colloid and Interface Science, 2005, 285 (1): 247-258.

[78] MARTÍ-CALATAYUD M C, BUZZI D C, GARCÍA-GABALDÓN M, et al. Ion transport through homogeneous and heterogeneous ion-exchange membranes in single salt and multicomponent electrolyte solutions [J]. Journal of Membrane Science, 2014, 466: 45-57.

[79] MAREEV S A, BUTYLSKII D Y U, PISMENSKAYA N D, et al. Chronopotentiometry of ion-exchange membranes in the overlimiting current range. Transition time for a finite-length diffusion layer: Modeling and experiment [J]. Journal of Membrane Science, 2016, 500: 171-179.

[80] WILHELM F G, VAN DER VEGT N F A, WESSLING M, et al. Chronopotentiometry for the advanced current-voltage characterisation of bipolar membranes [J]. Journal of Electroanalytical Chemistry, 2001, 502 (1): 152-166.

[81] BUTYLSKII D Y, MAREEV S A, PISMENSKAYA N D, et al. Phenomenon of two transition times in chronopotentiometry of electrically inhomogeneous ion exchange membranes [J]. Electrochimica Acta, 2018, 273: 289-299.

[82] SILVA R F, DE FRANCESCO M, POZIO A. Tangential and normal conductivities of Nafion® membranes used in polymer electrolyte fuel cells [J]. Journal of Power Sources, 2004, 134 (1): 18-26.

[83] PARK J S, CHOI J H, YEON K H, et al. An approach to fouling characterization of an ion-exchange membrane using current-voltage relation and electrical impedance spectroscopy [J]. Journal of Colloid and Interface Science, 2006, 294 (1): 129-138.

[84] PARK J S, CHOI J H, WOO J J, et al. An electrical impedance spectroscopic (EIS) study on transport characteristics of ion-exchange membrane systems [J]. Journal of Colloid and Interface Science, 2006, 300 (2): 655-662.

[85] HURWITZ H D, DIBIANI R. Experimental and theoretical investigations of steady and transient states in systems of ion exchange bipolar membranes [EB/OL]. [2025-03-09]. https: //www. sciencedirect. com/science/article/pii/S0376738803004563? via%3Dihub.

[86] SISTAT P, KOZMAI A, PISMENSKAYA N, et al. Low-frequency impedance of an ion-exchange membrane system [J]. Electrochimica Acta, 2008, 53 (22): 6380-6390.

[87] KOZMAI A E, NIKONENKO V V, PISMENSKAYA N D, et al. Use of electrochemical impedance spectroscopy for determining the diffusion layer thickness at the surface of ion-exchange membranes [J]. Petroleum Chemistry, 2012, 52 (8): 614-624.

[88] KNIAGINICHEVA E, PISMENSKAYA N, MELNIKOV S, et al. Water splitting at an anion-exchange membrane as studied by impedance spectroscopy [J]. Journal of Membrane Science, 2015, 496: 78-83.

[89] MARTÍ-CALATAYUD M C, EVDOCHENKO E, BÄR J, et al. Tracking homogeneous reactions during electrodialysis of organic acids via EIS [J]. Journal of Membrane Science, 2020, 595: 117592.

[90] RYBALKINA O, TSYGURINA K, MELNIKOVA E, et al. Partial fluxes of phosphoric acid anions through anion-exchange membranes in the course of NaH_2PO_4 solution electrodialysis [J]. International Journal of Molecular Sciences, 2019, 20 (14): 3593.

[91] PARK J S, CHILCOTT T C, COSTER H G L, et al. Characterization of BSA-fouling of ion-exchange membrane systems using a subtraction technique for lumped data [J]. Journal of Membrane Science, 2005, 246 (2): 137-144.

[92] YAN Z, ZHU L, LI Y C, et al. The balance of electric field and interfacial catalysis in promoting water dissociation in bipolar membranes [J]. Energy & Environmental Science, 2018, 11 (8): 2235-2245.

[93] TRIVEDI G S, SHAH B G, ADHIKARY S K, et al. Studies on bipolar membranes [J]. Reactive and Functional Polymers, 1996, 28 (3): 243-251.

[94] BLOMMAERT M A, VERMAAS D A, IZELAAR B, et al. Electrochemical impedance spectroscopy as a performance indicator of water dissociation in bipolar membranes [J]. Journal of Materials Chemistry A, 2019, 7 (32): 19060-19069.

[95] FERNANDEZ-GONZALEZ C, DOMINGUEZ-RAMOS A, IBAÑEZ R, et al. Valorization of desalination brines by electrodialysis with bipolar membranes using nanocomposite anion exchange membranes [J]. Desalination, 2017, 406: 16-24.

[96] MIER M P, IBAÑEZ R, ORTIZ I. Influence of ion concentration on the kinetics of electrodialysis with bipolar membranes [J]. Separation and Purification Technology, 2008, 59 (2): 197-205.

[97] ZHOU T J, HU Y Y, CHEN R Y, et al. Preparation and characterization of bipolar membranes modified by photocatalyst nano-ZnO and nano-CeO_2 [J]. Applied Surface Science, 2012, 258 (8): 4023-4027.

[98] CHEN R, HU Y, CHEN Z, et al. Preparation and characterization of bipolar membranes modified using photocatalyst nano-TiO_2 and nano-ZnO [J]. Journal of Applied Polymer Science, 2011, 122 (2): 1245-1250.

[99] VERMAAS D A, WIEGMAN S, NAGAKI T, et al. Ion transport mechanisms in bipolar membranes for (photo) electrochemical water splitting [J]. Sustainable Energy & Fuels, 2018, 2 (9): 2006-2015.

[100] SHEN J, YU J, LIU L, et al. Synthesis of quaternary ammonium hydroxide from its halide salt by bipolar membrane electrodialysis (BMED): Effect of molecular structure of ammonium compounds on the process performance [J]. Journal of Chemical Technology & Biotechnology, 2014, 89 (6): 841-850.

[101] DE GROOT M T, DE ROOIJ R M, BOS A A C M, et al. Bipolar membrane electrodialysis for the alkalinization of ethanolamine salts [J]. Journal of Membrane Science, 2011, 378 (1): 415-424.

[102] ALI M A B, RAKIB M, LABORIE S, et al. Coupling of bipolar membrane electrodialysis and ammonia stripping for direct treatment of wastewaters containing ammonium nitrate [J]. Journal of Membrane Science, 2004, 244 (1): 89-96.

[103] LIU X, LI Q, JIANG C, et al. Bipolar membrane electrodialysis in aqua-ethanol medium: Production of salicylic acid [J]. Journal of Membrane Science, 2015, 482: 76-82.

[104] ZHANG F, HUANG C, XU T. Production of sebacic acid using two-phase bipolar membrane electrodialysis [J]. Industrial & Engineering Chemistry Research, 2009, 48 (16): 7482-7488.

[105] KAMECHE M, XU F, INNOCENT C, et al. Electrodialysis in water-ethanol solutions: Application to the acidification of organic salts [J]. Desalination, 2003, 154 (1): 9-15.

[106] PĂTRU A, BINNINGER T, PRIBYL B, et al. Design principles of bipolar electrochemical co-electrolysis cells for efficient reduction of carbon dioxide from gas phase at low temperature [J]. Journal of the Electrochemical Society, 2019, 166 (2): F34.

[107] SALVATORE D A, WEEKES D M, HE J, et al. Electrolysis of gaseous CO_2 to CO in a flow cell with a bipolar membrane [J]. ACS Energy Letters, 2018, 3 (1): 149-154.

[108] HERNÁNDEZ-PAGÁN E A, VARGAS-BARBOSA N M, WANG T, et al. Resistance and polarization losses in aqueous buffer-membrane electrolytes for water-splitting photoelectrochemical cells [J]. Energy & Environmental Science, 2012, 5 (6): 7582-7589.

[109] LI Y C, ZHOU D, YAN Z, et al. Electrolysis of CO_2 to syngas in bipolar membrane-based electrochemical cells [J]. ACS Energy Letters, 2016, 1 (6): 1149-1153.

[110] EISAMAN M D, ALVARADO L, LARNER D, et al. CO_2 desorption using high-pressure bipolar membrane electrodialysis [J]. Energy & Environmental Science, 2011, 4 (10): 4031-4037.

[111] LI Y C, YAN Z, HITT J, et al. Bipolar membranes inhibit product crossover in CO_2 electrolysis cells [J]. Advanced Sustainable Systems, 2018, 2 (4): 1700187.

[112] EISAMAN M D, ALVARADO L, LARNER D, et al. CO_2 separation using bipolar membrane electrodialysis [J]. Energy & Environmental Science, 2011, 4 (4): 1319-1328.

[113] GRABOWSKI A, ZHANG G, STRATHMANN H, et al. The production of high purity water by continuous electrodeionization with bipolar membranes: Influence of the anion-exchange membrane permselectivity [J]. Journal of Membrane Science, 2006, 281 (1): 297-306.

[114] ZASLAVSCHI I, SHEMER H, HASSON D, et al. Electrochemical $CaCO_3$ scale removal with a bipolar membrane system [J]. Journal of Membrane Science, 2013, 445: 88-95.

[115] LIU Y, CHEN J, CAI Z, et al. Removal of copper and nickel from municipal sludge using an improved electrokinetic process [J]. Chemical Engineering Journal, 2017, 307: 1008-1016.

[116] WU X, ZHU H, LIU Y, et al. Cr (Ⅲ) recovery in form of Na_2CrO_4 from aqueous solution using improved bipolar membrane electrodialysis [J]. Journal of Membrane Science, 2020, 604: 118097.

[117] HWANG C W, JEONG M H, KIM Y J, et al. Process design for lithium recovery using bipolar membrane electrodialysis system [J]. Separation and Purification Technology, 2016, 166: 34-40.

[118] BUNANI S, ARDA M, KABAY N, et al. Effect of process conditions on recovery of lithium and boron from water using bipolar membrane electrodialysis (BMED) [J]. Desalination, 2017, 416: 10-15.

[119] JIANG C, WANG Y, WANG Q, et al. Production of lithium hydroxide from lake brines through electro-electrodialysis with bipolar membranes (EEDBM) [J]. Industrial & Engineering Chemistry Research, 2014, 53 (14): 6103-6112.

[120] VAN EGMOND W J, SAAKES M, NOOR I, et al. Performance of an environmentally benign acid base flow battery at high energy density [EB/OL]. [2025-03-09]. https://onlinelibrary.wiley.com/doi/10.1002/er.3941.

[121] YUZER B, SELCUK H, CHEHADE G, et al. Evaluation of hydrogen production via electrolysis with ion exchange membranes [J]. Energy, 2020, 190: 116420.

[122] DAVID A V, WILSON A S. Synergistic electrochemical CO_2 reduction and water oxidation with a bipolar membrane [EB/OL]. [2025-03-09]. https://pubs.acs.org/doi/10.1021/acsenergylett.6b00557.

[123] KIM C, LEE C R, SONG Y E, et al. Hexavalent chromium as a cathodic electron acceptor in a bipolar membrane microbial fuel cell with the simultaneous treatment of electroplating wastewater [J]. Chemical Engineering Journal, 2017, 328: 703-707.

[124] LIU G, LUO H, WANG H, et al. Malic acid production using a biological electrodialysis with bipolar membrane [J]. Journal of Membrane Science, 2014, 471: 179-184.

[125] ROZENDAL R A, SLEUTELS T H J A, HAMELERS H V M, et al. Effect of the type of ion exchange membrane on performance, ion transport, and pH in biocatalyzed electrolysis of wastewater [J]. Water Science and Technology, 2008, 57 (11): 1757-1762.

[126] SHI L, HU Y, XIE S, et al. Recovery of nutrients and volatile fatty acids from pig manure hydrolysate using two-stage bipolar membrane electrodialysis [J]. Chemical Engineering Journal, 2018, 334: 134-142.

[127] BAZINET L, IPPERSIEL D, MAHDAVI B. Fractionation of whey proteins by bipolar membrane electroacidification [J]. Innovative Food Science & Emerging Technologies, 2004, 5 (1): 17-25.

[128] WENG G M, LI C Y V, CHAN K Y. High-voltage pH differential vanadium-hydrogen flow battery [J]. Materials Today Energy, 2018, 10: 126-131.

[129] CHEN T, BI J, JI Z, et al. Application of bipolar membrane electrodialysis for simultaneous recovery of high-value acid/alkali from saline wastewater: An in-depth review [J]. Water Research, 2022, 226: 119274.

[130] FERNANDEZ-GONZALEZ C, DOMINGUEZ-RAMOS A, IBAÑEZ R, et al. Electrodialysis with bipolar membranes for valorization of brines [J]. Separation & Purification Reviews, 2016, 45 (4): 275-287.

[131] BLOMMAERT M A, AILI D, TUFA R A, et al. Insights and challenges for applying bipolar membranes in ad-

vanced electrochemical energy systems [J]. ACS Energy Letters, 2021, 6 (7): 2539-2548.

[132] MONAT L, CHAUDHURY S, NIR O. Enhancing the sustainability of phosphogypsum recycling by integrating electrodialysis with bipolar membranes [J]. ACS Sustainable Chemistry & Engineering, 2020, 8 (6): 2490-2497.

[133] SUN Y. WANG Y, PENG Z, et al. Treatment of high salinity sulfanilic acid wastewater by bipolar membrane electrodialysis [J]. Separation and Purification Technology, 2022, 281: 119842.

[134] MARTA H G, PEDRO D G, ANTONIO D R, et al. Highly concentrated HCl and NaOH from brines using electrodialysis with bipolar membranes [EB/OL]. [2025-03-10]. https: //www. sciencedirect. com/science/article/pii/S1383586619352050.

[135] CHEN B, JIANG C, WANG Y, et al. Selectrodialysis with bipolar membrane for the reclamation of concentrated brine from RO plant [EB/OL]. [2025-03-10]. https: //www. sciencedirect. com/science/article/pii/S0011916418302510.

[136] SONG K, CHAE S C, BANG J H. Separation of sodium hydroxide from post-carbonation brines by bipolar membrane electrodialysis (BMED) [J]. Chemical Engineering Journal, 2021, 423: 130179.

[137] BERKESSA Y W, LANG Q, YAN B, et al. Anion exchange membrane organic fouling and mitigation in salt valorization process from high salinity textile wastewater by bipolar membrane electrodialysis [J]. Desalination, 2019, 465: 94-103.

[138] LIN J, TANG C Y, YE W, et al. Unraveling flux behavior of superhydrophilic loose nanofiltration membranes during textile wastewater treatment [J]. Journal of Membrane Science, 2015, 493: 690-702.

[139] JIANG G, LI H, XU M, et al. Sustainable reverse osmosis, electrodialysis and bipolar membrane electrodialysis application for cold-rolling wastewater treatment in the steel industry [EB/OL] . [2025-03-10]. https: //www. sciencedirect. com/science/article/pii/S2214714421000556.

[140] ZHAO Y, WANG X, YUAN J, et al. An efficient electrodialysis metathesis route to recover concentrated NaOH-NH_4Cl products from simulated ammonia and saline wastewater in coal chemical industry [J]. Separation and Purification Technology, 2022, 301: 122042.

[141] QIU Y, YAO L, LI J, et al. Integration of bipolar membrane electrodialysis with ion-exchange absorption for high-quality H_3PO_2 recovery from NaH_2PO_2 [EB/OL].[2025-03-10]. https: //pubs. acs. org/doi/10. 1021/acsomega. 8b03196.

[142] LI C, WANG G, FENG H, et al. Cleaner production of Niacin using bipolar membranes electrodialysis (BMED) [J]. Separation and Purification Technology, 2015, 156: 391-395.

[143] FERRER J S J, LABORIE S, DURAND G, et al. Formic acid regeneration by electromembrane processes [J]. Journal of Membrane Science, 2006, 280 (1): 509-516.

[144] XUE S, Wu C, Wu Y, et al. An optimized process for treating sodium acetate waste residue: Coupling of diffusion dialysis or electrodialysis with bipolar membrane electrodialysis [J]. Chemical Engineering Research and Design, 2018, 129: 237-247.

[145] LEI C, LI Z, GAO Q, et al. Comparative study on the production of gluconic acid by electrodialysis and bipolar membrane electrodialysis: Effects of cell configurations [J]. Journal of Membrane Science, 2020, 608: 118192.

[146] SHEN J N, YU J, HUANG J, et al. Preparation of highly pure tetrapropyl ammonium hydroxide using continuous bipolar membrane electrodialysis [J]. Chemical Engineering Journal, 2013, 220: 311-319.

[147] LI Y, SHI S, CAO H, et al. Bipolar membrane electrodialysis for generation of hydrochloric acid and ammonia from simulated ammonium chloride wastewater [J]. Water Research, 2016, 89: 201-209.

[148] YAO L, QIU Y, ZHAO Y, et al. A continuous mode operation of bipolar membrane electrodialysis (BMED) for the production of high-pure choline hydroxide from choline chloride [J]. Separation and Purification Technology, 2020, 233: 116054.

[149] LV Y, TANG C, LIAO J, et al. Conversion of S-2-amino-1-butanol-l-tartrate to S-2-amino-1-butanol by using bipolar membrane electrodialysis for post-treatment of direct enantioseparation [J]. ACS Sustainable Chemistry & Engineering, 2021, 9 (9): 3542-3551.

[150] LV Y, YAN H, YANG B, et al. Bipolar membrane electrodialysis for the recycling of ammonium chloride wastewater: Membrane selection and process optimization [J]. Chemical Engineering Research and Design, 2018,

138: 105-115.

[151] LV Y, WU S, LIAO J, et al. An integrated adsorption- and membrane-based system for high-salinity aniline wastewater treatment with zero liquid discharge [J]. Desalination, 2022, 527: 115537.

[152] PÄRNAMÄE R, MAREEV S, NIKONENKO V, et al. Bipolar membranes: A review on principles, latest developments, and applications [J]. Journal of Membrane Science, 2020, 617: 118538.

[153] IIZUKA A, HASHIMOTO K, NAGASAWA H, et al. Carbon dioxide recovery from carbonate solutions using bipolar membrane electrodialysis [J]. Separation and Purification Technology, 2012, 101: 49-59.

[154] JIANG C, ZHANG Y, FENG H, et al. Simultaneous CO_2 capture and amino acid production using bipolar membrane electrodialysis (BMED) [J]. Journal of Membrane Science, 2017, 542: 264-271.

[155] ALI F, IPPERSIEL D, LAMARCHE F, et al. Characterization of low-phytate soy protein isolates produced by membrane technologies [J]. Innovative Food Science & Emerging Technologies, 2010, 11 (1): 162-168.

[156] CHEN T, BI J, ZHAO Y, et al. Carbon dioxide capture coupled with magnesium utilization from seawater by bipolar membrane electrodialysis [J]. Science of the Total Environment, 2022, 820: 153272.

[157] ZHAO Y, WANG J, JI Z, et al. A novel technology of carbon dioxide adsorption and mineralization via seawater decalcification by bipolar membrane electrodialysis system with a crystallizer [J]. Chemical Engineering Journal, 2020, 381: 122542.

[158] CHEN T, ZHAO Y, ZHAO Y, et al. Competitive ion migration and process optimization of carbon sequestration and seawater decalcification in a bipolar electrodialysis process [J]. ACS Sustainable Chemistry & Engineering, 2021, 9 (25): 8372-8382.

[159] ZHAO Y, WANG L, JI Z, et al. Collaborative disposal of problematic calcium ions in seawater and carbon and sulfur pollutants in flue gas by bipolar membrane electrodialysis [J]. Desalination, 2020, 494: 114654.

[160] MILEWSKI A, CZECHOWICZ D, JAKÓBIK-KOLON A, et al. Preparation of glycidol via dehydrohalogenation of 3-chloro-1, 2-popanediol using bipolar membrane electrodialysis [J]. ACS Sustainable Chemistry & Engineering, 2019.

[161] ZHANG X, WANG X, CHEN Q, et al. Batch preparation of high basicity polyferric sulfate by hydroxide substitution from bipolar membrane electrodialysis [J]. ACS Sustainable Chemistry & Engineering, 2017, 5 (3): 2292-2301.

[162] HUANG C, XU T, YANG X. Regenerating fuel-gas desulfurizing agents by using bipolar membrane electrodialysis (BMED): Effect of molecular structure of alkanolamines on the regeneration performance [J]. Environmental Science & Technology, 2007, 41 (3): 984-989.

[163] LIANG X, WANG J, BAO H, et al. Accurately-controlled recovery and regeneration of protic ionic liquid after Ionosolv pretreatment via bipolar membrane electrodialysis with ultrafiltration [J]. Bioresource Technology, 2020, 318: 124255.

[164] WEI X, GAO W, WANG Y, et al. A green and economical method for preparing lithium hydroxide from lithium phosphate [J]. Separation and Purification Technology, 2022, 280: 119909.

[165] DU C, DU J R, ZHAO X, et al. Treatment of brackish water RO brine via bipolar membrane electrodialysis [J]. Industrial & Engineering Chemistry Research, 2021, 60 (7): 3115-3129.

[166] SHEN J, HUANG J, LIU L, et al. The use of BMED for glyphosate recovery from glyphosate neutralization liquor in view of zero discharge [J]. Journal of Hazardous Materials, 2013, 260: 660-667.

[167] EISAMAN M D, PARAJULY K, TUGANOV A, et al. CO_2 extraction from seawater using bipolar membrane electrodialysis [J]. Energy & Environmental Science, 2012, 5 (6): 7346-7352.

[168] CHEN X, RUAN X, KENTISH S E, et al. Production of lithium hydroxide by electrodialysis with bipolar membranes [J]. Separation and Purification Technology, 2021, 274: 119026.

[169] RAISSOUNI I, MARRAHA M, AZMANI A. Effect of some parameters on the improvement of the bipolar membrane electrodialysis process [J]. Desalination, 2007, 208 (1): 62-72.

[170] JIANG C, WANG Q, LI Y, et al. Water electro-transport with hydrated cations in electrodialysis [J]. Desalination, 2015, 365: 204-212.

[171] TANAKA Y. Overall mass transport and solution leakage in an ion-exchange membrane electrodialyzer [J]. Journal of Membrane Science, 2004, 235 (1): 15-24.

[172] ZHAO Y, WANG H, LI Y, et al. An integrated membrane process for preparation of lithium hydroxide from high Mg/Li ratio salt lake brine [J]. Desalination, 2020, 493: 114620.

[173] ÖNER M R, KANCA A, ATA O N, et al. Bipolar membrane electrodialysis for mixed salt water treatment: Evaluation of parameters on process performance [J]. Journal of Environmental Chemical Engineering, 2021, 9 (4): 105750.

[174] SZCZYGIEŁDA M, ANTCZAK J, PROCHASKA K. Separation and concentration of succinic acid from post-fermentation broth by bipolar membrane electrodialysis (EDBM) [J]. Separation and Purification Technology, 2017, 181: 53-59.

[175] GUO H, YUAN P, PAVLOVIC V, et al. Ammonium sulfate production from wastewater and low-grade sulfuric acid using bipolar- and cation-exchange membranes [J]. Journal of Cleaner Production, 2021, 285: 124888.

[176] NAGASAWA H, IIZUKA A, YAMASAKI A, et al. Utilization of bipolar membrane electrodialysis for the removal of boron from aqueous solution [J]. Industrial & Engineering Chemistry Research, 2011, 50 (10): 6325-6330.

[177] WANG Y, ZHANG N, HUANG C, et al. Production of monoprotic, diprotic, and triprotic organic acids by using electrodialysis with bipolar membranes: Effect of cell configurations [J]. Journal of Membrane Science, 2011, 385-386: 226-233.

[178] ZHENG Y, JIN Y, ZHANG N, et al. Recovery of *N*,*N*-dimethylglycine (DMG) from dimethylglycine hydrochloride by bipolar membrane electrodialysis [J]. Chemical Engineering and Processing - Process Intensification, 2022, 176: 108943.

[179] HADDAD M, LABRECQUE R, BAZINET L, et al. Effect of process variables on the performance of electrochemical acidification of kraft black liquor by electrodialysis with bipolar membrane [J]. Chemical Engineering Journal, 2016, 304: 977-985.

[180] DURSUN L, ATA O N, KANCA A. Bipolar membrane electrodialysis for binary salt water treatment: Valorization of type and concentration of electrolytes [J]. Industrial & Engineering Chemistry Research, 2021, 60 (5): 2003-2010.

[181] ZHANG X, LI C, WANG Y, et al. Recovery of acetic acid from simulated acetaldehyde wastewaters: Bipolar membrane electrodialysis processes and membrane selection [J]. Journal of Membrane Science, 2011, 379 (1): 184-190.

[182] XUE S, WU C, WU Y, et al. Bipolar membrane electrodialysis for treatment of sodium acetate waste residue [J]. Separation and Purification Technology, 2015, 154: 193-203.

[183] HUSSAIN A, ASIM M, ASLAM M, et al. Commutators of the fractional hardy operator on weighted variable herz-morrey spaces [J]. Journal of Function Spaces, 2021 (1): 9705250.

[184] SZCZYGIEŁDA M, PROCHASKA K. Effective separation of bio-based alpha-ketoglutaric acid from post-fermentation broth using bipolar membrane electrodialysis (EDBM) and fouling analysis [J]. Biochemical Engineering Journal, 2021, 166: 107883.

[185] PENG Z, SUN Y. Leakage circuit characteristics of a bipolar membrane electrodialyzer with 5 BP-A-C units [J]. Journal of Membrane Science, 2020, 597: 117762.

[186] PENG Z, SUN Y, SHI P, et al. A mathematical model of the external circuits in a bipolar membrane electrodialysis stack: Leakage currents and Joule heating effect [J]. Separation and Purification Technology, 2022, 290: 120816.

[187] CULCASI A, GURRERI L, CIPOLLINA A, et al. A comprehensive multi-scale model for bipolar membrane electrodialysis (BMED) [J]. Chemical Engineering Journal, 2022, 437: 135317.

[188] LU H, WANG L, WYCISK R, et al. Quantifying the kinetics-energetics performance tradeoff in bipolar membrane electrodialysis [J]. Journal of Membrane Science, 2020, 612: 118279.

第7章

氧化剂的无药剂替代技术

氧化法可以处理大部分工业废水，尤其适用于降解废水中难以被生物降解的有机物，如农药、杀虫剂、酚类、氰化物等，同时还能有效去除引起色度和臭味的物质。水处理过程中，氧化剂的选择应考虑以下几个方面：a. 对废水中特定的污染物有良好的氧化作用；b. 反应后的生成物应是无害的或易于从废水中分离的；c. 价格便宜，来源方便；d. 在常温下反应速度较快；e. 反应时不需要大幅度调节 pH 值；等等。在实际应用中，药剂的投加可能会造成二次污染，且处理成本高，为达到最终处理效果，往往需要过量投加药剂。基于上述问题，为响应国家对环境保护的号召，高效、绿色的水处理氧化剂受到越来越多的关注。

本章围绕水处理氧化剂，首先对传统水处理氧化药剂的类型、原理和应用场景进行了介绍，然后对现阶段存在的氧化剂的无药剂替代技术及其研究进展进行了阐述，以期为未来发展提供参考。

7.1 概述

7.1.1 氧化剂的定义

氧化剂可以氧化降解废水中的有机物，使其成为简单的无机物，也可以将溶解于水中的污染物氧化为不溶于水且易于从水中分离的物质。废水氧化处理法是指利用强氧化剂氧化分解污染物以净化废水的一种化学处理方法。

7.1.2 氧化剂的分类

常用氧化剂主要包括以下几类：

① 在得电子后被还原成带负电荷离子的中性原子，如 O_2、Cl_2、O_3 等；

② 带正电荷的原子得电子后还原成带负电荷的离子，例如在碱性条件下，漂白粉、次氯酸钠等药剂中次氯酸根（ClO^-）中的 Cl^+ 和二氧化氯中的 Cl^{4+} 得电子还原成 Cl^-；

③ 带高价正电荷的原子在得电子后还原成带低价正电荷的原子，例如三氯化铁中的 Fe^{3+} 和高锰酸钾中的 Mn^{7+} 在得电子后还原成 Fe^{2+} 和 Mn^{2+}。

催化氧化法是对传统化学氧化法的改进与强化，根据所使用外加手段的不同，常用的催化氧化方法有光催化氧化、湿式催化氧化和常温常压下催化氧化三大类。光催化氧化是以光敏化半导体（如 N 型半导体 TiO_2）为催化剂，在光照条件下产生 HO· 等，催化有机物氧化和降解，近年来广泛应用于各类难降解有机废水的实验研究。湿式催化氧化法以过渡金属及其氧化物、复合氧化物和盐类等为催化剂，在高温高压下废水中的有机物和氧化剂分子在催化剂表面，经过吸附、催化氧化反应和产物脱附等几个步骤进行氧化降解。常温常压下催化氧化是在常温常压下以过氧化氢（H_2O_2）、臭氧（O_3）或空气、氯或氯系氧化剂作为氧化剂，以过渡金属为催化剂，通过化学氧化将水相中的有机污染物分解为较易生物降解或较易去除的中间产物。

7.1.3 氧化剂的作用机理

水处理药剂中的氧化剂通过释放强氧化性自由基、过氧化物等化学物质，将水中的污染物氧化为无害物质。常用的氧化剂有过氧化物、氯氧化物和高锰酸钾等。不同氧化剂对各类污染物具有不同的氧化效果。氧化剂的选择和使用条件的控制会影响其氧化效率以及产生的副反应。氧化剂在水处理中具有强氧化作用，可使污染物与氧化剂发生化学反应。这些反应通常包括电子转移、自由基生成和氧化物生成等。通过氧化作用，有机污染物可以被分解为较小的无害物质，或转化为更易处理的化合物。此外，氧化剂还可以破坏微生物的细胞膜结构，从而杀灭微生物。氧化还原电位是衡量物质或基团氧化活性的指标，它显示出氧化还原反应能否发生及反应的方向，常用氧化剂的氧化还原电位如表 7-1 所列。

表 7-1 常用氧化剂的氧化还原电位

氧化剂	半反应方程式	标准电极电势/V
氯气	$Cl_2(g)+2e^- \rightleftharpoons 2Cl^-$	1.358
次氯酸根	$ClO^-+H_2O+2e^- \rightleftharpoons Cl^-+2HO^-$	0.841
次氯酸	$HClO+H^++2e^- \rightleftharpoons Cl^-+H_2O$	1.482
二氧化氯	$ClO_2+e^- \rightleftharpoons ClO_2^-$	0.954
臭氧	$O_3+2H^++2e^- \rightleftharpoons O_2+H_2O$	2.076
双氧水	$H_2O_2+2H^++2e^- \rightleftharpoons 2H_2O$	1.776
高锰酸钾	$MnO_4^-+4H^++3e^- \rightleftharpoons MnO_2+2H_2O$	1.679
高铁酸盐	$FeO_4^{2-}+8H^++3e^- \rightleftharpoons Fe^{3+}+4H_2O$	2.200
羟基自由基	$\cdot OH+H^++e^- \rightleftharpoons H_2O$	2.800

7.1.4 氧化剂的应用场景

氧化剂在水处理中主要用于去除废水中的还原性无机物、氧化分解有机物、作为助凝剂以及进行灭菌处理，最终使得废水臭味得到控制，在去除硫化氢、色度、铁和锰的同时进行消毒。具体如下：

① 控制臭味：臭味主要来源于还原性环境中产生的无机物和有机硫化物，主要是铁、锰、硫化氢。

② 去除铁、锰：氧化剂、混凝作用和吸附作用能够有效沉淀废水中的铁和锰。

③ 去除硫化氢：硫化氢具有特别强烈的"臭鸡蛋"气味，能腐蚀金属等物质，也可以促使水体产生大量的硫细菌，从而使水质恶化。因此，采用生物法处理含硫废水时需要采取预处理等措施，并且应控制硫化氢的产生。去除硫化氢常用的氧化剂有氯、H_2O_2 和 O_3。

④ 去除色度：氯和二氧化氯可用于去除色度，但是它们会产生副产物，O_3 可以有效去除色度。

⑤ 用作助凝剂：氧化剂可作为辅助混凝、絮凝反应的助凝剂使用，废水中的颗粒通常为带负电的颗粒，在废水中它们互相排斥，保持稳定。氧化剂可以与带电粒子反应，使带电粒子的极性增强，从而破坏其稳定性，使颗粒失去负电荷脱稳，更好地与混凝剂、絮凝剂结合。

⑥ 去除有机污染物：H_2O_2 和 O_3 在高级氧化过程中可用于分解难以生物降解的有机物质，如工业废水中的染料和有毒化学品。

⑦ 藻类控制：在某些水体中，O_3 和氯类化合物可用于控制藻类生长。

⑧ 消毒和杀菌：氯气、次氯酸盐、O_3 和二氧化氯广泛用于自来水和废水处理中的消毒，以去除病原体。

7.2 传统水处理氧化剂

7.2.1 氯氧化剂

（1）液氯

氯气是一种黄绿色气体，具有刺激性气味，有毒，标准状况下密度（$3.21kg/m^3$）为空气的 2.5 倍，极易被压缩成琥珀色的液氯。在所有含氯的氧化药剂中，液氯是普遍使用的氧化剂，既可用作消毒剂，也可以氧化污染物。氯气易溶于水，在 20℃、0.1MPa 时，其溶解度为 7160mg/L。当氯气溶于水时，可发生水解反应生成次氯酸和盐酸：

$$Cl_2 + H_2O \longrightarrow HClO + HCl \tag{7-1}$$

生成的 HClO 是弱酸，可进一步在水中发生解离：

$$HClO \rightleftharpoons H^+ + ClO^- \tag{7-2}$$

加入的氯和生成的次氯酸根均具有很强的氧化能力，可与水中的氨、氨基酸、含碳物质、亚硝酸盐、铁、锰、硫化氢及氰化物等起氧化作用。它们同时还是传统的杀菌剂，可用于控制臭味、除藻、除铁、除锰、去色及杀菌等。

液氯与水中的有机物发生反应以亲电取代反应为主，可生成大量的有机氯化物，如三氯甲烷。三氯甲烷是一种致癌物，它的存在使液氯在饮用水处理中的应用受到限制。氯气消毒具有如下缺点：a. 氯会与水中的腐殖酸类物质反应形成致癌的卤代烃；b. 氯会与酚类反应生成具有异味的氯酚；c. 氯与水中的氨反应形成消毒效力低的氯胺，而且排入水体后对鱼类有危害；d. 氯在 pH 值较高时消毒效力大幅度下降；e. 长期使用会使某些微生物产生抗药性。基于此，人们对其他替代氧化剂产生了浓厚兴趣，并开展了广泛研究。

(2) 次氯酸盐

次氯酸盐类药剂包括漂白粉、漂粉精和次氯酸钠等。漂白粉是由 $CaCl_2$、$Ca(OH)_2$ 和 $Ca(ClO)_2$ 组成的混合物，其中 $Ca(ClO)_2$ 是有效成分，遇水会产生具有杀菌能力的 HClO 和 ClO^-，HClO 可以释放出 Cl_2 和新生态原子氧［O］，具有很强的氧化性，可使废水中的有机物氧化。漂白粉在水中的反应如下：

$$Ca(ClO)_2+2H_2O \longrightarrow Ca(OH)_2+2HClO \tag{7-3}$$

$$HClO \rightleftharpoons H^+ + ClO^- \tag{7-4}$$

$$2HClO \rightleftharpoons Cl_2+H_2O+[O] \tag{7-5}$$

$$HClO \rightleftharpoons HCl+[O] \tag{7-6}$$

漂白粉对大多数细菌、病毒、芽孢和真菌等都有良好的杀灭作用，其杀菌能力受水体 pH 值、氨氮以及有机物浓度的影响。由于氯类消毒剂具有强氧化性，绝大多数有助凝作用，在给水处理中使用较多，在污水处理中使用较少。含藻类原水是我国常见的原水类型，藻类本身及其代谢产物均带负电荷，不容易被混凝去除，同时也会与水中的金属离子络合穿透滤池，进而影响出水水质，而且藻类吸附力极强，会黏附在滤池表面影响过滤效果，缩短滤池寿命。加氯对藻类有抑制和灭除作用，可以改善后期混凝效果。次氯酸盐具有脱色和漂白能力，主要是由于其氧化性，一般需要和混凝沉淀合用，次氯酸钠的脱色作用主要表现在对有色物质的氧化上，例如将水中的 Fe^{2+} 氧化为 Fe^{3+}，然后通过混凝作用将 Fe^{3+} 沉淀，完成水体脱色，或者将水体中一些带颜色的有机物氧化后再混凝沉淀，进而起到脱色的作用。次氯酸盐类药剂的优点是用量少、作用快、作用时间长，缺点是有效氯含量少、存放时易吸收空气中的水和 CO_2，从而分解失效。

作为氧化剂，次氯酸盐的价格低廉，氧化作用强。用漂白粉氧化处理化学镀镍废液的实验表明，漂白粉可以去除化学镀镍废液中的 Ni^{2+}。用次氯酸钙处理发泡剂生产废水的结果表明，次氯酸钙对废水中的有机物去除效果明显，工业处理实验中有机物浓度由 626mg/L 降至 105mg/L，去除率达 83.2%。用 H_2O_2 和次氯酸钠两种氧化剂降解亚甲基蓝水溶液的研究表明，次氯酸钠氧化剂比 H_2O_2 更易降解亚甲基蓝水溶液，而且次氯酸钠的浓度越大，pH 值越大，降解亚甲基蓝水溶液的效果越好。

(3) 二氧化氯

二氧化氯是沸点为 11℃的深黄色气体，具有与氯气相似的刺激性气味，易溶于水并形成黄绿色溶液。与氯气在水中的水解过程不同，二氧化氯在水中的水解程度很低，主要以溶解气体的形式保留在水中。在 pH 值为 6 左右的溶液中极为稳定。水处理中所用的二氧化氯都由亚氯酸钠与氯气混合反应现场制备而得，其化学反应式为：

$$2NaClO_2+Cl_2 = 2ClO_2+2NaCl \tag{7-7}$$

二氧化氯是一种强氧化剂，也是一种良好的水处理消毒剂，其杀菌消毒能力约为氯气的 3 倍。水处理中所用二氧化氯的适宜浓度在 0.1～5.0mg/L 之间，与氯气相比，它有较强的处理功能，能够降低水中的三卤甲烷、控制异味等。

二氧化氯可用于去除水中的铁和锰，也可用于硫化物的氧化处理。像其他强氧化剂一样，二氧化氯可将二价锰（Mn^{2+}）氧化成四价锰（Mn^{4+}）而形成不溶性的二氧化锰（MnO_2），从而产生沉淀。其氧化过程是二氧化氯经还原产生亚氯酸盐，后者能迅速与 Mn^{2+} 反应生成沉淀：

$$2ClO_2 + 5Mn^{2+} + 6H_2O \xlongequal{} 5MnO_2 \downarrow + 12H^+ + 2Cl^- \tag{7-8}$$

该反应在碱性条件下的反应速率和去除效果均优于酸性条件。二氧化氯同样可迅速将亚铁氧化成 $Fe(OH)_3$ 沉淀。该反应在中性至碱性的条件下较易发生。此外，二氧化氯可用于防止铸铁管道中铁细菌的生长。据报道，这是二氧化氯与细菌体内的多糖类物质反应的结果。二氧化氯的另外一个功能是能够快速氧化硫化氢，pH 值在 5～9 范围内时，反应的最终产物仅为硫酸铁，而其他氧化剂（O_3、Cl_2、O_2）对硫化物的氧化产物除硫酸铁外，还会产生硫元素。

氯气可通过氧化及亲电子取代作用与各种有机物反应而生成不同的氯代有机物，其中以三氯甲烷为主。此外，氯气的消毒能力不如二氧化氯，因而与有机物反应生成三氯甲烷的可能性较大。二氧化氯则不同，它主要通过氧化作用与有机物反应，并生成少量的有机化合物。二氧化氯与酚及其化合物（如间苯二酚和氢醌）反应，可有效防止氯化处理时氯酚嗅味的产生。但目前尚不能确定二氧化氯与酚的反应是否会产生氯代酚。二氧化氯氧化酚类化合物时，所形成产物（对苯醌、马来酸和草酸）的含量取决于二氧化氯与原水中酚类化合物的浓度比值。当二氧化氯含量较高时，基本不产生氯代酚，而主要以对苯醌（45%～65%）为主，其余为马来酸和草酸。有研究表明，当 pH 为中性且二氧化氯过量时，二氧化氯在 2s 内即可将酚全部氧化。在一般水处理过程中，原水中的含酚量一般在几微克每升，所以二氧化氯的含量总是过量的。因此，它不易产生氯代酚，故不产生臭味。

二氧化氯可用于控制被处理水中的腥臭味、土腥味及霉烂味，并且有很好的去除效果。需指出的是，为有效去除土腥味，二氧化氯的投加量应适当加大，同时，反应时间也应延长。

目前，关于二氧化氯在实际水处理中与腐殖质反应生成三卤甲烷的问题仍在深入研究，其关键影响因素在于所用二氧化氯中是否含有游离氯成分。当存在氯时，由于氯化作用，有可能生成少量的三卤甲烷类物质；不含氯时，二氧化氯与腐殖质反应不生成三卤甲烷或生成量极少。有关研究表明，二氧化氯形成的总有机卤化物的含量仅为氯的 1%～25%。当二氧化氯中含氯时，上述含量将显著增加。目前，采用二氧化氯控制处理出水中三卤甲烷的常用途径是用二氧化氯对原水进行氧化，以去除三卤甲烷母体物并起到初步的消毒作用，然后用氯对经过混凝沉淀、过滤及其他方法处理后的出水进行处理，二氧化氯的投加量一般为氯投加量的 30%～50%。这种处理工艺可使出水中三卤甲烷的含量降低 50%～70%。

7.2.2 锰氧化剂

高锰酸钾（$KMnO_4$）是一种有结晶光泽的紫黑色固体，易溶于水，在水溶液中呈紫红色。高锰酸钾热稳定性差，加热到 476K 以上就会分解放出氧气：

$$2KMnO_4 \longrightarrow K_2MnO_4 + MnO_2 + O_2 \tag{7-9}$$

$KMnO_4$ 中 Mn 的价态是+7 价，是锰的最高氧化态，因此高锰酸钾是一种氧化剂，还原产物可以是 MnO_4^{2-}、MnO_2 或 Mn^{2+}，介质的酸碱性会影响 MnO_4^- 的还原反应产物。在酸性介质中 $KMnO_4$ 是强氧化剂，它可氧化 Cl^-、I^-、Fe^{2+}、SO_3^{2-}，还原产物为 Mn^{2+}，溶液呈淡紫色，如果 MnO_4^- 过量，它可能会与反应生成的 Mn^{2+} 进一步反应，析出 MnO_2；在中性、微酸性或微碱性介质中，高锰酸钾氧化性减弱，与一些还原剂反应，产物为

MnO_2，是棕黑色沉淀；在碱性介质中，MnO_4^- 的氧化性最弱，但仍可用作氧化剂，还原产物是 MnO_2^-，溶液呈绿色。

高锰酸钾在酸性水溶液中具有强氧化性，在中性水溶液中的氧化性比在酸性水溶液中弱，但对中性天然水体中有机污染物的氧化去除效果较好，明显优于酸性和碱性条件。在酸性和碱性条件下，高锰酸钾对低分子量、低沸点有机污染物有良好的去除效果，但对高分子量、高沸点有机污染物的去除效果很差。

高锰酸钾在中性条件下的最大特点是可反应生成 MnO_2，由于 MnO_2 在水中的溶解度很低，会以水合二氧化锰胶体的形式从水中析出。由于水合二氧化锰胶体的作用，高锰酸钾在中性条件下具有很强的去除污染物的效能，能与水中的 Fe^{2+}、Mn^{2+}、S^{2-}、CN^-、酚等很好地进行反应，选择适当投加量，可以杀死很多藻类和微生物。在废水处理中，高锰酸钾主要用于去除水中所含的 H_2S 和 CN^-。

高锰酸钾处理废水具有净化效果好、见效快、运行方便等优点，但是高锰酸钾的价格相对较高，如果水量较大，用高锰酸钾进行氧化将会大大增加处理成本，而且反应过程中产生的 MnO_2 废渣也需妥善处理。有研究者将以高锰酸钾为主的“秒杀”技术成功应用于山东某自来水厂，取得了良好的环境经济效益。

7.2.3 氧类催化剂

(1) 氧气

空气氧化法是向废水中鼓入空气，利用空气中的 O_2 氧化水中的有害物质。在强碱性 (pH=14) 溶液中，半反应式为：

$$O_2+2H_2O+4e^-=\!=\!=4OH^- \tag{7-10}$$

在中性 (pH=7) 和强酸性 (pH=1) 溶液中，半反应式为：

$$O_2+4H^++4e^-=\!=\!=2H_2O \tag{7-11}$$

对比式(7-10) 和式(7-11) 可知，降低 pH 值，有利于空气氧化的进行。在常温常压和中性 pH 条件下，O_2 为弱氧化剂，反应性很低，因此常用来处理易氧化的污染物，如 S^{2-}、Fe^{2+}、Mn^{2+} 等。例如，在缺氧的地下水中往往含有溶解性的 Fe^{2+}，可通过向水中鼓入空气，将其氧化成 $Fe(OH)_3$ 沉淀物，从而去除。

虽然空气氧化能实现某些污染物的去除，但由于常温条件下空气氧化反应的速率较慢，反应过程需要的时间较长，限制了其应用。为此，高温空气氧化（即焚烧法）得到了快速发展。焚烧法处理废水是在高温条件下，使有机废液中的可燃组分与空气中的氧进行剧烈的化学反应，将其中的有机物转化为水、二氧化碳等无害物质，同时释放能量，产生固体残渣。

对于高浓度的有机废液，由于其 COD 浓度较高，本身具有一定的热焓值，如采用焚烧法进行处理，还可回收有机废液本身所含的热量，达到废物综合利用的目的。同时，焚烧处理还具有有机物去除率高、适应性广等特点。目前国内越来越重视用焚烧方法处理高浓度难降解有机废液，相继开发出了技术成熟的焚烧处理装置，用于处理难生化降解、浓度高、毒性大、成分复杂的有机废液。

湿式空气氧化是指在特定温度和压力条件下，利用空气中的氧气与废水中的有机或无机污染物发生液相氧化反应，使其转化为无机物或小分子有机物的处理技术。湿式空气氧化法对于高浓度有机废水等具有良好的降解产能作用，且反应速度快、反应时间短、运行成本低，受到了人们的广泛关注。Martin 等对经 1h 预处理后的造纸废水用湿式氧化法进行甲烷发酵，甲烷转化率在反应温度为 190℃时最高，处理后出水 COD_{Cr} 仅剩不到 1/2，纤维素去除率可达 74%～88%。刘学文等在处理造纸废水时，利用催化湿式氧化法进行研究，并采用过渡金属氧化物 CuO 为活性组分，在设定反应温度为 220℃、氧气分压在 2.5MPa 的反应条件下，向 500mL、COD 浓度为 3250mg/L 的造纸废水中投加 3g 负载量为 4%的 Cu 催化剂，反应 3h 后出水 COD_{Cr} 和色度去除率分别达到了 90%和 89%，出水 pH 值从 9.6 降低至 7.8。

催化湿式氧化法（CAWO）处理废水具有停留时间短、氧化反应速度快、占地面积小、无二次污染、处理效率高、适用范围广等优点，但是湿式氧化一般要求在高温高压的条件下进行，其中间产物往往为有机酸，故对设备材料的要求较高，须耐高温、高压，并耐腐蚀，因此设备费用高，系统的一次性投资较高。妆仅适合处理小流量、高浓度的废水，对于低浓度、大水量的废水经济性较差。CAWO 对反应条件要求较低，提高了有机物的降解效率，对于处理高浓度的实际废水有显著效果，但是由于实际废水的成分较复杂，因此对于 CAWO 处理多组分实际废水的研究有限，目前 CAWO 主要应用于处理造纸废水、染料废水和石油化工废水等高浓度有机废水。

(2) 臭氧

臭氧（O_3）是一种具有强氧化性和高效消毒特性的氧化剂，尽管其处理效果优异，但因成本显著高于常规氯系氧化剂，目前在水处理领域的应用仍受到一定限制。然而，研究发现氯消毒会生成氯酚、氯胺及挥发性卤代烃等有害副产物，因此 O_3 又有了新的应用空间。

由于 O_3 是一种不稳定的强氧化剂，其在水中分解的中间产物游离基具有很强的氧化性，因此，它能迅速而广泛地氧化水溶液中某些元素和有机化合物，即使在低浓度下，也能瞬间完成。O_3 在水溶液中的氧化作用取决于其分解条件和机理。O_3 在水中能形成具有强氧化作用的羟基自由基（HO·），不仅可以消毒杀菌还可以氧化分解水中污染物。臭氧氧化过程中，由于小分子酸的生成，水溶液酸度不断升高，因此被处理液中经常加入碱以保持适当的 pH 值，同时也可使 HCN、H_2S 等有害物质形成不易挥发的离子，最终被反应降解。因此，臭氧氧化技术在水处理中被广泛应用。

臭氧氧化技术具有如下特点：

① O_3 不仅可以快速杀菌、消毒，而且对有机和无机化合物有极强的氧化性，可去除其他水处理工艺难以去除的物质；

② O_3 的反应完全，反应速度快，可以减小构筑物体积；

③ 剩余臭氧会迅速转化为氧气，能增加水中溶解氧，效率高，不产生污泥，不造成二次污染；

④ 在提高净化效果以及杀菌、消毒的同时，可除臭、除味；

⑤ 臭氧氧化装置占地面积小，运行操作管理简单，特别适用于提高原有水厂的水质和水量；

⑥ O_3 有助于增强絮凝效果，减少混凝剂的投加量，提高滤速。

但 O_3 消毒也存在着一定的弊端，如不能长时间维持剩余 O_3，必须在使用现场制备，水质水量发生变化时调节投加量困难等。另外，O_3 杀菌还受 O_3 浓度、水温、pH 值和水的浊度等因素影响。一般情况下，随 O_3 浓度的升高，杀菌作用加强；水温越高，杀菌作用越强；水中 pH 值较高时，杀菌效果不好，需增加 O_3 投加量；水的浊度对臭氧杀菌效果也有一定的影响，当水中浊度在 5mg/L 以下时，这种影响不明显。

7.2.4 无机过氧化物

（1）过氧化氢

过氧化氢（H_2O_2）是一种氧化性较强、氧化还原电位较高的氧化剂，能直接氧化水中的有机污染物和构成微生物的有机物质。同时，H_2O_2 使用安全、制备容易，因此它是高级氧化技术中的常用氧化剂。本节重点介绍基于过氧化氢（H_2O_2）与絮凝剂协同作用的高级氧化工艺，该技术通过氧化-絮凝协同机制实现废水高效处理。

① H_2O_2-粉煤灰氧化法：粉煤灰主要通过吸附作用去除废水中的有害物质，但在一定条件下也有絮凝沉淀作用，利用 H_2O_2 的氧化性及粉煤灰对 H_2O_2 的催化作月处理印染废水，是以废治废、综合治理的一条有效途径。朱洪涛等利用粉煤灰和 H_2O_2 联合处理印染废水，取原水浓度 60mg/L 的印染废水 50mL，H_2O_2 投加量为 600mL/m^3，粉煤灰投加量 5g，调整水样 pH 值为 3～11，处理 50min 后，印染废水脱色率达 90%，COD 去除率达 70%，是一种良好的印染废水预处理方法。

② H_2O_2-聚合氯化铝氧化法：采用聚合氯化铝（PAC）作为絮凝剂，H_2O_2 作为氧化剂，选用混凝-氧化组合的方法，既克服了单独混凝处理加絮凝剂多、产生的污泥量多的缺点，也降低了成本。丘贝等做了化学预氧化对混凝效果的影响试验。原水浊度为 87.8NTU，TOC 质量浓度为 2.7mg/L，pH 值为 7.0，碱度为 78mg/L，硬度为 86mg/L。取 1L 水样，首先在温度为 28℃、pH 值为 7 时，投加 H_2O_2 量为 0.8～1mg/L 进行预氧化，处理后浊度去除率可达 80%，TOC 去除率可达 30%。然后投加 PAC 量为 20mg/L 至预氧化过的溶液，静置 20min 后，最终废水的浊度去除率达到了 90%以上，而 TOC 去除率达到了 50%。

③ H_2O_2-活性炭氧化法：活性炭（AC）能够催化 H_2O_2 释放强氧化性的 ·OH，因此 AC 既是良好的吸附剂，也是良好的催化剂。章婷曦利用活性炭-H_2O_2 催化氧化降解氯氰苄生产废水。废水 pH 值为 6.5，色度为 4096 倍，COD 为 10240mg/L。首先取废水 100mL，调节 pH 值在 3.5 左右，利用 Fe+C 构成原电池，按 $m(Fe):m(C)=10:1$ 投入废水中进行内电解。然后调节废水 pH 值为 2.5 左右，同时投加 1g 的活性炭，1.5mL 的 30% H_2O_2，搅拌后曝气 60min。最终色度为 4 倍，色度去除率达到了 100%，而 COD 值降至 486mg/L，COD 去除率达到了 95.2%。

（2）过硫酸盐

过硫酸盐高级氧化技术（SRAOP）与传统的高级氧化技术（AOP）相比有较多优势：SO_4^-·的氧化还原电位（2.5～3V）与·OH 相近（2.8V），但存在寿命远高于·OH，在中性或碱性条件下表现出比·OH 更强的氧化能力，可以在更宽泛的 pH 值范围内，高效地去除难降解污染物。

过硫酸盐氧化技术是通过活化过硫酸盐产生 SO_4^-·。过硫酸盐（PS）主要有两种，第一种是过一硫酸盐（PMS），化学式为 H_2SO_5，第二种是过二硫酸盐（PDS），化学式为 $H_2S_2O_8$。PMS 和 PDS 在外加能量或过渡金属催化情况下，它们结构中的 O—O 键会发生断裂，产生自由基（SO_4^-·、·OH 和 O_2^-·）或非自由基（单线态氧，$^1O_2$）。PMS 和 PDS

用作氧化剂相比 H_2O_2 有突出的优势，PMS 可以经热、碱、紫外光、超声、过渡金属离子和碳基材料等活化，生成氧化性很强的活性氧化物质，处理难生化降解的污染物。化学性能稳定的过硫酸盐易于储存、运输且成本较低，采用过渡金属活化过硫酸盐，具有投入能量少、成本低等优点，在处理难生化降解废水的研究中具有广阔的应用前景。

SO_4^-· 主要通过以下 3 种方式与污染物反应。

① $RH + SO_4^- \cdot \longrightarrow R \cdot + HSO_4^-$；

② $H_2C{=}CHR + SO_4^- \cdot \longrightarrow \cdot OSO_2OCH_2{-}C \cdot HR$；

③ 过硫酸盐在与苯环类化合物反应过程中会发生电子的传递，电子从苯环中转移到 SO_4^-· 中，SO_4^-· 经过反应转化为 SO_4^{2-}。

过硫酸盐的活化方式主要有热活化、紫外光（UV）激发和过渡金属活化 3 种。这 3 种方式都可以活化过硫酸盐产生 SO_4^-·，与难生化降解废水中的污染物反应，达到去除污染物的目的。

对于均相氧化来说，该体系在反应过程中需要加入含有金属离子的药剂，反应结束后又会因难以将其回收而造成催化剂流失，这些不利因素会增加工艺复杂性和运行成本。而非均相体系与均相体系相比，在保证催化效率的前提下，较容易通过过滤、沉降和离心等方法将催化剂从反应体系中分离出来，分离出的催化剂清洗过后可以多次重复使用，大大节约了工艺处理成本，因此被广泛应用到污水处理中。

7.2.5 金属阳离子

（1）铁离子（Fe^{3+}/Fe^{2+}）

1894 年，法国化学家 Fenton 首次发现 Fe^{2+} 与 H_2O_2 组成的体系能高效氧化酒石酸，后来人们将其称为 Fenton 试剂。Fenton 反应产生的活性氧化物是 ·OH，·OH 具有极强的氧化性，其氧化能力仅次于氟。1964 年，Fenton 试剂在废水处理领域实现了重大突破，加拿大研究者首次将其应用于苯酚废水的处理中，并取得了良好的处理效果。Fenton 氧化法因其反应条件温和、易操作和处理效率高等优点，在处理有毒、有害和难生物降解等有机废水方面具有极大的应用潜力。

王春敏等用 Fenton 氧化法处理焦化废水，考察了影响 COD 去除率的因素，确定了最佳反应条件。在最佳条件下，焦化废水的 COD 去除率可达 88.9%。同时他们发现，若分 3 次加入 H_2O_2，COD 的去除率可提高至 92%。伏广龙等用 Fenton 氧化法进一步处理粉煤灰基混凝剂吸附后的甲氰菊酯农药废水，确定了处理的最佳条件。结果表明，在甲氰菊酯农药废水 pH 值为 4、30% H_2O_2 投加量为 15mL/L、$FeSO_4 \cdot 7H_2O$ 投加量为 2.0g/L、温度为 50℃、反应时间为 60min 时，处理效果最佳，COD_{Cr} 去除率达 95.78%。周志明等用 Fenton 氧化法对苇浆造纸厂二级生化出水进行了深度处理，探讨了废水初始 pH 值、H_2O_2 投加量、$FeSO_4$ 和 PAM 用量、反应温度和时间等因素对 COD 和色度去除效果的影响。研究结果表明，当体系 pH 值为 4、H_2O_2 投加量为 10mmol/L、$FeSO_4$ 投加量为 2.5mmol/L、PAM 投加量为 0.75mg/L、温度为 20℃、反应时间为 40min 时，出水 COD 可降至 60mg/L 以下，色度去除率达到 90%以上。

尽管 Fenton 试剂的优势十分突出，但它也存在自身的缺点和限制，具体如下。

① 对操作的 pH 值范围要求十分苛刻。pH 值是实际工艺操作中限制最大的因素，在实际废水处理中，由于 Fenton 体系需在强酸性条件下才能达到良好的处理效果，因此初始 pH 值常需要加酸调节至 3.5～4.5，这就加大了工艺处理的总费用，对工艺的经济性产生了重要的影响。

② Fe^{2+} 的消耗量较大。Fenton 氧化体系在氧化降解有机污染物时需要消耗大量的铁盐，Fe^{2+} 与 H_2O_2 的摩尔比通常会高达 1∶1 甚至 2∶1。

③ Fenton 试剂不能完全降解有机物并使其矿化。铁盐作为一种可溶性的、具有良好絮凝和沉降性能的絮凝剂，可以使降解产生的中间产物与其形成稳定的络合物，使原本用于催化反应的铁盐被消耗掉，导致产生的·OH 数量减少，从而影响有机污染物的矿化率，通常情况下矿化率很难达到 60%以上。

④ 天然水体中存在碳酸根、磷酸根等无机酸根离子时，不仅会增加酸的使用量，Fenton 试剂的处理效果也会有所减弱。

尽管这类氧化剂具有极强的氧化能力，但其在实际应用中仍存在上述显著局限性，导致工业废水的预处理和深度处理面临若干关键技术瓶颈。

（2）高铁酸盐

高铁酸盐在水处理中的初始应用主要基于其强氧化性，用于降解有机污染物。大量研究表明，高铁酸盐能够去除广泛的有机/无机污染物，例如乙醇、羧酸化合物、含氮有机物、亚硝胺、色氨酸、苯酚化合物和抗生素等有机物，以及氰化物、氨和硫酸氰等无机物。水体中含氮有机物和磷超标是引起水华现象的主要原因，已有研究表明，高铁酸盐对含氮无机化合物（氨、羟胺、肼和叠氮化物）和有机化合物（胺、氨基酸、苯胺）均有良好的去除效果；制药工业废水中常含有各类抗生素，这些物质会对水体微生物和人体健康造成威胁，而高铁酸盐可以氧化去除β-内酰胺类抗生素，说明高铁酸盐可以用于制药工业废水的处理。研究表明，高铁酸盐可以去除亚硝胺、磺酰胺、色氨酸和苯酚化合物等水体污染物。

一般认为，高铁酸根氧化有机物存在 3 种途径，即：a. 单电子转移机制，高铁酸根转移单电子形成五价铁和激发态有机物，再进一步氧化为三价铁；b. 氧原子转移机制，高铁酸根转移氧原子形成四价铁，并对有机物进行氧化；c. 双电子转移机制，高铁酸根转移两个电子，两个电子分别激发两个有机物分子，而带有单电子的两个有机物分子发生反应形成有机物的二聚体，且对不同污染物的氧化机制不同。高铁酸盐对无机化合物的氧化通常是单电子转移机制，如氰化物和硫化物等，而对亚硫酸根和亚硝酸根则是双电子转移机制。高铁酸盐氧化有机化合物时，单电子或双电子转移机制都存在，如氧化抗坏血酸是单电子转移机制，而氧化蛋氨酸则是双电子转移机制。可见，污染物的种类不同，其所含的官能团也不同，高铁酸盐的反应方式及电子转移机制也有所不同。

高铁酸盐对不同污染物的氧化能力不同，且氧化能力的大小主要受高铁酸盐用量和 pH 值的影响，高剂量的高铁酸盐更有利于提高其对污染物的氧化去除效率，但是每种反应的最佳 pH 值是由反应物的类型所决定的。已有研究表明，在 pH＜8 时，高铁酸盐对苯、氯苯和苯酚的去除率分别为 32%、35%和 43%。Feng 等研究发现，当高铁酸盐与抗生素的摩尔比≤20 时，可在 2min 内对恩诺沙星（ENR）、诺氟沙星（NOR）、氧氟沙星（OFL）和马波沙星（MAR）等抗生素进行降解，且水中多价阳离子对氟尿嘧啶（FLU）的降解有抑制作用。有研究表明，在高铁酸盐 pH 值为 8～12、温度为 15～30℃的条件下，其对氰化物的去除率达到最大，当高铁酸盐与氨的摩尔比大于 1 时，其对氨的去除率可达 22%，同时可去除废水中99%的硫化氰。

7.3 无药剂氧化技术

7.3.1 光氧化

光化学反应中，分子通过吸收特定波长的电磁辐射从基态跃迁至激发态，经化学反应达到稳定或变为引发热反应的中间化学产物，其反应活化能来源于光子的能量。光化学反应可以分为直接光氧化反应和间接光氧化反应，包括利用氧化剂的光化学氧化和利用催化剂的光催化氧化。根据光催化氧化剂的不同，还可以分为均相光催化氧化和非均相光催化氧化。

(1) 光催化氧化技术

光催化氧化（photocatalytic oxidation，PCO）基本建立在紫外线（UV）和半导体催化剂的应用之上，包括 UV/H_2O_2、UV/O_3 和 UV/H_2O_2/O_3 三种常见系统，可用于含油废水、印染废水、难降解有机污染物和挥发性有机污染物等的处理。UV 是真空中波长为10～400nm 辐射的总称，在该波长范围内，不同紫外辐射的波长对应不同的效应。O_3 是大气层中唯一能够有效吸收波长小于 300nm 太阳紫外线辐射的气体组分。太阳是紫外辐射的主要来源，但是由于紫外线在大气中传播会发生衰减，到达地球表面的紫外辐射量只占总辐射量的4%。因此在实际应用中，还需要人造紫外线光源。紫外线可以用于处理含有机污染物的废水。通过紫外光照射，废水中的污染物分子吸收能量后转化为激发态分子。H_2O_2 在适当波长的照射下会被光解为具有高反应性的·OH，进而与水中的有机/无机污染物快速反应并生成 H_2O、硫酸盐等无机物质。

二氧化钛（TiO_2）是目前应用最广泛的半导体光催化剂。以有机砷的处理为例，UV/TiO_2 体系对有机砷的处理效率较高，在 30min 内，有机砷可完全被降解转化为无机砷。Zheng 等采用 TiO_2 光催化氧化降解苯胂酸（PA），通过实验证实了 UV/TiO_2 体系对有机砷化合物处理的高效性，其反应速率为 2.8μmol/（L·min）。此外，在 UV/TiO_2 体系中，30min 内，对氨基苯胂酸（*p*-ASA）和洛克沙胂（ROX）均可完全降解。在酸性和中性条件下，有机砷的降解符合准零级动力学，而在碱性条件下，有机砷的降解遵循准一级动力学。为了拓展 TiO_2 的可见光利用性，Vega 等合成了氮掺杂 TiO_2 用于光催化氧化降解 *p*-ASA，研究表明氮掺杂质量分数为1%的 TiO_2 具有较高的可见光活性。在可见光辐射下，反应 180min，含 10mg/L *p*-ASA 废水的降解率可达76%。虽然在 TiO_2 的光催化氧化作用下，有机砷化合物能够被有效降解转化为无机砷，但 TiO_2 对无机砷的吸附容量较低，导致难以经济有效地从水中去除无机砷。此外，TiO_2 纳米粒子颗粒小，反应后难以回收。

在光催化氧化技术中，关键步骤是电子-空穴对（e^--h^+）的形成，该过程需要半导体吸收具有足够能量的光子，并将电子从价带提升到导带。光生电荷载流子与其他分子（如 O_2 和 H_2O）发生一系列反应，产生具有高反应性的自由基，如·OH。在气相光催化氧化中，VOCs 从气相到固相的传质极大地影响了反应速率和去除效率。在经外部和内部扩散并吸附到表面后，污染物分子与产生的反应物质接触并分解为较低分子量的产物，最终分解为 CO_2、H_2O 和其他副产物。

（2）光催化剂

光催化氧化技术环境友好，无需投加氧化剂，产生的·OH 氧化性强、无选择性，光催化剂可重复利用，无损耗。纳米 TiO_2 作为一种常见的光催化材料，颗粒小、比表面积大、光催化活性高、造价低廉，对水中重金属离子有一定的吸附效果，同时，其自身不会发生损伤和消耗，但纳米 TiO_2 难以回收、不易重复循环利用，限制了其大规模推广使用。因此，需要研究性能良好的光催化剂。

1）黏土-Fe_2O_3-GO

针对水体和环境中的内分泌干扰化学物质（EDCs），光催化技术可以产生活性氧，使有机污染物及其中间体矿化为 CO_2 和 H_2O。Bayode 等利用高岭石、碎木瓜籽、3-氨丙基三乙氧基硅烷（APTES）、氧化铁（Fe_2O_3）和氧化石墨烯（GO）结合制成新型可见光活性光催化纳米复合材料，并将其用于水中类固醇激素的有效氧化和矿化。这些光催化纳米复合材料对类固醇雌激素的氧化率大于 80%，其中起主要作用的是超氧自由基（O_2^-·）和空穴（h^+），该催化剂在有效去除原始废水、自来水和雨水中的雌激素混合物方面显示出很高的潜力。使用高岭石和碎木瓜籽可以满足低成本、高效、可见光驱动和可持续光催化剂的需求，且避免了由于使用紫外线灯和电源等而产生的额外费用。Fe_2O_3 和 GO 的加入则是为了提高光催化效率。黏土-Fe_2O_3-GO 反应机理见图 7-1。

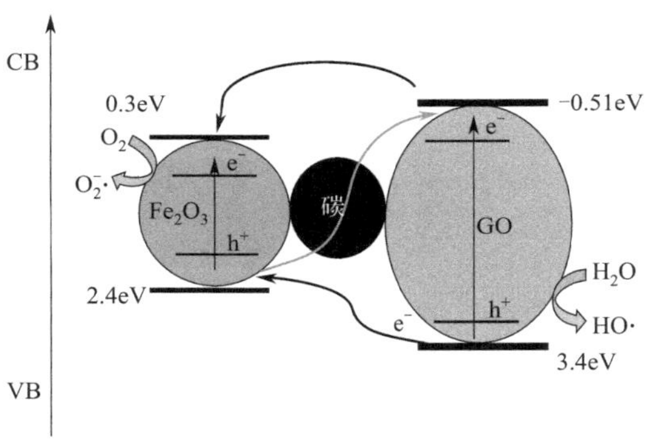

图 7-1 黏土-Fe_2O_3-GO 反应机理图

2）$Ag/AgNbO_3/BiVO_4$（Ag/ANO/BVO）

Luo 等以盐酸左氧氟沙星（LEF）为评价光催化活性的靶降解对象，采用静电自组装和光沉积法合成了三维几何等离子 Ag/ANO/BVO Z 型异质结光催化剂。光催化活性的升高可归因于 Ag/ANO/BVO 复合材料中 Z 型异质结的形成和可见光吸收范围的扩大，以及光诱导载流子在接触界面上的有效迁移和分离。$BiVO_4$ 因其较低的电子和空穴有效质量，可显著提升光生 e^--h^+ 的迁移效率。通过构建异质结，能有效克服单相 $BiVO_4$ 的 3 个固有缺陷，即光生载流子复合率高，可见光吸收范围有限，以及导带电子还原能力不足，从而全面提升光催化活性。LEF 光催化机理见图 7-2（书后另见彩图），BVO、ANO 和 Ag/ANO/BVO 光催化剂的制备工艺见图 7-3（书后另见彩图）。

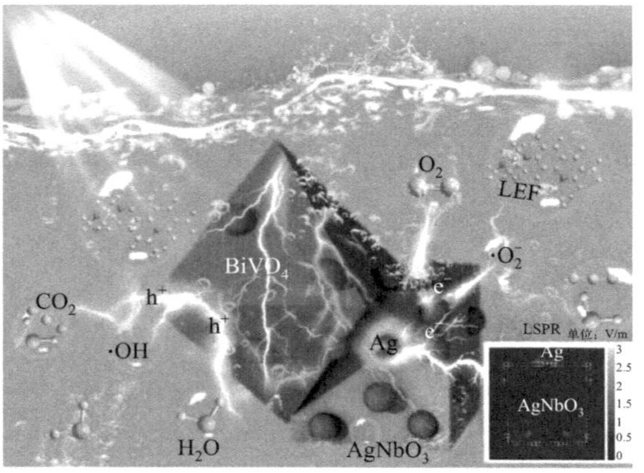

图 7-2 LEF 光催化机理图

LSPR—局域表面等离子体共振

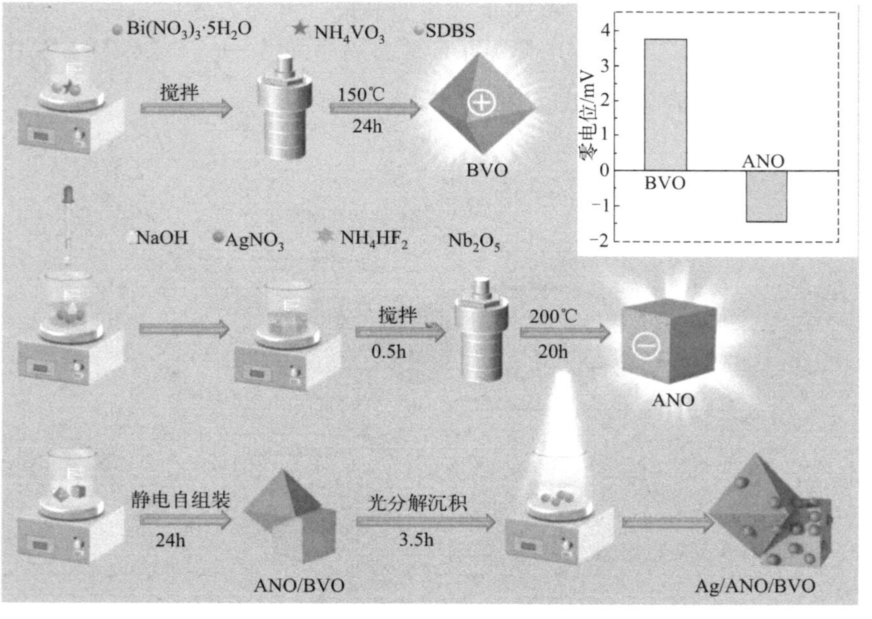

图 7-3 BVO、 ANO 和 Ag/ANO/BVO 光催化剂的制备工艺

3）Z 型异质结 WO_3/共价有机框架

Yang 等提出了一种 Z 型异质结的 WO_3/共价有机框架（Tp-TAPB），该框架可以加速界面处的分离和电荷转移，并保留 WO_3 和 Tp-TAPB 的强氧化和还原能力。在无牺牲剂的纯水体系中，光催化 WO_3/Tp-TAPB 产生的 H_2O_2 活性较高。当用于湖水和自来水的光催化 H_2O_2 生产时，该催化剂仍能保持较高的 H_2O_2 生产率。原位光催化合成 H_2O_2 用于实际焦化废水，在紫外光辐射下，对 COD 的去除率超过 37%，这为不使用牺牲剂的光催化 H_2O_2 生产提供了新的思路和方法。

4）氧化铜（CuO）

氧化铜（CuO）作为一种 p 型半导体材料，其带隙能较窄，仅有 1.4eV，对可见光有较好的吸收响应。基于 CuO 的光敏和光催化特性，许多研究者将其作为光催化剂用于可见光催化氧化领域。Meshram 等合成了球形、片状、泡沫状和与血小板形状类似的 4 种不同形态的 CuO，将其用于可见光催化氧化降解亚甲基蓝的研究，进一步证实了 CuO 具有良好的可见光催化活性。Zhang 等合成了核壳式的 Fe_3O_4@C/Cu 和 Fe_3O_4@CuO 磁性复合材料，其在可见光降解亚甲基蓝的过程中表现出优异的光催化活性，且稳定性好，易于分离，可以循环利用。

（3）光氧化研究与应用

1）液相光化学反应——有机激发三重态（$^3C^*$）

自然水体中溶解性有机质的激发三重态是污染物降解的主要氧化剂。大气液态水中有机化合物的激发三重态（$^3C^*$）可以作为一种特殊的氧化剂参与液相光化学反应。苯醌、芳香羰基、苯酮等物质都可以吸收光产生$^3C^*$自由基。$^3C^*$是很多挥发性有机化合物（VOCs）、半挥发性有机化合物（SVOCs）、中等挥发性有机化合物（IVOCs）等在大气中重要的汇。物质分子在光照条件下吸收光，从基态（S_0）进行能级跃迁到激发单重态（S_i），S_i 根据能量的高低分为 S_1、S_2 和 S_3 等。由于分子振动、转动能级的存在，能量更高的激发单重态（S_2、S_3 等）约 10^{-13}s 即可失活到 S_1 态（内转换），导致 S_2 以上的激发单重态寿命非常短，很难捕捉到。研究表明，$^3C^*$具有强氧化性和较高的能量（$E_T=63\sim69$kcal/mol），因此可以通过氧化或者能量转移直接光解有机物。大气中的光化学反应涉及光解、异构化、脱氢、聚合以及光敏反应等反应过程。光敏化反应中吸收光子的物质称为光敏剂，通常作为能量和电子的给体，而接受能量的化合物称为受体。有机光敏剂产生的激发三重态常用$^3C^*$自由基表示。光敏剂吸收光子到达 T_1 态后能将能量传递给不具有 ISC（系间窜跃）能力或 ISC 效率低的分子（底物），或者作为氧化剂参与氧化还原反应。辐射吸收和能量转移历程见图 7-4。

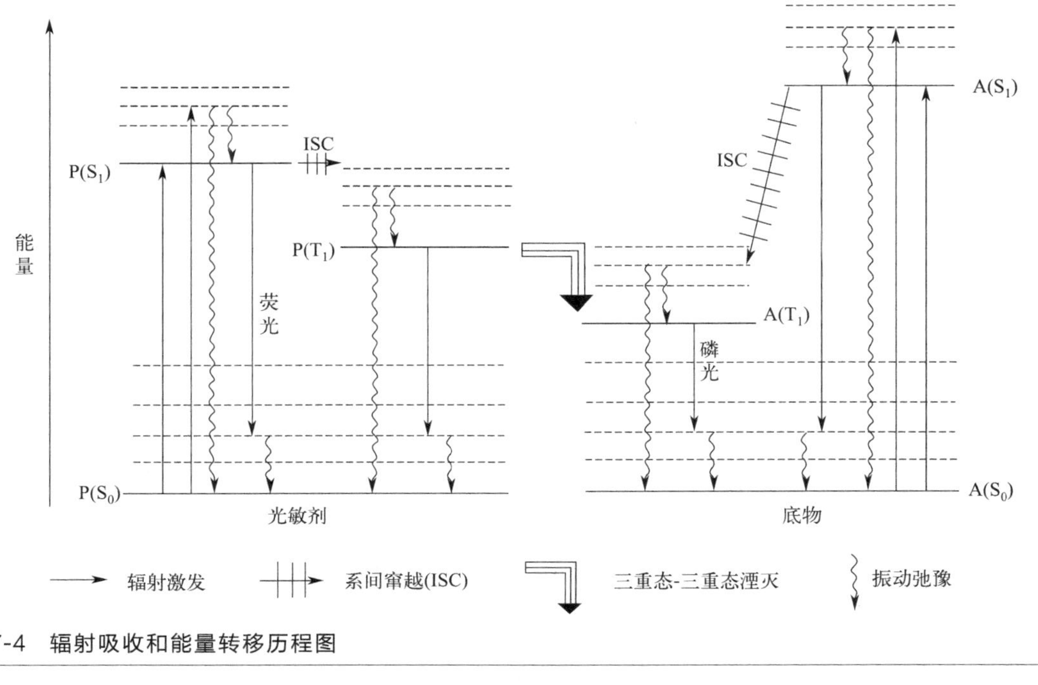

图 7-4 辐射吸收和能量转移历程图

水体中溶解有机物（DOM）是一种自然界产生的非均相混合物，通常可以用作光敏剂。激发三重态 DOM（$^3DOM^*$）在地表水和天然水体中对有机污染物的氧化起着至关重要的作用。Zeng 等研究了草原坑洼湖泊中农药的光降解行为，并测定了碳酸根自由基、·OH、单线态氧和$^3DOM^*$的稳态浓度，最终确定单线态氧和$^3DOM^*$氧化起主要作用，强调了 DOM 作为光敏剂在通过光化学反应限制农药在草原湿地中持久性的作用。Rosado-Lausell 等利用山梨酸为探针，测定天然水体中$^3DOM^*$对噬菌体 MS2 的灭活作用。研究表明，$^3DOM^*$和单线态氧是低芳烃含量水体中 MS2 失活的主要反应物种。

2）纳米微塑料的光氧化

随着塑料的高产量和广泛使用，以及缺乏有效的废物处理和回收方法，塑料在环境中的积累越来越多。聚乙烯（PE）、聚丙烯（PP）、聚苯乙烯（PS）、聚氯乙烯（PVC）、聚酰胺（PA）和聚碳酸酯（PC）是水生和陆地环境中常见的聚合物。近几十年来，微塑料（MPs，尺寸为 1～5mm）引起了广泛关注。纳米塑料（MNPs，$<1\mu m$）被认为是 MPs 的延伸，但在运输特性、与环境成分的相互作用、生物利用度和生态风险方面与 MPs 有很大的不同。光氧化诱导的 MNPs 表面性质变化会影响其对污染物的吸附，MNPs 在水和多孔介质中的稳定性和迁移率，以及有机污染物（OPs）和重金属（HMs）等污染物的迁移。MNPs 的光氧化可以增强疏水性 OPs 的吸附，并减少亲水性 OPs 的吸附。MNPs 在水和多孔介质中的稳定性和迁移率受到光氧化过程和共存天然胶体的影响，对环境污染物的物理吸附和光化学转化有显著影响。

7.3.2 电化学氧化

电化学氧化法的主要原理是在电场的作用下，借助电场产生大量·OH，与有机物发生加成、取代和断键等电子转移反应，将废水中难降解的大分子有机物降解为小分子物质，直到完全矿化为 CO_2、水和无机离子等，是一种环境友好的水处理技术。电化学氧化技术具有易于控制、条件温和、自动化操作、高效、低能耗等特点，该技术利用电场作用使污染物分解或者转化来达到净水目的，包括直接电化学氧化和间接电化学氧化。为了最大化电化学反应效率，必须系统研究活性物质与中间体的形成机制，并综合考虑电极材料、电催化剂特性、溶液组成及 pH 值等关键因素对反应过程的影响，进而实现精准调控。电化学氧化技术可以在不添加其他化学药剂的条件下实现水中污染物的去除，具有设备简单、成本低、能源利用率高、易于控制、不产生二次污染等特点。电催化降解有机污染物机理示意见图 7-5（书后另见彩图）。

（1）电化学氧化原理

有机污染物的直接氧化过程主要包括两个步骤：第一，分散在溶液中的有机污染物扩散到阳极表面附近，并被吸附在阳极表面；第二，有机污染物通过阳极表面的电子传递被氧化分解。直接氧化过程的反应速率通常较低，但可能因所使用阳极材料的电催化活性而异。某些金属阳极（如 Pt 和 Pd）和金属氧化物阳极（如 IrO_2、PbO_2、Ru-TiO_2）具有相对较高的电催化活性，因此，它们在直接氧化过程中显示出比其他阳极材料更快的电子转移速度。在直接氧化的过程中，由于有机污染物不断地扩散，吸附在阳极表面形成聚合物层，使得阳极材料的电催化性能表现出“中毒效应”，从而影响了阳极材料的性能。研究表明，聚合物层的形成与阳极材料的吸附性能、目标污染物的浓度和性质有关。

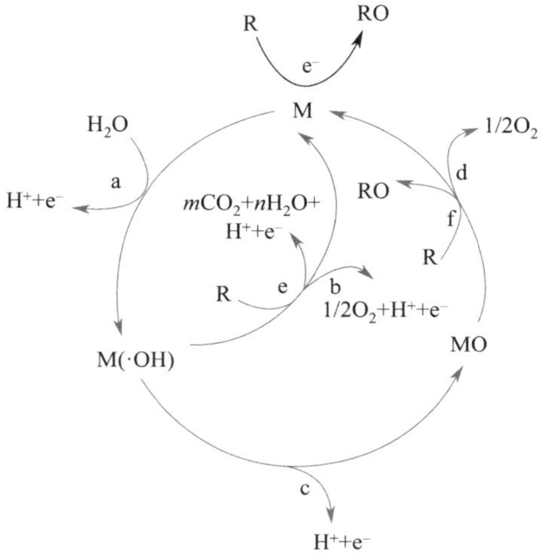

图 7-5 电催化降解有机污染物机理示意图

（反应 a、b、e 为非活性电极电催化，反应 a、c、d、f 为活性电极电催化）

间接氧化过程包括两种：一种是有机污染物在阳极表面的氧化；另一种是有机污染物在电解质溶液中的氧化。间接氧化过程的效率取决于所选的电极材料和实验条件。阳极氧化过程作为电化学高级氧化技术中高效且最为简单的一种技术，已被广泛应用于含酚废水及多种有机污染物废水的处理研究中。根据已有研究结果可知，影响阳极氧化过程效率的因素主要包括电极材料、电解质种类以及外部施加的电流或电压。

直接氧化和间接氧化示意见图 7-6（书后另见彩图）。

（2）电化学氧化的应用

1）氨的电化学氧化

电化学去除氨氮的方法具有操作简单、无二次污染等优点，对处理高氨氮废水有明显优势。影响电化学氧化去除氨氮效率的工艺因素包括 pH 值、电流密度、氨氮初始浓度、氯离子浓度等，实际废水中的共存组分还可能会抑制或增强氨氮的去除效果。电化学系统去除氨氮的直接氧化和间接氧化过程所需条件有所不同：废水呈碱性时，氨氮吸附至电极表面失去 3 个电子经过直接氧化生成氮气，反应过程中阳极电位需维持在合适的范围内，电位过低则无法有效去除氨氮，过高则容易产生析氧副反应，对电极造成腐蚀；废水中存在一定浓度氯离子时，电化学氧化过程可将其作为媒介产生氧化剂，进而间接氧化氨氮。

目前，针对氨的电化学去除方法仍在研究阶段，电化学氧化氨反应的动力学缓慢，且以 Pt 为电极材料的反应装置存在成本高、易发生氧化剂中毒等问题。Siddharth 等研究了氨电化学氧化反应机理，通过实验和理论方法总结了电催化过程的氨氧化速率（AOR），并探究了除 Pt 以外的催化剂材料的反应过程，指出与纯 Pt 相比，Ir 和 Rh-Ru 合金具有较好的脱氮效果。Kang 等对电化学氧化催化剂的选择进行了深入研究，制备出 Pt-NiO/C 催化剂并将其应用于氨氧化反应。NiO 的引入可以降低平均晶粒尺寸并改变 Pt 的电子结构，与 Pt/C 催化剂相比，制备的 Pt-NiO/C 催化剂具有更大的电化学表面积、更高的峰电流密度、更低的活化能和更好的 AOR 稳定性。Xu 等采用一步水热法，在碳纤维布电极表面原位生长了具

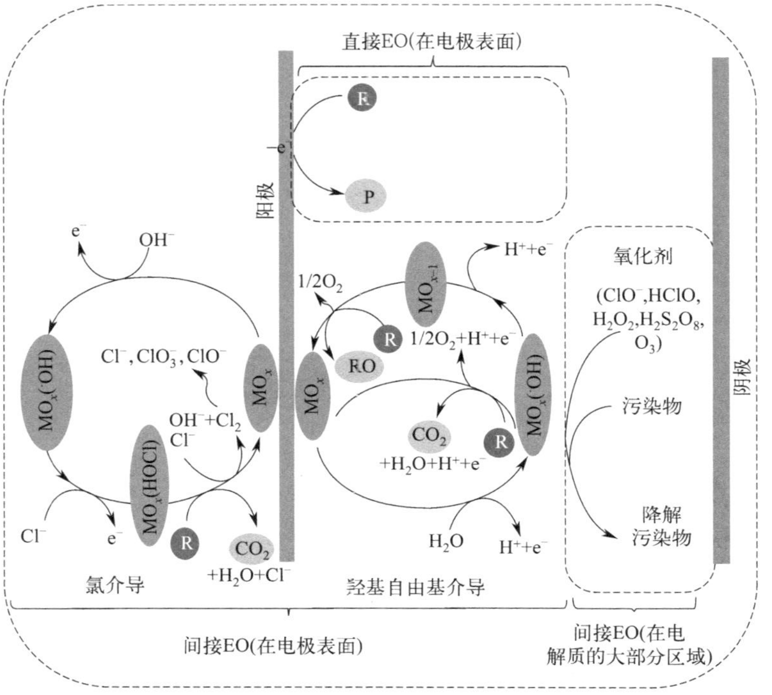

图 7-6　直接氧化和间接氧化示意图

有分级结构的 Ni/Cu 层状氢氧化物（LHs）纳米线，该材料展现出优异的氨电氧化活性。混合型 Ni/Cu LHs 纳米线催化剂在氨氧化电流和稳定性方面优于商用的 Pt/C 催化剂，是一种性能良好且价格较低的碱性条件氨电催化剂，在氨燃料电池制备和含氨废水处理方面具有较好的应用前景。Ribeiro 等通过醇还原法制备了负载于碳上的 Pt 纳米粒子（Pt/C）和氮掺杂碳（Pt/N-C），并将其应用于碱性介质中的氨电化学氧化，结果显示 Pt/N-C 较 Pt/C 具有更高的氨电化学氧化活性。Silva 等采用不同铱-铑摩尔比的碳载 IrRh/C 电催化剂，在碱性介质中进行氨电化学氧化实验，根据实验结果，Ir 和 Rh 摩尔比为 1∶1 的 IrRh/C 催化剂具有相对较好的氨催化氧化效果。

2）铬的电化学氧化

电化学氧化法是利用电解质中各种金属成分之间的电位差异，使溶解的金属以自由状态和束缚状态沉淀于阴极。该方法可有效去除水中的重金属离子，并有效回收水中的重金属元素，而且不会造成二次污染。

电化学法通过电子的得失或电解质离子的定向迁移来实现铬的去除，根据所发生的电化学过程可分为电渗析、电絮凝、电还原以及电氧化等。隔膜电氧化法利用隔膜将阴、阳极区产物有效分隔开，以达到 Cr(Ⅲ）氧化和富集的目的。隔膜电氧化法适用于处理高浓度含铬废水。以铬作为原料的行业会产生大量含铬废水，隔膜电氧化法可将这部分含铬废水转化为高浓度 Cr(Ⅵ）溶液以回用到原本的生产流程中，避免含铬废水大量排放。减少铬原料的投加，是绿色化学的重要途径之一。刘芝平等利用隔膜电氧化法处理 $NaCr_2O_7$ 有机合成菲醌的含铬废水，可将废水的 Cr(Ⅵ）浓度维持在较高水平。赵建宏等使用 Nafion417 阳离子交换膜对萘醌有机合成过程中的 4%～5% Cr(Ⅲ) 废液进行隔膜电氧化处理，避免这部分废液直接排放，在阴极室中为 5%硫酸时，隔膜电氧化可稳定维持废液中 13%的 Cr(Ⅵ)。

常见隔膜电化学反应器见图 7-7。

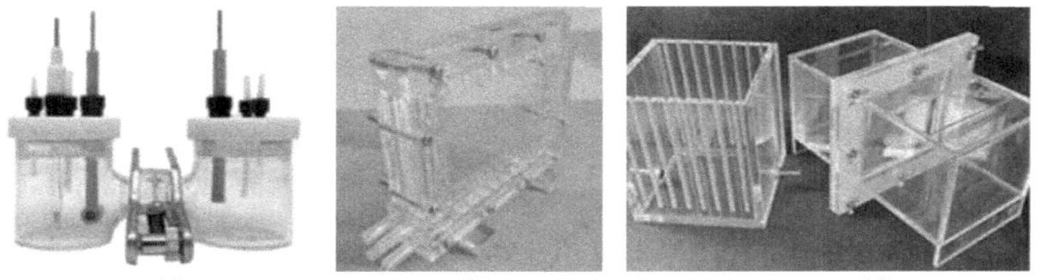

(a) (b) (c)

图 7-7 常见隔膜电化学反应器

隔膜电氧化法处理含铬废水的效果受多种因素影响，主要有膜材料、阳极材料、初始铬浓度、酸度、极间距、极水比等。作为隔膜电解的核心部件，隔膜材料会对 Cr(Ⅵ) 再生效果产生重要影响。卢鑫等在以 Nafion427 型全氟磺酸膜为隔膜的系统中对阳极材料进行探究，发现不同阳极隔膜电氧化系统的电流效率均超过 50%。李成未等使用 Aciplex-F4602 阳离子交换膜进行电氧化合成重铬酸钠的反应动力学研究，发现温度升高时电氧化速率提高。阳极材料的寿命和电化学活性会对 Cr(Ⅵ) 的再生效果产生重要影响。常见的阳极材料有钛基和铅基 PbO_2 电极，钛基 PbO_2 电极约使用 400h 后无脱落现象，800h 后累积脱落表面积分率仅为 0.03%，电流效率稳定在 76%以上。

3) CO_2 电还原与废水电氧化

Pt/PANI（聚苯胺）@ZnO 上的 CO_2 电还原与 PbO_2 上的废水电氧化相结合，在 H 形电池（图 7-8，书后另见彩图）中，AMD 10B 在新型 β-PbO_2 阳极上的水性介质中电催化矿化，与 CO_2 电催化还原相结合，在 Pt/PANI@ZnO 阴极上转化为甲醇和甲酸。阳极电极具有非常高的表面积与体积比、高性能的电催化降解和较长的使用寿命。实验结果表明，在阳极室中，COD 去除率较高（93%），比能耗最低，为 $4.6kW \cdot h/m^3$。同时，阴极分析结果显示，甲醇和甲酸在 $15mA/cm^2$ 时的法拉第效率分别为 57%和 41%。通过在阳极液中使用 NaCl 可获得最低电池电压（3.92V）。

4) 水中全氟辛酸（PFOA）的去除

PFOA 独特的性质加上 C—F 键的高稳定性，使得该化合物不易用化学氧化技术分解。除此之外，它的还原电位很高（约 3.6V），从而使其热分解难以进行。电化学技术在生活及工业废水处理中展现出优良性能与卓越效率，尤其对染料、药物、酚类、多环芳烃、氨氮、重金属等无机及有机污染物具有显著的处理效果。该方法氧化性强、相容性好，对恶劣环境的抵抗力强。电化学降解过程在一些方面优于其他氧化技术，例如能够在较低温度下工作、不添加刺激性化学品、不产生废物。通常，电解过程在电化学反应器中进行，该反应器由通过电极连接的隔室组成。在电解过程中，特定浓度的 PFOA 溶液受激发后释放电子，进而产生自由基，这些自由基会进一步降解 PFOA，然后通过光声场气体监测器检测和识别降解产物。电化学降解过程示意见图 7-9（书后另见彩图）。

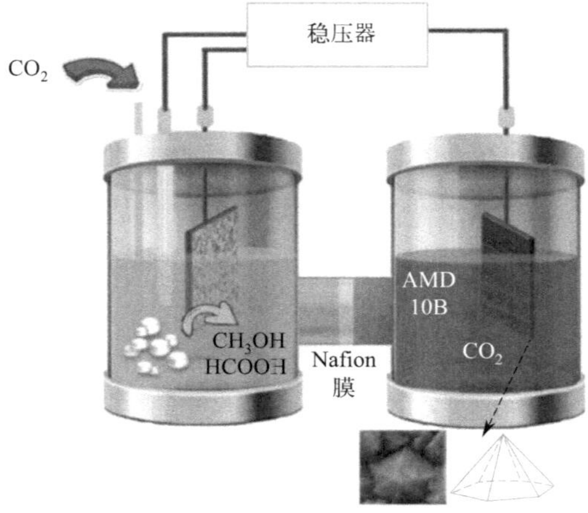

图 7-8　H 形电化学反应器

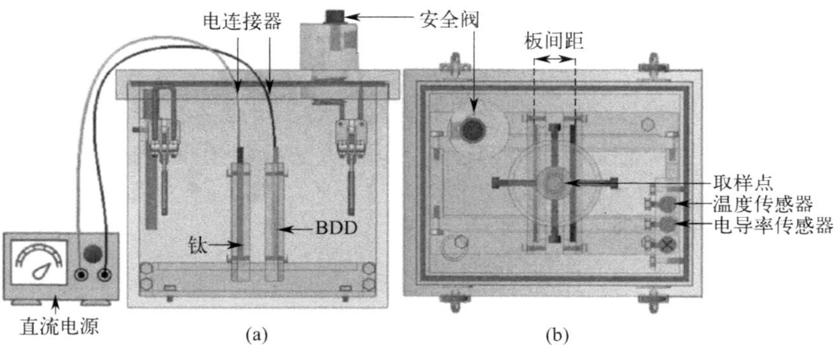

图 7-9　电化学降解过程示意图

(3) 电化学氧化耦合技术

1) 电芬顿技术

芬顿（Fenton）氧化法是一种利用化学氧化技术处理废水的方法，在酸性条件下，以 Fe^{2+}、Fe^{3+} 作为催化剂，在存在 H_2O_2 时对有机化合物等污染物进行氧化、分解。近年来，通过在 Fenton 氧化技术中引入紫外光、可见光、草酸盐等，可以明显提高其氧化能力，同时也可以减少 H_2O_2 的用量。但是，传统的 Fenton 氧化法仍需外加化学药剂。

电芬顿法（electro-Fenton，EF）使用电化学方法生产芬顿氧化所需的催化剂，被认为是处理难降解有机污染物的一种具有吸引力的技术，包括通过还原惰性阴极上的铁离子或在浸入电极的电解质上施加氧化电压来产生亚铁离子，使其能够在阴极溶解后释放金属离子。过氧化物离子也可以通过类似的方法产生。在 EF 过程中，H_2O_2 可以通过电化学双电子氧还原反应（ORR）在阴极原位生成。生成的 H_2O_2 被 Fe^{2+} 分解，形成 ·OH，可以降解和矿化各种持久性有机污染物。

$$O_2+2H^++2e^- \longrightarrow H_2O_2 \quad (7\text{-}12)$$

$$O_2+2H_2O+2e^- \longrightarrow H_2O_2+2OH^- \quad (7\text{-}13)$$

$$H_2O_2+Fe^{2+} \longrightarrow \cdot OH+OH^-+Fe^{3+} \quad (7\text{-}14)$$

电芬顿反应示意见图 7-10。

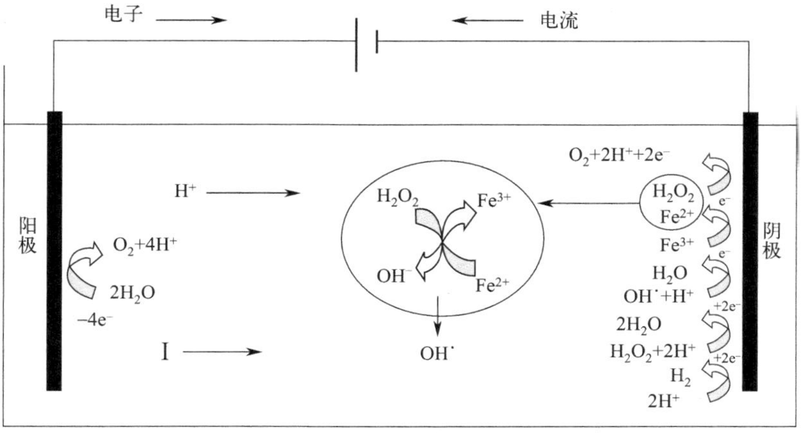

图 7-10 电芬顿反应示意图

非均相电芬顿技术的效率受限于 H_2O_2 产率及 Fe^{2+} 再生，相关研究表明，可通过调控氧还原选择性、促进电子向 Fe^{3+} 中心转移的方式来改善这一问题。Cao 等设计了一种双功能催化剂，将 FeO_x 纳米颗粒嵌入氮掺杂的多级多孔碳（NHPC）中，得到 FeO_x/NHPC。通过调控氮掺杂的构型与含量，来提高 H_2O_2 生产的活性和选择性。所获得的 FeO_x/NHPC750 在−0.8～−0.3V 时具有 190mV 的低过电位和 95%～98%的高 H_2O_2 选择性，对 H_2O_2 生产具有较高的催化活性。FeO_x 与氮掺杂多孔碳载体之间的强界面相互作用增强了 Fe^{2+} 的再生，导致 H_2O_2 快速分解为·OH。FeO_x/NHPC750 在中性反应溶液中对苯酚、磺胺甲噁唑、莠去津、罗丹明 B 和 2,4-二氯苯酚的降解和矿化均表现出优异的性能，该研究为构建高效耐用的多相电芬顿体系催化剂提供了新的策略。

FeO_x/NHPC 的制造工艺方案与表征见图 7-11（书后另见彩图）。

2）光-电化学技术

PEC（光电催化）体系降解 PFOA 的可能机制包括由光主导的光氧化或由电主导的电还原，它们通过不同的途径发生。对于光氧化过程，PFOA 在失去一个质子（H^+）后转化为阴离子物质 $C_7F_{15}COO^-$，通过直接氧化或·OH 的攻击，将 $C_7F_{15}COO^-$ 转化为 $C_7F_{15}COO\cdot$。然后，将 $C_7F_{15}COO\cdot$ 自由基脱羧形成 $C_7F_{15}\cdot$。$C_7F_{15}OH$ 是由·OH 和 $C_7F_{15}\cdot$ 反应产生的，其具有热不稳定性，在释放 F^- 的同时会迅速分解为 $C_6F_{13}COF$。一系列重复的类似反应导致 PFOA 完全矿化为 CO_2 和 H_2O。利用光电子化学氧化法降解 PFOA 的机理见图 7-12（书后另见彩图）。

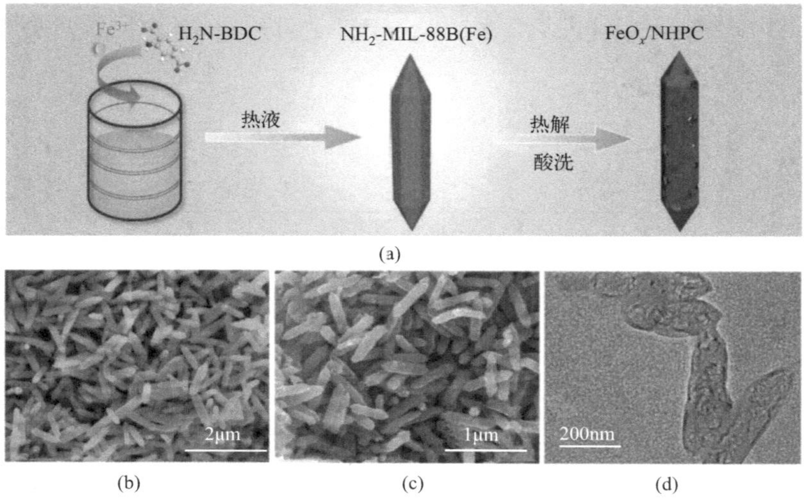

图 7-11 FeO$_x$/NHPC 的制造工艺方案与表征

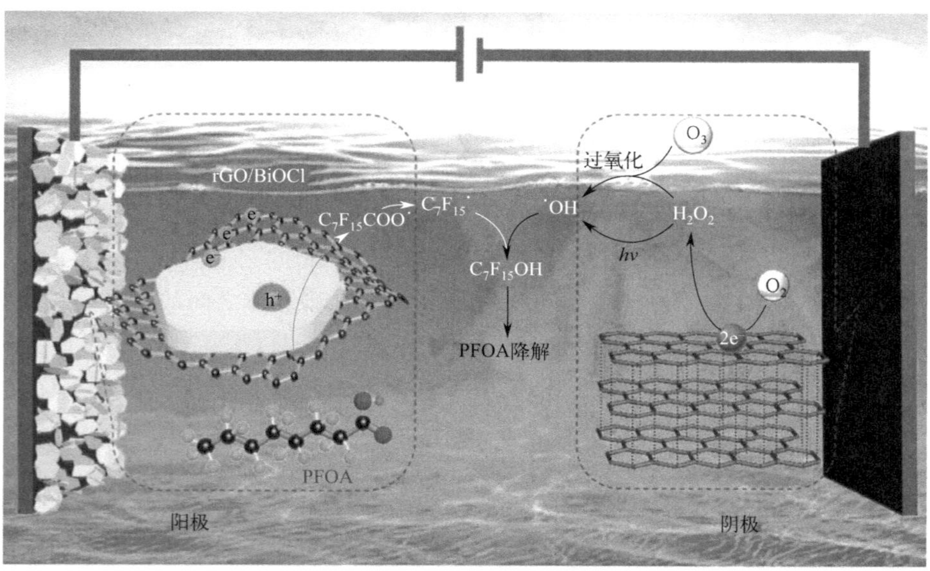

图 7-12 利用光电子化学氧化法降解 PFOA 的机理

7.3.3 空气氧化

（1）湿式空气氧化法

湿式空气氧化法（wet air oxidation，WAO）是一种国内外使用较为广泛的用于处理高浓度、有毒有害、生物难降解污水的高级氧化技术，这一概念最早由美国的 Zimmermann 提出，并于 1958 年应用于处理造纸黑液。WAO 是指在高温（150～350℃）和高压（0.5～20MPa）条件下，停留 15～120min，以纯氧或空气为氧化剂，在水环境中对可溶或悬浮的可氧化成分进行氧化。高压的目的是在高温下保持液相，并加速水相中的氧扩散/溶解速率。这种方法的最终产物是 H_2O、CO_2 和低分子量的有机物。国内外已有大量研究报道了利用 WAO 技术降解有机污染物的案例。Basim 等研究了苯的湿式氧化反应：在苯初始浓度为 5.63mmol/L、温度为 190～260℃、压力为 0.69～1.72MPa 的条件下，苯在空气中发生反应，研究中还鉴定了主要反应中间体，并分析了 pH 值对反应的影响。Guo 等在间歇式反应器中进行的含油污泥湿式氧化的实验结果表明，在最佳温度和氧气压力下，含油污泥 COD 的去除率可以达到 96.15%，证明 WAO 是去除含油污泥中有机物的有效方法。

WAO 技术主要包含物理传质和化学反应 2 个过程。目前，学界普遍认为 WAO 属于自由基反应，其反应过程可分为链引发、链传递、链终止 3 个阶段。

链引发是反应物获得大量能量后，化学键断裂产生自由基的过程。反应过程表现为：

$$RH + O_2 \longrightarrow R\cdot + HO_2 \tag{7-15}$$

$$2RH + O_2 \longrightarrow 2R\cdot + H_2O_2 \tag{7-16}$$

$$H_2O_2 \longrightarrow 2\cdot OH \tag{7-17}$$

链传递是由于自由基与反应物分子相互作用，自由基迅速增加。反应过程表现为：

$$RH + \cdot OH \longrightarrow R\cdot + H_2O \tag{7-18}$$

$$R\cdot + O_2 \longrightarrow ROO\cdot \tag{7-19}$$

$$ROO\cdot + RH \longrightarrow ROOH + R\cdot \tag{7-20}$$

链终止是由于自由基之间的相互作用形成稳定分子，从而结束反应。反应过程表现为：

$$R\cdot + R\cdot \longrightarrow R-R \tag{7-21}$$

$$ROO\cdot + R\cdot \longrightarrow ROOR \tag{7-22}$$

$$ROO\cdot + ROO\cdot \longrightarrow ROH + R_1RCOR_2 + O_2 \tag{7-23}$$

式中，RH 表示有机物。上述链式反应解释了有机物在 WAO 反应中的降解过程：在反应过程中，有机物上的氢与氧气结合形成 H_2O_2，然后 H_2O_2 分解产生 ·OH，再利用 ·OH 的强氧化性夺取有机物上的氢来降解有机物。

与传统的污水处理方法相比，高温高压下采用 WAO 技术处理污水的效率高，几乎无二次污染。在 WAO 过程中，C 和 N 分别转化成了 CO_2、NH_3 和 N_2，反应中不会产生其他有害物质，所以该工艺适用于难降解、高浓度或高毒性污水的处理。

（2）电催化湿式空气氧化

目前，领域内的普遍共识是，有机物分子在 WAO 中被 O_2 氧化时具有极高的活化能。从这个角度看，需要外部动力输入，才能使室温下的 WAO 对各种有机污染物实现矿化。电化学氧化过程已被证明是一种高效通用的技术。电场条件可以诱导催化湿式空气氧化（CWAO）工艺的进行，电场的引入克服了反应所需的能量壁垒，使反应能够在常温常压下发生，并有效地处理各种废水。Sopaj 等使用硼掺杂金刚石（BDD）阳极，在恒电流条件下氧化阿莫西林溶液，可以在一定时间内使其完全矿化。Lin 等报道了由 Ti/SnO_2-Sb/Ce-PbO_2 阳极和 Ti 阴极组成的单体电池中，通过电化学氧化实现对磺胺甲噁唑（SMX）的快速衰减和完全矿化，并证明了 SMX 的衰减遵循准一级动力学，降解速率常数随着施加电流密度的增加、初始 pH 值的降低和电极间距的减小而增加。Sun 等在多孔石墨毡（GF）上合成纳米级 Ni@NiO，作为电催化湿式空气氧化（ECWAO）的阳极材料。在该工艺下，目标污染物三氯生（TCS）可以在很宽的 pH 值范围内被快速降解去除，105min 内矿化效率达到 86.0%。初步研究表明，阳极 Ni@NiO/GF 上的 ECWAO 工艺在环境条件下处理高浓度难降解有机污染物方面具有巨大潜力。

与 WAO 的自由基氧化和直接氧化不同，ECWAO 工艺通过电场激活吸附在催化剂表面的氧分子，使其变成活性状态，这些活化的氧物质在室温下具有高度的活性，可以与有机污染物分子发生反应，使其裂解成小分子有机物、CO_2 和 H_2O。例如，Zhai 等将制备的 MnO@C/GF 作为阳极对有机污染物实施电催化湿式空气氧化，能够完全矿化染料以及典型的药品和个人护理品（PPCP），如图 7-13(a) 所示（书后另见彩图）。Sun 等利用浸渍和热解相结合的方法在 GF 上合成了 Co-CoO 纳米颗粒，并利用 Co-CoO/GF 电极在 ECWAO 工艺下对有机污染物进行降解，实验结果表明，该体系可以高矿化效率快速氧化各种染料、药剂和 PPCP，如图 7-13(b) 所示。

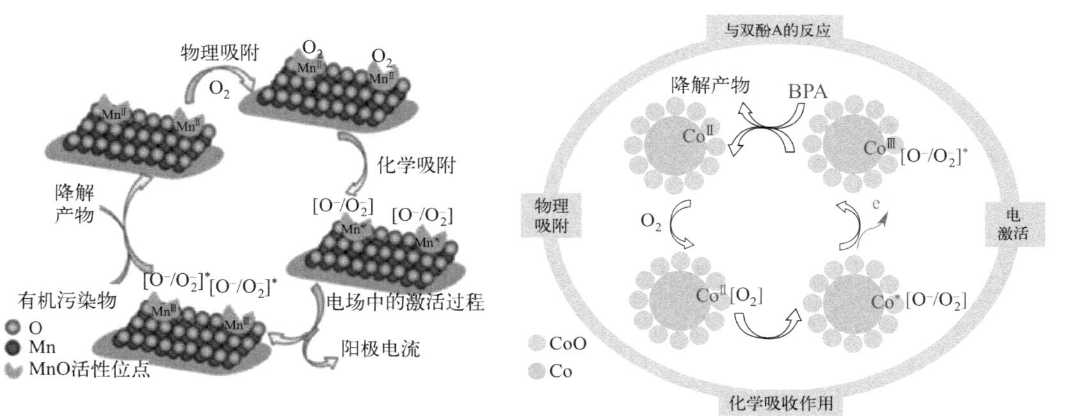

(a) MnO@C/GF (b) Co-CoO/GF

图 7-13 MnO@C/GF 和 Co-CoO/GF 在 ECWAO 工艺中活化 O_2 氧化污染物

（3）基于空气扩散阴极的高级氧化

1）空气扩散电极

空气扩散电极（gas diffusion electrode，GDE）是膜电极（MEA）的一种，最早于 1893 年由格罗夫发明并阐述，但其实际应用是在氟碳化合物这类聚合物出现之后才得以实现的。根据薄液膜理论，气体参与电化学反应首先需溶解在电解液中，并在氧化剂表面的三相界面中得到还原，但是，在溶液中氧气溶解度只有 10^{-4}～10^{-3}g/L，因此，受限于氧气在溶液中的传质速率，难以获得显著的电流密度。空气阴极的毛发状阵列见图 7-14（书后另见彩图）。

空气扩散电极一般由基础材料、催化剂粉末和疏水性黏结剂经刮涂、喷涂或碾压配合适当的热处理制成，主要由空气扩散层（gas diffusion layer，GDL）、集流体（current collector）和催化层（catalyst layer，CL）三部分构成。空气扩散层提供电极反应气体传输通道，并将电解液与空气隔开以防电解液透过电极孔道流出；集流体主要起着电流的收集作用，并

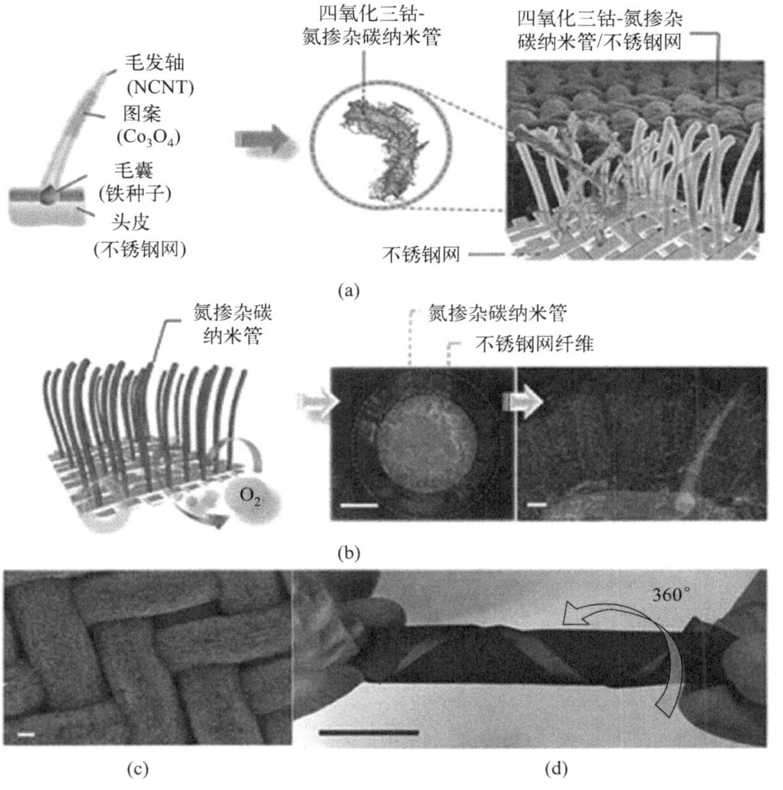

图 7-14　空气阴极的毛发状阵列示意图

作为整个电极结构的支撑材料，用作集流体的材料需要具备对气体的高渗透性、抗腐蚀性和高电导率等特点，一般使用不锈钢网、镍网等；催化层为发生电极反应的主要区域，能够形成气固液三相反应界面，为氧气在阴极的电催化还原创造有利条件，主要由氧化剂和 PTFE 混合制成。

在空气扩散电极表面发生的电极反应主要为氧还原反应（ORR）。氧气还原是氧分子在电极表面的吸附分解过程，包括氧气的扩散与化学吸附分解过程。氧气电催化还原途径主要有二电子反应途径和四电子反应途径两种。图 7-15 为氧催化还原途径示意图，其中 O_2(b) 代表分子态氧，O_2(ads)代表电极上的吸附氧，Diff 代表扩散作用，K 为反应速率常数。二电子途径为氧气经过中间态（$K_1=0$）生成 H_2O_2，即氧气吸附后，O—O 键不断裂，形成 H_2O_2；四电子途径为氧分子得到 4 个电子直接还原成水，不产生中间产物 H_2O_2（$K_2=0$）。

2）基于空气扩散阴极的电催化氧化技术

电催化氧化处理废水中的污染物具有占地面积小、无二次污染、快速高效等优点，近年来受到关注。其氧化有机物的主要机理是：在电极表面发生催化氧的二电子还原反应，生成 H_2O_2，H_2O_2 是一种环境友好的强氧化剂，在水中不存在传质阻力，且能够产生氧化能力很强的游离羟基，可破坏双键、苯环等化学键，因此可以处理大多数难降解有机物。

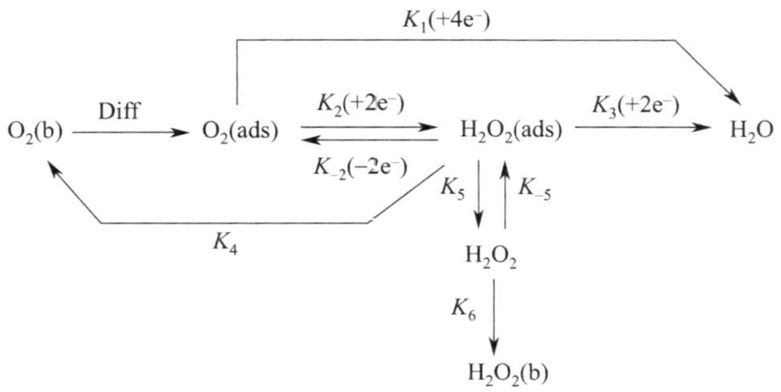

图 7-15　氧催化还原途径示意图

王辉等采用氢气还原法制备 PdC 催化剂并在隔膜电解槽中考察其对 4-氯酚的降解效果，通过先通氢气再通空气的方式，100min 后 4-氯酚的转化率和脱氯率可接近 100%。4-氯酚的降解首先经过还原脱氯，而后在通入空气的过程中生成 OH·及 O_2^-·等物质来氧化 4-氯酚及其中间产物，氯离子在阳极被氧化为氯气析出。Zarei 等使用空气扩散电极处理碱性黄染料废水，并用响应面法优化实验条件，在 3200mA 电流下电解 16min，去除率可达 95%以上。

7.3.4　超声氧化

（1）超声氧化原理

超声氧化是一种利用超声波加快化学反应速率或提高产率的技术，能够高效地降解有机物，提高废水处理效果。该技术对设备的设计和操作要求较高，适用于小型或中型废水处理装置。超声频率、氧化剂浓度、反应时间等具体工艺参数需根据废水成分和处理要求确定。超声氧化的主要特点如下：

① 高效降解有机污染物：超声波的剧烈振动能够加快有机物与氧化剂的反应速度，提高有机污染物的降解效率。

② 应用广泛：超声氧化适用于处理各种工业废水中的有机污染物，包括有机染料、农药、化学品、油脂等。

③ 无化学污染：超声氧化过程中无需添加大量的化学试剂，减少了化学污染，更环保。

④ 操作简单：超声氧化设备操作相对简单，易于控制和维护。

⑤ 可与其他技术结合：超声氧化可以与其他废水处理技术结合，如生物处理、高级氧化技术等，以实现更全面的废水处理效果。

超声氧化作用主要是超声波的空化作用，超声空化作用是一个聚集声场能量并且瞬间释放能量的极其复杂的过程。当超声波作用于溶液时，强大的拉应力会将溶液撕开一个空洞，即空化作用，而进入空化泡内的液体分子被汽化，空化泡随周围液体分子的振动不断长大，最终破灭，破灭时周围溶液突然进入气泡而产生高温高压环境，同时产生激波。这种极限环境产生的能量足以使难以断裂的化学键断裂，同时还可以加速溶液传质过程，降低反应活化能，促进化学反应的进行，使得反应速度加快。为了研究超声空化作用，有研究者建立了空化泡模型。他们认为，超声空化可能发生在气相区、液相区、气液过渡区，而主反应主要发生在气相区和气液过渡区。空化泡在水体中破裂的瞬间会产生高温高压微环境，从而促使气相区和气液过渡区中的水蒸气热解为羟基自由基和氢自由基。

气液过渡区是围绕气相的一层很薄的超热液相层，当温度低于 2000K 时，其厚度约为 200nm。其中存在着高浓度的羟基自由基和超临界水，极难降解的物质可以在该相区被羟基自由基和超临界水氧化降解。此外，在骤冷或没有氧化对象的条件下，羟基自由基会在液相区形成过氧化氢：

$$\cdot OH + \cdot OH \longrightarrow H_2O_2 \tag{7-24}$$

当液相中有 O_2 时，可以与氢自由基（$\cdot H$）反应生成过氧化氢自由基（$HO_2\cdot$），生成的 $HO_2\cdot$ 与 $\cdot H$ 或 H_2O 继续反应，最终生成 H_2O_2：

$$\cdot H + O_2 \longrightarrow HO_2\cdot \tag{7-25}$$

$$HO_2\cdot + \cdot H \longrightarrow H_2O_2 \tag{7-26}$$

$$2HO_2\cdot + H_2O \longrightarrow 2H_2O_2 + 1/2O_2 \tag{7-27}$$

当液相中存在有机物时，活性基团会与有机物结合形成最终产物，从而使难降解有机物被降解。

（2）超声氧化影响因素

超声氧化技术的理论基础是超声空化现象所产生的极端物理条件，超声功率、频率等影响空化强度的因素必然也会影响超声降解有机污染物的效率。超声降解有机污染物的主要影响因素有超声频率、超声功率与声强、自由基清除剂等。

① 超声频率：超声频率的不同会显著影响超声降解效率，若频率较大、周期变短，则会导致崩溃的气泡数目增加，此时气泡的半径较小，导致空化强度较弱，自由基产生速率与热解速率也较小。而频率较低时，其周期较大，导致空化泡需要较长的时间才能崩溃，此时气泡成长半径较大，崩溃时很强烈，所以此时的自由基产率较高，热解速率较快。Weaver 等认为在超声降解有机污染物时，不同频率应对应不同的传递速度，在低频率时污染物分子积累在气相表面，其数量比高频超声高数倍，然而有机分子附着于气相表面时会使其周围温度下降，自由基产生速率与热解效率降低，不利于有机染料的降解。综上所述，在有机染料的降解中，超声波存在一个最佳频率。

② 超声功率与声强：超声功率是指在单位时间内辐射到降解系统中实际声能值。而实际的声强则为单位超声发射端面积的声功率。当在溶液中注入一个较低的声功率或声强时，溶液中较小的空化泡很容易结合形成较大的空化泡，进而浮出液面不会产生空化效应，不利于有机污染物的降解。当在溶液中注入较高的声功率或声强时，溶液中的空化泡数量会显著增多，此时由于空化泡数量的大幅增加，空化效果增强，有机染料分子的热解与氧化效率也会显著提升。然而当超声功率（或声强）过大时反而不利于污染物的降解反应，因为超声功率过大时会影响由发射端下方液体中产生的空穴与有机污染物分子的接触，出于降解效率、能耗与经济成本考虑，需选择一个合适的功率进行超声降解有机污染物。

③ 自由基清除剂：自由基清除剂可以抑制有机物的降解，显著降低其降解效率。它可以捕捉溶液中的自由基，快速优先与溶液中的 $\cdot OH$ 发生反应，与有机染料分子抢夺 $\cdot OH$，致使有机物的降解受到限制。异丙醇可与 $\cdot OH$ 迅速结合，并使 $\cdot OH$ 不能与其他物质反应从而使其失活，因此，异丙醇经常被用作证明 $\cdot OH$ 作为核心物质参与降解反应的

试剂。可根据异丙醇的添加量与降解反应速率的对比，推算·OH参与有机物降解反应的程度。因此，自由基清除剂可作为超声降解有机物机理探究的试探物质。

（3）超声氧化耦合技术

近年来，国际上掀起了一股用超声氧化技术处理废水的热潮，这些研究主要包括两部分：一是研究超声空化现象的理论，二是将超声氧化技术与其他高级氧化技术（AOP）联合，应用于污水降解中。而超声与其他AOP联合又可分为均相状态下的超声催化体系与非均相状态下的超声催化体系。目前常规的均相超声催化体系分为超声-臭氧体系、超声-电化学体系等。

1）超声-臭氧联用氧化技术

超声-臭氧联用氧化技术降解水中的有机污染物，可以提高降解效率，降低运行成本。超声强化臭氧氧化的机理主要表现在3个方面：

① 粉碎作用促使臭氧气泡粉碎成微气泡，极大地提高了臭氧的溶解速度，单位时间内增加了臭氧的浓度，水中的污染物受高浓度的臭氧作用，迅速被氧化降解。

② 超声空化效应产生局域高温高压条件，促使臭氧空化泡中的臭氧快速分解，在溶液中产生了更多具有活性的·OH，并且加快了向溶液中的传播速率。产生的自由基伴随空化泡崩溃的冲击波进入水中，由于羟基自由基氧化性极强，水中污染物被迅速氧化降解。

③ 超声空化效应促使臭氧分解产物由常温常压下氧化性弱的O_2转化成常温常压下氧化性强的H_2O_2，使得污染物降解的效果更好。

何志桥等通过臭氧/超声联合氧化处理PAP（对氨基苯酚）废水，对废水中的臭氧/超声反应特征进行了研究，并建立了去除废水中PAP的动力学方程。实验采用不同方法进行对比，降解30min后发现，臭氧/超声联用对PAP的去除率高达99%，远远高于单独使用超声（4%）和单独使用臭氧（90%）的去除率。竹湘锋等研究了Fe（Ⅲ）/O_3体系催化氧化去除水中的草酸，发现相对于单独臭氧氧化，加入Fe(Ⅲ）后体系对草酸的降解率提高了25%。

2）超声-电化学联用氧化技术

对于难降解的有机化合物，常规的处理方法效果不佳，而且成本较高。针对这一现状，张辉对超声电化学氧化联合处理废水中氯苯、刚果红、硝基苯等难降解的有机物进行了研究，发现超声电化学联用在酸性或碱性条件下降解效果较好，在最佳条件下，超声电化学对废水中氯苯和硝基苯的COD去除率分别达到75.02%和78.7%，而对于刚果红的降解率更高，COD去除率高达97.51%。高宇等对苯胺溶液进行了超声-电化学联合氧化降解，经研究发现，随着时间的延长，苯胺降解率逐渐升高，在完全去除苯胺的条件下，超声-电化学联合作用比单独电化学作用缩短约90min。

与传统的废水处理工艺相比，超声与电化学结合，可以在温和的反应条件下降解有毒废水，具有低成本、无污染、易操作、运行安全等优点，还可以回收废水中的金属材料以增加经济效益。除此之外，在电解过程中引入超声，还能够阻止电极表面的侵蚀，同时起到电极表面去钝化、清洗及除气的作用，能够加速液相传质，加快降解速率。

7.3.5 超临界水氧化

（1）超临界水氧化原理

超临界水（supercritical water，SCW）是指水处于一种特殊的状态，即当温度和压力同时超过其临界点（临界温度 $T_c=374.3℃$，临界压力 $P_c=22.1\mathrm{MPa}$）时所形成的流体。超临界水的特性随着条件的改变会发生巨大变化，远不同于普通水，它具有高溶解性、高扩散系数、热质传递快、低黏度和低表面张力等特点。超临界水是一种特殊的状态，其兼具水和过热蒸汽的物理性质。

超临界水氧化（supercritical water oxidation，SCWO）技术，其概念最早由美国麻省理工学院（MIT）的Modell教授在20世纪80年代提出。SCWO技术以超临界水为反应中间介质，常以氧气作为氧化剂，来实现对各类复杂有机物的氧化降解。该技术被认为是一种能彻底破坏降解有机分子结构的绿色新型技术。

1）超临界水氧化反应机理和途径

超临界水能够使水、氧化剂与有机物三者形成一种均一的相态，且三者之间的传质阻力极小。此外，超临界水可作为性质优异的非极性溶剂，能够混溶各种非极性有机分子化合物。所以在该环境中能发生多种化学反应（如脱氢、加氢、水解、开环、热解、异构化和蒸汽重组等），在氧化剂的作用下加速有机物的分解。在温度、压力合适且氧化剂充足时，超临界水氧化反应可在较短反应时间内将有机物完全矿化、降解为小分子无机化合物，以实现对原有机物的最终去除。经过SCWO反应后，来自有机物中的C元素、H元素被完全氧化成 CO_2 和 H_2O，N元素常被转化为 N_2 或者 NO_3^-，其他杂原子（如P、S、Cl等）都将被转化成对应的酸、碱或者盐类化合物，整个降解氧化反应过程中不会产生有毒有害的物质（如 SO_x、NO_x 等）。反应产物中的盐类可以通过改变体系条件（如降温降压）来进行分离。

另外，从微观角度，通常使用自由基反应来解释超临界水氧化有机物的反应机理，即链的起始、增长和终止三个阶段。

① 链的起始：自由基反应是由氧化剂通过两种机制引发的：O_2 直接与有机物反应生成有机自由基R·和HOO·；在反应介质中，氧化剂 H_2O_2 分解产生HO·。反应式如下：

$$RH+O_2 \longrightarrow R\cdot+HOO\cdot \tag{7-28}$$

$$RH+HOO\cdot \longrightarrow R\cdot+H_2O_2 \tag{7-29}$$

$$H_2O_2 \longrightarrow 2HO\cdot \tag{7-30}$$

② 链的增长：起始阶段生成的HO·能直接攻击有机分子结构中的C—C、C—H键等，自由基之间发生多种转化反应。具体如下：

$$RH+HO\cdot \longrightarrow R\cdot+H_2O \tag{7-31}$$

$$R\cdot+O_2 \longrightarrow ROO\cdot \tag{7-32}$$

$$ROO\cdot+RH \longrightarrow ROOH+R\cdot \tag{7-33}$$

$$ROOH \longrightarrow RO\cdot+HO\cdot \tag{7-34}$$

③ 链的终止：终止阶段表示自由基之间生成最后的稳定化合物，即链式反应的停止。主要反应如下：

$$2RO\cdot \longrightarrow ROOR \tag{7-35}$$

$$ROO\cdot+R\cdot \longrightarrow ROOR \tag{7-36}$$

由于ROOR在SCW环境中极其不稳定，会迅速氧化分解成小分子羧酸类（如甲酸、乙酸等），最终在自由基的作用下生成 CO_2、H_2O、N_2 等无害小分子物质。

2）超临界水氧化法特点

超临界水氧化法充分利用了超临界水的一系列特殊性质，具有独特的技术特点。

① 均相反应：原本，有机废物（液相或固相）与氧气（气相）之间的反应属于多相反应，而超临界水氧化法能将其转化为单相氧化反应。因此，该方法具有停留时间短、反应速率快、设备体积小的优势。

② 处理效率高：在超临界水环境中，可以形成氧气、水体系和烃类化合物的均相，因此没有传质阻力，氧化效率极高，而且大多数反应不需催化剂，有机物的去除率可达 99%以上。

③ 处理范围广：超临界水氧化法可以分解很多种有机化合物，如三氯乙烷、多氯联苯、卤代脂肪族化合物和卤代芳香族化合物等。

④ 有利于盐的分离：在超临界水中，无机盐类的溶解度很低，盐的分离变得较容易，反应后几乎全部以沉淀的形式析出。

⑤ 无二次污染：反应容器是密闭的，有机组分能完全被氧化为无机组分。

⑥ 节约能源：有机废物的氧化反应为放热反应，当有机物含量达到一定值时，无需外界供热即可实现自热反应，且产生的多余热能可回收利用。

⑦ 选择性好：水的黏度、密度、介电常数、扩散系数等物理化学特性可以通过调节温度与压力来进行调整，改善其对有机污染物的溶解性能，选择性地控制反应产物。

虽然超临界水氧化法有以上优点，但也存在着反应条件苛刻（高温、高压）、建设投资大等缺点。

(2) 超临界水氧化的应用

1) 超临界水氧化技术处理芳香族有机物废水

使用超临界水氧化技术处理不同的废水，如含有苯酚的废水，研究结果表明，超临界水氧化反应能够在很短的时间内达到 95%以上的脱酚率，随着反应温度的升高，转化率也会随之升高，在同样的反应条件下，硝基苯的转化率没有苯酚的转化率高，停留时间的变化会对硝基苯的转化率有所影响。随着反应温度、压力、停留时间的不断增加，苯酚的去除率不断提高。超临界水氧化技术能使苯酚在极短时间内达到 95%以上的去除率，且苯酚氧化过程中产生的中间产物量非常少。使用超临界水氧化对二硝基重氮酚废水进行处理，在最佳的反应条件（温度为 600℃，时间不超过 3min）下，能够达到 99%的去除率，色度去除率为 100%。超临界水氧化技术借助连续反应装置可得到有效验证，该技术不仅能很好地处理高浓度含苯胺废水，还能分解小分子化合物。

2) 超临界水氧化在含氮有机废物中的应用

在化工领域中，有很多含氮的有机废物，例如尿素废水、硝基苯废水等，这类废水难以降解，而且在处理时较为困难，如果处理不达标就进行排放，将会对环境造成严重污染，处理含氮的有机废物是环境保护的重要工作之一，超临界水氧化技术能够快速对这种废水进行处理。在超临界水氧化的过程中，含氮的有机物会产生氨，氨会在氧化剂的作用下形成小分子化合物。尿素废水在 823.2K 的高温下，经过 3min 的反应，有机氮的去除率能够达到 95%；硝基苯废水在 390℃的高温条件下，经过 10min 的反应，去除率达到 99%。

3) 超临界水氧化在含氯有机废物中的应用

二噁英是含氯废弃物中最难降解的有机物，且毒性较强，目前针对难以分解的有机废弃物进行了大量的研究，近年来使用超临界水氧化技术对此类有机废弃物进行处理的实践表明，与其他的处理技术相比，该技术能够处理得更加彻底，不产生二次污染，并且具有极大的经济性，目前已经有很多研究机构开始将其应用在工业废水处理中。在 26MPa、500℃的条件下，使用超临界水氧化技术对含氯的废弃物进行处理，能够达到99.55%的去除率。

4）超临界水氧化处理多氯联苯废水

使用超临界水氧化技术对多氯联苯废水进行处理时，温度对于去除率的影响最大，当温度超过500℃时，多氯联苯的去除率能够达到99.99%以上。采用连续流反应系统对超临界水氧化技术处理高浓度有机废水进行了实验研究，其中有机碳含量为33000mg/L。有机废水中含有很多有害物质，例如六氯环已烷、邻二甲苯以及甲基乙基酮等。对上述有害物质的实验研究表明：当反应温度超过550℃时，体系中有机碳的降解率达到99.8%，且所有的有机物都会转化成二氧化碳等简单无机物。对二噁英进行超临界水氧化处理时，使用连续流系统，在600℃、25.6MPa下，废水中的二噁英去除率能够达到99.9%。

5）超临界水氧化处理含油的有机废水

石油化工企业在原油精炼过程中会产生高浓度含油有机废水，这类废水可采用超临界水氧化技术进行高效氧化降解处理。实验证明，使用超临界水氧化处理含油有机废水，COD的去除率能够达到95%以上，且随着反应温度以及停留时间的不断增加，有机废水的去除率有所提升。在处理过程中，压力对含油有机废水的处理影响较小。使用超临界水氧化处理含油污泥，实验结果表明，该技术可高效降解污泥中的原油组分，在优化条件下原油去除率可达95%以上，随着温度的不断升高，原油的去除效果更加明显。

（3）超临界水氧化研究进展

虽然SCWO技术可以实现有机物的快速分解，但经过多年的发展，其商业化仍处于起步阶段。SCWO在工业化应用推广过程中，除技术和工艺因素外，主要面临3大障碍：a.高温高压条件下的设备腐蚀问题；b.盐类析出导致的沉积与系统堵塞；c.较高的能耗与运行成本制约。为了实现SCWO的商业化，必须克服这些问题。

1）腐蚀及改进

SCWO发生在高温、高压的氧化气氛中，氧化剂会加剧对结构材料的腐蚀。另外，当废水中含有硫、磷、卤素等元素时，反应产生的酸也会加速不锈钢反应器的腐蚀。腐蚀会导致停机，严重缩短反应器寿命，甚至会导致整个工厂停工。为了减缓腐蚀，研究者主要从以下几个方面进行了研究。

① 反应器材料的选择，正确选材有助于减缓腐蚀，还可以节省建设成本。目前各类不锈钢合金在SCWO反应器建设中备受关注，不锈钢在反应中可以形成抗氧化的氧化膜，能够减缓腐蚀且价格相对较低。

② 可以给反应器增加涂层或衬套，避免反应物以及反应产物与反应器直接接触。Guo等采用空气等离子喷涂技术在316不锈钢基体上喷涂 ZrO_2 和 TiO_2，然后将其暴露在含氧超临界水中，结果表明反应器在100h内的抗腐蚀性能显著提高。

③ 对反应物进行预处理，如去除或稀释腐蚀性物质、预中和、添加缓蚀剂等。

④ 通过调整工艺参数实现反应优化。

通过结合上述方法，可以在最大程度上抑制SCWO过程中设备的腐蚀。

2）盐沉积和堵塞及改进

SCWO体系中的盐沉积主要有两个原因。一是在超临界条件下，由于水的密度低，介电常数小，存在于废液或反应产物中的矿物盐会沉淀出来。二是为了缓解SCWO中无机酸对反应系统的腐蚀问题，通常会将部分碱性化合物作为中和剂注入反应器或原料中，从而导致无机盐的形成和沉积。沉淀的盐会结块并覆盖在设备的内表面，阻碍了有效热传递。如果不加以控制，沉积的盐会阻塞反应器，并且会加速腐蚀，甚至会导致爆炸。因此，有必要控制盐的沉积。减缓盐沉积和堵塞可以采取以下措施。

① 对于反应物可以采取冷料注入、流态化固相吸附/反应、使用添加剂等方法。

② 使用特殊的反应器，如蒸发壁反应器、热液火焰反应器，或者含有盐沉淀室的反应器。

③ 使用一些特殊的技术，如横向气流过滤、挤压、反向流、反应堆冲洗、机械刷、高速流动、旋转刮刀等，来减缓腐蚀。

然而，现有 SCWO 中克服盐沉积引起反应器堵塞的方法均存在一定的不足，尽管一些方法针对某一特定种类的废水具有优势，但是尚未有一种结构设计或技术具有显著优势。

3）投资和运行成本高及改进

SCWO 是高温高压条件下的极端氧化反应，投资和运行成本高是其不可避免的缺点。因此，需采取措施降低其成本。目前，通常采用以下几种方法来降低超临界水氧化过程中的投资和运行成本。

① 应建造结构简单、易操作、易管理的反应体系，以防止反应过程中出现堵塞造成工厂停工等问题；

② 优化操作参数，尤其是氧化系数，因为氧气消耗是超临界水氧化过程中的主要成本；

③ 回收热量，SCWO 反应器出水中含有大量由放热反应产生的热量，有必要开发不同的能量回收系统，提高热量的利用效率。目前，SCWO 系统热回收方式有间接传热、直接热回收和间接热回收 3 种回收类型。

④ 在 SCWO 过程中正确使用催化剂可使反应在更温和的条件下进行，而且可以提高反应速率。

⑤ 对反应过程中产生的副产品进行回收，可增加收益。

7.3.6 其他技术

7.3.6.1 微生物处理

生物氧化是指活细胞内由酶系统催化的、有机物逐步脱氢氧化并释放能量的系列反应，其本质是通过电子传递链将化学能转化为 ATP 等可利用能的形式。在生物氧化过程中释放的能量可被微生物直接利用，也可通过能量转换储存在高能化合物中，以便逐步利用，还有部分能量以热的形式被释放到环境中。

生物处理法是微生物将有机污染物及氨氮等物质作为自身新陈代谢的碳源及必要元素等进行吸收转化，达到去除污染物的目的，是污水处理工艺中去除污染物的主要环节。生物处理法依据微生物代谢是否需要氧气分为好氧处理法与厌氧处理法。好氧处理法具有处理效率高、操作简单、运行费用低等优点，是深度处理工艺中去除有机污染物的常用方法，主要包括膜生物反应器、移动床膜生物反应器、曝气生物滤池、脱氮除磷工艺等。但好氧处理工艺对残留难降解污染物的去除有限，需要预处理提高其可生化性，往往不能达到理想的处理效果。虽然生物处理法具备成本低、处理水量大和无二次污染等优点，但废水中部分物质的化学性质稳定，且具有抑制微生物活性的生物毒性，导致生物处理法对这些污染物的去除效率有限，难以满足深度处理要求。

（1）活性污泥法

活性污泥法是利用悬浮在污水中的活性污泥，并在微生物生存条件有利的情况下将其与污水大面积接触，依靠污泥中含有的多种微生物，吸附和氧化分解污水中的有机物，从而达到净化的目的。经过多年的研究，活性污泥法发展出了许多不同的处理运行方式，包括 A/O、A^2/O、SBR、MBR 和氧化沟等多种处理方式，在处理农村污水方面较为成熟，可因地制宜地选择不同技术。活性污泥法处理污水过程中不会产生其他污染物，且对污水中有机物和悬浮物的去除率极高，适用于处理质量要求高且水质较为稳定的污水。但该法曝气池容积大，占地面积大，对冲击负荷的适应能力较差。

（2）生物膜法

生物膜法较常用于农村污水处理，在污水处理设备内设置一定填料，在曝气条件下，微生物会附着于填料上，形成生物膜，污水流经填料时，填料上的微生物降解污水中污染物，使污水得到净化。同时微生物也得到增殖，使生物膜厚度增加，这样外部生物膜处于好氧状态，内部生物膜呈缺氧甚至厌氧状态，最终使生物膜脱落，然后，新的生物膜继续生长，继续处理污染物，维持生物膜污水处理工艺的正常运转。与活性污泥法相比，生物膜法有适应冲击负荷变化能力强、剩余污泥量少、运维简单等优点，但缺点是调整运行的灵活性较差，有机物去除率较低。常见的用于农村污水处理的生物膜处理技术有生物滤池、生物转盘、生物接触氧化、生物流化床等。陈月芳等以 4 级串联式斜板生物滤池为农村生活污水处理的主体处理设备，考察了处理过程中不同硝化液回流比对处理效果的影响。结果表明，当最佳硝化液回流比为 100% 时，污染物去除率最高，COD、NH_3-N、TN、TP 和 SS 的出水浓度均优于浙江省地方标准《农村生活污水集中处理设施水污染物排放标准》（DB 33/973—2020）中的一级标准。聂发辉等设计制造并运行了生物接触氧化-潜流人工湿地小型一体化处理设备，进行了处理生活污水的试验研究，通过改变水力停留时间和曝气周期，考察组合工艺对于污水中 COD、氨氮、总磷的处理效果。结果表明，当水力停留时间（HRT）为 1d、曝气周期为 1.5h 时，对 COD、氨氮、总磷的平均去除率分别为 90%、85%、63%，出水能达到一级 A 排放标准。

（3）臭氧氧化-生物降解近场耦合

臭氧氧化-生物降解近场耦合技术（SCOB）是在光催化氧化-生物降解近场耦合技术（ICPB）的基础上发展而来的，其核心研发历程历时十余年。SCOB 技术路线图见图 7-16。

SCOB 体系是将臭氧氧化作用与生物降解作用在一个反应器内完成，避免臭氧氧化过程由于中间产物积累而降低氧化过程效率，并且氧化后生成的小分子能直接作为碳源被微生物利用，因此能够提高反应效率，进而减少建设投资，降低运行成本。与 ICPB 体系相比，SCOB 体系具有不需要提供光源、不需要在填料上负载催化剂、对污水色度无要求，同时臭氧工业化应用技术成熟、适用范围广、氧化传质效率高等优势。

对青霉素中间体废水二级生化出水水质进行常规指标测定，确定实际废水水质情况及特征，在 SCOB 小试试验中验证污染物去除情况，对工艺参数（O_3 剂量、HRT、臭氧供给时间）进行优化，初步进行小试阶段降解性能稳定性分析。中试规模反应体系参考小试实验阶段工艺参数，在污水处理厂进行中试规模反应器调试与运行，对工艺参数（O_3 剂量、HRT、臭氧供给时间）进行优化，确定最优运行条件后长期稳定运行，测定稳定运行阶段的出水指标（COD、氨氮、色度等），同时对出水毒性（大肠埃希菌慢性毒性、青海弧菌 Q67 急性毒性）、降解机制（填料空间结构、微生物代谢溶出产物、产物特征官能团、中间产物迁移转化）、微生物群落结构以及 ARGs 富集与传播进行分析和讨论，明晰 SCOB 体系降解效率优势、对微生物的影响以及 ARGs 富集与传播作用，验证 SCOB 体系长期运行稳定性、可行性和生物安全性。SCOB 小试实验反应器示意见图 7-17（书后另见彩图）。

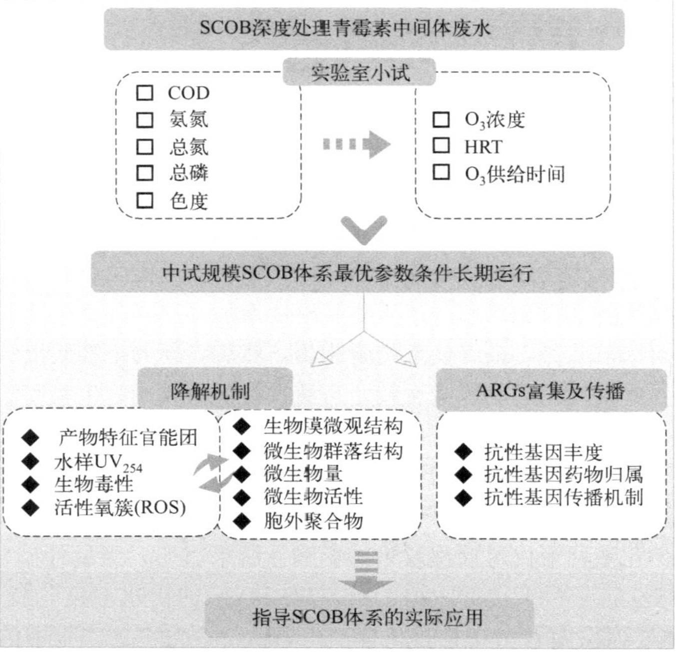

图 7-16　SCOB 技术路线图

（ARGs 表示抗性基因）

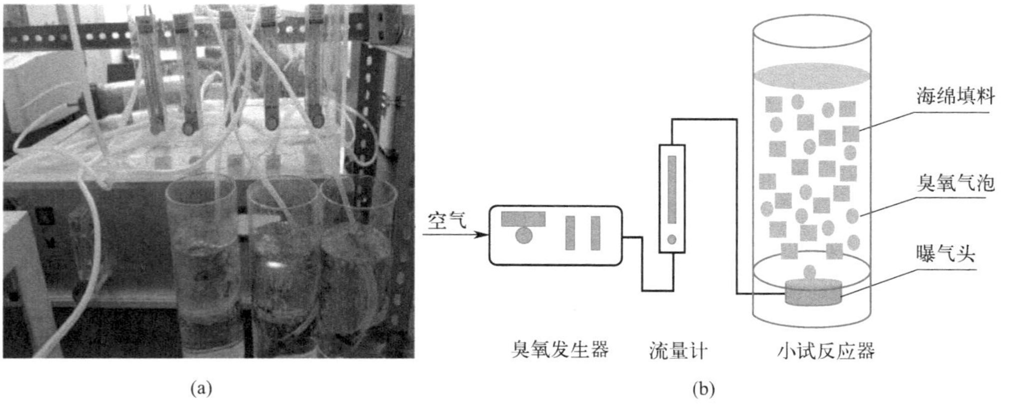

图 7-17　SCOB 小试实验反应器示意图

（4）生物-电芬顿技术

生物-电芬顿技术结合了微生物电化学技术和电芬顿技术二者的优势，在处理难降解有机物方面显示出了独特的优势。生物-电芬顿系统阳极可将化学能转化为电能，同时驱动电芬顿反应降解有机污染物。目前，大部分生物-电芬顿系统装置与传统的微生物燃料电池装置相似，一般可分为阳极室、阴极室和离子交换膜三部分。阳极利用微生物厌氧氧化有机物，产生电子和质子，之后分别经过离子交换膜和外电阻转移到阴极，在阴极表面与氧气结合进行氧的二电子还原，生成过氧化氢，之后进行芬顿反应产生羟基自由基，降解难降解污染物。

目前生物-电芬顿系统主要包括两大类：一类为由微生物燃料电池（MFC）驱动的生物-电芬顿系统；另一类为微生物电解池（MEC）生物-电芬顿系统。与典型的微生物燃料电池装置类似，在典型的生物-电芬顿系统中，阳极室中的微生物附着在阳极上，在厌氧条件下，以有机物为底物，氧化产生质子和电子，质子经过交换膜扩散到阴极，电子则通过电子穿梭体或其他电子介体传递到阳极，再经过外部导线流向阴极，之后二者在阴极上与电子受体（氧、硝酸盐等）结合并形成电流。微生物电解池类生物-电芬顿技术是在微生物燃料电池基础上发展而来的，需在传统的微生物燃料电池基础上施加 0.2～0.8V 的外电压，使之能够克服普通化学反应在热力学上的局限，在相对温和的条件下，比微生物燃料电池更加快速、高效地产生过氧化氢，以处理污染物。Zhou 等将生物电芬顿系统应用于水消毒领域，并用于大肠埃希菌的灭活。结果表明，在电压为 0.2V，二价铁投加量为 0.3mmol/L，阴极 pH 值为 3.0 时，大肠埃希菌数量降低了 4 个数量级。然而，在没有外加电压或二价铁的对照实验中，未观察到明显失活。当阴极空气流量或二价铁浓度增加时，消毒效果增强，成功证明了生物-电芬顿法对病原体灭活的可行性。Yong 等研究了在生物-电芬顿系统中使用复合阴极 $Fe@Fe_2O_3$/GF 降解三苯氯化锡。当三苯氯化锡浓度为 100μmol/L 时，降解率可达 (78.32±2.07)%，降解速率为 (0.775±0.021)μmol/(L·h)。

7.3.6.2 植物净化体系

能在水中生长的植物，统称为水生植物。水生植物对于污水治理有显著作用，可用于黑臭河道治理及农村污水治理，通过富集、吸收、过滤、沉降、吸附等可以进一步提升水质。水生植物的叶子能最大限度地利用水中有限的光照，吸收水中溶解的少量二氧化碳以及氮、磷等元素进行光合作用。水生植物的净化机理如下。

（1）植物的抗性

水生植物根茎叶的结构较为紧密，能够有效提高植物的抗污染能力。

（2）水生植物的富集和吸收作用

水生植物根系较为发达，生长过程中会吸收水中物质，对富营养水体有一定的净化作用。

（3）净化塘的过滤、吸附和沉降

水生植物生长速度较快，根系较为发达，生长过程中与水体接触面积不断扩大，并且在与水体接触过程中，会在水面形成过滤层，过滤层能够有效过滤水中的悬浮颗粒物质，改善水体环境质量。

（4）竞争抑制浮游藻类

藻类疯长会引起水华现象，水生植物在生长过程中会与藻类竞争，并且会分泌出抑制藻类生长的物质，起到破坏藻类生理代谢的作用，最终致使河道内藻类大面积死亡，能够最大程度减少藻类产生的毒素对水体的污染，改善水体富营养化情况，实现共生菌与沉水植物共同生长。

生物过滤浮岛系统是一种用于改善水质的湿地系统变体，由漂浮基质支撑的植被构成。人工浮岛生物过滤器（artificial floating island，AFI）系统显示，植被的上部生长在水位以上，而根部则在水培中过滤污染物。根部可促进生物膜的形成与发展，这也是去除污染物的机制。不同种类的水生大型植物已被用于水体修复，如凤眼莲（*Pontederia crassipes*）、扁豆（*Lablab purpureus*）、香根草（*Chrysopogon zizanioides*）和芦苇（*Phragmites australis*），并且可用于人工浮岛生物过滤器。人工浮岛生物过滤器示意见图 7-18。

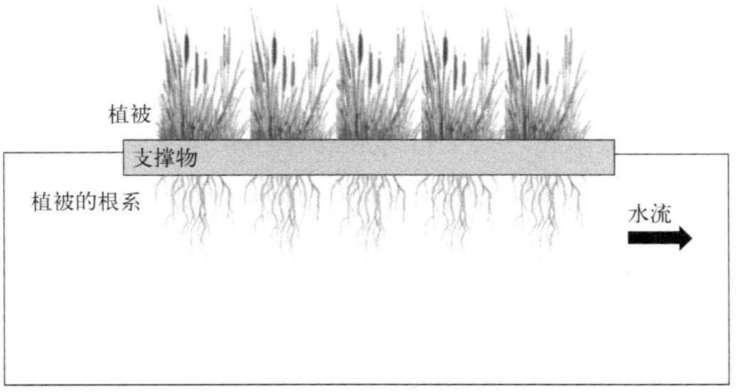

图 7-18 人工浮岛生物过滤器示意图

7.3.6.3 微波氧化

微波是一类波长为 0.1～100cm，频率在 300MHz～300GHz 之间的电磁波。其波长较短，只能激发分子平动，不能影响和破坏分子的化学键，但在微波的作用下，分子吸收的能量可以使分子发生振动或转动。除此之外，相较于传统热处理技术，微波技术具有效率高、选择性强、无二次污染、操作方便和便于控制等优点。

常规的微波辅助水处理技术主要有微波直接辐照、微波诱导催化和微波高级氧化技术。微波直接辐照的主要原理是通过温度的升高使得挥发性物质逃逸出溶液，从而达到降解污水的目的。Li 等利用微波来降解水体中的 NH_3-N，在小型试验装置内反应 3min 后，NH_3-N 的去除率可达 100%，在中试试验装置内反应 60min 后，NH_3-N 的去除率可达到 80%。微波诱导催化技术就是利用微波辅助催化剂来降解废水，高介电常数催化剂的添加可以实现微波能的定向汇聚和高效吸收，还能激发微波的非热效应，从而实现较好的处理效果。

微波高级氧化技术是在微波的辐射诱导下，产生具有强氧化能力的自由基（如 ·OH、SO_4^- ·等），从而对水中污染物进行处理的一种新型技术。例如，·OH 会诱发一系列的自由基链反应，直接将有机污染物降解为无害产物 CO_2、H_2O 和其他矿物盐。这些反应通常十分迅速，甚至是瞬时完成的，且不会造成二次污染。

微波高级氧化技术机理研究如下。

微波具有直线性、反射性、吸收性和穿透性等特征。水是吸收微波的良好介质，微波辐射可强化水中的污染物与各种添加剂产生的某些物理、化学、生物效应。同时，微波与活性炭等协同作用能有效提高水中难降解有机物的降解效率，促进水中复杂、有毒有害的无机化合物分解，生成不溶于水的化合物，促进水中固态微粒产生表面效应而加速沉积，杀灭水中的病原体、微生物等。目前普遍认为，微波技术在水处理中的作用机理主要涉及物理效应、化学效应和生物效应。

（1）微波高级氧化技术降解有机物的机制

微波高级氧化技术产生的自由基对大分子有机物的氧化作用机理可分为脱氢反应、亲电加成和电子转移三类。

同时，微波能够激发氧化剂产生超氧自由基，夺取C=C键和芳环π电子，使双键打开成为单键，苯环最终裂解为CO_2和H_2O。

（2）微波-活性炭协同体系作用机制

目前，对于微波-活性炭体系的机理研究发现，微波-活性炭作用机制主要为“热点效应”和“羟基自由基效应”。

① 热点效应：指在微波辐射下，活性炭表面某些位点迅速达到高温，从而形成高温活性中心，在微波场中活性炭的“热点效应”主要存在于活性炭表面的某些位点上。降解机理主要体现在活性炭吸附-解吸的循环过程中，一方面有机物与活性炭表面高温活性位点接触即可被瞬时降解，同时活性炭表面发生强烈降解反应后又产生新空穴，吸附水体中有机物后又被降解，该过程循环进行，水体中污染物被不断降解。张博研究发现，利用活性炭吸附含氯霉素工业废水后，微波能高效处理饱和吸附后的颗粒活性炭，脱氯率可达60%以上。研究表明，微波辐射下，活性炭吸收能量后产生的高温活性位点不仅可降解污染物，同时还能实现活性炭的再生。

② 羟基自由基效应：指在适当的条件下，微波诱导水溶液产生具有强氧化性的羟基自由基（·OH），从而诱发一系列自由基链反应，可直接将污染物降解为小分子物质或者彻底矿化。有研究者发现，微波单独辐射时，微波能量不足以破坏或重组化学键，然而有活性炭存在时，水中的活性炭在微波辐照下能达到局部（瞬间）高温，从而产生·OH，催生后续氧化反应。

7.4 应用与前景分析

随着环保政策日趋严格，污染物排放要求越来越高。氧化剂/高级氧化技术因其极高的氧化还原电位可去除绝大部分难生物降解的污染物，在废水提标改造和零排放工程中应用日益广泛。受国家重大战略布局调整影响，新建重大项目主要集中在内蒙古、新疆等资源丰富但缺水的地区，此类地区电费相对较低但运输成本高，因此无需外加化学药剂的无药剂替代技术日益受到重视。当前，在新建的重大项目中，氧化剂替代技术及其相关原位处理工艺已得到广泛应用。随着智能技术的进步和环保政策的强化，无药剂替代技术因其投资与运行成本优势，展现出广阔的应用前景。

参考文献

[1] 焦春艳．微波强化二氧化氯催化氧化处理苯酚废水的研究［D］．哈尔滨：哈尔滨工业大学，2008.

[2] 李震．先进水处理药剂去除工业废水中污染物效果的评估［J］．皮革制作与环保科技，2023，4（16）：13-15.

[3] 张敏东．原位高铁酸氧化技术处理高氯碱性废水的研究及其工业化应用［D］．杭州：浙江大学，2013.

[4] 廖宇轩，李远哲，夏雪睿，等．化学反应在废水处理中的应用［J］．塑料助剂，2019，（3）：48-53.

[5] 顾俊璟．化学氧化和膜分离技术处理抗生素制药废水研究［D］．天津：天津大学，2006.
[6] 陈志勇，王辉．漂白粉氧化处理化学镀镍废液的研究［J］．电镀与环保，2001，21（4）：30-31.
[7] 蔡闽．次氯酸钙法处理发泡剂生产废水［J］．化工环保，2004，24（6）：440-443.
[8] 陈芳，胡珍珠，次氯酸钠氧化降解亚甲基蓝水溶液的研究［J］．精细石油化工进展，2004，5（11）：36-38.
[9] 刘建明，丁凝，孙峰．高级氧化技术在废水处理中的应用［J］．能源环境保护，2014，28（6）：7-10.
[10] 杨少霞，冯玉杰，万家峰，等．湿式催化氧化技术的研究与发展［J］．哈尔滨工业大学学报，2002，34（4）：541.
[11] 郭鑫．基于硫酸根自由基的高级氧化法深度处理造纸废水的研究［D］．广州：华南理工大学，2013.
[12] MARTIN F，TATSUYA N. Wet oxidation pretreatmnt for the increase in anaerobic biodegradability of newspaper waste［J］. Bioresource Technology，2004，91（3）：273.
[13] 刘学文，王勇，葛昌华．催化湿式氧化处理造纸废水的研究［J］．环境科学与技术，2009，32（8）：139.
[14] 马效民．水处理中臭氧氧化技术的探讨［J］．水利技术监督，2009，17（4）：12-14.
[15] 朱洪涛，王跃利，许佩瑶．用粉煤灰及过氧化氢联合处理印染废水［J］．华北电力大学学报，2002，3：89-92.
[16] 丘贝，许仕荣，张莹．化学预氧化对混凝效果的影响试验［J］．工业用水与废水，2006（3）：16-19，23.
[17] 章婷曦．活性炭-H_2O_2催化氧化降解化工废水［J］．精细化工，2006（11）：1118-1121.
[18] GUO C，WANG K，HOU S，et al. H_2O_2 and /or TiO_2 photocatalysis under UV irradiation for the removal of antibiotic resistant bacteria and their antibiotic resistance genes［J］. Journal of Hazardous Materials，2017，323：710-718.
[19] WANG J，WANG S. Activation of persulfate（PS）and peroxymonosulfate（PMS）and application for the degradation of emerging contaminants［J］. Chem Eng J，2018（334）：1502-1517.
[20] 袁志军，柳建设．二氧化锰与钴离子协同活化PMS降解AO7的效能研究［J］．广东化工，2018，45（14）：1-2.
[21] KHURSAN S L，SEMES'KO D G，SAFIULLIN R L. Quantum-chemical modeling of the detachment of hydrogen atoms by the sulfate radical anion［J］. Russian Jcurnal of Physical Chemistry，2006，80（3）：366-371.
[22] 王春敏，李亚峰，周红星，等．Fenton-混凝法处理焦化废水的试验研究［J］．环境污染治理技术与设备，2006，7（3）：88-91.
[23] 伏广龙，姬涓春，郭俊品．芬顿试剂处理甲氰菊酯农药废水的试验研究［J］．湖北农业科学，2013，52（13）：3031-3032.
[24] 周志明，莫立焕，王玉峰．Fenton氧化法深度处理苇浆造纸废水研究［J］．水处理技术，2012，38（2）：127-129.
[25] 阚乙森，蒋晖．绿色水处理剂高铁酸盐在水处理领域中的应用进展［J］．安全与环境工程，2021，28（1）：209-218.
[26] SHARMA V. Oxidation of nitrogen containing pollutants by novel ferrate（Ⅵ）technology：A review［J］. Journal of Environmental Science & Health Part A，2010，45（6）：645-667.
[27] SHARMA V K，LIU F，TOLAN S，et al. Oxidation of β-lactam antibiotics by ferrate（Ⅵ）［J］. Chemical Engineering Journal，2013，221：446-451.
[28] KARLESA A，VERA G A D D，DODD M C，et al. Ferrate（Ⅵ）oxidation of β-lactam antibiotics：Reaction kinetics，antibacterial activity changes，and transformation products［J］. Environmental Science & Technology，2014，48（17）：10380-10389.
[29] LIU J，HE K Y，ZHANG J X，et al. Coupling ferrate pretreatment and in-situ ozonation/ceramic membrane filtration for wastewater reclamation：Water quality and membrane fouling［J］. Journal of Membrane Science，2019，590：117310.
[30] KIM C，PANDITI V R，GARDINALI P R，et al. Ferrate promoted oxidative cleavage of sulfonamides：Kinetics and product formation under acidic conditions［J］. Chemical Engineering Journal，2015，279：307-316.
[31] CASBEER E M，SHARMA Y K，ZAJICKOVA Z，et al. Kinetics and mechanism of oxidation of tryptophan by ferrate（Ⅴ）［J］. Environmental Science & Technology，2013，47（9）：4572-4580.
[32] PEINGS V，FRAYRET J，PIGOT T. Mechanism for the oxidation of phenol by sulfatoferrate（Ⅵ）：Comparison with various oxidants［J］. Journal of Environmental Management，2015，157：287296.

[33] 周继承，尹静雅，殷诚，等．微波催化氧化降解结晶紫废水及其氧化机理［J］．科技导报，2015，33（7）：67-73.

[34] SHARMA V K，YNGARD R A，CABELLI D E，et al. Ferrate（Ⅵ）and ferrate（Ⅴ）oxidation of cyanide，thiocyanate，and copper（Ⅰ）cyanide［J］. Radiation Physics & Chemistry，2008，77（6）：761-767.

[35] SHARMA V K，CABELLI D. Reduction of oxyiron（Ⅴ）by sulfite and thiosulfate in aqueous solution［J］. Journal of Physical Chemistry A，2009，113（31）：8901-8906.

[36] JAIN A，SHARMA V K，MBUYA O S. Removal of arsenite by Fe（VD），Fe（Ⅴ）/Fe（Ⅱ），and Fe（Ⅵ）/Al（Ⅲ）salts：Effect of pH and anions［J］. Journal of Hazardous Materials，2009，169（12-13）：339-344.

[37] SAYAMA M，RISGAARD-PETERSEN N，NIELSEN L P，et al. Impact of bacterial NO_3^- transport onsediment biogeochemistry［J］. Applied & Environmental Microbiology，2005，71（11）：7575-7577.

[38] KAMP A，STIEF P，SCHULZ-VOGT H N. Anaerobic sulfide oxidation with nitrate by a freshwater beggiatoa enrichment culture［J］. Applied & Environmental Microbiology，2006，72（7）：4755-4760.

[39] FENG M，WANG X，CHEN J，et al. Degradation of fluoroquinolone antibiotics by ferrate（Ⅵ）：Effects of water constituents and oxidized products［J］. Water Research，2016，103：48-57.

[40] KAJITVICHYANUKUL P，SUNTRONVIPART N. Evaluation of biodegrad-ability and oxidation degree of hospital wastewater using photo-Fenton process as the pretreatment method［J］. Journal of Hazardous Materials，2006，138（2）：384-391.

[41] ZHANG K J，LUO Z，ZHANG T Q，et al. Degradation effect of sulfa antibiotics by potassium ferrate combined with ultrasound（Fe（Ⅵ）-US）［J］. BioMed Research International，2015：169215.

[42] GAN W，SHARMA Y K，ZHANG X，et al. Investigation of disinfection byproducts formation in ferrate（Ⅵ）pre-oxidation of NOM and its model compounds followed by chlorination［J］. Journal of Hazardous Materials，2015，292（15）：197-204.

[43] NAKAJIMA T，XU Y H，MORI Y，et al. Combined use of photocatalyst and adsorbent for the removal of inorganic arsenic（Ⅲ）and organoarsenic compounds from aqueous media［J］. Journal of hazardous materials，2005，120（1-3）：75-80.

[44] ZHENG S，CAI Y，O'SHEA K E. TiO_2 photocatalytic degradation of phenylarsonic acid［J］. Journal of Photochemistry and Photobiology A：Chemistry，2010，210（1）：61-68.

[45] NACHMAN K E，BARON P A，RABER G，et al. Roxarsone，inorganic arsenic，and other arsenic species in chicken：A US-based market basket sample［J］. Environmental Health Perspectives，2013，121（7）：818.

[46] VEGA M P B，HINOJOSA-REYES M，HERNÁNDEZ-RAMÍREZ A，et al. Visible light photocatalytic activity of sol-gel Ni-doped TiO_2 on p-arsanilic acid degradation［J］. Journal of Sol-Gel Science and Technology，2018：1-9.

[47] CHEN H，NANAYAKKARA C E，GRASSIAN V H. Titanium dioxide photocatalysis in atmospheric chemistry［J］. Chemical Reviews，2012，112（11）：5919-5948.

[48] ZHONG L，HAGHIGHAT F. Photocatalytic air cleaners and materials technologies-abilities and limitations［J］. Building and Environment，2015，91：191-203.

[49] NAKATA K，FUJISHIMA A. TiO_2 photocatalysis：Design and applications［J］. Journal of Photochemistry and Photobiology C：Photochemistry Reviews，2012，13：169-189.

[50] TANG Y C，WU C N，HUANG X H，et al. Arsenic（Ⅲ）removal from low-arsenic water by adsorption with amorphous mesoporous TiO_2［J］. Desalination and Water Treatment，2012，49（1-3）：359-367.

[51] 孙天一．Fe_3O_4 基复合材料光催化氧化/吸附同步去除水中砷的研究［D］．哈尔滨：哈尔滨工业大学，2018.

[52] BAYODE A A，DOS SANTOS D M，OMOROGIE M O，et al. Carbon-mediated visible-light clay-Fe_2O_3-graphene oxide catalytic nanocomposites for the removal of steroid estrogens from water［J］. Journal of Water Process Engineering，2021，40：101865.

[53] LUO D，ZHU P F，DUAN M，et al. Mechanism and degradation pathways insight of photocatalytic oxidation antibiotics by geometrical $Ag/AgNbO_3/BiVO_4$ plasmon Z-type heterojunction［J］. Separation and Purification Technology，2023，311：123287.

[54] PARK Y，MCDONALD K J，CHOI K S，et al. Progress in bismuth vanadate photoanodes for use in solar water ox-

idation [J] . Chemical Society Reviews, 2013, 42: 2321-2337.

[55] ZHAO G, DING J, ZHOU F, et al. Construction of a visible-light-driven magnetic dual Z-scheme $BiVO_4/g-C_3N_4/NiFe_2O_4$ photocatalyst for effective removal of ofloxacin: Mechanisms and degradation pathway [J] . Chemical Engineering Journal, 2021, 405: 126704.

[56] LI Y, LIU Y, XING D, et al. 2D/2D heterostructure of ultrathin $BiVO_4/Ti_3C_2$ nanosheets for photocatalytic overall Water splitting [J] . Applied Catalysis B: Environment and Energy, 2021, 285: 119855.

[57] ZHU P, LUO D, LIU M, et al. Flower-globular $BiOI/BiVO_4/g-C_3N_4$ with a dual Z-scheme heterojunction for highly efficient degradation of antibiotics under visible light [J] . Separation and Purification Technology, 2022, 297: 121503.

[58] YANG Y P, LI Y, MA X Q, et al. Direct Z-scheme WO_3/covalent organic framework (COF) heterostructure for enhanced photocatalytic hydrogen peroxide production in water [J] . Catalysis Science & Technology, 2023, 13 (19): 5599-5609.

[59] GUSAIN R, KUMAR P, SHARMA O P, et al. Reduced graphene oxide-CuO nanocomposites for photocatalytic conversion of CO_2 into methanol under visible light irradiation [J] . Applied Catalysis B: Environmental, 2016, 181: 352-362.

[60] SARAVANAN R, KARTHIKEYAN S, GUPTA V K, et al. Enhanced photocatalytic activity of ZnO/CuO nanocomposite for the degradation of textile dye on visible light illumination [J] . Materials Science and Engineering: C, 2013, 33 (1): 91-98.

[61] MESHRAM S P, ADHYAPAK P V, MULIK U P, et al. Facile synthesis of CuO nanomorphs and their morphology dependent sunlight driven photocatalytic properties [J] . Chemical Engineering Journal, 2012, 204: 158-168.

[62] ZHANG Y F, QIU L G, YUAN Y P, et al. Magnetic Fe_3O_4@C/Cu and Fe_3O_4@CuO core-shell composites constructed from MOF-based materials and their photocatalytic properties under visible light [J] . Applied Catalysis B: Environmental, 2014, 144: 863-869.

[63] YE Z L, QU Z X, MA S S, et al. A comprehensive investigation of aqueous-phase photochemical oxidation of 4-ethyiphenolyl [J] . Science of the Total Environment, 2019, 685: 976-985.

[64] ARNOLD W A. One electron oxidation potential as a predictor of rate constants of N-containing compounds with carbonate radical and triplet excited state organic matter [J] . Environmental Science Processes and Impacts, 2014, 16: 832-838.

[65] 陈彦彤，李旭东，陶冶，等．有机激发三重态参与的光化学反应研究进展 [J] ．化工进展，2020，8：3344-3353.

[66] MCCABE AJ, ARNOLD WA. Reactivity of triplet excited states of dissolved natural organic matter in stormflow from mixed-use watersheds [J] . Environmental Science &Technology, 2017, 51 (17): 9718-9728.

[67] SMITH J D, SIO V, Y U L, et al Secondary organic aerosol production from aqueous reactions of atmospheric phenols with an organic triplet excited state [J] . Environmental Science & Technology, 2014, 48 (2): 1049-1057.

[68] REMUCAL C K. The role of indirect photochemical degradation in the environmental fate of pesticides: A review [J]. Environmental Science: Processes & Impacts, 2014, 16: 628-653.

[69] ZENG T, ARNOLD WA. Pesticide photolysis in prairie potholes: Probing photosensitized processes [J]. Environmental Science & Technology, 2013, 47 (13): 6735-6745.

[70] ROSADO-LUSELL S L, WANG H T, GUTIRREZ L, et al. Roles of singlet oxygen and triplet excited state of dissolved organic matter formed by different organic matters in bacteriophage MS2 inactivation [J] . Water Research, 2013, 47 (14): 4869-4879.

[71] XU Y H, OU Q, VAN DER HOEK J P, et al. Photo-oxidation of micro- and nanoplastics: Physical, chemical, and biological effects in environments [J] . Environmental Science & Technology, 2024, 58 (2): 991-1009.

[72] 赵丹荻，何亚鹏，翟重渊，等．电催化氧化技术降解水中抗生素类污染物研究进展 [J] ．环境化学，2023，42 (12)：4104-4116.

[73] 李金城，宋永辉，汤洁莉．电化学氧化法去除兰炭废水中 COD 和 NH_3-N [J] ．中国环境科学，2022，42 (2)：697-705.

[74] CHOUDHARY V, VELLINGIRI K, THAYYIL M I, et al. Removal of antibiotics from aqueous solutions by elec-

trocatalytic degradation [J]. Environmental Science: Nano, 2021, 8 (5): 1133-1176.
[75] DA SILVA S W, KLAUCK C R, SIQUEIRA M A, et al. Degradation of the commercial surfactant nonylphenol ethoxylate by advanced oxidation processes [J]. Journal of Hazardous Materials, 2015, 282: 241-248.
[76] HE Y P, LIN H B, GUO Z C, et al. Recent developments and advances in boron-doped diamond electrodes for electrochemical oxidation of organic pollutants [J]. Separation and Purification Technology, 2019, 212: 802-821.
[77] 孙梦涵. 煤基炭膜/电化学高级氧化耦合体系的构建及协同过硫酸盐活化处理含酚废水 [D]. 大连: 大连海事大学, 2023.
[78] FU R, ZHANG P, JIANG Y, et al. Wastewater treatment by anodic oxidation in electrochemical advanced oxidation process: Advance in mechanism, direct and indirect oxidation detection methods [J]. Chemosphere, 2023, 311: 136993.
[79] MANDAL P, DUBEY B K, GUPTA A K. Review on landfill leachate treatment by electrochemical oxidation: Drawbacks, challenges and future scope [J]. Waste Management, 2017, 69: 250-273.
[80] 李天育, 陈钰, 张静, 等. 含氮废水的处理方法研究 [J]. 广东化工, 2020, 47 (24): 82-83.
[81] 滕洪辉, 李天育, 陈钰琦, 等. 含氮废水的电化学处理技术研究 [J]. 吉林师范大学学报 (自然科学版), 2021, 42 (1): 82-87.
[82] 李进松, 万东锦. 电化学技术处理氨氮废水的研究进展 [J]. 绿色科技, 2021, 23 (10): 119-121, 125.
[83] 成睿. BPNN 模型机器学习方法应用于电化学水处理过程的预测与优化 [D]. 上海: 华东理工大学, 2022.
[84] WANG L L, LI M, FENG C P, et al. Ti nano electrode fabrication for electrochemical denitrification using Box-Behnken design [J]. Journal of Electroanalytical Chemistry, 2016, 773: 13-21.
[85] SIDDHARTH K, CHAN YT, WANG L, et al. Ammonia electro-oxidation reaction: Recent development in mechanistic understanding and electrocatalyst design [J]. Current Opinion in Electrochemistry, 2018, 9: 151-157.
[86] KANG Y M, WANG W, LI J M, et al. A Highly efficient Pt-NiO/C electrocatalyst for ammonia electro-oxidation [J]. Journal of the Electrochemical Society, 2017, 164 (9): 958-965.
[87] XU W, LAN R, DU D W, et al. Directly growing hierarchical nickel-copper hydroxide nanowires on carbon fiber cloth for efficient electrooxidation of ammonia [J]. Applied Catalysis B: Environmental, 2017, 218: 470-479.
[88] RIBEIRO V A, DE FREITAS I C, NETO A O, et al. Platinum nanoparticles supported on nitrogen-doped carbon for ammonia electro-oxidation [J]. Materials Chemistry and Physics, 2017, 200: 354-360.
[89] SILVA J C M, NTAIS S, TEIXEIRA-NETO É, et al. Evaluation of carbon supported platinum-ruthenium nanoparticles for ammonia electro-oxidation: Combined fuel cell and electrochemical approach [J]. International Journal of Hydrogen, 2017, 42 (1): 193-210.
[89] 荆勇. 光及电催化氧化去除氨氮的实验与机理研究 [D]. 沈阳: 东北大学, 2018.
[90] 李彦娟, 王三反. 含铬废水的电化学法处理技术及研究进展 [J]. 应用化工, 2021, 50 (8): 2226-2233.
[91] 付涛. 隔膜电氧化法对含铬废酸再生的试验研究 [D]. 上海: 华东理工大学, 2023.
[92] SELVABHARATHI G, ADISHKUMAR S, BANU JR. Removal of chromium (Ⅲ) from tannery wastewater by electrochemical peroxidation process in a bench scale reactor [J]. Desalination and Water Treatment, 2019, 156: 340-348.
[93] 刘芝平, 薛永强, 栾春晖, 等. 硫酸铬电解氧化反应的研究 [J]. 山西化工, 2006 (2): 4-6.
[94] 赵建宏, 王留成, 宋成盈, 等. 间接电氧化法合成 2-甲基-1, 4-萘醌Ⅱ. 电氧化法转化 Cr^{3+} 为 Cr^{6+} 的研究 [J]. 精细化工, 2000 (S1): 64-66.
[95] RAMÍREZ-ESTRADA A, MENA-CERVANTES VY, FUENTES-GARCÍA J, et al. Cr(Ⅲ) removal from synthetic and real tanning effluents using an electro-precipitation method [J]. Journal of Environmental Chemical Engineering, 2018, 6 (1): 1219-1225.
[96] 卢鑫, 周鸿燕, 李晓乐. 掺杂钛基二氧化铅电极的制备及性能 [J]. 云南化工, 2008 (2): 23-25.
[97] 李成未, 张泽志, 齐涛, 等. 电化学合成重铬酸钠阳极稳态极化及交流阻抗法研究 [J]. 化学世界, 2011, 52 (6): 327-330.
[98] 王留成, 徐海升, 赵建宏, 等. PbO_2 阳极在硫酸铬电解氧化制备重铬酸时的电极行为 [J]. 应用化学, 2003 (5): 483-486.

[99] KHALILI S, AFKHAMI A, MADRAKIAN T, et al. Electrochemical simultaneous treatment approach: Electro-reduction of CO_2 at Pt/PANI@ZnO paired with wastewater electro-oxidation over PbO_2 [J]. Applied Catalysis B: Environmental, 2023, 328: 122545.

[100] ZANGO ZU, KHOO KS, GARBA A, et al. A review on superior advanced oxidation and photocatalytic degradation techniques for perfluorooctanoic acid (PFOA) elimination from wastewater [J]. Journal of Materials Chemistry C, 2023, 221: 115326.

[101] 郭星．试论废水处理中高级氧化技术的应用 [J]．清洗世界，2023，39 (3)：82-84.

[102] GOPINATH A, PISHARODY L, POPAT A, et al. Supported catalysts for heterogeneous electro-Fenton processes: Recent trends and future directions [J]. Current Opinion in Solid State and Materials Science, 2022, 26 (2): 100981.

[103] SARAVANAN A, DEIVAYANAI V C, KUMAR P S, et al. A detailed review on advanced oxidation process in treatment of wastewater: Mechanism, challenges and future outlook [J]. Chemosphere, 2022, 308 (3): 136524.

[104] LIU Y, CHEN S, QUAN X, et al. Efficient Mineralization of perfluorooctanoate by electro-Fenton with H_2O_2 electro-generated on hierarchically porous carbon [J]. Environmental Science & Technology, 2015, 49: 13528-13533.

[105] GANIYU S O, ZHOU M, MARTÍNEZ-HUITLE C A. Heterogeneous electro-Fenton and photoelectro-Fenton processes: A critical review of fundamental principles and application for water/wastewater treatment [J]. Applied Catalysis B: Environment, 2018, 235: 103-129.

[106] 张文平．电化学高级氧化技术在工业废水处理中的应用分析 [J]．皮革制作与环保科技，2023，4 (12)：9-11.

[107] CAO P K, QUAN X, ZHAO K, et al. Selective electrochemical H_2O_2 generation and activation on a bifunctional catalyst for heterogeneous electro-Fenton catalysis [J]. Journal of Hazardous Materials, 2020, 382: 121102.

[108] 张捷鑫，熊如意．湿式空气氧化技术的发展 [J]．广东化工，2009，36 (8)：95-119.

[109] ABUSSAUD B A, ULKEM N, BERK D, et al. Wet air oxidation of benzene [J]. Industrial & Engineering Chemistry Research, 2008, 47 (13): 4325-4331.

[110] JING G, LUAN M, CHEN T, et al. Wet air oxidation of oily sludge [J]. International Journal of Green Energy, 2013, 10 (1-5): 378-386.

[111] 杨敏，张昱，高迎新，等．工业废水处理与资源化技术原理及应用 [M]．北京：化学工业出版社，2019.

[112] CHANG X, ZALM J, THIND S S, et al. Electrochemical oxidation of lignin at electrochemically reduced TiO_2 nanotubes [J]. Journal of Electroanalytical Chemistry, 2020, 863: 114049.

[113] RODRÍGUEZ-NARVÁEZ O M, PICOS A R, BRAVO-YUM N, et al. Electrochemical oxidation technology to treat textile wastewaters [J]. Current Opinion in Electrochemistry, 2021, 29: 100806.

[114] DOMINGUEZ C M, OTURAN N, ROMERO A, et al. Removal of lindane wastes by advanced electrochemical oxidation [J]. Chemosphere, 2018, 202: 400-409.

[115] SOPAJ F, RODRIGO M A, OTURAN N, et al. Influence of the anode materials on the electrochemical oxidation efficiency. Application to oxidative degradation of the pharmaceutical amoxicillin [J]. Chemical Engineering Journal, 2015, 262: 286-294.

[116] LIN H, NIU J, XU J, et al. Electrochemical mineralization of sulfamethoxazole by Ti/SnO_2-Sb/Ce-PbO_2 anode: Kinetics, reaction pathways, and energy cost evolution [J]. Electrochimica Acta, 2013, 97: 167-174.

[117] SUN M, ZHANG Y, KONG S Y, et al. Excellent performance of electro-assisted catalytic wet air oxidation of refractory organic pollutants [J]. Water Research, 2019, 158: 313-321.

[118] ZHAI L F, DUAN M F, QIAO M X, et al. Electro-assisted catalytic wet air oxidation of organic pollutants on a MnO@C/GF anode under room condition [J]. Applied Catalysis B: Environmental, 2019, 256: 117822.

[119] SUN M, ZHANG Y, LIU H H, et al. Room-temperature air oxidation of organic pollutants via electrocatalysis by nanoscaled Co-CoO on graphite felt anode [J]. Environment International, 2019, 131: 104977.

[120] 万笑云．MWCNTs-PTFE空气扩散电极电化学体系产过氧化氢性能及消毒效果研究 [D]．哈尔滨：哈尔滨工业大学，2014.

[121] 王辉，王建龙．Pd/C 气体扩散电极用于电化学降解 4-氯酚的研究［J］．环境科学学报，2007，27（10）：1593-1598.

[122] ZAREI M，NIAEI A，SALARI D，et al. Application of response surface methodology for optimization of peroxi-coagulation of textile dye solution using carbon nanotube-PTFE cathode［J］. Journal of Hazardous Materials，2010，173（1）：544-551.

[123] 李林波，余泽利．超声氧化法处理工业废水研究现状［J］．湿法冶金，2017，36（5）：360-364.

[124] 缪应菊，敖显宇，胡庆林，等．超声辅助改性粉煤灰对废水中氨氮去除率的影响［J］．湿法冶金，2016，35（4）：349-352.

[125] GEDANKEN A. Using sonochemistry for the fabrication of nanomaterials［J］. Ultrasonic Sonochemistry，2004，11（2）：47-55.

[126] 孙啊朋．超声协同 Bi_2WO_6/IO_4^- 体系降解印染废水的研究［D］．西安：陕西师范大学，2019.

[127] WEAVERS LK，MALMSTADT N，HOFFMANN M R. Kinetics and mechanism of pentachlorophenol degradation by sonication，ozonation，and sonolytic ozonation［J］. Environmental Science & Technology，2000，34（7）：1280-1285.

[128] SATHISHKUMAR P，MANGALARAJA R V，ROZAS O. Sonophotocatalytic degradation of acid blue 113 in the presence of rare earth nanoclusters loaded TiO_2 nanophotocatalysts［J］. Separation and Purification Technology，2014，133：407-414.

[129] 周彤，吴纯德．声光催化降解水中有机污染物［J］．环境污染治理技术与设备，2004，5（8）：63-66.

[130] BEHNAJADY M A，MODIRSHAHLA N，TABRIZI S B. Ultrasonic degradation of Rhodamine B in aqueous solution：Influence of operational parameters［J］. Journal of Hazardous Materials，2008，152（1）：381-386.

[131] INCE N H，TEZCANLI G，BELEN R K，et al. Ultrasound as a catalyzer of aqueous reaction systems：The state of the art and environmental applications［J］. Applied Catalysis B Environmental，2001，29（3）：167-176.

[132] 曹珍．基于臭氧氧化法的含难降解水溶性高分子污染物废水的处理研究［D］．长春：吉林大学，2017.

[133] MISCHOPOULOU M，NAIDIS P，KALAMARAS S，et al. Effect of ultrasonic and ozonation pretreatment on methane production potential of raw molasses wastewater［J］. Renewable Energy，2016，96：1078-1085.

[134] 张博．吸附法/微波紫外辐射深度处理氯霉素工业废水的研究［D］．哈尔滨：哈尔滨工业大学，2015.

[135] 何志桥，宋爽．臭氧/超声联合降解水中对氨基苯酚的动力学［J］．化工学报，2006，12（57）：2964-2969.

[136] 竹湘锋，徐新华，王天聪．Fe（Ⅲ）/O_3 体系对草酸的催化氧化［J］．浙江大学学报（理学版），2004（3）：322-325.

[137] 张辉．超声电化学处理难降解有机物的工艺和机理研究［D］．淮南：安徽理工大学，2009.

[138] 高宇，傅敏，黄俊．超声波协同电化学氧化降解苯胺的研究［J］．化工环保，2003，23（6）：318-321.

[139] 张丽莉，陈丽，赵雪峰，等．超临界水的特性及应用［J］．化学工业与工程，2003，20（1）：33-38.

[140] 李世斌．超临界水氧化处理核电厂检修典型有机废液模拟物研究［D］．上海：中国科学院上海应用物理研究所，2022.

[141] 龙中柱，高勇．超临界反应技术在废旧塑料回收再利用方面的应用［J］．化工进展，2001（5）：15-20.

[142] 付超．含铬制革污泥的超临界水氧化法处理实验研究［D］．杭州：浙江大学，2013.

[143] 李亚可，张鹏举，李杰．高级氧化技术应急处理苯胺废水的研究［J］．广东化工，2018（1）：141-143.

[144] 陈巍威，张清义，耿啸天．废水处理中的超临界水氧化技术［J］．低碳世界，2019，9（4）：5-6.

[145] 王梦奇，李震，冯爱欣，等．有机废水的超临界水氧化处理研究进展［J］．广州化工，2021，49（23）：1-4，14.

[146] TANG X，ZHENG Y，LIAO Z，et al. A review of developments in process flow for supercritical water oxidation［J］. Chemical Engineering Communications，2021，208（10）：1-17.

[147] COCERO M Y，MARTINEZ J L. Cool wall reactor for supercritical water oxidation［J］. The Journal of Supercritical Fluids，2004，31（1）：41-55.

[148] ZHANG S，ZHANG Z，ZHAO R，et al. A Review of challenges and recent progress in supercritical water oxidation of wastewater［J］. Chemical Engineering Communications，2016，204（2）：265-282.

[149] GUO S，XU D，LIANG Y，et al. Corrosion characterization of ZrO_2 and TiO_2 ceramic coatings via air plasma spra-

ying on 316 stainless steel in oxygenated sub- and supercritical water [J]. The Journal of Supercritical Fluids, 2020, 157: 104716.

[150] XU D H, WANG S Z. GONG Y M, et al. A novel concept reactor design for preventing salt deposition in supercritical water [J]. Chemical Engineering Research and Desian, 2010, 88 (11): 1515-1522.

[151] XU D, WANG S, TANG X, et al. Design of the first pilot scale plant of [J]. Chemical Engineering Research and Design, 2012, 90 (2): 288-297.

[152] GONG Y, GUO Y, SHEEHAN J D, et al. Oxidative degradation of landfill leachate by catalysis of $CeMnO_x/TiO_2$, in supercritical water: Mechanism and kinetic study [J]. Chemical Engineering Journal, 2018, 331: 578-586.

[153] 李腾宝，何玲．试析生物处理法在污水处理厂中的有效运用 [J]．皮革制作与环保科技，2022，3 (18)：20-22.

[154] XU P, HAN H J, ZHUANG H F, et al. Anoxic degradation of nitrogenous heterocyclic compounds by activated sludge and their active sites [J]. Journal of Environmental Sciences, 2015, 31: 221-225.

[155] SARA F, MOHAMMADREZA K, RAF D. A review of wastewater treatment technologies for the degradation of pharmaceutically active compounds: Carbamazepine as a case study [J]. Chemical Engineering Journal, 2023, 455: 140589.

[156] 曹野．臭氧氧化-生物降解近场耦合深度处理青霉素中间体废水及对抗性基因消减作用 [D]．长春：吉林大学，2023.

[157] 田军显．多级跌水复氧生物接触氧化法处理农村污水的研究 [D]．郑州：华北水利水电大学，2023.

[158] 陈月芳，冯惠敏，张宇琪，等．4 级串联式斜板生物滤池对农村生活污水的处理 [J]．环境工程学报，2021，15 (1)：193-202.

[159] 聂发辉，黄敏峰，鲁秀国，等．生物接触氧化-潜流型人工湿地组合工艺处理农村生活污水的试验研究 [J]．应用化工，2018，47 (10)：2162-2164，2168.

[160] 魏健，何锦垚，宋永会，等．臭氧催化氧化-BAF 深度处理抗生素废水效能及微生物群落结构分析 [J]．环境科学学报，2020，40 (6)：2090-2100.

[161] NADAIS H, LI X, ALVES N, et al. Bio-electro-Fenton process for the degradation of non-Steroidal anti-Inflammatory drugs in wastewater [J]. Chemical Engineering Journal, 2018, 338: 401-410.

[162] 韩璐洁．基于空气主动扩散电极的生物电芬顿系统处理磺胺二甲基嘧啶废水研究 [D]．天津：南开大学，2021.

[163] ZHANG L, YIN X, LI S. Bio-electrochemical degradation of paracetamol in a microbial fuel cell-Fenton system [J]. Chemical Engineering Journal, 2015, 276: 185-192.

[164] WU P, WANG Y, WU P, et al. Effects of cathode materials on H_2O_2 production in microbial fuel cells [J]. Desalination and Water Treatment, 2019, 153: 105-111.

[165] ZHOU S, HUANG S, LI X, et al. Microbial electrolytic disinfection process for highly efficient Escherichia coli inactivation [J]. Chemical Engineering Journal, 2018, 342: 220-227.

[166] YONG X, GU D, WU Y, et al. Bio-Electron-Fenton (BEF) process driven by microbial fuel cells for triphenyltin chloride (TPTC) degradation [J]. Journal of Hazardous Materials, 2017, 324: 178-183.

[167] DEMARCO C F, QUADRO M S, SELAU CARLOS F, et al. Bioremediation of aquatic environments contaminated with heavy metals: A review of mechanisms, solutions and perspectives [J]. Sustainability, 2023, 15: 1411.

[168] BENVENUTI T, HAMERSKI F, GIACOBBO A, et al. Constructed floating wetland for the treatment of domestic sewage: A real-scale study [J]. J Environ Chem Eng, 2018, 6: 5706-5711.

[169] LUCKE T, WALKER C, BEECHAM S. Experimental designs of field-based constructed floating wetland studies: A review [J]. Sci Total Environ, 2019, 660: 199-208.

[170] 杨娟．微波高级氧化饮用源水预处理技术研究 [D]．重庆：重庆交通大学，2018.

[171] KIM Y B, AHN J H. Changes of absorption spectra, SUVA254, and color in treating landfill leachate using microwave-assisted persulfate oxidation [J]. Korean Journal of Chemical Engineering, 2017, 34 (7): 1980-1984.

[172] CHEN J, XUE S, SONG Y, et al. Microwave-induced carbon nanotubes catalytic degradation of organic pollutants in aqueous solution [J]. J Hazard Mater, 2016, 310: 226-234.

[173] LIU Y，HSU J，FU Y，et al. Preparation of Cu-Zn ferrite photocatalyst and it's application [J]. International Journal of Hydrogen Energy，2016，41 (35)：15696-15702.

[174] MUBARAK N M，SAHU I N，ABDULLAH E C，et al. Novel microwave-assisted multi wall carbon nanotubes enhancing Cu (Ⅱ) adsorption capacity in water [J]. Journal of the Taiwan Institute of Chemical Engineers，2015，53：140-152.

[175] LIN L，YUAN S，CHEN J，et al. Removal of ammonia nitrogen in wastewater by microwave radiation [J]. J Hazard Mater，2009，161 (2-3)：1063-1068.

第8章

还原剂的无药剂替代技术

还原法是一种有效的水处理方法，通过添加还原剂将水中的有害物质还原成无害或低毒性的物质，从而达到净化水质的目的。主要包括化学还原法、生物还原法、活性炭还原法、高温还原法等，常用的还原剂包括硫酸亚铁、亚硫酸盐、金属单质等。化学还原法在处理含重金属离子、硝基化合物、含氯有机物等工业废水时具有显著效果。生物还原法利用微生物的代谢过程将废水中的有机物转化为无害的物质，此方法适用于含酚、氰、硫氰化物、硝基化合物等有机废水的处理。生物还原法具有处理效果好、投资少、运行费用低等优点。每种方法都有其特定的适用范围和优缺点，应根据实际情况选择合适的方法进行废水处理。

还原法在水处理中具有处理效果好、反应快速、可增强生化降解性等特点，在处理高浓度、可生化性差、水质复杂的工业废水领域中应用广泛。本章首先概述了还原剂的分类、原理及特点，阐述了传统还原剂在污染废水处理中的研究进展，并介绍了还原剂的无药剂替代技术的使用及研究现状，最后对还原剂的无药剂替代技术的发展前景进行了展望。

8.1 概述

8.1.1 还原剂的定义

还原剂是在氧化还原反应中，失去电子自身被氧化的物质。广义上的抗氧化剂是指能够清除自由基和活性氧、阻断氧化反应以及修复氧化损伤等物质的总称。也就是说，只有可以清除自由基及活性氧的还原剂才是抗氧化剂，还原剂与抗氧化剂不是对等概念。还原剂失去电子自身被氧化变成氧化产物，如用氢气（H_2）还原氧化铜（CuO）的反应，H_2 失去电子被氧化变成 H_2O。还原剂在反应里表现出还原性，还原能力强弱是还原剂失电子能力的强弱，如钠（Na）的标准电极电势为−2.71V，铁（Fe）的标准电极电势为−0.44V，钠的还原能力比铁强。

8.1.2 还原剂的分类

还原剂是在氧化还原反应中，能够使其他物质失去氧的物质。在化学反应中，还原剂失去电子，自身被氧化，发生氧化反应。在废水处理中常用的还原剂如下。

（1）金属单质

如铁（Fe）、锌（Zn）、铝（Al）等金属可以在反应中失去电子，可作为还原剂。这类还原剂可以将氧化态较高的金属离子还原为氧化态较低的金属离子或金属。

（2）非金属单质

如氢气（H_2）、碳（C）、硫（S）等非金属可以在反应中提供电子，表现出还原性，可作为还原剂。氢还原通常是指在高温和催化剂存在的条件下，使用 H_2 作为还原剂，将金属氧化物或其他化合物还原为金属或更简单的化合物。这个过程广泛应用于化学和工业领域，例如炼铁、炼钢、有色金属冶炼以及一些化工过程等。此外，氢还原还应用于重金属废水处理中，可以将有毒的化合物转化为较为无害的形式。

（3）低价非金属离子

碘离子（I^-）、硫离子（S^{2-}）等低价态的非金属离子也可以作为还原剂。S^{2-} 是典型的还原剂，可以与大多数氧化剂在水溶液中反应，被氧化为硫（S）单质。例如，当它与溴（Br_2）反应时，会生成 S 单质和溴离子（Br^-）。在这个反应中，Br_2 作为氧化剂，将 S^{2-} 氧化为 S。此外，S^{2-} 还可以与 ${SO_3}^{2-}$ 反应，生成 S。

（4）金属化合物

硫酸亚铁（$FeSO_4$）、亚硫酸钠（Na_2SO_3）等还原剂可以将氧化态较高的非金属元素或化合物还原为氧化态较低的化合物。Fe^{2+} 在水处理中作为还原剂时，主要通过其还原作用去除水中的污染物，从而达到净化水质的目的。具体来说，Fe^{2+} 具有较强的还原性，可以与水中的氧化性物质发生氧化还原反应。例如，Fe^{2+} 可以与水中的余氯（HClO）反应，将其还原为氯离子（Cl^-），从而消除了余氯的氧化性。此外，Fe^{2+} 还可以将水中的重金属离子还原为较低氧化态的金属离子，使其更容易沉淀和去除。$FeSO_4$ 被用作还原剂时，主要还原废水中的铬酸盐。其原理是在酸性条件下，投加还原剂 $FeSO_4$ 将 Cr^{6+} 还原成 Cr^{3+}，然后投加氢氧化钠（NaOH）、氢氧化钙[$Ca(OH)_2$]、石灰等调节 pH 值，使其生成 $Cr(OH)_3$ 沉淀，从废水中分离出来。另外，Fe^{2+} 还可以用于处理含油废水。Fe^{2+} 可以与水中的有机物发生还原反应，将其分解为简单的有机物或烃类化合物，从而降低废水的污染程度。需要注意的是，Fe^{2+} 具有较强的还原性，因此在处理某些废水时可能会与水中的其他物质发生反应，导致水质变化或产生其他有害物质。因此，在使用 Fe^{2+} 进行水处理时，需要进行充分的实验和风险评估，以确保其安全性。

（5）有机化合物

一些含有还原性官能团的有机化合物，如醛（RCHO）、酮（RCOR）等，可以在反应中提供电子，作为还原剂。

目前化学还原法在水处理领域应用广泛，催化还原法是对传统化学还原法的改进与强化，根据所使用外加手段的不同，催化还原法分为光催化还原、光电催化还原、热催化还原、电催化还原、生物催化还原等。常用的催化还原方法有光催化还原和电催化还原两大类。具有光活性的半导体（如二氧化钛）及其相应的光催化反应体系已取得了长足的发展，可将丰富但不连续的太阳能转化为化学能。相应地，基于人造半导体材料的光催化能量转换系统主要包括：光解水制取 H_2 和 O_2；二氧化碳（CO_2）光还原为烃类燃料，如甲烷（CH_4）、甲醇（CH_3OH）、乙醇（C_2H_5OH）和甲酸（HCOOH）等；氮气（N_2）光还原固化为氨（NH_3）。电催化还原技术是利用物质的化学特性，通过外电场的作用，污染物溶液相中离子间发生电子定向转移，使剧毒物质的高价阳离子得到电子被还原，阴离子失去电子被氧化，生成无毒的单质物质，可将其回收或转化成低价可生化降解的低毒性物质。在众多的转化技术中，电催化还原具有反应条件温和、催化效率高、可结合清洁的可再生能源电力（太阳能、风能、潮汐能等）等优点，成为该领域的研究热点之一。

8.1.3 还原剂在水处理中的基本功能

（1）去除余氯

在自来水的处理过程中，氯气常被用作消毒剂，但在氯化的同时，水中也可能形成余氯。还原剂如亚硫酸盐、硫代硫酸盐等可以与形成的余氯发生反应，将其还原为无害的氯离子，从而有效去除余氯。

（2）降低有机污染物浓度

许多有机污染物可能会在水中溶解，并对环境和人体健康造成潜在威胁。还原剂可以与这些有机污染物反应，将其分解为无害或低毒性的物质，从而降低其对环境和人体的影响。

（3）去除重金属离子

重金属离子（如铬、汞、镉等）对环境和人体均有毒害作用。还原剂可以与这些重金属离子发生反应，将其还原为毒性较低的物质，如金属单质、金属硫化物等，从而降低其对环境和人体的危害。

（4）提高 pH 值

还原剂在水中反应有时会产生氢氧根，这有助于提高水的 pH 值。在某些情况下，提高 pH 值可以改善水质的稳定性，降低水对管道和设备的腐蚀性。

（5）去除氧化物质

水中的氧化物质（如氧化剂、过氧化物等），可能会对环境和人体有害。还原剂可以与这些氧化性物质发生反应，将其还原为毒性较低的物质，从而降低其对环境和人体的危害。

8.1.4 主要应用场景

还原剂在工业生产、化学合成、能源产业、水处理中均应用广泛。其中，还原剂在水处理中的应用主要集中在污染物去除和水质改善上，其作用机理是改变污染物的化学性质，使其更易于处理和去除。正确选择和使用还原剂对于确保水处理过程的效率和安全性至关重要。

① 工业用水处理：工业用水通常需要经过处理，以去除其中的污染物和杂质，保证水质达到生产要求。纯水处理还原剂可以用于工业用水处理中，去除水中的氧化物，降低污染

物含量，提高水质。

② 饮用水处理：饮用水质量的好坏直接影响人们的健康，因此需要对饮用水进行处理。纯水处理还原剂可以杀菌消毒，去除水中的氧化物和杂质，使饮用水质量提高，保障其卫生安全。在饮用水处理中，还原剂可帮助控制因使用消毒剂（如氯）产生的副产物，例如三卤甲烷。

③ 医药用水处理：在制药过程中，经常需要使用高纯度水，这样才能保证药品的质量。纯水处理还原剂可以去除高纯度水中的氧化物和杂质，保证水的纯度达到要求。

④ 工业废水处理：还原剂可通过还原作用将某些有害的氧化物还原为无害或低毒性的物质、将重金属离子转化为低毒性的形态，例如，废水中的某些重金属离子可以被还原剂还原为不溶性物质，从而降低其对环境的危害。还原剂还可以降低化学需氧量，从而减轻水体污染。

以上仅为部分应用场景，随着工业生产技术的发展，还原剂的应用领域将不断扩展。在选择和使用还原剂时，需要综合考虑其化学性质、反应条件以及经济和环境因素。

8.2 传统水处理还原剂

在化学反应中，还原剂用于将其他物质从氧化态还原为还原态。传统还原剂有许多类型，每种类型均具有特定的作用。传统水处理还原剂主要用于去除重金属及有机物等。此外，在纯水系统中，还原剂还可以去除氧化物，保持系统的纯洁度，提高水的电导率，提高纯水的稳定性，延长系统设备的使用寿命等。以下是一些常见的传统还原剂类型。

8.2.1 金属单质

金属单质具有较强的还原性，能够在多种化学反应中作为还原剂使用。某些金属单质能够选择性地还原特定的物质，使得反应更加可控和高效。金属单质可以在不同的温度、压力和酸碱度条件下进行还原反应。常见的还原剂为活泼金属单质，如 Na、Fe、Al、Zn 等。

（1）钠（Na）

Na 为银白色立方晶体结构金属，质软而轻，可用小刀切割，密度比水小，为 $0.968g/cm^3$，熔点 97.72℃，沸点 883℃。新切面有银白色光泽，在空气中氧化转变为暗灰色。Na 是热和电的良导体，具有较好的导磁性，钾钠合金（液态）可用作核反应堆的导热剂。Na 单质还具有良好的延展性，硬度较低，能够溶于汞和液氨中，溶于液氨会形成蓝色溶液，在 −20℃时变硬。Na 的化学性质很活泼，常温和加热条件下可与氧气反应，遇水会发生剧烈反应，量大时甚至可能引发爆炸。Na 还能在 CO_2 中燃烧，可与低元醇反应产生 H_2，与电离能力很弱的液氨也能发生反应，具有抗腐蚀性。

Na 原子很容易失去最外层的 1 个电子，具有强还原性。因此，Na 的化学性质非常活泼，能够和大量无机物、绝大多数非金属单质以及大部分有机物反应，在与其他物质发生氧化还原反应时，作为还原剂，由 0 价升为 +1 价，通常以离子键和共价键形式结合。Na 的金属性强，离子氧化性弱。金属 Na 作为一种价廉易得的还原剂，可用于脱氧还原、还原裂解。它与不同溶剂构成的体系，可还原多种有机官能团，如 C═N、C═O、C═C 等。金属 Na 具有反应温度易于控制、反应条件比较温和、反应产物收率较高等优点，是有机还原反应中的重要试剂。为了进一步扩大这一试剂的应用范围，许多研究者一直致力于其还原性能的改善，研究结果表明，影响金属 Na 还原的主要因素有溶剂、金属 Na 在介质中的分散程度等。

金属 Na 与不同溶剂构成的体系，可使多种有机官能团得以还原。杂环与 Na/NH_3 或 Na/EtOH（乙醇）反应，环上的 C═C 部分被加氢还原，而其他不饱和基团保持不变。在 Na/NH_3 条件下还原效果较好，收率较高。苯环的芳香性强，稳定性高，一般采用催化加氢的方法使苯环完全还原，但该方法反应条件苛刻，对设备要求高。根据文献报道，对丙基苯甲酸在 Na/EtOH 中，可被完全还原生成对丙基环己酸。因对丙基苯甲酸中羧基的存在，使得苯环上的电子云密度降低而具有亲电性，反应过程中苯环从 Na 原子上接收电子形成多电荷中间体，后者再与质子反应，逐步形成还原产物。金属 Na 和叔醇构成的体系，可使酮还原为醇。该反应具有较高的立体选择性，反应条件温和，易于操作。有研究者发现，不饱和酮在 Na/NH_3 条件下可还原为具有立体结构的醇，环状的饱和酮在 Na、异丙醇和甲苯的混合溶剂作用下可还原为醇。金属 Na 在液氨中将 4-甲基-5-羧酸乙酯咪唑还原为 4-甲基-5-羟甲基咪唑。

Na 作为还原剂在水处理中的适用范围有限，会产生二次污染，此外，Na 还原还需要高温、高压等条件，这也增加了处理的难度和成本。因此，在利用 Na 还原法进行水处理时，需要综合考虑其适用范围、成本、二次污染等多个因素，并进行科学合理的评估和选择。同时，还需要结合其他水处理技术，以达到更好的处理效果。

（2）铁（Fe）

20 世纪 70 年代开始，铁屑腐蚀电池（也称铁碳微电解）开始被应用到污水处理中。由于该方法应用效果好、使用寿命长、成本低廉、操作维护方便，并且使用的铁屑可以取自切屑的工业垃圾，具有“以废治废”的意义。因此，目前铁屑腐蚀电池不仅在工业污水处理方面应用十分普遍，而且还用于处理地下水的污染。

1）铁屑处理污水的机理

铁屑处理污水的机理有以下 5 个方面。

① 铁屑对污染物具有还原作用。当铁被插入含电解质的水溶液中时，细小的碳粒充当阴极，而铁因电势小，充当阳极，由此构成了成千上万个微小电池，铁不断被消耗。故这种效应称为腐蚀电池作用，所发生的反应称为腐蚀反应。

以 Cr(Ⅵ) 为例，反应式如下：

阳极过程：

$$Fe \longrightarrow Fe^{2+} + 2e^- \qquad E^{\ominus} = -0.44V \tag{8-1}$$

$$Fe^{2+} \longrightarrow Fe^{3+} + e^- \qquad E^{\ominus} = -0.77V \tag{8-2}$$

阴极过程：

$$Cr_2O_7{}^{2-} + 6e^- + 7H^+ \longrightarrow 2Cr(OH)_3 + OH^- \tag{8-3}$$

② 铁屑腐蚀电池除了提供电子外，其所形成的氧化铁水合物也具有较强的吸附-凝活性，能吸附污染物质，进一步减少污染物在水中的含量。

③ 铁屑中的碳为活性炭，不仅比表面积大，对污染物有极大的吸附性，而且表面有许多氧化物复合体。官能团有羧基、酚羟基、酮羰基、正内酯基、荧光内酯基和吡喃酮等。羧基具有吸附芳香族化合物的能力，可处理恶臭物质二丁基二硫。

④ 电池周围存在的微电场效应可使极性的污染物（如卤代烃）在电场作用下定向移动，富集到铁粒表面。

⑤ 在处理卤代烃污染物时，所产生的 Cl^- 或 Br^- 等对钝化膜具有穿透破坏作用，可使

铁屑不会因表面生长钝化膜而终止反应。这种效果增加了铁屑的利用率。

总之，铁腐蚀电池处理有机污水的核心作用机制是氧化还原反应，并协同了物理吸附、电化学富集及卤素离子对钝化膜的破坏等多重效应。

2）应用铁屑处理工业废水

① 处理含砷、氟废水：砷（As）、氟（F）废水主要来自生产原料的杂质，利用铁屑处理含砷、含氟废水时，铁屑通过腐蚀形成 Fe^{2+}，在碱性条件下用絮凝共沉淀法去除废水中的 As、F。此法可以使废水中的 As、F 达到排放标准，而且处理费用比其他方法少。有研究者利用该方法去除废水中的 As、F，去除率分别达到 93%和 99%。

② 处理石油化工废水：在处理石油化工废水时，铁屑首先被氧化，提供电子使水中的芳香族硝基化合物还原，达到降低毒性和提高其生物降解性的效果。铁屑被氧化后生成的 $Fe(OH)_3$ 絮状胶体具有较强的吸附和絮凝作用，能去除废水中的油类。

③ 处理含铬的电镀废水：多数电镀废水中的重金属严重超标，含高价态铬的废液与铁屑接触时，由于铁屑腐蚀后可提供电子，就会使 Cr(Ⅵ) 还原为 Cr(Ⅲ)。以碱性溶液为例，反应式为：

$$Cr_2O_7^{2-} + 2H^+ + 5H_2O + 2Fe \longrightarrow 2Fe(OH)_3 + 2Cr(OH)_3 \tag{8-4}$$

铁屑在净化 Cr(Ⅵ) 的过程中，不仅使其还原为毒性小得多的 Cr(Ⅲ)，而且铁屑氧化后所形成的产物具有吸附作用，可加速其絮凝沉淀。采用这种方法不仅可以处理单一的含 Cr^{6+} 的废水，还可以处理含 Cr^{6+}、Cu^{2+}、Ni^{2+}、Zn^{2+}、Pb^{2+} 等多种重金属离子的综合性电镀废水。

④ 处理印染废水：染料废水主要来源于染料及染料中间体生产行业，由各种产品和中间体结晶的母液、生产过程中流失的物料及冲刷地面的污水等组成。我国染料工业具有小批量、多品种的特点，大部分是间歇操作，废水间断性排放。水质、水量变化范围大，废水组分复杂、浓度高、色度大。废水中的有机组分大多以芳烃及杂环化合物为母体，并带有显色基团（如—N═N—、—N═O）及极性基团（如—SO_3Na、—OH、—NH_2）。废水中还含有较多的原料和副产品，如卤化物、硝基物、苯胺、酚类等，以及无机盐，如 NaCl、Na_2SO_4、Na_2S 等。由于染料生产品种多，且正朝着抗光解、抗氧化、抗生物氧化方向发展，因此染料废水处理难度加大。其难点在于：一是 COD 含最高，而 BOD/CCD 值较小，可生化性差；二是色度大，组分复杂。而 COD 的去除与脱色有相关性，但脱色困难更大。

采用铁屑或铁屑和其他物质联合处理印染废水能够大大改善水质。采用铁屑处理，可将铸铁屑作为滤料，让染料废水浸没其中或从中通过。此法主要是利用 Fe 和 FeC 与溶液的电位差所产生的电极效应来净化污水，电极反应产物（新生态 H）具有较高的化学活性，能与染料废水中的多种组分发生氧化还原反应，破坏染料的发色结构。另外，微电池中阳极产生新生态 Fe^{2+}，其水解产物的絮凝体具有较强的吸附能力。由于染料大都以胶体的形式存在于溶液中，分散的胶体很难聚合沉淀，而腐蚀电池的正负极有一定的电势差，可使带不同电荷的粒子做定向移动，从而迅速完成电泳沉淀过程。

⑤ 处理含卤代烃的废水：利用铁屑处理卤代烃的原理，主要是依据下列反应式（卤代烃以 R—X 表示）。

阳极过程：

$$Fe \longrightarrow Fe^{2+} + 2e^- \qquad E^{\ominus} = -0.44V \tag{8-5}$$

阴极过程：

$$R—X+e^-+H_2O = R—H+X+OH^- \quad (8\text{-}6)$$

如果卤代烃分子中不只含有一个卤原子，则会继续发生脱卤过程。脱卤过程中会有大量OH^-产生，使附近溶液的pH值上升，在阳极铁表面形成$Fe(OH)_2$、$Fe(OH)_3$、$Ca(OH)_2$等其他沉淀物，有利于减少水中铁的二次污染，但是沉淀物也可能会堵塞孔隙而使其透水性降低。有研究者利用室内模拟实验发现了铁屑能与13种卤代烃发生反应，其反应速度顺序为：六氯乙烷(HCA)＞四氯化碳(CT)＞三溴甲烷(TBM)＞1,1,1,2-四氯乙烷(1,1,1,2-TECA)＞1,1,2,2-四氯乙烷(1,1,2,2-TECA)＞1,1,1-三氯乙烷(1,1,1-TCA)＞四氯乙烯(PCE)＞三氯乙烯(TCE)＞三氯甲烷(TCM)＞1,1-二氯乙烯(DCE)＞氯乙烯(VC)＞顺-1,2-二氯乙烯＞反-1,2-二氯乙烯。而二氯甲烷（DCM）在实验时间段（500h）内与铁屑不发生反应。

利用还原性零价金属（ZVMs）去除水体中的污染物一直是环境治理领域的研究热点。ZVMs由于具有较强的还原活性，被广泛应用于多种污染废水处理、地下水修复及污染土壤治理中，是具有广泛应用前景的污染物治理技术之一。目前常用的零价金属包括铁、锌和铝等，其中零价铁（ZVI）的应用较为广泛，已被证实可去除有机卤化物、偶氮染料、Se(Ⅵ)和As(Ⅴ)等多种有机、无机污染物。但ZVI去除有机污染物质的过程中常伴随溶液中H^+的消耗，随pH值升高，会生成$Fe(OH)_3$沉淀，覆盖在铁粉表面，阻碍反应的进行。纳米零价铁（nZVI）去除重金属机理见图8-1（书后另见彩图）。

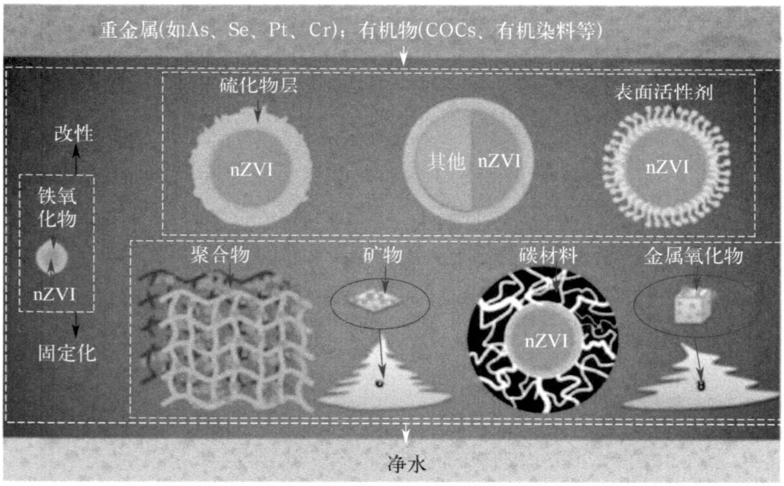

图8-1　纳米零价铁（nZVI）去除重金属机理

3）纳米零价铁复合材料处理废水

近年来，纳米零价铁复合材料因其比表面积大、反应性强、生物毒性低，在重金属和有机物的去除中应用广泛、优势明显、效果极佳。同时，其在水体中具有极高的流动性且便于贮存，适用于水体的原位修复。载体或改性剂可通过孔隙作用、电性作用、反应位点等将其吸附、结合，在一定程度上促进传质反应的发生，提升应用效果。其在水处理中的应用主要包括以下几个方面。

① 金属离子的去除：进入水体的重金属可迅速转移到悬浮物或沉积物内，生物毒性并

非与溶液中的总金属浓度相关，主要受游离（水合）金属离子的影响，重金属可通过食物链富集，最终进入人体，产生慢性毒性，通过纳米零价铁的催化、还原、螯合、电化学作用可实现其高效去除。郭慧超等研究表明，利用 nZVI 去除重金属会发生如下反应：

$$Fe—OH+M^{2+} \longrightarrow FeO—M^{+}+H^{+} \tag{8-7}$$

$$FeO—M^{+}+H_2O \longrightarrow FeO—M—OH+H^{+} \tag{8-8}$$

$$FeO—M^{+}+Fe+H^{+} \longrightarrow Fe—OH—M+Fe^{2+} \tag{8-9}$$

$$Fe+2H_2O \longrightarrow Fe^{2+}+H_2+2OH^{-} \tag{8-10}$$

$$FeO—M^{+}+OH^{-} \longrightarrow FeO—M—OH \tag{8-11}$$

Ⅰ. 砷(As)：无机砷可在人体组织中积累并与蛋白质结合，对心血管系统和肝脏造成损害，且无机 As(Ⅲ) 和 As(Ⅴ) 的毒性比有机砷高。弱酸性条件下，五价砷酸盐带负电，可通过吸附、沉淀和膜法处置。三价砷的去除相对困难，pH 值低于 9.2 时三价砷以 H_3AsO_3 的形式存在，分子自身与吸附剂之间键合较弱，一些传统的物理化学方法在处理不带电的 H_3AsO_3 时受到限制，共存重金属离子也会增加酸性废水中 As(Ⅲ) 的去除难度。在 As(Ⅲ) 的去除中，吸附法是最主要的途径，高效的新型吸附剂是研究重点，来源广泛、价格低廉、环境友好的铁基材料被广泛研究。纳米零价铁具有比表面积大、反应活性高等优势，可实现 As(Ⅲ) 污染水体的原位修复。nZVI 通常通过物理、化学吸附实现 As(Ⅲ) 物种的去除，在一定条件下可诱导产生的活性氧（ROS），导致 As(Ⅲ) 向 As(Ⅴ) 转化，同时促进吸附反应的发生。

Ⅱ. 硒(Se)：硒是人体必需的微量营养元素，但过量摄入会导致毒效应。迄今为止，对硒去除的研究集中在溶剂萃取、浮选、吸附、离子交换和膜分离上。溶剂萃取和浮选在硒分离过程中对环境有害，吸附和离子交换效率不高，膜过滤效率高、操作简单、能耗较低，是大规模硒分离最有效的方法之一。零价铁可降低硒的氧化态，便于其吸附去除，理想条件下硒氧化物可以元素硒的形式从溶液中沉淀分离出来。nZVI 在硒分离过程中具有分离效率高、分离后硒化合物释放量低、分离过程可控的优势，但 nZVI 稳定性低、聚集性高，从而使硒的分离效率显著降低。近年来，用纳米线、纳米纤维制备的膜材料去除硒的研究日益广泛，MnO_2 纳米线作为一类一维材料，呈现出优异的性能，能够承受酸、碱等极端环境，作为载体材料时优势显著。

Ⅲ. 铅(Pb)：铅离子（Pb^{2+}）作为最具毒性的重金属之一，可抑制血红蛋白，损害肝肾、生殖系统和中枢神经系统。ZVI 通过吸附-还原-共沉淀协同作用机制可高效去除水体中的 Pb^{2+}，但 nZVI 表面的氧化膜在一定程度上影响了其传质和还原。疏松的多孔结构可作为吸附与共沉淀反应的发生场所，在 Pb^{2+} 的捕获中发挥重要作用，这为 nZVI 充当吸附材料提供了可能，但前提是需有效解决其团聚、表面腐蚀及潜在生物毒性问题，采用固体基质对 nZVI 进行支撑和固定是一种有效的解决途径。

Ⅳ. 铬(Cr)：Cr(Ⅵ) 具有致癌性，可诱发消化道癌症、神经系统损害等一系列疾病，其高溶解度和流动性易导致水污染。相比之下，Cr(Ⅲ) 的毒性较低，是人体必需的痕量元素。因此，去除 Cr(Ⅵ) 的关键是将其还原成 Cr(Ⅲ)，降低其生物毒性。nZVI 因其尺寸小、比表面积大、表面活性高而被广泛用作还原剂，但其化学不稳定性、机械强度低、聚集趋势较强，在一定程度上增加了水处理成本，从而限制了其应用。纳米零价铁的负载和改性为其推广应用提供了可靠的解决途径。聚丙烯腈（PAN）具有亲水性、热稳定性和机械稳定性，因此被用作载体材料，其自身官能团对 nZVI 的螯合作用较弱，对其进行改性可在一定程度上降低二次污染。多巴胺和3,4-二羟基-L-苯丙氨酸（L-DOPA）可通过向PAN膜接枝羟基与羧基，在增强nZVI螯合能力的同时进一步提高膜的亲水性。由此合成的材料能借助Fe^0的腐蚀作用实现Cr(Ⅵ)的还原性去除，该过程包含吸附、还原、共沉淀三个环节。强酸性条件更有利于Cr(Ⅵ)的去除，且整个去除过程遵循伪一级动力学模型。

Ⅴ. 其他重金属离子：重金属去除过程以吸附、离子交换、还原、化学沉淀为主，自由基氧化后的吸附、络合可实现低价重金属向高价重金属的转化去除。除上述金属离子外，纳米零价铁及其复合材料还可用于水体中Cu(Ⅱ)、U(Ⅵ)、Sb(Ⅲ)、Sb(Ⅴ)等的去除。

在工业废水中，Cu(Ⅱ)常以稳定的螯合结构存在，难以通过常规处理技术去除，共存阴离子也会对其造成干扰。从理论上讲，EDTA-Cu(Ⅱ)会被Fe^{3+}取代，游离的Cu^{2+}通过沉淀、吸附、还原去除，去除效率在很大程度上取决于nZVI的反应性。采用机械强度优异和孔结构可调节的聚合物阴离子交换剂D201固定的nZVI在6h内可实现88.3%的EDTA-Cu(Ⅱ)去除率，有97.2%的Cu固定在D201-nZVI珠粒内部，在Donnan膜效应影响下，与聚合物基质共价键合的季铵盐基团，在EDTA-Cu(Ⅱ)向孔道内渗透的过程中发挥着重要作用，从而充分激发nZVI的活性。

在水环境中，铀通常以可溶性U(Ⅵ)和少量U(Ⅳ)的形式存在，在地下水中常为可溶性络合物。萃取、膜分离、离子交换、化学沉淀和吸附等方法均被用于去除U(Ⅵ)，将可溶的U(Ⅵ)还原为不溶的U(Ⅳ)后再进行分离是有效途径。纳米零价铁可用作U(Ⅵ)的精馏材料，有效还原U(Ⅵ)。双金属氧化物在保留母体效果的基础上能够发挥协同作用，Fe-Ni双金属纳米粒子表面活性位点密度高，Ni在加快去除速度的同时可有效提高nZVI对U(Ⅵ)的吸附能力。二维氧化石墨烯（GO）具有高柔韧性、高表面积、高电导率及丰富的含氧官能团，因此表现出优良的U（Ⅵ）吸附性能，同时，它还能简化复合物的分离与回收过程。基于这些特性，GO/Fe-Ni在实际应用中优势显著。零价铁可渗透反应墙技术（PRB）用于原位去除U(Ⅵ)已成功运行多年，但零价铁的表面钝化与团聚问题会缩短PRB的使用寿命。铁基双金属材料可通过持续提供电子以维持铁的零价状态，进而暴露更多位点来还原U(Ⅵ)。

优先污染物锑的主要存在形态为Sb(Ⅴ)和Sb(Ⅲ)，即分别以$Sb(OH)_6^-$和$Sb(OH)_3$的形式存在，无机态毒性远高于有机态，其在水体中的存在形式取决于pH值。相比之下，Sb(Ⅲ)更为稳定且更易于去除，还原法是修复Sb(Ⅴ)污染水体的有效途径。nZVI因其高表面能、高吸附能力被广泛用作Sb(Ⅲ)/Sb(Ⅴ)的吸附材料，污泥生物炭（SBC）的高稳定性、高孔隙率使其成为Sb(Ⅲ)的理想吸附剂，当其作为载体时与nZVI协同优势明显。

② 有机污染物去除：水体中的有机物往往具有高毒性、难以生物降解、可长距离迁移等特性，危害性极高。nZVI复合材料可通过吸附、氧化或还原途径去除，从而降低其环境风险。

Ⅰ. 含氯有机物。含氯有机物（COCs）主要包括氯代芳烃、氯代脂肪烃以及其他氯代衍生物，具有较强的生物毒性和蓄积性，可用物理、化学、生物方法对其进行去除，但这些方法均存在缺陷。物理法（如汽提、吸附、萃取等）通常只能对氯代有机物进行转移而不能真正实现去除，选择性比较差，存在竞争性问题。生物法分为好氧、厌氧两种途径，但高效降解菌种的分选、驯化等问题还没有得到很好的解决。化学法是现阶段最常用的方法，分为氧化途径和还原途径两种。焚烧法因设备要求高、运行成本高、二次污染严重逐渐被取代，芬顿氧化、光催化氧化、臭氧氧化被广泛研究，其反应条件温和可控，环境影响小，但高级氧化技术在处理部分多氯有机物时效果较差。还原途径主要集中在电催化氢解、nZVI还原方面，零价铁的氧化过程促使溶液中的H^+取代Cl^-的位置，反应生成的二价铁自身也对氯系物种有一定的还原作用，电化学反应产生的 H_2 在脱氯过程中也可发挥协同作用。此外，纳米零价铁用于脱氯反应可避免锌成本高、铝易钝化、铜还原性低、镁过度产氢的问题，因其粒径小、易随水流动、停留时间相对较长的优势而被用于水体原位修复。

Ⅱ. 有机染料。工业废水涵盖了染料废水，这种废水来自生产行业，包括了中间体、结晶物料损失、产品母液等。染料废水污染物浓度高，废水种类多、成分复杂、难以分离，含有大量的有机化合物和盐类，具有化学需氧量高、色泽深、酸/碱性强等特点，已成为环境污染的主要来源之一。近年来，利用 nZVI 处理染料废水得到了科研人员的广泛关注。Alphonse 通过紫外光谱研究发现，有机染料的降解机理涵盖了发色基因的断裂、氧化还原、共轭芳族结构还原等。Kecic 等以天然产物橡树叶（OAK）为原料，用绿色合成法成功合成了 OAK-nZVI 复合材料。结果表明，在初始染料质量浓度为 180mg/L、投加 60mg/L 复合材料、$c(H_2O_2)=11mmol/L$、pH＝2 的条件下，脱除率达到 91.95%。

Ⅲ. 其他有机物。除了含氯有机物、染料，纳米零价铁也广泛用于硝基化合物、酚类化合物、抗生素、多环芳烃等有机物的去除，吸附、化学还原、光催化氧化、自由基氧化等途径均可实现其高效降解。

硝基苯（NB）具有高疏水性、毒性和持久性，硝基的得电子特性使得传统生物方法无法处理 NB 浓度高于 100mg/L 的废水，使用高级氧化工艺（AOP）去除高毒性的 1,3-二硝基苯副产物时成本过高，鉴于 nZVI 的低成本、环境友好性和高还原性，用 nZVI 将 NB 还原为苯胺（AN）可以降低毒性，增强可降解性，利于后续生物处理。硝基苯酚（PNP）稳定性极好，毒性高，具有“三致”风险，难微生物降解。物理方法中，吸附法最为常用，但吸附剂的再生成本极高。萃取法对高浓度废水处理效果较差，萃取剂自身有二次污染风险。热解过程能耗较高，相比之下高级氧化工艺以及还原法较为常用。

四溴双酚 A(TBBPA) 因其亲脂性、生物蓄积性、持久性和高毒性而受到广泛重视，nZVI 因其来源广泛、价格低廉和脱溴能力强而被广泛研究。通过生物质负载和其他金属掺杂可显著提高颗粒的分散性、可回收性以及反应活性，优势明显。此外，nZVI 反应过程中产生的 H_2 可用作电子供体以促进微生物的生长，从而在降解过程中发挥 nZVI 与微生物的协同作用。

磺胺甲噁唑（SMX）是抗生素的一种，因其对微生物具有抗性，易被污泥吸附，难以被降解。混凝和吸附只能实现 SMX 在介质中的转移。高效快速降解需依赖化学氧化和高级氧化技术，以 nZVI 为催化剂的芬顿氧化是去除水体中 SMX 的有效路径。

四环素（TCs）曾作为理想抗菌剂在世界范围内广泛使用，但其难降解，环境半衰期长，健康风险高。nZVI 处理 TCs 废水的研究较多，外涂覆氢氧化铝凝胶（AHG）可提升其分散性和抗氧化性，AHG 自身也具有一定的吸附能力。

多环芳烃（PAH）具有“三致”效应（致癌、致畸、致突变），化学转化往往会产生有害的副产物，生物降解因其稳定性难以发挥作用，相比之下，吸附法是最有效的方法，但吸附剂的分离和回收难度极高。可通过外加磁场分离的超顺磁材料为吸附剂的分离、回收提供便利。α-Fe 的饱和磁化强度可超过 200emu/g，在磁选中优势明显。为了充分利用 nZVI，对其进行适当修饰以提高其稳定性和选择性较为必要，聚多巴胺的 π-π 堆积有利于 nZVI 性能的提升，同时也利于污染物的吸附去除。

③ 纳米零价铁的使用局限性。纳米零价铁材料因其高催化活性、高反应性以及相对经济的价格优势，在环境污染修复与治理方面被广泛应用，并取得了良好效果。相比于其他人工金属纳米材料，铁对水生生物的毒性低，环境影响小。但另一方面，纳米零价铁的高反应

活性、易团聚失活，又限制了其进一步推广应用。其局限性主要包括：

Ⅰ. 受纳米效应的影响，纳米零价铁直接引入水体会因团聚、流失等使性能大幅降低，采用骨架分散的方法可以有效降低团聚程度。常见的负载骨架材料包括有机聚合物、天然矿物、碳材料和金属氧化物等。关于有机聚合物，单组分和多组分载体均有广泛研究，涉及膜材料、晶体材料、天然高分子和树脂等。天然矿物，如蒙脱土、膨润土等可用作载体，但负载不稳定、回收困难。碳材料载体，如碳粉、碳纤维、碳纳米管、氧化石墨烯等也被广泛应用，以植物、细菌、废弃物为原材料制备的生物炭材料也被广泛应用。金属氧化物自身酸碱性、氧化还原特性在实际应用过程中可起到调节作用，且单组分氧化物研究较多。

Ⅱ. 传统方法制备的零价铁颗粒在空气中的稳定性较差，易发生氧化，使得纳米零价铁的推广应用受限。因此，纳米零价铁的稳定性仍是制约其实际应用的关键因素。表面硫化、掺杂金属（如 Ce、Mn、Co 等）构建多元组分、引入涂层材料是现阶段研究较多的稳定手段。此外，机械化学-球磨法在硫化改性过程中也能发挥重要作用，相比于化学合成路径，其环境友好性进一步提升。各种方法合成的颗粒性能有所不同，能耗、经济性、环境友好性等方面均存在差异。涂层材料的稳定效果在一定程度上取决于对 nZVI 颗粒的包覆程度，实际应用过程中还需考虑涂层材料的黏附性和二次污染等。

Ⅲ. 在应用方面，对重金属、有机物的处理均取得了一定的成效。研究较多的重金属主要为 Cr、As、Se、Pb 等，而有机污染物则较为广泛。有关重金属去除，通过将其转化为低毒形态后从水体中富集析出，从而降低其在水环境中的含量是最主要的机制。关于有机物，矿化成小分子直接去除是最为理想的去除方法。然而实际应用过程中，有机物的降解难度较大，去除过程中伴随各种中间体的产生，部分中间产物会以终产物的形式留存于反应体系中，需通过后续吸附作用带离，实现水体净化。新材料方面，开发可见光高响应材料、延长光生电子空穴复合时间、实现高效可见光催化等是纳米零价铁光催化领域的研究趋势。为进一步提升应用效果，高级氧化过程与光、热、电、磁、超声、微波等能场以及微生物代谢过程相结合的耦合体系逐步受到重视。能场与污染物间的作用可补充所发生反应过程中化学键断裂所需的能量，降低反应活化能，加快反应速度；微生物则通过自身的代谢过程进行污染物去除，但反应微生物的遴选具有一定的难度，对微生物代谢过程及机理的研究还需进一步深入。

（3）铝（Al）

零价铝（ZVAl）因具有比 ZVI 更低的氧化还原电位，具有更强的还原活性和电子转移能力，其为电子转移提供的热力学驱动力约为 ZVI 的 4 倍。更重要的是，由于铝的两性化学性质，可将适用 pH 范围拓展到碱性。目前环境领域关于 ZVAl 的研究主要集中于两类：以零价铝/氧/酸（$ZVAl/O_2/H^+$）体系为核心的氧化体系和以零价铝/无氧（ZVAl/anaerobic）体系为核心的还原体系。几种常见零价金属的标准氧化还原电位见表 8-1。

表 8-1 几种常见零价金属的标准氧化还原电位

ZVMs	标准氧化还原电位/V	ZVMs	标准氧化还原电位/V
$E^{\ominus}(Al^{3+}/Al^0)$	−1.662	$E^{\ominus}(Cu^{2+}/Cu^0)$	−0.337
$E^{\ominus}(Zn^{2+}/Zn^0)$	−0.762	$E^{\ominus}(H^+/H_2)$	0
$E^{\ominus}(Fe^{2+}/Fe^0)$	−0.44		

零价铝可以有效处理难生物降解的碱性偶氮染料废水，以典型偶氮染料活性蓝 222（RB222）为处理对象，袁超等在碱性条件下直接采用零价铝进行还原处理，并系统评价了

溶液 pH 值、反应温度以及零价铝粉投加量等因素对偶氮染料分子降解效果的影响。结果表明，随着 pH 值从 7.00 增至 12.00，脱色率从 62.6%升至 98.4%；零价铝粉投加量从 5g/L 增至 50g/L，脱色率从 90.8%升至 98.8%。零价铝还原处理偶氮染料最优条件：温度为 60～80℃，零价铝粉投加量为 10～25g/L，体系 pH 值为 11。在该条件下，经过 2h 处理，脱色率超过 99%，溶液可生化性从 0.169 升至 0.386，易于后续生化处理。电喷雾电离质谱（ESI-MS）和傅里叶变换红外线光谱分析仪（FT-IR）分析表明，偶氮染料中—N ═N—（偶氮键）被破坏，还原产物中有苯胺类小分子。根据试验结果推测偶氮染料的还原路径为：水中的质子接受零价铝表面的电子生成活性氢，活性氢攻击—N ═N—，将偶氮化合物还原裂解成易于生物降解的苯胺类小分子物质。

利用 ZVAl 还原水中污染物，传统研究主要集中于利用 Al/C 微电解的方法，近年来，一些研究者试图直接利用 ZVAl 的还原性能，通过 ZVAl 将水中污染物直接还原，如还原硝基苯、氢化断裂偶氮键还原偶氮染料。另有部分研究者开始尝试利用基于 ZVAl 的不同双金属体系还原水中污染物。

1）ZVAl 直接还原水中污染物

① ZVAl/anaerobic 体系直接还原：杨世迎等尝试利用裸 ZVAl（未进行表面改性或预处理）在无氧条件下对酸性橙 7(AO7）进行还原脱色，在碳酸缓冲溶液中，pH 值为 12，初始 AO7 浓度 20mg/L 条件下，反应 60min，脱色率可达 97%。石超利用 ZVAl/anaerobic 体系还原水中硝基苯（NB)，发现其在酸性条件下需很强的酸性（pH≤2.0）和 2h 以上的诱导时间才能发生还原反应，而碱性条件下不需较长的诱导时间，在 10min 以内可基本完成（pH≥11.0)，他认为可能发生的反应如式(8-12）和式(8-13）所示。同时他研究了碳酸缓冲溶液存在的情况，发现 ZVAl 对 NB 的还原作用增强，在 pH 值为 10.32 时就可将 NB 还原，且降解效率提高了 10%以上。

$$Al_2O_3+2OH^- \longrightarrow 2AlO_2^- + H_2O \tag{8-12}$$

$$2Al+2OH^- + 2H_2O \longrightarrow 2AlO_2^- + 3H_2 \tag{8-13}$$

上述研究均证实了 ZVAl 在碱性环境中的有效还原作用，碱性条件下还原反应不需要较长的诱导时间，且不会产生 $Al(OH)_3$ 沉淀阻碍反应进行。

② 辅助 ZVAl 还原：一些研究者尝试利用外加手段辅助 ZVAl 在酸性条件下直接还原污染物。Lin 等尝试外加 POM（多金属氧酸盐）辅助 ZVAl 还原 Cr(Ⅵ)，结果显示，当 pH 值为 1，添加 0.1mmol/L POM，反应 120min 后，初始浓度为 0.192mmol/L 的 Cr(Ⅵ）被完全去除，证实了 POM 对 ZVAl 还原 Cr(Ⅵ）的促进作用。Patricia 等进一步研究了 ZVAl 还原 Cr(Ⅵ）的过程，对其进行酸洗预处理，发现还原过程第一步是去除 ZVAl 表面氧化膜，且之后的反应符合零级动力模型。

2）双金属体系

双金属法以电化学氧化还原反应为基础，利用了两种金属间的电位差，是对 Al/C 微电解的新发展，相对于 ZVAl 直接还原技术 pH 范围（一般需 pH>10.5 或 pH<3.5）的局限性，其 pH 值应用范围可拓展到近中性，近几年研究人员不断尝试基于 ZVAl 的不同双金属体系对水中污染物的还原作用，主要集中于 Al/Fe、Al/Pb 和 Al/Cu 体系。

① Al/Fe 体系：Chen 等利用 Al/Fe 双金属还原四氯化碳（CT)，扫描电子显微镜（SEM）显示 Fe 集中于 Al 的表面，铁铝摩尔比约为 2∶3，去除速率为 0.75mL/min，且实验还进一步分析了还原产物，并说明了 Al/Fe 双金属体系的作用过程，ZVAl 还原产生电

子，通过ZVI传递电子还原目标污染物。Fu等利用Al/Fe体系还原Cr(Ⅵ)，研究发现该体系可在更宽泛的pH范围内还原Cr(Ⅵ)，在酸性或中性条件下可在20min内完全还原，即使在pH值为11时，也有93.5%的去除率。Han等还利用填充Al/Fe双金属的可渗透反应墙（PRBs）处理水中的Ni^{2+}、Cu^{2+}、Zn^{2+}、Cd^{2+}和Cr(Ⅵ)等多种重金属离子。

② Al/Pb体系：Yang等发现Al/Pb体系可增强脱氯作用，其利用Al还原水分子或氢离子，产生强还原性原子氢，在Pb的催化作用下使C—Cl键断裂。利用双金属间的腐蚀电位差异，形成了电化学原电池，可有效促进阳极金属的腐蚀和后续的催化脱氯。他们研究了Al/Pb体系对2-氯联苯（2-PCB）的加氢脱氯作用，在pH值为3、钯负载量为1.43%的条件下，初始浓度为18.7μmol/L的2-PCB反应60min后可完全降解。

③ Al/Cu体系：Lien等利用Al/Cu双金属还原四氯化碳、氯仿、二氯甲烷和氯甲烷等卤代甲烷，研究发现可增强脱卤作用。其中，Al/Cu双金属体系可还原单一零价金属体系及Al/Pb双金属体系无法还原的二氯甲烷（DCM），在Al/Cu质量比为5∶1时，实验反应2h后DCM去除率达98%。具有强还原活性的ZVAl，在水处理领域有广泛应用前景，其可利用ZVAl/anaerobic体系或基于ZVAl的双金属体系还原水中CT、NB、AO7和Cr(Ⅵ)等污染物。该技术的应用范围不仅仅局限于强酸环境，还可用于多种pH值环境下。且随着铝表面氧化膜处理手段的逐渐发展，基于ZVAl的氧化/还原技术在水处理领域将会有更广泛的应用。另外，铝在水中是一种潜在的污染物，反应过程中产生的铝离子可能会对水体造成二次污染，处理后水中残留铝离子浓度是评估其生物毒性的一个重要因素，其在饮用水中最大的允许浓度为0.2mg/L，调节pH值到6.2，铝离子浓度可降低至0.02mg/L。

尽管如此，基于ZVAl的氧化/还原处理技术尚处于发展阶段，仍存在一些亟待解决的问题，具体如下。

Ⅰ. 氧化膜的去除和铝的老化问题：ZVAl金属活泼性强，与空气接触，金属表面极易形成Al_2O_3氧化膜，基于ZVAl的氧化还原反应第一步是去除ZVAl表面的氧化膜。而氧化膜性质稳定，阻碍了ZVAl产生电子，该因素是制约ZVAl氧化还原技术在水处理领域广泛应用的重要原因。

Ⅱ. 应用pH值存在局限性：尽管基于ZVAl的氧化/还原技术将pH值应用范围拓展到碱性条件，但仍存在局限性，目前利用ZVAl单金属较难在近中性条件下反应，不做其他处理，在pH值为4～9时基本不反应，但可通过添加缓冲溶液、调整反应温度、增加辅助手段来拓宽反应的pH值范围，未来可进一步探究不同辅助手段的影响，以期拓展其在更宽pH值范围内的应用。

Ⅲ. 直接还原时不能矿化：利用ZVAl体系直接还原一些难降解污染物，如硝基苯、偶氮染料等，会生成新的还原产物，不能矿化，后续需联合其他反应器才能矿化去除。但其可提高废水的可生化性，并能在一定程度上解除对微生物的毒性。该工艺一般在厌氧条件下进行，因而，可考虑作为污水生物处理前的预处理工艺，可省去水解酸化等厌氧工艺，来处理难降解废水。

8.2.2 非金属单质

(1) 氢气（H_2）

在宇宙中，氢元素的含量约占75%，是含量最多的元素。H_2燃烧所产生的热值非常高，通常燃烧产生同样热量需要的酒精、汽油和焦炭的质量分别是 H_2 的 3.9 倍、3 倍和 4.5 倍。H_2 以燃烧的方式来产生能量，而其燃烧的产物只有水，对生态环境没有任何污染，并且生成的水又可以通过一定的方式转换成 H_2，能够形成一个良好的循环过程。H_2 作为还原剂在水处理中的应用主要体现在净水和废水处理两个方面。在净水处理方面，H_2 可以通过与水中的氧化物和氯离子等反应，将其还原成无害的物质，从而达到净水的目的。这一过程中，H_2 的还原性起到了关键作用。例如，H_2 可以将水中的硝酸盐还原成一氧化氮等。在废水处理方面，H_2 可以作为还原剂，将废水中的有害物质还原成无害或低毒性的物质，从而减少污染物的排放。例如，含有氯离子、铬离子等有害物质的废水可以通过与 H_2 的反应被还原成对环境无害的物质。此外，在废水处理过程中生成的 H_2 还可以作为能源用于产生电力或供热，从而产生经济效益。

然而，H_2 作为还原剂在水处理中也存在一些局限性。首先，H_2 的制备和存储需要耗费大量的能源和资源，因此其成本相对较高。其次，H_2 在水处理中的应用需要严格控制反应条件和浓度，否则可能会产生负效应，甚至引发安全问题。此外，对于某些特定类型的有害物质，H_2 可能不是最有效的还原剂，需要结合其他水处理技术共同使用。总体来说，H_2 作为一种还原剂在水处理中发挥了重要作用，但仍需要综合考虑其成本、安全性和适用范围等因素，并与其他水处理技术结合使用，以达到更好的处理效果。

如何用高效、绿色环保的方法来制取氢气，降低氢能源的使用成本，成为当前许多研究者的研究热点。时至今日，他们已经研究出了多种制氢方法。

1）化石燃料制氢

化学链燃烧技术（chemical looping combustion）是一种先进的燃料燃烧和转化技术，有利于实现化学能的梯度利用并且可以降低燃烧过程中的㶲损失。化学链燃烧是通过金属氧化物在两个反应器间交替循环，采用氧化物的晶格氧代替气态氧，实现氧传递，完成燃料燃烧，避免燃料与氧气直接接触。煤气化制氢和天然气制氢是化石燃料制氢的两种途径。煤气化制氢的成本比较低，来源广且适合大规模制取，但是制备过程会对环境产生严重污染，不符合可持续发展的战略需求。天然气制氢是我国当前氢气的主要来源，该方法具有产氢量大、技术成熟等优点，但是同样面临着能耗高且会排放大量温室气体的缺点，非常不利于环境保护。同时，这两种方法制备氢气都需要用到化石能源，从本质上来说，还是不能解决化石能源的衰减以及对环境的危害这两个关键问题。

2）甲醇水蒸气重整制氢

该方法是将甲醇和水蒸气在一定条件下，通过催化剂发生裂解反应以产生氢气。这种方法制备成本低，工艺简单，并且能在比较温和的条件下制备氢气，但是过程中 CO_2 排放量依然较大，不利于工业生产应用。

3）生物质制氢

生物质制氢就是将柴薪等生物质原料压制成泥，并进行气化、裂解来制得氢气。这种制备氢气的方法能耗低、原料易得且排放量低，但是所需场地大、产物杂质成分多，不利于提纯分离，不适用于大规模制取氢气。

4）光催化制氢

光催化制氢是通过制备具有光响应性能的半导体材料，利用这种材料吸收光子能量并催化水分解产生氢气。这种方法的驱动力源于太阳能，利用半导体光催化材料作为媒介来制氢的过程不会产生污染性产物，从理论上来看是一种简单、高效的方法。这种方法非常依赖催化剂的效率，面临着催化剂研制难、能量转换效率低等难点问题，目前仍然停留在实验室研究阶段。

5）电解水制氢

电解水制氢是一种技术成熟、应用最为广泛的制氢手段，电解水制氢有两个显著的优点：

① 电解水过程可以在室温、常压环境中进行，不受环境、场地和设施的限制；

② 电解的原料为 H_2O，产物是 H_2 和 O_2，整个过程不会对环境产生污染，是一种环境友好的制氢方式。

但电催化制氢是一种高耗电的方法，其根本原因是析氢（HER）过程的过电势比较高，H_2 的产率比较低。因此，寻求一种低成本、高活性的电解水制氢催化剂材料来降低这个过程中阴极的过电位和能耗是当前具有研究意义的热点课题之一。根据隔膜差异，目前主要的3种电解水技术分别是碱性水电解（AWE）、固体聚合物水电解（PEM）和固体氧化物水电解（SOEC）。3种电解水制氢技术的基本原理见图 8-2（书后另见彩图）。

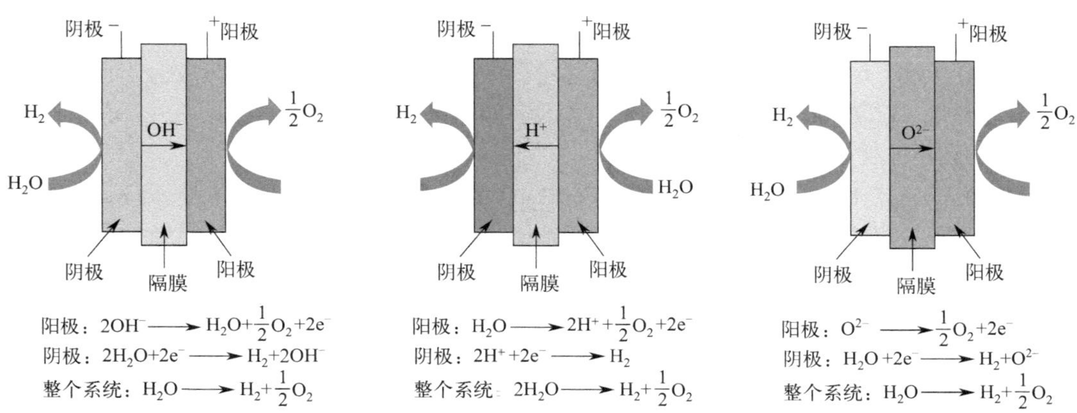

(a) AWE制氢/AEM电解水制氢　(b) PEM电解水制氢　(c) SOEC制氢

图 8-2　3种电解水制氢技术的基本原理

Ⅰ. 碱性电解制氢技术：早在20世纪中期，碱性电解制氢技术就完成了工业化建设，是当前较成熟、商业化程度较高的电解制氢技术。通常采用 KOH 或 NaOH 作为电解质，选用石棉为隔膜，使用非贵金属（如 Ni、Co、Mn 等）为催化剂，主反应在电解槽中完成。电解槽会被隔膜分解成阴阳两部分，并且具有各自的电极，在阴极处产生氢气，在阳极处产生氧气。其操作温度在 70～90℃，效率在 70%～80%，系统电耗为 4.5～7.1kW·h/m^3，设备运行寿命在 20～30，产生的 H_2 中含有碱雾和水蒸气，需经辅助设备清除。传统电解槽存在功率调节与启动慢的缺点，随着电源技术的改进，碱水电解槽的快速响应调频能力得到提高，与可再生能源系统耦合的适配性大幅提高。对相关研究进行分析发现，风力发电功率处于不断变化之中，碱水电解槽自身负荷可以满足因风速变化而造成的影响，实际响应时间不超过 1s，且碱水电解槽运行负荷较宽，在负荷率为 10%～100%均可稳定运行。综上，碱性电解制氢技术可满足在不稳定供电时稳定制氢的要求。

Ⅱ. 固体聚合物水电解制氢技术：固体聚合物水电解制氢技术采用质子交换膜（proton exchange membrane，PEM）代替石棉膜完成质子传导，主要是因为质子交换膜可以更好地隔绝电极两侧的气体，可以缓解碱水电解槽使用强碱性溶液所造成的缺点。其工作温度较低，在 50～80℃，效率约为 75%，系统电耗为 4.5～7.5kW·h/m^3，设备体积小、质量轻、启停速度快、可进行模块操作，适用于可再生能源丰富的地区，但是 PEM 电解设备价格非常高，对 PEM 和催化剂也有较高的技术要求，导致其无法被大范围普及，目前仍处在试验阶段。

Ⅲ. 固体氧化物水电解制氢技术：固体氧化物水电解制氢技术在 3 种电解技术中能耗最低，为 3.6～4.5kW·h/m^3，电解质材料为固体氧化物，其工作温度为 500～1000℃。通过向电解池外部施加电压，将水分解为氢气和氧离子，氧离子通过致密的钙钛矿类陶瓷膜到达阳极生成氧气。该技术的最大优势在于能量转换效率高，缺点有设备成本较高（需要贵金属作为催化剂）、材料退化快（介质中混入的其他杂质离子对催化剂有毒害作用）、不安全性较高、启动速度慢等。

（2）碳（C）

碳在还原剂领域有着广泛的应用，主要在炼钢和炼铁过程中作为还原剂，将铁矿石中的氧化铁还原成铁，以加速炼钢过程，降低炼钢成本。此外，碳还可以作为合金元素加入钢中，对炼钢质量和工艺产生深远的影响。碳可以提高钢的强度和硬度，同时降低钢的韧性。

然而，碳作为还原剂也存在一定的局限性。首先，碳的还原能力有限，对于一些具有强氧化性的物质，碳可能无法将其还原为更低的氧化态。其次，碳粉作为还原剂可能会与某些氧化剂发生剧烈的化学反应，导致安全风险。最后，碳粉的制备、储存和运输也需要考虑安全和环保问题。因此，在使用碳作为还原剂时，需要根据具体的应用场景和需求进行综合考虑，以充分发挥其优势并注意规避其局限性。

8.2.3 化合物

（1）硫酸亚铁（$FeSO_4$）

$FeSO_4$ 为蓝绿色单斜结晶或颗粒，无味；在干燥空气中易风化，在潮湿空气中表面氧化成棕色的碱式硫酸铁；在 56.6℃时转化为四水合物，在 65℃时进一步转化为一水合物；易溶于水，几乎不溶于乙醇；其水溶液在冷态下于空气中缓慢氧化，受热时氧化速度加快，加入碱或露光能加速其氧化；相对密度为 1.897；半数致死量（小鼠，经口）为 1520 mg/kg；具有刺激性。无水硫酸亚铁是白色粉末，含结晶水的是浅绿色晶体，该晶体俗称“绿矾”，其溶于水后溶液呈浅绿色。$FeSO_4$ 主要来源于硫酸法生产钛白粉的副产物。副产的 $FeSO_4$ 通常难以满足水处理等领域的使用要求，需要进一步提纯。此外，由于 $FeSO_4$ 非常廉价，售出后经济收益不大。所以，许多 $FeSO_4$ 常被水冲成水溶液后直接排入下水道或填入沟坑，这不仅造成了极大的资源浪费，还严重污染了环境。

$FeSO_4$ 具有广泛的用途，$FeSO_4$ 作为水处理药剂可用于多种废水的处理。由于 $FeSO_4 \cdot H_2O$ 中的 Fe^{2+} 具有还原性，因此可作为还原剂来处理含铬废水。$FeSO_4 \cdot H_2O$ 还原 Cr^{6+} 的基本原理如下。

在酸性介质中：

$$6Fe^{2+}+Cr_2O_7^{2-}+14H^+ \longrightarrow 6Fe^{3+}+2Cr^{3+}+7H_2O \tag{8-14}$$

电极电位 $E^{\ominus}=1.33V-(-0.77\ V)=2.1V>0$。

在中性或碱性介质中：

$$3Fe^{2+}+CrO_4{}^{2-}+4OH^-+4H_2O \longrightarrow 3Fe(OH)_3\downarrow+Cr(OH)_3\downarrow \tag{8-15}$$

电极电位 $E^{\ominus}=-0.12V-(-0.77\ V)=0.65V>0$。

所以，$FeSO_4 \cdot H_2O$ 还原 Cr^{6+} 无论在酸性条件下还是在碱性条件下均可进行。

此外，可以看到在酸性条件下，Cr^{6+} 具有很强的氧化性。因此，传统的化学还原法处理 Cr^{6+}，首先是加酸调废水 pH 值至 2～3，使 Cr^{6+} 还原为 Cr^{3+}，然后再加碱调节废水 pH 值至 8～9，使 Cr^{3+} 及其他重金属离子生成氢氧化物沉淀。有研究者通过实验及一些工程实例证明，亚铁能够在广泛的 pH 值范围内还原六价铬，且效果均较好。此外，$FeSO_4 \cdot H_2O$ 还可将 Cu^{2+} 还原成 Cu^+，用于处理络合铜废水。其基本原理为，在 pH 值为 2～3 时，它能将水中的二价铜离子（Cu^{2+}）还原成一价铜离子（Cu^+），而一价铜离子与氨（NH_3）、EDTA、氯离子（Cl^-）形成的络合物会失去稳定性，因此一价铜离子（Cu^+）会与氢氧根离子（OH^-）反应生成氢氧化亚铜，进而脱水形成氧化亚铜沉淀。反应方程式如下：

$$2[Cu(NH_3)_4]^{2+}+2Fe^{2+}+H_2O \longrightarrow Cu_2O\downarrow+2Fe^{3+}+8NH_3+2H^+ \tag{8-16}$$

$$[Cu(Cl^-)_4]^{2-}+Fe^{2+} \longrightarrow Cu^++Fe^{3+}+4Cl^- \tag{8-17}$$

$$[Cu(EDTA)]^{2+}+Fe^{2+} \longrightarrow Cu^++Fe^{3+}+EDTA \tag{8-18}$$

氢氧化亚铜（CuOH）形成后，在混凝剂的作用下迅速沉降下来。然而，用 $FeSO_4 \cdot H_2O$ 处理络合铜废水的另一种原理解释为：由于在酸性条件下，EDTA-Cu 的稳定常数小于 EDTA-Fe^{3+} 的稳定常数，因此，当向废水中投加 Fe^{2+} 后，Fe^{2+} 被氧化成 Fe^{3+}，Fe^{3+} 可以将 Cu^{2+} 置换出来，Cu^{2+} 再在碱性条件下生成 $Cu(OH)_2$ 沉淀。

（2）亚硫酸钠（Na_2SO_3）

Na_2SO_3 是重要的高效还原剂，常用于脱色、除氧，涉及纺织、造纸、食品保鲜等领域，市场需求大。Na_2SO_3 的还原作用是一种单电子转移反应。在反应中，亚硫酸根离子（SO_3^{2-}）失去两个电子，生成硫酸根。

亚硫酸钠在造纸工业、印染工业、食品工业、医药工业、水处理中均可作为还原剂使用，其在水处理中的应用具体如下：

① 作为除氧剂，去除水中的溶解氧，防止水中的溶解氧对设备和管道造成腐蚀。尤其是在锅炉用水处理中，亚硫酸钠能与水中的氧反应，生成硫酸钠，从而保护锅炉金属表面免受氧化腐蚀。

② 与其他技术联用处理污染物。张晓等研究了紫外/亚硫酸钠（UV/SO_3^{2-}）体系对 2,4,6-三溴酚（2,4,6-TBP）的脱溴效果及影响因素，分析了还原体系中 2,4,6-TBP 的脱溴过程、降解机理及降解路径。结果表明，UV/SO_3^{2-} 还原体系对 2,4,6-TBP 的降解效果明显高于单独 UV 体系，亚硫酸钠浓度、pH 值与反应温度均显著影响还原体系对目标污染物的降解。随着亚硫酸钠浓度升高、pH 值上升及反应温度提高，UV/SO_3^{2-} 体系 2,4,6-TBP 的降解效率逐渐增加。一级动力学方程可描述不同亚硫酸钠浓度与反应温度下还原体系对目标污染物的降解过程。水合电子捕获剂的添加可有效抑制 2,4,6-TBP 的脱溴反应。UV/SO_3^{2-} 体系污染物还原降解速率与溴离子产生率均高于单独 UV 体系。还原体系中 2,4,6-TBP 在

水合电子作用下逐级脱溴降解为低毒性物质。

③ 文勤等研究了用亚硫酸钠还原-碳酸钠沉淀法从废电池浸出液中去除铜、铝的方法。结果表明，对于 500 mL 的废电池浸出液，在 pH=2.0、初始铜质量浓度 4.8 g/L、反应温度 85℃、搅拌速度 400 r/min、亚硫酸钠用量为反应所需理论量 1.2 倍的条件下，反应 60 min，Cu^{2+} 去除率达 98.2%；浸出液过滤后，向滤液中加入碳酸钠调节 pH 值至 4.5，在反应温度为 65℃、搅拌速度为 450 r/min 的条件下，反应 40 min，Al^{3+} 去除率达 97.6%。

(3) 硫化氢（H_2S）

H_2S 在金属冶炼、有机合成、生物领域中作为还原剂使用。然而 H_2S 具有强烈的气味和毒性，对人类和环境有害，因此使用 H_2S 作为还原剂需要采取严格的安全措施和环保措施。H_2S 易燃易爆，需要在特定的安全条件下储存和运输。

(4) 一氧化碳（CO）

CO 作为还原剂，在许多化学反应中都能起到还原作用，可用于金属冶炼、有机化学等领域。由于 CO 是无色、无味的有毒气体，容易被人忽视而导致中毒，因此在使用 CO 作为还原剂时，需要特别注意安全问题。CO 的化学性质较为稳定，不易与其他物质发生反应，因此在某些情况下可能需要较高的温度或压力才能进行还原反应。在某些反应中，CO 可能会与某些物质发生竞争反应，导致目标产物产率降低。

(5) 硼氢化钠（$NaBH_4$）

$NaBH_4$ 是一种无毒、无味的络合金属氢化物，纯品为白色结晶物质，相对密度为 1.074，熔点 505℃。这种化合物具有很高的热稳定性，在真空条件下 400℃以上才分解。作为一种离子型化合物，它不溶于大多数有机溶剂，但能溶于液氨和某些伯胺中。与大多数离子型氢化物不同的是，$NaBH_4$ 在碱性水溶液或冷水中十分稳定，在酸性溶液或热水中则迅速水解而放出 H_2。在常温的水溶液中，由快而慢地水解放出 H_2。$NaBH_4$ 的水解速度随反应进行而减慢，原因是水解生成的偏硼酸离子（BO_2^-）在溶液中积累，导致溶液 pH 值升高，碱性增强。硼氢化钠还原法应用于工业废水处理是在 20 世纪 70 年代发展起来的。由于 $NaBH_4$ 具有优良的还原性，能将金属阳离子还原成金属单质，因而可用于控制污染和回收贵金属等。顾婉娜使用 $NaBH_4$ 还原法处理化学镀镍废液，结果表明废液中的镍离子浓度大大降低，并得到了黑镍沉淀。

(6) 水合肼（$N_2H_4 \cdot H_2O$）

$N_2H_4 \cdot H_2O$ 具有强还原性，能够还原多种氧化物以及酮、酯等有机化合物，是常用的还原剂之一。在化学合成中，$N_2H_4 \cdot H_2O$ 常用于将羰基、硝基等基团还原成相应的烃基、氨基等。$N_2H_4 \cdot H_2O$ 可以作为反应溶剂，在某些有机反应中起到溶解和促进反应的作用。

$N_2H_4 \cdot H_2O$ 具有一定的毒性，长时间接触或吸入可能会对健康造成影响，因此需要采取相应的安全措施。$N_2H_4 \cdot H_2O$ 不稳定，容易分解产生 N_2 和 H_2，导致爆炸或泄漏风险。因此，储存和使用 $N_2H_4 \cdot H_2O$ 时需要特别注意安全问题。

8.2.4 传统还原剂的问题

传统还原剂在许多工业和化学过程中发挥着重要作用，但它们也存在许多问题，主要表现在以下几个方面。

（1）环境污染

传统还原剂在生产和使用过程中可能会释放有害物质，如废气、废水和固体废物等，对环境造成污染。这些有害物质可能会对水体、土壤和空气造成长期影响，对生态环境和人类健康造成危害。

（2）资源限制

传统还原剂的制造往往需要大量的原材料，如化石燃料、金属等。这些资源的开采和加工过程可能会对环境造成破坏，同时也受到资源储量的限制。随着资源消耗的增加，这些原材料的价格可能会上涨，从而增加生产成本。

（3）能量效率低

传统还原剂的生产和使用过程中通常需要消耗大量的能量。在一些情况下，还原反应的能量效率可能较低，导致能源浪费和额外的环境负担。

（4）安全风险

传统还原剂在运输、储存和使用过程中可能存在一定的安全风险。一些还原剂易燃易爆，或者对人体有害，处理不当可能会导致火灾、爆炸和人员伤亡等事故。

（5）生产成本高

传统还原剂的制造成本可能较高，因为它们的生产需要经过多个化学反应步骤，而且需要使用昂贵的催化剂和原材料。这些因素可能会导致还原剂的成本较高，进而影响相关产品的生产成本和市场竞争力。

（6）不可持续发展

传统还原剂的生产和使用过程可能不符合可持续发展的要求。它们可能会对环境和资源的长期利用产生负面影响，同时也无法满足现代社会对环保和可持续发展的需求。

（7）废物处理困难

传统还原剂在使用后可能会产生废气、废水和固体废物等，这些废物的处理和处置可能比较困难。一些废物可能含有有害成分，需要采用特定的处理方法来降低对环境的危害。然而，废物处理成本较高，且在某些情况下可能无法完全消除有害物质的影响。

综上所述，传统还原剂的问题主要表现在环境污染、资源限制、能量效率低、安全风险高、生产成本高、不可持续发展以及废物处理困难等方面。鉴于这些局限性，现代水处理技术正逐渐寻求更环保、更高效的替代或补充方案。

8.3 无药剂还原技术

在水处理领域，为了解决传统化学还原剂的局限性和潜在环境影响，已经开发了多种替代或补充传统化学还原剂的方法。这些方法旨在提高水处理的效率和环境友好性。以下是一些主要的替代或补充方法。

8.3.1 光催化还原技术

近年来，传统化石燃料的使用量逐年增加，进而导致水污染、空气污染和温室效应等一系列环境问题。因此，寻求绿色、可持续的清洁能源迫在眉睫。

自 1972 年成功在紫外线照射下将水分解为 H_2 和 O_2，光催化技术便引起了人们的广泛关注。该技术简单利用自然光就能实现能源再生，对环境友好，目前得到了一定发展，已应用于水分解、CO_2 还原、有机物降解、固氮等领域。因此，实现高效的能量收集和太阳能转化非常关键。一般来说，太阳能可以通过光伏电池实现光与电的转换。然而，产生的电能或者需要被立即消耗，或者需要储存在电池或电容器中，这对太阳能光电转化的广泛应用产生了较大限制。不同的是，光催化过程产生的稳定化学品可以以分子键的形式储存太阳能，是极具潜力的太阳能开发技术之一。

（1）光催化分解水

H_2 作为一种可再生能源，引起了研究人员的极大兴趣。目前，通过光催化分解水产生 H_2 和 O_2 已成为研究热点，其具有光源（太阳能）取之不尽、成本低、反应无污染、能量密度高、反应设备简单等优点。

光催化反应是一类只有在激发光和催化剂同时作用下才会发生的反应。TiO_2 具有较强的氧化能力，具有化学稳定性、耐久性、无毒性、低成本等优点，是最先被用于光催化分解水的半导体材料，也是目前研究和应用最广泛的光催化剂。光催化分解水首先要满足半导体禁带宽度大于水的分解电压，同时还必须满足导带底的电势比水的还原电位更负以生成 H_2，价带顶的电势比水的氧化电位更正以生成 O_2。在 TiO_2 催化剂表面产生的光生电子与空穴相伴而生且数量相同，两者一旦接触就会直接发生简单复合并产生热能，导致光子利用率降低，不能有效分解水。实际情况中，催化剂表面电子空穴发生复合的概率远大于分解水的概率。因此，更有实际意义的过程应该是，光生电子和空穴分别在催化剂表面发生还原半反应和氧化半反应生成 H_2 和 O_2。全解水过程包括两个半反应：析氢反应（HER）和析氧反应（OER）。

$$H_2O = H_2 + 1/2O_2 \qquad E = 1.23\ V \tag{8-19}$$

$$2H^+ + 2e^- = H_2 \qquad E = 0V \tag{8-20}$$

$$2H_2O + 4h^+ = O_2 + 4H^+ \qquad E = 1.23\ V \tag{8-21}$$

半导体光催化剂表面光催化分解水机理见图 8-3（书后另见彩图），光催化水裂解的基本原理示意见图 8-4（书后另见彩图）。

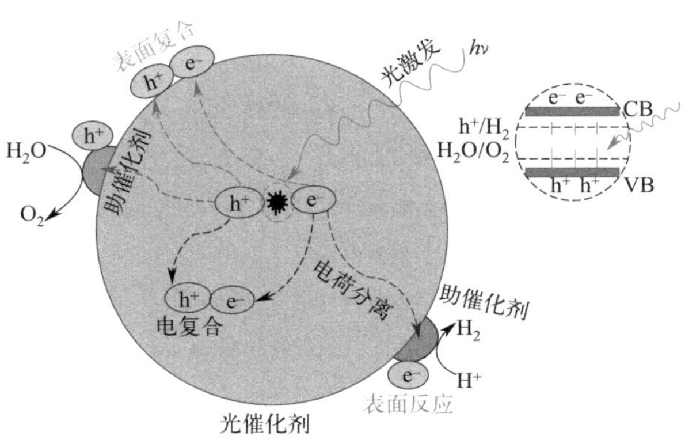

图 8-3 半导体光催化剂表面光催化分解水机理

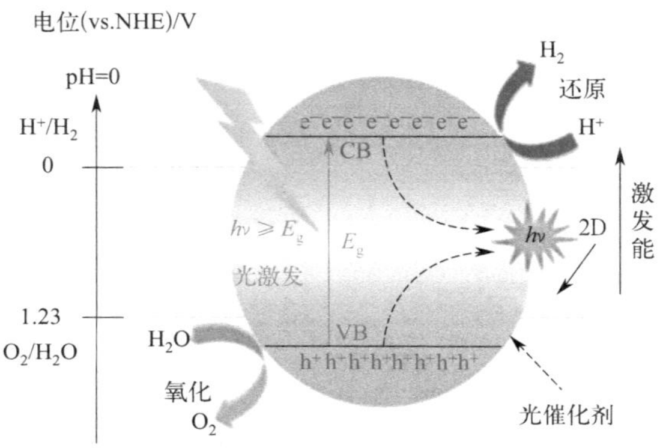

图 8-4 光催化水裂解的基本原理示意图

通常，理想催化剂的带隙（E_g）应为 1.5～3.2 eV，以便有效利用太阳能。E_g 小于 1.5 eV 的半导体不能提供足够的驱动力来克服光催化反应中存在的过电势，而 E_g 大于 3.2 eV 的半导体不能有效吸收太阳光。经过多年的发展，除最初的 TiO_2 外，数百种半导体材料已经被证明可以用作制氢的光催化剂，这些材料包括 WO_3、Bi_2WO_6、ZnO、Bi_2O_3、CdS、C_3N_4 等。然而，由于大部分光催化材料的可见光吸收能力普遍较弱，量子效率相对较低，HER 或 OER 驱动力不足，在一定程度上限制了其实际应用。例如，大部分可见光响应的半导体因为不具备足够的氧化还原能力来分解水，所以只能实现 HER 或 OER 半反应。类石墨相氮化碳（g-C_3N_4）是另一类被广泛研究的光解水催化剂，它具有不含金属框架、高稳定性和低成本等优点，其催化性能与前驱材料及合成条件密切相关，这些条件决定了最终产物的微观结构、孔隙率、结晶度，以及光学、电子和界面性质。

与双电子过程的 HER 相比，OER 形成 O—O 键共涉及 4 个电子。由于 OER 过程的动力学势垒较高，其往往具有较大的过电势。因此，水的氧化过程被认为是水分解速率的决定步骤，因而更具挑战性。目前，在不使用牺牲剂的情况下，实现全解水的同时产生氢气和氧气仍然是一个挑战。实际上，大部分的光解水催化剂只能进行半反应，即 HER 过程或 OER 过程，只有在催化剂的辅助下才能进行全解水反应。

此外，从经济性要求考虑，光催化分解水制氢的太阳能-氢能（STH）转化效率应在 10%以上。理论上，可用于分解水的光催化剂必须具有等于或大于 1.23eV 的带隙。假设光吸收效率和量子效率都能达到 100%，则可利用全太阳光谱计算得到。STH 效率的理论极限约 47%。事实上，电子转移过程中的能量损失是不可避免的，且需要动力学过电势来驱动催化反应进行。光催化水裂解所需的实际带隙一般大于 2.0eV，相应 STH 效率的理论极限则降低到 18%。然而，实际的能量转化效率通常远远低于理论极限值。例如，Al 掺杂的 $SrTiO_3$ 纳米颗粒在催化剂的辅助下，其 STH 效率仅为 0.3%。

（2）光催化还原 CO_2

光催化还原 CO_2（人工光合作用）制取甲烷、甲醇、乙烯、乙醇等碳氢燃料被认为是解决能源和环境问题的重要手段之一。由于参与催化反应的最初反应物仅为二氧化碳和水，且大多数反应可以在相对温和的条件下进行，因此可通过将二氧化碳转化为“太阳能燃料”

的方法，实现可再生碳燃料的循环利用。

CO_2 本身为直线型结构气体分子，化学和热稳定性良好，使其无法通过吸收太阳光实现自发转化，而需要以催化剂为媒介实现转化。本质上来看，光催化 CO_2 是通过人工手段模拟植物光合作用，以半导体光催化剂吸收的光子能量作为驱动力，实现材料内部电子的激发、转移，以及与表面吸附的 CO_2 分子的相互作用与反应等一系列过程。半导体光催化剂的 CO_2 还原反应原理见图 8-5（书后另见彩图）。

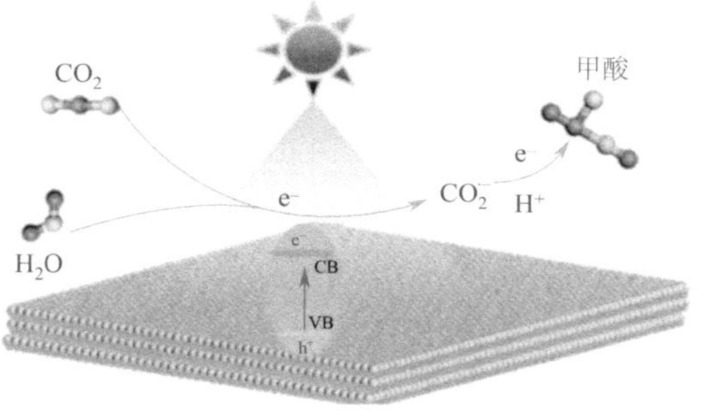

图 8-5　半导体光催化剂的 CO_2 还原反应原理图

由于 CO_2 还原反应过程中涉及质子的供给，以下以 H_2O 作为质子来阐述光催化 CO_2 还原的整体过程。当半导体光催化剂受到能量高于或等于其禁带宽度的入射光照射时，处于价带（VB）的基态电子（e^-）吸收能量变为激发态，从而由价带向导带（CB）跃迁，形成光生电子；与此同时，由于电子的转移，材料整体保持电中性，价带会生成等量的空穴（h^+）。两种带不同电荷的载流子在电场作用下相互分离，迁移至材料表面。其中，具有强氧化性的空穴能够将 H_2O 分解，产生 O_2 的同时释放 H^+，而吸附于光催化剂表面的 CO_2 分子则与电子发生还原反应，并耦合 H_2O 氧化过程中释放的 H^+，生成 HCOOH、CO、CH_4 等燃料。从热力学角度来看，为实现光催化 CO_2 还原，选择的半导体光催化剂的价带位置应低于 H_2O 的氧化电位，而导带位置则要求比 CO_2 的还原电位更高。只有满足上述条件，才能保证光生空穴-电子对具有合适的氧化还原能力，使光催化 CO_2 还原反应能正常进行。又因 CO_2 还原产物往往是多电子与质子转移及相互作用的结果，加上 CO_2 表面吸附形式的影响，使得各还原电势下所得产物有所不同。

然而，相较于光解水制 H_2，光催化 CO_2 还原反应（CO_2RR）的条件更为苛刻。光催化剂不仅要满足光解水的基本条件，还需要具备较强的 CO_2 吸附能力、反应中间产物的脱附能力、较强的光生电子还原能力等，进而使多电子参与的反应过程能够持续进行。尽管相关研究工作取得了积极进展，但光催化还原 CO_2 制取碳氢燃料的效率较光解水制取氢气仍小几个数量级。此外，由于采用 H_2O 作为氧化剂，CO_2RR 不可避免地面临 HER 的竞争。同时，多电子反应步骤会导致 CO_2RR 产物的多样性，也制约了光催化还原 CO_2 的发展。因此，通过优化 CO_2 吸附、光收集、电荷分离及其协同效应来提高光催化 CO_2 转化的活性是获得高效催化剂的必要条件。

理论上，通过光催化将 CO_2 还原为有价值的碳氢燃料不仅可以有效缓解温室气体排放问题，而且可以提高太阳能的利用效率并持续提供清洁的化学能。但由于人工光合作用的光吸收效果不理想、转化效率低、对特定产物缺乏选择性和催化机理复杂等原因，使其实用化较为困难。目前的研究主要集中在提高光催化 CO_2 还原的选择性和抑制 HER 反应上，因此，进一步从理论层面研究多电子的反应机理并探索新型的光催化机制从而提高能量转化效率十分必要。

8.3.2 电催化还原技术

（1）电解水制氢

与可再生能源相结合的电解水制氢是绿氢生产的主要技术路线，在“双碳”目标的驱动下，这一绿色科技有望成为能源变革的核心，也是清洁能源版图中的重要一环。碱水电解制氢技术发展最为成熟，商业化程度最高，是电解水市场的重要组成部分。电解槽作为电解水技术的关键设备，其技术发展程度影响着绿氢规模化发展进程，而高效稳定的电催化剂是碱性水电解槽性能提升的关键。

制氢技术是氢能源上游产业链的重点发展方向。目前，制氢产业主要有 3 种较为成熟的技术路线：a. 以煤炭、天然气为代表的化石能源重整制氢；b. 以焦炉煤气、氯碱尾气为代表的工业副产品制氢；c. 电解水制氢。前两者制氢过程中存在大量碳排放，而电解水可利用可再生能源的弃热作为驱动力，实现可持续、无污染制氢。电解水制得的氢气纯度高，无副产物，理论上能实现零碳排放，在适用性、环境效益以及能源效率方面均具有技术优越性。目前，我国化石燃料制氢仍是氢气的最主要来源，占比高达 67%，而电解水制氢只占约 3%，存在巨大的改善空间，其主要原因之一就是缺少良好的催化剂。随着“十四五”国家重点研发计划“氢能技术”重点专项的出台，高效大功率碱性电解水制氢技术开发受到广泛关注，这也将推动我国碱性电解水制氢催化剂产业核心竞争力的不断提升。

1789 年，Adriaan Paets van Troostwijk 与 Jan Rudolph Deiman 发现了电解水现象。1888 年，Dmitry Lachinov 将碱性电解水过程成功运用到工业生产中。20 世纪中叶，碱性水电解已基本实现工业化。该技术成本较低，产业化程度相对较高，易于实现大规模应用，在与可再生能源结合的应用中具有良好的发展前景。

电解水反应体系由阴极、阳极、电解质 3 部分组成。其中阴极发生析氢反应（HER），阳极发生析氧反应（OER）。由于反应物水是弱电解质，所以碱性电解水制氢体系中会加入 KOH、NaOH 等高电离度的强电解质，以降低电能损耗，提高电解水的效率。

在 25℃室温和标准大气压条件下，电化学方法驱动电解水需要的理想外加电压为 1.23 V。但在实际应用的大型化设备中，单个电解室的电压就要达到 2.00 V 左右，远高于 1.23V。这是设备运行过程中电极的极化作用和电解槽存在欧姆电阻所导致的。超出理论分解电压的部分称为过电位，被认为是衡量电催化剂性能的主要参数。过电位越大，电解水所需的额外能耗就越高。在高电流密度运行状态下，电解水很大程度上会受阴极和阳极的电化学极化影响。因此，电催化剂的性能是决定电能消耗、制氢效率的关键。

HER 发生在电解池的阴极，是双电子转移的反应过程。由于在碱性条件下，电解液中的 H^+ 极少，HER 进行较为困难，其反应所需的质子一般由水分子解离提供。因此，与酸性条件相比，碱性 HER 中解离水分子需要更多的能量。首先，催化剂吸附电解质中的水分子电离得到 H^+，然后发生二次电子转移。此过程中有两种情况：一是催化剂表面的水分子与已吸附的活性氢发生反应生成 H_2；二是催化剂表面的两个活性氢中间体直接反应生成

H_2。其中，H_{ads}（催化剂表面吸附的氢原子中间体）是催化剂表面吸附的唯一中间体，因此，催化剂的 HER 活性与其对 H_{ads} 的吸附能息息相关。OER 发生在电解池的阳极，是四电子的转移过程。因此，OER 反应过程具有更为复杂的动力学机理。一般来说，电催化 OER 过程有 4 个基本步骤，涉及 3 个表面吸附的中间体，分别为 OH^*、O^*、OOH^*，电催化剂活性很大程度上取决于反应中间体与电催化剂表面的结合强度。

（2）电催化制过氧化氢

H_2O_2 因其氧化性及环境友好性而被广泛应用于生化消毒领域，在纺织、造纸、水处理等行业中的需求也逐年增加。蒽醌法是目前工业生产 H_2O_2 的主要方法，但该法涉及多步反应，过程中产生的溶液处理难度大，电解法、异丙醇氧化法、氢氧直接合成法等也存在能耗高和安全系数低等问题。电催化氧还原制备法是一种便捷、经济和环境友好的方式，具有反应条件简单、生产过程清洁、反应过程安全等优点。

H_2O_2 具有较强的氧化性和漂白能力，同时其自身可分解为环境友好的水和氧气，被称为"最清洁的化工产品"，在生产、生活的诸多领域中都有应用，如造纸、纺织、环境治理等，可对织物、纸浆等进行漂白处理，对废纸进行回收脱墨处理等。尤其是 H_2O_2 良好的氧化性使其在消毒领域备受关注。H_2O_2 及其复合体系可以对空气及水体中的污染物进行杀菌消毒，对危化品及生化产品进行洗消处置等。H_2O_2 在各领域需求逐渐增多，因此工业化大规模生产 H_2O_2 十分必要。目前 95% 的 H_2O_2 都是采用蒽醌（AQ）生产工艺生产的，蒽醌法的催化剂通常采用 Pd 或 Ni 及其相关材料，生产中涉及蒽醌的氢化反应和蒽氢醌（AHQ）的氧化反应，通过浓缩提取得到多样化浓度的产品，过程溶液需后续进一步处理。该方法生产成本低，适合规模化生产。但其工艺相对复杂，对生产运输过程的安全和过程溶液的无害化处理要求高，难以满足小型化自制的发展需求。工业化使用的 H_2O_2 生产方法还有电解法、异丙醇氧化法、氢氧直接合成法等，均存在能耗高、安全系数低、环境污染大等问题，难以大范围推广，因此急需开发 H_2O_2 的小型化便捷生产工艺。电催化氧还原法为 H_2O_2 的生产制备提供了一种便捷、经济和环境友好的方式，它能有效地解决蒽醌间接合成和氢氧直接合成过程中存在的大部分问题，具有反应条件简单、生产过程清洁、反应过程安全等优点，逐渐成为新的发展方向。过氧化氢是一种强氧化剂，可以与水中的还原性物质发生氧化还原反应，将有机物和无机物转化为无害或低毒性的物质。原理类似于 O_3/UV，其产生的·OH 自由基能高效地氧化有机污染物。

同时，H_2O_2 也可用作水处理中的还原剂。H_2O_2 在水处理中作为还原剂的作用机理主要基于其强氧化性。H_2O_2 分子中的氧原子具有较高的氧化态，容易将其他物质还原成较低的氧化态。在反应过程中，H_2O_2 被还原为水，从而实现对污染物的去除。H_2O_2 作为还原剂具有较强的还原能力，能够与多种污染物发生反应。其还原能力主要取决于 H_2O_2 的浓度和反应条件。H_2O_2 作为还原剂在水处理领域得到了广泛的应用。在工业废水处理中，H_2O_2 可用于去除多种污染物，如重金属离子、有机染料、酚类物质等。在实际应用中，H_2O_2 可以与其他水处理工艺组合使用，如活性炭吸附、沉淀、过滤等，以提高处理效果。

氧还原反应（ORR）有两条竞争的反应路径：生成 H_2O 的四电子（$4e^-$）路径和生成 H_2O_2 的双电子（$2e^-$）路径。在氧还原反应的具体过程中，溶解于电解质中的氧气在催化剂表面转变为吸附态氧（O_2^*），吸附态氧经 $2e^-$ 或 $4e^-$ 途径分别生成 H_2O_2 或 H_2O，两者存在竞争关系，制备 H_2O_2 应重点关注 $2e^-$ 途径。一般认为，制备 H_2O_2 的 $2e^-$ ORR 途径涉及两个电子-质子耦合转移和一个反应中间体（OOH^*）。催化剂与 OOH^* 中间体之间的键合强度决定了反应产物。因此，ORR 过程的最终产物强烈地依赖于电化学催化剂。ORR 过程见下式。

酸性：

$$
\begin{aligned}
&O_2 + {}^* + (H^+ + e^-) \longrightarrow OOH^* \\
&OOH^* + (H^+ - e^-) \longrightarrow H_2O_2 + {}^*
\end{aligned}
\tag{8-22}
$$

碱性：

$$
\begin{aligned}
&O_2 + {}^* + H_2O + e^- \longrightarrow OOH^* + OH^- \\
&OOH^* + e^- \longrightarrow HO_2^- + {}^*
\end{aligned}
\tag{8-23}
$$

氧还原反应方程式及标准平衡电位见表 8-2，酸性条件下氧还原反应机理示意见图 8-6（书后另见彩图）。

表 8-2　氧还原反应方程式及标准平衡电位

电解质	电子转移数	反应方程式	标准平衡电位(可逆氢电极)/V
pH=13	$4e^-$	$O_2 + 2H_2O + 4e^- \longrightarrow 4OH^-$	1.23
	$2e^-$	$O_2 + H_2O + 2e^- \longrightarrow HO_2^- + OH^-$	0.74
pH<11.6	$4e^-$	$O_2 + 4H^+ + 4e^- \longrightarrow 2H_2O$	1.23
	$2e^-$	$O_2 + 2H^+ + 2e^- \longrightarrow H_2O_2$	0.70

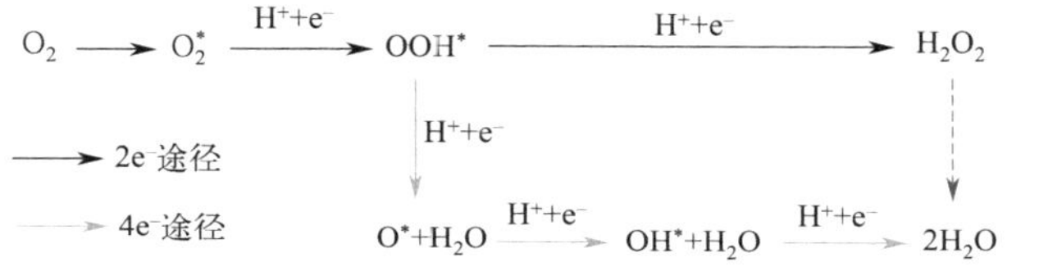

图 8-6　酸性条件下氧还原反应机理示意图

（3）电催化硝态氮还原

电化学催化还原法利用电解产生的氢原子作为还原剂以及电极材料上负载的催化剂共同作用来去除硝酸盐（图 8-7）。该法不需外加还原剂，而是依靠电化学法电解反应溶液产生还原剂氢气，降低运行成本的同时排除了使用外加氢源的安全隐患。与其他催化还原技术相比，电化学催化还原法是一种更高效、安全和经济的硝态氮污染处理技术。

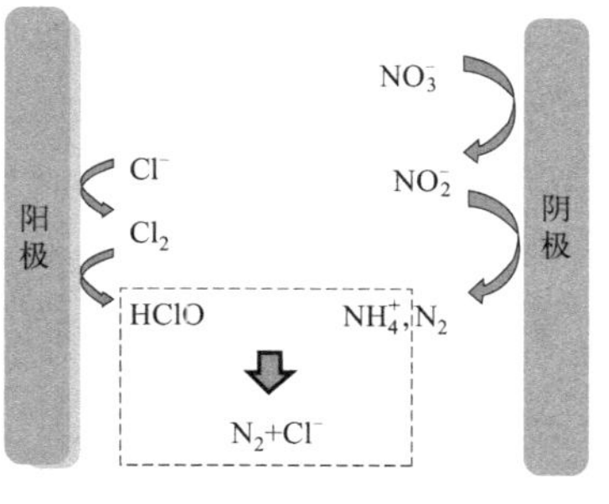

图 8-7　电催化还原硝态氮示意

电催化阴极是电催化反硝化体系的核心部分。电催化反硝化最终生成的物质主要取决于阴极材料自身的性质。研究表明，可使硝酸盐发生还原作用的阴极材料包括单质金属、复合合金类金属及改性非金属等。在目前研究中，单质金属材料主要包括 Cu、Sn、Ni、Fe、Pb、Ti、Zn。复合合金类金属主要是贵金属（Pd，Pt，Rh）和普通金属（Cu，Sn，In，Ag，Au，Ni）的结合，复合金属材料结合了不同金属材料的优势，研究表明其可增加电极的抗腐蚀性能和稳定性。例如，在使用较多的 Pd-Cu 电极中，Cu 的作用就是将 NO_3^- 还原为 NO_2^-，Pd 的作用就是提高 N_2 的选择性。复合金属电极主要有 Pd-M（M＝Sn，Pt，Ge，Cu），$Pd_{33}Ni_{60}P_7$ alloy，Pt-M(Rh，Ge，Cd)，Cu-M（M＝Ni，Ti，Sn，Rh，Zn，Pd）。

华东理工大学环境电化学课题组研发的一种专用于去除废水中总氮的电化学反应器，具特别水力学特性，四元催化剂、高效氧化还原作用，可以有效用于去除废水中氨氮和硝态氮。该产品机构紧凑，可以小型化，占地面积小，建设快，无需设置复杂的加药系统，易于实现自动化。在浙江嘉兴与江苏南通实施工程案例表明，硝态氮达 5000mg/L 的废水经过电化学还原后，硝态氮大幅降低到 300～1000mg/L，而后进入生物反硝化反应器，进一步降低硝态氮及 COD，使出水达到纳管排放标准。

（4）微电解技术

微电解又称内电解，是基于金属腐蚀电化学原理，将具有不同电极电位的金属与金属（或非金属）直接接触，在传导性较好的电镀废水中，通过形成的宏观电池及微观电池产生的电池效应进行电镀废水处理，达到去除污染物的目的。微电解技术 20 世纪 70 年代开始应用于废水处理，集原电池反应、氧化还原反应、絮凝吸附、共沉淀等作用于一体，该技术主要以价格低廉、原料（废屑）易得、不耗费其他能源，实现了废弃物的资源化再利用，因此被称为“环境友好”型技术。微电解技术在欧美、日本引起了人们重视，已获得很多专利，并取得了一系列成果。我国从 20 世纪 80 年代开始研究微电解技术，近年来其得到迅速发展，在印染、电镀、石化等废水处理方面有很多应用。与其他水处理技术相比，微电解技术具有运行费用低、工艺流程简单、使用寿命长、普适性强等优点。

铁屑作为微电解的原料，使用较多的是铸铁屑。铸铁屑属于铁碳合金，也称多元媒，是由纯铁、Fe_3C 以及一些其他杂质构成的。Fe_3C 在铸铁屑里是一种极小的颗粒，广泛散布在铁屑内，而且 Fe_3C 具有腐蚀性低的特点，因此，当铸铁屑浸没在偏酸性的废水溶液中时，就会构成数以千计甚至数以万计个细小的微原电池，其中纯铁作为阳极，由杂质组成的 Fe_3C 为阴极。同时，由于碳颗粒的存在，铁屑与碳颗粒之间彼此接触，形成了宏观原电池。由于铸铁屑受到微电池与宏观原电池的双重电解，因此铸铁屑被腐蚀的速度加快，发生的电极反应增强，同时会发生多种反应，从而能够有效去除废水中的污染物，电极反应式为：

阳极：

$$Fe-2e^- \longrightarrow Fe^{2+} \quad E^{\ominus}(Fe^{2+}/Fe)=-0.44V \tag{8-24}$$

阴极：

$$2H^+ +2e^- \longrightarrow H_2(\text{酸性溶液时}) \quad E^{\ominus}(H^+/H_2)=0.00V \tag{8-25}$$

或

$$O_2+4H^+ +4e^- \longrightarrow 2H_2O\ (\text{酸性溶液时}) \quad E^{\ominus}(O_2/H_2O)=1.23V \tag{8-26}$$

在微电解反应过程中，阴极发生还原反应的可以是无机物，也可以是有机物。在偏酸性的电镀废水中，电解反应生成的［H］、Fe^{2+} 具有很强的活化性，能够与废水中具有氧化性的有机物、无机物发生氧化还原反应，使大分子有机物变为小分子有机物，将一些难降解的有机物转化为易降解的有机物，大大提高了废水的可生化性。而且在微电解过程中，存在的电场能打破稳定胶体系统并形成沉淀。为后续的生物处理奠定了基础。

金属铁作为一种活泼金属，电极电位较小，在酸性条件下，易失去电子，可以将金属活动顺序表中排在铁后面的金属置换出来，然后沉淀被去除，特别是 Cu^{2+} 、Pb^{2+} 等金属，被置换出来后沉积在铁表面，并增强了微电解能力。同时，能将高价态、毒性较大的离子或化合物还原成低价态、毒性小的物质，从而降低废水的毒害性，例如 Cr^{6+} 具有很强的毒性，而且在酸性条件下具有较强的氧化能力，能将 Fe^{2+} 氧化成 Fe^{3+} ，其被还原成 Cr^{3+} 后，毒性降低且易被去除。利用该方法时，新生的［H］和 Fe^{2+} 具有很强的活化性，能与有机物发生氧化还原反应，将硝基苯类、偶氮等有机物还原成易降解的有机物，从而降低废水的色度并提高废水的可生化性。

在微电解过程中，由于电场效应，废水中的带电离子、分子等附着在电极上而被去除。常用的铁屑、活性炭及其杂质都具有较大的比表面积和表面活性，对废水中污染物具有较强的吸附能力。而且微电解过程中生成的 Fe^{2+} 和 Fe^{3+} 具有很好的絮凝作用，能与废水中的化合物迅速形成聚合物。该聚合物在下降过程中，会卷捕废水中存在的胶体、颗粒物等，形成较大的絮体沉淀，从而达到净化废水的目的。而且废水中的铁离子能够起到吸附架桥的作用。调节废水的 pH 至碱性，使亚铁离子形成氢氧化亚铁，进而被氧化剂氧化成具有强絮凝作用的氢氧化铁。废水中的悬浮物被电解、氧化生成的氢氧化铁絮凝，形成沉淀后被去除，而且 Fe^{2+} 、Fe^{3+} 能够与硫离子、氰根离子等无机物发生反应形成硫化物、氰化物沉淀，从而减小废水的毒性，有利于进一步处理。

在微电解过程中，当废水偏酸性时，在阴极 H^+ 被还原生成 H_2 气体，废水中存在大量的微小气泡，使废水中的一些悬浮物随着气泡上升而被去除，同时由于气泡产生的搅拌作用减少了浓差极化，有利于电极反应的进行。总而言之，微电解集多种作用于一体，能够有效提高废水的可生化性，减小对后续处理的毒性，去除悬浮物和反应生成的 Fe^{2+} ，对进一步的生物处理有促进作用。

作为电极材料的铁屑多数是生产过程中产生的废铁粉或者铁刨花，易获得且价格低廉。微电解工艺处理范围广且处理效果好，能够对工业废水、渗滤液等领域的难降解废水进行预处理。在处理过程中，多种作用同时发挥，不仅能够去除多种有毒有害物质，还具有很强的耐冲击性。占地面积较小，不需要电能等其他能源，运行费用较低，大大降低了成本。但是微电解工艺也存在许多不足之处。在运行一段时间后，阳极铁床上会附着大量的沉淀物，影响电极材料与废水的接触，从而影响处理结果。而且铁屑容易形成板结，出现沟流、断流等现象，致使处理废水的效果下降。对反应后的废水进行 pH 值回调时，由于废水中含有大量的铁离子，会形成大量难处理的含铁沉淀。

由于微电解满足了“以废治废”的要求，其在我国得到了迅速发展，广泛应用于电镀、印染等废水处理中，工艺也逐渐成熟。影响微电解处理效果的因素有很多，包括铁碳比、停留时间、废水 pH 值、通气量、铁屑与碳粒的粒径及形状以及微电解材料的组合方式等。对微电解处理效果影响较大的是废水 pH 值、铁碳比和停留时间。废水 pH 值是一个比较关键的因素，它决定了废水中污染物的存在状态和微电解的机理，不同 pH 值条件下，由于反应机理和污染物的状态不同，反应生成的产物也不同，从而直接影响了微电解技术对废水的处理效果。在用微电解工艺处理电镀废水时，应特别注意对废水 pH 值的控制。在酸性条件下，铁屑腐蚀速度较快，由电极反应生成的［H］、Fe^{2+} 具有很强的活性，能够有效提高废水的可生化性，降低废水的毒性，并能与助色、发色基团反应，降低废水的色度。但废水的pH值并非越低越好，当废水的pH值过低时，出水中会带有Fe^{2+}、Fe^{3+}，一方面会影响废水的色度，另一方面会减弱氧化还原、絮凝吸附等作用的效果，由此产生大量的污泥难以处理，并且会增加废水pH值回调的成本。当废水pH处于中性或碱性条件时，多项实际运行数据表明，采用微电解法处理的效果并不理想，许多反应无法发生。因此，一般将废水调为偏酸性，主要还是根据废水的性质而定。

8.3.3 高级还原体系

近年来，水处理领域出现了高级还原技术（advanced reduction processes，ARPs）的新概念，该技术将紫外光（UV）等活化手段与亚硫酸盐（SO_3^{2-}）、连二亚硫酸盐（$S_2O_4^{2-}$）等还原剂相结合，从而产生强还原性自由基，氯代有机物、氟代有机物等难降解有机污染物以及高氯酸盐、溴酸盐、硝酸盐等无机污染物都能得到有效还原去除，在水处理领域有广阔的应用前景。

均相高级还原体系是近年来发展起来的新兴化学还原技术之一，具有反应迅速、原料来源广泛、操作简单、易与消毒工艺相结合的特点，在水处理领域中日益受到重视。其利用活化手段产生还原性自由基，降解水中的污染物。已探明的还原性自由基水合电子的标准还原电位为−2.9 V，可满足大多数污染物还原降解的电位要求。因此，研究均相高级还原体系并解析其效能，具有重要意义。

传统的均相高级还原体系中，亚硫酸盐/紫外光体系所占比重较大，多数研究着重于对影响因素，如光源、pH值、污染物初始浓度、还原剂投加量和其他阴离子干扰等。研究表明，传统的均相高级还原体系存在还原效率易受环境影响、投加还原剂易引起二次污染和降解产物复杂等问题。因此，急需开发适宜的新型均相高级还原体系，以进一步丰富还原性自由基的种类。

高级还原体系可利用紫外光、催化剂，有时还可与还原剂相结合，在反应中产生活性极强的还原性自由基，以降解水中污染物。该体系依据反应物物态，分为异相高级还原体系和均相高级还原体系。均相高级还原体系特指发生在真溶液状态下的高级还原体系。

（1）传统均相高级还原体系

2013年，Vellanki等首次提出4种均相高级还原体系，即亚硫酸盐/紫外光、连二亚硫酸盐/紫外光、亚铁离子/紫外光、硫离子/紫外光体系。其中对亚硫酸盐/紫外光体系的研究占比为62%，研究内容多为探究某种体系对目标污染物的降解，对产物的有毒有害性及投加还原剂造成的二次污染等问题研究较少。亚硫酸盐/紫外光体系作为传统均相高级还原体系的代表，其作用机理是利用亚硫酸盐在紫外光活化下产生亚硫酸根自由基和水合电子，进而利用水合电子降解目标污染物。该体系成功降解了溴酸盐、硝酸盐、高氯酸盐、二氯乙烷、氯乙烯、三氯乙烯、全氟辛烷磺酰基化合物、全氟辛酸、溴苯酚、六价铬、双氯芬酸等污染物，对亚硫酸盐/紫外光体系的试验工作大多数基于水质因素、动力学、淬灭剂这3个方面，以此探讨体系对某种污染物还原效能的影响，对机理的研究不足。Xiao等认为亚硫酸盐/紫外光体系中的亚硫酸根自由基标准还原电位高于水合电子，忽略了其还原作用。Yu等认为亚硫酸盐/紫外光体系降解双氯芬酸过程中，亚硫酸根自由基为主要作用自由基，自由基作用机理与其标准还原电位高低关系需进一步探究。传统均相高级还原体系还原降解的前提条件为厌氧环境、适宜 pH 值及无过多干扰物质，这在实际应用中较难满足。还原体系的还原产物复杂，针对硝酸盐的还原降解体系存在易产生氨氮、氮气选择性低的问题。还原剂及其还原产物残留在水体中，易造成二次污染。

（2）新型均相高级还原体系

新型均相高级还原体系是在以亚硫酸盐/紫外光体系为代表的 4 种传统均相高级还原体系基础上发展而来，通过改进还原剂，获得更大的量子产率或新还原性自由基，以克服传统均相高级还原体系弊端的全新还原体系。其研究重点是开发出无需外投还原剂即可将污染物矿化的绿色高效体系。

由于高级还原体系的本质是生成还原性自由基与目标污染物发生氧化还原反应，故而提高还原性自由基的有效浓度是提高反应速率的关键。对基于紫外光活化的高级还原体系而言，提高量子产率可以有效提高降解效率。

碘离子因具有较高的量子产率，且在紫外光条件下能产生足量水合电子，受到研究人员的广泛关注，进而提出碘离子/紫外光体系，并成功降解了全氟辛烷磺酰基化合物，证明了该体系的有效性。碘离子/紫外光体系的不足在于：产生的水合电子会被体系中逐渐积累的活性碘物质捕获，从而抑制其还原能力。Qu 等发现碱性环境可以在一定程度上抑制活性碘物质对自由基的捕获，他们在碱性条件下利用碘离子/紫外光体系成功降解了全氟辛酸，脱氟率达到 98.8%。

针对过量投加还原剂导致还原剂残留而造成二次污染的问题，利用原水中存在的物质作为还原剂是一种较为理想的解决方式。近来的研究表明，天然有机物或水分子本身可以为反应提供所需的还原性自由基。Gu 等先后提出了苯酚/紫外光体系和对苯醌/紫外光体系，并证明了水合电子的产生，从而说明利用水中天然酚类物质或含有醌类基团的天然有机物提供还原性自由基是可能的。此外，水分子也可以在紫外光作用下产生水合电子。Moussavi 等利用水分子在 185 nm 波长下电离出水合电子还原降解硝酸盐，并获得了 100%的氮气转化率。该体系中的对乙酰氨基酚在协同降解污染物的同时，也消耗了体系中的氧化性自由基，加强了水分子的电离，产生更多水合电子作用于硝酸盐。Sun 等提出利用次氮基三乙酸促进紫外光对水分子的光解，并阻止 ·OH 捕获水合电子，成功降解了全氟辛烷磺酰基化合物。

开发基于新型还原性自由基的高级还原体系，是解决传统体系弊端最直接、最彻底的方式。不同的还原剂、不同的最佳反应条件以及不同的反应产物，可以选择性应对不同水体的实际情况。

二氧化碳自由基阴离子（CO_2^- ·）是一种高效的电子供体，其还原作用已在异相光催化还原中有所研究。Yang 等研究证实，甲酸盐作为空穴淬灭剂，其氧化产物二氧化碳自由基阴离子可参与污染物的还原降解。不同于异相高级还原体系，对该自由基在均相高级还原体系中的探究仍处于起步阶段。基于二氧化碳自由基阴离子的均相高级反应，本质是均相高级氧化技术与甲酸盐的耦合，即利用均相高级氧化技术提供氧化性自由基，再通过与甲酸盐反应生成二氧化碳自由基阴离子，进而降解污染物。Mora 等提出，可以利用热活化过硫酸盐提供硫酸根自由基，进而与甲酸盐耦合，成功降解三氯乙酸。有研究表明，甲酸盐可以与 ·OH 和硫酸根自由基反应生成二氧化碳自由基阴离子。因此，研究人员提出了基于二氧化碳自由基阴离子的均相高级还原体系，并成功降解多种污染物。该类高级还原体系的优势在于：二氧化碳自由基阴离子的产物为二氧化碳，可有效避免还原剂产物残留，减少二次污染的发生。Liu 等研究证明，二氧化碳自由基阴离子还原体系在溶解氧存在的条件下，依然可以表现出良好的降解效率，使得该体系不同于传统均相高级还原体系，有效避免了通氮除氧步骤。

新型均相高级还原体系的研究在解决传统体系弊端上取得较大进步，但现阶段与实际应用还有一定距离。水中特征物质产生的自由基能较好地解决因投加还原剂而引发的二次污染问题，但未能解决生成物复杂及溶解氧干扰问题。二氧化碳自由基阴离子可以在溶解氧存在下发挥作用，且具有选择性降解效果，但需要外投甲酸盐，这可能会造成二次污染。寻找水中的特征物质来产生二氧化碳自由基阴离子或其他新还原性自由基，是新型均相高级还原体系的发展趋势。

现阶段，均相高级还原体系中还原性自由基降解污染物的反应机理、降解途径和产物选择性尚不明确，需进一步探究。多种新型均相高级还原体系的提出，推动了其在废水处理中的应用，特别是利用水分子提供还原性自由基的还原体系，为均相高级还原体系工程应用中实现“零投加”和“零污染”的目标提供了理论依据。

8.4 应用与前景分析

还原剂在工业水处理中应用广泛，无药剂替代技术可以实现自动化和智能化控制，具有良好的应用前景。然而，其在水处理中的应用仍需要考虑以下几个方面：

（1）技术创新与优化

随着对水处理技术的深入研究，未来将不断涌现出新的还原剂替代技术。这些技术将更加注重环保、高效和可持续性，旨在提高处理效率、降低成本和减小对环境的影响。通过技术创新和优化，不断改进还原剂替代技术的性能指标，以满足日益严格的环保要求。

（2）联合应用与集成

还原剂替代技术可以与其他水处理技术联合和集成应用，形成多技术协同处理的系统。这种集成方式可以实现优势互补，提高整体处理效果。例如，将还原剂替代技术与吸附技术、膜分离技术、高级氧化技术等进行结合，可以进一步强化处理效果，并降低单一技术的局限性。

（3）智能化与自动化

随着智能化与自动化技术的不断发展，未来的还原剂替代技术将朝着更加智能化、自动化的方向发展。通过引入传感器、自动化控制设备和人工智能等技术手段，实现对还原剂替代技术的实时监测、自动控制和智能优化，提高处理过程的效率和稳定性。

（4）资源化与能源化

在处理过程中，还原剂替代技术可以同时实现水质净化和水资源的回收利用。未来，随着水资源日益紧缺，还原剂替代技术将在资源化和能源化方面发挥更大的作用。例如，将处理过程中产生的副产物进行资源化利用，或通过能源化利用将污染物转化为能源物质，实现变废为宝。

（5）法规政策与经济成本

随着环保法规的日益严格和公众环境保护意识的提高，还原剂替代技术将面临越来越高的要求和压力。同时，经济成本也是影响还原剂替代技术推广应用的重要因素。因此，未来需要加强政策引导和资金支持，推动还原剂替代技术的研发和应用，促进其可持续发展。

总之，随着科技的不断进步和社会对环境保护重视程度的不断提高，还原剂替代技术在水处理领域的应用前景十分广阔。然而，其仍需克服一些技术和经济方面的挑战，如提高处理效率、降低成本、优化工艺参数等。因此，需要加大科研力度、推动技术创新、加强政策支持，以促进还原剂替代技术的广泛应用和发展。

参考文献

[1] LOW J X, JIANG C, CHENG B, et al. A review of direct Z-scheme photocatalysts [J]. Small Methods, 2017, 1 (5): 1700080.

[2] LI X X, LI Z Y, YANG J L. Proposed photosynthesis method for producing hydrogen from dissociated water molecules using incident near-infrared light [J]. Physical Review Letters, 2014, 112 (1): 018301.

[3] FAN Y C, SONG X H, QI S Y, et al. Li-Ⅲ-Ⅵ bilayers for efficient photocatalytic overall water splitting: The role of intrinsic electric field [J]. Journal of Materials Chemistry A, 2019, 7 (45): 26123-26130.

[4] FAN Y C, MA X K, WANG J R, et al. Highly-efficient overall water splitting in 2D Janus group-Ⅲ chalcogenide multilayers: The roles of intrinsic electric filed and vacancy defects [J]. Science Bulletin, 2020, 65: 27-34.

[5] QUAN Y L, ZHU J X, ZHENG G F. Electrocatalytic reactions for converting CO_2 to value-added products [J]. Small Sci, 2021, 1 (10): 2100043.

[6] 李俊生. 对金属钠保存在煤油中机理的研究 [J]. 化学教育，2007 (7): 61-62.

[7] SCHLICKER O, EBERT M, FROTH M, et al. Degradation of TCE with iron: The role of competing chromate and nitrate reduction [J]. Ground Water, 2000, 38 (3): 403-409.

[8] ULUCAN-ALTUNTAS K, DEBIK E. Dechlorination of dichloro diphenyl trichloroethane (DDT) by Fe/Pd bimetallic nanoparticles: Comparison with nZVI, degradation mechanism, and pathways [J]. 中国环境科学与工程前沿：英文版，2020，14 (1): 199-211.

[9] JIAO C, TAN X, LIN A, et al. Preparation of activated carbon supported bead string structure nano zero valent iron in a polyethylene glycol-aqueous solution and its efficient treatment of Cr (Ⅵ) wastewater [J]. Molecules, 2020, 25 (1): 47.

[10] 郭慧超，陈家斌，周雪飞. 纳米零价铁对污染物去除作用的机理研究 [J]. 环境保护前沿，2019，9 (2): 220-224.

[11] 罗铭宇，张丽娜，杨海艳，等. 废水中砷去除的研究进展与展望 [J]. 精细化工中间体，2018，48 (6): 1-5.

[12] LING L, PAN B C, ZHANG W X. Removal of selenium from water with nanoscale zero-valent iron: Mechanisms of intraparticle reduction of Se (Ⅳ) [J]. Water Research, 2015, 71: 274-281.

[13] XIA X F, LING L, ZHANG W X. Genesis of pure Se(0) nano- and micro-structures in wastewater with nanoscale zero-valent iron (nZVI) [J]. Environmental Science: Nano, 2017, 4: 52-59.

[14] DHAL B, THATOI H N, DAS N N, et al. Chemical and microbial remediation of hexavalent chromium from contaminated soil and mining/metallurgical solid waste: A review [J]. Journal of Hazardous Materials, 2013, 250-251: 272-291.

[15] JIN W, DU H, ZHENG S L, et al. Electrochemical processes for the environmental remediation of toxic Cr (Ⅵ): A review [J]. Electrochim Acta, 2016, 191: 1044-1055.

[16] ALPHONSE H. 生物炭负载纳米零价铁对废水中染料的去除特性及其机理研究 [D]. 重庆：重庆大学，2018.

[17] KECIC V, KERKEZ D, PRICE M, et al. Optimization of azo printing dye removal with oak leaves-nZVI/H_2O_2 system using statistically designed experiment [J]. Journal of Cleaner Production, 2018, 202: 65-80.

[18] ZHANG M, DONG Y, GAO S, et al. Effective stabilization and distribution of emulsified nanoscale zero-valent iron by xanthan for enhanced nitrobenzene removal [J]. Chemosphere, 2019, 223: 375-382.

[19] MANTHA R, TAYLOR K E, BISWAS N, et al. A continuous system for Fe^0 reduction of nitrobenzene in synthetic wastewater [J]. Environmental Science & Technology, 2001, 35 (15): 3231-3236.

[20] 袁超，李磊，孙应龙，等．零价铝还原处理偶氮染料活性蓝222废水［J］．环境科学研究，2016，29（7）：1067-1074.

[21] HUA X，ZHU J，WU X，et al. Packed bed chemical looping platform：Design and operation of 30kWth pilot unit［J］．Procedia Environmental Sciences，2016，31：81-90.

[22] GUPTA P，VELAZQUEZ-VARGAS L G，FAN L. Syngas redox（SGR）process to produce hydrogen from coal derived syngas［J］．Energy & Fuels，2007，21（5）：2900-2908.

[23] 张振峰，田心瑶，孙海．Pt/MoC_x 的制备及其低温催化甲醇水蒸气重整制氢反应研究［J］．应用化工，2023，52（9）：2556-2560，2565.

[24] 李亮荣，彭建，欧阳红霞，等．重整制氢催化剂载体的研究现状［J］．应用化工，2022，51（6）：1817-1824.

[25] LIN S Y，SUZUKI Y，HATANO H，et a1. Developing an innovative method，HyPr-RING，to produce hydrogen from hydrocarbons［J］. Energy Convers Manage，2002（43）：1283-1290.

[26] RAMKUMAR S，FAN L S. Calcium looping process（CLP）for enhanced non catalytic hydrogen production with integrated carbon dioxide capture［J］. Energy Fuels，2010（24）：4408-4418.

[27] 杜新华，李阳，殷辉，等．Au/TiO_2/MoS_2 等离子体复合光催化剂的制备及其增强光催化产氢活性［J］．物理化学学报，2018，34（4）：414-423.

[28] 周宇．TiO_2 基复合材料的制备及光催化性能的研究［D］．合肥：合肥工业大学，2022.

[29] YU Z Y，DUAN Y，FENG X Y，et al. Clean and affordable hydrogen fuel from alkaline water splitting：Past，recent progress，and future prospects［J］. Advanced Materials，2021，33（31）：2007100.

[30] CHRISTOPHER K，DIMITRIOS R. A review on exergy comparison of hydrogen production methods from renewable energy sources［J］. Energy & Environmental Science，2012，5（5）：6640-6651.

[31] BARELLI L，BIDINI G，GALLORINI F，et al. Hydrogen production through sorption-enhanced steam methane reforming and membrane technology：A review［J］. Energy，2008，33（4）：554-570.

[32] 蒲贵兵，孙可伟．硫酸法钛白副产物硫酸亚铁的综合利用分析［J］．中国资源综合利用，2007（7）：12-14.

[33] 张晓，程婷，陈晨，等．紫外/亚硫酸钠体系对2，4，6-三溴酚的脱溴效果及机理［J］．无机盐工业，2020，52（12）：69-74.

[34] 文勤，乔延超，阮丁山，等．用亚硫酸钠还原-碳酸钠沉淀法在废电池定向循环中去除铜铝［J］．湿法冶金，2023，42（2）：185-189.

[35] 顾婉娜．硼氢化钠还原法处理化学镀镍废液研究［J］．化工管理，2019（19）：57-58.

[36] XIE F，LIU Y，GUAN F，et al. How to coordinate the relationship between renewable energy consumption and green economic development：From the perspective of technological advancement［J］．Environmental Sciences Europe，2020，32：1-15.

[37] STEVENS A R H，BELLSTEDT S，ELAHI P J，et al. The imperative to reduce carbon emissions in astronomy［J］．Nature Astronomy，2020，4（9）：843-851.

[38] HAUSTEIN K，ALLEN M R，FORSTER P M，et al. A real-time global warming index［J］．Scientific Reports，2017，7（1）：1-6.

[39] CHEN X，LIU L，YU P Y，et al. Increasing solar absorption for photocatalysis with black hydrogenated titanium dioxide nanocrystals［J］．Science，2011，331（6018）：746-750.

[40] LI J，LI H，ZHAN G，et al. Solar water splitting and nitrogen fixation with layered bismuth oxyhalides［J］．Accounts of Chemical Research，2017，50（1）：112-121.

[41] UNER D，OYMAK M M. On the mechanism of photocatalytic CO_2 reduction with water in the gas phase［J］．Catalysis Today，2012，181（1）：82-88.

[42] WANG W N，AN W J，RAMALINGAM B，et al. Size and structure matter：Enhanced CO_2 photoreduction efficiency by size-resolved ultrafine pt nanoparticles on TiO_2 single crystals［J］．Journal of the American Chemical Society，2012，134（27）：11276-11281.

[43] XU H Q，HU J，WANG D，et al. Visible-light photoreduction of CO_2 in a metal-organic framework：Boosting electron-hole separation via electron trap states［J］．Journal of the American Chemical Society，2015，137（42）：13440-13443.

[44] CHEN C, MA W, ZHAO J. Semiconductor-mediated photodegradation of pollutants under visible-light irradiation [J] . Chemical Society Reviews, 2010, 39 (11): 4206-4219.

[45] GUPTA V K, JAIN R, NAYAK A, et al. Removal of the hazardous dye-tartrazine by photodegradation on titanium dioxide surface [J] . Materials Science & Engineering C Materials for Biological Applications, 2011, 31 (5): 1062-1067.

[46] LV C, YAN C, CHEN G, et al. An amorphous noble-metal-free electrocatalyst that enables nitrogen fixation under ambient conditions [J] . Angewandte Chemie-International Edition, 2018, 57 (21): 6073-6076.

[47] CHEN X, LI N, KONG Z, et al. Photocatalytic fixation of nitrogen to ammonia: State-of-the-art advancements and future prospects [J] . Materials Horizons, 2018, 5 (1): 9-27.

[48] JAHNKE K, FENDT C, FOUESNEAU M, et al. An astronomical institute's perspective on meeting the challenges of the climate crisis [J] . Nature Astronomy, 2020, 4 (9): 812-815.

[49] 刘守新，刘鸿. 光催化及光电催化基础与应用 [M]. 北京：化学工业出版社，2006.

[50] ISMAIL A A, BAHNEMANN D W. Photochemical splitting of water for hydrogen production by photocatalysis: A review [J]. Solar Energy Mateals and Solar Cells, 2014, 128: 85-101.

[51] LI R G, LI C. Chapter one photocatalytic water splitting on semiconductor-based photocatalysts [J]. Advances in Catalysis, 2017, 60: 1-57.

[52] ALBERO J, PENG Y, GARCIA H. Photocatalytic CO_2 reduction to C_{2+} products [J] . Acs Catalysis, 2020, 10 (10): 5734-5749.

[53] ARESTA M, DIBENEDETTO A. Utilisation of CO_2 as a chemical feedstock: Opportunities and challenges [J] . Dalton Transactions, 2007 (28): 2975-2992.

[54] NGUYEN V H, NGUYEN B S, JIN Z, et al. Towards artificial photosynthesis: Sustainable hydrogen utilization for photocatalytic reduction of CO_2 to high-value renewable fuels [J] . Chemical Engineering Journal, 2020: 126184.

[55] HABISREUTINGER S N, SCHMIDT-MENDE L, STOLARCZYK J K. Photocatalytic reduction of CO_2 on TiO_2 and other semiconductors [J] . Angewandte Chemie-International Edition, 2013, 52 (29): 7372-7408.

[56] ZOU X, ZHANG Y. Noble metal-free hydrogen evolution catalysts for water splitting [J]. Chemical Society Reviews, 2015, 44 (15): 5148-5180.

[57] ANANTHARAJ S, EDE S R, KARTHICK K, et al. Precision and correctness in the evaluation of electrocatalytic water splitting: Revisiting activity parameters with a critical assessment [J]. Energy & Environmental Science, 2018, 11 (4): 744-771.

[58] YANG S, VERDAGUER-CASADEVALL A, ARNARSON L, et al. Toward the decentralized electrochemical production of H_2O_2: A focus on the catalysis [J] . ACS Catalysis, 2018, 8: 4064-4081.

[59] 李灵星，陈际达．铁碳微电解技术应用与研究 [J] . 环境科学与管理，2017，42 (5)：98-101.

[60] 相瑞，尹红卫，黄兴伟，等．新型多元催化铁碳微电解填料的研制及应用 [J] . 油气田地面工程，2021，40 (5)：39-45.

[61] YAZDANBAKHSH A, ESLAMI A, MOUSSAVI G, et al. Photo-assisted degradation of 2, 4, 6-trichlorophenol by an advanced reduction process based on sulfite anion radical: Degradation, dechlorination and mineralization [J] . Chemosphere, 2018, 191 (10): 156-165.

[62] XIAO Q, WANG T, YU S, et al. Influence of UV lamp, sulfur (Ⅳ) concentration, and pH on bromate degradation in UV/sulfite systems: Mechanisms and applications [J] . Water Research, 2017, 111 (3): 288-296.

[63] VELLANKI B P, BATCHELOR B, ABDEL-WAHAB A. Advanced reduction processes: A new class of treatment processes [J] . Environmental Engineering Science, 2013, 30 (5): 264-271.

[64] 滕龙．紫外/亚硫酸盐体系还原降解硝酸盐的效能与机理研究 [D] . 南京：南京大学，2014.

[65] HERBERT J M, COONS M P. The hydrated electron [J] . Annual Review of Physical Chemistry, 2017, 68 (1): 447-472.

[66] XIAO Q, YU S, LI L, et al. An overview of advanced reduction processes for bromate removal from drinking water: Reducing agents, activation methods, applications and mechanisms [J] . Journal of Hazardous Materials,

2017, 324: 230-240.
[67] 杨世迎，张宜涛，郑迪．高级还原技术：一种水处理新技术 [J]．化学进展，2016, 28 (6): 934-941.
[68] BOTLAGUDURU V S V, BATCHELOR B, ABDEL-WAHAB A. Application of UV-sulfite advanced reduction process to bromate removal [J]. Journal of Water Process Engineering, 2015, 5 (4): 76-82.
[69] VELLANKI B P, BATCHELOR B. Perchlorate reduction by the sulfite/ultraviolet light advanced reduction process [J]. Journal of Hazardous Materials, 2013, 262 (9): 348-356.
[70] LIU X, VELLANKI B P, BATCHELOR B, et al. Degradation of 1, 2-dichloroethane with advanced reduction processes (ARPs): Effects of process variables and mechanisms [J]. Chemical Engineering Journal, 2014, 237 (2): 300-307.
[71] LIU X, YOON S, BATCHELOR B, et al. Degradation of vinyl chloride (VC) by the sulfite /UV advanced reduction process (ARP): Effects of process variables and a kinetic model [J]. Science of the Total Environment, 2013, 454-455 (4): 578-583.
[72] JUNG B, FARZANEH H, KHODARY A, et al. Photochemical degradation of trichloroethylene by sulfite-mediated UV irradiation [J]. Journal of Environmental Chemical Engineering, 2015, 3 (3): 2194-2202.
[73] GU Y, LIU T, WANG H, et al. Hydrated electron based decomposition of perfluorooctane sulfonate (PFOS) in the VUV/sulfite system [J]. Science of the Total Environment, 2017, 607-608 (12): 541-548.
[74] GU Y, LIU T, ZHANG Q, et al. Efficient decomposition of perfluorooctanoic acid by a high photon flux UV/sulfite process: Kinetics and associated toxicity [J]. Chemical Engineering Journal, 2017, 326 (10): 1125-1133.
[75] XIE B, LI X, HUANG X, et al. Enhanced debromination of 4-bromophenol by the UV/sulfite process: Efficiency and mechanism [J]. Journal of Environmental Sciences, 2017, 54 (4): 231-238.
[76] XIE B, SHAN C, XU Z, et al. One-step removal of Cr (Ⅵ) at alkaline pH by UV/sulfite process: Reduction to Cr (Ⅲ) and in situ Cr (Ⅲ) precipitation [J]. Chemical Engineering Journal, 2017, 308 (1): 791-797.
[77] YU X, CABOOTER D, DEWIL R. Efficiency and mechanism of diclofenac degradation by sulfite/UV advanced reduction processes (ARPs) [J]. Science of the Total Environment, 2019, 688 (10): 65-74.
[78] SAUER M C, CROWELL R A, SHKROB I A. Electron photodetachment from paqueous anions. 1. quantum yields for generation of hydrated electron by 193 and 248 nm laser photoexcitation of miscellaneous inorganic anions [J]. The Journal of Physical Chemistry A, 2004, 108 (25): 5490-5502.
[79] VECITIS C D, PARK H, CHENG J, et al. Treatment technologies for aqueous perfluorooctanesulfonate (PFOS) and per-fluorooctanoate (PFOA) [J]. Frontiers of Environmental Science &Engineering in China, 2009, 3 (2): 129-151.
[80] PARK H, VECITIS C D, CHENG J, et al. Reductive defluorination of aqueous perfluorinated alkyl surfactants: effects of ionic headgroup and chain length [J]. The Journal of Physical Chemistry A, 2009, 113 (4): 690-696.
[81] QU Y, ZHANG C, LI F, et al. Photo-reductive defluorination of perfluorooctanoic acid in water [J]. Water Research, 2010, 44 (9): 2939-2947.
[82] THOMAS-SMITH T E, BLOUGH N V. Photoproduction of hydrated electron from constituents of natural waters [J]. Environmental Science & Technology, 2001, 35 (13): 2721-2726.
[83] GU J, YANG L, MA J, et al. Hydrated electron (eaq-) generation from p-benzoquinone/UV: Combined experimental and theoretical study [J]. Applied Catalysis B: Environmental, 2017, 212 (4): 150-158.
[84] GU J, MA J, JIANG J, et al. Hydrated electron (eaq-) generation from phenol/UV: Efficiency, influencing factors, and mechanism [J]. Applied Catalysis B: Environmental, 2017, 200 (7) : 585-593.
[85] ELLES C G, JAILAUBEKOV A E, CROWELL R A, et al. Excitation -energy dependence of the mechanism for two-photon ionization of liquid H_2O and D_2O from 8. 3 to 12. 4 eV [J]. The Journal of Chemical Physics, 2006, 125 (4): 044515.
[86] ELLES C G, SHKROB I A, CROWELL R A, et al. Excited state dynamics of liquid water: Insight from the dissociation reaction following two-photon excitation [J]. The Journal of Chemical Physics, 2007, 126 (16): 164503.
[87] MOUSSAVI G, SHEKOOHIYAN S. Simultaneous nitrate reduction and acetaminophen oxidation using the continuous-flow chemical-less VUV process as an integrated advanced oxidation and reduction process [J]. Journal of

Hazardous Materials, 2016, 318 (7): 329-338.

[88] SUN Z, ZHANG C, XING L, et al. UV/nitrilotriacetic acid process as a novel strategy for efficient photoreductive degradation of perfluorooctanesulfonate [J]. Environmental Science & Technology, 2018, 52 (5): 2953-2962.

[89] LIU X, ZHONG J, FANG L, et al. Trichloroacetic acid reduction by an advanced reduction process based on carboxyl anion radical [J]. Chemical Engineering Journal, 2016, 303 (5): 56-63.

[90] TUGAOEN H O, GARCIA-SEGURA S, HRISTOVSKI K, et al. Challenges in photocatalytic reduction of nitrate as a water treatment technology [J]. Science of the Total Environment, 2017, 599-600 (5): 1524-1551.

[91] YANG T, DOUDRICK K, WESTERHOFF P. Photocatalytic reduction of nitrate using titanium dioxide for regeneration of ion exchange brine [J]. Water Research, 2013, 47 (3): 1299-1307.

[92] MORA V C, ROSSO J A, CARRILLO L R G, et al. Thermally activated peroxydisulfate in the presence of additives: A clean method for the degradation of pollutants [J]. Chemosphere, 2009, 75 (10): 1405-1409.

[93] CHEN G, HANUKOVICH S, CHEBEIR M, et al. Nitrate removal via formate radical-induced photochemical process [J]. Environmental Science & Technology, 2018, 52 (1): 316-324.

[94] XIAO Q, REN Y, YU S. Pilot study on bromate reduction from drinking water by UV/sulfite systems: Economic cost comparisons, effects of environmental parameters and mechanisms [J]. Chemical Engineering Journal, 2017, 330 (12): 1203-1210.

第9章

脱水剂的无药剂替代技术

污泥是污水处理过程中的副产物，污水需处理后才可排放或回用，污泥也需处理后才可填埋或焚烧，并且污泥中含有大量水分，所以在处理前需对其进行脱水处理。污泥脱水是污水处理过程中非常重要的一个环节，能够有效地去除污泥中的水分，从而达到减小体积、便于运输和处置的目的。在污泥脱水的过程中，污泥脱水剂等药剂起到了至关重要的作用。污泥脱水剂是在污泥脱水前添加的药剂。污泥脱水剂能使污泥发生絮凝反应，凝聚成絮团并与水分分离。经过这样处理形成絮团的污泥，在被压滤机压滤后，含水率会更低。然而，污泥脱水技术目前存在药剂成本高、药剂残留、环境污染等问题，限制了其发展应用。近年来，随着科技的不断发展，无药剂替代脱水技术也得到了广泛的研究和应用。无药剂替代脱水技术主要利用物理和化学原理，将水分分离出来，而不需要使用化学药剂。这种技术具有操作简单、节能环保、成本较低等优点。

9.1 概述

9.1.1 污泥脱水剂的定义

污泥脱水剂又称污泥调理剂，是一种能改变污泥表面结构，降低污泥固体表面负荷，降低污泥比表面积，破坏细菌结构的化学药剂。也可以加速污泥中水分的脱离，从而减小污泥的体积和质量，方便后续的处理和处置。通常情况下，污泥处理是污水处理的一个重要环节。污水处理过程中会产生大量的污泥，如果不加以处理，会对环境和人类健康造成不良影响。

污泥脱水剂和絮凝剂都是污水处理中常用的化学药剂，它们在污水处理过程中发挥着重要的作用，但又有显著的区别。

（1）污泥脱水剂

污泥脱水剂通常分为有机和无机两种类型，有机污泥脱水剂是由含有活性羟基、羧基等官能团的聚合物或共聚物制成的，而无机污泥脱水剂则是由无机盐类制成的，具有很好的凝聚性能，可以快速地将污泥中的水分脱离出来，但不利于后续的过滤和脱水处理。

（2）絮凝剂

在污水处理领域，絮凝剂作为强化固液分离的手段，被广泛应用于污水的初次沉淀、浮选处理以及活性污泥法之后的二次沉淀过程中，以增强分离效果。此外，絮凝剂在污水的三级处理或深度处理中也发挥着重要作用。在处理剩余污泥的过程中，通常不将用于污泥调理或脱水的化学药剂称为“絮凝剂”，而是根据其具体功能称为“调理剂”或“脱水剂”。

（3）污泥脱水剂和絮凝剂的区别

污泥脱水剂和絮凝剂的主要区别在于它们的作用和使用场景。污泥脱水剂主要用于污泥脱水过程，而絮凝剂则主要用于污水处理中的固液分离过程。另外，污泥脱水剂通常包括有机和无机两种类型，而絮凝剂则根据其化学成分分为无机絮凝剂、有机絮凝剂以及微生物絮凝剂等。

简而言之，污泥脱水剂的主要功能与絮凝剂相似，区别仅在于应用介质的不同。两者均旨在破坏污泥及污水中胶体粒子的稳定性，并利用其分子链长度优势，吸附并凝聚悬浮粒子，形成絮体。絮体进一步聚集为较大絮团，因重力作用加速沉降，从而实现原水澄清。应用污泥脱水剂可显著减少污泥含水量，例如，与板框压滤机结合使用，可有效提高压泥效率。通过调整浓缩污泥含水率、优化调理药剂及其投加比例、选用适当的滤布型号，可显著提升污泥深度脱水效率，降低处理成本，同时满足污泥后续处理的含水率要求。应用污泥脱水剂时无需添加石灰，且有助于污泥减量，对设备无腐蚀性，有利于污泥后续的焚烧、制砖、堆肥等处理。综上所述，污泥脱水剂与絮凝剂在污水处理过程中均扮演着关键角色，其选择与应用需依据具体处理需求及条件而定。

9.1.2 污泥脱水剂主要成分及其作用

污泥脱水剂主要成分及其作用如下。

（1）无机调理剂

无机调理剂是最常用的一种污泥调理剂，主要包括石灰、氢氧化铝、氢氧化铁等。无机调理剂通过中和污泥中的有机酸、调整污泥 pH 值来改善污泥的脱水性能。其优点是成本低、脱水效果较好。

（2）有机调理剂

有机调理剂通过吸附架桥、降低污泥比阻、中和表面电荷等机制，显著改善生化污泥的脱水性能。其具体作用效果包括提高泥饼产量、降低泥饼含水率、减少设备腐蚀、降低劳动强度和控制调理成本。与无机调理剂相比，有机调理剂添加量较小，污泥脱水效果显著提高，但其成本相对较高。

（3）生物调理剂

生物调理剂主要包括酶、微生物代谢产物等。生物调理剂通过分解污泥中的有机物质，降低污泥的亲水性，从而提高其脱水性能。

（4）破壁剂和污泥剥离剂

破壁剂和污泥剥离剂的作用机理主要是通过对污泥进行改性，使得污泥的状态发生改变。从而形成刚性且疏水通道较多的结构。

（5）高效污泥脱水调理剂

高效污泥脱水调理剂主要成分为无机化合物、污泥表面结构改性剂、脱脂剂、破壁剂、污泥表面处理剂、污泥剥离剂等。污泥高效脱水调理剂具有药剂用量少、浓缩脱水高效、处理效果好、性价比高等优点。如新型污泥脱水剂 P［PAM-DAC（丙烯酰氧乙基三甲基氯化铵）-DMDAAC（二甲基二烯丙基氯化铵）］通过多种机制（如氧化作用、絮凝作用等）显著提高了污泥的脱水性能，降低了调理成本，减少了设备腐蚀，同时具有环境友好性。

不同行业、不同的脱水机械设备、不同的污水浓度应用的污泥脱水剂是不同的。例如，在污泥脱水过程中，聚丙烯酰胺的投加量以及脱水后泥饼的含水率会因污泥种类的不同而不同，故需对不同型号的聚丙烯酰胺产品进行试验。具体选用哪种污泥调理剂需要根据污泥性质和脱水要求等因素综合考虑。

9.1.3 污泥脱水剂的基本水处理功能

脱水剂在污泥脱水过程中至关重要，可去除有害物质，提高处理效率。污泥脱水剂的功能主要体现在以下几个方面。

① 污泥脱水剂的主要作用是脱水。脱水剂能够将污泥中 90%以上的水分脱除，使污泥的含水率降至规定数值。脱水剂的脱水作用可以大大减小污泥的体积，降低其对周边环境的影响，并且有利于后续处理和处置。

② 污泥脱水剂还可以改善污泥性质，使其更易处理和处置。脱水剂可以提高污泥的粒度，增强其稳定性，降低其毒性，从而使其更适合进一步加工和处理。

③ 污泥脱水剂还可以稳定污泥中的有害物质，如重金属、有毒有害有机物等，保护环境和人体健康。

④ 污泥脱水剂还能够提高处理效率，缩短处理时间，提高处理设备的工作效率和降低处理成本。

总之，脱水剂在污泥土地利用、堆肥生产、焚烧发电等方面都有着较高的应用价值。

9.1.4 污泥脱水剂的主要应用场景

污泥脱水剂被广泛应用于污水处理中，污泥处理的核心目标是减量化（减小污泥体积）、无害化（去除有害物质）和稳定化（降低污泥的生物活性和腐化性）。以下为一些污泥脱水剂的使用场景。

（1）城镇污水处理厂

胡燕金等使用脱水剂显著提高了污泥的脱水效率，使得污泥的含水率能够维持在较低水平（出泥含水率最低值为 23.3%，平均值为 32.52%）。这不仅减小了污泥的体积，还提高了污泥的稳定性，为后续的资源化利用（如用作土壤改良剂和肥料）奠定了基础。

聂凌峰在深圳市某污水处理厂中加入了脱水剂，提高了污泥的处理效率，使其更适用于后续的处置方式，如填埋、焚烧或资源化利用。陈冰以福建省宁德市某城镇污水处理厂产生的污泥为例，通过脱水剂调理后，污泥外运量从45t/d（80%含水率）缩减至20t/d（55%含水率），污泥减量近25t/d，年污泥处置费节省约365万元。脱水剂的使用可以显著提高污泥的脱水效率。例如，阳离子聚丙烯酰胺的最佳投加量范围为30～60 mg/L，能够有效降低污泥的含水率。无机调理剂PAC在投加量达到1.54 g/L时，污泥的脱水性能最佳。有研究者通过实验证明，经过脱水剂调理后的污泥在低温干化过程中表现出更好的脱水性能，其含水率随时间延长而显著下降。脱水剂的使用不仅提高了脱水速率，还降低了能耗，使得整个污泥处理过程更加经济高效。

通过高压板框压滤机结合化学调理剂可以将污泥含水率降至50%左右，化学调理＋机械脱水技术能够将污泥含水率降至70%～80%，而传统的机械脱水方法通常只能将含水率降至75%～85%。这表明脱水剂的使用显著提高了脱水效率，是实现深度脱水的重要手段。化学调理剂的使用可以显著提高污泥的脱水性能。例如，使用铁盐调理剂可以将污泥比阻（SRF）降低93.92%，毛细吸水时间（CST）降低56.99%，显示出脱水剂在深度脱水中的显著效果。

（2）纸张制造

污泥脱水剂在纸张制造中也扮演着重要的角色。纸张生产过程中产生的废纸和木浆需要处理成污泥，污泥脱水剂可以帮助处理这些污泥。污泥脱水剂可以减少处理成本，降低对环境的影响，并提高废纸和木浆的回收利用率。在纸张制造产生的污泥中，含有大量的有机物和无机物，如果不进行适当处理，可能会对环境造成严重的污染。污泥脱水剂是一种能够将污泥中的水分与固体分离的化学物质，可以有效减小污泥的体积，降低后续的处理成本。以下是一些在纸张制造过程中正确使用污泥脱水药剂的具体案例。

聚合氯化铁是一种常用的污泥脱水试剂，能够有效降低污泥的含水率。聚合氯化铁预处理联合渗析脱水是一种高效的污泥脱水方法，可显著降低污泥的残余含水率，为实际污泥脱水工程提供了新的思路。亚铁活化过二硫酸盐是一种新型的污泥脱水处理剂，可以有效地降低污泥的含水率，减少后续的处理和处置成本。实验表明，这种技术通过破坏EPS（胞外聚合物）结构、释放结合水、改变污泥表面电荷和微观结构，显著提高了污泥的脱水性能，为污泥处理提供了新的思路和方法。在研究中，研究者分析了影响污泥脱水性能的因素，并提出了优化脱水性能的方法。例如，通过合理调整制浆造纸工艺参数，控制污泥的含固率，可以改善污泥的脱水性能。另外，根据不同的污泥性质，可以添加一定的助剂来提高其脱水性能。

（3）食品加工行业

食品加工过程中会产生大量的污泥，这些污泥中含有大量的微生物细胞、油脂、蛋白质、碳水化合物等有机物质，如果不及时处理，不仅会对环境造成污染，还会浪费资源。因此，食品加工企业通常会使用污泥脱水器进行处理，以达到减量化、资源化的目的。

有研究者以阳离子聚丙烯酰胺作为污泥脱水剂，用于处理污水中的污染物成分，使废水得到净化。这种脱水剂可以破坏污泥中的微生物细胞，从而达到脱水的目的。此外，还使用了其他药剂，如石灰、亚铁、三氯化铁等，这些药剂可以与聚丙烯酰胺配合使用，以提高污泥脱水效果。新型的污泥深度脱水处理剂是一种能快速改变污泥的表面结构、降低污泥固体表面的负荷、降低污泥的比表面积、破坏固体结构的化学物质。它可以将污泥含水率从90%左右降至40%～60%。这种新型的污泥处理剂可以大大减少食品厂的污泥量，降低对存储和运输的要求，同时也可降低企业的运营费用。使用新型污泥深度脱水后，可以得到干燥的泥渣，大大减轻了食品厂后续处理的负担。在处理过程中，先将污泥抽至调理池，加调理剂调质后，再送入板框压滤机上进行深度脱水，最终将污泥含水率从80%～85%降至60%左右。这样既达到了脱水的效果，又实现了污泥的减量化，大大减轻了后续处理的负担，同时也降低了企业的运营成本。

（4）制药行业

在制药过程中，产生的废物需要处理成污泥。以下是一些具体的案例。

四川制药在污泥处理过程中使用了自主研制的复合型脱水剂。这种脱水剂可对污泥中的细胞进行调理，使得污泥的脱水性得到改善，同时也避免了对环境造成二次污染。此外，污泥热水解技术也在四川制药的污泥处理中得到了应用，通过在150～170℃的环境下，使污泥底部的微生物细胞壁热裂解，释放出蛋白质和矿物质，改善污泥的脱水性质。

天津制药使用了一种深度脱水技术，将含水率80%的污泥进一步脱水至60%以下。该厂使用阳离子聚丙烯酰胺进行污泥脱水。这种技术在制药废水处理中被广泛应用，因为制药废水大多数具有有机物浓度高、色度高、含难降解和对微生物有毒性的物质、水质成分复杂、可生化性差等特点，废水中的残留抗生素和高浓度有机物使传统生物处理法很难达到预期的处理效果。

（5）矿山行业

污泥脱水剂还被广泛应用于矿冶行业。在矿山生产过程中，产生的废物需要处理成污泥。污泥脱水剂可以帮助加速污泥的脱水过程，减少处理成本，同时降低对环境的影响。矿业废水处理过程中产生的污泥需要通过脱水剂进行处理，以降低污泥的含水率，减小污泥体积，便于后续的处置或资源化利用。

9.2 传统污泥脱水剂

9.2.1 传统污泥脱水剂及其作用

9.2.1.1 聚丙烯酰胺

聚丙烯酰胺（polyacrylamide，PAM）是一种线状的有机高分子聚合物，同时也是一种高分子水处理絮凝剂产品，按离子特性可分为阳离子聚丙烯酰胺、阴离子聚丙烯酰胺、非离子聚丙烯酰胺。聚丙烯酰胺兼具絮凝性、增稠性、剪切性，可以吸附水中的悬浮颗粒，在颗粒之间起连接架桥作用，使细颗粒形成比较大的絮团，并且加快了沉淀的速度，这一过程称为絮凝。PAM因其良好的絮凝效果被广泛用于污水处理中。聚丙烯酰胺对于已脱稳的胶体颗粒可起到吸附架桥作用，使其快速形成大的絮体，易于泥水分离，并且具有投加量小、脱水效率高的优点，因此被广泛用作污泥脱水剂。一般污泥脱水剂常采用阳离子聚丙烯酰胺，按离子度高低，阳离子聚丙烯酰胺又分为弱阳、中阳和强阳三种。阳离子度越高，其中和负电荷使污泥胶体颗粒脱稳的作用越强，但阳离子聚丙烯酰胺的分子量往往较小，其吸附架桥能力也较弱。

在锦州石化公司炼化污水生化处理工艺中，采用阳离子聚丙烯酰胺（CPAM）和阴离子聚丙烯酰胺（APAM）作为化学调理液对原污泥和好氧消化污泥进行调理，结果显示，在适宜条件下，污泥经调理后由较难过滤的污泥转变为易于过滤的污泥。因此，PAM 作为污泥脱水剂的作用主要体现在提高污泥的絮凝性、降低污泥的含水率、改善污泥的性质，从而方便后续的处理和利用。在安徽省宣城市，阳离子聚丙烯酰胺被广泛应用于矿山废水处理。在阳离子离子度为 10%和 60%的情况下，污水中的杂质可以迅速沉积，使水与杂质分离，便于后期脱水设备的运作。此外，PAM 在板框压滤机、带式压滤机和离心机等不同类型的脱水设备中，应用效果也不同。例如，在板框压滤机中，10%～15%的阳离子度效果最好，30%～35%的离子度在带式压滤机上效果较好，而 50%～65%的离子度在离心机上效果最佳。这种精确选择可以提高污泥脱水效率并降低成本。何嘉莉等通过小试脱水试验、投加量试验、沉降试验、生产试验等多步骤来综合评价 PAM 药剂，结果表明分子量为 2500 万的阴离子 PAM 在脱水效果、成本和安全性方面均优于其他药剂，是自来水厂污泥离心脱水的优选药剂。

虽然 PAM 具有良好的脱水性能和广泛的应用范围，但其也存在一些局限。首先，PAM 的成本较高。其次，PAM 的投加量对脱水效果有重要影响，投加过量或不足都可能导致脱水效果下降。再次，PAM 的使用也可能会对环境产生一定影响。因此，在实际应用中应注意控制 PAM 的使用，以达到最佳的脱水和环保效果。

9.2.1.2 聚合氯化铝

聚合氯化铝（poly aluminium chloride，PAC）是一种常用的絮凝剂，在污泥处理中有着广泛的应用。PAC 的作用机理主要是通过水解产生的羟基铝离子与污水中的悬浮物和胶体颗粒发生化学反应，形成较大的絮凝颗粒，从而提高污泥的沉降和脱水性能。

首先，PAC 能够与污泥中的有机物质结合，促进污泥颗粒的聚集，形成较大的絮凝颗粒，从而提高污泥的脱水性能。实际工程应用中，PAC 可以显著提高污泥的脱水性能，降低滤饼的含水率。其次，可以通过吸附和架桥作用，使污泥颗粒之间的相互作用力增加，从而提高污泥的沉降性。实验结果表明，添加适量的 PAC 可以显著提高污泥的沉降速度和沉降比。再次，可以促进污泥颗粒之间的凝聚，形成较大的絮凝颗粒，从而降低污泥的含水率。有实验表明，添加适量的 PAC 可以将污泥的含水率降至 50%以下。最后，可以通过改善污泥的脱水和沉降性能，缩短污泥处理时间，提高污泥的整体处理效率。但使用 PAC 进行污水处理时，需要的药剂投加量较大，可能会增加处理系统的污泥量，影响污泥的脱水处理能力，同时也会增加运行负担。在某些特定情况下，过量的 PAC 不仅不能净化水源，反而可能造成水质浑浊。而且 PAC 在水中溶解后，可能会对管道设备产生腐蚀作用，这需要在污水处理过程中予以考虑和处理。同时，PAC 在溶解过程中会产生大量的氢离子，可能会对环境产生一定的影响。

张洁研究发现，PAC 的投加对活性污泥中的微生物种类无显著影响，但会降低微生物数量和增加残留铝浓度，因此需控制 PAC 投加量以避免对活性污泥系统造成负面影响。黄志勇等研究发现，PAC-PAM 联合处理含氟废水在优化条件下可高效去除氟离子，但杂质离子会降低除氟效果，需控制杂质离子浓度以确保除氟性能。

然而，PAC 作为污泥处理剂也存在一些局限性。首先，PAC 的使用需要一定的技术和操作经验，投加量过大可能会导致脱水效率降低，甚至产生反作用。其次，PAC 的成本较高，这在一定程度上限制了其在大规模污泥处理中的应用。最后，PAC 在处理过程中会产生一定的环境影响，例如可能会产生一定的化学污染。

9.2.1.3 聚乙烯醇

聚乙烯醇（polyvinyl alcohol，PVA）在污泥处理过程中主要作为脱水剂，其脱水原理主要是吸附和架桥作用。其中，吸附作用的原理是PVA分子中含有大量的羟基，这些羟基能够与污泥颗粒表面的离子或分子形成氢键，从而将污泥颗粒吸附在PVA分子上，使污泥中水分被PVA分子吸附，形成水凝胶，从而实现脱水；架桥作用指的是在吸附过程中，PVA分子会形成一个“桥”，将污泥颗粒连接起来，从而使污泥颗粒聚集成大颗粒，进一步减小污泥颗粒与水分子的接触面积，加速脱水过程。此外，由于PVA分子具有一定的弹性，能够在脱水过程中保持污泥颗粒的形状，从而提高脱水效果。值得注意的是，PVA的脱水效果还受到许多因素的影响，包括PVA溶液的浓度、温度、pH值等。例如，当PVA溶液的温度升高时，分子运动速度加快，分子间的吸附作用增强，有利于提高脱水效果。同时，适当调整PVA溶液的pH值，也可以改变其脱水效果。PVA凝胶载体的使用提高了微生物的附着能力，增强了污泥的稳定性和处理效率。该载体结合SBR工艺在高校生活污水处理中表现出良好的可行性和高效性。

PVA被广泛应用于污泥脱水领域中。由于PVA难生物降解，直接排入水体会对水体造成严重污染，因此需要采用合适的处理方法进行处理。常用的处理方法主要有物化法、生物法及其组合工艺。其中，PVA作为一种重要工业原料，具有优良的物理和化学性质，被广泛用于各种产品的生产。

9.2.1.4 聚合硫酸铁

聚合硫酸铁（polyferric sulfate，PFS）是一种常见的水处理剂，它在污泥处理过程中的主要作用是脱水。聚合硫酸铁加入污泥中后，其主要作用机理可以分为以下两个阶段。

① 电解质作用阶段：聚合硫酸铁中未参与聚合的低聚体进入污泥胶粒的紧密层，使胶体分散层变薄。这种变化会导致胶粒的布朗运动增强，从而使胶粒与周围的离子之间发生电荷中和，即所谓的“架桥效应”，这有助于胶粒之间的聚集，形成絮状沉淀。在这个阶段，聚合硫酸铁的高聚体作用较小，主要是低聚体和未参与聚合的部分在起作用。此时，聚合硫酸铁中聚合度较大的高聚体在胶粒表面形成覆盖层，阻止胶粒与胶粒或胶粒与离子之间的接触，从而起到稳定和保护的作用，有助于提高污泥脱水的效果。

② 高分子絮凝剂作用阶段：当聚合硫酸铁的投入量增加时，高聚体在污泥胶粒表面形成覆盖层的同时，也会阻止胶粒间的接触。这个阶段，高聚体起主导作用，聚合硫酸铁在胶粒表面产生的覆盖层可以阻止胶粒间或者胶粒与离子间的接触，从而降低胶粒的稳定性，使得胶粒更容易发生聚集和沉降。这个阶段的聚合硫酸铁投加量应适中，投加量过大可能会导致污泥的沉降效果不佳。

此外，聚合硫酸铁还能通过中和胶粒表面的电荷，破坏胶体微粒的稳定性，促使胶体微粒之间发生聚集，形成絮凝体。这也有助于提高脱水效果。但聚合硫酸铁中铁离子的形成需要大量的氢氧根，这会消耗大量的碱性物质。因此，在处理过程中，如果原水碱度不足，可能需要加入一定量的碱以保证去除效果。此外，聚合硫酸铁对某些重金属离子、COD、色度等有较强的去除能力，但对某些特定污染物的去除效果可能并不理想。

在污水处理过程中，PFS可以作为除磷剂，对污泥进行脱磷处理，PFS的投加量可以根据实验室模拟实验的结果进行调整，经充分搅拌和混凝沉降处理后，可以得到清澈的出水。在一些实际案例中，PFS在处理印染、电镀、造纸等工业废水时，可以作为混凝剂和污泥脱水剂使用，显示出优良的混凝效果。

PFS作为污泥处理中常用的脱水剂，虽然具有较强的脱水效果和广泛的应用范围，但也存在一些局限性。首先，PFS的制备成本较高，需要消耗大量的硫酸、氧化铁等原材料，而且在制备过程中会产生一定的污染。其次，PFS的反应速度较慢，需要较长时间才能达到最佳脱水效果，因此处理时间较长。此外，PFS的投加量也需要根据具体情况进行调整，过多或过少的投加量都会影响处理效果。最后，PFS在处理含有高浓度重金属离子的污泥时效果不佳，因此需要与其他化学药剂配合使用。

9.2.1.5 硫酸亚铁

硫酸亚铁作为污泥脱水处理剂，主要是借助其化学性质，使污泥中的水分子与固体颗粒分离，并将污水中的悬浮颗粒物质凝聚成大的颗粒，加速其沉降。另外，利用其还原性，可将污水中含有的有毒有害物质转化为无害或低毒状态，从而净化水质。此外，硫酸亚铁还可以作为生化系统的营养物质，促进微生物的生长，从而提高污水处理效率。此外，由于硫酸亚铁矿物稳定性较差，长期储存可能导致其氧化变质，因此使用时需注意检查其质量，以确保其有效性。

在实际应用中，硫酸亚铁可以用于预处理除磷和污泥脱水。在实验中，硫酸亚铁协同胶凝材料固化填埋场市政污泥的方法能够有效降低污泥的含水率并提高其强度，用响应面法优化的药剂掺量方案在技术上可行且经济合理，为填埋场污泥的原位固化处理提供了技术指导。

但硫酸亚铁在污泥脱水中的应用存在一些限制和问题。首先是硫酸亚铁的存储问题，硫酸亚铁中的亚铁离子容易被空气中的氧气氧化，生成三价铁离子。如果硫酸亚铁被氧化，其效果会大打折扣。此外，由于亚铁离子与铁离子存在性质差异，使用硫酸亚铁时需特别注意，避免其变质，并且要现配现用。其次是絮凝效果问题，硫酸亚铁形成的絮凝物在空气中容易被氧化，生成氢氧化铁，这会影响其絮凝效果。三价铁离子只有混凝效果，不具备还原脱色性能，这意味着硫酸亚铁在脱色方面的作用会受到影响。最后是设备腐蚀和环境影响问题，硫酸盐在水中会形成酸性环境，可能会对设备产生腐蚀。在处理过程中，如果设备没有做好防腐措施，可能会因为硫酸亚铁的存在而受到腐蚀。

9.2.1.6 生物絮凝剂

生物絮凝剂是一种新型的污泥脱水剂，其作用原理是利用微生物产生的高分子多糖、蛋白质、多酚等生物高分子物质，通过吸附、架桥、凝聚等机制，将污水中悬浮的颗粒物质凝聚成较大的颗粒，从而实现污泥的脱水。生物絮凝剂的优点是具有生物降解性，不会对环境造成二次污染，同时也可以降低污泥处理成本，因此在污水处理中得到了广泛的应用。此外，它还具有污水脱色、除臭、净化的作用。

生物絮凝技术也可应用于高温厌氧消化过程中。研究发现，当使用一定比例的无机絮凝剂与有机絮凝剂混合调理高温厌氧污泥后，污泥的CST时间减少，污泥脱水性能得到明显改善，且当有机絮凝剂与无机絮凝剂的添加量分别为6%、6.18%时，经隔膜板式压滤机脱水后的泥饼的含固率最高。

生物絮凝法作为一种新型的污泥处理技术，具有高效、安全、不产生二次污染物等优点。然而，生物絮凝剂的使用也存在一些局限性。首先，生物絮凝剂的成本较高。由于生物絮凝剂是由微生物产生的，其生产过程需要特定的培养条件和设备，因此成本相对较高，这在一定程度上限制了其在污泥处理领域的广泛应用。为了降低生产成本，研究者们正在寻找新的、成本更低的生产方式，如利用廉价的原料进行生产等。此外，也可以通过优化培养条件和设备来提高生产效率，降低成本。其次，生物絮凝剂的稳定性和耐久性也是一个问题。虽然有研究表明，由酱油曲霉产生并提取的微生物絮凝剂（MBF）具有很强的热稳定性，在4℃低温条件下保存35d后，其絮凝率仍能保持在96%左右，然而，在常温条件下，MBF的絮凝率会随着pH值的变化而变化，这可能会影响其在污泥脱水过程中的效果和稳定性。为了提高生物絮凝剂的稳定性，研究者们正在探索如何优化培养条件，以提高微生物的耐酸碱性。最后，生物絮凝剂的使用还需要解决一些技术问题。例如，如何精确控制生物絮凝剂的投加量，以实现最佳的污泥脱水效果。此外，在不同的污泥性质和处理条件下，如何优化生物絮凝剂与其他处理方法的组合以实现污泥处理的最佳效果，也是一个需要深入研究的问题。

9.2.1.7 明矾

在污水处理中，明矾主要通过其絮凝作用改善污泥脱水性能。明矾溶于水后，会电离出Al^{3+}，Al^{3+}很容易发生水解，生成氢氧化铝胶体。氢氧化铝胶体的吸附能力很强，可以吸附水中的悬浮物，形成较大的颗粒，这些颗粒在重力的作用下沉降，从而达到脱水的效果。此外，明矾在污水、污泥处理中的应用还包括用于强化污水的初次沉降、浮选处理和活性污泥法后的二次沉降，还可以用于污水的三级处理或深度净化。虽然明矾在污水治理中有很好的效果，但由于其含有的铝离子可能对人体健康产生影响，因此在使用过程中需要控制其用量，并进行适当处理以去除有害成分。

在明矾污泥与废弃活性污泥的共处理实验中，明矾污泥的加入显著改善了混合污泥的脱水性能。具体表现为降低了污泥比阻（SRF）和毛细吸水时间（CST），使得污泥更容易脱水。研究表明，使用明矾作为絮凝剂时，污泥的脱水性能与絮体的结构特性密切相关。明矾絮体的分形维数约为2.5，表明其结构较为紧凑，但脱水性能仍然较好，主要体现在较低的毛细吸水时间（CST）和较高的脱水速率。

明矾在污泥脱水的应用中具有一定优势。首先，明矾的价格相对较低，使用成本较低；其次，明矾的脱水效果好，可以有效地将污泥中的水分去除，从而降低污泥的体积，便于后续的处理和处置。然而，使用明矾也存在一些问题。例如，明矾可能会在处理过程中产生一些有害的化学物质，对环境造成一定的影响。此外，明矾的使用还需要考虑污水的性质和浓度，因为这会影响到明矾的处理效果和使用成本。

9.2.1.8 石灰

石灰在污水处理中用作污泥脱水剂时，主要借助其强碱性，促使污水中的有机物和无机物等发生化学反应，生成沉淀或气体，进而实现脱水与净化。在污泥处理处置过程中，石灰可以改善污泥的脱水特性，从而提高处理效率。研究人员采用生石灰（即石灰）与土、生石灰与粉煤灰的混合材料作为添加剂，针对不同添加量的污泥开展试验研究，旨在改善脱水污泥的填土特性。在试验中，他们发现添加石灰可以提高污泥的强度，改善污泥的填土特性，但是单一添加剂的效果并不理想，为了达到污泥的最低强度要求（即填埋所需的最低强度），一般需要20～30d的养护期。此外，石灰也可以改善污泥填土特性。在一项研究中，采用石灰、土、粉煤灰和硅酸钠4种添加剂，就改善污泥土壤的渗透系数进行了试验，结果发现，加入石灰的添加剂对提高渗透系数的效果最好，其次是粉煤灰，而硅酸钠和土的效果最差。这表明，石灰在改善污泥填土特性和提高污泥的脱水性方面具有显著的效果。石灰和PAM单独或联合调理均能显著改善污泥的脱水性能，降低污泥比阻和泥饼含水率。石灰通过生成Ca（OH）$_2$絮体物来改善污泥脱水性能，同时滤液的pH值和COD显著变化，表明调理过程中污泥结构发生了改变。

但石灰作为脱水试剂时，用量相对较大，增加了最终污泥的固含量。另外，尽管石灰可以改善脱水性能，但处理后的污泥仍然难以填埋。这是因为污泥中可能含有一些重金属、持久性有机污染物等有害物质，这些物质在填埋过程中可能会对土壤和地下水造成二次污染。总之，石灰作为脱水剂，优势在于能有效降低污泥比阻，改善污泥性质；但其成本高、处理后的污泥难以填埋，以及可能影响污泥填埋性能等缺点，也需要在实际应用中予以考虑。

9.2.2 传统污泥脱水剂的问题

传统污泥处理中，常用的脱水药剂主要有聚丙烯酰胺、聚合氯化铝、聚乙烯醇等，这些药剂主要是通过改变污染物中的有机物和无机物的性质，使其能迅速沉淀和脱水。然而，这些药剂在使用过程中存在一些问题。

① 造成环境污染：在使用污泥脱水技术的过程中，如果使用不合适的脱水剂或处理不当，将会导致大量的有害物质进入环境，对环境造成污染，甚至可能对人类健康产生影响。

② 造成资源浪费：传统污泥脱水技术需要消耗大量的能量和人力、物力，且处理效率不高，容易造成资源浪费。

③ 污泥处理难度高：由于污泥中含有较高的有机物质和其他污染物，难以进行彻底的处理，同时，污泥的黏度也较高，难以实现有效的脱水处理。

④ 处理成本高：由于污泥处理过程中需要消耗大量的能源，因此成本较高。

⑤ 传统的水净化药剂会对污泥脱水机造成腐蚀，阻塞滤布等。

为了解决这些问题，可以考虑采用更加先进的脱水技术和研发新的脱水剂，优化处理工艺，以提高脱水效率和降低处理费用。同时，还应加强对污泥的监管和控制，确保处理效果达到环保法规和标准的要求，保护环境和人体健康。近年来，人们研发出了一些新型污泥脱水剂。例如，广州诺冠环保科技有限公司自主研制的污泥调理剂，这种药剂在使用后，经板框压滤机压滤，就能实现污染物的深度脱水，污染物的含水率能有效降低至55%～80%，大大提高了污泥的处理效率，同时也减小了污泥的体积，降低了污泥处理的难度和成本。这种新型的污泥调理试剂在处理过程中，不会对设备造成腐蚀和堵塞，也不会对环境造成污染。因此，这种新型的污物调理药剂具有很高的使用价值和市场应用前景。

9.3 无药剂污泥脱水技术

污水脱水剂是一类应用于污泥处理过程中的药剂，主要用于将污泥中的水分离出来，从而达到污泥脱水的目的。然而传统的污泥脱水剂在使用过程中存在一些问题，如用量大、对设备腐蚀严重、对环境影响大等。因此，有必要寻找一些替代技术来改善这些问题。

9.3.1 热处理技术

热处理技术是对污泥进行加热，使部分有机物分解及亲水性有机胶体物质水解，同时分解破坏污泥中的微生物，使细胞膜中的水游离出来，从而提高污泥的浓缩性能与脱水性能。热处理对于脱水性能差的活性污泥的脱水效果较好。

9.3.1.1 热化学处理技术

污泥经过自然或人工脱水后，含水率一般为60%～80%，主要是污泥中的毛细水、吸附水和内部水。热化学处理的主要目的是通过加热使污泥中的有机物质发生化学反应，氧化有毒有害污染物，杀灭致病菌等微生物。

（1）特点

① 稳定化和无害化：经过加热，污泥中的水分得到蒸发，并杀灭致病菌等微生物。

② 减量化：通过加热破坏细胞结构，使污泥中的内部水释放出来而被脱除，如焚烧工艺可使所处理的污泥（实际是焚烧后的灰渣）含水率降到零，实现最大限度的减量化。

③ 资源化：通过热化学处理后的城市污泥，一方面通过稳定化处理后可以进行相关的资源化利用，另一方面可以将污泥中的大量有机物转化为可燃的油、气等燃料。

（2）应用场景

① 环保领域：在环保领域中，污泥热化学处理技术被广泛应用。例如，在污水处理过程中，污泥热化学处理被用来降低污泥的含水量，提高其可燃性，从而实现污泥的资源化利用和无害化处理。

② 能源回收领域：在能源回收领域中，污泥热化学处理技术也发挥了重要作用。污泥中含有丰富的有机物质和重金属离子等污染物，通过热化学处理，可以将其转化为有价值的能源，如热能、电能等，从而实现能源的回收和再利用。

③ 垃圾处理领域：在垃圾处理领域中，污泥热化学处理技术也被广泛应用。污泥活性炭可以用于垃圾处理中的生物质炭化过程，在生物质炭化过程中，污泥被加热分解，产生生物质炭，同时释放出燃料气体。生物质炭可以作为一种可再生的燃料，用于能源回收和热能利用，而燃料气体可以用于燃烧或发电。

④ 化工行业：在化工行业中，污泥活性炭被广泛应用于废水和废气处理。化工生产过程中常常产生大量的废水和废气，其中含有各种有机物质和重金属离子，对环境造成严重的污染。污泥活性炭可以通过吸附作用快速去除废水中的有机物质和重金属离子，使废水得到净化。同时，污泥活性炭还可以用作废气处理中的吸附剂，去除废气中的有害气体和污染物，净化废气，并达到环保要求。

（3）局限性

① 适用范围有限：虽然污泥热化学处理技术广泛适用于市政、印染、造纸、电镀、化工、皮革等各类污泥的干化处理，但对于某些特定类型的污泥，如挥发性强的污泥，可能需要采用其他更特殊的处理方法。

② 能源消耗较高：污泥热化学处理技术通常需要大量的热能进行处理，这就意味着在处理过程中会消耗大量的电力或燃气等能源。

③ 成本较高：由于需要使用大量的能源进行处理，因此污泥热化学处理技术的成本通

常较高。

④ 处理效果受环境影响：污泥热化学处理技术的处理效果受到环境条件的影响，如温度、湿度等因素，因此在实际操作中需要对环境条件进行精确控制并考虑臭味的控制。

9.3.1.2 热解技术

热解技术主要是利用热水的热量和化学作用，破坏污泥中有机物和微生物的结构，改变其表面性质，从而释放水分，即在无氧条件下对污泥进行加热，使污泥中的有机物质发生热裂解，形成利用价值较高的气体和固体。

污泥的热解反应及燃烧反应过程如下：

$$\text{有机固体废物+热量} \xrightarrow{\text{无}O_2\text{或缺}O_2} \text{可燃气体+液态油+固体燃料+炉渣}$$

（1）特点

① 节能环保：污泥热解技术的主要过程是在无氧或缺氧条件下，将污泥加热分解，使水分从污泥中释放出来。该过程不会产生二氧化硫、氮氧化物等有害气体，对环境的影响较小，符合环保要求。

② 提高资源利用率：污泥热解技术可以将污泥转化为有价值的能源，如热能、电能等，实现了污泥的资源化利用。

③ 降低能耗：虽然热水解过程中会产生高温，但采取优化设备结构、增加搅拌装置、设置分离器等措施，可以有效降低能耗。

（2）应用场景

① 市政污泥处理：在市政污泥处理中，污泥热解技术被广泛应用。例如，西咸新区沣西新城污泥处置项目采用了“两段式干化＋热解气化”工艺，一期处理规模达到 600t/d，服务于西安市主城区及周边 23 座污水处理厂，实现了污泥的减量化、无害化和资源化处理。广州市某热电厂开展了污泥干化焚烧的应用研究，通过对空心桨叶式干燥机的热效率、干燥成本和干燥速率等进行试验，得出热电厂协同处置污泥具有明显优势，可有效实现污泥的稳定化、无害化、资源化，并可在 1 年内回收成本，经济效益显著。

② 垃圾处理：污泥热解技术也被应用于垃圾处理领域。例如，生活垃圾热解干馏气化技术，通过热解干馏气化技术将垃圾转化为燃料气、液状物及焦炭等，实现了垃圾的资源化利用。

（3）局限性

① 能源消耗较高：在污泥热解过程中，需要消耗大量的热能，这就意味着在处理污泥的过程中，需要消耗大量的能源，不仅增加了处理成本，也对环境造成了一定的压力。

② 处理效果受环境影响：在处理污泥的过程中，环境条件的变化（如温度、湿度等）可能会影响处理效果。这就需要在处理过程中对环境条件进行精确控制，以确保处理效果的稳定性。

③ 可能产生二次污染：在污泥热解过程中，可能会产生一些有害的气体和废水，这就可能会对环境造成二次污染。因此，在处理污泥的过程中，需要采取一些措施来减少二次污染的发生。

9.3.1.3 污泥干化（燥）技术

污泥干化技术是一种通过高温加热蒸发污泥中的水分，将其转化为固态颗粒的处理方法。热干化过程中，水分蒸发为气体，固体残渣则可以进行无害化处理和资源化利用。污泥热干化技术的关键在于控制加热温度和时间，以保证污泥中水分的有效蒸发。目前，常用的污泥热干化技术主要有直接热干化和间接热干化两种。直接热干化是将污泥直接送入高温加热设备进行加热干燥，适用于含水率较高的污泥；间接热干化是将污泥通过换热介质进行加热干燥，适用于含水率较低的污泥。

（1）特点

① 节能减排：污泥显著减容，体积约可减小为原来的1/4。而且热干化过程中无需额外添加燃料，降低了能耗。

② 减少污染：干化处理后可形成稳定产品，污泥性状大大改善。

③ 提高资源利用率：干化处理后的成品无臭且无病原体，不仅减轻了与污泥相关的负面效应，也让处理后的产品更易被接受。

④ 工艺简单、操作方便：污泥热干化技术工艺流程简单，设备投资相对较低，操作维护方便。适用于不同规模和类型的污水处理厂。

（2）应用场景

① 环境保护：污泥热干化技术可以有效降低污泥对环境的污染风险。热干化后的固体残渣能进行无害化处理和资源化利用，避免了污泥填埋或堆肥带来的环境污染问题。

② 资源化利用，促进循环经济发展：污泥热干化后产生的固体残渣具有较高的热值，可作为燃料使用。固体残渣中含有丰富的有机物和无机盐，可以作为土壤改良剂、建筑材料等资源进行利用，实现资源的循环利用。热干化技术的应用还可以带动相关产业的发展，如清洁能源产业、环保产业等。

（3）局限性

① 能源消耗：污泥热干化技术需要消耗大量的热能，这在一定程度上会增加能源成本。

② 环保问题：干化过程中可能会产生一些有害气体，如氨气和硫化物等，这些气体如果没有得到有效处理，可能会对环境造成污染。

③ 投资成本和技术要求高：需要购买设备，且设备的运行和维护成本也较高。同时也需要高技能水平的操作和维护人员，以确保设备正常运行。

④ 占地面积大：虽然污泥热干化工艺占地面积小，集约化程度高，但该工艺流程较长、系统相对复杂、各系统工艺设备烦琐、运行管理水平及系统安全要求高，因此总体占地面积较大。

9.3.2 生物处理技术

生物处理利用微生物的生物降解作用，对污泥中的有机物进行分解，从而达到降低污泥量的目的。生物处理过程中，微生物会将污泥中的有机物质转化为无机物质，同时也会将污泥中多余的水分吸收或挥发，从而使污泥的体积和质量减小。生物处理后的污泥可以作为生物质能加以利用，如生物质燃料等，实现资源的循环利用。

生物处理技术处理污泥的主要步骤如图9-1所示。

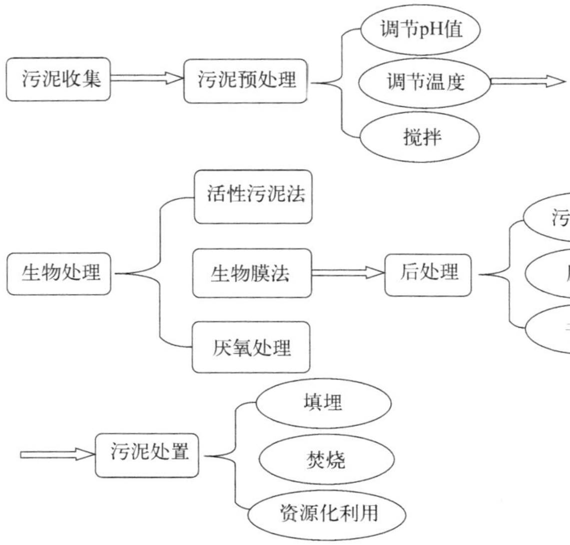

图 9-1　生物处理技术处理污泥的主要步骤

9.3.2.1　好氧生物发酵处理技术

在有氧条件下，好氧微生物通过自身的生命活动，将污泥中的有机物质分解为二氧化碳和水等稳定的无机物，同时微生物利用分解过程中产生的能量进行生长和繁殖，使污泥中的有机污染物得以去除，污泥的性质得到改善，实现污泥的稳定化、无害化和部分资源化。好氧堆肥是将污泥与调理剂（如木屑、秸秆等）以一定比例混合，通过强制通风或自然通风的方式为微生物提供充足的氧气，使微生物在堆体中进行好氧发酵。在发酵过程中，污泥中的有机物质被微生物分解转化为稳定的腐殖质，同时堆体温度升高，可杀灭污泥中的病原菌和寄生虫卵等。

（1）优点

① 处理效率高：好氧微生物的代谢速度较快，能够在较短的时间内将污泥中的大部分有机物质分解转化，使污泥中的有机物含量显著降低，实现污泥的快速稳定化。

② 无害化程度高：在好氧处理过程中，由于微生物的代谢活动和堆体温度的升高，能够有效杀灭污泥中的病原菌、寄生虫卵和病毒等有害微生物，降低污泥的卫生风险，使污泥达到无害化的要求。

③ 无恶臭产生：与厌氧处理相比，好氧生物处理在有氧条件下进行，不会产生大量的硫化氢等恶臭气体，对周围环境的气味影响较小，更易于被人们接受。

④ 可回收资源：经过好氧处理后的污泥性质稳定，可作为有机肥料或土壤改良剂用于农业生产和园林绿化等领域，实现污泥的资源化利用，减小对环境的压力。

（2）缺点

① 能耗较高：为了维持好氧微生物的生长和代谢，需要向处理系统中持续通入大量的空气，这使得曝气设备的运行能耗较高，增加了污泥处理的成本。

② 占地面积大：好氧堆肥等工艺需要较大的场地来堆放污泥和进行堆肥操作，对于土地资源紧张的地区来说，可能会受到一定的限制。

9.3.2.2 厌氧生物处理技术

利用无氧或低氧环境中的微生物代谢作用，将污水中的有机污染物转化为甲烷、二氧化碳等物质，从而达到净化水质的效果。厌氧生物处理技术主要包括厌氧发酵、污泥消化等。

厌氧生化处理是一种利用厌氧微生物将有机物质分解为无机物质的过程。在缺氧或无氧条件下，厌氧微生物通过还原反应将有机物质分解为二氧化碳、硫化氢等无机物质。此外，污泥厌氧消化是一个多阶段的复杂过程，厌氧消化的生化过程有两段理论、三段理论和四段理论。其中三段理论指需要经过三个阶段，即水解酸化阶段、乙酸化阶段、甲烷化阶段。各阶段之间既相互联系又相互影响，各个阶段都有其各自的特色微生物群体。

(1) 厌氧消化三阶段

① 水解酸化阶段：一般水解过程发生在污泥厌氧消化初始阶段，污泥中的非水溶性高分子有机物，如碳水化合物、蛋白质、脂肪、纤维素等，在微生物水解酶的作用下水解成溶解性物质。水解后的物质在兼性菌和厌氧菌的作用下，转化成短链脂肪酸，如乙酸、丙酸、丁酸等，还有乙醇、二氧化碳。

② 乙酸化阶段：水解酸化阶段产生的简单可溶性有机物在产氢和产酸细菌的作用下，进一步分解成挥发性脂肪酸（如丙酸、乙酸、丁酸等）、醇、酮、醛、二氧化碳和氢气等。该过程中乙酸菌和甲烷菌是共生的。

③ 甲烷化阶段：甲烷化阶段发生在污泥厌氧消化后期，在这一过程中，甲烷菌将乙酸（CH_3COOH）和 H_2、CO_2 分别转化为甲烷，反应式如下：

$$CH_3COOH \longrightarrow CH_4\uparrow + CO_2\uparrow \tag{9-1}$$

$$4H_2 + CO_2 \longrightarrow CH_4 + 2H_2O \tag{9-2}$$

(2) 特点

① 减小污泥体积：通过厌氧过程对有机物进行降解，可以减少污泥量，同时改善污泥的脱水性能，减少污泥脱水的药剂消耗，降低污泥含水率。

② 对难降解有机物的处理效果好：厌氧过程可以对好氧微生物不能降解的一些有机物进行降解或部分降解。因此，污水中含有难降解有机物质时，厌氧工艺的处理效果更好，或者也可以将厌氧工艺作为提高污水可生化性的预处理工艺，为后续好氧处理工艺处理奠定基础。

③ 产生甲烷气体：在处理过程中，还可以产生沼气，即甲烷气体，这是一种可燃气体，可用于发电或供热。

④ 适应性强：厌氧生物处理技术不仅可以用于有机污泥和高浓度有机废水的处理，还能有效地处理城市污水等低浓度污水。

⑤ 大量减少能耗：厌氧生物处理过程中设有为微生物提供氧气的鼓风曝气装置，可以大幅度降低能耗。在大量去除有机物的同时，厌氧处理工艺还会产生大量沼气。而沼气中的甲烷是一种可以燃烧的气体，具有很高的利用价值，可以直接用于锅炉燃烧或发电。

(3) 应用场景

① 城市污水处理：厌氧生物处理技术在城市污水处理中的应用也很广泛，例如北京高碑店污水处理厂就采用了厌氧消化技术处理污泥。

② 可生物降解有机垃圾处理：可生物降解有机垃圾的厌氧发酵处理也是一种常见的应

用，例如利用好氧发酵处理中小型城市污水处理厂污泥、畜禽粪便、餐厨垃圾、园林废物等有机固体废物。

（4）局限性

① 反应速度较慢：传统的污泥厌氧消化过程具有反应缓慢的缺点，这限制了污泥厌氧消化技术优势的发挥。

② 有机物降解率低和能耗较高：污泥厌氧消化过程中有机物的降解率低，而维持污泥厌氧消化所需温度需消耗大量热能

③ 操作管理复杂：污泥厌氧消化工艺停留时间较长，通常要达到20～30d，造成污泥厌氧消化池体积庞大，操作管理复杂。

④ 含水率较高：污泥经厌氧消化处理之后，含水率仍较高，必须进行后续处理，常用的手段有热干化和深度脱水。

9.3.3 电化学处理技术

电化学法是阴阳极间的电子连续性运输过程中所发生的电解水反应，阳极发生析氧反应放出质子，阴极发生析氢反应形成氢氧根离子。污泥中的胶体颗粒通常具有负电荷，易被较高密度的正电荷层包围。当施加电场时，通常带负电荷的粒子会向正极移动。污泥中细胞间隙水易被驱赶至负极，阴离子和阳离子根据其自身的离子迁移率进行电迁移传输，中和了污泥表面负电荷，降低絮凝体的黏附力，改善污泥的疏水性和絮凝性，从而促进了固液分离过程。电化学处理提高污泥脱水性能机理见图 9-2。

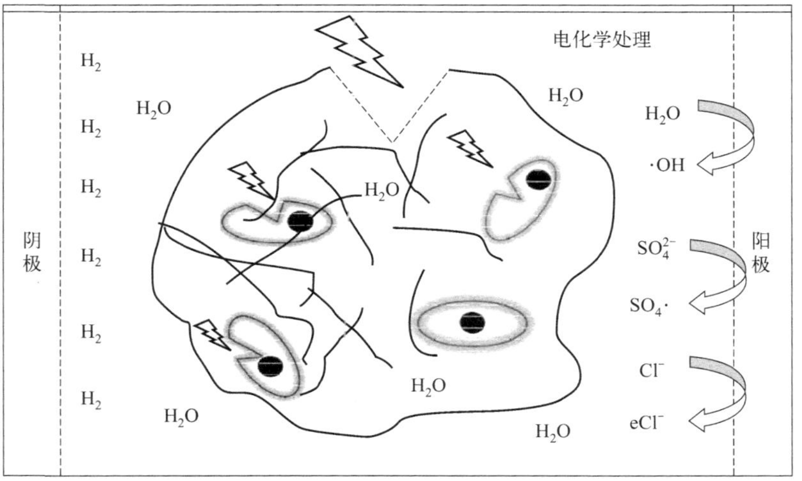

图 9-2 电化学处理提高污泥脱水性能机理

（eCl^- 为氯离子在阳极发生反应生成的含氯自由基物种）

9.3.3.1 电芬顿技术

电芬顿处理污泥脱水的原理主要基于电化学反应与芬顿反应的协同作用，通过产生强氧

化性的·OH来破坏污泥中的胞外聚合物（EPS）和微生物细胞，从而释放束缚水，改善污泥的脱水性能。

电化学反应与芬顿反应的协同作用如下。

电化学反应：在电芬顿系统中，通过施加直流电场，零价铁（ZVI）在阳极氧化生成亚铁离子（Fe^{2+}），同时阴极还原反应可将三价铁（Fe^{3+}）还原为亚铁离子（Fe^{2+}），从而实现铁的循环利用（$Fe^{2+} \rightarrow Fe^{3+} \rightarrow Fe^{2+}$）。此外，阴极还可还原氧气生成过氧化氢（$H_2O_2$），为芬顿反应提供反应物。

芬顿反应：Fe^{2+}与过氧化氢（H_2O_2）反应生成强氧化性的羟基自由基（·OH），其氧化还原电位高达2.80V，能够有效降解污泥中的有机物和EPS。

9.3.3.2 电渗析技术

电渗析技术进行污泥脱水的主要原理是利用外加直流电场增强污泥的脱水性能，从而实现污泥的脱水。这种技术将固液分离技术与利用污泥自身电化学性质的物理化学处理技术有机结合起来。在外加电场作用下，颗粒被固定，液体通过多孔性固体做定向运动，这一现象称为电渗透。其中，液相不动而固体颗粒运动称为电泳，固相不动而液相移动称为电渗。在固体移动受到限制的系统中施加电场，扩散层中的反离子沿滑移界面向电极移动，同时带动水分子移动。对于带负电的胶粒而言，全部液体都会受到向负极运动的力，电渗透脱水过程由此启动。电渗析污泥脱水工艺在处理污泥时，水的脱除会发生在每一个絮凝体颗粒的内、外表面，毛细管水、间隙水和自由水同时被脱除，颗粒密度均匀增大，因此该技术的污泥脱水性能优于机械方法，可使剩余活性污泥的含水率降到60%以下，脱水率高，减量化效果非常明显。

（1）特点

① 脱水效率高：电渗析污泥脱水技术可以使剩余活性污泥的含水率降低到60%以下，这是其他机械脱水法难以达到的效果。特别是对于生化污泥、有机质含量高的污泥，脱水效果更显著，污泥干度可达到50%以上。

② 系统操作弹性大：以往的脱水处理法大多是将污泥浓度和性质的变化反映到脱水泥饼含水率的变化上，即使调整压力等条件，也只能在很小的范围内调节其脱水性；而电渗析脱水则可在较大的污泥脱水性范围内，进行电气参数的调整与设定，其脱水效果能根据施加的电流强度来调节。

③ 安全、环保：电渗析脱水是在水分存在的状态下通入电流，在带电设备的周边设立数道绝缘层作为安全和防臭保证。整个污泥脱水过程只需5～8min，脱水过程中污泥臭气释放量很小。脱水滤渣中含水率降低，臭气减轻，所以电渗析的泥渣臭气较轻。脱水后滤液可直接返回污水处理系统，确保无二次污染隐患。

④ 投资小：由于本装置工艺简单、辅助系统少，只需要一台主机接通电源即可完成整个脱水干化过程，总体投资比其他脱水工艺的总体投资小很多，污泥投资在8万～10万元/t。

（2）应用场景

① 含油污泥处理：电渗析污泥脱水技术被应用于含油污泥的脱水处理。含油污泥是石油开采、运输、加工和使用过程中产生的一种有害废物，其含油率高，会对环境和人类健康构成威胁。电渗析污泥脱水技术可以将其含油率降至60%以下，且对重金属的去除效果明显，可达到环保和经济的双重效果。

② 生物沥浸污泥深度脱水处理：在生物沥浸污泥深度脱水处理技术中，电渗析污泥脱

水技术被应用于提高污泥的脱水性能。该技术采用不同于污水处理的，以自养型微生物为主并配合少量异养菌组成的特殊微生物复合菌群，能有效提高污泥的脱水性能。

（3）局限性

① 占地面积大：电渗析设备占地面积较大，需要预留较大的空间。

② 操作复杂：电渗析设备操作复杂，需要人工装卸污泥，不能连续出泥，会出现轴跑偏、喷淋头堵塞的情况，需要停顿进行检修，直接影响机器的处理量。

③ 处理效果有限：电渗析技术不适用于油性污泥的脱水。而叠螺脱水机对于含油污泥的脱水效果较好，泥饼含水率较低。

④ 水资源消耗和设备成本较高：电渗析技术在运行结束后需要进行冲洗，用水量较大，易堵塞滤布，影响脱水效果。此外，电渗析设备的前期投资成本较高，需要配备的附属设备较多。

9.3.3.3 电化学脱水技术

电化学处理污泥是通过电极催化作用，利用电化学过程中产生的各种具有强氧化性的活性自由基，破坏污泥絮体结构，氧化分解胞外聚合物（EPS），释放出自由水与胞内物质，并对胞内物质进一步进行氧化分解、矿化，从而实现污泥的减量化以及污泥脱水性能的改善。根据电化学氧化机理的不同可分为直接氧化和间接氧化两个过程。

（1）原理

① 直接氧化过程：直接氧化过程是通过阳极发生的电化学反应直接氧化污染物，在电流的作用下，污泥中的 H_2O 或者 OH^- 在阳极附近经电解，形成物理吸附态的 $\cdot OH$，污泥中的微生物在电极表面与 $\cdot OH$ 发生氧化反应，达到破壁效果，从而释放出胞内自由水，提高污泥脱水性能，$\cdot OH$ 与释放出来的胞内有机物继续发生氧化反应，将其分解为 CO_2 和 H_2O，从而达到污泥干重减量的目的。具体反应过程如下。

$$MO_x + H_2O \longrightarrow MO_x(\cdot OH) + H^+ + e^- \tag{9-3}$$

$$MO_x(\cdot OH) + R \longrightarrow CO_2 + H^+ + e^- + MO_x \tag{9-4}$$

② 间接氧化过程：间接氧化过程是通过电化学反应产生具有强氧化性的中间产物作用于污染物。当污泥中存在氯离子、硫酸根等阴离子时，这些离子在电化学作用下可形成具有强氧化性的过硫酸根、活性氯等自由基，使污泥中微生物发生破壁、溶胞，释放自由水与胞内物质，中间活性物质与释放出来的胞内有机物继续发生氧化、矿化反应，达到改善污泥脱水性与污泥减量的效果。

（2）特点

① 效率高：电化学脱水技术可以有效地将污泥含水率降至60%以下，并且可以在不改变污泥性质或添加外源物质的基础上直接进行。在一定的电压、处理时间和电极间距条件下，可以大幅提高污泥脱水性能。

② 能耗低且环保：电化学脱水技术具有低能耗的特点，这是由于在处理过程中，电解电压、电解时间、电极间距等因素的优化，使得处理过程的能耗得到有效控制。而且电化学脱水技术不产生二次污染，对环境友好。

③ 可去除病原体：电化学脱水技术可以有效地去除病原体，从而提高污泥的处理效果。

④ 降低运输成本：通过降低污泥的含水率，可以降低运输成本，提高污泥的处理效率。

⑤ 提高污泥稳定性：电化学预处理可以提高污泥的稳定性，使污泥更容易被处理和处置。

(3) 应用场景

① 污水处理厂：在城镇污水处理厂中，污泥电化学脱水技术可以高效地脱水，将污泥含水率降至40%～60%，实现污泥的显著减量化。

② 工业领域：污泥电化学脱水技术可以对污泥进行调理、脱水和干燥，实现对工业污泥的高效处理。

③ 皮革厂、印染厂等：污泥电化学脱水技术在生活污水处理厂、垃圾渗滤液厂、皮革厂、印染厂等的污泥脱水处理中得到了广泛应用。

④ 含油污泥处理：活性炭、石墨以及两者不同比例的混合物作为添加剂，能够提高污泥的脱水性与导电性，从而在含油污泥处理中得到应用。

(4) 局限性

① 投资成本较高：污泥电化学脱水技术的设备和技术要求较高，因此其投资成本相对较高。

② 设备体积较大且运行过程中噪声大：由于需要进行电解，所以设备体积较大，占用空间较大。而且在运行过程中会产生较大的噪声，对周围环境造成一定的影响。

③ 对污泥的处理要求较高：电化学脱水技术对污泥的处理要求较高，如果污泥的性质不符合要求，可能会影响到设备的运行效果。

④ 对电的依赖性较高：电化学脱水技术需要大量的电力来驱动设备运行，如果电力供应不稳定，可能会影响到设备的正常运行。

电化学技术处理污泥脱水研究现状见表9-1。

表9-1 电化学技术处理污泥脱水研究现状

处理方法	处理条件	联合工艺	脱水效果
电化学	电压20V,电极间距2cm,电解时间20min	—	CST下降19.6%,泥饼含固率上升5.8%,脱水性能提高35.9%
	电压25V,电解时间120min	—	CST降低33.4%
	电压30V,电解时间30min	—	CST由100s降到64.5s
电化学联合氧化工艺	电压40V,电解时间20min	过二硫酸盐1.2mmol/g(以VS计)	CST由93.7s降至9.7s,含水率由87.8%降至68.3%
	电流密度30mA/cm^2,pH值为6,电解时间60min	亚硫酸盐40mg/g(以VS计)	CST减少87.9%,含水率降至73.1%
	电压20V,电解时间20min	过一硫酸盐200mg/g(以TS计)	CST由220.1s降至63.0s,含水率由98.4%降至70.7%
电化学联合骨架材料	电压20V,电解时间30min	活性炭0.2g/g(以DS计)	CST减少55.9%,含水率降至64.3%
	电压15V,电解时间25min	活性炭0.2g/g(以TS计)	污泥过滤比阻降低84.7%,Zeta电位降低6.6mV
电化学联合电絮凝工艺	电压10V,电解时间10min	污泥炭0.625g·g^{-1}(以DS计)	CST由65.5s降至29.5s,含水率由98.5%降至65.3%
	电压15V,电极间距3cm,电解时间60min,电流密度100A/m^2	Al电极	CST下降57%
	电解时间20min	Ti/PbO_2板板、Fe、Al和SS板混合电极	含水率降至42.3%,污泥比阻(SRF)降低95.9%,过滤时间从132s降至9s
	电压15V,电极间距4cm,电解时间20min	铁板为阳极,铝板为阴极	CST降至55.4%,含水率降至66%

注:VS表示挥发性固体,TS表示总固体,DS表示干固体。

9.3.4 综合处理技术

9.3.4.1 电渗-压滤法联合处理污泥脱水技术

电渗-压滤法联合处理污泥脱水技术是一种新型的污泥处理技术。它结合了电渗脱水和压滤脱水两种技术的优点，通过这两种技术联合应用，可以有效地提高污泥脱水的效率和质量，这种技术可将污泥的含水率降至60%。电渗主要是利用电场的作用使污泥中的水分子移动，从而达到脱水的效果；而压滤则是通过机械压力将污泥中的水分挤出。

电渗-压滤技术污泥深度脱水工艺流程见图9-3。

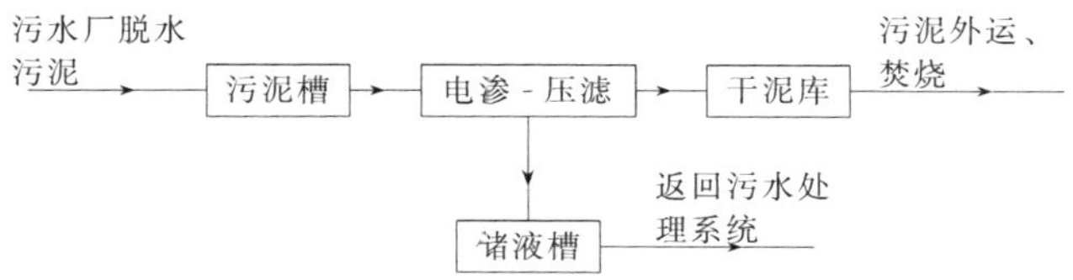

图9-3 电渗-压滤技术污泥深度脱水工艺流程图

(1) 特点

① 处理效率高、适用范围广：该技术能有效地降低污泥的比阻，提高脱水效率。该技术适用于各种类型的污泥处理，如含油污泥、城市污水处理厂离心污泥等。

② 节能环保：电渗-压滤法联合处理污泥脱水技术在脱水过程中，尽管需要消耗电力，但其脱水效率高，因此能显著提升污泥处置的综合经济效益。此外，处理后的污泥不会产生二次污染。

③ 可提高污泥利用率：处理后的污泥含水率低，可以用作肥料、燃料或建筑材料的原料，提高污泥的利用率。

(2) 应用场景

① 自来水厂：电渗-压滤法联合处理污泥脱水技术已应用于自来水厂的气浮污泥脱水处理中，可以有效降低污泥的含水率，提高脱水效率。

② 污水处理厂：污水处理厂每天都会产生大量污泥，这些污泥如果不能得到有效处理，将会占用大量的存储空间，并且可能造成二次污染。电渗-压滤法可以有效地降低污泥的含水率，减少污泥的处理量和储存空间，节约能源，减少环境污染。饶祎在实验中采用电渗-压滤法对污水处理厂污泥进行深度脱水，可将污泥含水率降低至60%，这个过程需要较高的电压梯度和较长的电渗时间，因此需要消耗较多的能量。同时，他研究出了一种新型的高压脉冲电渗-压滤处理污泥深度脱水的装置和技术，该技术避免了电渗处理污泥时间长、阳极存在腐蚀和热损失等问题，具有较好的开发应用前景。

③ 食品工业：电渗-压滤法联合处理污泥脱水技术也被应用于食品工业中，可以有效地去除废水中的盐分，实现水的再利用。

(3) 局限性

① 设备复杂：电渗处理污泥需要一定的直流电压，在带电设备的周边需要设立数层绝

缘层作为安全和防臭保障。此外，整个污泥脱水过程需要5～8min，设备的复杂性和操作难度相对较高。

② 投资较高：虽然该技术的脱水效率高，但由于设备复杂，需要投入较高的设备和技术成本。

③ 对环境的影响：虽然处理后的污泥不会产生二次污染，但在处理过程中可能会产生一定的环境影响，如噪声、振动等。

④ 处理效果受多种因素影响：电渗-压滤法处理污泥的效果可能受到污泥的性质、浓度、温度等多种因素的影响，这些因素的变化可能会影响处理效果。

⑤ 对操作人员的要求：由于设备的操作较为复杂，需要专门的技术人员进行操作和管理，这可能会增加人力资源的投入。

9.3.4.2 Fe^{2+}/NaClO 氧化体系与污泥脱水

Fe^{2+}/NaClO 氧化体系是一种用于强化污泥脱水性能的处理方法。在这个体系中，Fe^{2+} 和 NaClO 作为主要的氧化剂，它们的投加量以及初始 pH 值对污泥脱水性能有重要影响。

污泥脱水是污水处理过程中的一个重要步骤，主要目的是将污泥中的水分去除，使其达到可以安全处理或利用的状态。这个过程通常需要使用机械设备，如压滤机，将污泥中的水分压榨出来。

（1）原理

① Fe^{2+} 与 NaClO 反应，生成 Fe^{3+}，并形成 $Fe(OH)_3$，强化了污泥的脱水性能。

② Fe^{2+}/NaClO 氧化体系使胞外聚合物（EPS）降解和部分细胞裂解，反应生成的强氧化性·OH 会降解松散附着型 EPS(LB-EPS) 和紧密黏附型 EPS(TB-EPS) 中的蛋白质和多糖，改变蛋白质二级结构，导致蛋白质结构松散，暴露更多的疏水位点，同时减少污泥表面的亲水性官能团，释放 EPS 结合水。

③ Fe^{3+} 使污泥絮体颗粒絮凝，形成松散、多孔的絮体结构，有利于胞内结合水的排出，从而改善污泥的脱水性能。

在 Fe^{2+}/NaClO 氧化体系中，主要的化学反应包括以下几个步骤：

Ⅰ. Fe^{2+} 催化下的 NaClO 氧化反应：

在这个过程中，Fe^{2+} 催化 NaClO 产生强氧化性的羟基自由基（·OH），这个反应的化学方程式为：

$$ClO^- + H^+ + Fe^{2+} \longrightarrow Cl^- + \cdot OH + Fe^{3+} \tag{9-5}$$

Ⅱ. 羟基自由基（·OH）与污泥中的胞外聚合物（EPS）反应：

在这个过程中，羟基自由基（·OH）与污泥中的胞外聚合物（EPS）发生反应，降解蛋白质和多糖，改变污泥的性质，提高其脱水性能。这个过程的化学方程式为：

$$R-SH + \cdot OH \longrightarrow R-S + H_2O \tag{9-6}$$

$$R-NH_2 + 2\cdot OH \longrightarrow R-N + 2H_2O \tag{9-7}$$

$$R-CHO + \cdot OH \longrightarrow R-COR + H_2O \tag{9-8}$$

Ⅲ. Fe^{2+} 被 NaClO 氧化为 Fe^{3+}：

在这个过程中，Fe^{2+} 被 NaClO 氧化为 Fe^{3+}，然后形成 $Fe(OH)_3$ 沉淀。这个过程的化学方程式为：

$$2Fe^{2+} + ClO^{-} + 2H^{+} \longrightarrow 2Fe^{3+} + Cl^{-} + H_2O \tag{9-9}$$

Fe^{2+}/NaClO 氧化体系的污泥脱水原理见图 9-4（书后另见彩图）。

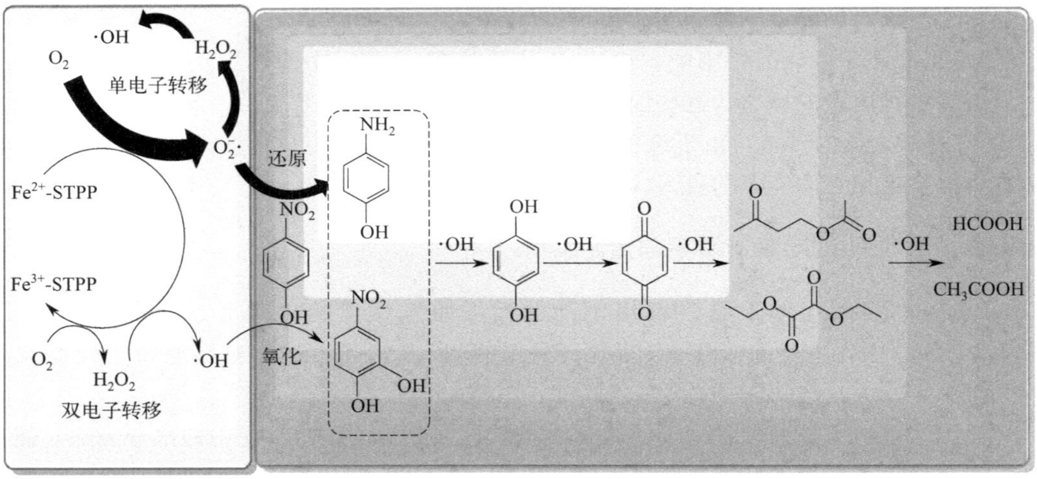

图 9-4 Fe^{2+} /NaClO 氧化体系的污泥脱水原理

（2）特点

① 改善污泥脱水性能：Fe^{2+}/NaClO 氧化体系可以改善污泥脱水性能，使胞外聚合物（EPS）降解和部分细胞裂解。

② 强化污泥深度脱水：Fe^{3+} 的生成有利于改善污泥脱水性能。

③ 优化污泥脱水工艺：Fe^{2+}/NaClO 氧化体系可以优化污泥脱水工艺，如在不同的电压梯度、机械压力、过硫酸钠投加量、Fe^{2+} 与过硫酸钠比例、电极间距等操作条件下，可探究污泥中胞外聚合物（EPS）的组成及分布对污泥脱水效果的影响。

④ 适用于不同的 pH 值环境：Fe^{2+}/NaClO 氧化体系在酸性体系中的氧化效果优于碱性体系，因此在处理不同 pH 值环境中的污泥时，具有一定的差异性。

（3）应用场景

① 污水处理领域：Fe^{2+}/NaClO 氧化体系可应用于污泥脱水处理工艺中。在这个过程中，Fe^{2+} 和 NaClO 的协同作用被用来提高污泥的脱水性能。在实际应用中，这种体系已经被成功地应用在了一些污水处理厂中，例如在江西德安工业园区污水处理厂的二期扩建工程中，原污泥脱水间中的带式压滤机被改为叠螺浓缩机，同时新建了污泥脱水间。

② 污泥处理领域：Fe^{2+}/NaClO 氧化体系可用于处理含有藻类的污泥，以提高其脱水性能和效果。

（4）局限性

① 氧化效果：虽然 Fe^{2+}/NaClO 氧化体系能够有效地提高污泥的脱水性能，但其氧化效果可能受到 Fe^{2+} 和 NaClO 投加量、初始 pH 值等因素的影响，从而影响污泥的脱水效果。

② 成本：Fe^{2+}/NaClO 氧化体系的运行成本可能较高，这包括设备的购买和运行费用，以及化学品的消耗等，这可能会限制其在一些经济条件较差的地区或项目中的应用。

③ 操作难度：Fe^{2+}/NaClO 氧化体系的操作可能存在一定的难度，需要专业的技术人员进行操作和维护。此外，对于不同的污泥种类和处理需求，可能需要调整氧化剂的投加量和处理条件，这也增加了操作的难度。

④ 环境影响：虽然 Fe^{2+}/NaClO 氧化体系在处理污泥方面有一定的优势，但其产生的副产品或废弃物可能会对环境产生一定影响，需要进行妥善处理。

⑤ 污泥性质：Fe^{2+}/NaClO 氧化体系处理的污泥可能会发生一定的性质变化，例如胞外聚合物（EPS）的组成及分布可能会对污泥脱水效果产生影响。

9.3.4.3 连续深度脱水协同低温污泥干化装置

连续深度脱水协同低温污泥干化装置是一种用于污泥脱水的设备，它通过一系列的技术手段，如机械脱水、热干化、低温真空干化等，进一步降低污泥的含水率，使其含水率达到 50%～58%，达到城市污泥显著减量化和稳定化的效果。具体来说，连续深度脱水技术是指在一定压力和温度下，通过连续机械压榨，将污泥中的水分大量排出，使污泥的含水率降低。而低温干化技术则是在低温环境中，使污泥中的水分蒸发，进一步降低污泥的含水率。

连续深度脱水协同低温污泥干化技术的原理如下。

① 污泥进入主体机构，经过主体机构的处理，形成泥饼。

② 泥饼通过刮料机构刮除后，进入排料机构。

③ 排料机构通过敲打机构的抵触，将泥饼排放到传送机构。

④ 泥饼在传送机构的带动下，经过传送滤网，进一步脱水。

⑤ 脱水后的泥饼进入低温干化系统，通过滤饼粉碎装置和物料传送带增加污泥与空气的接触面积，然后利用除湿热泵对污泥进行热风循环冷凝除湿烘干，干化后的污泥含水率降低至 30%。

⑥ 干化后的污泥外运处置，系统内的废水回流到污水处理厂进行处理。

9.3.4.4 冻融和真空预压的协同处置技术

这种技术的核心在于通过冻融作用和化学预处理（如 $FeCl_3$ 调理）改善污泥的固结特性和微观结构，从而提高污泥的脱水性能和体积缩减效果。

（1）协同技术的原理

1）冻融作用

① 原理：在冻结过程中，污泥中的水分会形成冰晶，冰晶的生长会压缩和破坏污泥的絮体结构，使污泥颗粒聚集并形成更紧密的结构。解冻时，冰晶融化，释放出原本结合在污泥细胞中的水分，这些水分转化为可以机械脱除的自由水，从而提高污泥的脱水性能。

② 微观影响：冻融作用会破坏污泥中的胞外聚合物（EPS），增加污泥中大孔和中孔的数量，减少小孔数量。这种孔隙结构的变化有助于提高污泥的渗透性和排水能力。

2）化学预处理（$FeCl_3$ 调理）

① 原理：$FeCl_3$ 作为一种常用的化学调理剂，通过水解酸化和絮凝作用破坏污泥的絮体结构，释放结合水，并促进污泥颗粒的聚集。$FeCl_3$ 还可以通过吸附和架桥作用提高污泥的

孔隙率，从而提高污泥的渗透性和脱水性能。

② 微观影响：$FeCl_3$ 调理后，污泥中的大孔和中孔数量增加，小孔数量减少，孔隙结构更加均匀，污泥颗粒之间结合得更加紧密。

3）真空预压

① 原理：在污泥经过冻融或化学预处理后，通过插入塑料排水板并在污泥表面铺设土工布和防渗膜进行密封，然后利用真空压力将污泥中的水分抽出，实现污泥的压缩和固结。

② 效果：真空预压可以加速污泥的排水和固结过程，进一步降低污泥的含水率和体积。

（2）应用场景

① 垃圾填埋场污泥处理：上海老港垃圾填埋场、成都长安垃圾填埋场等均通过这种技术处理污泥，显著减小了污泥体积，降低了渗滤液处理成本和填埋场的安全隐患。

② 污泥应急处理：可在短时间内显著改善污泥的物理性质，减少渗滤液的产生，降低环境风险。

③ 污泥资源化利用：可将处理后的污泥用于生产烧结砖、陶粒等建筑材料，或作为土壤改良剂用于土地复垦和生态修复。

（3）协同技术的优点

① 环境友好：冻融作用是一种利用自然能量的方式，不会出现化学调理中常见的重金属残留和有害气体排放问题，对环境更加友好，减少了对化学药剂的依赖，降低了污泥后续资源化利用的难度。

② 高效脱水和体积缩减：冻融和化学预处理都能显著提高污泥的渗透系数和固结系数，使污泥的脱水性能大幅提升。例如，冻融预处理后的污泥含水率从 73%降低到 53.7%，体积缩减率达到 57.1%。

③ 降低处理成本：冻融利用自然低温环境，减少了化学药剂的使用量，降低了处理成本。真空预压是一种原位处理技术，避免了污泥挖掘、运输和回填的复杂过程，进一步降低了处理成本。

④ 改善污泥的力学性能：冻融和化学预处理后，污泥的孔隙结构和微观结构得到优化，污泥的压缩性和固结性能显著改善，有助于提高污泥的力学性能，降低污泥填埋场的安全风险。

9.4 应用与前景分析

传统的污泥在脱水过程中使用了大量的化学药剂，如石灰、三氯化铁等，不仅增加了运行成本，还增加了绝干污泥量，存在健康危害、环境污染、设备腐蚀及药剂残留等风险。在使用传统的污泥脱水剂时，不仅要注意降低健康风险，还需尽量减少药剂的使用。无药剂替代技术，如电化学、生物、热解、超声波等，不仅可以减少药剂的使用，还可以实现污泥含水率的进一步降低，更容易实现智能化和资源化。

在碳中和背景下，无药剂替代技术将会迅速发展，其核心价值在于实现污泥处理“减量化-无害化-资源化”的闭环。未来 5～10 年，技术迭代将聚焦于降本增效与规模化应用，市政领域有望率先实现突破，而工业领域则需依托定制化解决方案。

参考文献

[1] 何梓涵，徐凤．城市污泥焚烧研究进展［J］．绿色矿冶，2023，39（1）：95-100.

[2] 王涛．我国污泥处理处置市场调查研究［J］．中国环保产业，2023（1）：10-14.

[3] 顾雍，宋嘉宇，王倩．污泥焚烧灰渣资源化利用分析［J］．市政技术，2024，42（8）：245-253.

[4] 徐建林，孙红娟，李方，等．印染废水污泥脱水焚烧处理处置技术［J］．环境生态学，2022，4（5）：104-108.

[5] 王玉婷，赵泽华，王逸，等．我国典型印染行业废水处理污泥污染特征研究［J］．生态与农村环境学报，2020，36（12）：1598-1604.

[6] 王艳语，苗俊艳，侯翠红，等．城市污泥热解及其固体残渣资源化利用［J］．化工矿物与加工，2020，49（12）：41-45.

[7] 曲世强．食品化工污泥离心脱水干燥一体化工艺设计及实施［J］．中国给水排水，2016，32（6）：64-68.

[8] 张彦，曹利慧，英伟涛，等．制药污泥特征及处置技术现状［J］．化工环保，2025，45（2）：179-186.

[9] 周非，龚靖云，刘海峰，等．污泥调理添加药品的优化研究［J］．广州化工，2024，52（21）：172-174.

[10] 陈志军．絮凝处理对疏浚淤泥脱水效果的影响试验研究［J］．山西建筑，2025，51（6）：86-91.

[11] 彭杰，夏良，刘晓峰，等．不同絮凝剂对高温厌氧消化污泥脱水性能的实验［J］．化工管理，2018，（34）：31-32.

[12] 吕晓峰，杨春荣，王竹挺．城市污水处理厂污泥脱水絮凝剂的选择［J］．广东化工，2023，50（16）：145-147.

[13] 高珊，朱晓辉，张一凡，等．基于板框压滤机的污泥深度脱水影响因素研究［J］．广东化工，2022，49（21）：171-173，179.

[14] 吉世明，江栋，张有会，等．有机调理剂在印染生化污泥脱水中的应用研究［J］．广东化工，2024，51（22）：133-136.

[15] 谢文州，郦和生，王崈．胞外多聚物评价黏泥剥离剂方法的研究及评价［J］．石化技术，2009，16（1）：1-3.

[16] 崔佳．新型污泥脱水剂 P（AM-DAC-DMDAAC）对污泥脱水性能研究［D］．哈尔滨：哈尔滨工业大学，2012.

[17] GE D，HUANG S，CHENG J，et al. A new environment-friendly polyferric sulfate-catalyzed ozonation process for sludge conditioning to achieve deep dewatering and simultaneous detoxification［J］．Journal of Cleaner Production，2022，359：132049.

[18] 高连松，张黎．Fe（Ⅱ）催化过碳酸钠预处理剩余污泥效能研究［J］．辽宁化工，2025，54（1）：123-127.

[19] 孙千千，刘阵，李瑞，等．低温水热耦合亚铁离子活化过硫酸盐提高剩余污泥的脱水性能［J］．化工进展，2023，42（2）：595-602.

[20] LIANG J，ZHANG S，HUANG J，et al. Comprehensive insights into the inorganic coagulants on sludge dewatering：Comparing aluminium and iron salts［J］．Journal of Chemical Technology & Biotechnology，2019，94（5）：1534-1550.

[21] XIA C，YUE Q，SONG F，et al. A study on the deep dewatering of urban dewatered-sewage sludge by aluminum chloride［J］．Desalination and Water Treatment，2016，57（2）：545-552.

[22] 吴鹏涛，张文翔．城市污水厂污泥处置工艺研究［J］．中国资源综合利用，2024，42（9）：255-257.

[23] 任钢锋．城市污水处理厂污泥处理处置方法的综合评价［J］．环境与发展，2020，32（12）：16-17.

[24] 廖好婕，韦俊宏．城市污水处理厂污泥资源化利用技术研究［J］．中国轮胎资源综合利用，2024（12）：94-96.

[25] 胡燕金，麦晓霞．城镇污水处理厂污泥处理处置的研究进展［J］．皮革制作与环保科技，2024，5（22）：114-116.

[26] 聂凌峰．城镇污水处理厂污泥处理处置中存在的问题及对策研究［J］．皮革制作与环保科技，2024，5（20）：130-132.

[27] 陈冰．某城镇污水处理厂污泥脱水工艺选择与设计［J］．福建建设科技，2025（1）：106-107，117.

[28] 彭贤辉，何小瑜，宣琦，等．国内城镇污水处理污泥脱水技术研究进展［J］．化工生产与技术，2024，30（2）：12-16，7-8.

[29] 陈涛，徐汝民，汪军，等．市政污泥脱水技术分析［J］．安徽化工，2023，49（5）：126-129.

[30] 后志坤．市政污水处理厂污泥低温干化工艺研究［J］．水上安全，2024（21）：118-120.

[31] 刘兴邦，张绪坤，胡镇涛，等．污泥深度脱水技术研究进展［J］．生物化工，2023，9（5）：212-217.

[32] 罗键鑫．污泥深度脱水技术在市政污泥处理中的应用［J］．中国资源综合利用，2024，42（12）：200-202.
[33] ZHANG X，PENG Y，WU Y. Enhanced technology for sewage sludge advanced dewatering from an engineering practice perspective：A review［J］．Journal of Environmental Management，2022，321：115938.
[34] 吴开丽，韩陈晓．造纸废水处理中厌氧颗粒污泥钙化的案例分析［J］．中华纸业，2020，41（24）：42-46.
[35] 熊霞，程涛，何光亚．造纸废水污泥脱水试验研究［J］．造纸技术与应用，2024，52（2）：47-50.
[36] 霍本龙，马稳．造纸污泥热解处理工艺的研究进展［J］．中国造纸，2024，43（11）：157-164.
[37] 汤连生，陈洋，曾显帅，等．聚合氯化铝预处理污泥联合脱水有效性及机理［J］．中山大学学报（自然科学版）（中英文），2024，63（4）：37-46.
[38] DING W，JIN W，ZHOU X，et al. A comparative study of waste activated sludge conditioning with Fe（Ⅱ）-peroxymonosulfate oxidative process［J］．Bioresource Technology Reports，2025，11.
[39] 殷凤双，王梓萌，汪碧涵，等．二价铁活化过硫酸盐破解污泥及脱水效果研究［J］．市政技术，2024，42（8）：215-220，270.
[40] 李海波，李亚东，李克顺．城市生活污泥在矿业废弃地复垦应用中的可行性分析［J］．湖北大学学报（自然科学版），2005（2）：184-187.
[41] 何嘉莉，黄海祥，刘健明，等．自来水厂污泥离心脱水PAM药剂的优化选型［J］．城镇供水，2024（6）：19-23，8.
[42] 张洁．聚合氯化铝的投加对活性污泥性质的影响［J］．节能与环保，2023（1）：81-83.
[43] 黄志勇，左晨鹏．聚合氯化铝-聚丙烯酰胺处理含氟废水研究［J］．矿冶工程，2024，44（3）：97-99，105.
[44] 曹敏，张洛红，成晶晶，等．聚乙烯醇载体在序批式高校生活污水处理中的应用［J］．西安工程大学学报，2018，32（3）：285-290.
[45] 郭晓静，黄志亮，陈辉，等．硫酸亚铁协同胶凝材料固化填埋场市政污泥试验研究［J/OL］．土木与环境工程学报（中英文），1-11［2025-03-11］．https://link.cnki.net/urlid/50.1218.TU.20231213.1439.006.
[46] 胡劲涛，信欣，曹惜霜，等．PAM、铁盐与生物絮凝剂联用对污泥脱水效果的影响［C］//中国环境科学学会环境工程分会．中国环境科学学会2019年科学技术年会——环境工程技术创新与应用分论坛论文集（四）．成都信息工程大学，2019：5.
[47] REN B，LYCZKO N，ZHAO Y，et al. Integrating alum sludge with waste-activated sludge in co-conditioning and dewatering：A case study of a city in south France［J］．Environmental Science and Pollution Research，2020，27（13）：14863-14871.
[48] TURCHIULI C，FARGUES C．Influence of structural properties of alum and ferric flocs on sludge dewaterability［J］．Chemical Engineering Journal，2004，103（1-3）：123-131.
[49] 丁绍兰，曹凯，董凌霄．石灰调理对污泥脱水性能的影响［J］．陕西科技大学学报（自然科学版），2015，33（4）：23-27，36.
[50] PANA J R，HUANGA C，CHERNGA M，et al. Correlation between dewatering index and dewatering performance of three mechanical dewatering devices［J］．Advances in Environmental Research，2003，7（3）：599-602.
[51] 李明星．化工企业污水处理污泥脱水技术分析［J］．化纤与纺织技术，2024，53（9）：54-56.
[52] 许春莲，蒋进元，靳顺龙，等．污泥机械脱水技术发展现状及前景［J］．环境工程，2016，34（11）：90-93.
[53] 崔继源．污泥离心脱水处理讨论和研究［J］．天津化工，2024，38（4）：89-91.
[54] SIMON D W. Start-up firm licensing strategies for technology commercialization alliances［J］．［2025-03-10］．
[55] MA D，LI A，ZHANG L，et al. Mechanical compression assisted conductive drying of thin-film dewatered sewage sludge：Process performance，heat and mass transfer behavior -science direct［J］．Waste Management，2021，126：41-51.
[56] WU Y，XU Y，ZHANG X，et al. Experimental study on treating landfill sludge by preconditioning combined with vacuum preloading：Effects of freeze-thaw and $FeCl_3$ preconditioning［J］．Science of the Total Environment，2020，747：141092.
[57] 郝婧宇，陈淑娴，陈祥，等．热解炭化技术在污泥处置中的应用与展望［J］．环境工程，2024，42（9）：261-275.
[58] 陈孝彦．污泥热水解技术研究进展［J］．安全、健康和环境，2024，24（8）：22-29，40.

[59] CLAIRE B, JEAN P D, HÉLÈNE C. Effects of thermal treatments on five different waste activated sludge samples solubilisation, physical properties and anaerobic digestion [J]. Chemical Engineering Journal, 2008, 139 (2): 236-244.

[60] ZHANG X, LI X, LI R, et al. Hydrothermal carbonization and liquefaction of sludge for harmless and resource purposes: A review [J]. Energy & Fuels, 2020.

[61] 陆大川，顾卫华，赵静，等．城市污泥热解影响因素分析及残渣资源化研究进展 [J]．无机盐工业，2023，55 (5)：8-15.

[62] 颜莹莹，孟春霖，梁远，等．连续深度脱水耦合低温干化工艺用于鹰潭污泥处理厂 [J]．中国给水排水，2020，36 (16)：105-110.

[63] 李继熟，李忠昊．基于碳减排的污水处理厂污泥浓缩＋干化技术研究 [J]．精细化工中间体，2025，55 (1)：59-64.

[64] 丁亚楠，杨少武．生化污泥资源化利用 [J]．化工设计通讯，2024，50 (10)：149-151，162.

[65] 秦军，郑德超，舒孝喜，等．污水处理中生化剩余污泥的减量化研究 [J]．中华纸业，2025，46 (2)：59-62.

[66] 韩清华，周品，孙智毅，等．电化学强化污泥脱水效能研究进展 [J]．环境科技，2023，36 (5)：73-79.

[67] HAMIDREZA, MASIHI, GAGIK, et al. Employing electrochemical-Fenton process for conditioning and dewatering of anaerobically digested sludge: A novel approach. [J]. Water Research, 2018, 144: 373-382.

[68] MO R S, HUANG S S, DAI W C, et al. A rapid Fenton treatment technique for sewage sludge dewatering [J]. Chemical Engineering Journal, 2015, 269: 391-398.

[69] 陈其楠．电渗污泥脱水研究进展 [J]．当代化工研究，2025 (1)：14-16.

[70] 饶祎．电渗-压滤法联合处理污泥脱水技术研究 [D]．杭州：浙江工业大学，2019.

[71] 张猛，火志明．叠螺式污泥脱水机在中水回用污泥脱水系统中的应用 [J]．氮肥与合成气，2023，51 (7)：34-36.

[72] 赵学雷，霍志保，蔡俊．污泥电化学脱水研究进展 [J]．化工设计通讯，2020，46 (12)：185-188.

[73] 路思佳，李晓良，郑兴．绿色电化学法对污泥处理的研究进展 [C] //中国环境科学学会环境工程分会．中国环境科学学会 2019 年科学技术年会——环境工程技术创新与应用分论坛论文集（二）．西安理工大学省部共建西北旱区生态水利国家重点实验室，2019：276-279，309.

[74] 黄致远，凌霄，陈民杰，等．Fe^{2+} 联合 NaClO 强化污泥脱水性能与作用机理 [J]．环境工程学报，2022，16 (11)：3664-3675.

[75] XU Y, WU Y, ZHANG X, et al. Effects of freeze-thaw and chemical preconditioning on the consolidation properties and microstructure of landfill sludge [J]. Water Research, 2021, 200 (3): 117249.

第10章

除磷剂的无药剂替代技术

10.1 药剂除磷技术

10.1.1 化学沉淀除磷技术

化学沉淀法是一种高效的污水除磷手段，其关键在于向污水中添加除磷剂，例如可溶性铝铁盐或石灰，促使磷酸盐与之发生化学反应，生成难溶于水的沉淀，进而有效去除污水中的磷元素。该方法涉及的磷化学沉淀过程可细分为沉淀反应、凝聚作用、絮凝作用以及固液分离四个阶段。在实际应用中，常用的化学药剂主要包括钙盐、铝盐和铁盐等，具体包括石灰、硫酸铝、铝酸钠、三氯化铁、硫酸铁和氯化亚铁等。在碱性环境下，钙盐能使磷酸盐转化为难溶的羟基磷酸钙沉淀。尽管钙盐因成本低廉而被广泛应用，但值得注意的是，其与磷酸盐反应生成沉淀所需的 pH 值较高。铝盐和铁盐在水中发生水解，生成金属羟基聚合物，这些聚合物与磷酸盐通过絮凝过程结合，形成沉淀，从而有效去除磷酸盐。铝盐与钙盐相比，适用范围更为广泛。然而，由于铝盐价格偏高，为确保除磷效果，实际操作中常需过量添加，这会导致出水余铝浓度上升。值得注意的是，铝盐对人体具有潜在危害。铁盐因价格低廉且对环境毒性较小，日益受到业界重视，成为近年来生活污水处理领域广泛采用的化学除磷药剂。铁盐、铝盐和钙盐的化学反应方程式及其相应的溶度积常数如下：

$$Fe^{3+} + PO_4^{3-} \longrightarrow FePO_4 \downarrow \qquad K_{sp}^{\ominus} = 1.3 \times 10^{-22} \tag{10-1}$$

$$Al^{3+} + PO_4^{3-} \longrightarrow AlPO_4 \downarrow \qquad K_{sp}^{\ominus} = 9.84 \times 10^{-21} \tag{10-2}$$

$$5Ca^{2+} + 7OH^- + 3H_2PO_4^- \longrightarrow Ca_5OH(PO_4)_3 \downarrow + 6H_2O \qquad K_{sp}^{\ominus} = 4.7 \times 10^{-59} \tag{10-3}$$

在三种沉淀反应中，溶度积（$K_{sp}^{\ominus}$）均表现出较低的数值。通过精确调控阳离子沉淀剂的投加量，能高效控制磷浓度，确保其满足低于 0.5mg/L 的排放标准。通常需要通过实验来确定处理工艺的最佳投药量，然而实际操作中的最佳投药量常超出理论计算值。

目前，应用的化学沉淀法大同小异，主要区别在于沉淀剂的选择和对沉淀条件的调控。依据化学药剂在工艺流程中的投加点差异，磷酸盐沉淀工艺分为前置沉淀（于原水中投加）、协同沉淀（于生化一级出水中投加）和后置沉淀（于生化二级出水中投加）3 种。陈晓远采用化学沉淀法处理含磷废水。结果表明，在其他条件一定的情况下，pH 值为 6～10 时，废水中的总磷去除率快速升高；在 pH 值为 10～11 时趋于平缓，结合磷酸根水解图，发现 pH 值在 9 左右时正是 PO_4^{3-} 快速增多的时候，有利于沉淀反应的进行。

化学沉淀法的除磷效率较高，一般高于生物除磷，可达 75%～85%，且稳定可靠，适用于浓度较高的含磷污水。通常情况下，经处理后的出水总磷（TP）含量能够满足 1mg/L 的排放标准。然而它也存在着引入新化合物、药剂消耗量大、运行成本高以及产生大量易导致二次污染的污泥等缺点，因此通常需与其他除磷方法配合使用。

10.1.2 吸附除磷技术

吸附法指的是在固-液相或固-固相等体系中，污染物在界面化学键力或分子引力的作用下，于某一相中的物质浓度或溶质含量发生变化的过程。它利用吸附剂表面的活性基团或其自身特性，如大比表面积和多孔结构，与吸附质发生键合作用，从而实现对污染物的选择性富集与分离。

吸附法除磷是指水体中的磷被具有多孔结构和大比表面积的固体吸附剂所吸附的过程，这一过程属于固液反应范畴。用于吸附法除磷的吸附剂，通常具有较大的比表面积或者多孔结构，对磷具有较强的亲和力。吸附剂对磷酸盐的吸附主要经历三个过程：一是主体扩散，吸附剂通过扩散过程将磷酸盐富集在吸附剂的周围；二是膜扩散，吸附剂引导磷酸盐穿过滞留边界层（又称液膜）到达吸附剂的外表面；三是内孔扩散，磷酸盐进入吸附剂材料孔道内，最后到达吸附剂的内表面，完成吸附剂对磷酸盐的吸附去除过程。吸附剂与磷酸盐的相互作用机制主要包括静电吸引、离子交换（外球表面络合）、配体交换（内球表面络合）、氢键作用、表面沉积及向吸附剂内部扩散。

常见的除磷吸附剂包括天然吸附材料和人工制备的吸附材料。天然吸附材料具有除磷性能稳定、无有害物溶出、价格低廉等优点。天然材料包括高岭土、天然沸石、蛭石、蒙脱石、硅藻土、膨润土等。然而，一些天然材料对磷的吸附容量不高，需要人工改性提高吸附容量。人工制备的吸附剂主要包括活性炭、工业副产物（如冶炼炉渣、赤泥等）、离子交换树脂、金属氧化物等。人工制备的吸附剂往往展现出卓越的吸附容量、强大的选择性、较快的吸附速率以及较强的再生能力。

为了提升吸附效果，研究者常采用改性修饰技术，开发出新型吸附剂，并系统地研究其吸附性能。吸附过程依赖于吸附剂表面的沉淀、离子交换或物理吸附等机制，有效分离水体中的磷，并通过特定方法实现磷的回收利用。Huang 等研究用 $La(OH)_3$ 改性的剥离蛭石吸附除磷，结果表明，在温度为 25℃时，蛭石吸附容量最佳，最大吸附量为 79.6mg/g，对磷酸盐浓度为 2mg/L 的低浓度磷酸盐二级出水进行吸附处理，在反应时间为 10min 时，磷的质量浓度降至 50μg/L 以下，磷的去除率可达 97.9%，溶液中的 Cl^-、F^-、SO_4^{2-}、NO_3^- 对除磷的影响几乎可以忽略不计，但 0.1mol/L 的 CO_3^{2-} 对反应影响比较大，使除磷率降低到了 54.3%。Genz 等采用吸附法处理低浓度磷酸盐的生化处理出水，研究了活性 Al_2O_3 和

$Fe(OH)_3$ 两种吸附剂，结果表明，两种吸附剂均可将出水中的残余磷含量降至 50μg/L 以下。

总体而言，选择除磷吸附剂需满足以下条件：快速吸附、高吸附容量、广泛的 pH 值耐受范围、原料成本低廉且易获取、易于再生以及强大的抗干扰离子能力。吸附除磷技术具有基建投资少、运行简便、适用范围广泛、效率高等诸多优势，既可独立应用，也可用作其他除磷技术的辅助手段，尤其适用于处理低浓度含磷废水，因此日益受到重视。然而，吸附材料的制备成本、再生效率及二次污染问题仍是制约其广泛应用的关键因素。

10.1.3 高级氧化除磷技术

高级氧化技术作为一种高效的水处理手段，在水污染治理领域得到了广泛应用。其主要优势包括：a. 强大的氧化能力，羟基自由基的氧化电位高达 2.80V，仅次于氟；b. 高效的降解效率，该技术能在确保高降解率的同时，将有机废水中的有机物分解为水和二氧化碳等无害物质；c. 无二次污染，高级氧化技术能够直接将有机物氧化分解为无害物质，避免产生二次污染物；d. 广泛的适用范围，该技术对各种有机污染物均具有良好的处理效果，且不受废水中其他物质的影响；e. 高度的灵活性，高级氧化技术可根据不同的污染物、反应条件、设备结构等因素进行调整和优化，展现出极强的适应性。

Fenton 氧化法作为一种高效且可靠的水处理技术，在降低废水中总磷浓度方面得到了广泛应用。Fenton 反应的基本原理是，在 Fe^{2+} 的催化作用下，H_2O_2 快速反应生成具有强氧化性的羟基自由基（·OH），其反应机理如下：

$$Fe^{2+} + H_2O_2 \longrightarrow Fe^{3+} + OH^- + \cdot OH \tag{10-4}$$

$$Fe^{2+} + \cdot OH \longrightarrow Fe^{3+} + OH^- \tag{10-5}$$

$$Fe^{3+} + H_2O_2 \longrightarrow Fe^{2+} + H^+ + HO_2 \cdot \tag{10-6}$$

$$RH + \cdot OH \longrightarrow R \cdot + H_2O \tag{10-7}$$

鉴于 Fenton 氧化法具有氧化能力强、环境友好、经济高效、安全可靠及适用范围广等优势，该技术已被广泛应用于多种难降解废水的预处理流程，包括高浓度的工业和农业废水处理。Iglesias 等采用石墨片作为阴极，BDD 作为阳极，Al-Fe-Y 作为催化剂，成功去除吡虫啉和毒死蜱，去除率约为 96%。

10.2 无药剂除磷技术

10.2.1 电化学除磷技术

10.2.1.1 电絮凝除磷技术

（1）电絮凝除磷技术机理

国内外已有不少关于用电絮凝技术除磷的研究报道。电絮凝技术除磷的原理是利用铁、铝等阳极材料在电解时生成的金属阳离子或其水合物与水中的磷酸盐形成沉淀，从而去除污水中的磷。电絮凝工作原理如图 10-1 所示。

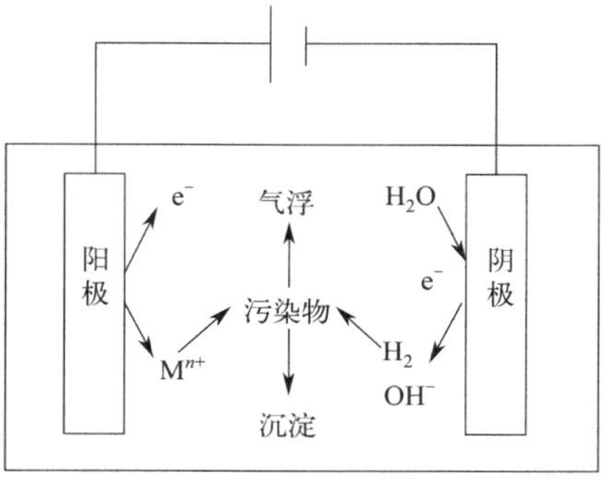

图 10-1 电絮凝工作原理

铁电极电絮凝除磷：

$$Fe \longrightarrow Fe^{2+} + 2e^- \quad (10\text{-}8)$$

$$4Fe^{2+} + 10H_2O + O_2 \longrightarrow 4Fe(OH)_3 + 8H^+ \quad (10\text{-}9)$$

铝电极电絮凝除磷：

$$Al \longrightarrow Al^{3+} + 3e^- \quad (10\text{-}10)$$

$$Al^{3+} + 3H_2O \longrightarrow Al(OH)_3 + 3H^+ \quad (10\text{-}11)$$

相较于化学絮凝工艺，电絮凝技术在水处理领域展现出更高的成本效益。尽管两种工艺的操作成本相似，但若不考虑处理效率，当电絮凝技术在较低电流密度下运行时，由于大部分电流用于生成化学反应物，其运行成本低于化学絮凝法。此外，电絮凝相较于化学絮凝具有缓冲作用，能防止 pH 值降低成酸性，并具备消毒功能，高效去除可溶性污染物，且无需添加化学絮凝过程中常用的阴离子（如 SO_4^{2-}、Cl^-）。化学絮凝法的运营成本主要由化学品成本和污泥的处置费构成。鉴于电絮凝工艺是一种低污泥产出的污水处理技术，无需额外添加化学药品且不会产生二次污染，因此采用电絮凝技术能有效减少相关操作，进而降低运行成本。

通常情况下，电絮凝法处理过程中产生的污泥毒性低于化学絮凝法，主要是由于其不需要添加额外的化学添加剂。污泥处置是各类絮凝工艺都可能面临的问题。化学絮凝法虽可通过酸化或碱化回收凝聚剂，但酸碱的添加可能导致污泥中污染物的释放。此外，药剂的过量投加及大量污泥的产生还会引发新的环境污染问题。因此，针对生物除磷法和化学除磷法存在的污泥处置及二次污染等问题，利用电絮凝技术污泥产量小、无需额外添加化学药剂的优势，通过研发新型电絮凝技术并与现有工艺结合，综合考虑生活污水中磷的特性来优化其运行参数，以减少电能消耗、提升牺牲阳极材料利用率，在保证高效除磷的同时，为污水除磷工艺提供新思路和新途径，就显得尤为重要。

尽管电化学技术在污水脱氮除磷领域取得了一定的研究进展，但目前的研究和应用主要集中在单一目标上，如脱氮或除磷。对于同步实现脱氮除磷的电化学反应工艺及设备的研究尚不充分，这表明在该领域还有很大的研究空间和应用潜力。根据现有研究报道，电化学技术在污水脱氮除磷领域已显示出高效、稳定、兼容性好等优点，能够克服传统处理技术的不足。电化学脱氮除磷组合工艺已被证明能够同步去除污水中的氮磷，预计将成为未来研究的热点。未来的研究方向可能包括开发高效电极材料、优化电极结构、设计新型电化学反应器并优化其操作条件，以及探索与其他污水处理技术的组合优化策略。污水的脱氮除磷技术一直是水环境保护的难点与重点，电化学技术由于其固有的优点，逐渐成为污水处理技术的重要发展方向之一。

（2）电絮凝除磷技术的影响因素

① 电极材料：电絮凝技术中所采用的电极材料通常为铝和铁。由于铁电极的价格相对便宜，通常将铁电极用于污水处理，铝电极用于给水处理。电极可取材于铁或铝的锻造、切割工厂。制作和选取电极时，需确保板材中不含重金属合金，并定期清洗电极表面。

② 电流密度：电絮凝反应器所需的电量取决于所需释放的 Al^{3+} 和 Fe^{2+} 数量。为确保电絮凝系统长期稳定运行而无需频繁维护，建议将电流密度维持在 $20\sim25A/m^2$ 之间，并定期对电极实施清洁作业。为了将电流效率提升至较高水平，需综合考量电流密度、pH 值、温度、流速等关键参数。电流效率的高低主要取决于电流密度的大小以及溶液中阴离子的种类。若缺乏已知的经验值作为参考，可通过实验手段来确定适宜的电流密度和电荷负荷。另外电流密度存在一个临界值，当电荷负荷达到临界电流密度时，出水水质不会随着电流的增加而明显提高。

③ pH 值：pH 值在水和废水的电絮凝处理中的作用体现在影响电流密度和金属氢氧化物的溶度积。研究发现，在相同电流条件下，酸性和碱性溶液的电流密度高于中性溶液。受电导率影响，在中性 pH 条件下能耗最大。在电导率很高的情况下，pH 值的影响作用并不显著。经过电絮凝反应器后的酸性原水 pH 值将升高，碱性原水 pH 值将下降，从而使 pH 趋于中性，这是该工艺的优势之一。酸性原水经过处理后，其 pH 值上升，这主要归因于阴极氢气的释放。然而，这种 pH 值的提升会在一定程度上被阳极释放的 H^+ 所抵消。碱性原水 pH 值下降是由于 OH^- 与其他阳离子结合生成沉淀。

④ 温度：在研究温度对电絮凝效率的影响时，主要针对铝电极进行了探讨。研究发现，铝电极的电流效率随着温度的升高而增加，在 60℃时达到峰值。然而，当温度继续升高超过正常电解温度时，电流效率随之降低。这一现象与铝电解电流效率的研究结果一致，该研究指出电流效率受温度影响显著，且在特定温度范围内电流效率最高。电流效率之所以随温度升高而增加，是因为铝电极的氧化层在此过程中不断被破坏。若温度过高，$Al(OH)_3$ 胶体中的大孔洞会收缩，进而形成更为致密的絮体，这些絮体更易附着于电极表面。较高的温度提供了较高的电导率，因此能耗较低。

⑤ 氯离子：在给水和污水处理中，碳酸盐和硫酸盐的存在将导致 Ca^{2+} 和 Mg^{2+} 的沉淀，并在电极表面形成钝化层。该钝化层会使电极间的电压升高，导致电流密度明显下降。而氯离子的存在可显著降低其他离子（如 HCO_3^- 和 SO_4^{2-}）的负面作用。因此，可通过投加氯化钠来解决电极钝化问题。此外，氯离子的存在有助于电荷的迁移，进而提升水的电导率，降低电能消耗。在其他阴离子存在的条件下，保证 20％的氯离子含量有助于电絮凝的正常运行。在有氯离子存在的情况下，会发生下列反应：

$$2Cl^- - 2e^- \longrightarrow Cl_2 \tag{10-12}$$

$$Cl_2 + H_2O \longrightarrow HClO + Cl^- + H^+ \tag{10-13}$$

$$HClO \longrightarrow ClO^- + H^+ \tag{10-14}$$

同时，电化学过程中产生的次氯酸根离子展现出了卓越的消毒效能。

电絮凝除磷工艺的效率受多种操作参数的影响显著，这些参数包括废水的电导率、初始磷浓度、电流密度、电解时长以及初始 pH 值等关键因素。废水 pH 值的变化对磷的去除率影响很大，碱性条件有利于磷的去除，而酸性条件不利于磷的去除。原因在于，酸性条件下，诸如铁、铝等金属的氢氧化物絮凝剂以及难溶性的 $AlPO_4$ 和 $FePO_4$ 会发生溶解，从而削弱了从废水中除磷的能力。采用铁电极的电絮凝工艺在提高废水除磷效率方面具有较好的应用前景。

10.2.1.2 电去离子除磷技术

电去离子(electro-deionization，EDI)亦称连续去离子(continuous deionization，CDI)，早期被称为填充床电渗析，是一种结合离子交换树脂和离子交换膜，在直流电场作用下实现连续去离子过程的新型分离技术。其工作原理如图 10-2 所示。

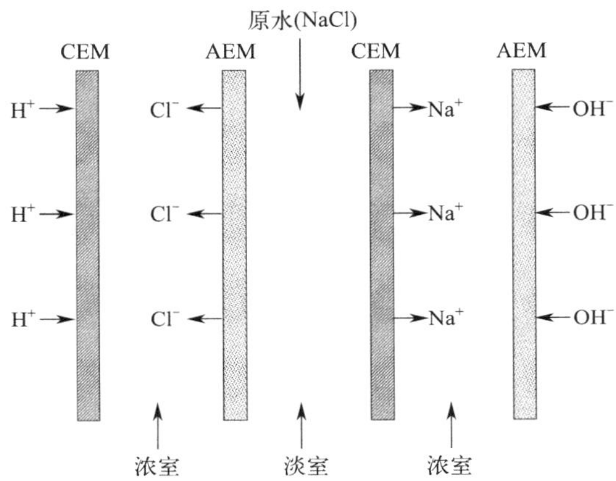

图 10-2　电去离子工作原理

在正负电极之间，交替排列的阴、阳离子交换膜(AEM、CEM)构成淡化室(简称淡室)和浓缩室(简称浓室)，淡室内填充有混床离子交换树脂。EDI 过程的基本原理通常涵盖离子交换、离子在直流电场下的选择性迁移以及树脂的电再生 3 个关键环节。若离子交换树脂的导电性远高于与之接触的溶液，则从溶液到膜面的离子迁移几乎全部通过树脂来完成。溶液中的离子首先因交换作用被吸附于树脂颗粒上，再在电场作用下经由树脂颗粒构成的"离子传输通道"迁移到膜表面并透过离子交换膜进入浓室。在 EDI 运行电流超过极限电流时，树脂、膜与水相接触的界面层上会发生极化和水解离反应。水解离后产生的 H^+ 和 OH^- 部分参与负载电流并迁移至浓室，而大部分则用于对树脂进行就地再生，从而使离子交换、离子选择性迁移、电再生 3 个过程相伴发生，相互影响，实现连续的去离子过程。

与传统电渗析(ED)相比，淡室中填充的离子交换树脂显著提高了膜间导电性，此举强化了离子从溶液向膜面的迁移过程，有效打破了膜面扩散层中的"离子贫乏"现象，使极限电流密度和电流效率得到显著提高。此外，当淡室内装填离子交换树脂时，淡室中的液流速度远超传统 ED 装置，同时树脂还起到搅拌作用，进一步促进了离子的扩散，从而改善了整体水力学状态，导致了淡室体系电导率增大，极限电流密度也相应提高。因此，EDI 既克服了 ED 不利于处理低浓度溶液的弱点，又使产水水质提高，达到混床离子交换的目的，同时让室内装填的离子交换树脂在电场作用下自动获得再生，省去了烦琐的酸、碱再生步骤，也避免了酸、碱再生液的后续处理。可见，EDI 结合了离子交换的深度脱盐和 ED 的连续运行等优点，同时又避免了离子交换树脂酸碱再生造成二次污染和 ED 不能处理稀溶液、产水水质不高的缺点，它无需化学再生，可连续对低浓度溶液进行深度去离子处理，展现出显著的技术与经济优势，是一种应用前景广阔的新型水处理技术。冯霄在一定操作条件下，对含 NO_3^- 和 PO_4^{3-} 的低浓度原水进行处理，4h 后 NO_3^- 和 PO_4^{3-} 的浓缩倍数分别达到 4.8～6.8 倍和 2.7～4.0 倍，出水离子浓度均低于 0.1mg/L，去除率大于 97%。这说明 EDI 不仅能浓缩和脱除重金属离子，而且对营养盐离子亦能进行浓缩和深度去除，这对资源回收利用及环境保护意义重大。经过对 EDI 膜堆的离子物料平衡计算，并分析离子在其中的迁移机理，结果显示，在不同实验条件下，树脂对 PO_4^{3-} 的亲和力始终大于对 NO_3^- 的亲和力，且 NO_3^- 通过阴树脂床层的电迁移率约为 PO_4^{3-} 的 3.6 倍，这直接影响了 PO_4^{3-} 的浓缩倍数。

10.2.1.3 电化学介导除磷技术

(1) 电化学介导除磷机理

电化学介导沉淀(EMP)技术通过提升阴极表面的 pH 值来实现磷的沉淀，此过程中磷酸根离子并不直接参与电化学反应。在阴极区域，局部 pH 值升高，与 Ca^{2+} 共同作用，能够促使磷酸钙在阴极表面形成并沉淀下来。此外，阴极附近的局部高 pH 值会降低无机磷沉淀(即 Ca-P)的溶解度，进一步促进磷酸钙的沉淀。EMP 技术省去了传统化学沉淀方法中必需的固液分离步骤，使得磷能够直接从阴极上被回收，如图 10-3 所示。在阳极，电解水产生的 H^+，中和在阴极产生的 OH^-。因此，虽然阴极的局部 pH 值会增加，但在电化学系统中，本体溶液的 pH 值不会发生显著变化。此外，缓冲离子也会稳定本体溶液的 pH 值。

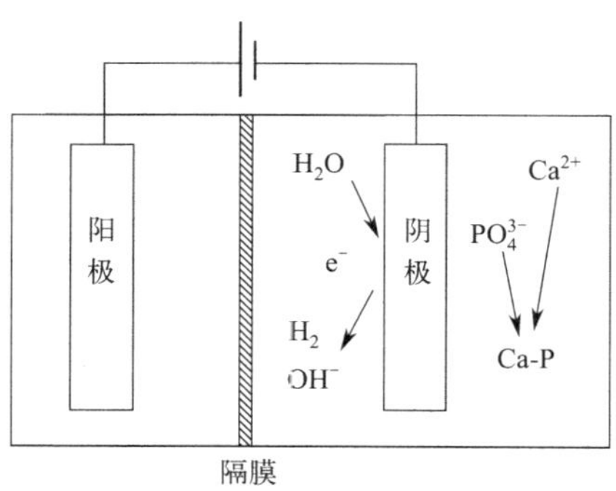

图 10-3 电化学介导除磷工作原理

鸟粪石($MgNH_4PO_4 \cdot 6H_2O$)和 Ca-P 是 EMP 体系中常见的两种产物。鸟粪石工艺具有同时回收氮磷的优点。研究者对不同废水进行了 EMP 产生鸟粪石回收氮磷的研究。然而，在阴极直接形成鸟粪石还存在一些关键问题：局部高 pH 值有利于 N 元素从 NH_4^+ 向 NH_3 转移；局部高 pH 值环境可能有利于 Mg 元素形成 $Mg(OH)_2$ 而不是鸟粪石。因此，需要控制调节 OH^- 生成的电流密度。Wang 等研究发现，当电流密度从 5.8A/m^2 增加到 17.3A/m^2 时，阴极上沉积鸟粪石的百分比从 91%下降到 18%。此外，通常需要添加额外的 Mg^{2+} 来实现有效的鸟粪石回收。若目标废水中 N 和 Mg 含量低，则以 Ca-P 形式回收 P 更佳。由于 Ca^{2+} 广泛存在于废水中（通常在生活污水中为 20～120mg/L），因此在 Ca-P 的电化学介导沉淀中不需要额外添加 Ca^{2+}，特别是在富含钙的废水中，例如乳制品行业的废水（Ca^{2+} 浓度约为 2200mg/L）。此外，EMP 回收的 Ca-P 在成分上与磷矿相似，因此，在不修改工艺的情况下，是工业磷肥生产的合适替代磷源。在一些 EMP 系统中，离子交换膜（IEM）用于防止阳极电解质（低 pH 值）与阴极电解质（高 pH 值）的中和。使用 IEM 后，由于介质中的 pH 值变化程度在远离电极处进一步扩大，P 的回收率可能会进一步提高。同时，阳极室内的低 pH 值环境可以减少碳酸氢根的影响，从而显著提高回收固体的纯度。

（2）电化学介导除磷影响因素

① pH 值：pH 值是影响磷矿物沉淀的决定性因素。磷酸盐在 pH 值变化时会呈现不同形态，具体而言，pH 值低于 7.2 时，$H_2PO_4^-$ 占主导；而当 pH 值超过 7.2 时，HPO_4^{2-} 则成为主要存在形式。较高的 pH 值增强了磷酸盐沉淀的热力学驱动力。首先，随着 pH 值的增加，典型磷沉淀（即羟基磷灰石，HAP）的饱和度指数（SI）会升高，因为磷酸盐会被去质子化，而且在高 pH 值下，会产生更多的 OH^-，这些 OH^- 可以形成 HAP。此外，高 pH 值条件下磷酸盐沉淀的溶解度降低，促进了磷酸盐矿物的沉积。然而，在电化学系统中，本体 pH 值没有局部 pH 值那么关键，因为阴极水分子的减少提高了局部 pH 值，促进了 P 晶体的成核和生长。在相同的实验设置中，采用封闭电路（$3.8A/m^2$）进行实验，在 3 种本体 pH 值条件下（4.0、8.4 和 10.0），P 去除率均增加到 48%以上。此外，在处理酸性奶酪废水（本体 pH<5）的电化学系统中，成功回收了 Ca-P。与整体 pH 值相比，局部 pH 值对电化学沉淀的影响更大。尽管如此，整体 pH 值仍在发挥作用，它可以通过影响废水中碳酸氢盐的形态甚至浓度来间接影响磷的沉淀。废水酸化会导致碳酸氢盐浓度下降，从而减小碳酸盐与磷酸盐对 Ca^{2+} 的竞争。在 EMP 过程中，由于水中的缓冲离子与阳极上产生的 H^+ 和阴极上产生的 OH^- 的中和作用，本体溶液 pH 值将保持稳定，但是也存在 pH 值上升或下降的情况。

② 电流密度：电化学系统中，所施加的电流密度直接影响阴极上 OH^- 的生成速度，并可调控 P 矿物的沉淀过程。P 去除率随着电流密度的提高而增加，因为高电流密度会促进阴极 OH^- 的产生，从而有助于 P 的析出。然而，当电流密度超过一定值时，P 去除率会保持稳定。因为溶液中 P 含量不足，导致 P 矿物难以沉积，当电流密度增至 $40A/cm^2$ 时，P 去除率即超过 90%。另一种可能的原因是阴极表面形成的沉淀层阻碍了 P 的扩散。但是在析出层上观察到由于阴极上产生 H_2 形成的多孔结构，这可能有助于 P 向阴极表面扩散。

施加的电流密度还会影响析出相的大小和组成。随着电流密度增加，沉淀颗粒的尺寸将会减小。这是因为大电流密度促使结晶过程中优先成核而非生长，抑制了沉淀颗粒的尺寸。然而，小尺寸的沉淀物会阻碍分离过程，导致 P 回收率降低，这支持了低电流密度条件有利于提高 P 回收率的观点。此外，在较低的电流密度下，无定形磷酸钙（ACP）更容易形成，而在较高的电流密度下，羟基磷灰石（HAP）更容易形成。但是，随着电流密度的增加，回收固体中 Ca-P 的相对丰度（RA）下降。当在 $0.2A/m^2$ 的低电流密度条件下进行电化学 P 回收时，$Mg(OH)_2$ 的形成几乎可以忽略不计，而 $CaCO_3$ 的形成也极为有限。因此，从去除效率和产品纯度的角度来看，过高的电流密度是不可取的。高电流密度虽然可以增强去除动力学，缩短处理时间，但可能会降低 P 含量和回收产物的纯度，增加比电耗。

③ 阴极：在无膜 EMP 中，阴极是 P 矿物沉积的地方。因此，阴极的设计对 P 的去除和回收起着重要的作用。首先，阴极的表面积会影响 P 的去除效率和回收产物的纯度。根据相关研究，在 0.75～0.90V 的电压区间内，不锈钢网（SSM，面积为 $19cm^2$）与不锈钢箔（SSF，面积

为 $7cm^2$)的鸟粪石回收率相当,这是因为在低电压范围内,输出电流是回收率的限制因素。然而,当电压从 0.90V 增加到 1.05V 时,由于 SSM 的表面积更大,其 P 回收率(40%)高于 SSF(26%)。在相同的电流供应下,应用 3 种不同表面积($4cm^2$、$16cm^2$ 和 $36cm^2$)的钛板阴极用于回收 P,结果显示,Ca-P 的形成随着阴极面积的增加而显著增加。较大的表面积促进了 Ca-P 的形成,这归因于在低电流密度条件下,$Mg(OH)_2$ 和 $CaCO_3$ 的生成受到了有效抑制。值得注意的是,当需要较大的比表面积时,碳基材料(如石墨毡)是比传统钛板更好的替代品。

除了表面积和材料,电极之间的间距也很重要。在恒流模式下研究不同电极间距(0.5cm、3.0cm 和 6.0cm)对 P 去除的影响,结果发现,P 去除率不受阳极和阴极距离的影响,但更小的间隙可以显著降低电池电位,从而降低能耗。此外,电极间距会影响阴极生成的 OH^- 与阳极生成的 H^+ 的中和作用,从而影响 OH^- 沉淀的效率。将 $CaCO_3$ 颗粒引入电化学电池以填充阳极和阴极之间的空间,可以在一定程度上缓解酸碱中和问题。当 H^+ 在阳极产生时,它首先会与 $CaCO_3$ 反应,而不是与 OH^- 中和,导致即使在体溶液中也会积累 OH^- 并释放 Ca^{2+} 以沉淀 Ca-P。因此,Ca-P 会在阴极、$CaCO_3$ 颗粒表面,甚至溶液中析出。同样,将菱铁矿($FeCO_3$)、菱镁矿($MgCO_3$)和白云石[$CaMg(CO_3)_2$] 分别填充在电化学电池中,也可以辅助沉淀磷酸铁、鸟粪石和其他含磷产物。此外,通过阴阳极极性反转,可以将含磷沉淀重新溶解并从阴极分离。在新阳极(原阴极)处产生的 H^+ 会溶解部分析出相,减少晶体对新阳极的黏附。此外,在新阳极上产生的氧气有助于沉积物的剥离和沉积。

④ 磷酸盐浓度:废水中磷酸盐的初始浓度对于 EMP 回收 P 至关重要。一般而言,磷回收率随初始磷浓度的增加而增加,但是由于阴极活性面积的限制,磷回收率也可能会随初始磷浓度的增加而减小。从这个角度来看,应该使用活性面积较大的阴极,或者定期收集系统中产生的沉淀,以保持高 P 回收率。值得注意的是,高浓度的 $H_2PO_4^-$ 可能会利用其缓冲特性,导致局部 pH 值下降,这也可能会使磷回收率下降。

⑤ 其他物质的影响:回收的磷矿物的纯度主要取决于磷酸盐的浓度。然而,在典型的生活废水中,碳酸氢盐浓度明显高于磷酸盐。废水中碳酸氢盐的浓度对除磷效率以及回收磷产品的品质均会产生影响。CO_3^{2-} 会与 Ca^{2+} 竞争,形成由 $CaCO_3$ 和碳酸盐取代的 HAP。当碳酸氢盐浓度从 1.0mmol/L 增加到 10.0mmol/L(pH 值约为 8.0)时,P 去除率从 51.9%降至 24.6%。但是当碳酸氢盐浓度较低(1.0mmol/L 或 3.0mmol/L)时,P 的去除率分别提高了 7.1%和 7.6%。低浓度碳酸氢盐能在阴极附近营造出局部高 pH 值环境,且对游离 Ca^{2+} 影响不显著。碳酸氢盐形态高度依赖于 pH 值。因此,通过调节 pH 值可以减少碳酸氢盐的不利影响。例如,在将废水 pH 值从 7.5 降至 3.8 的过程中,碳酸钙的形成显著减少,同时磷的去除率仍能维持在约 50%的水平。

镁在水中可以形成多种沉淀物,如水镁石[$Mg(OH)_2$] 、白云石,在铵和磷酸盐存在下易形成鸟粪石。在电化学系统中,Mg^{2+} 通过质量扩散和电迁移向阴极移动,形成 $Mg(OH)_2$ 沉淀,从而实现镁元素的回收。此外,Mg^{2+} 可以取代 Ca^{2+} 并入 Ca-P 结构,或被吸附到 HAP 晶体上。此外,Mg^{2+} 的存在可能会影响 HAP 的生长速度和溶解度。通过调节 pH 值和控制电流密度可以减少 Mg 析出物的数量。

腐殖酸、黄腐酸等天然有机物(NOM)在水体和土壤中普遍存在。NOM 在一定程度上改善了阴极表面 Ca-P 的析出,主要是通过与 Ca-P 的物理共析出来平衡其对本体溶液中游离 Ca^{2+} 可用性的负面影响,从而减缓结晶 Ca-P 的形成。

10.2.2 生物除磷技术

在20世纪80年代，生物除磷技术在欧洲得到了广泛应用。该技术主要依赖于聚磷菌(PAO)过量吸收废水中的磷，并将其以聚磷酸盐的形式储存在细胞内，最终通过剩余污泥的排放实现废水中磷的去除。目前的研究表明，PAO可分为两大类：一类是在好氧条件下，以氧气(O_2)作为电子受体完成吸磷过程，这类菌被称为好氧聚磷菌(APB)；另一类则是在缺氧条件下，以硝酸盐(NO_3^-)作为电子受体完成吸磷过程，这类菌被称为反硝化聚磷菌(DPB)。

针对生物除磷技术，有学者进行了深入研究，并设计了多种除磷工艺。传统的APB除磷工艺包括Phostrip、SBR、UCT、Bardenpho、Phoredox等。DPB除磷工艺目前有单、双级之分，其中单级工艺以BCFS(生物化学除磷脱氮工艺)最具代表性，双级工艺则以Dephanox工艺为主。当前的生物除磷工艺大多同时考虑了脱氮的需求，上述工艺除Phostrip外，均能实现同步除磷脱氮。

在传统的A^2/O工艺中，脱氮反硝化和聚磷菌厌氧释磷均依赖于碳源，但进水中的有限碳源往往无法同时满足这两个过程的需求，从而引发了碳源竞争的问题。反硝化除磷技术能够利用有限的碳源同时满足反硝化和生物除磷的需求，并且该过程无需曝气，从而节省了能源。研究显示，与传统的生物除磷方法相比，反硝化除磷技术能够显著降低50%的化学需氧量，减少30%的氧气消耗，并使剩余污泥量减少约50%。目前，大部分生物脱氮除磷技术采用活性污泥法，而利用生物膜进行生物脱氮除磷的研究和应用相对较少。德国林德公司开发的Linpor-CN工艺，作为生物膜法的一种，采用缺氧-好氧两段式连续流运行方式，通过其特有的生物膜载体填料，如泡沫塑料小方块，形成生物膜，实现好氧、缺氧和厌氧反应。这使得Linpor-CN工艺在去除有机物、总氮以及磷方面表现出色，达到了高效脱氮除磷的目的。

尽管生物除磷方法在经济上具有优势，但其磷去除效率通常仅能达到30%～40%，同时会产生大量污泥，实质上仅实现了磷的转移而非真正去除。因此，单纯的生物除磷难以满足现行污水综合排放标准的要求。

10.2.2.1 传统生物除磷机理

在常规的好氧生物处理工艺中，废水中的含磷化合物大部分会以磷酸盐的形式随处理出水排放至环境，仅有一小部分被微生物用于自身繁殖并随活性污泥排出。因此，如何经济、有效地降低废水中的含磷量成为防止水体富营养化的关键，而生物除磷工艺就是目前最具潜力的方案之一。

生物除磷的基本原理主要包括厌氧释磷过程与好氧吸磷过程。在厌氧条件下，聚磷菌将体内储存的聚磷酸盐(Poly-P)水解为正磷酸盐(PO_4^{3-}-P)释放入水体中，完成磷的释放过程，如图10-4所示。此过程会释放大量能量，这些能量可用于吸收水体中的有机物(主要为挥发性有机酸)，并合成碳源储存物质聚羟基烷酸酯(PHA)储存于体内。在好氧条件下，聚磷菌可利用氧气作为电子受体氧化体内的PHA，产生的能量则被用于吸收水体中的正磷酸盐，这些正磷酸盐最终以聚磷的形式储存在细胞内部。整个过程中，聚磷菌的好氧吸磷量明显大于厌氧释磷量。随着剩余污泥的排放，聚磷菌超量吸收的磷随之排出系统，实现水体中磷的去除。

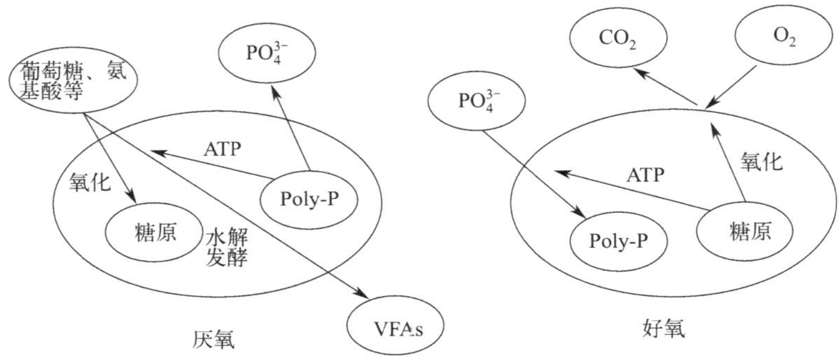

图 10-4 聚磷菌工作原理

1）厌氧释磷

在厌氧条件下，聚磷菌水解体内的 ATP，形成 ADP 和能量，同时将胞内的聚磷酸盐（Poly-P）分解，以无机磷酸盐（PO_4^{3-}）的形式释放出去。另一方面，聚磷菌利用糖原酵解产物和能量摄取废水中的有机物来合成大量的有机颗粒聚β-羟基丁酸（PHB），贮存在细胞体内。此时表现的是磷的释放，其反应方程式可以表示为：

$$ATP + H_2O \longrightarrow ADP + H_3PO_4 + 能量 \tag{10-15}$$

2）好氧吸磷

在好氧环境下，聚磷菌通过氧化分解体内储备的 PHB 释放能量，驱动其繁殖与代谢过程。在此过程中，ADP 捕获这些能量，进而合成 ATP。同时，聚磷菌还会过量摄取溶液中的磷酸盐，用以合成 Poly-P、糖原等有机颗粒，并储存在细胞内，这一过程体现了磷的吸收特性。其反应方程式可以表示为：

$$ADP + H_3PO_4 + 能量 \longrightarrow ATP + H_2O \tag{10-16}$$

满足 PAO 环境和基质需要的强化生物除磷（enhanced biological phosphorus removal，EBPR）工艺原理如图 10-5 所示。这种除磷工艺，现被称为 A/O 工艺，是一种广泛应用于水处理领域的厌氧-好氧工艺。它通过厌氧段（A）和好氧段（O）相结合，实现脱氮除磷。

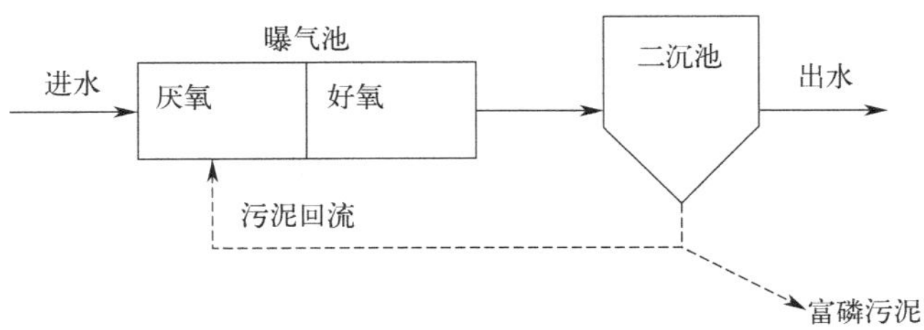

图 10-5 EBPR 工作原理

自然界中，许多细菌能从外界吸收可溶性磷酸盐，并在体内转化成聚磷酸盐积累起来，作为贮存物质。为此，国内外许多科学家围绕聚磷微生物展开了大量研究。早期的研究认为，除磷微生物的优势菌属主要是不动杆菌属。但是根据早期的菌种研究和靶向技术研究成果，不动杆菌属并非唯一的除磷微生物，其他微生物同样具有除磷能力。假单胞菌属具有除磷菌的共性，能够过量摄取废水中的磷形成聚磷酸盐胞内物质，并能够累积聚磷酸盐，在过量摄取磷过程中，其细胞外膜上诱导产生的磷酸专一性孔道蛋白起着重要作用。随着分子生物技术的进步，科学家们已经将荧光抗体染色、荧光原位杂交（FISH）和聚合酶链式反应（PCR）等技术应用于强化生物除磷系统中关键聚磷微生物的研究。研究证实，聚磷污泥由多个菌属构成，且这些菌属间的相互作用对 EBPR 工艺中 PAO 的数量具有重要影响。

多项实验结果显示，活性污泥中的聚磷菌通过厌氧和好氧条件下的磷释放与吸收过程，在生物除磷中发挥关键作用。特别是聚β-羟基丁酸（PHB），它作为能量交换器，在生物除磷系统中起到至关重要的作用，能够直接反映微生物的吸磷和释磷状态，以及最终的除磷效果。国外很多学者在研究生物除磷的机理和动力学时，常通过测量 PHB 的含量，从分子水平更精确地考察微生物的除磷过程及科学机理。田淑媛等就 PHB 在除磷过程中的生化机理进行了较系统的研究。他们对生物除磷工艺中活性污泥样品的 PHB 和 Poly-P 颗粒进行染色，发现在厌氧区（氧化还原电位在－140mV 以下）污泥细胞内的 PHB 颗粒迅速、大量增加，聚磷酸盐颗粒迅速减少；在好氧区（氧化还原电位在 100mV 以上）污泥细胞内的 PHB 颗粒迅速减少，聚磷酸盐颗粒迅速增加。因此，可以通过对活性污泥直接染色，观测活性污泥细胞的 PHB 和聚磷颗粒的变化，进而判断生物除磷效果。

10.2.2.2 厌氧-缺氧-好氧污水处理工艺

厌氧-缺氧-好氧（Anaerobic-Anoxic-Oxic，A^2/O）活性污泥法在污水处理流程中依次设置厌氧池、缺氧池和好氧池，并通过池体间的污泥回流实现污水中有机污染物、氮和磷的同步去除，典型的工艺流程如图 10-6 所示。污水处理工艺能同时实现脱氮和除磷，结构简单，运行成本低，已成为我国应用最广泛的污水处理技术之一。我国超过三分之一的污水处理厂采用了 A^2/O 及其改良工艺，这一比例反映了该技术在满足脱氮除磷要求方面的重要性和普及程度。

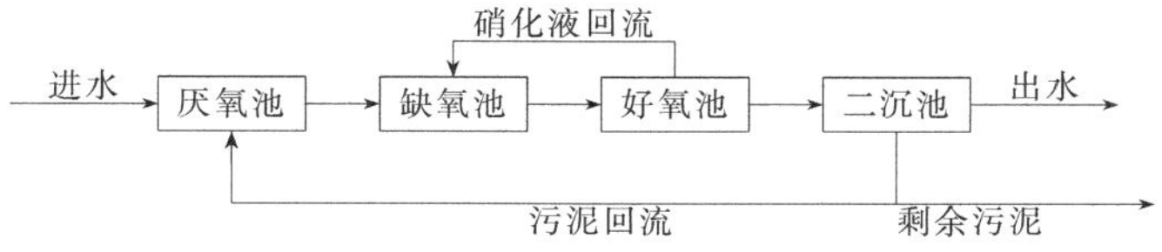

图 10-6　A^2/O 污水处理工艺流程

污水通过一级处理后进入厌氧池，聚磷菌在厌氧条件下水解体内的三磷酸腺苷（ATP）释放出磷酸盐，同时产生的能量用于吸收进水中的有机物。在缺氧池中，反硝化菌利用好氧池回流液中的硝酸盐/亚硝酸盐作为电子受体，以有机碳源作为电子供体进行反硝化脱氮。然后，污泥进入好氧池。在好氧池中，各类菌群分别负责有机物降解、硝化反应以及吸磷过程。硝化菌促使含氮污染物高效转化为硝态氮（NO_3^--N），随后通过硝化液的回流，进入缺氧池完成反硝化脱氮。聚磷菌会过量摄取磷类污染物，用于合成 ATP 或聚磷酸盐，最终这些富磷物质会随着剩余污泥一同排出污水处理系统。污水中的有机污染物经历矿化或同化过程，最终以气体释放或污泥增殖的形式，实现与水相的有效分离。最后，污泥混合液在二沉池中实现泥水分离，部分污泥回流到厌氧池，部分污泥以剩余污泥的形式排出系统。

在污水处理工艺中，尽管设置了不同的池体与曝气环境以去除不同污染物，但硝化菌、反硝化菌、聚磷菌等功能菌群仍共存于同一系统中。由于这些功能菌群对基质和环境条件的需求不同，在系统中共存时会出现一系列的冲突。因此，工艺的长期运行仍面临一些问题。

（1）脱氮除磷菌与不同污泥龄需求之间的矛盾

硝化菌属于自养型专性好氧菌，其繁殖速度慢，世代周期长。为了提高系统的硝化性能，需要保持较长的污泥龄。与此相对，聚磷菌属于异养菌，增殖速率快，且其生物除磷的唯一途径是大量排放富磷的剩余污泥。为了保证系统的生物除磷效果，需将系统控制在较短污泥龄的状态。因此，长污泥龄有利于硝化作用，但不利于生物除磷；而短污泥龄则有利于生物除磷，却对硝化作用不利。

（2）脱氮除磷菌与碳源需求之间的矛盾

反硝化菌和聚磷菌均属于异养型微生物，对有机碳源的需求高。然而，我国城市生活污水中有机物含量较低，进水中的有机物被厌氧池的聚磷菌和其他异养菌优先利用，导致缺氧池中的反硝化菌难以获得足够的碳源进行反硝化，在实际工程中存在大量向缺氧池投加甲醇、乙醇等碳源来促进反硝化的情况。此外，污泥在由二沉池回流至厌氧池的过程中，会携带一定量的硝酸盐。这些硝酸盐进入厌氧池后，会被反硝化菌利用有机物作为碳源进行反硝化反应，进而降低聚磷菌的释磷效率。因此，投加化学药剂辅助除磷是工程中的常用方法。

（3）污泥产率大、处理费用高

污泥是污水生物处理过程中不可避免的有害副产物，含有致病菌、重金属等污染物。污泥处理费用高，剩余污泥的储存、处理处置占污水处理厂总运行成本的30%～50%，甚至高达60%。通常污泥产率与污泥龄呈负相关关系，污水处理工艺为了保证除磷效率，污泥龄（SRT）一般为6～15d，污泥产率较高。王磊通过对我国106座污水处理厂的调研发现，工艺的污泥产率为1.36t DS/10^4m^3，高于SBR(1.22t DS/10^4m^3）和MBR(1.08t DS/10^4m^3）。

10.2.2.3 其他传统生物除磷工艺

（1）氧化沟工艺

氧化沟工艺是20世纪50年代由荷兰的巴斯威尔（Pasveer）开发的一种污水处理技术。脱氮除磷氧化沟融合了传统氧化沟与脱氮除磷工艺，借助转刷曝气和搅动技术，促使混合液在沟内循环，形成溶解氧浓度梯度，从而在氧化沟中实现硝化与反硝化作用的交替，最终达到厌氧、缺氧、好氧条件下的脱氮除磷效果。

以氧化沟工艺为基础，研究者设计开发了Orbal氧化沟、DE型氧化沟，以及增设了厌氧-缺氧段的Carrousel氧化沟，即氧化沟。

（2）SBR工艺

SBR工艺可在同一反应器中通过对时间的灵活调控，达到脱氮除磷的目的。该工艺因污泥龄较短，微生物增长迅速，合成代谢占据主导，故而细胞生长所需的氮磷比例相较于传统工艺有所提升。然而，该工艺对自动化水平要求较高，且耗时较长，水体停留时间难以精确控制，这些缺陷导致其除磷效果始终不尽如人意。

（3）UCT及改良UCT工艺

UCT工艺是在工艺基础上，通过调整回流方式提出的。与工艺相比，其主要区别在于污泥从缺氧池回流至厌氧池，从而有效防止了处理系统中的硝酸盐进入厌氧池，干扰磷的充分释放。

由于 UCT 工艺从好氧区回流到缺氧区的混合液会携带 NO_3^-，这些硝酸盐总有一部分会随缺氧区向厌氧区的回流进入厌氧区，从而影响释磷效果。为解决这个问题，人们提出了改良的 UCT 工艺。该工艺的特点在于，在原有 UCT 工艺基础上，将缺氧段细分为两部分，其中前一个缺氧池专门接收二沉池的回流污泥，并有混合液回流至厌氧池，确保厌氧反应免受硝态氮的干扰。

（4）改良工艺

改良工艺是中国市政工程华北设计研究院针对泰安市污水处理厂的工艺流程和设计参数提出的。该工艺综合了 A^2/O 工艺和改良 UCT 工艺的优点，即在厌氧池之前增设厌氧/缺氧池。回流污泥与部分污水共同进入该池，通过反硝化作用去除污泥中的硝酸盐，有效削弱或消除其对后续厌氧池的负面影响，进而促进厌氧池中聚磷菌的释磷过程，同时遏制丝状菌的过度繁殖，优化泥水分离效果，确保系统运行更为稳定，处理效率显著提升。

（5）缺氧/厌氧/好氧工艺（倒置 A^2/O 工艺）

为改善传统工艺的除磷效果，有研究者提出了一种倒置的 A^2/O 工艺，即将常规 A^2/O 生物脱氮除磷工艺系统的厌氧、缺氧环境倒置。通过实验室平行对比试验发现，由于聚磷菌厌氧释磷后直接进入好氧环境，其在厌氧状态下形成的吸磷动力可以得到充分利用，故倒置的 A^2/O 工艺较传统 A^2/O 工艺的出水磷含量明显降低，同时因为缺氧段位于首端，反硝化可优先获得碳源，因此反硝化速率也可提高 30%～59%。

（6）VIP 工艺

VIP 工艺是 20 世纪 80 年代末开发的一种污水生物脱氮除磷工艺。其流程与 UCT 工艺相似，但已进行了相应的优化：a. 厌氧池、缺氧池及好氧池的每一环节均由两个或更多池子构成，这一设计显著提升了释磷与吸磷的速率；b. 相较于 UCT 工艺，其污泥龄更短、负荷更高，因此运行效率显著提升，除磷效果更佳，且反应设备所需容积更小。

（7）Bardenpho、JHB、Phoredox 工艺

Bardenpho、JHB 和 Phoredox 三种工艺在反应池分区设置上很相似，基本是以厌氧-缺氧-好氧顺序排列，且在好氧与缺氧区间存在污泥回流。

Bardenpho 工艺由 4 段构成，为缺氧、好氧、厌氧、再好氧，与其他工艺相比，其主要特征是水力停留时间较长，剩余污泥中磷的含量为 4%～6%。JHB 是 Bardenpho 的一种变型形式。在 JHB 工艺中，反应池最前端的厌氧区被分成厌氧/缺氧区。回流污泥在厌氧/缺氧区的前部进入，而进水则从后部进入。这种布置的优点在于简化了原 Bardenpho 工艺的分区设置，使回流污泥中可能含有的 NO_3^- 在厌氧释磷前首先进行反硝化，以利于后续的厌氧释磷。Phoredox 工艺是在 Bardenpho 工艺的基础上，于其前端增加了厌氧区，形成了厌氧、缺氧、好氧、再厌氧、再好氧的反应器序列。混合液从第一好氧区回流到第一缺氧区，污泥回流到厌氧区的进水端。该工艺一般按低负荷运行设计，可提高脱氮率。

10.2.2.4 反硝化除磷工艺

20 世纪 80 年代，研究人员在缺氧条件下观测到了除磷现象。经过深入研究发现，厌氧与缺氧交替的环境条件能有效促进兼具反硝化脱氮与除磷功能的微生物富集。该微生物能够以硝态氮或亚硝态氮为电子受体进行吸磷，人们称之为反硝化聚磷菌。反硝化除磷与传统好氧除磷具有相似的除磷机理，主要区别在于吸磷过程中所利用的电子受体不同。在厌氧条件

下，反硝化聚磷菌会将其体内储存的聚磷酸盐（Poly-P）水解成正磷酸盐（PO_4^{3-}-P）并释放至水体，完成磷的释放。在此过程中，它们利用释放的能量吸收水体中的有机物，合成并储存碳源物质 PHA。缺氧时，反硝化聚磷菌则以硝态氮为电子受体，氧化体内的 PHA，产生的能量用来超量吸收水体中的正磷酸盐，这些磷酸盐最终以聚磷的形式储存在细胞内。在反硝化除磷过程中，胞内物质 PHA 既作为反硝化脱氮的碳源，又作为超量吸磷的碳源，达到了“一碳两用”的目的。因此，与传统的脱氮除磷工艺相比，反硝化除磷工艺处理生活污水时能够显著降低碳源需求量，同时还可以减少曝气量和污泥排放量。

（1）反硝化除磷机理

早期的研究者发现，在缺氧环境下，容易富集一类兼有反硝化及除磷作用的兼性厌氧微生物。针对此现象，研究者们提出了两种假说来解释。

① 两类 PAO 菌属学说：支持该假说的研究者认为聚磷菌可以分为两大类：一类仅能利用 O_2 作为电子受体，另一类则既能利用 O_2 又能利用 NO_3^- 作为电子受体。因此它们在吸磷的同时能同步进行反硝化反应。

② 一类 PAO 学说：该观点认为，在生物除磷系统中，PAO 在厌氧/缺氧交替运行的环境条件下，可以表现出反硝化能力。如果交替环境被强化的程度较深，则厌氧/缺氧系统中 PAO 的反硝化能力较强，表现出来的就是 PAO 具有反硝化能力；反之，如果这种交替环境被强化的程度较浅，则系统中 PAO 反硝化能力弱，表现出来的就是 PAO 不能进行反硝化除磷。换言之，通过创造特定的厌氧/缺氧交替环境，诱导 PAO 体内产生反硝化酶，方能赋予其反硝化能力。

这两种假说都有各自的支持者，但大部分研究人员都赞同 PAO 可分为两类菌属的学说。Hu 等通过间歇试验研究了 A/A（厌氧/缺氧）系统中的聚磷污泥，发现存在一类聚磷微生物，它们能够利用氧气、硝态氮和亚硝态氮作为电子受体进行吸磷反应。这一发现与生物脱氮除磷技术中反硝化除磷机理的研究结果一致，该技术利用兼性厌氧微生物在厌氧/缺氧交替运行条件下，通过代谢作用同时完成过量吸磷和反硝化过程。据此，他将 A/A 型反硝化聚磷污泥系统的两类微生物菌属假说扩增到三类微生物菌属，第三类就是既能够以氧气和硝态氮作为电子受体，又能够以亚硝态氮作为电子受体的一类聚磷微生物。

反硝化除磷机理和传统 A/O 法除磷机理极为相似。在厌氧段，DPB 释磷过程和传统除磷工艺中的 PAO 基本一致；而在缺氧段，不同于 PAO 以 O_2 作为电子受体，DPB 以 NO_3^- 作为氧化胞内 PHB 的电子受体，它利用降解厌氧段储存于体内的由 PHB 产生的 ATP，一部分用于自身细胞的合成（糖原的合成）和维持生命活动，另一部分则用于过量摄取水中的无机磷酸盐，并以 Poly-P 的形式储存在细胞体内，同时 NO_3^- 被还原为 N_2。如此在厌氧/缺氧交替运行条件下，通过 DPB 的新陈代谢作用即可同步实现反硝化和除磷。

关于硝酸盐离子能否作为生物除磷过程的电子受体，早期研究结果表明：作为氧化剂，NO_3^- 和氧气在除磷系统中作用相同；此外，通过创造厌氧与缺氧交替的环境，确实可以筛选出以 NO_3^- 作为电子受体的聚磷菌优势菌属，即 DPB。类似的实验室和生产性规模的生物除磷和除氮试验研究测试也表明：当微生物依次经过厌氧、缺氧和好氧 3 个阶段后，约 50％的聚磷菌能同时利用氧气和硝酸盐作为电子受体聚集磷，这意味着 DPB 的除磷贡献占总聚磷菌效果的 50％左右。这些试验结果不仅表明氧气和硝酸盐均可作为微生物氧化 PHB 的电子受体，还证实了污水生物除磷系统中 DPB 的存在，且通过驯化可使 DPB 富集并形成活性污泥。

邹华等通过接种 A/O 除磷工艺中的污泥，并利用 SBR 工艺，研究了硝酸盐作为生物除磷电子受体的可行性。研究发现，聚磷菌能以硝酸盐作为电子受体替代氧气进行生物除磷，但其效率比好氧吸磷低 24%左右。李勇智等采用 SBR 反应器，研究了以硝酸盐作为电子受体的反硝化除磷过程，结果表明，反硝化聚磷菌不仅存在于传统的强化生物除磷体系中，而且通过厌氧/好氧交替运行方式，其在聚磷菌中的比例显著增加，从 13.3%上升至 69.4%。类似的研究也表明，在强化生物除磷体系中，经过特定的选择和富集过程，反硝化聚磷菌的比例可以从 15%上升到 73%。稳定运行状况下的厌氧/缺氧 SBR 工艺在缺氧结束时体系中磷浓度小于 1mg/L，除磷率大于 89%。

(2) 反硝化除磷工艺

在缺氧吸磷现象被发现及反硝化聚磷微生物被鉴定后，对于聚磷与反硝化反应能否在同一缺氧反应器中共存，或是需如传统工艺般分段进行，这一问题仍存在不确定性。但多位水处理专家已意识到，将这类兼具反硝化能力的聚磷菌引入污水处理工艺，对生物除磷技术革新具有特殊意义。

如前所述，利用 DPB 来进行反硝化除磷可节省 50%左右的碳源、30%的供氧量，同时减少 50%的污泥产量。基于以上诸多优点，尤其是该理论在脱氮除磷中的应用可能从根本上解决传统工艺中脱氮与除磷过程的矛盾和弊端，水处理专家们针对反硝化脱氮除磷新工艺的开发及其运行效果的稳定与优化，展开了长期且系统的研究。

根据硝化菌与反硝化除磷菌在反硝化除磷系统中所处的位置，反硝化除磷工艺主要分为单污泥工艺与双污泥工艺。

(3) 单污泥工艺

单污泥工艺中，反硝化聚磷菌、硝化菌等细菌共存于悬浮混合液中，经过厌氧、缺氧、好氧环境，实现脱氮除磷，典型如 A^2/O、UCT、MUCT、BCFS、SBR 等工艺。尽管设计侧重于好氧除磷，但实际运行中均观察到缺氧池存在反硝化吸磷现象。

为消除硝酸盐对厌氧池释磷的影响，回流污泥首先回流至缺氧池，进行充分硝化脱氮之后，再将几乎不含硝酸盐的混合液部分循环至厌氧池。通过这种方式，最大限度地降低硝酸盐对生物除磷的影响。硝酸盐对厌氧释磷的影响主要是由于异养反硝化菌与 PAO/DPB 对碳源的竞争。由于对碳源利用的机制不同，在碳源竞争过程中，总是异养反硝化菌占优势，即反硝化脱氮优先。厌氧释磷的污泥进入缺氧池，以体内贮存的碳源（PHA）为电子供体，以硝态氮为电子受体进行反硝化除磷。缺氧池与厌氧池之间的循环有利于富集 DPB。在缺氧池中未能被 DPB 吸收的磷进入好氧池内，以 O_2 为电子受体通过好氧吸磷作用而进一步被去除。由于硝化菌需要较长的好氧时间实现对氨氮的彻底氧化，可设置较长的好氧时间，大量细胞内 PHA 将被氧化，反硝化除磷所需的 PHA 不够，影响了反硝化聚磷菌的生长和活性。因而，单污泥系统运行的关键在于从工艺角度为反硝化聚磷菌的富集创造适宜的生长条件。

目前，生物除磷工艺大多采用活性污泥法，对于生物膜工艺能否实现反硝化除磷，国内外专家开展了相关研究。Falkentoft 等采用生物滤池对反硝化除磷过程开展了小试研究，发现液相中有机物向生物膜内部的扩散程度影响着生物膜内微生物在纵向上的分布，底物的扩散作用与生物膜层状分布会影响厌氧释磷与缺氧吸磷速率，进而影响脱氮除磷效果。Terada 等通过序批式生物膜工艺（SBBR）结合中空纤维膜技术，研究了反硝化聚磷过程中的富集效果。研究结果显示，在该工艺中，总有机碳（TOC）、总氮（TN）、总磷（TP）的去除率分别达到了99%、96%、90%，这表明中空纤维膜MBR技术在污水处理中具有显著的脱氮除磷效果。黄境维等研究发现，序批式膜生物反应器（SBMBR）通过先厌氧/好氧再厌氧/缺氧/好氧两个阶段的富集培养，聚磷菌中反硝化聚磷菌的比例由19.4%提高至69.6%，系统TP去除率达到96.1%。

由于生物膜除磷工艺较为复杂，因此在考查工艺的实际处理能力时，需要结合计算机程序进行模拟研究，深入探讨生物膜内部的情况，优化运行参数，进而为实际工艺运行提供理论依据。

（4）双污泥工艺

将硝化菌与反硝化聚磷菌置于相互独立的系统中即可解决二者相互矛盾的问题，该工艺即为双污泥工艺。在双污泥工艺中，硝化菌与反硝化聚磷菌生长在相互独立的反应器中，能够获得各自适宜的生长环境。在厌氧阶段，反硝化聚磷菌会吸收有机物并合成PHA，随后经过泥水分离步骤，直接进入缺氧段，其中PHA能完全满足反硝化吸磷过程中的碳源需求。典型的双污泥工艺有A^2N、Dephanox、A^2N/SBR等。

如图10-7所示，A^2N工艺的基本流程包括厌氧段、硝化段和缺氧段，其典型代表为Wanner工艺和Kuba工艺。两者的主要区别在于硝化方式：Wanner工艺采用生物膜法，而Kuba工艺则采用活性污泥法。

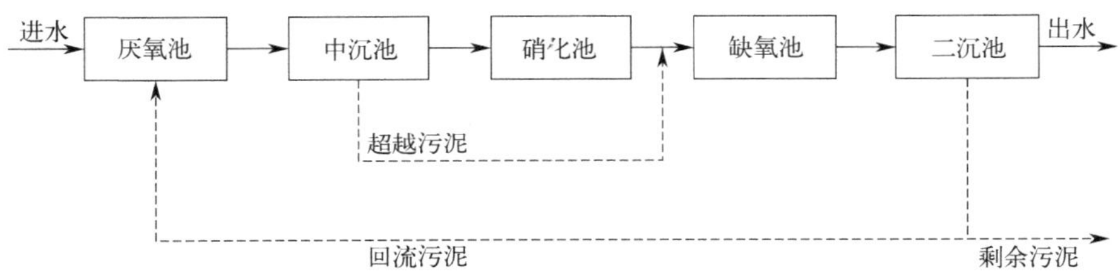

图10-7 A^2N工艺流程

A^2N工艺中，反硝化聚磷菌在厌氧环境下释放磷，并同时吸收大量污水中的有机物。经过中沉池的泥水分离，富含氨氮的上清液流入硝化池，将氨氮转化为硝态氮，为接下来的反硝化吸磷过程提供必要的电子受体。吸附了大量有机物的反硝化除磷污泥，不经过好氧阶段直接进入缺氧区，在进行反硝化脱氮的同时进行过量吸磷。

由于聚磷菌体内的PHA全部用于反硝化吸磷，因而保证了反硝化吸磷所需的碳源。供氧仅用于硝化池中氨氮与部分有机物氧化，以及反硝化吸磷后剩余磷的吸收，从而减少了曝气量。因此，该工艺具有碳源与能耗需求少、污泥产量低等优点。

但是当前对反硝化除磷双污泥工艺的研究仍局限于实验室研究范畴，针对实际生活污水的工程化应用案例尚不普遍。因此，急需进一步优化与改进。

（5）反硝化除磷的影响因素

反硝化除磷工艺不断得到开发与创新，为进一步提高工艺运行效能与稳定性，研究者开展了各种运行参数对工艺的影响研究，主要包括以下几个方面。

① 碳源种类及浓度：碳源作为电子供体，在反硝化除磷过程中扮演着至关重要的角色，它直接影响到释磷、反硝化反应及异养菌正常代谢等多个方面。研究表明，DPB在利用不同碳

源时，其释磷速率与PHA的合成种类存在明显差异。其中，利用短链挥发性有机酸的效果最佳。大量研究表明，相比于乙酸，丙酸是更合适的除磷碳源。因此，探索高效方法将进水中的有机物尽可能转化为挥发性有机酸，以增强聚磷菌对碳源的吸收利用效率，具有重要意义。

对于碳源浓度的影响，黄健等研究表明，随着碳源浓度的升高，厌氧释磷量和释磷速率均会逐渐增大。例如，当进水碳源浓度（以乙酸钠投加量计算）分别为100mg/L、200mg/L和300mg/L时，最大释磷总量分别达到10.59mg/L、19.62mg/L和25.48mg/L。此外，厌氧释磷所需时间随着COD的降低而减少。例如，当COD由440mg/L降低至110mg/L时，厌氧释磷时间由120min减少至10min。而聚磷菌缺氧吸磷速率随碳源浓度的增大而降低。张红等研究发现，COD在80～240mg/L范围内，缺氧段吸磷速率随COD增加而下降，在COD为180mg/L的较低碳源条件下时，系统能够长期稳定运行。王亚宜等的研究表明，在初始COD浓度为100～200mg/L时，缺氧段后期液相中的磷浓度接近0mg/L，且吸磷速率随着COD浓度的增加而升高。然而，当COD浓度达到300mg/L时，出水磷浓度显著增加，吸磷速率则低于COD浓度在100～200mg/L时的水平。推测原因，厌氧段剩余碳源进入缺氧段，污泥中的普通反硝化菌优先利用碳源进行反硝化，消耗硝态氮或亚硝态氮，影响反硝化吸磷。因此，应使进水中的碳、氮、磷浓度符合最佳比例关系，以提高出水水质。

② 电子受体：在生物除磷工艺中，进水中若含有硝态氮或亚硝态氮则会影响厌氧释磷，进而影响缺氧吸磷，而缺氧段的吸磷效果又与硝态氮浓度有关。在适当范围内增加硝态氮浓度有利于提高反硝化脱氮除磷效率，但当进水硝态氮质量浓度大于1.5mg/L时，释磷量和释磷速率会随着硝态氮质量浓度的升高而下降。因此，控制适当的硝态氮浓度对于优化反硝化除磷过程至关重要。

缺氧阶段硝态氮浓度之所以影响反硝化吸磷，是因为反硝化聚磷菌利用体内PHA进行反硝化的速率远低于普通反硝化异养菌。因此，在两者竞争时，硝态氮浓度需超出普通反硝化菌的需求，方能进一步促进反硝化聚磷过程。王晓莲等研究了A^2/O工艺对啤酒废水的处理效果，发现系统内反硝化吸磷量明显低于好氧吸磷量，为提高缺氧区的吸磷量，必须提供充足的电子受体。Merzouki等研究表明，优化SBR反硝化除磷效果的关键因素是缺氧段的硝态氮浓度及污泥停留时间。对于用于反硝化除磷的SBR反应器，出水硝态氮浓度控制在2～7mg/L就能够保证较好的反硝化除磷效果。

亚硝态氮对缺氧吸磷的影响是当前反硝化除磷领域的研究焦点，而关于亚硝态氮能否作为DPB缺氧吸磷的电子受体，国内外研究结论存在分歧。Saito等认为，亚硝态氮对缺氧和好氧两种条件下的吸磷均有抑制作用，且好氧条件下的抑制作用更强。Hu等研究发现，亚硝态氮不仅能作为DPB反硝化吸磷的电子受体，而且在硝态氮作为电子受体时，适量添加亚硝态氮还能增强缺氧条件下的吸磷效果。Tsuneda等研究A^2/O同步脱氮除磷工艺的过程中发现，系统中同时存在DPB与PAO的情况下，亚硝态氮可以作为电子受体用于反硝化除磷。证实了亚硝态氮可以作为反硝化吸磷电子受体之后，人们对最佳亚硝态氮浓度进行了大量研究。另有学者认为只要控制合适的亚硝态氮浓度，就可以将其作为反硝化聚磷菌的电子受体。反硝化聚磷菌对亚硝态氮的耐受性可能受污泥特性、操作条件及亚硝态氮浓度提升方式等多重因素影响。

③ 容积交换比及内循环比：对于双污泥工艺，提高容积交换比（即进入硝化单元的水量与厌氧池出水水量的比值），出水氨氮浓度降低，去除率相应增加。通过调整超越污泥回流量，使容积交换比控制在65%～78%较为合适。而对于单污泥系统，提高内循环比，缺

氧区能够获得更多的电子受体进行缺氧吸磷。内循环比不宜过大，因反硝化除磷的电子受体需求有限，且增大内循环比会提升缺氧池中的溶解氧量，可能抑制缺氧吸磷过程。

④ 后续好氧曝气的作用：有研究认为，厌氧/缺氧交替运行在无好氧部分的条件下能够长期保持稳定；而有资料报道，单纯厌氧/缺氧系统内的生物量会逐渐减少，除磷能力逐渐恶化甚至消失，需要增加后续好氧过程，但时间不应过长。在连续流 A^2N 中，二次曝气位于缺氧段之后，研究认为二次曝气只要满足少量吸磷和污泥再生即可。间歇式 A^2N-SBR 一般只有好氧硝化 SBR 曝气，厌氧/缺氧 SBR 在缺氧吸磷后便沉淀出水，没有二次曝气。在试验中发现，二次曝气段对于 A^2N 反硝化除磷工艺达到完全脱氮除磷及去除 COD 至关重要。这一点在 A^2N 工艺的实际运行效果中得到了验证，其中 A^2N 工艺对 COD、TP、磷酸盐、氨氮的去除效果显著，出水平均浓度分别为 21.6mg/L、0.19mg/L、0.04mg/L 和 2.73mg/L，对 COD、TP 和氨氮的平均去除率分别为 80.8%、89.9%和 89.3%。后续曝气的作用主要包括 3 个方面：a. 吹脱氮气，保证污泥沉降性；b. 进一步吸磷，保证除磷效果；c. 污泥活性再生，在下一个循环中能够发挥良好的脱氮除磷作用。这与工艺中曝气段的作用一致，工艺通过合理的工艺参数和运行管理，可以实现高效生物脱氮除磷。目前，关于后曝气段运行条件的优化，以及长期后曝气运行对系统微生物菌群结构的影响这两方面的研究仍然较少。

⑤ 污泥停留时间：由于硝化段的位置设置不同，反硝化除磷的单污泥与双污泥工艺对 SRT 的要求也不同。Merzouki 等研究表明，在 SBR 反硝化除磷系统中，SRT 为 15d 时的磷去除率最佳，相较于 SRT 为 7.5d 时，磷去除率显著提高了 1.8 倍。徐伟锋等研究发现，延长泥龄，反硝化除磷对系统除磷所起的作用增大，在 SRT 分别为 12d 和 15d 的条件下，去除单位氮和磷所需的外碳源相较于 8d 时均有所减少，进而节约了反硝化除磷过程中的碳源和能源。A^2N 工艺无需关注硝化菌的 SRT，仅需重视反硝化聚磷菌的 SRT 管理。因此，为维持反硝化聚磷菌的最佳生长条件，应根据进水水质、工艺运行方式与要求等，由试验确定反硝化除磷系统的最佳 SRT。

⑥ 聚糖菌：PAO 可以通过厌氧吸收有机物、贮存 PHA，并在厌氧/好氧/缺氧环境下循环释放-吸收磷酸盐，因此其在与其他微生物竞争时占据优势。但是，一些微生物也可以在厌氧环境下贮存 VFAs，从而威胁到 PAO 的主导地位，甚至导致 EBPR 系统恶化。在 EBPR 系统中，聚糖菌（GAO）与聚磷菌（PAO）经常相伴生长，它们之间存在竞争关系，特别是对可用碳源的竞争。尽管 GAO 不参与磷的去除，但它们的过度生长可能会干扰 PAO 的正常功能，从而对系统的稳定性产生负面影响。与 PAO 不同的是，在厌氧情况下，由于 GAO 不进行释磷，其仅将糖原降解作为能量产生的途径，因此，在完全以糖原作为能源的情况下，摄取每单位 VFAs 的糖原消耗和 PHA 的产量会更高，但 GAO 的存在可能会导致系统厌氧释磷量与碳源的比率降低。在随后的好氧段，GAO 利用 PHA 补充糖原，导致系统除磷需要更多的碳源才能达到较高的除磷效率。

厌氧条件的作用不仅是为 PAO 提供有利的碳源，还可以用于淘汰其他异养菌。PAO 与 GAO 对碳源的获取能力差异，决定了二者的竞争优势，而二者的碳源竞争又与磷的去除及富集密切相关。GAO 在厌氧条件下竞争碳源，会导致 PAO 可利用的碳源减少，进而使其合成的 PHA 不足。在好氧条件下，PHA 的分解减少，导致还原力和 ATP 下降，不利于 PAO 对磷的好氧吸收。

⑦ pH 值：pH 值对 DPB 厌氧吸磷影响较大，随着 pH 值的增大，P/C 值也相应提高。然而，当 pH 值过高时，P/C 值则有所下降，这主要由磷酸盐的化学沉淀所致。随着 pH 值

的升高，释磷量也有所增加。同时，pH 值对 DPB 反硝化除磷系统的影响与对传统除磷系统的影响有相似之处，但由于在 pH 值为 8 时会出现磷酸盐沉淀，所以实际 P/C 值会比理论计算值减少 20%。

10.2.2.5 膜生物反应器组合工艺

膜生物反应器（MBR）作为一种新型高效污水处理工艺，巧妙融合了膜分离技术与污水生物处理技术，以膜组件取代传统生化处理技术中的二次沉淀池。该工艺在生化反应器内维持了高浓度的活性污泥，同时有效缩减了污水处理设施的占地面积。目前，全球 MBR 的市场正在加速成长，工程应用数量快速增加，处理规模迅速扩大。随着 MBR 技术的日益成熟，其投资与运行成本持续下降，预示着其未来具有更加广阔的发展前景。

MBR 在环保领域内的研究起始于美国。1966 年，美国 Dorr-Oliver 公司将活性污泥法和超滤工艺结合处理城市生活污水，这是首次将 MBR 用于废水处理。20 世纪 70 年代，各国学者进一步深入开展对 MBR 的研究。1970 年，Hardt 等使用 10L 的好氧生物反应器处理合成废水，并采用死端超滤器进行泥水分离。实验中，混合液悬浮固体浓度（MLSS）达到 3000mg/L，是常规好氧系统的 15 倍，实现了较高的 COD 去除率（98%），并且出水不含细菌。20 世纪 80 年代，分置式 MBR（如 Cycle-Let）逐步用于处理家庭污水。Cycle-Let 系统采用两级污泥好氧-缺氧工艺，外置管式超滤膜，出水经过 UV 消毒后用于冲厕。尽管这些工艺的出水水质优异，但受限于当时的膜技术，膜的寿命较短且通量有限，导致 MBR 工艺难以长期稳定运行，因此这项技术长时间仅限于实验室研究，未能广泛推广至实际工程项目中。

20 世纪 80 年代，材料科学的发展与制膜水平的提高促进了 MBR 技术的迅速发展。20 世纪 90 年代以后，MBR 技术进入了迅猛发展时期，MBR 从小试、中试规模走向了生产性试验，中、小型污水处理厂也逐渐开始应用 MBR 处理污水。MBR 在国外已进入了实际应用阶段，日本的 MBR 工程应用发展较快，其余主要在欧洲等地。在这些工程中，超过 98% 采用了好氧生物处理与膜分离技术的结合方式。其中，约 55% 的项目选择了一体式 MBR，而剩余的则采用了分置式 MBR。

中国在 MBR 领域的研究起步较晚，直到 20 世纪 90 年代，该技术才逐渐受到国内学术界的关注。1991 年，岑运华系统介绍了 MBR 在日本的研究状况，此后，MBR 在水处理领域的应用逐渐在中国开展起来。自 1997 年起，中国科学院生态环境研究中心便开始了穿流式膜生物反应器的研究工作；与此同时，清华大学、同济大学、天津大学、南京工业大学等高校也积极开展了分置式和浸没式 MBR 的研究，这些研究成果得到了相关领域的认可。随着我国水污染问题日趋严重，MBR 技术研究先后被列入“九五”国家科技攻关计划（1996 年）和国家高技术研究发展计划（863 计划，2002 年），其研究与应用得到了全面推进。MBR 技术在中国的应用已经非常广泛，拥有超过 50 个日处理量超过万吨的 MBR 工程，累计处理能力超过 2.30×10^{6}t/d。这些系统不仅在工业废水处理、医院废水处理等领域发挥重要作用，还广泛用于生活污水的回用。例如，华北地区主要利用 MBR 技术进行市政污水处理和再生水回用，而东南地区则侧重于处理高浓度有机废水与难降解工业废水。

膜生物反应器将传统的活性污泥法与膜分离技术相结合，利用膜组件的截留作用替代原污水处理中的二沉池，实现泥水分离，具有显著的技术优势，具体如下。

① 高效实现泥水分离：出水悬浮物（SS）浓度低至 5mg/L 以下，其分离效果明显优于传统二沉池，且完全不受污泥沉降性能的限制。此外，膜的截留作用还实现了 SRT 与 HRT

的有效分离，从而使得世代周期较长的微生物得以富集，进一步提升了污水处理效果。

② 污泥产率低，污泥 SRT 长：MLSS 可达 6000mg/L 以上，远高于传统活性污泥法，污泥产率显著降低。根据王磊的调研，我国重点流域的 106 座污水处理厂中，采用 MBR 工艺的污泥产率平均为 1.62tDS/（$10^4 m^3$），这一数值仅为传统氧化沟工艺污泥产率的 67%，显示出 MBR 工艺在减少污泥产量方面的显著优势。

③ 占地面积小，应用范围广：MBR 污泥浓度高，容积负荷高，能显著减小反应器体积，节省占地面积。同时，MBR 工艺可以与氧化沟、等多种污水处理工艺相结合，在污水处理厂升级改造方面具有广泛的应用前景。

由于 MBR 具有这些显著的技术优势，其在国内外得到了广泛的应用。2018 年，瑞典的斯德哥尔摩 Henriksdal 污水处理厂采用 GE 公司提供的技术，建成了全球最大的 MBR 污水处理厂，处理规模达到 864000m^3/d。2006 年，我国在北京密云建成第一座万吨规模的 MBR 污水处理厂并投入使用。此后，我国的膜处理市场迅速扩张，年增长率超过 10%，现已跃居全球膜技术应用国家的前列。近年来，由于我国污水处理厂出水水质标准的提升与城镇污水处理提质增效行动的实施，MBR 工艺在污水处理厂升级改造中得到了广泛的应用。

然而，MBR 的膜污染仍是限制其发展的瓶颈问题。膜污染会使过膜压力迅速上升，增加系统运行能耗，同时降低膜组件的过膜通量，影响系统的正常运行。为了缓解膜污染问题，常采用在线和离线化学清洗方法，但这会增加运行成本，缩短膜寿命，并导致膜组件更换费用的上升。另外，为了减轻膜污染，会相应增大膜池曝气量，从而导致污泥回流至缺氧池时携带过多氧气，提高了缺氧池的溶解氧（DO）浓度，进而削弱了系统的脱氮能力。

10.2.2.6 微生物燃料电池除磷技术

微生物燃料电池（microbial fuel cell，MFC）是利用微生物作用进行能量转换的装置，利用微生物催化氧化有机物或无机物，在降解污染物的同时，将微生物呼吸作用产生的电子传递到电极上，将化学能转化为电能。MFC 作为生物催化的电化学系统，凭借操作简便、清洁高效及反应条件温和等技术优势，引起了国内外学者的广泛关注。

近年来，MFC 的研究主要聚焦于提升产电性能、电能回收与利用以及利用 MFC 处理或合成物质三大方向。这些方向相互促进，共同发展。在提高 MFC 产电性能方面，研究者们在分离驯化高效产电微生物及其代谢途径解析、电极材料改性与优化、分离膜材料改性等方面取得了一些研究成果，但目前 MFC 的应用与推广仍受到产电效率低的限制。由于单个 MFC 的功率输出较低，所以通过 MFC 放大，多个 MFC 串联或并联集成回收电能，研究适宜 MFC 产电特点的电能回收系统，以及利用 MFC 驱动或作为生物传感器进行 BOD、有毒物质等的感应与检测，是目前 MFC 电能回收与利用的主要方式。当前 MFC 产电性能的提升进展缓慢，而其在物质处理与合成方面的应用备受关注。MFC 因成本高、发电量低及放大后内阻增大等限制，不宜用于简单集电，但将其与废水处理相结合，可实现污水能量回收与处理效果的双重提升，具有广阔的应用前景。

关于 MFC 同步除磷并产电的报道很少，磷酸铵镁沉淀是污水除磷的一个常用方法。该方法中 pH 值是一个重要控制参数，当溶液的 pH>8 时，磷酸铵镁晶体就开始从溶液中沉淀析出。研究表明，MFC 阴极附近存在高 pH 值区域，水在此处被电解为 H^+ 和 OH^-，H^+ 迅速在阴极室被还原反应消耗，导致 OH^- 聚集，进而使该区域 pH 值上升。有报道称，这个区域的 pH 值甚至会超过 12。所以从理论上说，磷应该可以在 MFC 中以磷酸铵镁沉淀的形式去除。有研究者利用 MFC 技术成功地以磷酸铵镁沉淀的形式回收了消化污泥中的磷。然而，在磷回收的整个流程中，MFC 仅可作为正磷酸盐从消化污泥磷酸铁（$FePO_4$）中释放的媒介。含有正磷酸盐的阴极室出液需经过进一步处理，即加入 $MgCl_2$ 和 $(NH_4)_2SO_4$，并调整溶液 pH 值，方能促进磷酸铵镁沉淀的形成。

MFC 的除磷过程目前主要通过与其他工艺结合实现，通过工艺耦合形成富磷沉淀，或促使磷被其他生物吸收，最终实现污水中磷的去除。Ichihashi 在单室 MFC 中观察到阴极表面形成了鸟粪石结晶，从而证实了 MFC 技术在产电的同时有效去除磷的可行性。Doherty 等设计了两段式 CW-MFC（人工湿地-微生物燃料电池）系统，并考察了电极分离和污水流态对产电性能和污水处理效能的影响。研究发现，通过天然黄铁矿介导的 CW-MFC 技术，在最佳条件下，系统对污水中 TP 的去除率可达 99%，显著高于其他强化型人工湿地。Zhang 等将小球藻与沉积物型 MFC 结合，可使磷去除率达 70%。Xiao 等设计的双室型 MFC 将藻类置于阴极，实现了 82%的磷去除率。

10.2.3 人工湿地除磷技术

10.2.3.1 人工湿地的起源与发展

湿地是指天然或人工形成的、长久或暂时存在的沼泽地、泥炭地或水域地带，包括静止或流动的淡水、半咸水、咸水水体，以及低潮时水深不超过 6m 的沿海区域。它是地球上重要的生存环境，是水陆相互作用形成的独特生态系统，是自然界生物多样性丰富的生态景观之一，具有调节径流、抵御洪水、控制污染、改善气候、美化环境和维护区域生态平衡等作用。

人工湿地是一种由人工建造和调控的湿地系统，如图 10-8 所示，通过其生态系统中物理、化学和生物作用的优化组合来进行污水处理。人工湿地一般由人工基质和生长在其上的水生植物组成，形成基质-植物-微生物生态系统。当污水通过该系统时，污染物质和营养物质被系统吸收、转化或分解，从而使水体得到净化。人工湿地是一种开放、动态且具有自我设计能力的生态系统，其内部涉及多级食物链，形成了完善的物质循环和能量传递功能。

图 10-8 人工湿地示意图

早期，人们观察到自然湿地具有显著的污染物去除能力，因此开始利用人工湿地来净化污水。欧洲和美国分别于20世纪50年代和20世纪60年代末开始研究利用人工湿地处理污水。美国在20世纪70～80年代进行了大量的相关研究，其相关部门在20世纪80～90年代开展了人工湿地处理污水的研究。尽管人类利用自然沼泽等湿地处理污水的历史由来已久，但作为一项人工生态工程，人工湿地技术的发展至今不过40年左右。一般而言，人工湿地会设置黏土防渗层或土工膜防渗层，并通过精心设计的工程构筑物来控制水体的流向、水力停留时间以及水位。某些类型湿地中可填充碎石、砂砾或细沙等材料，形成多孔性基质。

1904年，澳大利亚的Mackney建造了世界上第一座人工湿地。20世纪60年代中期，德国学者Kichunth首次提出了“根区法”，从而使20世纪70年代成为人工湿地大规模研究和应用的阶段。然而在当时，人工湿地的研究并未脱离天然湿地，且为了提高氧化塘的处理效果，常将湿地系统与氧化塘结合使用。直至20世纪80年代，人工湿地才真正发展为通过人工建造、填充不同基质并种植具有一定去污能力的植物所构成的处理系统，由此迈入规模化应用阶段。人工湿地的净化机理如下。

（1）基质的净化机理

研究表明，基质填料截留污染物主要通过物理过滤、离子交换、专性及非专性吸附、螯合和沉降等机制实现。相关学者的研究已证实，土壤质填料对污水中磷和重金属的净化作用，正是通过上述反应实现的。这些反应的产物最终会吸附或沉降在填料中，使得填料内相关元素的含量急剧升高，数年后其浓度甚至可达进水浓度的10～10000倍。此外，有学者认为，植物根系的吸收、滞留及腐烂过程，以及填料中有机与无机成分对金属的强烈吸附作用，可能是填料具备强大积聚能力的重要因素。还有一些研究表明，在表层以下10cm的范围内，土壤对重金属的吸附能力不会因深度增加而显著下降，这表明至少在地表以下10cm的土层中，吸附性能保持相对一致。在成熟的人工湿地中，还存在着各种沉积物和植物残枝等，其对污染物的净化起着重要作用。

据相关资料推断，人工湿地中的磷主要通过介质的吸附、沉积及化学反应去除。还有一些资料表明，在碱性条件下，磷主要与土壤及钙发生反应，而在酸性或中性条件下，其与铁和铝离子发生反应。与此同时，大量的研究还发现，废水中的磷只是被吸附停留在土壤表面，且这种吸附沉淀反应也不是永久沉积在土壤中，至少有一部分是可逆的，土壤的作用类似于一个“磷缓冲器”，在污水中的磷浓度较低时，一部分磷会被重新释放到水中。

基质的吸附作用包括物理吸附、化学吸附和微生物吸附。化学吸附利用基质中的铁、钙、铝等金属元素与磷形成沉淀。天然基质中除磷效果较好的有页岩、石灰石、沸石等。在人工湿地中填充由粉煤灰和石灰石组成的混合基质，可以明显提高磷的去除效率。粉煤灰是一种富含钙、铝、铁的工业废渣，具有良好的磷吸附能力，但是其碱性较强，易对湿地植物产生影响。

（2）植物的净化作用

与一般的生物处理方法不同，湿地植物是人工湿地的重要组成部分，对污染物的转化与降解具有重要作用。已有研究表明，不同湿地植物在生长速度、污染物吸收转化能力及泌氧能力上差异显著，会影响基质中微生物种群及数量，所以，筛选适宜的人工湿地植物，对提高和稳定人工湿地的净化功能具有重要意义。湿地植物根系可构成网络，既吸收营养物质，又为微生物生存及降解物质提供场所，创造好氧与厌氧条件。

在人工湿地系统中，植物可以直接吸收、利用污水中的营养物质，吸附和富集重金属及一些有毒有害物质，而且能输送氧气至根区，有利于微生物的好氧呼吸。植物庞大的根系为细菌提供了多样的生长环境，其根区的细菌群落可降解多种污染物，植物根系生长有助于增强并维持介质的水力传导性。此外，植物还可作为人工湿地受污染程度的指示物，固定土壤中的水分，圈定污染区，防止污染源进一步扩散。此外，人工湿地还具有观赏价值，能够美化景观生态环境。并且通过收割还可回收有用的植物资源。

湿地系统中的大型水生植物在污水净化过程中起着至关重要的作用。其直接作用主要体现为对污染物的吸收与积累；间接作用则通过根系实现，包括强化微生物对污染物的降解，以及辅助人工湿地基质吸附污染物等。植物的生长离不开多种营养元素的滋养，这一过程实质上就是营养元素的不断积累，特别是氮元素和磷元素的作用。氮磷元素是植物生长不可或缺的营养元素，植物通过吸收污水中的这些元素，进一步合成为植物蛋白质等有机氮化合物以及植物所需的有机磷物质。

植物的通气组织可以将氧气从叶片传输到根区和根际土壤中，从而提升微生物的活性，加速污染物的分解。此外，不同植物种类的根际环境差异也会影响微生物群落的组成，进而影响微生物对污染物的降解效率。20 世纪 60 年代中期，Kichunth 首次提出了“根区法”，该方法利用生长在湿地中的挺水植物对氧的输送、释放、扩散作用，将空气中的氧转运到根部，再经过植物根部的扩散，在植物根须周围环境中依次出现好氧区、兼氧区和厌氧区，有利于硝化、反硝化反应和微生物对磷的过量累积，实现氮、磷等污染物的去除。

另外，植物对湿地基质吸附污染物的辅助作用是通过植物根系的作用来体现的。在人工湿地床体中，植物的毛细根与根茎所形成的通道，连同土壤孔隙一起，会促进水体流动。根系死亡腐烂后，会形成管形孔道和通道（大孔），这些结构有助于提升并稳定土壤的水力传导性，使水流能在人工湿地土壤基质中持续循环，进而促进土壤基质对水体污染物的吸附。

（3）微生物的净化作用

人工湿地中 7%～87%的磷可以通过沉淀或吸附反应去除。同时，污水中的无机磷可在植物的吸收和同化作用下，合成 ATP、DNA 和 RNA 等含磷有机物，也可以去除一部分的磷。然而，植物对磷的吸收作用相对较小。微生物对磷的过量积累则是另一个更为重要的途径。生物除磷，即利用聚磷菌这类微生物的生理功能，过量地从外部环境中摄取磷，并将磷以聚合态形式储藏于菌体内，从而达到从水体中除磷的目的。

10.2.3.2 强化人工湿地系统

（1）强化人工湿地系统的提出

目前正在运行的绝大多数人工湿地，是按照湿地生态系统的自然规律进行污染物的迁移转化。人工湿地系统在硝化和反硝化过程中表现出一定的能力限制，尽管能够去除硝态氮，但其脱氮除磷能力有限。例如，有研究显示，在特定条件下，人工湿地系统对硝态氮的去除率在夏季可达 20%～30%，冬季约降至 10%。此外，系统中的反硝化菌能够有效利用植物根系分泌物及腐败植株作为碳源进行反硝化作用，但提供充足的反硝化碳源仍是提高硝态氮去除率的技术瓶颈，温度对运行效果也有显著影响。因此，从污染物去除的角度来看，湿地系统尚不能满足人们所期望的承受更高污染负荷、具有高效去除能力和全年稳定运行的要求。

近年来，利用人工强化技术提升湿地净化能力已成为湿地技术研究的焦点。采用的手段主要有：

① 提高湿地系统中的酶和微生物量：投加有效菌，增加基质上微生物与废水的接触概率。

② 提高系统的供氧能力：在湿地系统内安装通风曝气管以增强通风效果。同时，通过合理控制植物种植密度，并选用根系输氧能力强的植物或进行不同植物物种的优化配置，以充分发挥其各自优势，进一步提升系统的供氧效能。也可采取间歇方式进水，使系统不饱和水层得以复氧。

③ 发展组合工艺：根据湿地在水流状态、基质及水生植物类型上的差异及其对各类特征污染物的作用不同，可通过合理组合不同类型的湿地，实现污染物的最大去除率。

④ 基质选择：选择特效介质，可提高基质对磷的吸收能力。

以上手段所遵循的基本原理是提高湿地系统的硝化/反硝化能力以及基质对磷的吸附能力。曝气虽能显著提升系统的溶解氧量，增强硝化及有机物去除能力，但会导致能耗增加。短期内，投加微生物及酶制剂可提高污染物去除率，但需持续补充，成本高昂，且其对湿地出水生物安全性的影响有待深入研究。选用特效吸附氮磷的基质虽短期有效，但随时间推移，基质逐渐趋于饱和，吸附能力下降。组合工艺是一种易于实现且不增加能耗的方法，其去除效率的提高取决于湿地的组合方式及植物的合理配置。

（2）强化人工湿地处理化工园区废水

复合式人工湿地强化系统通过优化整合多种不同流态的湿地，并选用特种植物，来提高系统对氮、磷的去除能力。其特征是将由污水下行流与上行流湿地构成的硝化段，与连续运行的水平潜流湿地构成的反硝化段整合为复合式人工湿地系统。污水经配水系统均匀投配至下行流湿地，依次流经上行流湿地，最终进入水平潜流湿地。前两个垂直流湿地通过垂直流方式增氧，并结合水生植物发达根系的释氧作用，强化了硝化过程；而最后一个连续运行的水平潜流湿地，则主要营造厌氧环境，进行反硝化作用，从而高效去除氮元素。水平流湿地内填充了除磷效果显著的砾石，同时，在两个垂直流池中栽培了既有观赏价值又有出色去污能力的梭鱼草，该植物繁殖力旺盛，通过定期收割，有效促进了氮磷的转移。

针对高盐度和有机成分复杂的化工园区废水，综合考虑吸附特性、经济、易取等因素，在火山岩、炉渣、钙基膨润土、生物陶粒、铁碳基材料、沸石、砾石等填料中进行填料基质比选。结果表明，炉渣和铁碳基材料组合填料在进水 TN 浓度约为 20mg/L，总磷浓度约为 5mg/L 的条件下，对高盐难降解有机废水中总磷、总氮、氨氮的去除率分别达到 31.8%、23.2%、10.5%。采用实际高盐难降解有机废水，通过模拟硝化和反硝化过程，完成生物填料挂膜，挂膜后，生物填料的硝化效率为 41.3%，反硝化效率达 70.7%。通过耦合铁碳基材料与炉渣，创新性地构建了 ICBS 多填料污染物去除技术系统。然而，连续运行 45d 后，生物量逐渐减少，导致 COD、氨氮、总磷的去除率均有所下降。为进一步强化污染物的去除效果，在一级垂直潜流人工湿地前端增设铁碳微电解预处理单元，在二级表面流湿地后增设活性炭吸附单元，试验结果表明净化效果有所提升。

铁碳微电解法虽对废水 COD 去除率贡献有限，但其核心优势在于能改变有机物结构，将难降解物质转化为易于生化处理的形态，进而提升废水的可生化性。鉴于操作简便与经济考量，在一级垂直潜流湿地与二级表面流湿地前端增设了铁碳微电解预处理段，其有效体积为 0.15L，反应停留时间设定为 1h。利用原电池反应、氧化还原、吸附、混凝、沉淀等作用，可实现有机物的降解、磷的吸附以及硝酸盐的氧化还原。经过两个月的运行，数据显示，COD 平均去除率为 2.82%，氨氮平均去除率为 61.5%，总磷平均去除率高达 85.4%，总氮平均去除率为 45.9%。

活性炭具有丰富的孔隙结构、巨大的比表面积、稳定的化学性质与良好的吸附性能，长期使用还能促进微生物的生长，进而强化污染物的去除。因此，对人工湿地深度处理系统进行了进一步优化，在一级垂直潜流与二级表面流湿地后增设了活性炭吸附罐，其有效体积为0.15L，通过活性炭的吸附作用，有机物去除率相比仅人工湿地耦合铁碳微电解技术系统大大提高，试验结果表明，在两个半月的运行期间，该人工湿地系统对有机物、氨氮、总氮和总磷的平均去除率分别达到了53.24%、70.02%、67.36%和81.49%。

上述人工湿地系统运行时间为2023年1月～2023年2月，如图10-9所示，室温为8～10℃，水力停留时间为3d，进水COD浓度在25.4～36.6mg/L、氨氮浓度0.71～1.26mg/L、TP浓度0.31～0.5mg/L、TN浓度7.45～7.65mg/L。为确定最优工艺运行条件，进一步研究了不同污染负荷、温度、水力停留时间等运行参数对污染物去除性能的影响，从而分析湿地系统处理潜力。进水COD浓度范围为15.8～45.4mg/L，氨氮浓度为0.26～0.8mg/L，TP浓度为0.36～0.51mg/L，TN浓度则在5.67～9.32mg/L之间。此外，人工湿地单元水力停留时间设置为2d，铁碳与活性炭停留时间为0.7h，室内温度12～20℃。经过四个半月的运行，试验结果显示有机物平均去除率62.2%，氨氮去除率63.4%，总氮去除率70.9%，总磷去除率81.9%。与上述人工湿地耦合活性炭吸附技术系统相比，尽管水力停留时间缩短、进水负荷波动，该系统仍具有较好的污染物去除效果。

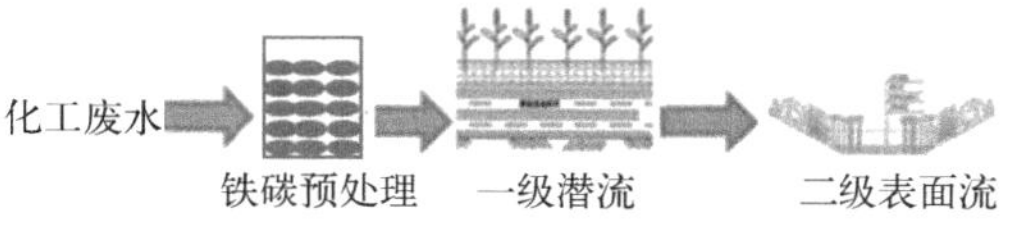

图10-9 人工湿地耦合铁碳微电解技术处理系统

研究优化后的技术路线是基于ICBS多填料系统，在一级垂直潜流人工湿地前端增设铁碳微电解预处理单元，在二级表面流湿地后增设活性炭吸附单元，相比传统人工湿地，由于污染物去除率要求高，本研究相应地增加了铁碳预处理段与活性炭吸附段，随之建设成本也将相应增加。据估算，该技术路线的实施将导致占地面积增加约3%，同时，吨水建设成本将上升30%～40%。人工湿地的运行费用通常包括电费和人工管理维护费用，其中电费主要包括提升泵费用与曝气费用，人工费主要包括植物收割、前处理清淤、填料堵塞维护、设备管理维护等费用，整体运行费用在0.071～0.106元/t。本研究虽然增加了预处理段与吸附段，但是运行过程与传统人工湿地基本一致。

10.2.4 其他无药剂除磷技术

10.2.4.1 冷冻除磷技术

陈晓远采用渐进冷冻法处理含磷废水。溶液分成洁净层、过渡层、浓缩层，洁净层中磷含量极少，浓缩层磷浓度远高于原水浓度。结果表明，在冷冻初始浓度一定时，随着冷冻层的降低，解冻之后的溶液中含磷总量升高。当进水磷酸盐浓度较高时，处理效果更加显著。此时，将浓缩液与结晶纯水分离后，可实现回收利用，但为确保纯净度，需采用多级冷冻结晶技术。对比化学沉淀法与渐进冷冻法两种方法的含磷废水处理效果可知，化学沉淀法需投入大量的化学药剂，成本过高，对成分复杂的含磷废水，可能会产生有毒有害化合物，产生二次污染，可回收利用率较低；而渐进冷冻法处理含磷废水，出水的磷去除率高，无需加入任何化学药剂，成本较低，无二次污染，操作简单，利用多次处理可浓缩成浓度更高的含磷废水并可进行资源化利用。

10.2.4.2 膜除磷技术

膜技术是利用膜的选择性分离实现液体中不同组分的分离、纯化和浓缩。利用膜技术除磷的最大特点是能够回收得到具有价值的纯净磷盐。膜技术常与生物技术相结合，构建出多种类型的膜生物反应器，专门用于处理含磷废水。这些膜生物反应器具备高效的处理能力，污泥沉降性能优异，且便于运行和维护。然而，膜生物反应器产生的浓缩液中，污染物浓度上升会导致废水处理难度加大。此外，膜污染一直是制约膜技术应用的关键因素，膜的频繁清洗与更换增加了运行成本，因此，膜法除磷技术目前尚难以大规模推广。另外，考虑到膜的造价、膜技术只能针对特定的含磷废水以及工艺受外界因素限制，膜技术通常与其他技术联合使用，才能获得较高的经济效益。

10.2.4.3 结晶除磷技术

结晶法主要是指废水中的磷在一定的反应条件下，以磷酸铵镁或者羟基磷酸钙的形式结晶分离，同时实现磷的回收利用。通过控制结晶条件，如溶液的 pH 值、晶种、反应时间和反应物的投料比等，可以实现磷的结晶析出，理论上不产生任何污泥。结晶法受 pH 值的影响较大，王广伟等研究指出，水溶液的 pH 值决定了磷的不同存在形式，进而影响了结晶的饱和度。研究发现，在一定范围内，随着溶液 pH 值的升高，磷酸铵镁和羟基磷酸钙的溶解度降低，这有利于结晶的析出。

10.3 应用与前景分析

随着公众环保意识的不断提高以及对水体富营养化问题的深入认识，污水除磷成为污水处理的关键环节。传统的除磷方法主要依赖化学除磷剂，虽然能达到一定的除磷效果，但存在诸多弊端，如产生大量化学污泥、可能造成二次污染以及运行成本较高等。在此背景下，无药剂替代技术应运而生，为除磷领域带来了新的发展方向，如生物除磷、电化学除磷、人工湿地除磷等均能在不添加药剂的情况下，高效地去除磷。随着材料科学、生物技术等多学科的交叉融合，无药剂替代技术将不断创新发展。在生物除磷方面，利用基因工程技术对聚磷菌进行改造，有望培育出更高效、更适应复杂环境的聚磷菌菌株，进一步提高生物除磷效率和稳定性。在吸附除磷领域，研发新型高效、低成本且环境友好的吸附材料将成为重点，如利用纳米材料的特殊性能制备纳米吸附剂，提高吸附容量和选择性。此外，结晶除磷技术将朝着更加智能化、自动化的方向发展，通过精准控制反应条件，实现结晶过程的高效稳定运行。

随着环保标准的日益严格以及对可持续发展的追求，无药剂替代技术在污水处理市场具有广阔的应用前景。在城市污水处理厂升级改造中，生物除磷技术与其他工艺的优化组合将成为主流趋势，既能满足严格的出水标准，又能降低运行成本和环境影响。在工业废水处理领域，针对不同行业废水的特点，采用个性化的无药剂替代技术方案，实现废水达标排放和资源回收利用，将具有巨大的市场潜力。在农村污水处理和分散式污水处理场景中，操作简单、成本低廉的吸附除磷和生物除磷技术将得到更广泛的应用，助力农村水环境的改善。

尽管无药剂替代技术前景良好，但仍面临一些挑战。一方面，技术的前期研发投入较大，需要大量的资金和科研力量支持，导致部分企业和地区推广应用积极性不高；另一方面，不同技术之间的协同应用以及与现有污水处理设施的兼容性还需要进一步探索和优化。为应对这些挑战，政府应加大对环保技术研发的资金支持和政策扶持力度，鼓励科研机构与企业开展产学研合作，加速技术的转化和应用。同时，应加强对污水处理行业的技术指导和规范制定，促进不同无药剂替代技术的合理选择和有效组合，提高污水处理系统的整体效能。

无药剂替代技术是除磷领域的重要发展方向，在应用中展现出了其自身的优势和特点，为解决传统除磷剂带来的问题提供了有效途径。尽管目前还面临一些技术和市场方面的挑战，但随着技术的不断进步和完善，其在污水处理中的应用前景十分广阔，有望成为实现污水高效除磷、资源回收利用及环境保护可持续发展的关键技术手段。

参考文献

[1] 王文超，张华，张欣．化学除磷在城市污水处理中的应用［J］．水科学与工程技术，2008（1）：14-16.

[2] BASHAN L E，BASHAN Y. Recent advances in removing phosphorus from wastewater and its future use as fertilizer (1997—2003)［J］. Water Research，2004，38（19）：4222-4246.

[3] 陈晓远．冷冻浓缩法废水处理及营养盐回收技术研究［D］．上海：华东理工大学，2018.

[4] 王立立，刘焕彬，胡勇友，等．生活污水二级生物处理后的铁盐混凝除磷试验研究［J］．环境污染与防治，2002，24（6）：361-364.

[5] HUANG W Y，LI D，LIU Z Q，et al. Kinetics，isotherm，thermodynamic，and adsorption mechanism studies of La $(OH)_3$-modified exfoliated vermiculites as highly efficient phosphate adsorbents［J］. Chemical Engineering Journal，2014，236（2）：191-201.

[6] GENZ A，KORNMÜLLER A，JEKEL M. Advanced phosphorus removal from membrane filtrates by adsorption on activated aluminium oxide and granulated ferric hydroxide［J］. Water Research，2004，38（16）：3523-3530.

[7] CHENG X，HUANG X R，WANG X Z，et al. Phosphate adsorption from sewage sludge filtrate using zinc-aluminum layered double hydroxides［J］. J Hazard Mater，2009，169（1-3）：958-964.

[8] BURGOS C，SILLANPÄÄ M，BRILLAS E，et al. Removal of metals and phosphorus recovery from urban anaerobically digested sludge by electro-Fenton treatment［J］. Science of the Total Environment，2018，644：173-182.

[9] IGLESIASO，DIOS M，TAVARES T，et al. Heterogeneous electro-Fenton treatment：Preparation，characteriza-

tion and performance in groundwater pesticide removal [J]. Journal of Industrial and Engineering Chemistry, 2015, 27: 276-282.

[10] 冯霄. 电去离子技术浓缩与脱除水中重金属离子和营养盐研究 [D]. 杭州: 浙江大学, 2008.

[11] WANG Y, KUNTKE P, SAAKES M, et al. Electrochemically mediated precipitation of phosphate minerals for phosphorus removal and recovery: Progress and perspective [J]. Water Research, 2022, 209: 117891.

[12] 周群英, 高廷耀. 环境工程微生物学 [M]. 2 版. 北京: 高等教育出版社, 2000.

[13] 郝晓地, 刘壮, 刘国军. 欧洲城市污水处理技术新概念——可持续生物除磷脱氮工艺 (上) [J]. 给水排水, 2002, 28 (6): 6-11.

[14] 田淑媛, 杨睿, 王景峰, 等. 生物除磷及其生化机理研究 [J]. 中国给水排水, 2001, 1 (17): 71-73.

[15] 白海梅, 李明杰. 上海市竹园第一、第二污水处理厂提标改造工程案例 [J]. 净水技术, 2019, 38 (6): 41-45, 50.

[16] 孙子惠, 王静, 魏垒垒, 等. 山东省某污水处理厂升级改造设计及调试运行 [J]. 中国给水排水, 2013 (4): 39-42.

[17] 胡维杰. 我国污水处理厂污泥处理处置需关注的若干内容 [J]. 给水排水, 2019 (3): 35-41.

[18] WEI Y, HOUTEN R, BORGER A R, et al. Minimization of excess sludge production for biological wastewater treatment [J]. Water Research, 2003, 37: 4453-4467.

[19] 高静, 李红萍, 刘国际, 等. 城市污水处理厂 A^2O 工艺污泥产率系数 [J]. 环境工程学报, 2016 (6): 3071-3076.

[20] 王磊. 我国重点流域城市污水处理厂污泥产率调研 [J]. 中国给水排水, 2018 (14): 23-27.

[21] 王凯军, 宋英豪. SBR 工艺的发展类型及其应用特性 [J]. 中国给水排水, 2002, 18 (7): 23-26.

[22] 任洁, 顾国维, 杨海真. 改良型 A^2/O 工艺处理城市污水的中试研究 [J]. 给水排水, 2000, 26 (6): 7-10.

[23] 中国土木工程学会水工业分会排水委员会, 全国污水除磷脱氮技术研究会, 国家城市给水排水工程技术研究中心. 污水除磷脱氮技术研究与实践 [M]. 北京: 中国建筑工业出版社, 2000.

[24] 周斌. 改良型 A^2/O 工艺的除磷脱氮运行效果 [J]. 中国给水排水, 2001, 17 (7): 46-48.

[25] 张波, 高廷耀. 倒置 A^2/O 工艺的原理与特点研究 [J]. 中国给水排水, 2000, 16 (7): 11-15.

[26] HU J Y, ONG S L, NG W J, et al. A new method for characterizing denitrifying phosphorus removal bacteria by using three different types of electron acceptors [J]. Wat Res, 2003, 37: 3463-3471.

[27] 陈坚. 硝酸盐在除磷脱氮中的作用 [J]. 食品与生物技术, 2002, 21 (1): 10-14.

[28] 邹华, 阮文权, 陈坚. 硝酸盐作为生物除磷电子受体的研究 [J]. 环境科学研究, 2002, 15 (3): 8-41.

[29] 李勇智, 彭永臻, 王淑莹, 等. 强化生物除磷体系中的反硝化除磷 [J]. 中国环境科学, 2003, 23 (5): 543-546.

[30] WU C Y, PENG Y Z, LI X L, et al. Effect of carbon source on biological nitrogen and phosphorus removal in an anaerobic-anoxic-oxic, (A^2O) process [J]. Journal of Environmental Engineering-ASCE, 2010, 136 (11): 1248-1254.

[31] 尹军, 叶龙, 吴相会, 等. 混合液及污泥回流比对 MUCT 工艺缺氧吸磷的影响 [J]. 中国给水排水, 2009, 25 (11): 28-32.

[32] 郝晓地, 汪慧贞, MARK V L. 可持续除磷脱氮 BCFS 工艺 [J]. 给水排水, 2002, 28 (9): 7-10.

[33] FALKENTOFT C M, HARREMOES P, MOSBAEK H, et al. Combined denitrification and phosphorus removal in a bio filter [J]. Water Science and Technology, 2000, 41 (4/5): 493-501.

[34] FALKENTOFT C, HARREMOES P, MOSBAEK H, et al. Stability of a lab-scale bio film for simultaneous removal of phosphorus and nitrate [J]. Water Science and Technology, 2001, 43 (1): 335-342.

[35] TERADA A, YAMAMOTO T, TSUNEDA S, et al. Sequencing batch membrane bio film reactor for simultaneous nitrogen and phosphorus removal: Novel application of membrane-aerated bio film [J]. Biotechnology and Bioengineering, 2006, 94 (4): 730-739.

[36] 黄境维, 汤兵. 膜生物反应器在废水脱氮除磷中的应用 [J] 化工环保, 2007, 27 (6): 532-535.

[37] HELNESS H, ODEGAARD H. Biological phosphorus and nitrogen removal in a sequencing batch moving bed bio film reactor [J]. Water Science and Technology, 2001, 43 (1): 233-240.

[38] GIRARD L, ENCINA P, RODRIGUEZ E R. Process performance and polyphosphate-accumulating organism-glycogen-accumulating organism communities in an anaerobic/anoxic/oxic system operated with different carbon sources

[J]. Water Environment Research, 2012, 84 (4): 354-361.

[39] CARVALHO G, LEMOS P C, OEHMEN A, et al. Denitrifying phosphorus removal: Linking the process performance with the microbial community structure [J]. Water Research, 2007, 41 (19): 4383-4396.

[40] OEHMEN A, SAUNDERS A M, VIVES M T, et al. Competition between polyphosphate and glycogen accumulating organisms in enhanced biological phosphorus removal systems with acetate and propionate as carbon sources [J]. Journal of Biotechnology, 2006, 123 (1): 22-32.

[41] PIJUAN M, SAUNDERS A M, GUISASOLA A, et al. Enhanced biological phosphorus removal in a sequencing batch reactor using propionate as the sole carbon source [J]. Biotechnology and Bioengineering, 2004, 85 (1): 56-67.

[42] 黄健，张华，杨伟伟．碳源对反硝化除磷的影响 [J]. 合肥工业大学学报（自然科学版）, 2006, 29 (12): 1588-1591.

[43] 张红，张朝升，荣宏伟，等．有机碳源浓度对反硝化除磷的影响研究 [J]. 广州大学学报（自然科学版）, 2006, 5 (6): 73-76.

[44] 王亚宜，彭永臻，王淑莹，等．碳源和硝态氮浓度对反硝化聚磷的影响及 ORP 的变化规律 [J]. 环境科学, 2004, 25 (4): 54-58.

[45] 王晓莲，王淑莹，彭永臻．A^2/O 工艺强化反硝化除磷体系中微生物特性分析 [J]. 应用与环境生物学报, 2007, 13 (3): 401-407.

[46] MERZOUKI M, BERNET N, DELGENES J P, et al. Biological denitrifying phosphorus removal in sbr: Effect of added nitrate concentration and sludge retention time [J]. Water Science and Technology, 2001, 43 (3): 191-194.

[47] SAITO T, BRDJANOVIC D, VAN LOOSDRECHT M. Effect of nitrite on phosphate uptake by phosphate accumulating organisms [J]. Water Research, 2004, 38 (17): 3760-3768.

[48] TSUNEDA S, OHNO T, SOEJIMA K, et al. Simultaneous nitrogen and phosphorus removal using denitrifying phosphate-accumulating organisms in a sequencing batch reactor [J]. Biochemical Engineering Journal, 2006, 27 (3): 191-196.

[49] 徐伟锋，陈银广，张芳，等．污泥龄对 A/A/O 工艺反硝化除磷的影响 [J]. 环境科学, 2007, 28 (8): 1693-1696.

[50] CECCONET D, CALLEGARI A, HLAVÍNEK P, et al. Membrane bioreactors for sustainable, fit-for-purpose greywater treatment: A critical review [J]. Clean Technologies and Environmental Policy, 2019, 21 (4): 745-762.

[51] 郝晓地，陈峤，李季，等．MBR 工艺全球应用现状及趋势分析 [J]. 中国给水排水, 2018 (20): 7-12.

[52] 高原．AAO-MBR 工艺提标改造小型城市污水处理厂 [J]. 水处理技术, 2018 (8): 126-128.

[53] 刘杰，徐桂淋，阙添进，等．罗芳污水处理厂 MBR 生化段提标改造方案分析 [J]. 中国给水排水, 2018 (10): 22-25.

[54] MENG F, ZHANG S, OH Y, et al. Fouling in membrane bioreactors: An updated review [J]. Water Research, 2017, 114: 151-180.

[55] ICHIHASHI O, YAMAMOTO N, HIROOKA K. Power generation by and microbial community structure in microbial fuel cell treating animal wastewater [J]. Journal of Japan Society on Water Environment, 2012, 35 (1): 19-26.

[56] DOHERTY L, ZHAO Y. Operating a two-stage microbial fuel cell-constructed wetland for fuller wastewater treatment and more efficient electricity generation [J]. Water Science and Technology, 2015, 72 (3): 421-428.

[57] ZHANG Y, NOORI J S, ANGELIDAKI I. Simultaneous organic carbon, nutrients removal and energy production in a photomicrobial fuel cell (PFC) [J]. Energy & Environmental Science, 2011, 4 (10): 4340-4346.

[58] XIAO L, YOUNG E B, BERGES J A, et al. Integrated photo-bioelectrochemical system for contaminants removal and bioenergy production [J]. Environmental Science & Technology, 2012, 46 (20): 11459-11466.

[59] 王佳，舒新前．人工湿地植物的作用和选择 [J]. 环境与可持续发展, 2007, 4: 62-63.

[60] ANNA P, ANGÉLICA C, EDUARDO A, et al. Contaminant removal efficiency depending on primary treatment and operational strategy in horizontal subsurface flow treatment wetlands [J]. Ecol Eng, 2011, 37: 372-380.

[61] ESTHER L, SAALTINK M W, JOAN G. CWM1 implementation in RetrasoCodeBright: First results using hori-

zontal subsurface flow constructed wetland data [J]. Chemical Engineering Journal, 2011, 166: 224-232.

[62] LGNACIO M P, JOSE N P, IGNACIO G, et al. Detecting drought induced environmental changes in a Mediterranean wetland by remote sensing [J]. Applied Geography, 2010, 30: 254-262.

[63] AMY D J, MARY E K, ALAN T H. Developing an index of wetland condition from ecological data: An example using HGM functional variables from the Nanticoke watershed, USA [J]. Ecological Indicators, 2010, 10: 703-712.

[64] 王广伟，邱立平，张守彬．废水除磷及磷回收研究进展 [J]. 水处理技术，2010，36 (3)：17-22.

第11章

无药剂水处理技术应用展望

本书以中国水环境现状及污染治理中所涉及的药剂为出发点，分析不同药剂的使用特点及其无药剂替代技术的可行性，随着科技和人工智能快速发展，水处理行业的药剂添加也将从自动化向智慧化发展，而无药剂无人水处理系统为智慧化运行提供了条件，相信不久以后，无药剂无人水处理系统将会成为水处理行业的发展趋势。

11.1 技术持续创新与突破

在科技飞速发展的时代背景下，无药剂无人水处理系统正沿着技术革新的道路大步迈进。如在物理分离技术领域，电场强化过滤技术正处于深入研究与试验阶段。通过在过滤介质中施加特定电场，能够增强对带电污染物的吸附与分离能力，使原本难以去除的细微杂质和胶体物质得以高效拦截。在膜材料研发方面，以石墨烯基复合膜为代表的新型材料崭露头角。这种膜材料不仅具备超高的机械强度，还拥有卓越的亲水性和选择性，能够在极低的操作压力下实现对水中各类污染物的精准过滤，大大降低了运行能耗和药剂的使用量。

智能化控制技术也在不断升级。随着物联网技术的深度融合，水处理系统中的各类传感器能够实时采集水质、水量、设备运行状态等海量数据，并通过5G网络快速传输至云端数据中心。利用深度学习算法对这些数据进行分析处理，系统可以提前预测水质变化趋势，自动调整设备运行参数，如水泵的流量、过滤设备的反冲洗周期、电化学设备的电流电压等，确保系统始终处于最佳运行状态，实现高效、稳定的水处理过程。

11.2 应用领域不断拓展

（1）工业领域

化工行业对水质的要求极为严苛，无药剂无人水处理系统的应用意义重大。在精细化工生产中，水中的微量金属离子和有机杂质可能会影响化学反应的选择性和产品纯度。该系统利用先进的离子交换树脂和高精度过滤技术，能够深度去除水中的钙、镁、铁等金属离子以及残留的有机化合物，为化工生产提供近乎纯净的工艺用水，有效提升产品质量和生产效率。在电力行业，无药剂无人水处理系统可用于锅炉补给水的处理，通过去除水中的杂质、盐分和溶解气体，能够防止锅炉内部结垢和腐蚀，延长设备使用寿命，降低维护成本。同时，在钢铁生产过程中，系统处理后的水可用于冷却、清洗等环节，实现水资源的循环利用，减少新鲜水的取用量。

（2）市政供水

城市居民的饮用水安全直接关系到人民群众的身体健康。无药剂无人水处理系统采用紫外线消毒、臭氧氧化等先进的物理消毒技术替代传统的加氯消毒工艺，有效避免了消毒副产物（如三卤甲烷、卤乙酸等）的产生。这些消毒副产物具有潜在的致癌风险，而新的消毒技术不仅能确保饮用水的微生物安全，还能改善水的口感和气味。此外，系统具有智能化监控和远程操作功能，可使供水管理人员通过手机或电脑随时随地对系统进行监控和管理，及时发现并解决潜在问题，大大提高了供水系统的可靠性和运行管理效率。

（3）污水处理与回用

在污水处理领域，无药剂无人水处理系统集成了膜生物反应器（MBR）、高级氧化技术等先进工艺，能够实现对污水中有机物、氮、磷等污染物的深度去除。经过处理后的再生水水质达到国家相关标准，可广泛应用于工业生产中的冷却用水、洗涤用水，以及城市绿化灌溉、道路喷洒降尘等场景。例如，在一些缺水城市，利用该系统将污水处理后回用于城市景观水体的补充，不仅缓解了水资源短缺问题，还改善了城市生态环境，实现了水资源的可持续利用。

11.3 环境与经济效益显著提升

（1）环境效益

无药剂无人水处理系统摒弃了化学药剂的使用，从源头上减少了对水体和土壤的化学污染。传统水处理过程中使用的絮凝剂、消毒剂等化学药剂，在使用后可能会残留于水体中，对水生生物和生态系统造成危害。而该系统采用物理处理方法，避免了这些潜在风险。同时，高效的污水处理能力使得污水排放量大幅减少，减轻了自然水体的污染负荷，有助于改善河流、湖泊等水体的生态环境，促进生态平衡的恢复和维护。

（2）经济效益

虽然无药剂无人水处理系统的初期投资相对较高，主要用于购置先进的设备和智能化控制系统，但从长期运营成本来看，其具有显著的优势。以一家工业企业的用水量为 $10000m^3/h$ 循环水为例，采用传统水处理药剂每年的药剂采购费用和人工操作成本约为 100 万元。而使用无药剂无人水处理系统后，每年可节省药剂费用 40 万元，人工成本 30 万元。同时，由于系统提高了水资源的回用率，企业每年可减少新鲜水的取用量，按照当地水价计算，每年可节约水费 20 万元。综合来看，在系统运行 3～5 年后，企业即可收回初期投资成本，并实现长期的经济效益增长。

11.4 面临的挑战与应对策略

（1）技术成本

当前，部分先进的无药剂处理技术和设备，如高性能的膜组件、智能化控制系统等，研发投入大、生产规模有限，导致其成本居高不下。为降低成本，一方面，科研机构和企业应加大研发投入，探索新的材料和工艺，提高生产效率，降低生产成本。例如，通过改进膜材料的制备工艺，提高膜的生产效率和成品率，降低膜组件的价格。另一方面，政府应出台相关政策，鼓励企业规模化生产无药剂水处理设备，通过产业集聚效应和规模经济，进一步降低设备成本。

（2）法规标准

随着无药剂无人水处理系统的推广应用，现行的水处理法规标准已难以满足其技术和管理需求。目前，关于新型物理处理技术的水质监测指标、设备运行维护规范等方面还存在空白或不完善之处。为解决这一问题，企业和科研机构应积极参与法规标准的制定工作，结合实际应用案例和技术特点，向相关部门提出合理的建议和标准草案。同时，政府部门应加快标准制定的步伐，组织专家进行论证和评审，尽快出台适用于无药剂无人水处理系统的法规标准，确保系统安全、稳定运行和处理水质达标。

（3）公众认知

由于无药剂无人水处理系统是一种新兴技术，部分公众对其原理和效果缺乏了解，存在一定的疑虑。为提高公众认知度，一方面，政府和企业应加强宣传教育，通过举办科普讲座、参观示范工程等活动，向公众普及无药剂无人水处理系统的工作原理、优势和应用案例。另一方面，利用电视、网络、社交媒体等多种渠道，发布通俗易懂的科普文章和宣传视频，增强公众对新技术的信任和接受度。例如，一些地方政府组织市民参观无药剂无人水处理示范水厂，让市民亲身体验处理后的水质，有效消除了公众的疑虑。

综上所述，无药剂无人水处理系统凭借其先进的技术和显著的优势，在工业、市政供水、污水处理等领域展现出了广阔的应用前景。尽管在发展过程中面临着技术成本、法规标准和公众认知等挑战，但通过技术创新、政策支持和公众参与等多方面的努力，这些挑战将逐步被克服。未来，无药剂水处理系统必将在解决水资源短缺和环境污染问题中发挥重要作用，为构建绿色、可持续的社会高质量发展做出积极贡献。

附录　缩略语

缩略语	英文全称	中文全称
COD	chemical oxygen demand	化学需氧量
MBR	membrane bio-reactor	膜生物反应器
PAC	poly aluminum chloride	聚合氯化铝
PAM	polyacrylamide	聚丙烯酰胺
PAS	poly aluminum sulfate	聚合硫酸铝
PFC	poly ferric chloride	聚合氯化铁
PFS	polyferric sulfate	聚合硫酸铁
CC	chemical coagulant	化学絮凝剂
EC	electrocoagulation	电凝聚
CD	current density	电流密度
EC-MF	electrocoagulation-microfiltration	电絮凝-微滤
EC-NF	electrocoagulation-nanofiltration	电絮凝-纳滤
UF	ultrafiltration	超滤
RO	reverse osmosis	反渗透
DOC	dissolved organic carbon	溶解有机碳
EC-US	electrocoagulation-ultrasound	电絮凝-超声
EC-O_3	electrocoagulation-ozone	电絮凝-臭氧
LDHs	layered double hydroxides	层状双金属氢氧化物
TOC	total organic carbon	总有机碳
TMP	transmembrane pressure	跨膜压
CAWO	catalytic wet air oxidation	催化湿式氧化法
PCO	photocatalytic oxidation	光催化氧化
APTES	3-aminopropyltriethoxysilane	3-氨丙基三乙氧基硅烷
GO	graphene oxide	氧化石墨烯
LEF	levofloxacin hydrochloride	盐酸左氧氟沙星
AOR	ammonia oxidation rate	氨氧化速率
LHs	layered hydroxides	层状氢氧化物
PFOA	perfluorooctanoic acid	全氟辛酸
Electro-Fenton	electro-fenton	电芬顿法
ORR	oxygen reduction reaction	氧还原反应
WAO	wet air oxidation	湿式空气氧化法
BDD	boron-doped diamond electrode	硼掺杂金刚石电极
SMX	sulfamethoxazole	磺胺甲噁唑
GDE	gas diffusion electrode	空气扩散电极
MEA	membrane electrode assembly	膜电极
GDL	gas diffusion layer	空气扩散层
CL	catalyst layer	催化层
SCW	supercritical water	超临界水
SCWO	supercritical water oxidation	超临界水氧化
ATP	adenosine triphosphate	三磷酸腺苷
SCOB	simultaneous combination of ozonation and biodegradation	臭氧氧化-生物降解近场耦合技术

续表

缩略语	英文全称	中文全称
AFI	artificial floating island	人工浮岛生物过滤器
ZVMs	zero-valent metals	还原性零价金属
CPAM	cationic polyacrylamide	阳离子聚丙烯酰胺
APAM	anionic polyacrylamide	阴离子聚丙烯酰胺
PVA	polyvinyl alcohol	聚乙烯醇
PAO	polyphosphate-accumulating organisms	聚磷菌
APB	aerobic PAO	好氧聚磷菌
EBPR	enhanced biological phosphorus removal	强化生物除磷
A^2/O	anaerobic-anoxic-oxic	厌氧－缺氧－好氧
MFC	microbial fuel cell	微生物燃料电池
EW	electrolyzed oxidizing water	电解水
AEW	acidic electrolyzed water	酸性电解水
NEW	neutral electrolyzed water	中性电解水
UVR	ultraviolet radiation	紫外辐射
BMED	bipolar membrane electrodialysis	双极膜电渗析
IEM	ion exchange membranes	离子交换膜
BPM	bipolar membrane	双极膜

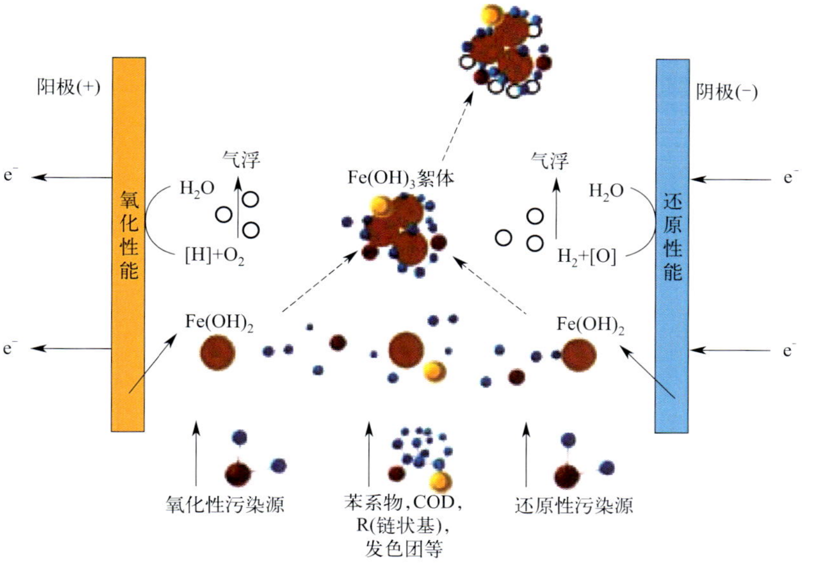

图 2-2　电絮凝过程粒子成长示意图

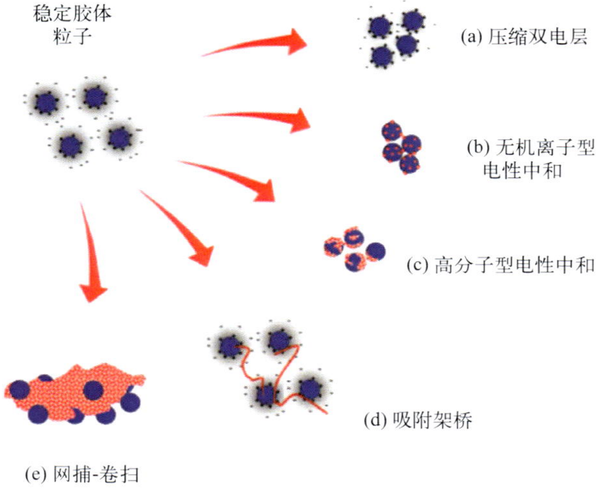

图 2-6　电絮凝过程中的絮凝的机制

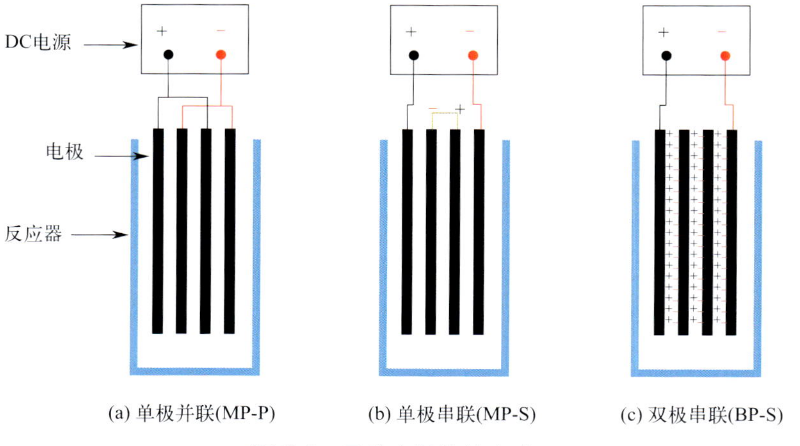

图 2-9　三种电极连接方式

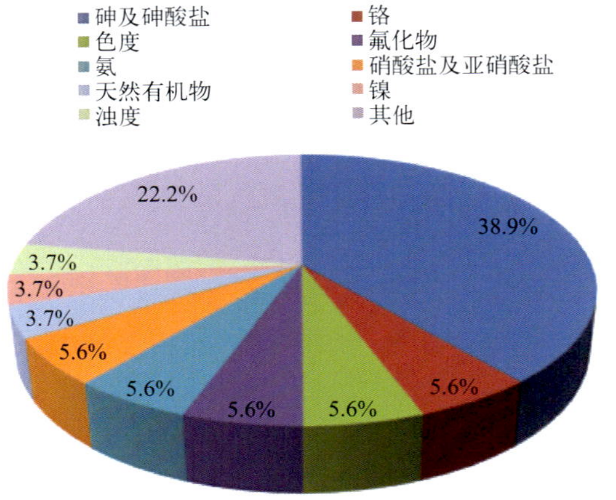

图 2-10　电絮凝处理地下水及饮用水中污染物分布

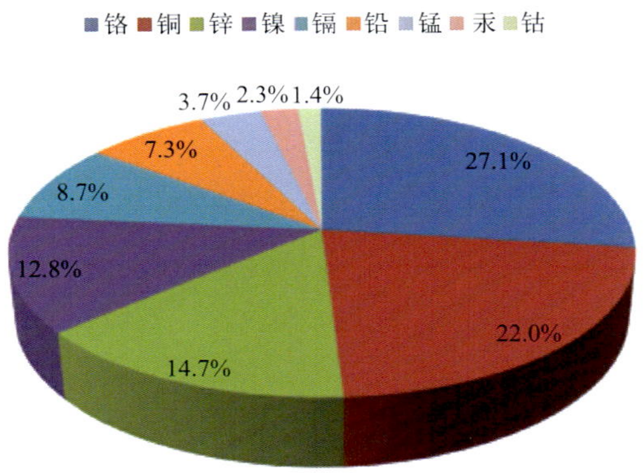

图 2-11　电絮凝处理重金属种类分布

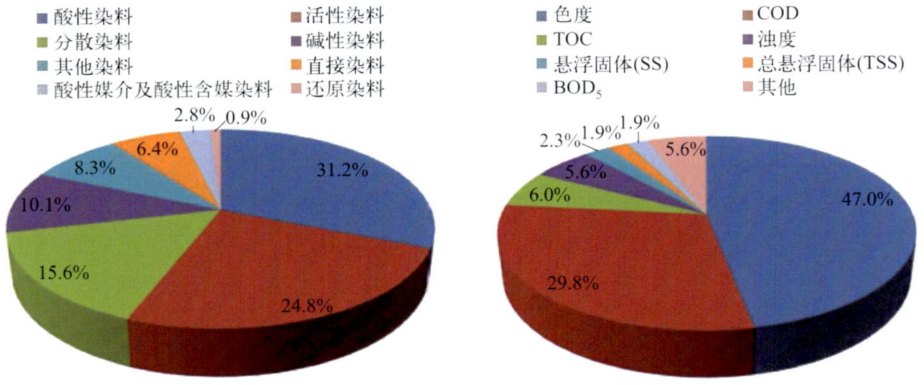

(a) 电絮凝处理染料种类分布　　(b) 电絮凝处理染料废水水质指标分布

图 2-12　电絮凝处理染料种类分布和电絮凝处理染料废水水质指标分布

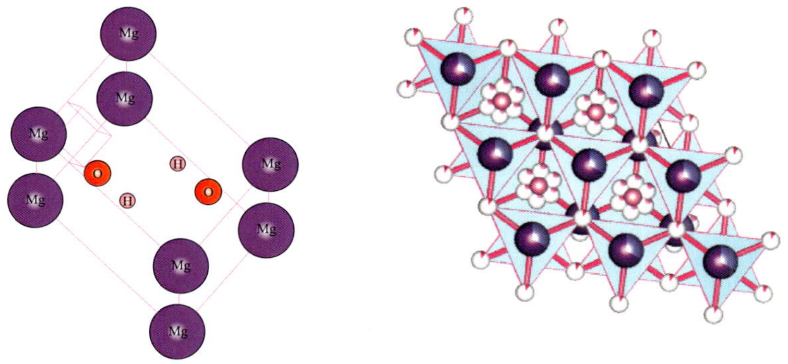

图 2-13　LDHs 结构示意图

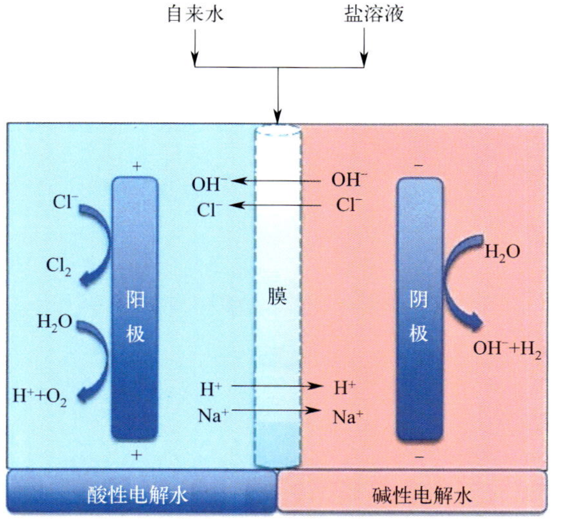

图 3-8　电解水的工作原理图

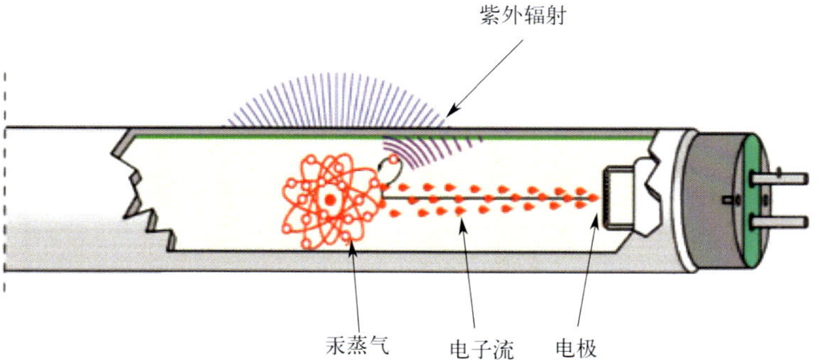

图 3-12　紫外线杀菌灯结构及工作原理

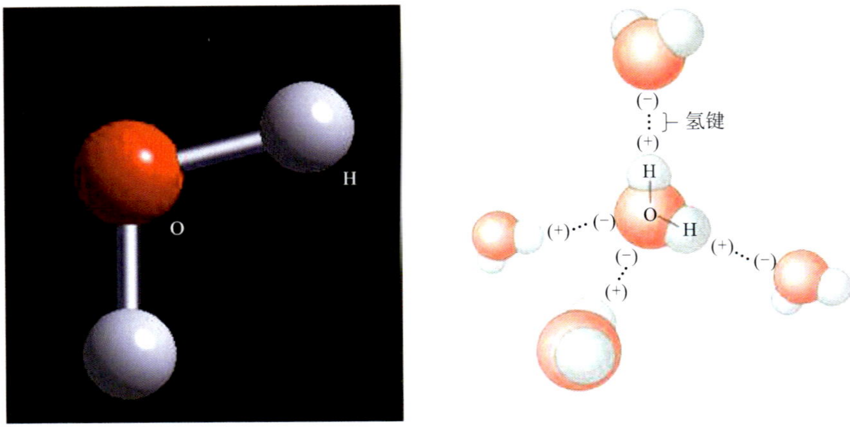

(a) 水分子　　(b) 水分子团

图 4-3　水分子结构与水分子团中的氢键结构

图 5-1　沥青漆

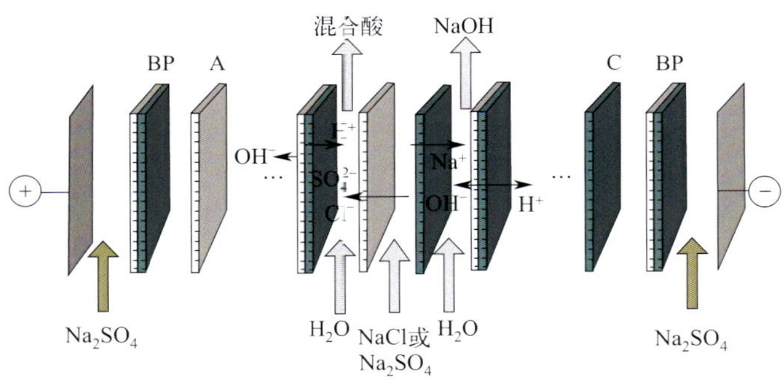

图 6-7　三隔室的双极膜电渗析产酸碱原理图

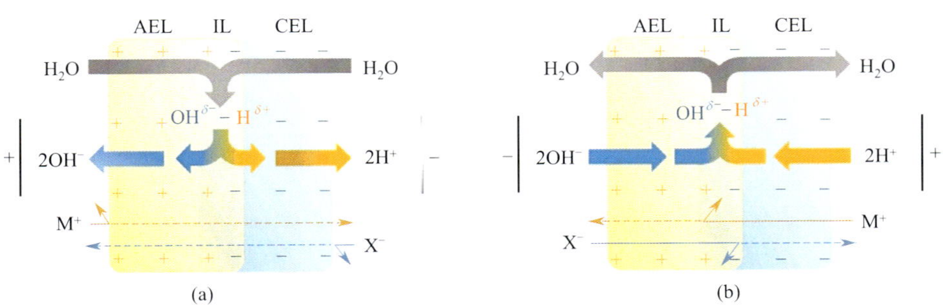

图 6-10　双极膜原理示意图

（δ^- 和 δ^+ 表示离子带有部分电荷）

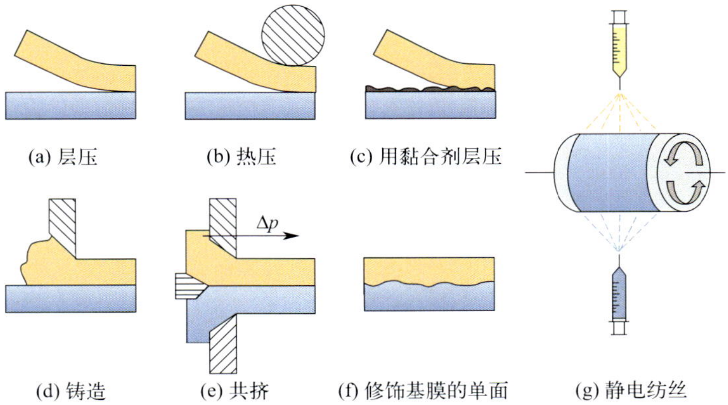

图 6-13 双极膜制备方法

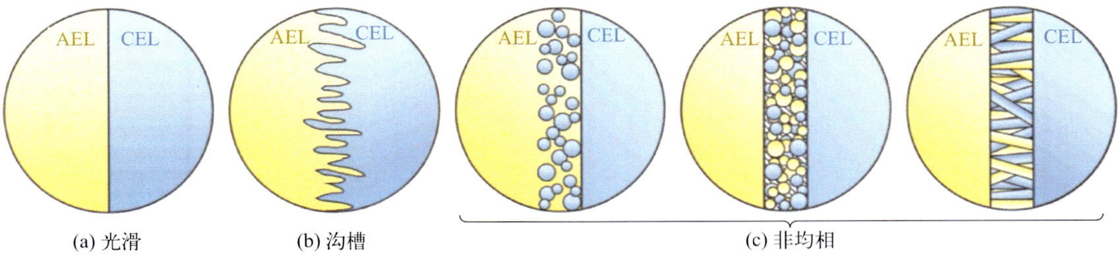

图 6-14 双极结可能的结构示意图

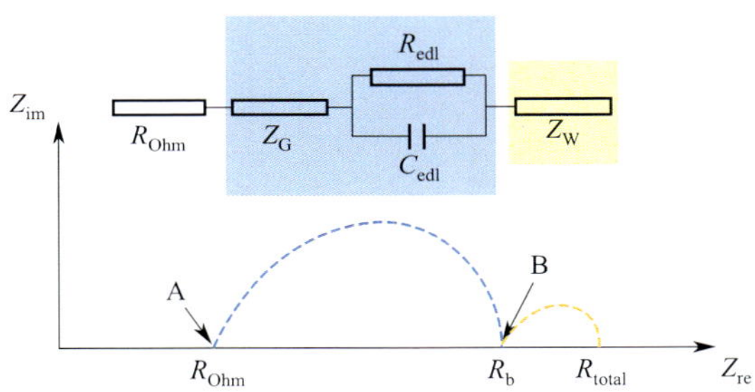

图 6-18 双极离子交换膜的电化学阻抗谱示意图

（R_{Ohm} 为单极层总电阻，R_b 为双极层电阻，R_{total} 为总膜电阻，Z_{re} 为阻抗实部，Z_{im} 为阻抗虚部，Z_W 为 Warburg 阻抗）

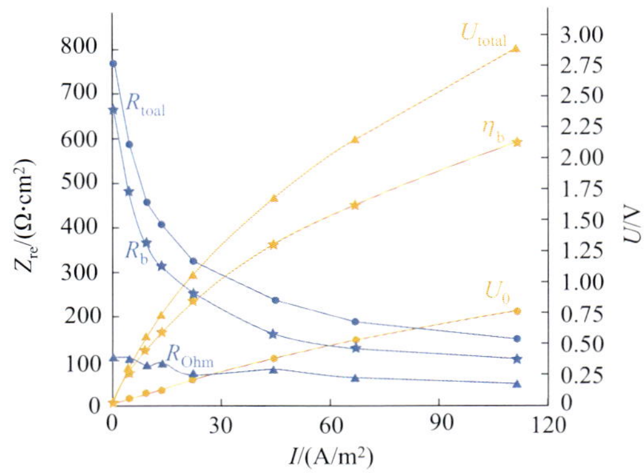

图 6-19 双极膜的电化学阻抗谱

（U_{total} 为总膜的 CVC，η_b 为双极区的 CVC，U_0 为单极层的 CVC）

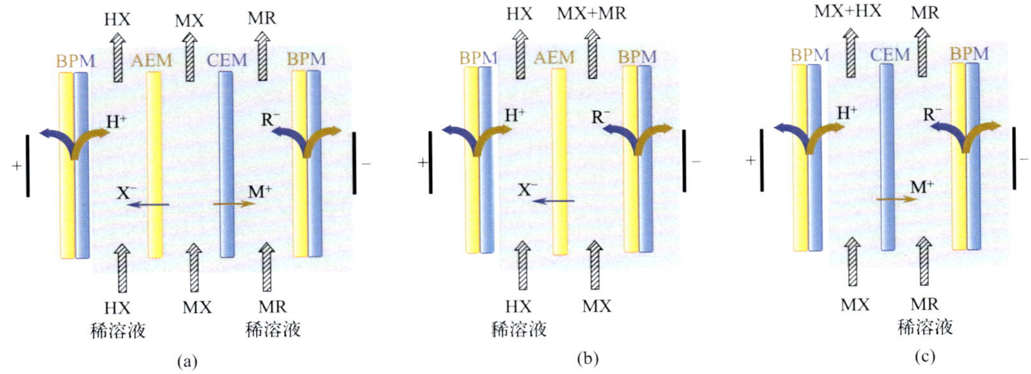

图 6-20 不同隔室结构的双极膜电渗析

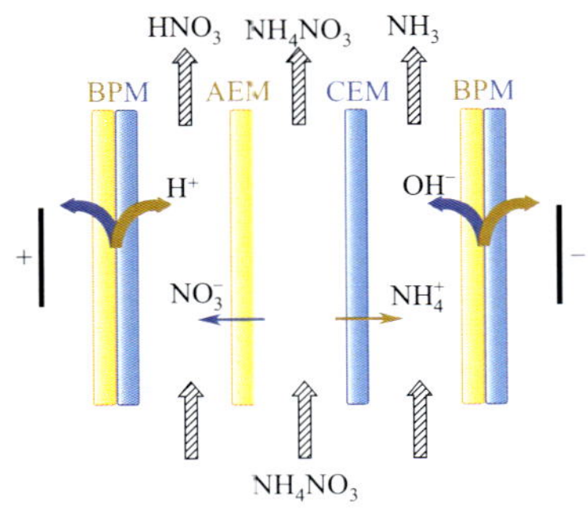

图 6-21 BMED 硝酸铵解离示意图

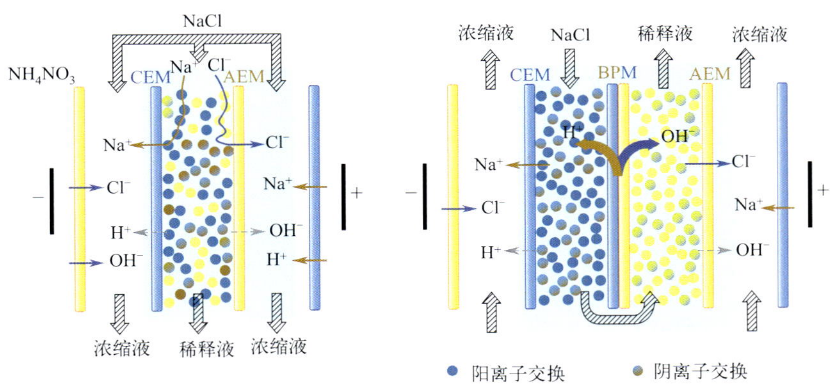

(a) CEDI原理示意图

(b) BPM辅助的CEDI原理示意图

图 6-22 CEDI 以及 BPM 辅助的 CEDI 的原理示意图

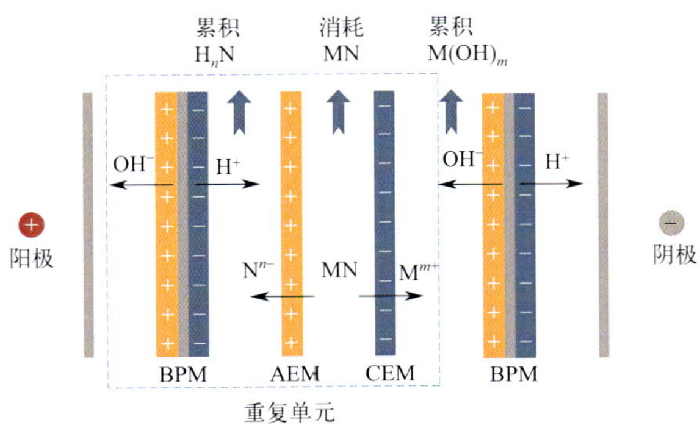

图 6-23 三隔室 BMED 的工作机理

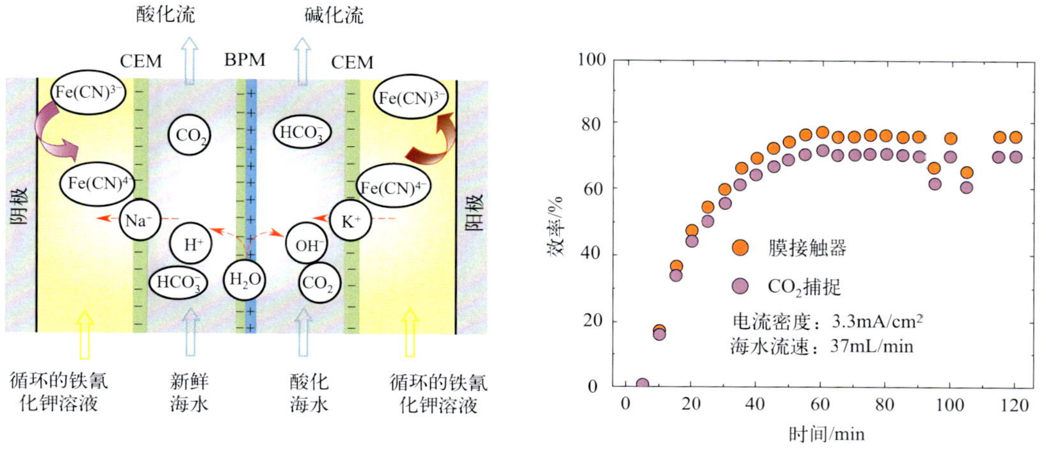

(a) BPM电渗析池示意图　　(b) CO_2捕集和膜接触器效率

图 6-24　BPM 电渗析池以及 CO_2 捕集和膜接触器效率示意图

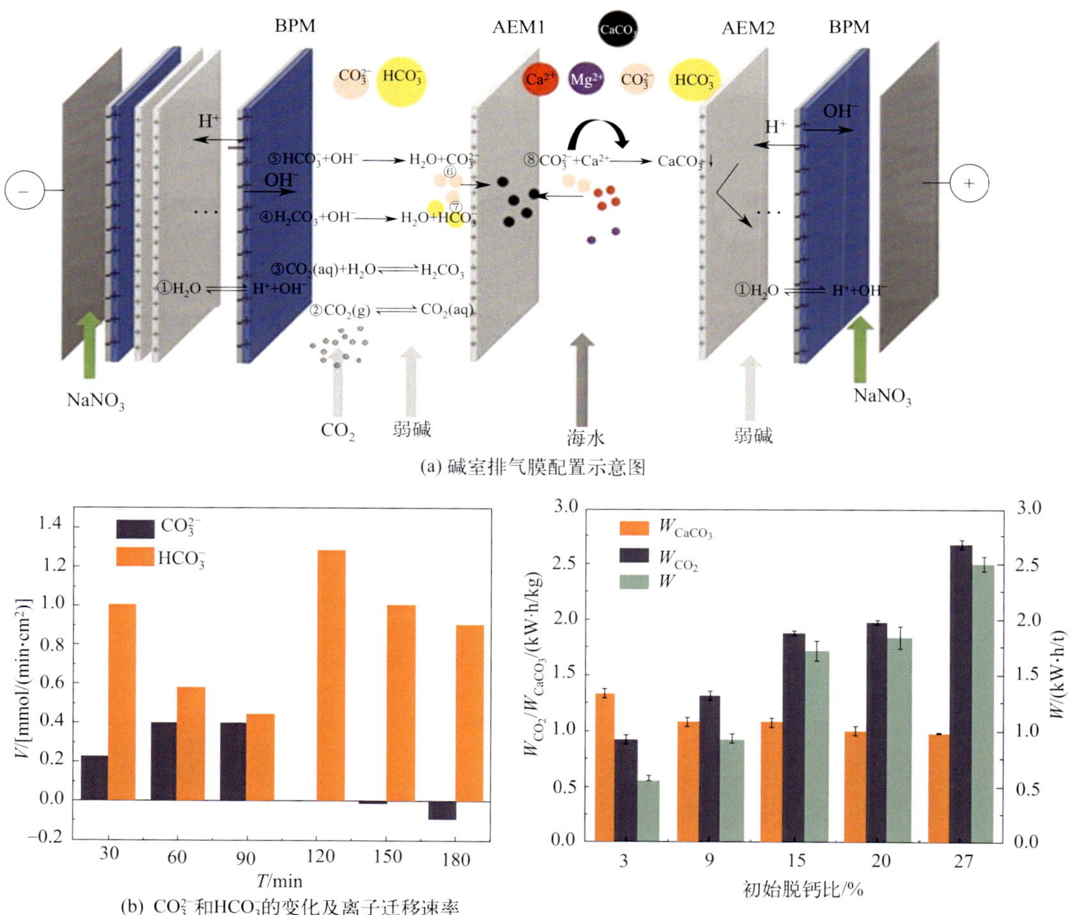

(a) 碱室排气膜配置示意图

(b) CO_3^{2-}和HCO_3^-的变化及离子迁移速率　　(c) 初始脱钙比对能耗的影响

图 6-25　BMED 产生碱的应用

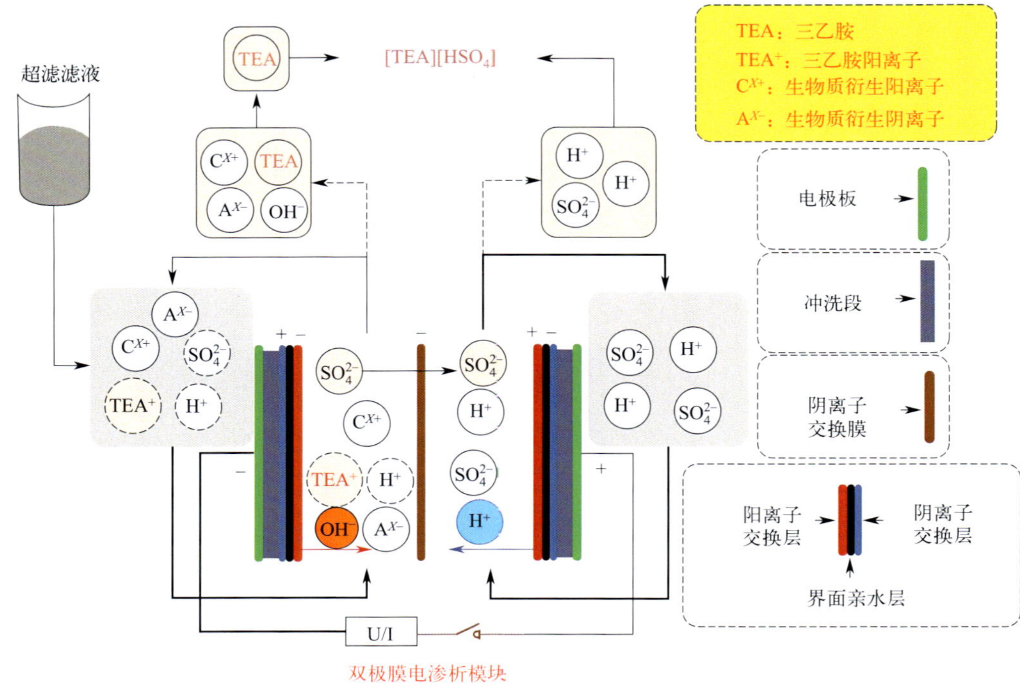

图 6-26　UF-BMED 对[TEA][HSO$_4$]的回收再生方案

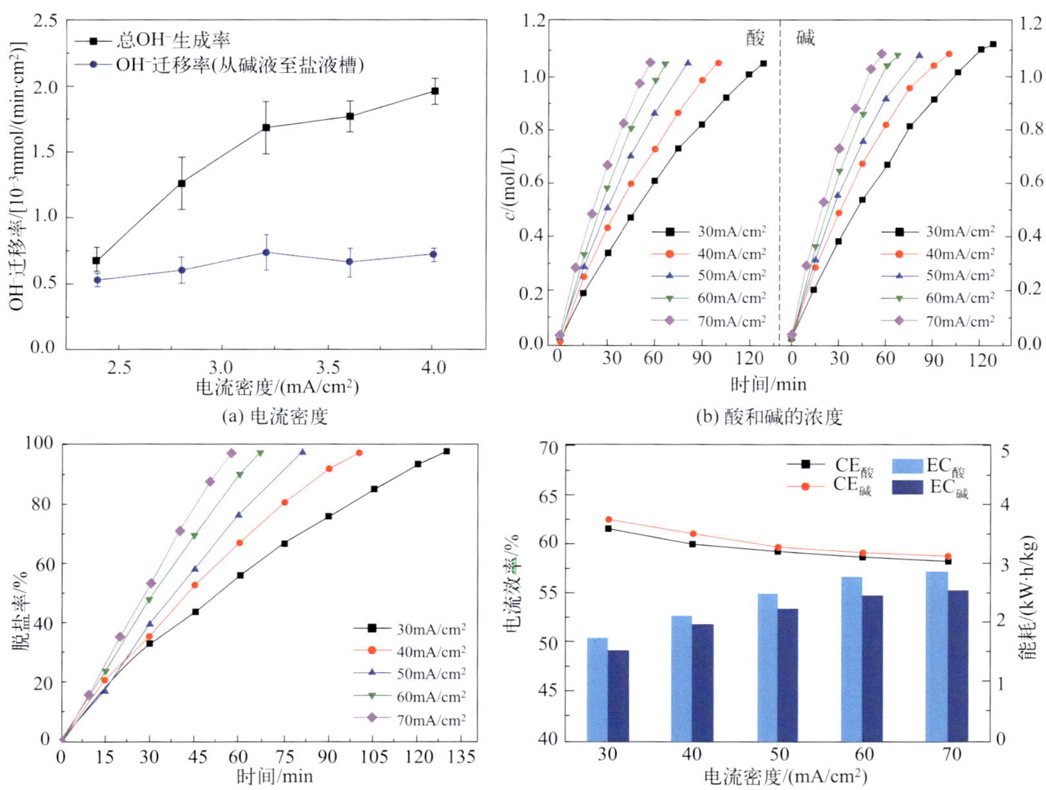

(a) 电流密度

(b) 酸和碱的浓度

(c) 海水淡化速率

(d) 电流效率和能耗

图 6-27　电流密度对 BMED 性能的影响

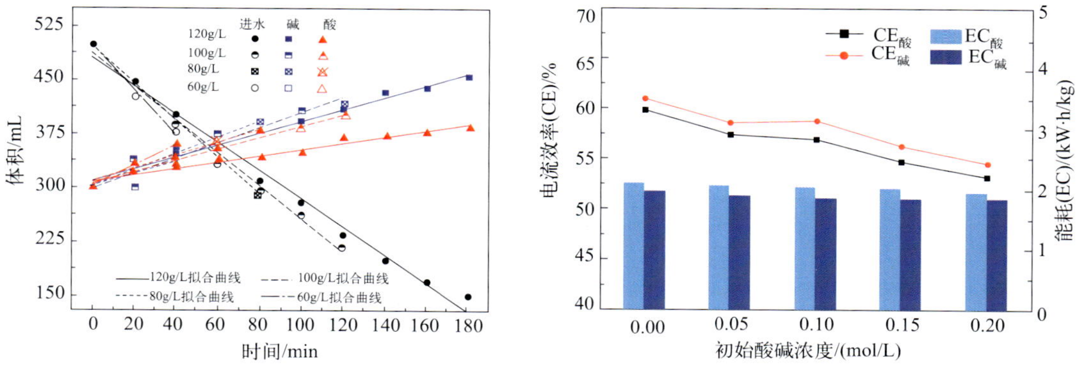

(a) 初始进料浓度对每个隔室溶液体积的影响

(b) 初始酸碱浓度对BMED电流效率和能耗的影响

图 6-28 酸碱溶液的体积与盐室浓度的关系及初始酸碱浓度的影响

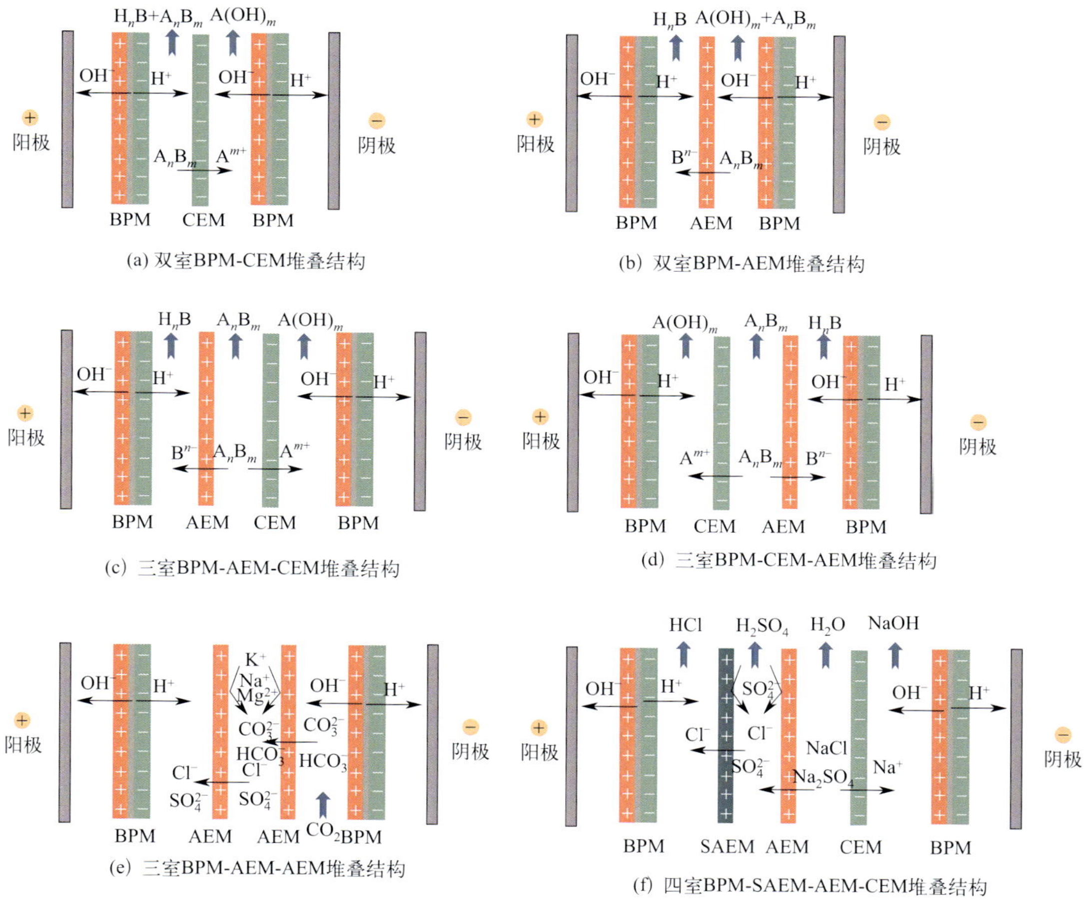

(a) 双室BPM-CEM堆叠结构

(b) 双室BPM-AEM堆叠结构

(c) 三室BPM-AEM-CEM堆叠结构

(d) 三室BPM-CEM-AEM堆叠结构

(e) 三室BPM-AEM-AEM堆叠结构

(f) 四室BPM-SAEM-AEM-CEM堆叠结构

图 6-29 已报道的 BMED 膜堆排列

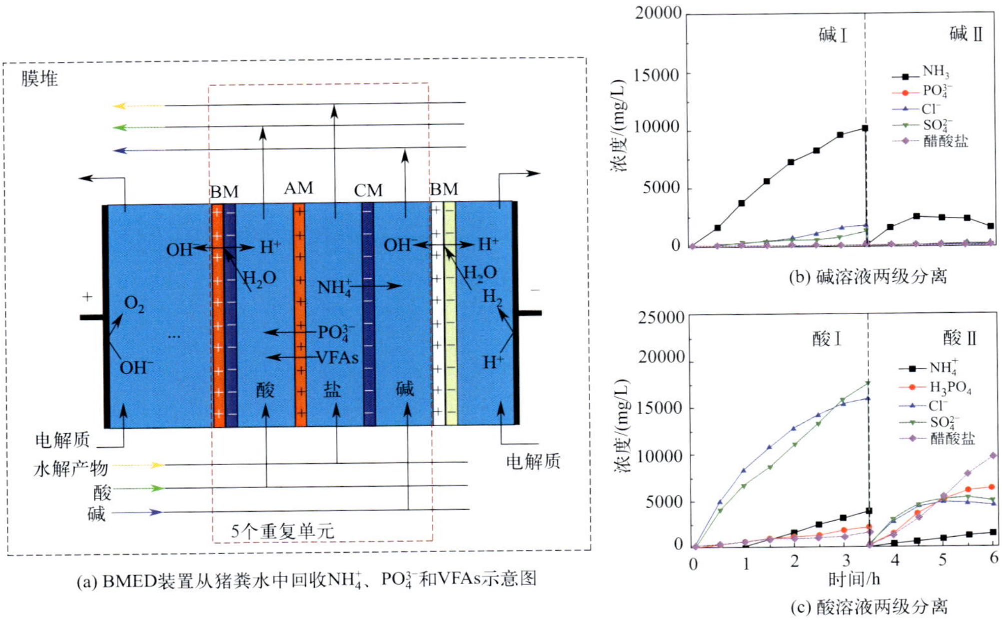

(a) BMED装置从猪粪水中回收NH_4^+、PO_4^{3-}和VFAs示意图

(b) 碱溶液两级分离

(c) 酸溶液两级分离

图 6-30　BMED 分段式反应

图 7-2　LEF 光催化机理图

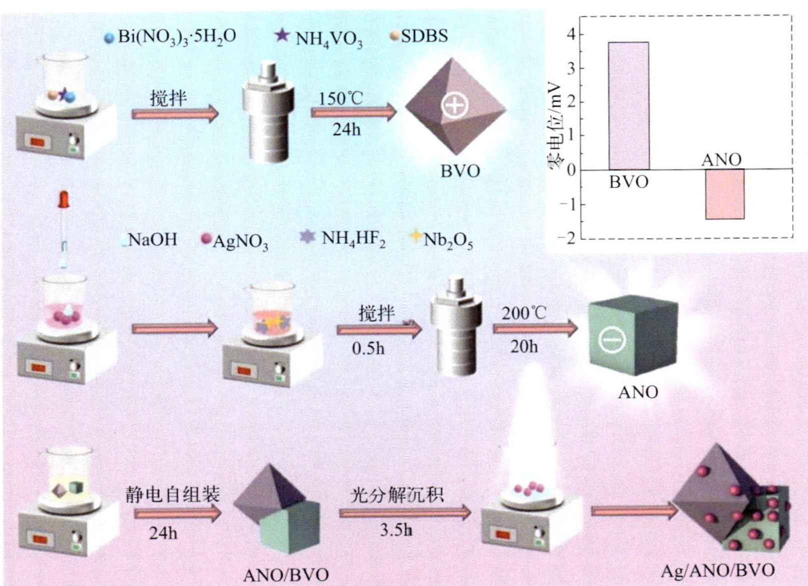

图 7-3　BVO、 ANO 和 Ag/ANO/BVO 光催化剂的制备工艺

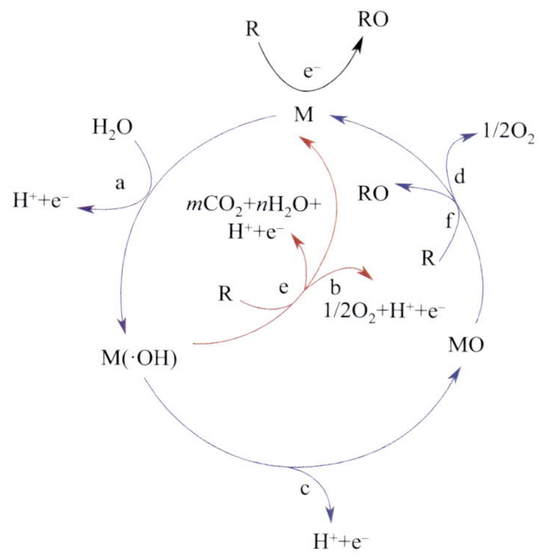

图 7-5 电催化降解有机污染物机理示意图

（反应 a、b、e 为非活性电极电催化，反应 a、c、d、f 为活性电极电催化）

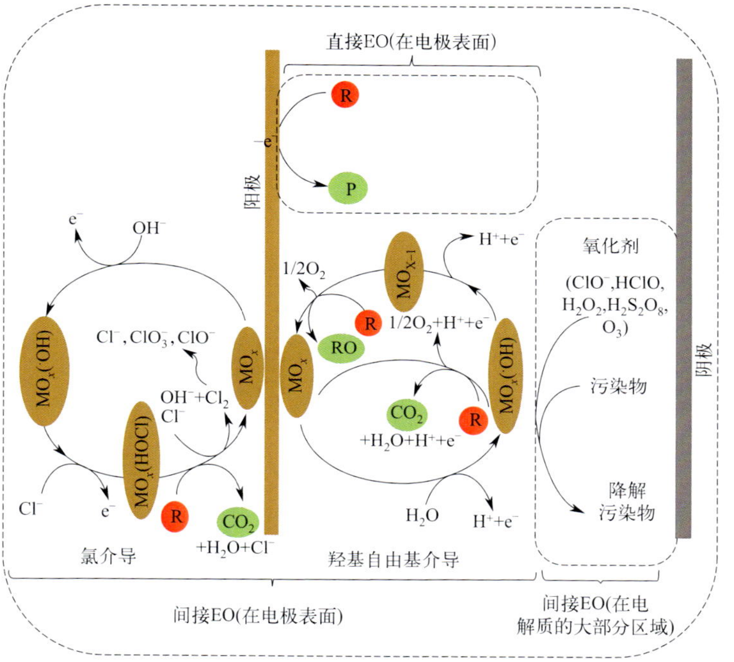

图 7-6 直接氧化和间接氧化示意图

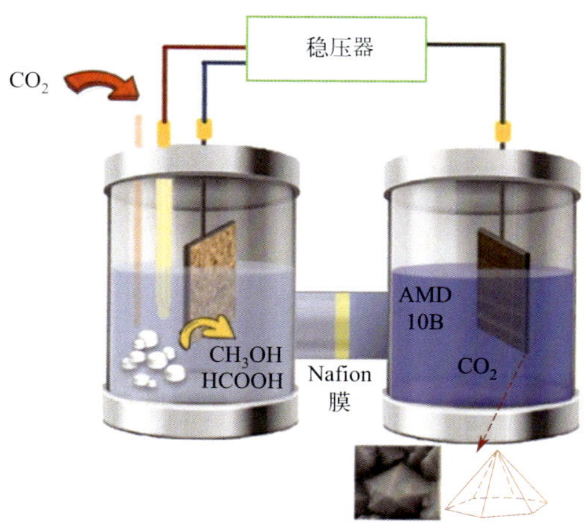

图 7-8 H 形电化学反应器

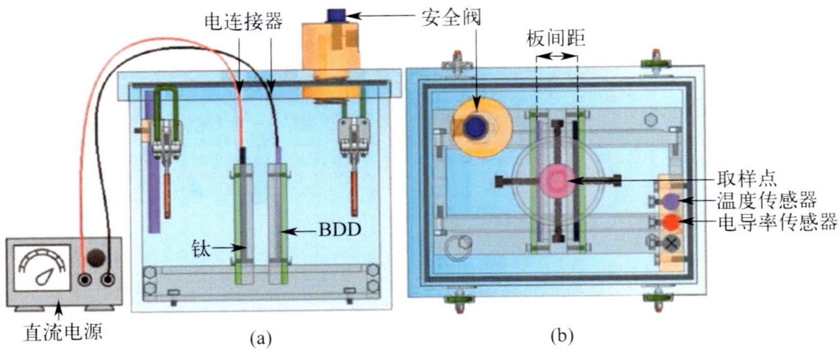

图 7-9 电化学降解过程示意图

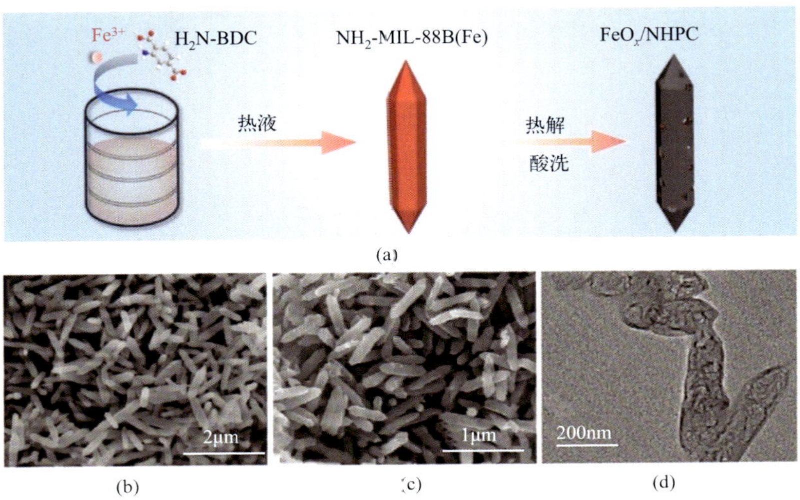

图 7-11 FeO_x/NHPC 的制造工艺方案与表征

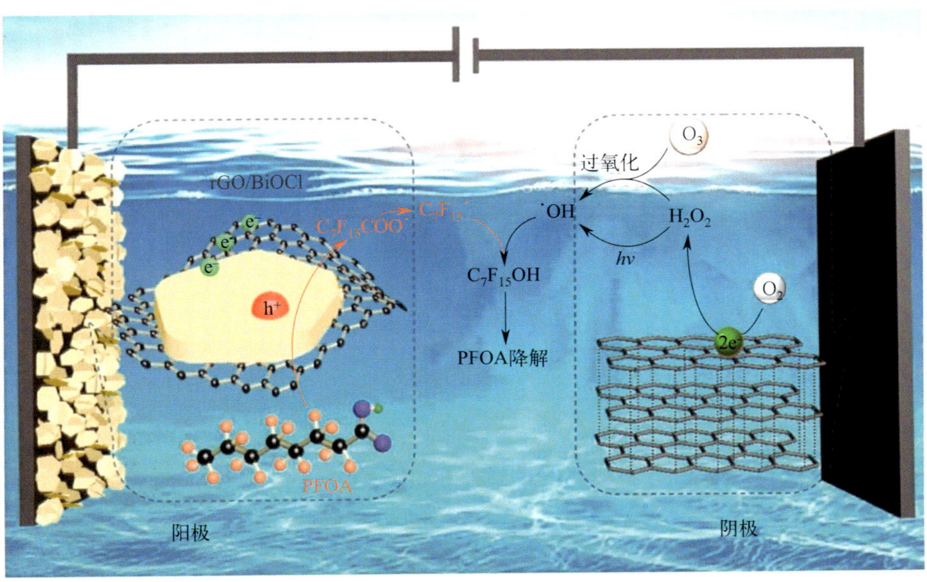

图 7-12 利用光电子化学氧化法降解 PFOA 的机理

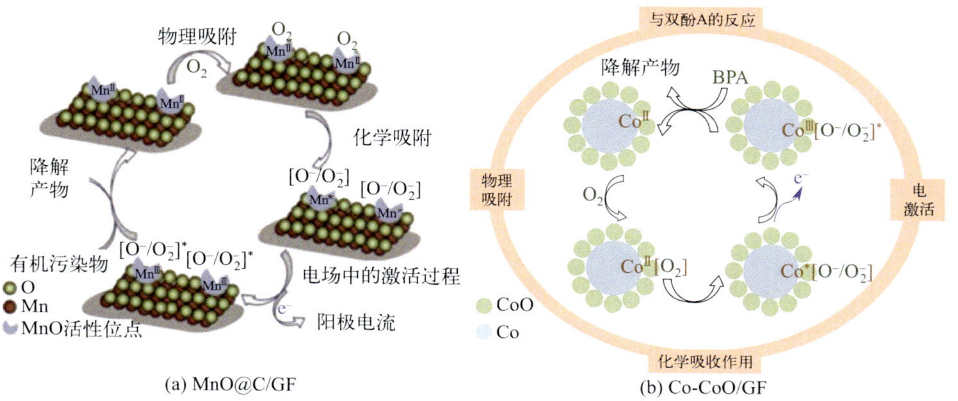

(a) MnO@C/GF (b) Co-CoO/GF

图 7-13　MnO@C/GF 和 Co-CoO/GF 在 ECWAO 工艺中活化 O_2 氧化污染物

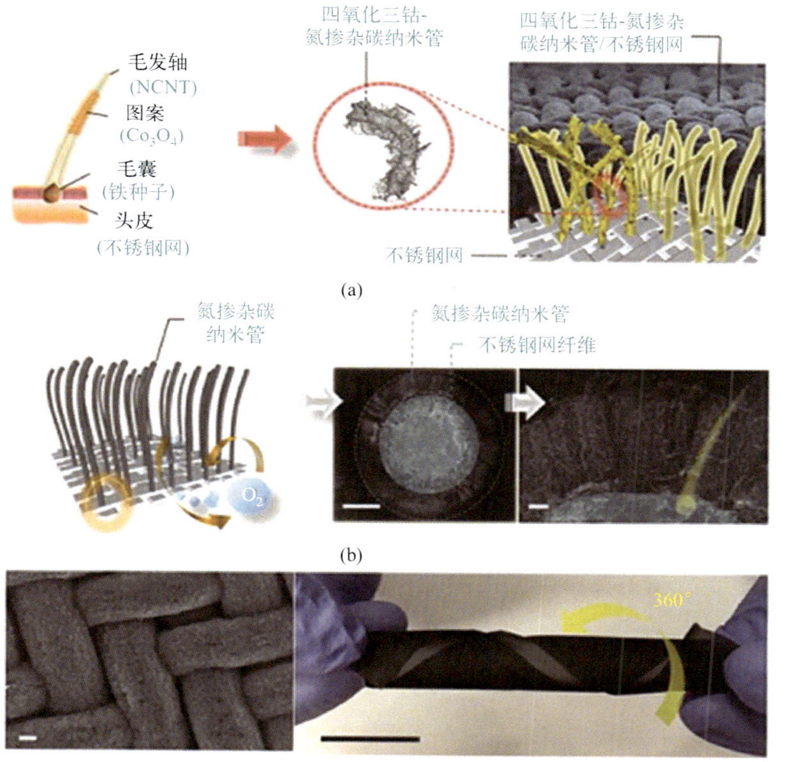

(a)

(b)

(c) (d)

图 7-14　空气阴极的毛发状阵列示意图

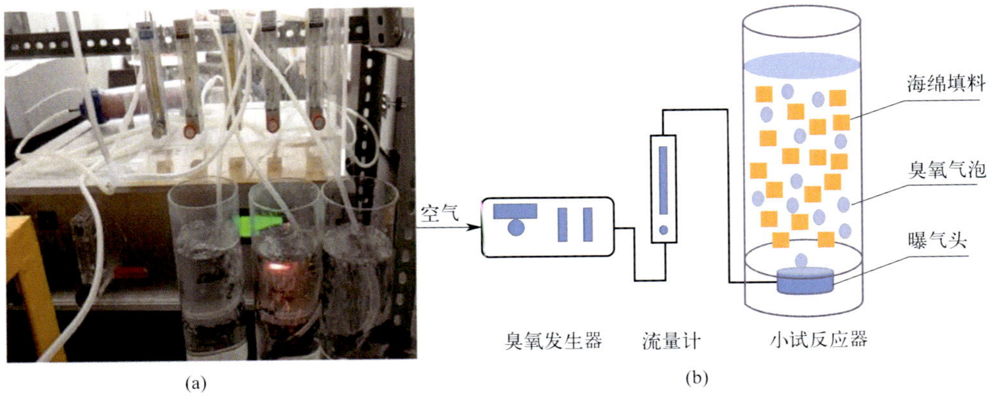

图 7-17　SCOB 小试实验反应器示意图

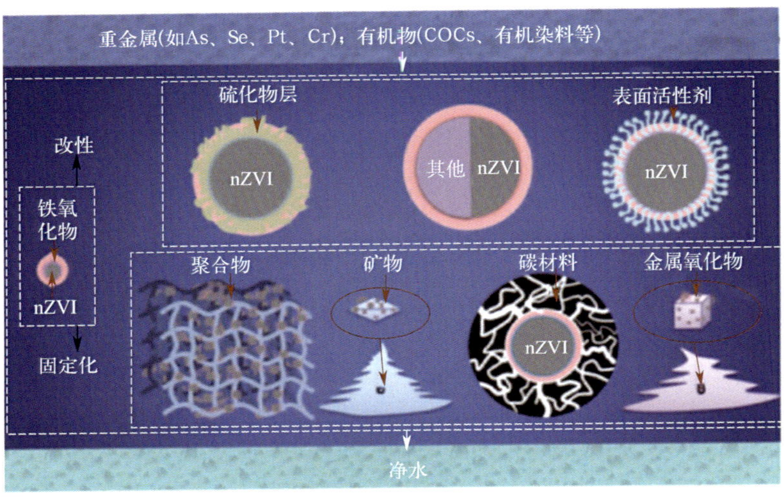

图 8-1　纳米零价铁（nZVI）去除重金属机理

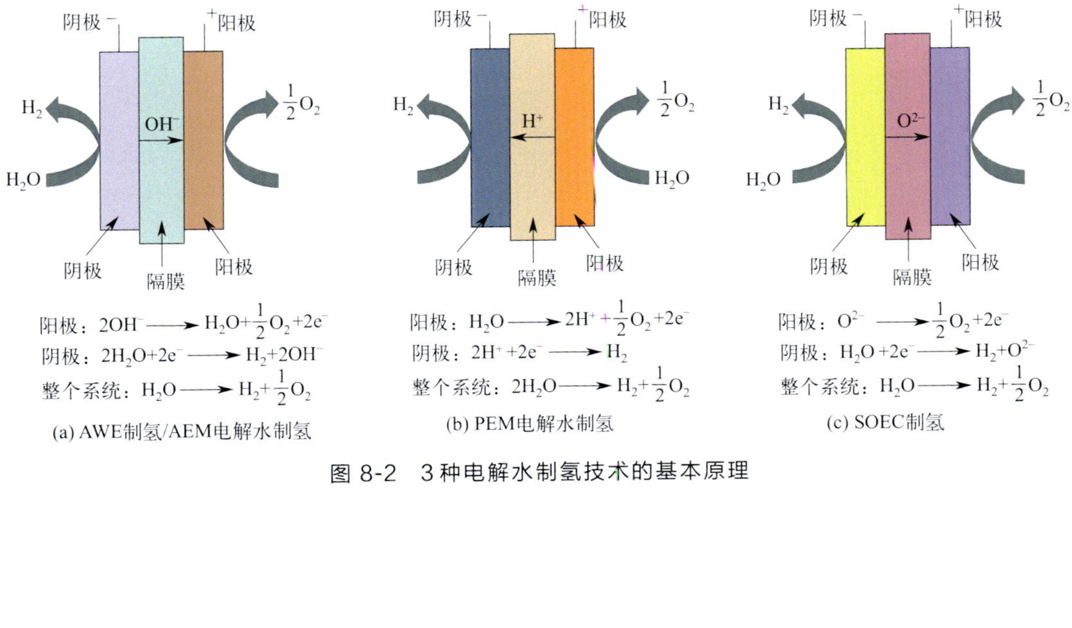

图 8-2　3 种电解水制氢技术的基本原理

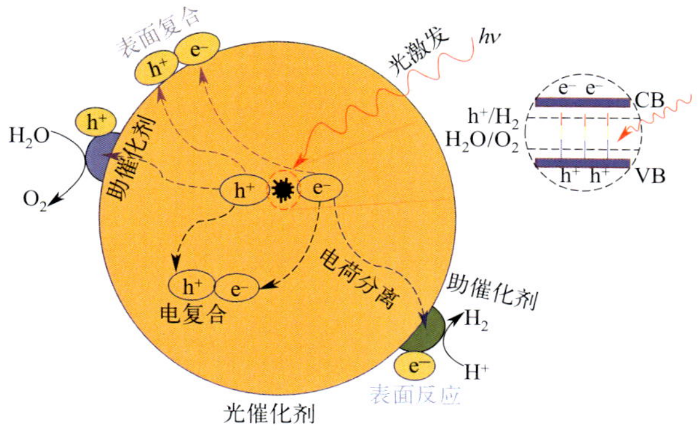

图 8-3　半导体光催化剂表面光催化分解水机理

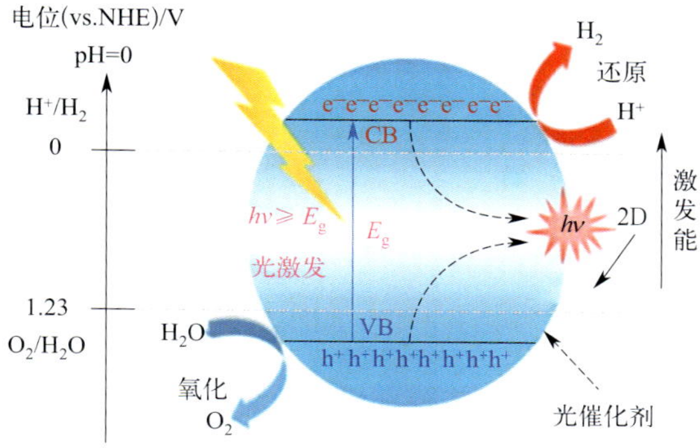

图 8-4　光催化水裂解的基本原理示意图

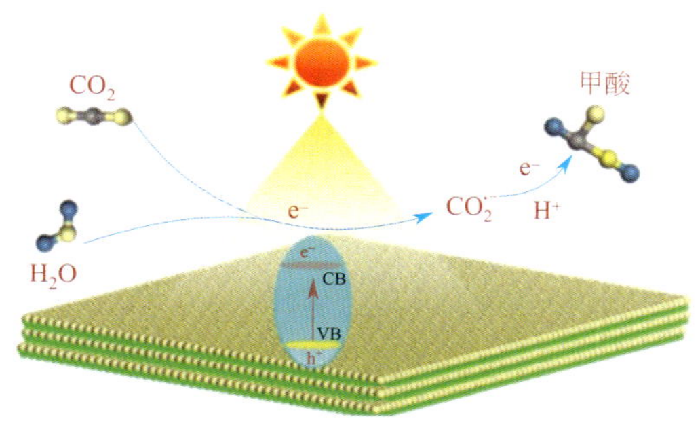

图 8-5　半导体光催化剂的 CO_2 还原反应原理图

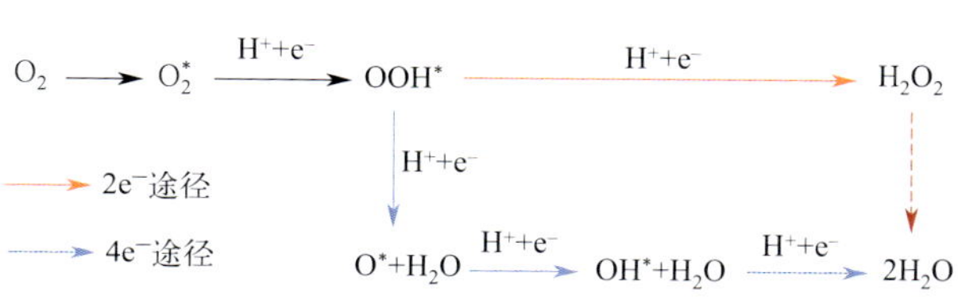

图 8-6　酸性条件下氧还原反应机理示意图

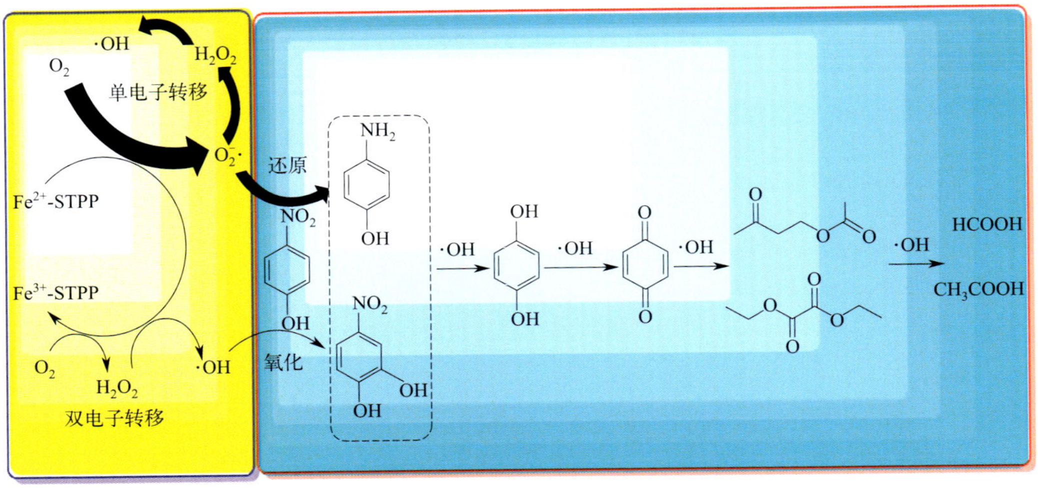

图 9-4　Fe^{2+}/NaClO 氧化体系的污泥脱水原理